Sintern, Schmelzen und Verblasen sulfidischer Erze und Hüttenprodukte

Die unmittelbare Verhüttung sulfidischer Erze
und Hüttenprodukte sowie Richtlinien für Bau und Betrieb
der erforderlichen Agglomerationsanlagen
Schachtöfen und Konvertoren

Von

Dr. phil. Ernst Hentze

Hüttenbetriebsingenieur

Mit 104 Textabbildungen

Berlin
Verlag von Julius Springer
1929

ISBN-13: 978-3-642-98583-6   e-ISBN-13: 978-3-642-99398-5
DOI: 10.1007/978-3-642-99398-5

Vorwort.

Wenn ein jüngerer Hüttenmann im Betriebe tätig ist und sich nicht nur bemüht, einen vielleicht gut eingefahrenen Betrieb unter seiner Obhut weiterlaufen zu lassen, sondern unablässig prüft und sucht, wo und wie die ihm anvertraute Produktion weiter verbilligt und wirtschaftlich günstiger gestaltet werden kann, oder wenn er, vielleicht auf einer sogenannten „Lohnhütte“, vor der Aufgabe steht, bald diese, bald jene Rohstoffe zu verarbeiten, so wird er häufig auf Fragen stoßen, zu deren Beantwortung das erforderliche Rüstzeug insofern mangelhaft ist, als ihm Zahlenwerte, Vergleichsdaten aus gleichen oder ähnlichen Betrieben, Berichte über Erfolge oder Mißerfolge irgendeines Arbeitsweges und was dergleichen mehr ist, nicht zugängig sind, weil sie in der Fachliteratur verstreut sind, und er keine Zeit hat, sie mühselig aus allen Jahrgängen der verschiedensten Zeitschriften zusammenzusuchen. Aber auch ein alterfahrener Hüttenmann mit vieljähriger Praxis kann — soviel er auch gelesen, gehört und selber in Erfahrung gebracht haben mag — nicht immer alles das im Kopfe haben, was er zur Lösung eines ihm entgegentretenden Problemes benötigt, und auch er wird oft den Wunsch hegen, dieses oder jenes nachsehen und die Erfahrungen anderer Fachleute nachlesen zu können. Dazu kommt noch, daß ja die Hüttenwerke im allgemeinen nicht in den Landeshauptstädten liegen, so daß vom Praktiker bis zur Zeitschrift oft ein sehr langer Weg ist, ganz zu schweigen von den unglücklichen Verhältnissen in den deutschen Büchereien, denen meist die Jahrgänge ausländischer Zeitschriften aus der Kriegszeit und den ersten Nachkriegsjahren aus begreiflichen Gründen fehlen.

Es ist eine bekannte Tatsache, daß in der deutschen Literatur, im Gegensatz zu anderen technischen Wissensgebieten, wie der chemischen Industrie, dem Bauingenieurwesen, dem Schiffbau, dem Maschinenbau usw. usw., die Metallhüttenkunde kein zusammenfassendes Handbuch, keine zusammenfassende Bearbeitung einzelner Produktionsgebiete, kein modernes und wirklich brauchbares hüttenmännisches Taschenbuch aufzuweisen hat, und daß erst im vorigen Jahre der erste Teil eines modernen und die Verhältnisse der jüngsten Gegenwart berücksichtigenden Lehrbuches für den Studierenden der Metallhüttenkunde, des Tafelschen Lehrbuches, erschienen ist.

Ich selber habe, als ich im türkischen Transkaukasus auf einer Kupferhütte mit schwierigen Verhältnissen fertig werden mußte, diesen Mangel bitter empfunden und habe auch manchen Fachkollegen im gleichen Sinne klagen gehört. So will ich versuchen, in den nachstehenden Zeilen wenigstens auf dem kleinen Teilgebiet des Metallhüttenwesens, das seit Jahren mein besonderes Arbeitsfeld ist, Abhilfe zu schaffen, indem ich die unmittelbare Verhüttung sulfidischer Erze und Hüttenprodukte zusammenfassend behandle. Ich habe dabei nicht die Absicht, ein Lehrbuch für Studierende zu schreiben; sondern der eigentliche Zweck meiner Arbeit ist, aus der Praxis für die Praxis alles das zusammenzutragen, was auf diesem besonderen Gebiete für den im Betriebe stehenden Hüttenmann wissenswert ist an wissenschaftlichen Grundlagen der einzelnen Operationen, an praktischen „Kniffen", an Erfahrungen anderer Fachleute, die irgendwann irgendwo einmal zu Papier gebracht worden sind, an Zahlenwerten für Vergleichszwecke usw. Eine für den Praktiker sehr empfindliche Lücke müßte offen bleiben, wenn ich es unterlassen würde, alle erörterten Fragen auch vom kaufmännischen Standpunkte zu behandeln, d. h. wenn ich die für einen wirtschaftlichen Betrieb grundlegenden Kostenfragen außer acht lassen wollte. Angesichts der schon erwähnten Lücken in der hüttenmännischen Literatur mußte ich, um den Überblick über die Wirtschaftlichkeit einer nach unmittelbarem Verfahren arbeitenden Hütte nicht unvollständig erscheinen zu lassen, auch Fragen anschneiden, die zwar nicht in ursächlichem Zusammenhange mit der unmittelbaren Verhüttung stehen, wie Ofenkonstruktionen, Bunkerbau, Verbunkerungskosten, Nahtransporte von Massengütern auf der Hütte und ihre Kosten, die aber unter Umständen ebenso bedeutungsvoll sein können wie Fragen der reinen Schmelzpraxis.

Wenn ich gelegentlich der Besprechung einzelner Hilfsmaschinen und Hilfsgeräte, die gebraucht werden, Firmen genannt habe, von denen diese Sachen bezogen werden können, so ist das nur geschehen, um dem Praktiker zu sagen, wer unter anderen solche Dinge in erwiesenermaßen bewährter Ausführung herstellt und um ihm — wenn Eile geboten ist — endloses Suchen nach den Bezugsquellen zu ersparen. Grundsätzlich sei betont, daß diese Firmennennungen nur Fingerzeige sein sollen, wie ich sie mir selber in meiner Praxis manches Mal gewünscht habe, und daß ich überzeugt bin, daß außer den genannten Firmen — denn ich kann nicht alle kennen — manche anderen Unternehmungen die gleichen Dinge in gleicher Güte und auch nicht teurer als die genannten herstellen.

Einzelne Dinge in den nachstehenden Zeilen hätten nicht die von mir erstrebte Art der Behandlung erfahren können, wenn nicht Herr Prof. Dr. C. Krug, der Leiter des Probierlaboratoriums der Bergbauabteilung der Technischen Hochschule Charlottenburg, mich in dankenswerter Weise unterstützt hätte, indem er mir als Gast in seinem Institute die Möglichkeit zur Durchführung einer ganzen Anzahl von Untersuchungen gab, und wenn ich nicht aus der jahrzehntelangen Erfahrung eines alten Praktikers, meines Freundes Herrn Hüttendirektor Dipl.-Ing. K. Fraulob, so manche wichtige Einzelheit und manchen Kniff im Betriebe hätte erlernen können. Beiden Herren bin ich zu großem Danke verpflichtet.

Wenn der junge Hüttenmann, der frisch in die Praxis geht, und wenn der im Betriebe stehende Ingenieur — vorausgestzt, daß sie mit unmittelbarer Verhüttung zu tun haben — das vorliegende Büchlein gelegentlich zur Hand nehmen und dieses oder jenes, was sie suchen, auch wirklich darin finden, dann ist sein Zweck erreicht, nämlich ein großes Loch ein bißchen zuzustopfen.

Berlin, Mai 1929.

E. Hentze.

Inhaltsverzeichnis.

Inhaltsverzeichnis. VII

I. Mittelbare Verhüttung und unmittelbare Verhüttung.

Erze, die nur aus einem einzigen Mineral bestehen, also wirklich reine Erze, ohne jegliche fremde Beimengungen, gibt es in wirtschaftlich bedeutsamen Mengen nicht. Fast alle Erze, die zur Verhüttung kommen, sind mehr oder weniger mit Gangart behaftet. Die Gangart kann für hüttenmännische Schmelzverfahren unter Umständen durchaus erwünscht sein, nämlich dann, wenn sie in vorwiegender Menge einen Bestandteil enthält, der für den Verhüttungsprozeß ohnehin erforderlich ist, z. B. Quarz, wofern saure Schlacken — Silikatschlacken — erschmolzen werden sollen, oder Kalk, wenn kalkhaltige Schlacken erstrebt werden, und anderenfalls Quarz bzw. Kalk gekauft und dem Erze bei Herrichtung der Ofenbeschickung zugeschlagen werden müßten. Oftmals jedoch bildet die Gangart einen sehr unerwünschten Nebengemengteil der Erze, der die glatte Abwicklung des Schmelzprozesses erschwert.

Das aus einem Erz erschmelzbare Metall kann — chemisch gesprochen — als einfache Verbindung vorliegen, wie z. B. das Blei im Bleiglanz PbS; es kann aber auch als komplexe Verbindung auftreten, wie z. B. das Kupfer im Kupferkies $Cu_2S \cdot Fe_2S_3$. Im letzten Falle muß im Verlaufe des Schmelzprozesses die komplexe Verbindung gespalten werden, um die nichterwünschten Bestandteile verschlacken zu können.

Außerdem findet sich, ganz abgesehen von der Gangart, auf fast allen größeren Erzlagerstätten und besonders in sulfidischen Lagerstätten dasjenige Mineral, das der Träger des zu erschmelzenden Metalles ist, vergesellschaftet mit meist geringen, gelegentlich aber auch beträchtlichen Mengen anderer Metallminerale, deren Metalle teils als Nebenprodukt mit gewonnen werden können (z. B. Pb, Ni und Co in vornehmlich Cu führenden Erzen), teils gleichfalls verschlackt werden müssen.

Dementsprechend muß ein Verfahren, das der Erschmelzung von Metallen dienen soll, gestatten,

1. die Gangart eines Erzes im Schmelzfluß unter Bildung einer Schlacke von der chemischen Verbindung, in der das zu erschmelzende Metall vorliegt, abzutrennen und

2. die chemische Verbindung des zu erschmelzenden Metalles derart zu sprengen, daß das Metall in Freiheit gesetzt und die übrigen Bestandteile der Verbindung so gebunden werden, daß sie entweder gasförmig entweichen können oder aber schmelzflüssig gleichfalls eine Schlacke bilden,

3. wertvolle, dem der Menge nach vorwiegenden Metalle in geringeren Mengen beigemengte andere Metalle (z. B. Edelmetalle), die als Nebenprodukt gewonnen werden können, vor der Verschlackung zu bewahren und in eine für ihre Zugutemachung geeignete Form überzuführen.

Alle Vorgänge, durch die gediegene Metalle aus einer chemischen Verbindung gelöst und in Freiheit gesetzt werden, sind Reduktionsvorgänge, und es läuft somit jedes hüttenmännische Verfahren zur Erschmelzung von Metallen letzten Endes auf Reduktionsprozesse hinaus.

Mittelbare Verhüttung.

Bei den meisten hüttenmännischen Verfahren, die der Erschmelzung von Metallen dienen, wird die Reduktion chemischer Metallverbindungen zu reinem Metall mittels irgendeines Reduktionsmittels, das im Erz oder Hüttenprodukt selber nicht enthalten ist, durchgeführt. Das meist angewandte Reduktionsmittel ist bekanntlich Kohlenoxydgas; daneben kommt freier Kohlenstoff in Betracht (z. B. Reduktion von SnO_2 mit Holzkohle); neuerdings scheint auch Wassergas wegen seines günstigen thermischen Wirkungsgrades zu größerer Bedeutung zu gelangen[1]. Die für die Reduktion bestgeeigneten Metallverbindungen sind meist die Sauerstoffverbindungen, so daß man andere Verbindungen zunächst in oxydische Form überführt (Rösten) und diese dann reduziert.

Solche Art der Verhüttung von Erzen auf Metall ist, weil über oxydische, sulfatische, chloridische usw. Zwischenprodukte gearbeitet wird, die erst in einem besonderen Prozeß hergestellt werden müssen, und weil des weiteren ein fremdes Reduktionsmittel angewandt wird, eine mittelbare Verhüttung.

Unmittelbare Verhüttung.

Es gibt aber auch Metalle, bei denen verschiedene chemische Verbindungen ein und desselben Metalles gegenseitig reduzierend aufeinander einwirken. Das gilt insbesondere von den Sulfiden und Oxyden des Bleis und des Kupfers.

$$PbS + 2\,PbO = 3\,Pb + SO_2$$
$$Cu_2S + 2\,CuO = 4\,Cu + SO_2$$
$$Cu_2S + 2\,Cu_2O = 6\,Cu + SO_2$$

Unter besonderen Umständen kann eine gleiche Reaktion auch beim Eisen vorkommen:

$$FeS + 2\,FeO = 3\,Fe + SO_2$$

(Bildung von „Eisensäuen"). Bei Nickel und bei Kobalt tritt eine entsprechende Reaktion nicht ein, solange lediglich Nickel- bzw. Kobaltverbindungen im Reaktionsraum zugegen sind. Können die Sulfide und Oxyde beider Metalle aber in Gegenwart der Sulfide und Oxyde des Eisens oder des Kupfers oder gar beider aufeinander einwirken, so tritt wenigstens teilweise gleichfalls Reduktion zu Ni bzw. Co unter Bildung von NiCu oder NiFe resp. der entsprechenden Co-Legierungen ein.

Da sulfidische Erze und Hüttenprodukte verhältnismäßig leicht mittels Luftsauerstoffes wenigstens teilweise in Sauerstoffverbindungen übergeführt werden können, ist es möglich, bei hinreichend hoher Temperatur im Reaktionsraum

---

[1] Vgl. P. W. Uhlmann: Ein neuer Hochofenprozeß. Chemiker-Ztg Jg. 51, S. 37—38, 1927.

Tabelle 1.

Bildungswärme einiger Metallsulfide und -oxyde (in festem Aggregatzustande).

Element	Sulfide		Oxyde	
	Komponenten	Entwickelte Wärmemenge bei Entstehung einer Verbindung in festem Aggr.-Zustand in Cal/g-Mol.	Komponenten	Entwickelte Wärmemenge bei Entstehung einer Verbindung in festem Aggr.-Zustand in Cal/g-Mol.
Ba	$Ba + S$	$+ 102,9$	$Ba + \frac{1}{2}O_2$	$+ 133,4$
Sr	$Sr + S$	$+ 99,3$	$Sr + \frac{1}{2}O_2$	$+ 131,2$
Ca	$Ca + S$	$+ 90,8$	$Ca + \frac{1}{2}O_2$	$+ 145,0$
Mg	$Mg + S$	$+ 79,4$	$Mg + \frac{1}{2}O_2$	$+ 143,4$
Fe	$Fe + S$	$+ 24,0$	$Fe + \frac{1}{2}O_2$	$+ 65,7$
			$2Fe + 1\frac{1}{2}O_2$	$+ 196,6$
			$3Fe + 2O_2$	$+ 270,8$
Mn	$Mn + S$	$+ 45,6$	$Mn + \frac{1}{2}O_2$	$+ 90,9$
			$Mn + O_2$	$+ 125,3$
			$3Mn + 2O_2$	$+ 328,0$
Cu	$2Cu + S$	$+ 20,3$?	$2Cu + \frac{1}{2}O_2$	$+ 43,8$
	$Cu + S$	$+ 10,1$	$Cu + \frac{1}{2}O_2$	$+ 38,7$
Ni	$Ni + S$	$+ 19,5$	$Ni + \frac{1}{2}O_2$	$+ 59,7$
Co	$Co + S$	$+ 21,9$	$Co + \frac{1}{2}O_2$	$+ 63,8$
Zn	$Zn + S$	$+ 43,0$	$Zn + \frac{1}{2}O_2$	$+ 84,8$
Pb	$Pb + S$	$+ 20,3$	$Pb + \frac{1}{2}O_2$	$+ 50,8$
			$Pb + O_2$	$+ 63,4$
Hg	$Hg + S$ rot!	$+ 10,9$	$2Hg + \frac{1}{2}O_2$	$+ 22,2$
			$Hg + \frac{1}{2}O_2$	$+ 21,5$
Ag	$2Ag + S$	$+ 3,0$	$2Ag + \frac{1}{2}O_2$	$+ 7,0$
			$3Ag + 2O_2$	$+ 21,0$?

Tabelle 2.

Wärmeentwicklung bei verschiedenen Oxydationsvorgängen.

Oxydationsvorgang	Entwickelte Wärme in Cal/g-Mol.	Bei Oxydation von 1 kg Sulfid (bzw. Oxyd) werden frei Cal
$BaS + 1\frac{1}{2}O_2 = BaO + SO_2$	99,8	589,0
$SrS + 1\frac{1}{2}O_2 = SrO + SO_2$	101,2	845,5
$CaS + 1\frac{1}{2}O_2 = CaO + SO_2$	123,5	1711,9
$MgS + 1\frac{1}{2}O_2 = MgO + SO_2$	133,3	2363,9
$FeS + 1\frac{1}{2}O_2 = FeO + SO_2$	111,0	1262,7
$2FeS + 3\frac{1}{2}O_2 = Fe_2O_3 + 2SO_2$	287,2	1633,5
$3FeS + 5O_2 = Fe_3O_4 + 3SO_2$	406,7	1542,1
$2FeO + \frac{1}{2}O_2 = Fe_2O_3$	65,2	453,8
$3FeO + \frac{1}{2}O_2 = Fe_3O_4$	73,3	341,9
$MnS + 1\frac{1}{2}O_2 = MnO + SO_2$	114,6	1317,2
$MnS + 2O_2 = MnO_2 + SO_2$	149,0	1712,2
$3MnS + 5O_2 = Mn_3O_4 + 3SO_2$	399,1	1529,1
$Cu_2S + 1\frac{1}{2}O_2 = Cu_2O + SO_2$	92,8	582,9
$Cu_2S + 2O_2 = 2CuO + SO_2$	126,4	793,9
$Cu_2O + \frac{1}{2}O_2 = 2CuO$	33,6	234,7
$CuS + 1\frac{1}{2}O_2 = CuO + SO_2$	97,9	1023,6
$NiS + 1\frac{1}{2}O_2 = NiO + SO_2$	109,5	1206,6
$CoS + 1\frac{1}{2}O_2 = CoO + SO_2$	111,2	1221,4
$ZnS + 1\frac{1}{2}O_2 = ZnO + SO_2$	111,1	1140,2
$PbS + 1\frac{1}{2}O_2 = PbO + SO_2$	99,8	417,3
$PbS + 2O_2 = PbO + SO_2$	112,4	469,9
$HgS + 1\frac{1}{2}O_2 = HgO + SO_2$	79,9	343,4
$2HgS + 2\frac{1}{2}O_2 = Hg_2O + 2SO_2$	139,0	298,7

unter Ausnutzung obiger Reduktionsreaktionen sulfidische Rohstoffe der genannten Metalle ohne Anwendung irgendeines besonderen Reduktionsmittels und in einer einzigen Schmelzoperation auf Metall zu verhütten.

Ein besonderer Vorteil dieser Art der Verhüttung sulfidischer Erze und Hüttenprodukte ist es noch, daß die Oxydation der Sulfide mittels Luftsauerstoffes meist stark exotherm und die Reduktionsreaktion zwischen Metallsulfid und -oxyd meist nur schwach endotherm verläuft, so daß, namentlich wenn große Mengen von Eisensulfiden gegenwärtig sind, die oxydiert und verschlackt werden müssen, verhältnismäßig wenig organischer Brennstoff zur Schaffung der Reaktionstemperatur erforderlich ist. Die Wärmeentwicklung bei der Oxydation verschiedener Sulfide gibt Tab. 2 an, die sich aus den in Tab. 1 angegebenen Bildungswärmen der Sulfide und Oxyde errechnen läßt. Vergleicht man die bei der Oxydation verschiedener Sulfide in Freiheit gesetzten Wärmemengen, so zeigt sich, daß unter den in der Natur als Sulfid vorkommenden Metallen das Fe, Cu, Ni, Co und Zn durch außerordentlich stark exothermen Verlauf der Oxydation sich auszeichnen. Diese Tatsache ist für die unmittelbare Verhüttung von Cu, Ni und Co insofern von hervorragender Bedeutung, als die sulfidischen Minerale dieser Metalle in vererztem Zustande stets mit gewissen, meist mit sehr bedeutenden Mengen von Eisensulfiden vergesellschaftet sind und ein sehr beträchtlicher Anteil der für den Schmelzprozeß erforderlichen Wärmemenge aus der Oxydation der Metallsulfide und besonders der Eisensulfide gewonnen werden kann. Auch Wärme als Mittel zur Verhüttung braucht in diesem Falle nur (im Vergleich mit beispielsweise Pb-Sulfiden) in verhältnismäßig geringem Maße künstlich und von außen zugeführt zu werden, so daß also insbesondere pyrithaltige sulfidische Cu-, Ni- und Co-Erze im wahrsten Sinne des Wortes unmittelbar verhüttet werden können.

Im Gegensatz zur mittelbaren Verhüttung, bei der, was die Gasatmosphäre im Ofen anbetrifft, der Reaktionsraum mit reduzierend wirkenden Gasgemischen erfüllt ist, herrscht in den Schmelzapparaturen der unmittelbaren Verhüttung stets oxydierende Atmosphäre.

Im Gegensatz zur mittelbaren Verhüttung, bei der die gesamte zur Schaffung der Reaktionstemperatur benötigte Wärmemenge durch Verbrennung von Kohlenstoff (meist in Form von Schmelzkoks) erzeugt werden muß — abgesehen von dem für die Reduktion erforderlichen Kohlenstoff —, verlangt die unmittelbare Verhüttung nur einen verhältnismäßig geringen Aufwand an Kohlenstoff, der lediglich der Erzeugung derjenigen Zusatzwärmemenge dient, die die Differenz zwischen der für die Reaktionstemperatur erforderlichen Wärmemenge und der durch die Oxydationsprozesse in Freiheit gesetzten Wärmemenge deckt, selbstverständlich zuzüglich eines Koeffizienten, der die theoretische Differenz in die Praxis übersetzt.

Im Gegensatz zur mittelbaren Verhüttung, bei der um der guten Verteilung des Heizmittels wie des Reduktionsmittels willen auf innige Durchmischung der Ofenbeschickung mit Koks und auf einen möglichst kohlenstoffreichen und schwefelfreien Koks größtes Gewicht gelegt werden muß (selbst auf Kosten des Heizwertes), kommt es bei unmittelbarer Verhüttung darauf an, den Brennstoff möglichst unverbrannt bis an diejenige Stelle im Ofen zu bringen, wo die Schlackenbildung stattfindet und wo daher auch die größte Menge an Zusatzwärme gebraucht wird, also vor und dicht über die Düsen. Es kommt lediglich auf hohen Heizwert an, so daß neben wasserstoffreichem Koks auch Anthrazit als Brennstoff gut geeignet ist. Der Schwefelgehalt des Brennstoffes spielt gar keine Rolle, was sich im Preise desselben durchaus bemerkbar macht. Staubförmige Brennstoffe, flüssige Brennstoffe oder Heizgase sind, wenn es technisch gelingt, sie durch die Düsen zu feuern, am willkommensten.

Ist die von einem verhältnismäßig reinen sulfidischen Cu-, Ni- oder Co-Erz bei seiner Oxydation in Freiheit gesetzte Wärmemenge zur Schmelzung des Erzes und zur Schlackenbildung nicht hinreichend, so kann an Stelle von organischen Brennstoffen auch Eisensulfid, und zwar am besten Pyrit gegichtet werden, der, wenn er hochwertig ist, unter Umständen so viel Zusatzwärme liefert, daß man organischen Brennstoffes fast völlig entraten kann; daß das bei seiner Oxydation anfallende Eisenoxydul verschlackt werden muß, ist selbstverständlich. Pyrit kann also als Brennstoff, als Heizmaterial verwandt werden, wenngleich auch die zu gichtenden Mengen an Pyrit erheblich größer sind, als die äquivalenten Mengen organischen Brennstoffes. Es ist eine reine Preisgestaltungsfrage, ob man eine Verringerung des Erzdurchsatzes zugunsten der Anwendung billigeren Pyrites einem erhöhten Erzdurchsatz unter Anwendung vielleicht sehr teuren organischen Brennstoffes vorzieht. Beim sog. rein-pyritischen Schmelzen, das heute allerdings kaum mehr geübt wird, gelingt es bekanntermaßen, unter sonst günstigen Umständen metallhaltige Pyrite mit quarzigem Zuschlag ohne jeglichen Zusatz organischen Brennstoffes niederzuschmelzen unter Bildung von Steinen und Eisenoxydulsilikatschlacke, wobei der Wärmebedarf vornehmlich aus der Oxydation von FeS zu FeO (111000 cal/g-Mol.) und der Bildungswärme der Eisenoxydulsilikatschlacke (für $FeO \cdot SiO_2 = 10\,600$ cal pro g-Mol.) gedeckt wird. (Nicht, wie häufig in der Literatur zu finden ist, vornehmlich aus der Verbrennung von S zu SO_2, die 69260 cal/g-Mol. liefert.)

Silbererze, die unter Umständen schon abbauwürdig sein können, wenn sie nur wenige Zehntel Prozent Ag enthalten, Gold führende Quarze und die zahlreichen Vorkommen edelmetallhaltiger sulfidischer Erze lassen sich unter geeigneten Verhältnissen mittels Pyrit schmelztechnisch zugute machen, wie dies z. B. in Freiberg i. Sa., in Kongsberg (Norwegen), Schemnitz und Zalathna (Ungarn), im Altai und in den Black Hills von South Dakota (U. S. A.) geschehen ist, wo als Edelmetallsammler Eisensteine und später Cu-haltige Eisensteine, also Cu-arme Kupfersteine, benutzt wurden[1].

Wirtschaftliche Aussichten der unmittelbaren Verhüttung.

Bieten auf der einen Seite die günstigen thermischen Verhältnisse, durch die die unmittelbaren Verhüttungsprozesse sich auszeichnen, erhebliche wirtschaft-

---

[1] Vgl. Br. Kerl: Handbuch der metallurgischen Hüttenkunde Bd. 4, S. 63—76, 1865. — N. v. Jossa u. N. v. Kurnakow: Die Blei-, Silber- und Kupferhüttenproduktion am Altai. Berg- u. Hüttenm. Ztg Jg. 45, S. 177—179, 187—190, 195—198, 1886. — E. Gybbon Spilsbury: Notes on the General Treatment of South-Ern Gold Ores, and Experiments in Matting Iron Sulphides. Transactions Amer. Inst. Ming. Eng. Bd. 15, S. 767—775, 1887. — W. L. Austin: Matting Dry Auriferous Silver Ores. Transactions Amer. Inst. Ming. Eng. Bd. 16, S. 257—269, 1888. — Franklin R. Carpenter: Pyritic Smelting in the Black Hills. Transactions Amer. Inst. Ming. Eng. Bd. 30, S. 764—777, 1900.

liche Vorteile, so ist vielfach der Anfall beträchtlicher Mengen von SO_2 als Nachteil dieser Verfahren ins Feld geführt worden, ein Argument, das heute jegliche Stichhaltigkeit verloren hat, weil es jetzt gelingt, Hüttenabgase mit sogar nur 1 % SO_2-Gehalt unter wirtschaftlichen Bedingungen auf Schwefelsäure zu verarbeiten, so daß auch die Hütten der Mansfeld A.-G. heute ihre mit Bezug auf die durchgesetzten Erzmengen doch recht geringen Schwefelmengen in überdies SO_2-armen Gichtgasen mit gutem Erfolge auf Schwefelsäure verarbeiten. Das Rauchschadenproblem, das über den unmittelbaren Verhüttungsprozessen lange Zeit wie ein Damoklesschwert geschwebt hat, ist heute gebannt. Zu bekämpfen bleibt nur noch eine manchmal vorhandene geradezu unbegreifliche Angst aller an der Produktion nicht Beteiligten vor den „geradezu verheerenden Verwüstungen", die die Abgase schon einer kleinen oder mittleren unmittelbar verhüttenden Anlage angeblich „in der weitesten Umgegend hervorrufen", wobei den Geängstigten aber unbekannt ist, daß die Kokereien des Ruhrgebietes z. B. in diesem doch unbestreitbar dicht bevölkerten Teile Deutschlands täglich 400 t SO_2 in die Luft entlassen, ohne daß, wie auf den Hütten, besondere Vorkehrungen zur Erzielung einer starken und innigen Verdünnung der SO_2-haltigen Gase getroffen sind, und ohne daß besonders auffälliger Schaden durch SO_2 festzustellen wäre.

Wenn heute Wirtschaftler oder in der Metallhüttenindustrie stehende Kaufleute die Aussichten erwägen, die die Zugutemachung mittlerer oder gar kleinerer Cu-, Ni- oder Co-Erzlagerstätten bietet, so wird oft der falsche Schluß gezogen, daß — besonders mit Bezug auf Kupfererzlagerstätten — es sich bei ärmeren Lagerstätten (soll heißen mit 0,8—5 % Cu) gar nicht verlohne, ihre Ausbeutung und Zugutemachung in Angriff zu nehmen, da bei den ins Riesenhafte gehenden Abmessungen einiger nord- und südamerikanischer Lagerstätten und Hüttenwerke die Produktion auf kleineren und mittleren Werken niemals auf dem Metallmarkte konkurrenzfähig würde. Das ist zum mindesten für sulfidische Erzlagerstätten grundsätzlich falsch. Die „Messina Development Co. Ltd." in Transvaal z. B. baut auf einer schmalen Ader sulfische Kupfererze im Tiefbau ab, die 3 % Cu enthalten und frei von Edelmetallen oder sonstigen marktlich verwertbaren Nebenbestandteilen sind. Vom 1. Juli 1925 bis 30. Juni 1926 wurden 198 643 t Erz gefördert und auf der durch 275 km Anschlußgleis mit der nächsten Hauptbahnstrecke verbundenen Hütte zugute gemacht. In der gleichen Zeit wurden 5398 t Cu mit 99,09 % Cu verladen. In dem in Rede stehenden Betriebsjahre wurde ein Reinverdienst von 93 610 £ verzeichnet, woraus sich ergibt, daß die gesamten Gestehungskosten (einschließlich tatsächlich vorgenommener Abschreibungen usw.) 42,66 £/t Fertig-Cu oder 1,159 £/t Fördererz betragen haben. Ein anderes noch kleineres und transporttechnisch noch schwieriger gelegenes Berg- und Hüttenunternehmen balancierte, als bei einer Jahresproduktion von 2500 t Cu (99,6 proz.) und 3,5—5 proz. Erz die gesamten Gestehungskosten 46 £/t betrugen.

Gerade für transporttechnisch ungünstig gelegene Werke ist die unmittelbare Verhüttung oftmals das wirtschaftlichste, wenn es gilt, metallarme Pyrite oder dergleichen Erze zu verarbeiten. Weit verbreitet ist die unmittelbare Verhüttung von Hüttenprodukten (Steinen usw.) bekanntlich als Verblasen im Konvertor.

Die Kupferhütte der „Minneapolis Copper Mining Co.", 65 km südwestlich von Cumpas im Moctezumadistrikt, Sonora, Mexiko z. B., die komplexe Erze mit Cu = 10%, Fe = 25%, S = 30—35%, Zn = 1,5%, As = 4%, Sb = 0,5%, Al_2O_3 = 4%, SiO_2 = 14%, Ag = 108,5 g/t und Au = 7,75 g/t reduzierend verschmolz, wobei 15—18% der Beschickung an Koks gebraucht wurden bei einem Kokspreise loco Hütte = 125—145 M., wäre wegen dieses Kokspreises wirtschaftlich unweigerlich zum Tode verurteilt gewesen, wenn es nicht gelungen wäre, durch Umstellung auf unmittelbare Verhüttung den Koksverbrauch auf rund 4% der Beschickung herabzusetzen[1].

Wenn man die Gründe näher untersucht, die in so bedeutenden Werken wie der Mt. Lyell Smelter (Tasmania) und der Anyox Smelter in Brit. Columbia dazu geführt haben, daß diese jahrzehntelang in der unmittelbaren Verhüttung von sulfidischen Erzen führenden Werke gerade in diesen Jahren die unmittelbare Verhüttung verlassen und große Flotationsanlagen zur Aufbereitung ihrer Erze bauen, deren Konzentrate dann in Flammöfen verschmolzen werden sollen, so zeigt sich, daß es nicht Mängel des Verfahrens gewesen sind, die die Umstellung herbeiführten, sondern daß die zur unmittelbaren Verhüttung geeigneten und guten Erze im Laufe der Jahre abgebaut sind und nunmehr auch pyritarme und daher wärmetechnisch ungünstige Erze verhüttet werden müssen, die eine unmittelbare Erzverhüttung wirtschaftlich nicht mehr gestatten.

Eines allerdings darf nicht außer acht gelassen werden. Die unmittelbare Verhüttung von Erzen stellt an die Fähigkeiten, die Geschicklichkeit und die Erfahrung der Schmelzer und des Hüttenmannes erheblich größere Anforderungen als die reduzierenden Verfahren. Sollen äußerste Ersparnisse an organischen Brennstoffen erzielt werden, so ist die ständige exakte Kontrolle des Ofenganges und der Betriebskosten unerläßlich. Genaue Beobachtung der physikalisch-chemischen Vorgänge im Ofen, peinliche Überwachung der Korngröße der Beschickung und der richtigen Bemessung der Windmengen sind Grundbedingungen für den Erfolg. Werden diese Grundbedingungen erfüllt, dann kann aber mit unmittelbarer Verhüttung manches fernab von guten Transportwegen und von Kohlenlagerstätten gelegene Erzvorkommen ausgebeutet und zugute gemacht werden, dessen Erschließung bei Anwendung reduzierender Verfahren zur Erschmelzung seiner Metalle niemals hätte lohnend werden können.

II. Die sulfidischen Erze und Hüttenprodukte sowie ihre Herrichtung für die unmittelbare Verhüttung.

(Einschließlich der in Frage kommenden Brennstoffe und Zuschläge.)

Wenngleich, wie sich aus Vorstehendem ergibt, die unmittelbare Verhüttung im wesentlichen nur für das Erschmelzen von Kupfer, Nickel, Kobalt — und in beschränktem Maße Silber — aus ihren sulfidischen Erzen sowie für das Konzentrieren von Edelmetallen in Betracht kommt, so spielen bei dieser Art der Verhüttung doch oftmals auch Blei und Zink sowie unter Umständen Queck-

---

[1] Vgl. St. Pratt: Semi-Pyritic Smelting in Mexiko. Engg. Min. J. Bd. 95, S. 1191 bis 1192, 1913.

silber und Wismut eine nicht zu vernachlässigende Rolle, ganz abgesehen von der grundlegenden Bedeutung der Sulfide des Eisens für die thermische Durchführbarkeit des Prozesses. Dazu kommt, daß die zu verhüttenden Erze und Hüttenprodukte nicht immer als reine Sulfide vorliegen. Oftmals müssen auch beigemengte Antimonide bzw. Arsenide mit verhüttet werden; oder aber es liegen Erze vor, die komplexe Verbindungen (Sulfantimonide oder Sulfarsenide) darstellen.

Im folgenden sollen daher alle wichtigeren als Minerale auftretenden Metallsulfide, -arsenide und -antimonide, deren Kenntnis für den Hüttenmann von Bedeutung ist, kurz gekennzeichnet und neben den Eisensulfiden die wichtigsten Kupfer-, Nickel-, Kobalt- und Silber- und goldhaltigen Silbererze eingehender behandelt werden.

Die angegebenen Prozentgehalte beziehen sich auf reine Minerale, nicht auf normale Fördererze.

Antimon

Antimonglanz (Grauspießglanzerz, Antimonit) Sb_2S_3 $Sb = 71,8\%$ $S = 28,2\%$

Arsen

Realgar As_2S_2 $As = 70,0\%$ $S = 30,0\%$

Arsenikalkies (Arseneisen, Löllingit) Fe_2As_3 $As = 66,8\%$ $Fe = 33,2\%$

Auripigment (Rauschgelb) As_2S_3 $As = 60,9\%$ $S = 39,1\%$

Arsenkies (Mispickel, Arsenikkies, Arsenopyrit) $FeAsS$ $As = 46,1\%$ $Fe = 34,3\%$ $S = 19,6\%$
(führt häufig Edelmetall, vornehmlich Gold)

Blei

Bleiglanz (Galenit) PbS $Pb = 86,6\%$ $S = 13,4\%$
(führt fast immer Silber)

Schwarzspießglaserz (Bournonit) $(PbCu_2)_3Sb_2S_6$ $Pb = 42,6\%$, $Cu = 13,0\%$ $Sb = 24,6\%$
$S = 19,8\%$
(führt nie Silber!)

Eisen

Magnetkies (Pyrrhotit) Fe_5S_6 bis $Fe_{12}S_{13}$ $Fe = 59,2\%$ bis $62,1\%$
$S = 40,8\%$ bis $37,9\%$
(wenn als magmatische Ausscheidung auftretend, meist 2—3% bis zu 6—7% Ni in Gestalt von beigemengtem Pentlandit)

Schwefelkies (Pyrit, Eisenkies) FeS_2 $Fe = 46,6\%$ $S = 53,4\%$
(gelegentlich Gold führend)

Speerkies (Markasit) FeS_2 $Fe = 46,6\%$ $S = 53,4\%$

Kupfer

Kupferglanz (Chalcocit) Cu_2S $Cu = 79,8\%$ $S = 20,2\%$

Kupferindig (Covellin) CuS $Cu = 66,4\%$ $S = 33,6\%$

Buntkupfererz (Bornit) $3Cu_2S \cdot Fe_2S_3$ $Cu = 55,5\%$ $Fe = 16,4\%$ $S = 28,1\%$
(meist relativ reicher an Cu)

Enargit $3Cu_2S \cdot As_2S_5$ $Cu = 48,3\%$ $As = 19,1\%$ $S = 32,6\%$

Famatinit $3Cu_2S \cdot Sb_2S_5$ $Cu = 43,4\%$ $Sb = 27,3\%$ $S = 29,3\%$

Kupferkies $Cu_2S \cdot Fe_2S_3$ $Cu = 34,5\%$ $Fe = 30,5\%$ $S = 35,0\%$

Kupferfahlerze (Tetraedrit)
$x(3Cu_2S \cdot Sb_2S_3) \cdot (6ZnS \cdot Sb_2S_3)$ $Cu = 30—40\%$ $Zn = 3—6\%$ $Sb:$ rd. 25%
1—5% Sb können durch As ersetzt werden.

Kupferantimonfahlerz
mit $\quad$ Cu = 46,8 % $\quad$ meist 2—5 % Fe vorhanden. Ag = 0,05 bis

$\qquad$ Sb = 29,5 % $\quad$ 2,00 % steigend; gelegentlich bis über 12 %

$\qquad$ S = 23,7 % $\quad$ steigend, wodurch die Kupferfahlerze als „dunk-

$\qquad\qquad\qquad$ les Weißgültigerz" zu Silbererzen werden

Kupferarsenfahlerz mit Cu = 52,6 %

$\qquad$ As = 20,8 %

$\qquad$ S = 26,6 %

Weißkupfererz (Chal- $\quad$ $Cu_2S \cdot Fe_4S_5$ $\quad$ Cu = 23,4 % $\quad$ Fe = 41,1 % $\quad$ S = 35,5 %

mersit u. Cuban)

Barracanit $\qquad$ $CuS \cdot Fe_2S_3$ $\quad$ Cu = 20,9 % $\quad$ Fe = 36,8 % $\quad$ S = 42,3 %

Kupferwismutglanz $\quad$ $Cu_2S \cdot Bi_2S_3$ $\quad$ Zusammensetzung stark schwankend.

Dazu kommt auch als Kupfererz noch der schon unter Blei erwähnte Bournonit mit rd. 13,0 % Cu.

Nickel

Gelbnickelkies (Haar- $\quad$ NiS $\quad$ Ni = 64,7 % $\quad$ S = 35,3 %

kies, Millerit) $\qquad$ (selten selbständig, aber häufig Pyriten und

$\qquad\qquad\qquad$ Kupferkiesen beigemengt)

Rotnickelkies (Kupfer- $\quad$ NiAs $\quad$ Ni = 43,5 % $\quad$ As = 56,5 %

nickel, Nickelin) $\qquad$ (As kann bis zu 28 % durch Sb ersetzt werden.

$\qquad\qquad\qquad$ Etwas Ni ist häufig durch Fe oder Co ersetzt)

Arsennickelkies (Nickel- $\quad$ $NiS_2 \cdot NiAs_2$ $\quad$ Ni = 35,4 % $\quad$ As = 45,3 % $\quad$ S = 19,3 %

glanz, Nickelarsen- $\qquad$ (seltenes Mineral, fast nur als Beimengung auf-

glanz, Gersdorffit) $\qquad$ tretend)

Weißnickelkies $\qquad$ $NiAs_2$ $\quad$ Ni = 28,2 % $\quad$ As = 71,8 %

(Chloanthit)

Antimonnickelkies $\qquad$ $NiS_2 \cdot NiSb_2$ $\quad$ Ni = 27,9 % $\quad$ Sb = 56,9 % $\quad$ S = 15,2 %

(Nickelantimonglanz, $\qquad$ (seltenes Mineral, fast nur als Beimengung auf-

Ullmannit) $\qquad$ tretend)

Eisennickelkies (Pent- $\quad$ (Fe, Ni)S $\quad$ Ni im Mittel = 18—21 %, steigend bis 40 %.

landit od. Folgerit) $\qquad$ (Selten allein auftretend, fast allen Magnet-

$\qquad\qquad\qquad$ kiesen beigemengt)

Horbachit $\qquad$ $(Fe, Ni)_2S_3$ $\quad$ Zusammensetzung schwankt.

Polydymit $\qquad$ $(Ni, Fe, Co)_4S_5$ meist mehr Ni als Fe und Co.

Dazu kommt auch noch der meist mehr Ni als Co enthaltende Kobaltkies (vgl. unter Kobalt).

Kobalt

Kobaltglanz (Glanz- $\quad$ CoAsS $\quad$ Co = 35,4 % $\quad$ As = 45,3 % $\quad$ S = 19,3 %

kobalt, Kobaltin)

Speißkobalt (Smaltin) $\quad$ $CoAs_2$ $\quad$ Co = 28,2 % $\quad$ As = 71,8 %

Kobaltkies (Kobalt- $\quad$ $(Co, Ni)_3S_4$ $\quad$ Co = 29,0 % $\quad$ Ni = 29,0 % $\quad$ S = 42,0 %

nickelkies, Linneit) $\qquad$ (fast immer mehr Ni als Co enthaltend)

Quecksilber

Zinnober (Cinnabarit) $\quad$ HgS $\quad$ Hg = 86,2 % $\quad$ S = 13,8 %

Silber

Silberglanz (Argentit) $\quad$ Ag_2S $\quad$ Ag = 78,1 % $\quad$ S $\,$ = 12,9 %

Jalpait $\qquad$ $3 Ag_2S \cdot Cu_2S$ $\quad$ Ag = 72,0 % $\quad$ Cu = 14,0 % $\quad$ S = 14,0 %

Eugenglanz (Polybasit) $\,$ $(Ag, Cu)_9SbS_6$ $\quad$ Ag = 72—64 % Cu = 10—3 %

$\qquad\qquad\qquad$ Sb = 11 bis $\quad$ S $\,$ = 16—17 %

$\qquad\qquad\qquad\quad$ 0,25 %

Sprödglaserz (Stephanit) Ag_5SbS_4 $\quad$ Ag = 68,5 % $\quad$ Sb = 15,2 % $\quad$ S = 16,3 %

Antimonsilber (Dis- $\quad$ Ag_2Sb bis $\quad$ Ag = 64—94 %

krasit) $\qquad$ $Ag_{13}Sb$

Lichtes Rotgültigerz (Arsensilberblende, Proustit)	$3Ag_2S \cdot As_2S_3$	$Ag = 69,9\%$	$As = 16,2\%$	$S = 13,9\%$
Dunkles Rotgültigerz (Antimonsilberblende, Pyrargyrit)	$3Ag_2S \cdot Sb_2S_3$	$Ag = 63,7\%$	$Sb = 23,7\%$	$S = 12,6\%$
Silberkupferglanz (Stromeyerit)	$(Cu, Ag)_2S$	$Ag = 53,1\%$	$Cu = 31,1\%$	$S = 15,8\%$
Silberantimonglanz (Miargyrit)	$Ag_2S \cdot Sb_2S_3$	$Ag = 32,8$ bis $36,4\%$		
Weißgültigerz	stark Ag-haltiges Kupferfahlerz	Ag bis zu 30 %		

Wismut

Wismutglanz(Bismutin)	Bi_2S_3	$Bi = 81,2\%$	$S = 18,8\%$

Zink

Zinkblende (Blende, Sphalerit)	ZnS	$Zn = 67,0\%$ $S = 33,0\%$ (mit Fe-Gehalt von 1—18 % und gelegentlich Cd bis zu 3 %. Isomorphe Mischung von $2ZnS + FeS$ heißt Christophit, $3ZnS + FeS$ heißt Marmatit)
Wurtzit	ZnS	wie Zinkblende, mit Fe-Gehalt bis zu 8 %

Als Erze werden Mineralvorkommen bezeichnet, wenn sie vorwiegend Verbindungen der Schwermetalle enthalten und in örtlich so großer Anhäufung vorkommen, daß sie ein volkswirtschaftliches Wertobjekt darstellen. Im vorstehenden Mineralienverzeichnis sind eine Reihe von Metallverbindungen aufgeführt, die infolge ihrer verhältnismäßig nur geringen Verbreitung in der Natur nicht als Erze bezeichnet werden können und auch selten oder nie selbständig Gegenstand der Verhüttung sind, deren Kenntnis aber deshalb von Bedeutung ist, weil sie in untergeordnetem Maße als Beimengungen in wirklichen Erzen vorkommen und in dieser Form gelegentlich einen mehr oder weniger großen Einfluß auf die Abwicklung der Schmelzprozesse ausüben, bzw. die Gewinnung handelsfähiger Nebenprodukte wie arsenige Säure u. dgl. gestatten.

Mineralogische Zusammensetzung, Vorkommen auf Erzlagerstätten, chemische und physikalische Eigenschaften der sulfidischen Erze.
Pyrite.

Spez. Gew. = 4,9—5,2.   Härte = 6—6,5.

Vorkommen[1]. 1. Als magmatische Ausscheidungen in basischen Eruptivgesteinen (Sudburydistrikt in Ontario, Kanada),

2. als intrusive, magmatische Spaltungsprodukte, an basische Tiefengesteine gebunden (Sulitjelma und Röros in Norwegen, Huelva in Spanien),

3. als Kontaktlagerstätten in Kontakten saurer bis mäßig saurer Eruptiva (Clifton-Morenci-Distrikt in Arizona; Cannanea im nördlichen Mexiko; Con-

---

[1] Die lagerstättenkundliche Kenntnis des Vorkommens der zu verhüttenden Erze ist für den Hüttenmann deshalb von nicht zu unterschätzender Bedeutung, weil sie u. a. Anhaltspunkte für die Schwankungen im Metallgehalt der Erze (für Probenahme wichtig — s. später) vermittelt, weil sie mit den auftretenden und zu verschlackenden Beimengungen bekannt macht und anderes mehr.

cepción del Oro in Zacatecas, Mexiko; Kjedabek und Kwarzchana im Transkaukasus),

4. als Erzgänge. Die Pyritgänge erreichen selten derartige Mächtigkeiten,
daß sie mit den meist linsenförmigen intrusiven Lagerstätten oder den Kontaktlagerstätten konkurrieren können; praktisch daher von geringer Bedeutung,

5. als metasomatische, intrusive Erzlager (Meggen bei Halberstadt),

6. als sedimentäre, intrusive Erzlager (Rammelsberg), (Imprägnationen in
Schiefern sind im allgemeinen bedeutungslos).

Wirklich reiner Pyrit kommt verhältnismäßig selten vor. Meist ist dem Pyrit
etwas Markasit beigemengt, der seine Widerstandsfähigkeit gegen die Verwitterung beträchtlich herabsetzt. An fremden metallischen Beimengungen finden
sich im Pyrit sulfidische Verbindungen von Cu, Ni, Co, As, Pb, Zn, Ag sowie
gediegen Au und Ag; außerdem gelegentlich Th.

Für die Schwefelsäurefabrikation werden arsenfreie Pyrite bevorzugt, und
man rechnet im allgemeinen, daß 100 kg Pyrit im Mittel 249,4 kg 50 grädige
Schwefelsäure gleich 155,9 kg konzentrierter Schwefelsäure sowie 70 kg Abbrände
liefern (kupferfreie Kiesabbrände werden unter dem Namen purple-ore als Eisen-
erz gehandelt).

Die Verbrennungswärme von reinem Pyrit wurde ebenso hoch wie die von
Markasit, nämlich gleich 1550 cal in der Mahler-Bombe bestimmt[1].

Den Hüttenmann interessieren in erster Linie diejenigen Pyrite, die fremde
Metalle beigemengt enthalten. Hüttentechnisch von Bedeutung sind folgende
Beimengungen:

Kupfer. Kupfer tritt im Pyrit als Kupferkies, Kupferglanz, Buntkupfererz,
und gelegentlich als Kupferindig auf. Die Beimengungen von Kupfererzen im
Pyrit sind stets fein verteilte, mechanische Beimengungen; chemische Bindungen
zwischen dem Pyrit und seinen sulfidischen Beimengungen bestehen nicht.
Welcher mineralogischen Art die den Pyriten beigemengten Kupfersulfide sind,
läßt sich oftmals leicht auf metallographischem Wege im Anschliff ermitteln,
wobei sich Pyrit als bleichmessinggelbes Mineral präsentiert, das von Salpetersäure nur schwach angeätzt wird, während Buntkupfererz violettbraun bis kupfer-
rot erscheint, und durch Salpetersäure leicht angegriffen wird. Kupferglanz, der
schwarz-bleigrau ist, zeigt beim Ätzen mit Salpetersäure eine typische Blaufär-
bung. Der gelbgrüne Kupferkies ist in verdünnter Salpetersäure nur schwach
löslich, und der stahlgrau bis schwarze Enargit löst sich in Salpetersäure überhaupt nicht, sondern nur in Königswasser[2].

Über die chemische Zusammensetzung geben die beigefügten Analysen kupferhaltiger Pyrite Aufschluß, wobei bezüglich der japanischen Erze besonders darauf
hingewiesen sei, daß es sich dabei um sehr feinkörnige Erze handelt, bei denen die
Abtrennung des beigemengten Schwerspates bzw. der beigemengten Zinkblende
durch Aufbereitungsmethoden bislang praktisch nicht durchgeführt worden ist.

Nickel. Da alle Vorkommen sulfidischer Nickelerze an ausgesprochen basische
Gesteine gebunden sind, findet sich Nickel als Beimengung in Pyriten nur da,

---

[1] Cavazzi, A.: Kalorimetrische Untersuchungen über Pyrit u. Markasit. Rendie delle
Sessioni della R. Acad. della Sc. dell' Instituto di Bologna, N. S. 2, S. 205—209, 1898.

[2] Vgl. F. Simpson: The relation of copper to pyrit in the Lean copper ores of Butte,
Montana. Econom. Geol. Bd. 3, S. 628.

Tabelle 3. Analysen einer Anzahl

Nr.	Vorkommen	% S	% Fe	% Cu	% Pb	% Zn	% As
1	Arnsberger Revier.	51,44	46,37	1,00	—	—	0,61
2	Arnsberger Revier.	47,64	44,98	2,06	—	—	Spur
3	Schneeberg, Erzgeb.	48,93	43,40	3,00	—	—	0,67
4	Rio Tinto, Spanien	49,60	42,88	2,26	0,52	0,10	0,28
5	Rio Tinto, Spanien	49,30	41,41	5,81	0,66	Spur	0,31
6	Tharsis, Spanien	47,50	41,92	4,21	1,52	0,22	0,38
7	San Domingos, Portugal . .	49,80	43,55	3,20	0,93	0,37	0,47
8	Sulitjelma, Norwegen . . .	45,00	40,00	3,50	0,03	1,00	—
9	Röros, Norwegen	45,00	42,00	2,25	0,08	4,75	—
10	Altan Tepe, Rumänien . .	41,80	37,80	4,40	—	—	—
11	Hütte Karabasch, Ural . .	45,50	38,00	3,50	0,20	2,50	0,50
12	Konjuchowskischacht, Ural .	44,90	38,08	3,86	—	1,38	—
13	Tisowjeschacht, Ural	49,60	42,90	2,69	—	0,97	—
14	Bogoslowsk	16,00	24,00	6,00	—	—	—
15	Blagodatny, Ural	42,52	35,69	2,38	1,00	—	0,23
16	Blagodatny, Ural	40,97	34,79	4,57	1,12	?	?
17	Blagodatny, Ural (Stuff) . .	49,83	44,60	3,93	—	—	?
18	Kwarzchana, Anatolien . . .	37,48	40,31	5,32	0,49	2,27	0,52
19	Kwarzchana, Anatolien . . .	43,52	36,34	6,44	0,59	3,66	1,01
20	Kwarzchana, Anatolien . . .	40,57	36,32	6,25	0,45	2,60	1,81
21	Kosaka-Mine, Japan	33,00	27,69	3,21	0,58	5,20	—
22	Kano-Mine, Japan	22,26	19,74	2,27	1,07	12,82	—
23	St. Maria del Oro, Mexiko .	19,00	26,00	—	—	—	—
24	St. Maria del Oro, Mexiko .	35,00	40,00	?	—	—	—
25	Milan Mine, New Hampsh. .	46,00	40,00	3,75	—	4,00	Spur
26	Davis Sulph. Ore, Mass. . .	42,10	35,40	1,40	—	5,50	Spur
27	Montezuma Pyrit, Dakota .	32,30	31,70	Spur	—	—	—
28	Bion Pyrit, Dakota	37,03	31,75	Spur	—	—	—
29	Burra Burra Mine, Arizona .	30,27	37,60	2,13	—	1,86	—
30	London Mine, Arizona . . .	21,00	31,99	3,00	—	0,80	—
31	Polk County Mine, Ariz. . .	20,43	33,80	2,40	—	2,81	—
32	Tilt Cove, Neufundland . .	34,98	37,06	3,69	—	—	0,01
33	Mount Lyell, Tasmania . .	46,50	40,30	2,35	—	—	—

Nr. 1—3: Hintze, C.: Handbuch der Mineralogie Bd. 1. S. 768, 1904.

Nr. 4—5: Vogt: Das Huelva-Kiesfeld. Z. prakt. Geol. 1899, S. 241—254.

Nr. 6—7: Lunge: Handbuch d. Schwefelsäurefabrikation Bd. 1, S. 78, 1916.

Nr. 8—9: Ullmann: Enzyklopädie d. Techn. Chemie Bd. 10, S. 211, 1922.

Nr. 10: Pasca, R.: Die Erzlagerstätte von Altan Tepe (Dobrudscha). Annuarul. Inst. geol. al Romaniei Jg. 8, S. 453—484, 1914. Bukarest 1921.

Nr. 11: Stickney, A. W.: Pyritic Copper Deposits at Kyshtim. Mining Magazine Febr. 1916.

Nr. 12—13: Ascjew: Die Kupfergewinnung im Bezirk Kyshtim. Gornij Jurnal Bd. 88. Deutsch in Metallurgie Jg. 10 (N. F. 1), S. 108—118, 1913.

Nr. 14: Stickney, A. W.: Copper Smelting at Bogoslowsk, Ural. Engg. Min. J. Bd. 95, S. 605—606, 1913.

Nr. 15—17: Ortin, M. F.: Die Verschmelzung gold- u. silberhaltiger Kupfererze auf den Blagodatny-Werken. Metallurgie Jg. 10 (N. F. 1), S. 543—554, 586—595, 612—628, 1913.

Nr. 18—20: Eigene Untersuchungen des Verfassers.

wo der Pyrit als magmatische Ausscheidung vorliegt. Das gilt insbesondere von dem kanadischen Vorkommen im Sudburydistrikt, wo nickelhaltige Pyrite neben den bekannten nickelhaltigen Magnetkiesen auftreten. Unter der Bezeichnung „Blueit" ist auf mehreren Gruben des Sudburydistriktes, besonders denen der Emmens Metal Co., ein olivgrauer bis bronzefarbener Pyrit vom spez. Gew. 4,2

wichtiger kupferhaltiger Pyrite.

% Un-löslich	% SiO$_2$	% CaO	% MgO	% Al$_2$O$_3$	% BaSO$_4$	Au g/t	Ag g/t	Bemerkungen
—	—	—	—	—	—	—	—	
—	—	—	—	—	—	—	—	
—	2,94	0,18	—	—	—	—	—	O als Fe$_2$O$_3$ = 0,15 %
—	2,00	0,14	—	—	—	—	—	O = 0,25 %
—	—	—	—	—	—	—	—	
—	5—6	—	—	—	—	—	—	
—	—	—	—	—	—	—	—	
—	13,60	—	—	—	—	3,20	15,00	
—	2,00	1,00	0,50	1,00	5,50	3,20	32,00	
—	3,19	0,60	—	0,94	4,29	—	—	
—	2,00	Spur	—	1,31	—	—	—	+ 0,17 % Mn
—	27,00	9,50	—	12,00	—	—	—	
—	15,55	—	—	—	—	36,14	335,60	+ 0,35 % Sb
—	15,17	—	—	—	—	40,91	349,80	
—	1,24	—	—	—	—	10,60	757,80	
3,80	3,75	0,48	—	0,01	—	?	—	+ 0,36 % CO$_2$, 7,48 % SO$_3$
7,33	6,08	3,82	0,06	0,79	—	?	—	+ 0,44 % SO$_3$
9,61	7,85	0,18	0,11	1,26	—	?	—	+ 1,62 % SO$_3$
—	10,59	—	—	4,08	14,30	—	—	
—	19,70	—	—	5,78	3,98	—	—	
—	42,00	3,00	2,00	7,00	—	19,40	—	
—	18,00	2,00	2,00	3,00	—	11,93	—	
—	6,25	—	—	—	—	—	—	
—	6,10	—	—	—	—	—	—	
—	19,35	2,57	0,30	7,63	—	—	—	
—	23,95	—	—	—	—	—	—	
—	9,39	0,67	1,57	8,88	—	—	—	+ 0,40 % Mn
—	26,30	6,10	2,50	4,40	—	—	—	
—	20,68	7,12	2,09	3,72	—	—	—	+ 0,38 % Mn
—	13,23	0,60	—	2,47	—	—	—	+ 0,12 % Sb
—	4,40	—	—	2,00	2,50	—	—	

Nr. 21: Paul, W.: Über die Kupferindustrie Japans. Metallurgie Bd. 5, S. 495—502, 1908.

Nr. 22: Eissler, M.: Copper Smelting in Japan. Transactions Amer. Inst. Ming. Eng. Bd. 51, S. 700—742, 1916.

Nr. 23—24: Linton, R.: Mining Scient. Press. San Franzisko 1908.

Nr. 25—26: Wie Nr. 8—9.

Nr. 27—28: Pietrusky, K.: Metallurgische Praxis in den Black Hills von South Dakota. Metallurgie Jg. 2, S. 81—88, 116—125, 131—141, insbes. S. 83, 1905.

Nr. 29, 31: Alabaster, R. C. und H. F. Wintle: Pyritic Smelting. Transactions Inst. Mining Metallurgy, London Bd. 15, S. 269—298, 1905/06.

Nr. 30: Channing, J. P.: Pyrite smelting. Engg. Min. J. Bd. 79, S. 1195—1198. Diskussion 1905.

Nr. 32: Nichols, F. S.: Pyritic Smelting at Tilt Cove, Newfoundland. Engg. Min. J. Bd. 86, S. 482, 1908.

Nr. 33: Report of the Secretary of Mines of Australia. Ref. Mineral Ind. 1903.

bekannt, der als Nickelträger Rotnickelkies und Arsennickelkies enthält und außerdem noch mit nickelhaltigem Magnetkies sowie mit Kupferkies durchsetzt ist. Als „Whartonit" findet sich auf der Blezard Mine, nordöstlich von Sudbury, ein stark nickelhaltiger, bronzegelber Pyrit, der sich dadurch auszeichnet, daß er bis zu 10 % Magnetit in fein verteiltem Zustande enthält. Während

Blueit und Whartonit[1] sich in den nachfolgenden Analysen als kupferfrei erweisen, zeigt der nickelführende Pyrit von der Murray-Mine Spuren von Kupfer[2].

Analysen einiger nickelhaltiger Pyrite[3].

Nr.	Vorkommen	S	Fe	Cu	Ni	Un-löslich
34	„Blueit", Sudbury, Ontario, Kanada . . .	52,30	38,80	—	3,50	5,40
35	Derselbe nach Abzug des Unlöslichen . . .	55,29	41,01	—	3,70	—
36	„Whartonit", Sudbury, Ontario, Kanada . .	45,00	42,90	—	5,40	4,80
37	Derselbe nach Abzug des Unlöslichen sowie 10 % magnetischen Materials	52,29	41,44	—	6,27	—
38	Murray Mine, NW von Sudbury	49,31	39,70	Spur	4,34	5,76
39	Derselbe nach Abzug des Unlöslichen . . .	52,35	42,14	Spur	4,61	—
40	In den ausgeschiedenen 10 % magnetischen Anteiles des „Whartonit".	7,00	66,55	—	—	—
	Im unmagnetischen Anteil desselben. . . .	52,60	40,40	—	—	—

Kobalt. Kobalt findet sich als Beimengung im Pyrit verhältnismäßig selten und in der Hauptsache nur in Fahlbändern, also sedimentären oder intrusiven Einlagerungen in kristallinen Schiefern, die Pyritgänge begrenzen und selber gelegentlich noch etwas Pyrit führen. In den jetzt stilliegenden Bauen des sächsischen Erzgebirges war früher fast stets fahlbandartig etwas Kobalt anzutreffen, trat aber der Menge nach gegen den Nickelgehalt der dort geförderten Erze zurück. Auf den zur Zeit in Abbau befindlichen Pyritlagerstätten ist nirgends Kobalt in nennenswerter Menge bekanntgeworden.

Analysen einiger nickel- und kobalthaltiger Pyrite[4].

Nr.	Vorkommen	S	Fe	Cu	Ni	Co	As	
41	Unbekannt	51,35	42,68	—	4,13	1,97	—	
42	Freiberg/Sa.	52,20	37,40	1,83	5,48	3,16	—	Spuren Ag
43	Freiberg/Sa.	53,36	37,59	—	5,78	3,33	—	
44	French Creek, Pa. .	54,08	44,24	0,05	0,18	1,75	0,20	

Arsen. Arsen ist in den Pyritlagerstätten sehr verbreitet, allerdings mit der einen Einschränkung, daß in magmatischen Ausscheidungen Arsen selten ist, und es mithin in den nickelhaltigen Pyriten eigentlich stets fehlt. Mineralogisch tritt Arsen meist als Arsenkies auf, in welcher Form es eine wichtige Rolle als Träger von Gold spielt. Daneben bringt auch ein Gehalt an Enargit selbstverständlich Arsen mit sich. Am häufigsten findet man Arsen in denjenigen Pyriten, die Kontaktlagerstättten oder Erzgängen entstammen. Mit fast un-

---

[1] Emmens, bei Pennfield. Amer. J. Scient. Bd. 45, S. 490, 1893.

[2] Walker: Amer. J. of Science Bd. 47, S. 313, 1894.

[3] Hintze, C.: Handbuch der Mineralogie Bd. 1, S. 768, 1904.

[4] Die bei der Abhandlung der einzelnen Erze beigegebenen Analysen sollen mit den verschiedenartigsten Vorkommen der Erze bekanntmachen und zeigen, wie außerordentlich schwankend die chemische Zusammensetzung ein- und desselben Erzes — im Gegensatz zu reinen Mineralien — sein kann, infolge fein verteilter Beimengungen fremder Minerale. Um solche „Erztypen" vorführen zu können, sind die angeführten Analysen nicht nur auf solche Erzlagerstätten beschränkt worden, die sich gerade heutzutage in Abbau befinden; sondern es mußten auch Vorkommen herangezogen werden, auf denen heutzutage Bergbau nicht mehr umgeht; besteht doch jeden Augenblick die Möglichkeit, daß eine neue Lagerstätte erschlossen wird, die einer alten fast vergessenen sehr ähnelt, so daß Vergleichsanalysen willkommen sein können.

fehlbarer Sicherheit hat man Arsen dann zu erwarten, wenn Schwerspat oder Flußspat als Gangmineralien dem Pyrit beigemengt sind, worauf vor fast 80 Jahren schon Breithaupt hingewiesen hat[1].

Blei und Zink. Blei und Zink sind zwar verhältnismäßig häufig den Pyriten beigemengt, finden sich aber meist nur in untergeordnetem Maße, und zwar in Gestalt von Bleiglanz und Zinkblende. In größeren Mengen treten diese beiden Mineralien als Beimengungen auf, wenn der Pyrit in Verbindung steht mit Kupfer-, Blei-, Zinkerzlagerstätten, wie das z. B. im Rammelsberg und in einigen japanischen Lagerstätten (u. a. Tsubaki) der Fall ist. In beiden Fällen trifft man sämtliche denkbaren Übergänge und Mischungen von sulfidischen Kupfer-, Blei- und Zinkerzen mit Pyrit. Interessant ist in dieser Beziehung die Nebeneinanderstellung von Rammelsberger Kupfererzen, Rammelsberger Pyriten und den Rammelsberger melierten Erzen, wie sie Beischlag-Krusch-Vogt geben[2].

Analysen einiger Rammelsberger Erze.

	Kupfererz I	Kupfererz II	Pyrit	Meliertes Erz
Fe. . . .	24,56 %	33,55 %	35,94 %	13,65 %
S	32,08 %	38,39 %	38,72 %	24,44 %
Cu . . .	18,32 %	10,10 %	2,24 %	4,45 %
Ni . . .	0,06 %	0,07 %	0,07 %	0,06 %
Co. . . .	0,02 %	0,01 %	0,04 %	0,00 %
As. . . .	0,10 %	0,11 %	0,15 %	0,06 %
Sb . . .	0,12 %	0,12 %	0,08 %	0,13 %
Pb . . .	4,73 %	2,31 %	2,10 %	10,69 %
Zn . . .	9,75 %	4,50 %	4,50 %	20,25 %
Bi. . . .	0,12 %	0,11 %	0,12 %	Spur
SiO_2 . . .	1,49 %	2,24 %	2,95 %	2,86 %
$CaCO_3$ . .	1,79 %	4,22 %	5,90 %	4,09 %
$MgCO_3$ . .	0,30 %	0,69 %	1,07 %	0,92 %
Al_2O_3 . .	0,71 %	0,53 %	1,57 %	1,36 %
$BaSO_4$ . .	2,93 %	0,62 %	0,52 %	13,82 %
Alkali . .	0,26 %	1,30 %	1,84 %	1,94 %
Ag . . .	150 g/t	70 g/t	50 g/t	150 g/t
Au . . .	1,3 g/t	1,5 g/t	1,1 g/t	1,5 g/t

Edelmetalle. Unter den Edelmetallen findet sich das Silber im Pyrit meist als Sulfid, wohingegen Gold fast ausschließlich in gediegenem Zustand vorhanden ist. Silber findet sich in den Kieslagerstätten im allgemeinen nur in geringen Mengen, es sei denn, daß nennenswerte Mengen von Bleiglanz, der ja fast immer silberhaltig ist, dem Pyrit beigemengt sind; Gold hingegen ist im Pyrit sehr verbreitet. Der Silbergehalt schwach kupferhaltiger Pyrite ist selten geringer als daß auf 5000 Teile Kupfer 1 Teil Silber kommt. In Norwegen und Südspanien rechnet man im allgemeinen auf 1000—1500 Teile Kupfer 1 Teil Silber. Nur in dem sehr bedeutenden Erzdistrikt von Butte, Montana, stellt sich der Silbergehalt der Pyrite höher, nämlich 1 Teil Silber auf 400 Teile Kupfer, wobei allerdings auch der Silbergehalt der oxydischen Teile der Erzlagerstätte mit eingerechnet ist. Bezüglich des Goldgehaltes, der sehr schwankt, läßt sich nur sagen, daß im allgemeinen auf 25—100 Teile Silber 1 Teil Gold entfällt. In denjenigen Pyriten, in denen Arsenkies auftritt, ist der Goldgehalt meist erheblich höher. Von Interesse ist die Beobachtung, daß bei der Verwitterung goldhaltiger Pyrite das Gold aus der Verwitterungsrinde fort und in das Innere des unverwitterten Pyritkernes hineinwandert[3].

---

[1] Vgl. Breithaupt: Häufiger Arsengehalt in Eisenkiesen. Ann. Physik u. Chemie, herausgeg. v. J. C. Poggendorf Bd. 77, S. 141—143, 1849.

[2] Beischlag-Krusch-Vogt: Die Lagerstätten der nutzbaren Minerale u. Gesteine Bd. 2, S. 635, 1913.

[3] Mietzschke, W.: Verwitterung goldhaltiger Pyrite. Z. prakt. Geol. Jg. 1896, S. 279—280.

Magnetkiese.

Spez. Gew. = 4,5—4,6.   Härte = über 3, bis über 4.

Vorkommen. 1. Als magmatische Ausscheidungen, linsen- oder stockförmig, gebunden an gabbroide Gesteine (echte Gabbros und ihre Verwandten) (Sudburydistrikt, Ontario, Kanada),

2. als intrusive Erzlager in kristallinen Schiefern und Gneisen. Diese Vorkommen sind meist sehr arm an Nickel und Kupfer und daher wirtschaftlich von geringer Bedeutung (Bodenmais in Bayern und viele der norwegischen Vorkommen),

3. als Fahlbänder in kristallinen Schiefern (Kongsberg, Norwegen).

Während die Pyrite oftmals durch ihren Cu-Gehalt zu Kupfererzen werden, aber Nickel selten in ihnen auftritt, findet sich in den meisten Magnetkiesen ein Nickelgehalt, der so hoch sein kann, daß sie Bedeutung erlangen als Nickelerze. Tatsächlich sind ja für die Weltwirtschaft die nickelhaltigen Magnetkiese des Sudburydistriktes das wichtigste Nickelerz. Die Erzreserven dieses Distriktes werden heute mit 150 Mill. t Erz veranschlagt, allerdings mit schwankendem Ni-Gehalt. Daraus ergibt sich aber — selbst wenn man nur einen Ni-Gehalt von 1 % in Rechnung zieht — ein Nickelvorrat von mindestens 1,5 Mill. t Ni, der den für die neukaledonischen (in der Südsee) Garnieritlagerstätten von Guillet[1] mit 160 000 t Ni angegebenen Nickelvorrat in silikatischen Erzen um rund das Zehnfache übertrifft. Kupfer tritt in Magnetkiesen gegenüber Nickel zurück.

Nickelgehalt. Der Nickelgehalt in den Magnetkiesen beruht auf einer Beimengung von Pentlandit, (Fe, Ni) S, der sehr innig mit dem Magnetkies verwachsen ist[2]. Magnetisch läßt sich der Magnetkies vom unmagnetischen Pentlandit zwar trennen, jedoch kommt für die Praxis eine solche Trennung zur Zeit nicht in Frage wegen der sehr bedeutenden Mahlkosten, die durch den hohen Feinheitsgrad entstehen, auf den vermahlen werden muß, wenn die Trennung einigermaßen quantitativ sein soll. Der Nickelgehalt beträgt bei den magmatisch ausgeschiedenen Magnetkiesen selten unter 2—3 %. In der Flaadgrube in Evje (Norwegen) z. B. enthält ausgeklaubter reiner Magnetkies 5—6 % Ni; der Durchschnittsnickelgehalt der Fördererze jedoch beläuft sich auf 2—2,5 %. Bei den Magnetkiesen von Sudbury schwankt Ni von rund 4,5 bis rund 6 % im Mittel, bezogen auf reines Sulfiderz, ohne taube Beimengungen. Ein ähnlicher Nickelgehalt findet sich auch in den im Zusammenhang mit Hornblendegesteinen stehenden bedeutenden Magnetkieslagerstätten von Georges Bay sowie am Mount Ramsay und am Mount Bischoff auf Tasmanien. Besonders hoch ist der Nickelgehalt der tasmanischen Magnetkieslagerstätten am Pinguin-River. Arm an Ni hingegen sind die Magnetkiese in Fahlbändern (Skandinavien, deutsches Erzgebirge, Kanada), die selten über 0,4 % Ni führen. Außer Pentlandit findet sich in den kanadischen Magnetkiesen gelegentlich etwas Polydymit. Als Begleit-

---

[1] Guillet, L.: La situation de la métallurgie du nickel (semaine du nickel, 16—27 octobre 1927 à Paris). Rev. Métall. Bd. 24, Nr. 11, S. 621—626, 1927.

[2] Campbell, W., u. C. W. Knight: Microscopic Examination of Nickeliferous Pyrrhotites. Engg. Min. J. Bd. 82, S. 909—812, 1906.

minerale treten in Ni-haltigen Magnetkieslagerstätten häufig Magnetit und Ilmenit auf.

Die Erzkörper der großen magmatisch entstandenen Magnetkieslagerstätten bestehen selten aus reinem sulfidischen Erz. Fast stets sind den Erzkörpern mehr oder minder große Mengen von taubem Gestein in ziemlich feiner Verteilung beigemengt, und es hat sich besonders im Sudburydistrikt gezeigt, daß zwar der Cu-Gehalt der Fördererze in keiner Beziehung zu den Mengen beigemengten tauben Gesteines steht, daß aber der Ni-Gehalt (also der Pentlanditgehalt) durchaus von dem Reinheitsgrade des Erzkörpers abhängig ist. Mit zunehmender Menge von tauben Beimengungen fällt der Ni-Gehalt und umgekehrt. Von besonderem Interesse ist auch der von H. M. Roberts und R. L. Longyear[1] gebrachte Nachweis eines gewissen Zusammenhanges zwischen Ni- und Cu-Gehalt in dem Sinne, daß sie sich komplementär ergänzen, d. h. fällt Ni, so steigt Cu und umgekehrt.

Analysen einiger Diamantbohrkerne aus dem Erzkörper von Sudbury[1].

Bohrloch-Nr.	193	302	146	85	310	25	115
SiO$_2$ . . . %	41,00	35,08	27,92	35,09	29,68	31,44	19,55
Fe . . . . %	20,25	22,70	27,65	24,95	27,80	24,80	35,50
S . . . . %	9,55	12,41	15,26	16,08	16,21	10,63	20,87
As . . . . %	0,06	0,08	0,03	0,08	0,21	0,07	Spur
Cu . . . . %	0,80	1,56	0,74	1,59	0,88	0,87	0,61
Ni . . . . %	1,14	1,43	1,96	1,55	2,15	1,19	2,97
Cu + Ni . %	1,94	2,99	2,70	3,14	3,03	2,06	3,58
Co . . . . %	Spur	0,92	0,01	0,01	0,03	0,01	0,01
Ag . . . . g/t	9,331	4,976	6,221	9,331	5,599	6,221	1,224
Au . . . . g/t	0,093	0,404	0,156	0,062	0,218	0,435	0,124
Pt . . . . g/t	0,093	0,218	0,280	0,124	0,218	0,187	0,124

Ein großer Teil des tauben Gesteines kann vor der Verhüttung durch Handklaubearbeit und durch Aufbereitung ausgehalten werden, so daß ein hochwertigeres Konzentrat zum Verschmelzen gelangt.

Kobaltgehalt. In den nickelhaltigen Magnetkiesen ist auch Kobalt ziemlich verbreitet, wenngleich auch in einer Menge, die wirtschaftlich im allgemeinen bedeutungslos ist. Man kann meist mit einem Verhältnis von Co : Ni = 1 : 10—20 rechnen. In Skandinavien entfällt 1 Teil Co auf 8—15 Teile Ni; im Sudburydistrikt ist das Verhältnis Co : Ni = 1 : 40.

Kupfergehalt. Das Kupfer liegt meist als reiner Kupferkies oder als mit Pyrit verwachsener Kupferkies vor. In Skandinavien entspricht 1 Teil Cu meist 1,3—2 Teilen Ni. Die kanadischen Magnetkiese sind etwas kupferreicher und führen durchschnittlich 1 Teil Cu auf 0,8—1,5 Teile Ni.

Edelmetallgehalt. Der Gehalt an Edelmetallen schwankt recht bedeutend, und es läßt sich daher kein Durchschnittsverhältnis von Ag zu Ni aufstellen. Auch Pt und Pd sowie in untergeordnetem Maße Au kommen in nickelhaltigen Magnetkiesen vor. Meist beträgt das Verhältnis Ag : Au = 50—25 : 1. In Kanada, dessen Lagerstätten sich ja auch im Ni- und Co-Gehalt von vielen

---

[1] Roberts, Hugh M., u. Robert David Longyear: Genesis of the Sudbury Nickel-Copper Ores as indicated by recent Explorations. Transactions Amer. Inst. Ming. Eng. Bd. 59, S. 27—67, 1918.

anderen Lagerstätten unterscheiden, entfallen auf 600000 Teile Ni rund 120 Teile Ag, 4 Teile Pt und nur 1 Teil Au, wobei das Pt als Sperrylith ($PtAs_2$) auftritt; außerdem gelegentlich bis zu 6 Teile Pd.

Analysen einiger Magnetkiese[1].

Nr.	Vorkommen	Sp.G.	S	Fe	Ni	Cu	Bemerkungen
1	Todtmoos	4,16	40,46	56,58	1,82	0,45	
2	Horbach	4,70	40,03	55,96	3,86	—	+ 0,48 Co
3	Kinzigtal	—	39,93	58,31	0,63	0,36	+ 0,10 Pb, 0,15 As
4	Hilsen, Norwegen	4,58	40,27	56,57	3,16	—	
5	Modum, Norwegen	—	40,46	56,03	2,80	0,40	
6	Klefva, Norwegen	4,67	37,54	58,19	3,04	0,45	+ 0,09 Co, 0,23 Mn
7	Xalostoc, U.S.A.	4,54	38,59	55,82	5,59	—	
8	Sudbury, Kanada	4,51	38,91	56,39	4,66	—	
9	Elizabethtown, Kanada	4,62	39,02	60,56	0,11	—	+ 0,31 (Cu, Co, Mn) + 0,04 SiO_2

Sulfidische Kupfererze.

Vorkommen. 1. Als magmatische Ausscheidungen (O'okiep in Klein-Namaland, Südafrika),

2. als magmatisch-intrusive Lagergänge in metamorphen Schiefern (Ducktown in Tennessee, Mount Lyell in Tasmanien, wahrscheinlich auch Mitterberg in Salzburg) und bei Andesitdurchbrüchen in kristallinen Schiefern (Bor in Serbien),

3. als Kupfererzgänge, gebunden an saure bis mäßig saure Eruptivgesteine (Butte in Montana, Kosaka und Ashio in Japan),

4. als Kupfererzgänge in Serpentinen (Arghana-maden in Anatolien) und basischen Augitgesteinen (Chañarcillo in Chile),

5. als Fahlerzgänge, meist in paläozoischen metamorphen Schiefern (Schwaaz und Brixlegg in Tirol; Chile) und Silber-Kupfer-Erzgänge (Cerro de Pasco in Peru und chilenische Lagerstätten),

6. als metasomatisch-intrusive Erzlager (Tsumeb-Otavi in den tiefsten Abbausohlen, Katanga),

7. als sedimentäre intrusive Erzlager (Mansfeld).

Die sulfidischen Kupfererzlagerstätten neigen sehr stark zu sekundären Metallverlagerungen, und es ist daher für den Hüttenmann unter Umständen wichtig, zu wissen, ob die von ihm zu verhüttenden Erze aus dem Eisernen Hut, der Zementationszone oder aus der primären Lagerstätte stammen.

Die wichtigsten genetisch primär auftretenden sulfidischen Kupfererze sind Kupferkies, Enargit und die Kupferfahlerze. In untergeordnetem Maße tritt auch Buntkupfererz als primäres Erz auf (vornehmlich in Südamerika). Kupferglanz und Kupferindig sind kennzeichnend für genetisch sekundär gebildete Lagerstätten, z. B. für die Zementationszone. In den primären Kupferkies-, Enargit- und Kupferfahlerzlagerstätten finden sich in mehr oder minder reichem Maße Beimengungen von Pyrit, gelegentlich von Magnetkies, selten von Buntkupfererz und Kupferglanz.

---

[1] Hintze, C.: Handbuch der Mineralogie Bd. 1, S. 653—655, 1904.

Die wirtschaftlich bedeutungsvollsten sulfidischen Kupfererze sind Kupferkies und Enargit. Im Jahre 1910 war Kupferkies einschließlich geringer Mengen von Buntkupfer und Kupferglanz mit 60—65% an der Weltkupferproduktion beteiligt, und der Enargit nahm mit 5% daran teil. Heute sind die Verhältnisse etwas zugunsten der oxydischen Erze und innerhalb der Sulfide zugunsten des Enargits verschoben. Sowohl die oxydischen als auch die sulfidischen Fördererze weisen selten über 7% Cu auf, da die Kupferminerale fast nie in größeren selbständigen derben Massen vorkommen, sondern immer mit anderen Erzen und mit Gangart vergesellschaftet auftreten. Hochschild[1] hat für das Jahr 1912 — und heute gelten noch niedrigere Zahlen — den durchschnittlichen Cu-Gehalt aller Fördererze wie nebenstehend festgelegt.

	Cu	
Spanien	1,41 %	vornehmlich sulfidisch
Nordamerika . .	1,50 %	gemischt
Deutschland . .	2,33 %	vornehmlich sulfidisch
Australien . . .	3,00 %	viel sulfidische Erze
Serbien	5,67 %	vornehmlich sulfidisch
Afrika	6,47 %	gemischt (Tsumeb)
Chile	7,28 %	1912 wohl noch vornehmlich sulfidisch, jetzt gemischt. Diese Zahl dürfte durch Chuquicamata heute erheblich gesunken sein.

Kupferkies. Lagerstätten reinen Kupferkieses sind verhältnismäßig selten. Lagerstätten von mit Pyrit vermengtem Kupferkies dagegen finden sich weitaus häufiger, wobei meist der Pyrit der Menge nach bei weitem überwiegt. Solche Lagerstätten müssen aber als Kupferlagerstätten bezeichnet werden, weil ihr wirtschaftlicher Wert eben in ihrem Kupfergehalt liegt. So beträgt z. B. der Durchschnittsgehalt der kiesigen Lagerstätten von Mount Lyell (Tasmanien) 83% Pyrit + 14% Kupferkies + 2% Schwerspat + 1% Quarz. Als Gangart finden sich auf derartigen Lagerstätten meist Kalkspat, Schwerspat und gelegentlich Flußspat. In hüttenmännischer Beziehung sei auf die Bedeutung des Flußspates besonders hingewiesen, da die Gegenwart von Flußspat im Erz bei edelmetallhaltigen Erzen im Verlaufe der Verhüttung zu erheblichen Edelmetallverlusten durch Verflüchtigung als Fluoride führen kann. Außerdem finden sich in vielen Kupferkiesen geringe Mengen von Nickel und Kobalt, die jedoch im Durchschnitt 0,2% des Kupfergehaltes nicht übersteigen. Antimon und Arsen treten gleichfalls als Beimengungen auf.

Analysen einiger Kupferkiese[2].

Nr.	Vorkommen	S	Cu	Fe	Bemerkungen
1	Müsen, Westfalen	34,51	34,89	30,04	
2	Göllnitz, Ungarn	34,96	28,98	31,22	+ 4,92 Gangart
3	Grube Terriccio, Prov. Pisa, Italien. . . .	41,31	15,96	38,48	+ 4,25 Gangart
4	Orijärvi, Finnland	36,33	32,20	30,03	+ 2,23 Gangart
5	Brillador, Prov. Coquimbo, Chile	33,80	36,70	26,00	+ 2,60 Gangart
6	Los Sapos, Chile	29,00	28,30	26,40	+16,00 Gangart
7	Grube Oropesa, Prov. Huaraz, Peru . . .	34,03	34,96	30,81	+ 0,13 Ag
8	Wheatly Mine b. Phenixville, Penns., U.S.A.	36,10	32,85	29,93	+ 0,35 Pb

Enargit. Der Enargit wurde früher als ein typisch südamerikanisches Erz bezeichnet, und auch heute findet sich in Europa eigentlich nur eine Lagerstätte

---

[1] Hochschild, M.: Studien über die Kupfererzeugung der Welt. 1913.
[2] Hintze, C.: Handbuch der Mineralogie Bd. 1, S. 955, 1904.

von erheblicher Bedeutung, die viel Enargit führt, nämlich Bor in Serbien. Zudem ist Enargit aber z. B. bis zu 30% den sulfidischen Kupfererzgängen von Butte in Montana beigemengt und auch sonst nicht selten. Bemerkenswert ist, daß der Enargit oftmals beträchtliche Gehalte an Silber aufweist, vornehmlich, wenn er Zink führt. Die dem Enargit analoge Antimonverbindung hat bislang nur an einer Stelle in der Welt eine wirtschaftliche Bedeutung erlangt, nämlich in der Sierra de Famatina in Argentinien, von wo sie als Famatinit bekannt ist.

Analysen einiger Enargite[1].

Nr.	Vorkommen	S	As	Sb	Cu	Fe	Bemerkungen
1	Bor, Serbien	33,00	17,94	—	36,62	7,07	
2	Grube Cosihuiriachic, Chihuahua, Mexiko	31,86	17,17	—	50,08	0,09	
3	Grube Camotera bei Sayapullo, Peru	31,84	18,36	—	28,77	14,44	$+ 5,97\,Zn + 0,62\,Ag$
4	Gruben San-Pedro-Nolasco, Santiago, Chile	21,10	11,40	6,40	48,50	4,80	$+ 2,30\,Zn + 0,30\,Ag$
5	Grube San-Pedro-Alcantara, Prov. Rioja, Arg.	30,48	17,16	1,97	47,83	1,31	$+ 0,52\,Zn + 0,73\,Pb$
6	Mancayan, Distr. Lepanto, Luzon, Philippinen	33,45	16,13	0,53	48,19	2,80	
7	National Bell Mine in San Juan, Corado, U.S.A.	33,53	15,28	1,48	47,67	1,49	
8	Morning Star Mine in California, U.S.A.	31,66	13,70	6,03	45,95	0,72	$+ 1,08\ SiO_2$

Analysen von Famatinit[2].

Nr.	Vorkommen	S	As	Sb	Cu	Fe	Zn
1	Grube Mejicana-Upulungos, Sierra Famatina, Rioja, Argentinien	29,07	4,09	21,78	43,64	0,83	0,59
2	Cerro de Pasco, Peru	33,46	7,62	10,93	41,11	6,43	—

Fahlerze. Unter den Kupferfahlerzen sind die Antimonfahlerze viel verbreiteter als die Arsenfahlerze; daneben treten aber auch quecksilberhaltige

Analysen einiger Kupferfahlerze[3].

Nr.	Vorkommen	S	Sb	As	Cu	Fe	Zn	Ag	Bemerkungen
1	Kapnik, Ungarn	28,00	22,00	—	37,75	3,25	5,00	0,25	
2	Szaszka, Ungarn	25,98	0,10	19,11	53,60	0,39	—	0,08	
3	Schwaaz, Tirol	26,65	20,86	6,39	38,16	3,38	4,51	—	$+ 0,25\ Hg$
4	Aus der Gand b. Landeck, Tirol	22,41	22,21	—	35,12	2,05	0,62	—	$+ 17,59\ Hg$
5	Pyschminsk b. Beresowsk, Ural	26,10	21,47	2,42	40,57	2,92	5,07	0,56	
6	Teniente, Rancagua, Chile	30,50	20,30	—	38,60	1,59	6,80	—	
7	Araqueda, Cajabamba, Peru	23,51	17,21	7,67	42,00	8,28	0,49	0,55	
8	Mollie Gibson-Mine bei Aspen, Colorado, U.S.A.	25,04	0,13	17,18	35,72	0,42	6,90	13,65	$+ 0,86\ Pb$
9	Eldrige Mine in Virginia, U.S.A.	28,46	5,10	16,99	40,64	4,24	3,39	0,42	$+ Spur\,Au,$ $1,24\ SiO_2$

[1] Vgl. C. Hintze: Handbuch der Mineralogie Bd. 1, S. 1181—1182, 1904.
[2] Ebenda, S. 1184.   [3] Ebenda, S. 1114—1119.

Fahlerze auf wie z. B. die Hg-haltigen Kupfer-Arsen-Fahlerze mit rund 15% Hg von Dobschau u. Kapnik in Ungarn, von Schwaaz in Tirol und von Teniente in der Provinz Rancagua (Chile). Ihren oftmals beträchtlichen wirtschaftlichen Wert verdanken die Fahlerze aber vornehmlich ihrem fast stets vorhandenen Silbergehalt, der bis zu 30% und mehr anwachsen kann, so daß die Kupferfahlerze zu wertvollen Silbererzen werden und bei steigendem Silbergehalt schließlich den Namen Weißgültigerz erhalten.

Buntkupfererze. Das Buntkupfererz ist an und für sich ziemlich verbreitet, tritt es doch häufig neben Kupferglanz und Kupferindig in genetisch sekundären Kupfererzlagerstätten auf. In sedimentär-intrusiver Lagerstätte findet es sich im Mansfelder Kupferschiefer. Die Rolle eines selbständigen, wirtschaftlich bedeutenden Kupfererzes spielt es in Bor (Serbien), O'okiep (Klein-Namaland), in Peru, Bolivien und Chile. Es ist dabei auffällig, daß Buntkupfererz als selbständiges primäres Erz in bedeutenderen Mengen überall da auftritt (ausgenommen O'okiep), wo auch Enargit als wichtiges Erz zu finden ist.

Analysen einiger Buntkupfererze[1].

Nr.	Vorkommen	S	Cu	Fe	Bemerkungen
1	Aus Sanderz von Sangershausen . . .	22,58	71,00	6,41	
2	Aus Kupferschiefer von Eisleben . . .	22,65	69,72	7,54	
3	Ponte Alla Leccia auf Korsika	26,30	50,00	15,40	+ 8,10 Gangart
4	Grube Condurrow b. Camborne, Cornwall	28,24	56,76	14,84	
5	Woitzkische Grube am Weißen Meer, Rußland	25,06	63,03	11,56	
6	Grube Tamaya, Dept. Combarbala, Chile	22,80	66,70	8,00	+ 1,60 Gangart
7	Grube Los Sapos, ebenda	23,10	56,10	17,70	+ 3,10 Gangart
8	Ramos, Mexiko	23,46	62,17	11,79	+ 2,58 Ag

Cuban, Chalmersit, Barracanit. Cuban und Chalmersit zeichnen sich dadurch aus, daß sie zwar wechselnd, aber bezüglich der Intensität fast ebenso stark magnetisch sind wie Magnetkies. Nach Untersuchungen von P. Ramdohr[2] soll Chalmersit viel verbreiteter sein, als man es bisher angenommen hat, und insbesondere einen wichtigen Bestandteil mancher Kupferkies- und Magnetkieslagerstätten bilden, vornehmlich in skandinavischen Lagerstätten und bei Otjonzongati (Südwestafrika).

Analysen von Chalmersit und Cuban sowie von Barracanit[3].

Nr.	Vorkommen	S	Cu	Fe	Bemerkungen
	Cuban				
1	Barracanao, Kuba	34,01	23,00	42,51	
2	Kafveltorp bei Nyakopparberg, Schweden	34,62	22,69	40,71	+ 1,11 Zn, 0,38 Unlösl.
	Barracanit				
1	Barracanao, Kuba	39,35	21,05	38,80	+ 1,90 SiO_2

Kupferglanz und Kupferindig. Beide Minerale spielen als Erze nur eine untergeordnete Rolle. Der Hüttenmann muß sie aber deshalb besonders beachten,

---

[1] Hintze, C.: Handbuch der Mineralogie Bd. 1, S. 915—916, 1904.

[2] Ramdohr, P.: Beobachtungen über Chalmersit. Metall u. Erz Jg. 22, S. 471—474, 1925.

[3] Hintze, C.: Handbuch der Mineralogie Bd. 1, S. 918. 1904.

weil beide in ihrem Cu-Gehalt sehr hochwertigen Minerale, die häufig im Gemenge mit Kupferkies, Buntkupfererz und anderen sulfidischen Kupfererzen vorkommen, außerordentlich weich sind und sich daher beim Transport und bei der Verarbeitung sehr leicht abreiben, so daß bei ihrer Gegenwart nicht unerhebliche Verluste im Gesamtkupfergehalt der jeweiligen Erze durch mechanischen Abrieb eintreten können. Vom Kupferindig sei noch gesagt, daß er das wichtigste Kupfer führende Mineral der Pyritlagerstätten des Huelvabezirkes in Spanien (Rio Tinto usw.) ist, und daß gerade auf der Anwesenheit von Kupferindig die dort besonders günstige Möglichkeit der Kupfergewinnung aus den Rio-Tinto-Kiesen auf dem Wege der Laugerei beruht.

Analysen einiger Kupferglanze[1].

Nr.	Vorkommen	S	Cu	Fe	Bemerkungen
1	Wenzler Gang bei Przibram, C.S.R. . . .	21,71	73,20	3,78	+ 0,81 Ag
2	Bygland-Grube, Telemarken, Norwegen	20,43	77,76	0,91	
3	Strömsheien in Sätersdalen, Norwegen .	20,36	79,12	0,28	
4	Catamarca, Argentinien	26,71	48,82	6,64	+ 9,16 As, 7,52 SiO_2, 0,74 Zn
5	Polk Co., East Tennesse, U.S.A. . . .	20,60	76,40	0,65	+ 1,07 Pb, 0,20 Ag

Analysen von Kupferindig[2].

Nr.	Vorkommen	S	Cu	Fe	Bemerkungen
1	Algodonbai bei Coquimbo, Chile . . .	34,23	65,77	—	
2	Butte, Montana, U.S.A.	33,87	66,06	0,14	+ 0,14 Unlösl.

Edelmetallgehalt der sulfidischen Kupfererze. In fast allen sulfidischen Kupfererzen findet sich ein gewisser Gehalt an Edelmetall. Der Silbergehalt beträgt durchschnittlich bis zu 0,1 % des jeweiligen Kupfergehaltes; häufig findet sich auch Gold. In Mount Lyell (Tasmanien) steigt der Silbergehalt über das normale Maß. Dort entfallen durchschnittlich 0,25 Teile Ag auf 100 Teile Cu und durchschnittlich 1 Teil Au auf 52 Teile Ag. Höher ist der Edelmetallgehalt im Mansfeldischen: auf 100 Teile Cu im Mittel 0,55 Teile Ag. Die sulfidischen Kupfererzlagerstätten Chiles zeichnen sich durch ihren außerordentlich hohen Silber- und Goldgehalt aus. Geradezu die Rolle von Silbererzen spielen die Ag-reichen Kupferkiese von Tres Puntas, von Checo und von Chañarcillo, die in basischen Augitgesteinen auftreten und in feiner Verteilung verschiedene sulfidische Silbererze einschließen. Durch besonders hohen Goldgehalt zeichnen sich die sulfidischen Kupfererze von Guanaco und von Inca del Oro (beides Peru) aus, die an saure Eruptivgesteine gebunden sind.

Sulfidische Nickel- und Kobalterze.

Vorkommen. 1. Als magmatische Ausscheidungen, und zwar vornehmlich in Gestalt der schon beim Magnetkies erwähnten Beimengungen von Eisennickelkies (Pentlandit) in Magnetkiesen,

---

[1] Hintze, C.: Handbuch der Mineralogie Bd. 1, S. 537—538, 1904.
[2] Ebenda, S. 665.

2. a) als Nickel-Kobalt-Erzgänge. Zu ihnen gehören die bekannten Kobaltrücken des Mansfelder Kupferschiefers,

b) als Nickel-Kobalt-Arsen-Erzgänge, in denen die Nickel-Kobalt-Erze gegenüber gleichzeitig auftretenden Kupfer-, Blei- und Silbererzen meist nur eine untergeordnete Rolle spielen, die oft mehr Kobalt als Nickel führen und in denen sich häufig Silber in so großer Menge findet, daß dieses letzte Metall den Hauptwert des Erzes darstellt (der sog. Kobaltdistrikt, etwa 150 km nordöstlich von Sudbury, an der Grenze zwischen Ontario und Quebec),

3. als Metasomatisch-intrusive Lagerstätten (Grube La Motte in Missouri),

4. als Fahlbänder intrusiver oder sedimentärer Entstehung in kristallinen Schiefern, die, Pyrit-, Magnetkies- und Kupferkiesgänge begrenzend, Co meist in größerer Menge als Ni führen.

Die Bedeutung der sulfidischen Nickelerze für die Deckung des Welt-Nickelbedarfes ist schon unter „Magnetkies" gestreift worden. Der Weltbedarf an Kobalt ist heute durch Herstellung von Kobaltstählen als Schneidewerkzeug, durch den Versuch, statt Vernickelung auch Verkobaltung einzuführen und durch die ganz außerordentliche Steigerung der Magnetisierbarkeit des Eisens nach Legierung mit Kobalt durchaus im Steigen begriffen. Ein beachtenswertes Zeichen für das steigende Interesse an Kobalt auf dem Weltmarkt ist die vor wenigen Jahren erfolgte Aufnahme des Betriebes der Mt. Cobalt Co. am Mt. Cobalt im Cloncurrydistrikt, Queensland und am Dugald River im Cloncurrydistrikt, wo ein 1 m mächtiger Gang mit im Mittel 11 % Co abgebaut wird.

Die sulfidischen Kobalterze sind meist nicht Gegenstand selbständiger Verhüttung, sondern es wird Kobalt aus sulfidischen Erzen im allgemeinen nur da gewonnen, wo es als Nebenprodukt beim Erschmelzen von Kupfer oder Nickel oder Silber mit anfällt. Zudem decken einen nicht unbeträchtlichen Teil des Kobaltbedarfes die bei Neukaledonien in British Columbia (Kanada) — nicht zu verwechseln mit der Südseeinsel Neukaledonien, auf der der Garnierit gewonnen wird — abgebaute Kobaltschwärze $(Co, Mn)O$, $MnO_2 + 4H_2O$.

Reine Nickelerze. Über Pentlandit vgl. vorstehend unter Magnetkiese — Nickelgehalt.

Analysen von Pentlandit[1].

Nr.	Vorkommen	S	Fe	Ni	Bemerkungen
1	Lillehammer, Espedalen, Norwegen . .	36,64	40,21	21,07	+ 1,78 Cu
2	Eiterfjord. Südufer des Beiern-Flusses, Nordland, Norwegen	34,15	30,51	32,97	+ 0,28 Cu, 0,45 Co, 0,29 Unlösl.
3	Sudbury, Kanada	34,25	25,81	39,85	+ 0,24 Cu, Spur Co
4	Worthington Mine, 30 Meilen südwestlich von Sudbury, Kanada	43,33	26,89	29,78	

Rotnickelkies als selbständiges Nickelvorkommen von wirtschaftlicher Bedeutung ist nur von Los Jarales, nordwestlich von Malaga, Spanien, bekannt.

---

[1] Hintze, C.: Handbuch der Mineralogie Bd. 1, S. 658, 1904.

Analysen von Rotnickelkies[1].

Nr.	Vorkommen	As	Sb	S	Ni	Fe	Bemerkungen
1	Olpe in Westfalen	52,71	—	0,48	45,37	—	+ 1,44 Cu
2	Grube Grand Praz b. Ayer, Anniviers-Tal, Schweiz .	60,77	—	—	30,33	—	+ 8,90 Gangart
3	Grube Telhadella, Albergaria velha, Portugal	50,78	—	3,85	42,41	1,40	+ 1,65 SiO_2
4	Silver Cliff, Colorado, U.S.A.	46,81	2,24	2,52	44,76	0,60	+ 1,50 Cu + 1,70 Co

Nickel-Kobalt-Erze. Nächst dem Magnetkies liegt das wichtigste Nickel- und zugleich auch das wichtigste Kobalterz vor in den Nickel-Kobalt-Arsen-Erzgängen, deren Erzinhalt vornehmlich aus Weißnickelkies, Rotnickelkies und daneben etwas Kobaltkies (letzterer meist mit mehr Ni als Co) besteht.

In diesen Erzgängen trifft man das Nickel meist als Weißnickelkies und als Rotnickelkies an. Daneben finden sich in untergeordneter Menge Kobaltglanz und als beigemengtes Mineral Arsenkies. Der Kobaltgehalt der Erze erklärt sich meist aus dem Auftreten von Speißkobalt. Von besonderem Interesse sind Erze dieser Art, weil sie einen oft außerordentlich hohen Silbergehalt führen. Zu dem in Rede stehenden Lagerstättentypus gehören in erster Linie die Erze von Temiskaming im Kobaltdistrikt, nordöstlich von Ontario. Die reinen Erze führen:

$$Ag = 4,1— 4,8\,\%$$
$$Co = 6,9— 8,2\,\%$$
$$Ni = 3,0— 4,7\,\%$$
$$As = 30,9—34,6\,\%$$

Das Silber tritt vorwiegend gediegen auf; daneben findet sich etwas Dyskrasit (Antimonsilber schwankender Zusammensetzung), Silberglanz (Ag_2S) und Pyrargyrit (Ag_3SbS_3). Der Durchschnitt des Fördererzes von 1912 zeigte:

$$S = 1,15\,\% \qquad Co = 1,02\,\%$$
$$As = 3,40\,\% \qquad Ni = 0,87\,\%$$
$$Sb = 1,00\,\% \qquad Cu = 0,14\,\%$$
$$Bi = 0,05\,\% \qquad Ag = 287 \text{ Unz/t}$$

Temiskaming war bislang der größte Kobaltproduzent der Welt, wird aber jetzt von Katanga überflügelt, wo sulfidische Kobalterze den Kupfererzen beigemengt sind (Katangakupfer [in Barren] enthält 2—3 % Co).

Einen besonderen Typus von Nickel-Kobalt-Arsen-Erzen zeigt die Grube La Motte in Missouri, in der, eingesprengt in sulfidische Blei- und Kupfererze Rotnickelkies, Weißnickelkies und vor allem größere Massen von nickelreichem Kobaltkies auftreten, die diese Grube nächst der Gap Mine in Lancaster Co. zum wichtigsten Nickelproduzenten der U. S. A. machen.

Analysen von Weißnickelkies[2].

Nr.	Vorkommen	As	S	Co	Ni	Fe
1	Riechelsdorf, Prov. Hessen	72,64	—	3,37	20,74	3,25
2	Kamsdorf, Thüringen	70,34	—	—	28,40	Spur
3	Schneeberg, Erzgebirge	58,71	2,80	3,01	35,00	0,80
4	Catham, Connecticut, U.S.A. . . .	70,00	—	1,35	12,16	17,70

---

[1] Hintze, C.: Handbuch der Mineralogie Bd. 1, S. 623, 1904.
[2] Ebenda, S. 810—812.

Analysen einiger Kobaltkiese[1].

Nr.	Vorkommen	S	Co	Ni	Fe	Cu	Bemerkungen
1	Müsen, Westfalen	42,76	39,35	14,09	1,06	1,67	
2	Müsen, Westfalen	42,30	11,00	42,64	4,69	—	
3	Bastnäs-Grube b. Niddarhytta, Schweden	41,83	44,92	0,19	4,19	8,22	
4	Gladhammar, Schweden . . .	42,19	39,33	12,33	4,29	2,28	
5	La Motte-Grube, Missouri, U.S.A..	41,54	21,34	30,53	3,37	Spur	+1,07 Unlösl. + 0,39 Pb + Spur Sb

Reine Kobalterze. Als selbständiges Kobalterz treten nur Speißkobalt und Kobaltglanz auf. Speißkobalt findet sich neben Kobaltkies in einigen Erzlagern des Siegerlandes, ist daselbst wirtschaftlich aber kaum von Bedeutung. Kobaltglanz ist der typische Kobaltträger der Fahlbänder, wo er gegenüber gelegentlich auftretendem Kobalt-Arsen-Kies (Fe,Co)AsS bei weitem überwiegt. Außerdem findet er sich noch in einem 2 m mächtigen Erzlager bei Daschkessan zwischen Elisabethpol und dem Goktscha Göl in Transkaukasien.

Analysen einiger Kobaltglanze[2].

Nr.	Vorkommen	As	S	Co	Fe	Bemerkungen
1	Philippshoffnung b. Siegen . . .	44,75	19,10	29,77	6,38	
2	Philippshoffnung b. Siegen . . .	37,13	23,93	24,70	12,36	+ 1,20 Unlösl.
3	Schladming?	43,12	18,73	29,20	5,30	+ 3,20 Ni
4	Nordmarken, Schweden	44,77	20,23	29,17	4,72	+ 1,68 Ni
5	Elisabethgrube b. Oravicza, Ungarn	37,20	16,60	25,60	4,85	+ 18,40 Bi
6	Tambillos, Prov. Coquimbo, Chile	52,35	16,64	16,57	14,30	
7	Daschkessan, Transkaukasus . .	35,97	?	17,90	1,44	+44,26 Unlösl. + 0,21 Cu + 0,22 Ni

Analysen einiger Speißkobalte[3].

Nr.	Vorkommen	As	S	Co	Ni	Fe	Bemerkungen
1	Riechelsdorf	74,21	0,88	20,31	—	3,42	+ 0,16 Cu
2	Riechelsdorf	59,38	2,22	18,30	19,38	0,72	
3	Schneeberg	77,96	1,02	9,89	1,11	4,77	+ 1,30 Cu, 3,89 Bi
4	Usseglio, Italien	76,55	0,75	7,31	4,37	7,84	+ 0,22 Cu, 4,70 Zn, 0,32 Sb
5	Atacama, Chile	70,85	0,08	24,13	1,23	4,05	+ 0,41 Cu
6	Mina Emilia, C. de Cabeza de Vaca, Chile	68,51	0,70	15,16	2,62	7,16	

Sulfidische Silbererze.

Neben sulfidischen Kupfer-, Nickel- und Kobalterzen sind auch schon mehrfach sulfidische Silbererze Gegenstand unmittelbarer Verhüttung gewesen. So wurden solche Erze in Freiberg i. Sa., Kongsberg in Norwegen, Schemnitz und

[1] Hintze, C.: Handbuch der Mineralogie Bd. 1, S. 963.
[2] Ebenda, S. 778—779.   [3] Ebenda, S. 810—812.

Zalathna in Ungarn[1], bei Schlangenberg im Altai[2] und in den Black Hills von South-Dakota (U. S. A.)[3] mit Pyrit als Brennstoff niedergeschmolzen unter gleichzeitiger Erzeugung von Eisensteinen, später auch mit geringem Kupfererzzuschlag unter Erzeugung armer Kupfersteine als Edelmetallsammler. Heute wird dieser Schmelzprozeß wegen nicht unerheblicher Silberverluste in der Schlacke nicht mehr ausgeübt, und es werden nirgend mehr reine sulfidische Silbererze allein unmittelbar verhüttet.

Häufig aber treten in sulfidischen Kupfer-, Nickel- und Kobalterzen oder auf ein und derselben Lagerstätte eng mit ihnen vergesellschaftet sulfidische Silberminerale auf. Auch Pyrite führen oftmals nennenswerte Mengen von Silbersulfid. Beim Verschmelzen solcher Erze wandert das Silber in die anfallenden Steine und wird als hochwertiges Nebenprodukt gewonnen. Gelegentlich finden sich innerhalb bedeutender Lagerstätten von sulfidischen Kupfer-, Nickel- oder Kobalterzen örtliche Anhäufungen von Silbersulfiden — sei es in Gestalt selbständiger Gänge, sei es innerhalb der Zementationszone, Anhäufungen, die an und für sich bei weitem nicht den Silbererzvorrat gewähren, der den Bau einer besonderen Silberhütte rechtfertigen könnte, die aber sehr wohl zugute gemacht werden können, wenn sie den zu verhüttenden anderen Metallerzen zugeschlagen werden.

Zwar wird der Silberbedarf des Weltmarktes zum großen Teil aus den meist $0,05—0,5\%$ Ag führenden Bleiglanzen gedeckt, aber gerade in Mexiko (1923 $= 37,8\%$ der Welt-Silberproduktion), Mittel- und Südamerika (1923 $= 12,6\%$ der Welt-Silberproduktion) und Kanada (1923 $= 7,8\%$ der Welt-Silberproduktion), also in mehreren (abgesehen von den U. S. A. mit $27,6\%$ Weltproduktionsbeteiligung für 1923) führenden Silberproduktionsländern wird viel Silber aus sulfidischen Silbererzen gewonnen. Diese treten entweder ziemlich selbständig als „Gangformation der edlen Geschicke" auf mit karbonatischer Gangart und mit besonderem Silber- und auch Goldreichtum überall da, wo Schwerspat als Gangart erscheint (Zacatecas, Guanajuato in Mexiko), oder aber sie finden sich ebenda innig verwachsen mit sulfidischen Kupfer-, Nickel- und Kobalterzen.

Aus der großen Anzahl sulfidischer Silberminerale interessieren in diesem Zusammenhange und von wirtschaftlichen Gesichtspunkten aus nur Silberglanz, die Rotgültigerze und die Silberfahlerze. Alle anderen finden sich lediglich als gelegentliche Beimengungen und meist in so geringer Menge, daß die Gewinnung des in ihnen enthaltenen Silbers als Nebenprodukt einer unmittelbaren Verhüttung von Kupfer-, Nickel- oder Kobalterzen kaum in Frage kommt.

Silberglanz. Der sehr weiche, schwarze Silberglanz, als „Weichgewächs" vom härteren „Röschgewächs" (Sprödglaserz u. dgl.) unterschieden, läßt sich da, wo er in derben Stücken vorliegt, vom äußerlich sehr ähnlichen Kupferglanz und

---

[1] Kerl, Br.: Handbuch der metallurgischen Hüttenkunde Bd. 4, S. 63—76, 1865.

[2] Jossa, N. v., u. N. v. Kurnakow: Die Blei-, Silber- und Kupferhüttenprozesse am Altai. Berg- u. Hüttenm. Ztg Jg. 45, S. 177—179, 187—190, 195—198, 1886.

[3] Spilsbury, E. Gibbon: Notes on the General Treatment of South-Ern Gold Ores, and Experiments in Matting Iron Sulphides. Transactions Amer. Inst. Ming. Eng. Bd. 15, S. 767—775, 1887. — Austin, W. L.: Matting Dry Auriferous Silver Ores. Transactions Amer. Inst. Ming. Eng. Bd. 16, S. 257—269, 1888. — Carpenter, Franklin R.: Pyritic Smelting in the Black Hills. Transactions Amer. Inst. Ming. Eng. Bd. 30, S. 764—777, 1900.

Kupferindig leicht durch sein hohes spez. Gew.[1] unterscheiden und verlangt wegen seiner geringen Härte bei Erztransporten sowie bei der eigentlichen Verhüttungsarbeit die gleiche Vorsicht wie die weichen Kupfersulfide, wenn erhebliche Verluste durch Abrieb und durch Verstauben vermieden werden sollen. Während die Rotgültigerze vornehmlich an die Zementationszonen der Lagerstätten gebunden sind, tritt der Silberglanz außer in diesen auch auf primärer Lagerstätte auf, also in tieferen sulfidischen Zonen. Ebenso häufig wie in derben Stücken findet sich Silberglanz in einer erdigen Abart als sog. Silberschwärze, die z. B. gemeinsam mit derbem Silberglanz, Stephanit, Quarzandesit und Quarz den heute fast abgebauten berühmten Comstockgang im Washoedistrikt von Nevada ausfüllte, und die teils erdig, teils als Anflug auch in den Kupfererzgängen von Nevada, Mexiko, Peru, Bolivien und Chile verbreitet ist. Zusammen mit Magnetkies und gediegen Silber fand sich der Silberglanz in den alten Grubenbauen von Vinchos 30 km von Cerro de Pasco (Peru). Auch die Pyrite und besonders die Kupferkiese von Mount Lyell in Tasmanien führen eingesprengten Silberglanz. Die Verwachsung von Silberglanz mit Nickel-Kobalt-Arsen-Erzen von Temiskaming in Kanada wurde schon unter „Nickel- und Kobalterze" erwähnt.

Die Rotgültigerze. Von den Rotgültigerzen, die nur auf Erzgängen vorkommen, ist das dunkle Rotgültigerz, der Pyrargyrit, wirtschaftlich von größerer Bedeutung als das lichte Rotgültig, der Proustit. Beide Erze sind fast ausschließlich an die Zementationszonen gebunden und beide nahezu ebenso weich wie der Silberglanz. Lichtes Rotgültig findet sich vornehmlich in Paragenese mit Arsen

Analysen der wichtigsten sulfidischen Silbererze.

	Ag	S	Sb	As	Bemerkungen
Silberglanz:					
Guanajuato, Maxiko	86,79	13,20	—	—	
Enterprise Mine b. Rico, Col.	87,42	12,58	—	—	
Dunkles Rotgültigerz:					
Zacatecas, Mexiko	57,45	17,76	24,59	—	
Tres Puntas, Chile.	53,24	16,92	21,24	—	+ 7,53 Gangart, 0,67 Fe, 0,40 Zn
Chanacillo, Chile	60,53	18,17	18,47	3,80	
Lichtes Rotgültigerz:					
Grube Cosihuriachic, Mexiko .	65,39	19,52	—	14,98	
Ladrillos, Chile	66,33	13,11	—	20,18	+ 0,40 Gangart
Chanarcillo, Chile	64,50	19,09	3,62	12,54	
Silberfahlerz:					
Kremnitz, Ungarn	14,77	11,50	34,09	—	+ 31,36 Cu, 3,30 Fe 0,30 Al_2O_3
Grube Pranal b. Pontgibaud, Puy-de-Dome, Frankreich .	19,03	24,35	22,30	—	+ 23,56 Cu, 6,53 Fe, 2,34 Zn
Grube Pulacayo b. Huanchaca, Bolivien	12,43	16,87	32,93	—	+ 30,10 Cu, 6,59 Fe, 0,15 Zn
Tres Puntas, Chile	36,90	20,70	6,90	6,20	+ 18,00 Cu, 3,70 Fe, 5,20 Zn, 2,40 Pb
Hualgayoc, Peru	23,95	23,37	37,07	0,97	+ 10,80 Cu, 3,55 Fe

[1] Spez. Gew. von Silberglanz = 7,2—7,4, von Kupferglanz = 5,5—5,8, von Kupferindig = 4,6.

und Kobalt führenden Kiesen. Die einzige Lagerstätte, wo lichtes Rotgültigerz in beträchtlicheren Mengen abgebaut wird, ist das Vorkommen von Chañarcillo (Chile). Dunkles Rotgültigerz hingegen ist allgemeiner verbreitet.

Silberfahlerze. Wie die Rotgültigerze, so treten auch die Silberfahlerze oder Weißgültigerze fast ausschließlich in Erzgängen auf. Als Fahlbänder oder als Imprägnationen werden sie nur selten angetroffen. Außer dem unter „sulfidische Kupfererze" bezüglich der Fahlerze schon Gesagten ist nur noch zu erwähnen, daß sie bei stark schwankendem Ag-Gehalt unter allen „in der Diaspora" auftretenden sulfidischen Silbermineralen am verbreitetsten sind, zumal Ag-haltige Fahlerze sich auch auf primärer Lagerstätte in enger Verwachsung mit Pyriten und Kupferkiesen finden und so den häufigsten Silberträger bei Sulfiderzen darstellen, die auf Kupfer, Nickel oder Kobalt unmittelbar verhüttet werden.

Physikalische, für die Verhüttung wichtige Eigenschaften der Erze und Einfluß der Atmosphärilien auf die Erze nach ihrer Förderung.

Außer den mineralogischen und chemischen Eigenschaften der Erze ist für die Beurteilung der mehr oder minder großen Schwierigkeiten, die im Verlaufe des Verhüttungsprozesses zu erwarten sind, auch die physikalische Beschaffenheit der Erze von außerordentlicher Bedeutung, und es ist eigentlich verwunderlich, daß bisher in der gesamten hüttenmännischen Literatur von der Wichtigkeit einer genauen Kenntnis der physikalischen Eigenschaften eines zu verhüttenden Erzes noch recht wenig die Rede gewesen ist.

Bereits mit dem Augenblick, wo das Erz auf seiner natürlichen Lagerstätte freigelegt wird, und mit der atmosphärischen Luft in Berührung kommt, treten an vielen Erzen Veränderungen auf. Besonders stark sind diese Veränderungen bei sulfidischen Erzen, die vom Luftsauerstoff mehr oder minder stark oxydiert werden. Die Gesamtheit der Veränderungen von Erzen und Hüttenprodukten durch den Einfluß der Luft und der Atmosphärilien fällt unter den Begriff „Verwitterung". Der verändernde Einfluß, den Verwitterungsvorgänge auf die zutage geförderten sulfidischen Erze ausüben, ist nicht nur abhängig von der jeweiligen chemischen Zusammensetzung der einwirkenden Agenzien und der Erze selbst, sondern auch die physikalische Beschaffenheit derselben spielt eine außerordentlich große Rolle insofern, als sie der Verwitterung teils mehr, teils minder große Angriffsflächen bietet. Ganz allgemein läßt sich sagen, daß verhältnismäßig dichte und harte (besonders kieselige) Erze weniger leicht zur Verwitterung neigen als weichere oder tonige. Auch spielt die Entstehungsgeschichte der Erze eine Rolle in bezug auf ihre Widerstandsfähigkeit gegen Verwitterung. Erze z. B., die stockartig aus dem Magma ausgeschieden sind, weisen meistens relativ große Kristallindividuen auf, während das gleiche Erz, wenn wir es in magmatisch entstandenen Erzgängen finden, infolge der viel größeren Abkühlungsgeschwindigkeit, der es bei dieser Art der Ausscheidung unterworfen war, meist feinkristalline Struktur zeigt. Je grobkristalliner aber die Struktur eines Erzes ist, um so stärker ist meistenteils seine Neigung zur Verwitterung.

In größerem Maße noch, als durch die Struktur, wird die Verwitterbarkeit eines Erzes durch fremde Beimischungen beeinflußt, wobei diese Beimengungen gar nicht einmal chemisch verschieden vom Hauptmaterial zu sein brauchen. Schon kristallographische Verschiedenheit genügt unter Umständen.

Von den beiden mineralogischen Formen des Doppelschwefeleisens, dem Pyrit und dem Markasit, ist bei Tagestemperatur — in bezug auf die Verwitterbarkeit — der Pyrit die stabilere Form. Die größte Widerstandsfähigkeit besitzt ein Pyriterz mit 90 % mineralogisch reinem Pyrit und einem spez. Gew. von 4,99. Sinkt der Gehalt an reinem Pyrit unter 80 % und sind also über 20 % Markasit dem Erze beigemengt — wodurch das spez. Gew. im allgemeinen unter 4,97 sinkt —, so neigen solche Erze sehr stark zur Verwitterung und oxydieren sich leicht[1]. Die Verwitterung der Pyrite führt zur Bildung von Ferro- und im weiteren Verlaufe der Verwitterung von Ferrisulfat, oftmals unter gleichzeitiger Entstehung freier Schwefelsäure. Zwar glaubt Caldecot[2] aus seinen Beobachtungen an pyritischen Pochschlämmen im Gebiet von Witwaters-Rand schließen zu müssen, daß das allererste Verwitterungsprodukt von Pyrit Ferrosulfid sei, das Resultat einer Dissoziation von Pyrit zu Ferrosulfid und freiem Schwefel, und daß erst dieses Ferrosulfid in Ferrosulfat übergehe. Jedoch scheint diese Beobachtung nicht den allgemeinen Verhältnissen zu entsprechen, da, soweit der Verfasser ermitteln konnte — wenigstens in der Praxis — bei der Verwitterung von Pyrit die Entstehung von freiem Schwefel nicht beobachtet worden ist. Es würde zu weit führen, die Gesamtheit aller chemischen Reaktionen, die im Verlaufe der Verwitterung von Pyrit auftreten können, hier des näheren zu behandeln. Es sei nur gesagt, daß sich bei Verwitterung zutage geförderter sulfidischer Erze fast sämtliche Umwandlungsprozesse abspielen, die auch bei der Bildung des „Eisernen Hutes" auf sulfidischen Lagerstätten statthaben mit dem Unterschiede, daß diese Prozesse sich über der Erdoberfläche und bei zerstückeltem Erz sowie relativ stärkerer Befeuchtung natürlich verhältnismäßig viel schneller abspielen als auf den natürlichen Lagerstätten. Kurz können die wichtigsten Verwitterungsreaktionen, denen der Pyrit unterliegt, in die Gleichungen

$$FeS_2 + 2\,O_2 = FeSO_4 + S$$
$$FeS_2 + 3^1/_2\,O_2 + H_2O = FeSO_4 + H_2SO_4$$
$$2\,FeS_2 + 7^1/_2\,O_2 + H_2O = Fe_2(SO_4)_3 + H_2SO_4$$
$$2\,FeS_2 + 7^1/_2\,O_2 + 4\,H_2O = Fe_2O_3 + 4\,H_2SO_4$$
$$2\,FeS_2 + 7^1/_2\,O_2 + 7\,H_2O = Fe_2O_3 \cdot 3\,H_2O + 4\,H_2SO_4$$

$$2\,FeS_2 + 2\,Fe_2(SO_4)_3 + 6\,O_2 + 4\,H_2O = 6\,FeSO_4 + 4\,H_2SO_4$$

$$2\,FeSO_4 + {}^1/_2\,O_2 + H_2SO_4 = Fe_2(SO_4)_3 + H_2O$$
$$2\,FeSO_4 + {}^1/_2\,O_2 + 2\,H_2O = Fe_2O_3 + 2\,H_2SO_4$$
$$6\,FeSO_4 + 1^1/_2\,O_2 = Fe_2O_3 + 2\,Fe_2(SO_4)_3$$
$$2\,FeSO_4 + {}^1/_2\,O_2 + 5\,H_2O = Fe_2O_3 \cdot 3\,H_2O + 2\,H_2SO_4$$
$$6\,FeSO_4 + 1^1/_2\,O_2 + 3\,H_2O = Fe_2O_3 \cdot 3\,H_2O + 2\,Fe_2(SO_4)_3$$

zusammengefaßt werden. Im übrigen sei bezüglich der vielen anderen möglichen Verwitterungsreaktionen auf die in jedem modernen hüttenmännischen Lehr-

---

[1] Vgl. die sehr eingehenden Untersuchungen von Aleois A. Julien: On the Variation of Decomposition in Iron Pyrites, its cause and its relation to density. Ann. New York Acad. Sciences Teil 1, Bd. 3, Nr. 1 u. 12, S. 365—404, 1885; Teil 2, Bd. 4, Nr. 3—7, S. 125—224, 1888.

[2] Caldecott, W. A.: On the Decomposition of Iron Pyrites. Proc. Chem. Soc. London Bd. 13, S. 100, 1897.

buche behandelten Vorgänge verwiesen, die bei der Laugerei sulfidischer Erze beobachtet worden sind.

Vom Magnetkies ist zu sagen, daß er verhältnismäßig stark zur Verwitterung neigt, und daß nach den Beobachtungen von Julien dieser Hang zur Zersetzung merkwürdigerweise erheblich gemäßigt wird, wenn Pyrit oder auch Markasit in dem Magnetkies fein verteilt sind[1].

Bei Kupferkies und den anderen sulfidischen Kupfererzen bildet die nach der Förderung der Erze eintretende Verwitterung besonders deshalb eine große wirtschaftliche Gefahr, weil diese Erze, unter dem ihren Zerfall sehr fördernden Einflusse von Ferro- und besonders Ferrisulfatlösungen in kurzer Zeit sehr erhebliche Mengen ihres Kupfergehaltes durch Verwitterung verlieren können. Kupferkies verliert durch Verwitterung zunächst vornehmlich an Eisengehalt, wobei als erstes Zerfallsprodukt Buntkupfer und im weiteren Verlaufe der Verwitterung Kupferglanz und Kupferindig entstehen. Die reinen Kupfersulfide aber gehen unter dem Einflusse des aus dem Eisen des Kupferkieses oder aus Pyriten gebildeten Ferrisulfates schnell in Kupfersulfat über. Ihr Kupferinhalt ist in der Praxis dann oft rettungslos verloren; z. B.

$$Cu_2S + Fe_2(SO_4)_3 = 2\,FeSO_4 + CuSO_4 + CuS$$
$$CuS + Fe_2(SO_4)_3 + 1\frac{1}{2}O_2 + H_2O = 2\,FeSO_4 + CuSO_4 + H_2SO_4$$
$$Cu_2S + 5\,Fe_2(SO_4)_3 = 2\,CuSO_4 + 10\,FeSO_4 + 4\,H_2SO_4$$

Auf diesem den Abbau der Kupfersulfide fördernden Einfluß von Eisenoxydsalzen beruhen ja bekanntermaßen sehr viele der für Kupfererze in Anwendung befindlichen Laugeverfahren[2].

Sind sulfidische Kupfererze — was in der Praxis fast stets der Fall ist — mit Pyrit oder Markasit verwachsen, so fallen sie viel schneller der Verwitterung anheim als reine Kupfererze. Von Interesse sind in dieser Beziehung die experimentellen Untersuchungen von Buehler und Gottschalk[3], die den Einfluß von beigemengtem Pyrit auf die Verwitterungsgeschwindigkeit mehrerer Metallsulfide an größeren Proben feinkörniger Pulver unter Anwendung einer jeweils dreimonatigen Beobachtungszeit untersuchten und zu dem Ergebnis kamen, daß die Beimengung von 50 % Pyrit die Verwitterungsgeschwindigkeit von Kupfersulfiden auf das Acht- bis Zwanzigfache der normalen steigerte. Sie fanden:

Untersuchtes Material	Bei tägl. zweimaliger Durchfeuchtung sind nach drei Monaten aus dem Untersuchungsmaterial ausgewaschen worden	
Reiner Pyrit	3,70 % Fe	
Kupferindig	2,70 % Cu	
50 % Kupferindig + 50 % Markasit	27,60 % Cu	
Komplexes Kupfererz mit 48,34 % Cu und 19,33 % Fe	0,35 % Cu	
50 % des gleichen Erzes + 50 % Pyrit	6,80 % Cu	⎰ in beiden
Enargit	— % Cu ⎱	Fällen
50 % Enargit + 50 % Pyrit	rd. 10,00 % Cu ⎰	⎱ kein As
Kupferkies	1,00 % Cu	gelöst!

<hr>

[1] Vgl. A. A. Julien an S. 29, Anm. 1 angegebener Stelle.

[2] Siehe Hofman-Hayward: Metallurgy of Copper. 2. Ausg., S. 305 ff. New York 1924. — Tafel, V.: Lehrbuch d. Metallhüttenkunde Bd. I, S. 330 ff. Leipzig: Verlag S. Hirzel 1927.

[3] Buehler, H. A., u. V. H. Gottschalk: Oxydation of Sulphides. Econom. Geol. Bd. 5, S. 28—35, 1910.

Die Ursache dieser außerordentlichen Zunahme der Verwitterbarkeit ist nicht nur in der aus den beigemengten Pyriten und Markasiten gebildeten Schwefelsäure zu suchen, sondern — da auch schon bei sehr geringen Pyritbeimengungen mehr Kupfersulfid löslich wird, als der möglichen Bildung von Schwefelsäure entspricht — spielen sich offenbar noch weitere die Sulfide zerlegende Prozesse ab[1], wobei in erster Linie an elektrolytische Vorgänge gedacht werden muß.

Nickelerze, soweit sie als Pentlandit sich im Magnetkiese befinden, sind den gleichen Gefahren wie die sulfidischen Kupfererze ausgesetzt, namentlich in Anbetracht der starken Verwitterbarkeit des Magnetkieses. Etwas besser ist es um die Wetterbeständigkeit derjenigen sulfidischen Nickel- und Kobalterze bestellt, die entstehungsgeschichtlich aus Erzgängen stammen.

Von sulfidischen Kobalterzen gilt ähnliches.

„Nasse" Verwitterung sulfidischer Erze — etwa durch Lagerung im Freien — muß daher unter allen Umständen vermieden werden. Es empfiehlt sich auch, den Antransport solcher Erze (namentlich pyrithaltiger) zum Bunker in offenen Fördermitteln (Drahtseilbahnwagen, Hunten u. dgl.) an Tagen starken Regen- und Schneefalles zu unterbrechen, was ganz besonders für Feinerze gilt, die schon bei geringem Feuchtigkeitsgehalt breiig werden[2].

Die Anforderungen, die in physikalischer Hinsicht an ein gut verhüttbares Erz gestellt werden müssen, sind nicht unerheblich, ja, es kann sogar das Fehlen geeigneter physikalischer Eigenschaften die Verarbeitung der chemisch besten Erze nach bestimmten Verfahren erheblich erschweren, wenn nicht unmöglich machen. Die drei Erze A, B, C ein und desselben Erzstockes von Kwarzchana (Transkaukasus)[3], die durch nebenstehende Analysen gekennzeichnet sind, erscheinen z. B. nach ihrer chemischen Zusammensetzung für eine unmittelbare Verhüttung durchaus geeignet. Ihr Verhalten bei der

	Erz A %	Erz B %	Erz C %
Fe	40,31	36,34	36,32
S	38,48	43,52	40,57
Cu	5,32	6,44	6,25
As	0,52	1,01	1,81
Pb	0,49	0,59	0,45
Zn	2,27	3,66	2,60
CaO	0,48	—	—
CO_2	0,36	Spur	—
SO_3	7,48	0,44	1,62
Unlösl. Rückstand .	3,80	7,33	9,61
	99,51	99,33	99,23

---

[1] Buehler, H. A., u. V. H. Gottschalk: Oxydation of Sulphides, Second Paper. Econom. Geol. Bd. 7, S. 15—34, 1912.

[2] Besonders gefährlich wurde eine in Huelva genommene Ladung von 1300 t feuchtem Feinpyrit für den deutschen Dampfer „Oldenburg", da diese Ladung in wenigen Tagen so breiig wurde, daß sie durch alle Schotten rollte, so daß das Schiff, um nicht zu kentern, schon in Lissabon die ganze Ladung löschen mußte. Vgl. H. Mastbaum: Gefährdung eines Dampfertransportes durch Schwefelkies. Chemiker-Ztg Jg. 36, Nr. 4, S. 30—31, 1912; sowie W. Rotermund: Die Ladung. Hamburg: Verlag Eckardt u. Messtorff 1924. — Schmaltz: Gefährliche Güter als Seefracht. Berlin: Vereinigung wiss. Verleger 1922. — Verein Hamburger Reeder, Alphabetisches Verzeichnis zur Seefrachtordnung (Verordng. betr. die Beförderung gefährlicher Gegenstände mit Kauffahrteischiffen) 2. Ausg. 1922.

[3] Vgl. E. Hentze: Grenzen des Brennstoffverbrauches und der Wirtschaftlichkeit beim pyritischen Kupferschmelzen. Metall u. Erz Jg. 24, S. 278—281, 1927.

Verhüttung war jedoch wegen ihrer physikalisch sehr voneinander abweichenden Eigenschaften außerordentlich verschieden.

Das Erz A ist ein verhältnismäßig grobkristallines Erz mit erdigem Bruch, stark durchsetzt von feinen bis feinsten Haarrissen und ohne sonderliche Sprödigkeit. Kürbisgroße Erzbrocken zerfallen bei leichtem Schlag mit dem Zweikilohammer in mehrere apfelgroße Stücke. Das Erz stammt aus den untersten Teilen des Eisernen Hutes der Lagerstätte.

Das Erz B ist etwas dichter als A und zeigt erheblich weniger Haarrisse. Auch erweist es sich bei der Zerkleinerung von Hand widerstandsfähiger als A. Stellenweise ist es stark covellinisch. Es entstammt der Zementationszone.

Das Erz C dagegen ist ein außerordentlich dichtes, feinkristallines, hartes und sprödes Erz, das infolge seiner Dichtigkeit nur schwer zertrümmerbar ist und bei der Zerkleinerung scharfkantig und splitterig bricht. In dichter (grauer pyritischer) Grundmasse liegen messinggelbe Partien von Kupferkies eingebettet. Dieses Erz wird aus der sulfidischen Zone gewonnen.

Bei ziemlicher Gleichwertigkeit in chemischer Beziehung sind diese drei Erze also in ihren physikalischen Eigenschaften grundverschieden. Das macht sich nicht nur bei der Bunkerung und während der Lagerung im Bunker bemerkbar, sondern diese physikalische Verschiedenartigkeit hat auch ein sehr unterschiedliches Verhalten der Erze beim Verschmelzen zur Folge. Beim Einstürzen in Bunker (maximale Sturzhöhe = 5 m) unterliegt das Erz A schon einer weitgehenden Zertrümmerung durch Zerschellen der einzelnen Erzbrocken, und es entstehen lediglich beim Verbunkern nahezu 5 % neuen Feinerzes, d. h. es werden 5 % des aus der Grube in Gestalt von Erz geförderten Kupfers in eine Form übergeführt, die eine andere Verhüttung verlangt als wie Stückerz. Bei Erz B beläuft sich dieser Verlust auf rund 2 %, bei Erz C liegt er unter 0,5 %. Es ist selbstverständlich, daß bei solchem Verhalten der Erze A und B die Bereitung eines Möllers nicht in Betracht kommt, da bei seiner Bereitung nur noch eine weitere Entstehung von Feinerz herbeigeführt werden würde.

Weit bedeutender als diese rein mechanischen Verluste sind aber die Kupferverluste, die infolge der verschiedenen physikalischen Eigenschaften der Erze bei längerer Lagerung von A und B im Bunker auftreten. Selbst in überdachten Bunkern, wofern sie nicht unter besonderer Berücksichtigung der von der Norm abweichenden Eigenschaften sulfidischer Erze konstruiert sind, treten Kupferverluste durch trockene Verwitterung auf („trockene" Verwitterung im überdachten Bunker im Gegensatz zu der „nassen" Verwitterung von Erzen, die unter freiem Himmel und somit gelegentlich in strömendem Regen lagern), die ein geradezu katastrophales Ausmaß annehmen können, sobald feuchte Luft durch die Erzmasse hindurchstreichen kann. Der Verfasser mußte gelegentlich einer längeren Reparaturzeit auf der Hütte Erz A, B und C (in grobstückiger Form) rund ein halbes Jahr vom Augenblick der Verbunkerung an bis unmittelbar zur Verhüttung im Bunker lagern. Dabei backte Erz A im Laufe dieses halben Jahres zu einer kompakten Masse zusammen, so daß an ein Ziehen der Bunker gar nicht mehr zu denken war, sondern die Erzmasse in schwerer, kostspieliger Arbeit mit Hammer, Meißel und Brechstangen auseinandergeschlagen und gebrochen werden mußte; ja, es war die Erzmasse in einzelnen Bunkern so stark gequollen, daß sie die Zimmerung der hölzernen Bunker teilweise sprengte. Der

Gehalt an Feinerz war bis zu 17 % gestiegen, und es zeigten sich sowohl im neu entstandenen Feinerz, als auch im noch stückigen Erz reichliche Ausscheidungen von Kupfersulfat und Neubildungen von malachitischen und sulfatischen basischen Kupfersalzen. Das gleiche gilt in vermindertem Maße von Erz B. Das Erz C hingegen war unverändert. Die nachfolgende Zusammenstellung zeigt, in wie weitgehendem Maße durch eine trockene Verwitterung, lediglich infolge feuchter Luft, die durch das gebunkerte Erz hindurchstreichen konnte, sulfidisches Kupfer in sulfatisches und karbonatisches Kupfer umgewandelt werden kann, wenn die Erze nicht strukturell sehr dicht sind.

| | S | | Cu | FeO | Al_2O_3 |
| | | | in % des Gesamt-Cu-Gehaltes | | |
	%	%		%	%
Erzcharakter A					
in kaltem H_2O löslich	0,24	0,33	35,55	0,03	0,005
in kalter 5proz. HCl löslich	0,23	1,15		0,03	0,011
				Fe =	
im restl. ausgelaugten Erz	42,27	2,68		34,21	4,78
Erzcharakter B					
in kaltem H_2O löslich	0,31	0,30	23,43	0,02	0,003
in kalter 5proz. HCl löslich	0,24	0,94		0,02	0,013
				Fe =	
im restl. ausgelaugten Erz	39,89	4,04		29,92	1,97

Was das bedeutet, wird noch klarer, wenn man bedenkt, daß die Untersuchungen an Erz A den Durchschnitt von 216,9 t gebunkerten Erzes, diejenigen an Erz B den Durchschnitt von 175,3 t Bunkererz darstellen, und daß somit im Falle A aus 217 t Erz rund 3,2 t Kupfer, im Falle B aus 175 t Erz rund 2,2 t Kupfer verlorengegangen sind, die abgesehen von ihrem Werte doch nicht unbedeutende Förderkosten verursacht hatten. Wenngleich auch die 35 bzw. 23 % umgewandelten Kupfergehaltes nicht durch Lösungsmittel aus der im Bunker lagernden Erzmasse forttransportiert worden sind, so gehen sie doch der Verhüttung zum weitaus größten Teile verloren, da die entstandenen Kupfersalze beim Ziehen der Bunker bzw. Auseinanderschlagen des Bunkerinhaltes und beim Transport der Erze zu den Öfen abgerieben werden, und selbst wenn ein Teil davon noch mit in die Öfen gelangt, dieser Rest im allgemeinen durch den Zug resp. den Gebläsewind aus dem Ofen schon beim Chargieren wieder herausgeblasen wird.

Im Ofen selbst aber neigen Erze mit physikalischem Charakter wie A und B schon in grubenfrischem Zustand, erst recht aber nach längerer Lagerung, zum Dekrepetieren. Man kann bei solchen Erzen, wenn man sie in einem Schachtofen gichtet, kurz nach dem Gichten, wenn die ersten Schwaden sich verzogen haben, beobachten, wie sie, noch ehe sie rotwarm geworden sind, zu Mulm zerfallen. Das Auftreten solchen Mulmes aber ist bei der unmittelbaren Verhüttung im Schachtofen unter allen Umständen zu vermeiden, nicht allein, weil dabei oftmals 10 %, ja bis zu 15 % der gesamten Erzbeschickung als Flugstaub aus dem Ofen herausgeblasen werden, sondern vor allem, weil solch Mulm die Durchgangswege für den Gebläsewind innerhalb der Ofencharge verstopft und dadurch den Oxydationsvorgang in stärkstem Maße behindert, während doch die unmittelbare Verhüttung als Leitgedanken für ihre Wirtschaftlichkeit den Grundsatz verfolgt, möglichst alle für den Schmelzprozeß erforderliche Wärme aus der Oxydation der Sulfide zu gewinnen und mit fremdem Brennstoff — Koks od. dgl. — so sparsam wie möglich umzugehen. Dazu kommt noch, daß, wenn nennenswerte Mengen von Erzmulm im Ofen auftreten, dieser Mulm teils bis in den Ofensumpf durchrieselt, wo er nicht nur Schlacke und Stein kühlt, sondern auch den Stein verdünnt und die Schlacke dick und schmierig macht, was selbstverständlich steigende Metallverluste in der Schlacke nach sich zieht. Als Gegenmittel gegen diese unangenehmen Eigenschaften des Erzmulmes gibt es nur: hohen Kokssatz, d. h. erhöhte Gestehungskosten, wofern nicht überhaupt das ganze Schmelzprinzip dadurch illusorisch wird, daß hoher Kokssatz reduzierend wirkt. So können die chemisch besten Erze unter Umständen bei Fehlen der erforderlichen physikalischen Eignung für Schachtofenarbeit gänzlich ungeeignet sein und den Hüttenmann zu der meist teureren Flammofenarbeit zwingen.

Herrichtung der Erze für die Verhüttung.

Klassierung nach der Korngröße. Für einen ruhigen Ofengang, besonders in bezug auf den Schachtofenbetrieb, ist eine gute Klassierung der zu verhüttenden Erze nach der Korngröße unerläßlich. Beim Verschmelzen im Schachtofen bildet Walnußvolumen die untere Grenze der zulässigen Korngröße. Wegen der bei Besprechung der physikalischen Eigenschaften der Erze behandelten Möglichkeit der Entstehung von Feinerz bei längerer Lagerung sulfidischer Stückerze in Bunkern ist es empfehlenswert, die Klassierung der Erze nach der Korngröße erst kurze Zeit vor dem Verschmelzen vorzunehmen. An welcher Stelle auf dem Wege des Erzes von der Grube zum Ofen eine Korngrößen-Klassierungsanlage am zweckmäßigsten eingeschaltet wird, ist natürlich von den jeweiligen Verhältnissen der verschiedenen Hüttenanlagen abhängig. Verschmilzt eine Hütte Erze aus nahegelegenen Erzgruben, so sollte auf der Hütte nur ein verhältnismäßig kleiner Bunker vorhanden sein, der lediglich die Rolle eines Durchgangslagers spielt. Wenn die Verhältnisse es erfordern, daß gelegentlich größere Erzmengen nach der Förderung aus der Grube für längere Zeit gestapelt werden, bevor sie in die Öfen wandern (z. B. gelegentlich einer längeren Reparaturzeit der Hüttenanlagen), so empfiehlt es sich, in Nähe der Grube einen größeren Erzbunker zu schaffen, wofern es nicht möglich ist, das Erz innerhalb der Grube in abgebauten Örtern u. dgl. zu stapeln und dadurch die Errichtungs-, Unterhaltungs- und Betriebskosten für einen größeren Vorratsbunker zu sparen. In solchem Falle wird eine Anlage zur Klassierung der Erze nach der Korngröße zweckmäßigerweise hinter dem Vorratsbunker der Grube und vor dem Durchgangsbunker der Hütte eingeschaltet.

Zur Klassierung nach der Korngröße wurden früher fast durchweg feststehende Roste angewendet, die von der Aufgabestelle zur Austragstelle hin geneigt waren, und bei denen das Feinerz, welches zwischen den Roststäben hindurchfällt, in einem unter diesen angeordneten Feinerzbunker aufgefangen wird, während das auf dem Roste verbleibende Stückerz in einen gesonderten Stückerzbunker geht. Solche feststehenden Roste haben im allgemeinen einen außerordentlich geringen Wirkungsgrad und sind daneben noch einem sehr starken Verschleiß unterlegen; die Roste, die namentlich von grubenfeuchten und dazu womöglich noch tonigen

Erzen schnell verschmiert werden, müssen von Hand sauber gehalten werden, und es ist eine alte Erfahrungstatsache, daß die damit beauftragten Arbeiter meist durch die relative Geruhsamkeit dieser Säuberungsarbeit nur allzu schnell sanftem Schlafe anheimfallen. Und wenn der Siebwächter schläft, dann gehen Stückerz und Feinerz in inniger Mischung in den Stückerzbunker und das Siebrost hat seinen Zweck verfehlt. Auch der Versuch, mit geldlichen Prämien die Sauberkeit der Roste zu erhöhen, scheitert meist völlig. Abgesehen davon zerschellen mittelgroße Erzstücke oft beim Aufstürzen auf den Siebrost und erhöhen so den Feinerzanfall.

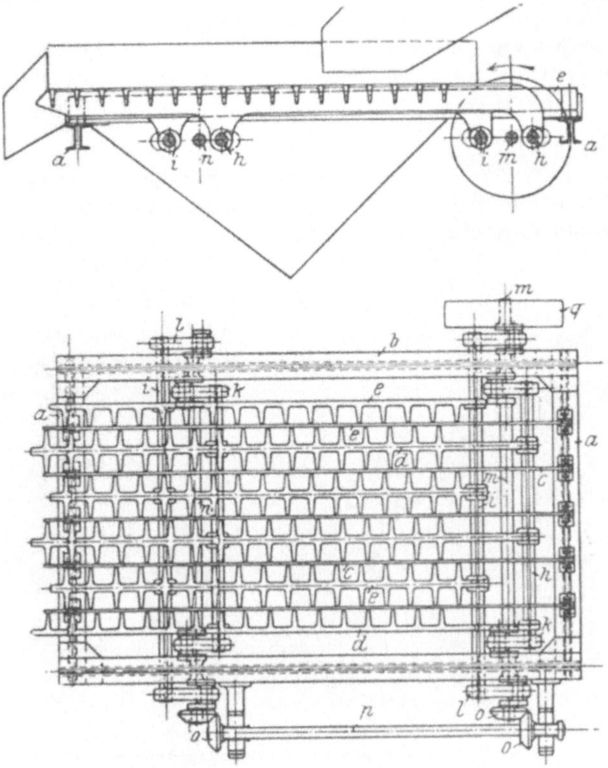

Besser bestellt in bezug

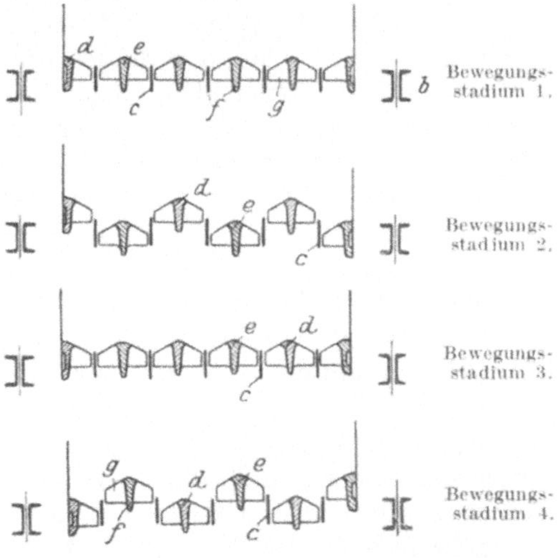

Abb. 1. Siebrost mit selbsttätiger Säuberung nach Briart.
(E. Liwehr, Die Aufbereitung von Kohle und Erzen, Leipzig 1917, S. 222.)

auf die Sauberhaltung der Roste ist es bei den Briartschen Rosten, bei denen die Roste selbsttätig maschinell dadurch gereinigt werden, daß umschichtig der erste, dritte, fünfte usw. Roststab und der zweite, vierte, sechste usw. Roststab in je einem Rahmengestell zusammengefaßt sind, und diese Rahmengestelle durch Exzenter abwechselnd gegeneinander auf- und niederbewegt werden. Abb. 1 zeigt einen Briartschen Rost in der Schmiedschen Konstruktion, bei dem die Roststäbe noch mit besonderen Kämmen versehen sind, die dem ganzen Roste nicht nur Siebcharakter verleihen, sondern beim Auf- und Niedergehen der benachbarten Roststäbe auch plattige Erzstücke so wenden, daß sie nötigenfalls durch den Rost hindurchfallen.

Abb. 2. Bewegungsstadien eines Briartschen Siebrostes.
(E. Liwehr, Die Aufbereitung von Kohle und Erzen, Leipzig 1917, S. 223.)

Wenngleich die Briartschen Roste auch einen verhältnismäßig erheblich höheren

Wirkungsgrad zu verzeichnen haben als die feststehenden Roste, so ist doch immerhin der Verschleiß bei ihnen noch recht beträchtlich.

Abb. 2 zeigt die Hebung und Senkung zweier benachbarter Roststäbe während eines Exzenterumlaufes.

Eine außerordentliche Verbesserung auf dem Gebiete der sich selbsttätig reinigenden Roste stellt neuerdings das von der Firma Krupp (Grusonwerk, Magdeburg-Buckau) gebaute Stangensieb nach dem Patent von Roß dar. Bei diesem Stangensieb, das in den in Abb. 3 und 4 veranschaulichten beiden Ausführungsformen gebaut wird, laufen zwei endlose Gliederkettensysteme, deren jedes einzelne runde Roststäbe (zweckmäßig aus hochlegiertem Mn-Stahl mit

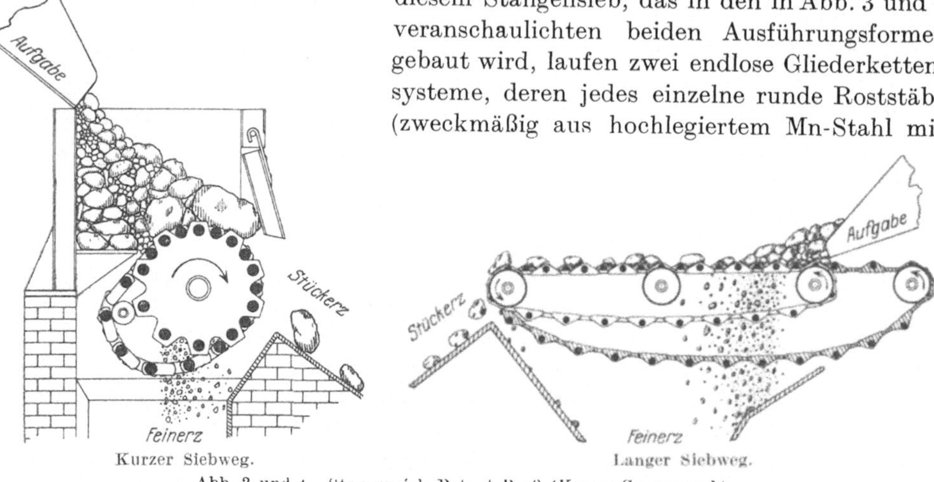

Abb. 3 und 4. Stangensieb Patent Roß (Krupp-Grusonwerk).

bis zu 12 % Mn) in einem Abstande voneinander trägt, der der doppelten gewünschten Siebweite entspricht, so ineinander, daß abwechselnd Roststäbe des einen und des anderen Kettensystems „auf Lücke treten" und so die verlangte Siebweite ergeben. Erzstücke von geringerem Durchmesser, als der Siebweite entspricht, fallen zwischen den Stäben hindurch und werden in einem Feinerzbunker gesammelt; größere Erzstücke, die auf dem Stangensieb liegen bleiben, werden bis zur Abwurfstelle transportiert und dort in einen Stückerzbunker abgeworfen. Nach Passieren der Abwurfstelle lösen sich beide Kettensysteme wieder so voneinander, daß alle etwa zwischen den Stäben eingeklemmten Erzstücke herausfallen und das Roßsche Stangensieb sich auf diese Weise selbsttätig reinigt.

Der Verschleiß der Roßschen Stangensiebe ist begreiflicherweise ein außerordentlich geringer. Der Kraftbedarf ist nicht viel größer als der eines schweren Transportbandes für die gleiche Förderstrecke. Außerdem zeichnen sich diese Siebe auch dadurch aus, daß sich ihre Klassierungswirkung durch verschiedene Bemessung des Siebweges, d. h. der horizontal laufenden Strecke, weitgehend variieren läßt, da die auf dem Siebe verbleibenden Erzbrocken nicht etwa absolut ruhig liegen, sondern durch die Bewegung des ganzen Siebes doch hin und her gewendet werden, so daß etwa eingeklemmte feinere Erzstücke bei längerem Transportwege auch noch zur Ausscheidung kommen. Je mehr Feinerz das zu klassierende Gut enthält, desto länger ist zweckmäßig der Siebweg zu wählen. Auch kann dadurch, daß man das Kettensystem über eine größere Anzahl von Rollen führt und dabei sich wellenartig auf und ab bewegen läßt, der Nutzeffekt noch gesteigert werden.

Klassierung nach den mineralischen Bestandteilen. Es muß an dieser Stelle noch eine weitere Art der Klassierung sulfidischer Erze erwähnt werden, nämlich die „selektive" oder „differentielle" Flotation, die zwar eigentlich in das Gebiet der Aufbereitung und somit nicht in den Rahmen dieses Buches gehört, die aber trotzdem hier gestreift werden soll, weil diese noch sehr junge Klassierungsmethode in den allerletzten Jahren (seit 1923) außer in den U. S. A. besonders auch in Schweden einen gewaltigen Aufschwung erlebt hat, und weil die Kenntnis dessen, was die selektive Flotation zu leisten vermag, für den Hüttenmann von außerordentlicher Bedeutung ist, wenn es gilt, den wirtschaftlichsten Weg für die Weiterverarbeitung der bei der Korngrößenklassierung anfallenden Feinerze zu finden[1].

Für die hüttenmännische Verarbeitung sulfidischer Feinerze — worauf an späterer Stelle besonders eingegangen werden wird — kommen im allgemeinen drei Wege in Betracht: 1. Abrösten, verbunden mit erheblicher Flugstaubbildung und anschließendes Verschmelzen des Röstgutes in Flammöfen, ein Verfahren, dessen Wirtschaftlichkeit mit sinkendem Metallgehalt der Feinerze infolge hoher Röst- und Flammofenbetriebskosten rapide abnimmt; 2. Einsetzen kalter Feinerze in einen schon flüssigen Stein enthaltenden Konvertor, meist mit sehr stürmischem Verlauf der Entschwefelung und daher mit starkem Spritzen und Verlusten an Konvertorinhalt verbunden; 3. Stückigmachen, sei es durch Brikettieren, sei es durch Agglomeration (Sintern), mit nachfolgendem Verschmelzen im Schachtofen (oder auch im Flammofen) oder Einsetzen kalten oder heißen Agglomerates in einen schon flüssigen Stein enthaltenden Konvertor. Ist die Beschaffenheit der Fördererze derartig, daß große Mengen von Feinerzen anfallen, so kann es vorkommen, daß die in ihrer Aufnahmefähigkeit für stückig gemachte Feinerze beschränkten Schachtöfen und Konvertoren die anfallenden Feinerze nicht bewältigen können, was besonders leicht bei verhältnismäßig armen Feinerzen eintritt. In solchen Fällen werden entweder umfangreiche und im Betriebe bei armen Erzen teure Röst- und Flammofenanlagen erforderlich, oder es muß zur Anreicherung des Metallgehaltes im Feinerz geschritten werden, um die Menge der in Schachtöfen oder Konvertoren durchzusetzenden Roherze bzw. Agglomerate zu vermindern. Das letzte ist heute mittels selektiver Flotation möglich.

Ob die selektive Flotation, wie manche Fachleute annehmen, geeignet ist, einstmals die unmittelbare Verhüttung als den für relativ arme sulfidische Erze besonders geeigneten Verarbeitungsweg überhaupt zu verdrängen und sich an seine Stelle zu setzen, erscheint zur Zeit zum mindesten ziemlich zweifelhaft, wenn man bedenkt, daß doch recht beträchtliche Mahlkosten aufgewendet werden müssen, wenn man das gesamte Fördererz auf die für die Anwendung der Flotation erforderlichen Feinheitsgrade zerkleinern will. Abgesehen von dem Kraftverbrauch ist auch der Verschleiß, besonders in den Kugelmühlen, in solchem Falle außerordentlich hoch (in der Flotation der Eustismine bei Quebec, Kanada z. B. Kugelverbrauch in den Kugelmühlen = 1,35 kg/t Erz; in Morenci, Arizona

---

[1] Besonders sei verwiesen auf die Zusammenstellung von L. O. Howard: How selective Flotation is effecting Metallurgical Practice. Engg. Ming. J. Bd. 124, Nr. 14, S. 551—552, 1927, und C. Bruchhold: Der Flotationsprozeß. Berlin: Julius Springer 1927.

= 0,9 kg/t Erz). Sollen hingegen nur Feinerze auf die für die Flotation erforderliche Korngröße vermahlen werden, so sinken die Mahlkosten ganz erheblich, da ja schon ein Teil der Zerkleinerungsarbeit kostenlos geleistet ist.

Die hüttenmännische Verarbeitung der aus der selektiven Flotation hervorgehenden Konzentrate kann sowohl durch Rösten und Flammofenarbeit, also durch mittelbare Verhüttung, erfolgen als auch durch Agglomeration in Drehöfen und unmittelbare Schachtofen- und Konvertorarbeit. Wenn die Anaconda Copper Co. heute in ihren großen Hüttenanlagen die Konzentrate der selektiven Flotation röstet und im Flammofen verschmilzt, so ist nicht zu vergessen, daß dieser Weg gewählt wurde zu einer Zeit, als die Drehofenagglomeration noch in den ersten Entwicklungsstadien lag, und die besondere Eignung gerade der Flotationskonzentrate für Drehofenagglomeration noch unbekannt war. Nach den bei der Braden Copper Co. in Chile sowie nach den in Ducktown, Tenn., gemachten Erfahrungen in der Drehofenagglomeration von Flotationskonzentraten erscheint heute — wenn auch eine endgültige Klärung, soweit sie bei Verschiedenheit des Erzcharakters möglich ist, noch nicht vorliegt — die unmittelbare Verhüttung von agglomerierten Flotationskonzentraten oftmals billiger als der Weg über den Röstofen.

Angesichts der besonderen Rolle, die die selektive Flotation bei der unmittelbaren Verhüttung von Feinerzen zu spielen berufen erscheint, seien einige kennzeichnende Daten aus den bislang vorliegenden Erfahrungen gegeben.

Metallsalze, wie Kalzium-, Magnesium-, Zink-, Aluminiumsulfat, die in der zur Flotation gelangenden Erztrübe (welche möglichst nicht über 60—70 % Wasser enthalten soll) gelöst sind, stören das Schwimmen der Sulfide sehr stark. Nur Ferrosulfat macht hier eine Ausnahme. Um diese Salze auszufällen und gleichzeitig die Trübe zu neutralisieren oder schwach alkalisch zu machen, wurde früher meist mit Kalk abgestumpft, wobei es außerdem von Nutzen ist, daß Kalk das Flotieren von Pyrit hintanhält — während sich aber gleichzeitig die durch Anwesenheit von Kalk stark geförderte Bildung von Flocken einstellt, die das Ausbringen sehr beeinträchtigt. Man zieht daher heute meist kaustische Soda oder Ätznatron als Neutralisationsmittel vor. Als „Einöler" zum Überziehen der Sulfide mit dünnen Ölhäutchen dienen Steinkohlenteer, Teeröle oder Wassergasteer. Als Schaumbildner haben sich Kiefernholzöle und auch billigere Ersatzmittel wie Rohkreosot, Rohpetroleum, Heizöle u. dgl. bewährt. Als Antiflockenmittel und auch wegen sonstiger vielfach vorteilhafter Eigenschaften werden Alkalizyanide benutzt, mit denen es 1922 (mit Natriumzyanid) Guy E. Sheridan und G. G. Griswold zum ersten Male gelang, Kupfersulfide und Pyrit auf dem Wege der Flotation unter wirtschaftlichen Bedingungen voneinander zu trennen. Die Erz- und Kohleflotation G. m. b. H., Bochum 5, versucht, die hochgradig giftigen Zyanide durch ein neues praktisch schon bewährtes Mittel zu ersetzen, das die gleichen vorzüglichen Eigenschaften wie die Zyanide besitzen soll. Eine ganz besondere Bedeutung haben in der selektiven Flotation einige Steinkohlenteerderivate erlangt sowie besonders die Alkalixanthate[1], die nicht nur teils

---

[1] Saure Sauerstoffester der Dithiokohlensäure, z. B. Natriumxanthogenat oder -xanthat, als gelbliches Pulver quantitativ ausfallend beim Behandeln von alkoholischer Natronlauge mit Schwefelkohlenstoff; leicht wasserlöslich.

$$CS_2 + C_2H_5ONa = C_2H_5 \cdot O \cdot CS \cdot CK.$$

bessere Eigenschaften als die Öle, sowohl für das Einölen als auch für die Schaumbildung zeigen, sondern die unter Umständen das Einölen von Pyrit verhindern und so eine leichte Trennung der zum Schwimmen gebrachten Sulfide von dem wegen fehlender Einölung durch das Wasser der Erztrübe benetzten und daher nicht schwimmenden Pyrit ermöglichen.

Sichere Angaben über die Schwimmfähigkeit verschiedener Minerale unter gleichen Arbeitsbedingungen gibt es zwar noch nicht. Einen gewissen Anhalt dafür, wie — in bezug auf ihre Schwimmfähigkeit — dicht beieinander oder wie weit voneinander entfernt verschiedene Minerale liegen, bietet aber immerhin eine von H. S. Gieser aufgestellte Tabelle:

Schwimmfähigkeit verschiedener Minerale (nach H. S. Gieser).

Kalkstein	2,4
Quarzit	5,3
Quarz	10,7
Sericit	12,7
Kalkspat	18,5
Kaolin	60,0
Pyrit	62,0
Buntkupfererz	66,0
Kupferglanz	70,0
Fahlerz	85,0
Zinkblende	62,0—87,0
Bleiglanz	92,0
Kupferindig	93,0

In der Flotationsanlage zu Nacozari (Mexiko) der Montezuma-Copper Co. gelang die Trennung eines Erzes, in dem Kupferkies : Pyrit = 1 : 4 vorhanden waren, unter Anwendung von 900 g kaustischer Soda und 450 g Natriumzyanid pro Tonne in einer Flotationszelle der Mineral Separation Co. folgendermaßen:

	Gehalt		Ausbringen	
	Cu	Fe	Cu	Fe
Aufgabe	3,0 %	38,8 %	—	—
Konzentrat	17,0 %	38,3 %	80,5 %	14,0 %
Zwischenprodukte	3,1 %	35,5 %	10,3 %	8,9 %
Abgange	0,4 %	39,8 %	10,1 %	77,7 %

Dabei war das Erz auf 150 engl. Maschen zerkleinert, was einer ungefähren Korngröße von 0,09 mm entspricht[1].

Auch die Abtrennung fein verteilter und für die Verhüttung unerwünschter Beimengungen fremder Minerale, wie z. B. sulfidischer Blei- und Zinkminerale, läßt sich auf diesem Wege erreichen. Auf einer großen, in Kanada gelegenen Kupfermine[2] werden z. B. pyritführende komplexe Kupfer-Blei-Zink-Erze auf diese Weise separiert, und zwar wird das Roherz, das etwas unter 1 % Zink enthält, gewöhnlicher Flotation unterworfen, wobei 19,1 % Rohkonzentrat mit

---

[1] Keyes, H. E.: Differential Flotation of Copper and Iron Sulphides. Engg. Min. J. Bd. 120, S. 135—136, 1925.

[2] Simpson, W. E.: Selective Flotation of Sulphide Ores. Canadian Min. J. Bd. 47, S. 731—734, 1926.

starkem Kupfergehalt und 8,3 % eines Sonderkonzentrates mit hohem Zinkgehalt anfallen. Das kupferreiche Rohkonzentrat wird durch Zyannatriumflotation auf ein Kupferkonzentrat mit 32 % Cu und 2,6 % Zink gebracht; die anfallenden eisen- und zinkhaltigen Schlämme liefern bei nochmaliger auf Zink eingestellter Flotation hochwertiges Zinkkonzentrat mit 50,2 % Zink und 3,7 % Cu, sowie einen Endschlamm, bestehend aus Pyrit mit 0,35 % Cu und 1,8 % Zn. Leider gibt es bekanntermaßen komplexe Erze, die sich auch vermittels dieses ausgezeichneten Trennungsweges nicht separieren lassen, wozu die Rammelsbergerze gehören, bei denen noch Kristallgruppen von weniger als $1/_{500}$ mm räumlicher Ausdehnung innige Verwachsung verschiedener Minerale zeigen.

In Morenci, Arizona[1], werden Erze mit Pyrit, Kupferglanz und Quarz flotiert:

Aufgabegut	2,2 % Cu
Konzentrat	22,8 % Cu
Abgänge	0,3 % Cu
Natrium-Xanthat-Verbrauch .	51 g/t
Kiefernöl-Verbrauch	28 g/t
kWst/t Erz	14,09
Anreicherungsverhältnis . . .	11,9 : 1
Durchsatz	4500 t/24 Std.

Die selektive Flotation der Eustis Mining Co., Eustis, Quebec, Canada[2], von Kupferkies und Pyrit mit serizitischer Gangart lieferte:

	Kupfersulfid-Flotation	Pyrit-Flotation
Cu-Gehalt im Erz	3,04 %	0,29 %
Fe-Gehalt im Erz	30,0 %	31,7 %
Cu im Konzentrat	22,1 %	0,28 %
Fe im Konzentrat	32,0 %	42,56 %
Cu in den Abgängen	0,29 %	—
Fe in den Abgängen	—	11,64 %
Kalkzusatz	5200 g/t	—
TT-Mischung*	160 g/t	—
Kiefernöl	11 g/t	8 g/t
Schwefelsäure 66°	—	9070 g/t
Steinkohlenteer und Kreosot (1 : 1) . .	—	365 g/t
Natrium-Xanthat	—	93 g/t
Ausbringen	91,57 %	87,15 %
Anreicherungsgrad	7,94 : 1	1,5 : 1
Durchsatz in 24 Std.	144,35 t	59,71 t

* TT-Mischung = 20 % Thiokarbanilid + 80 % Orthotoluidin.

Tucker, Gates und Head[3] stellten fest, daß Zyanide und Kalk zusammen das Flotieren von Pyrit in viel stärkerem Maße verhindern, als Kalk allein, und daß ein verminderter Kalkgehalt auch deshalb erwünscht ist, weil ein Kalkgehalt der Trübe (in größerer Menge) unter Umständen auch das Flotieren von Kupferglanz beeinträchtigt. Unter Anwendung von 277,6 g General Naval-Stores Pine Oil als Schaumbildner und 127 g Natriumxanthat als Einöler je Tonne fanden sie:

---

[1] Crowfoot, Arth.: Evolution of Copper-Ore Concentration at Morenci, Ariz. Engg. Min. J. Bd. 120, S. 884—890. 1925.

[2] Parsons, A. B.: Selective Flotation of Copper-Iron ore at the Eustis Mine, in Quebec. Engg. Min. J. Bd. 123, S. 84—88, 1927.

[3] Tucker, E. L., J. F. Gates and R. E. Head: Effect of Cyanogen Compounds in the Floatability of Pure Sulfide Minerals. Transactions Amer. Inst. Min. Eng. Bd. 73, Teil 1, S. 354—371; Teil 2, S. 372—380, 1926; Mining Metallurgy Bd. 7, S. 126—129, 1926.

CaO in der Trübe:	NaCN in g/t Erz	% ausgebrachter Minerale (geschwommen)			
		Kupferkies	Kupferglanz	Buntkupfer	Pyrit
—	—	92,0	92,0	91,7	70,0
	226,8	89,2	79,8	95,2	21,0
	453,6	85,4	87,3	90,5	19,0
0,0005 % CaO	—	94,3	99,0	92,2	36,0
	226,8	91,4	87,3	95,0	14,0
	453,6	88,1	79,8	90,5	13,0
0,003 % CaO	—	93,3	60,3	96,0	23,0
	226,8	92,1	97,0	95,0	11,0
	453,6	90,0	96,8	94,5	11,0
0,02 % CaO	—	91,6	15,2	93,8	2,0
	226,8	91,2	23,7	62,4	1,0
	453,6	89,3	16,6	73,1	2,0

Es ist selbstverständlich, daß jedes Erz eine individuelle Behandlung und genaue Vorstudien in bezug auf die Anwendbarkeit der selektiven Flotation erfordert, ebenso wie in bezug auf die anzuwendenden Flotationsmittel. Steht reines Wasser zur Verfügung, und sind die sulfidischen Erze nicht mit einer Oxydhaut bedeckt, so macht die Trennung von Kupfersulfiden und Pyrit durch selektive Flotation mit Xanthat im allgemeinen keine Schwierigkeiten. In Cannanea (Mexiko)[1] wurde bis 1923 der dort geförderte, kupferhaltige Pyrit in gewöhnlicher nasser Aufbereitung angereichert und in dem genannten Jahre eine gewöhnliche Flotation versucht, wobei kalkhaltige Wässer verwandt wurden. Seit 1925 wird dort unter Verwendung reiner Wässer mit Kaliumxanthat flotiert. Die unterschiedlichen Ergebnisse der gewöhnlichen Flotation von 1923 und der seit 1925 geübten Xanthatflotation sind folgende:

	1923	1925
Cu im Erz	1,95 %	1,91 %
Fe im Erz	16,7 %	15,7 %
Cu im Konzentrat	4,38 %	17,69 %
Fe im Konzentrat	36,00 %	30,2 %
Cu in den Abgängen, berechnet	0,39 %	0,19 %
Cu in den Abgängen, Analyse	0,297 %	0,17 %
Fe in den Abgängen	5,2 %	12,1 %
Unlösliches im Konzentrat	15,2 %	7,3 %
Nässe im Konzentrat	11,4 %	9,1 %
Steinkohlenteer	625 g/t	—
Kiefernöl	304 g/t	113 g/t
Heizol	565 g/t	—
Kalium-Xanthat	—	45 g/t
kWst/t Erz	14,4	16,5
Cu-Ausbringen	87,40 %	91,17 %
Ag-Ausbringen	88,21 %	90,18 %
Au-Ausbringen	85,80 %	88,82 %
Durchsatz in 24 Std.	1500 t	1500 t
Konzentratanfall in 24 Std.	622 t	140 t
Reduktionsverhältnis	2,58 : 1	10,18 : 1
Verarbeitete Erzmenge	239000 t	250000 t
Aufbereitungskosten pro Tonne Erz . .	3,85 M.	4,15 M.

---

[1] Tye, A. T.: Differential Flotation of Copper at Cananea. Engg. Min. J. Bd. 121, S. 597—604, 1926. — Etwas abweichende Werte in T. A. Tye: Results from Preferential Flotation at Cananea. Mining Metallurgy Bd. 8, S. 340—342, 1927.

Die Flotationsanlage der Britannia Copper Mine, Brit. Columbia, Canada[1], hat Erze zu verarbeiten, die beträchtliche Mengen löslicher Sulfate und außerdem etwas Gold, vornehmlich als Freigold, enthalten. Da die Sulfate, die mit Sodaaschen gefällt werden, die Erzpartikelchen mit feinsten Oxydhäutchen überzogen haben, müssen zunächst Zwischenprodukte aus der Trübe herausflotiert und diese dann nochmaliger Flotation unterworfen werden, bis Kupferkonzentrate mit über 20 % Cu anfallen und die Abgänge nur noch 0,15 % Cu aufweisen. Freigold schwimmt ebensowenig wie Pyrit und reichert sich daher in diesem an. Man läßt die Pyrittrübe bei schwachem Gefälle über mit Wolltuch bespannte Tische fließen, wobei sich das Freigold auf diesen Tüchern absetzt, so daß bis zu 75 % des gesamten Goldgehaltes der Erze auf diese Weise gewonnen werden.

Die vorstehenden Angaben geben einen Begriff von der Leistungsfähigkeit der selektiven Flotation, und es darf als sicher angenommen werden, daß die Anwendung der selektiven Flotation zur Anreicherung von Feinerzen in vielen Hütten die Verarbeitung größerer Mengen sulfidischer Feinerze auf ein wirtschaftlich erheblich gebessertes Niveau zu bringen vermag.

Die Zuschläge und ihre Herrichtung.

Als Zuschläge kommen bei der unmittelbaren Verhüttung basischer Erze, sofern saure Erze fehlen, die als Zuschlag benutzt werden können, Kieselsäure in Gestalt von Quarz, Feuerstein oder hochkieselsäurehaltige Gesteine, bei der Verhüttung saurer Erze vornehmlich Kalke in Betracht. Daneben wird gelegentlich als basischer Zuschlag, wenn er billig greifbar ist, auch Kiesabbrand (purple ore) verwandt. Es sei schon an dieser Stelle darauf hingewiesen, daß ein Erz natürlich nur dann als sauer zu bezeichnen ist, wenn es überschüssige freie Kieselsäure enthält. Die bloße analytische Bestimmung der Gesamtkieselsäure im Erz genügt zur Entscheidung über seinen etwaigen sauren Charakter nicht, sondern es muß von der Gesamtkieselsäure diejenige SiO_2 abgesetzt werden, die in schon gebundener Form, in Gestalt silikatischer Minerale der Gangart der Erze, vorliegt.

Es ist selbstverständlich, daß für die Wahl der zu benutzenden Zuschläge, seien es nun saure oder basische, die Frage des Preises für Zuschläge loco Hütte von erheblicher Bedeutung ist. Dennoch dürfen die nachstehend mitgeteilten Anforderungen, die an einen guten Zuschlag gestellt werden müssen, nicht außer acht gelassen werden, wenn die Gestehungskosten und der praktische Nutzeffekt beim Schmelzprozeß gegeneinander abgewogen werden.

Saure Zuschläge. Beim Kieselsäurezuschlag ist, um eine leichtschmelzige und dünnflüssige Schlacke zu erzielen, unbedingt darauf zu achten, daß der Zuschlag möglichst frei von Ton, Eisenoxyd und Eisenhydroxyd sei, zumal wenn die zu verhüttenden Erze tonig sind oder gar einen geringen Zinkgehalt aufweisen, da andernfalls leicht die Bildung der im Ofen und in den Schlacken sehr störenden Spinelle eintritt. Die Kieselsäurezuschläge sollen, gleichviel in welcher Form sie zur Anwendung kommen, mindestens 88—90 % freie Kieselsäure enthalten. Ist diese Kieselsäuremenge nicht vorhanden, so müssen die Zuschläge durch Waschen oder durch Aufbereitung auf den genannten Gehalt an freier Säure

---

[1] Pearse, H. A. in Canadian Mining and Metallurgical Bull., Nov. 1927.

gebracht werden. Verfasser hat selber gelegentlich Quarzite mit nur 70 % freier Kieselsäure verarbeiten müssen, die wegen Wassermangels nicht gewaschen oder aufbereitet werden konnten und mit einem Tonerdegehalt von 10—12 % in den Ofen geschickt werden mußten. Selbst bei Erzen, die in jeder Beziehung für eine unmittelbare Verhüttung bestens geeignet waren, zwang die Benutzung eines derartig schlechten Zuschlages zur Erhöhung des Brennstoffverbrauches im Schachtofen von 2,5 % des Gesamteinsatzes auf 3,5—4 %, um eine einigermaßen flüssige Schlacke zu erzielen, wobei auch noch gewisse andre Nachteile eines sehr heiß gehenden Ofens (wie heiße Gicht, SiO_2-arme Schlacken usw.) mit in Kauf genommen werden mußten.

Reiner Quarz, Gangquarz, steht verhältnismäßig selten zur Verfügung, es sei denn, daß goldhaltige Quarze greifbar sind, die infolge ihres Edelmetallgehaltes viel höhere Transportkosten vertragen als reiner Quarz und oftmals von weither herbeigeschafft werden können. Im allgemeinen wird der Hüttenmann sich mit Quarziten oder Sandsteinen behelfen müssen. Als ganz vorzüglicher Zuschlag erwiesen sich in Bor (Serbien) propylitisierte Andesite, die fast nur noch ein reines, bimsteinartig poröses Kieselsäureskelett darstellten. Auch Kieselschiefer können als Zuschlag brauchbar sein, wenn sie eine Zusammensetzung ähnlich der des nachstehend aufgeführten Fichtelgebirgs-Kieselschiefers besitzen. Feuer- oder Flintsteine, die an und für sich ein sehr hochwertiger Zuschlag sind, können selbst da, wo sie in der Nähe einer Hütte gefunden werden, selten in hinreichender Menge beschafft werden.

Unter den Sandsteinen, deren Quarzkörnchen zwischen Pfefferkorn- und Erbsengröße schwanken, sind Tonsandsteine (mit tonigem Bindemittel) unbrauchbar. Kalksandsteine (mit kalkigem Bindemittel) und Kieselsandsteine (mit Kieselsäure als Bindemittel) können bei genügend hohem SiO_2-Gehalt einen durchaus willkommenen Zuschlag liefern. Die an Feldspäten und an Muskovit verhältnismäßig reichen Arkosesandsteine sind oftmals wegen ihres hohen Alkaligehaltes (bis zu 4,5 %) für die Schlackenbildung günstig, weil ihre Alkalien zur Bildung leichtschmelziger und dünner Schlacken beitragen.

Als saurer Zuschlag gut geeignet:

	1	2	3	4	5
SiO_2	90,72	98,80	96,25	96,74	94,00
Al_2O_3	4,56	0,18	2,24	0,18	2,61
Fe_2O_3	0,36	0,50	—	—	0,12
FeO	0,10	—	—	0,88	0,65
MgO	0,11	—	0,20	—	0,44
CaO	0,11	Spur	0,20	—	1,27
Alkali . . .	3,33	—	0,63	0,49	0,93
H_2O	0,42	0,50	0,46	—	1,37

1 = Pseudomorphosensandstein (Heidelberg),

2 = Braungelber Quadersandstein (Elbsandsteingebirge)

3 = Gelbgrauer dichter Culm-Quarzit (Harz)

4 = Kieselschiefer (Fichtelgebirge),

5 = Kieselschiefer (Lerbach i. Harz).

Als saurer Zuschlag unbrauchbar:

	1	2	3
SiO_2	93,36	93,44	91,40
Al_2O_3	—	5,17	5,66
Fe_2O_3	5,44	0,19	0,22
MgO	Spur	0,19	0,01
CaO	Spur	—	0,03
Alkali	—	0,32	1,34
H_2O	0,76	0,80	0,10

1 = Oligozäner Sandstein (Böhmen), viel zu hoch in Fe_2O_3

2 = Crummendorfer Kieselschiefer } feuerfest.

3 = Desgleichen

Unter den Quarziten, die dicht sein und splittrig brechen müssen, sind die aus Kontaktlagerstätten stammenden wegen ihrer günstigeren physikalischen Eigenschaften meist denen aus sedimentärer Lagerstätte vorzuziehen. Letztere weisen oft auch bei weitem zu hohe Gehalte an Fe_2O_3 und an $Fe(OH)_3$ auf.

Bei Kieselschiefern ist besonders darauf zu achten, daß der Gehalt an Tonerde sowie an Ferriverbindungen und an Karbonaten nicht zu hoch ist. In physikalischer Beziehung sind sie meist vorzüglich.

Besonders zu beachten ist stets die Art der Vermengung von Kieselsäure und Tonerde. Ist die Tonerde lediglich grob mechanisch beigemengt, so daß man sie mit bloßem Auge sieht, so kann sie meist durch Waschen entfernt und das Material für Schmelzzwecke brauchbar gemacht werden. Ist Tonerde hingegen sehr fein verteilt, so daß sie mit bloßem Auge und auch mit der Lupe nicht wahrgenommen werden kann, so besteht die Gefahr, daß die fraglichen Materialien gut feuerfeste Eigenschaften besitzen und für eine leichte Schlackenbildung dann nicht in Frage kommen, wie das z. B. bei den Crummendorfer Quarziten der Fall ist. Die bloße chemische Analyse bietet also nicht immer eine Gewähr für die Brauchbarkeit eines sauren Zuschlages.

Zuschläge mit körniger Struktur, wie Sandsteine u. dgl., sind für eine schnelle und leichte Schlackenbildung meist besser geeignet als sehr dichte Materialien, wie Quarz- und Kieselschiefer.

Basische Zuschläge. Die als basischer Zuschlag verwendeten Kalksteine erfüllen fast immer die an sie zu stellenden Anforderungen, wenn nur ihr Mg-Gehalt möglichst nicht über 5 % steigt. Gerade die Kalke, die zum Kalkbrennen ungeeignet sind, sind oft die besten für den hüttenmännischen Schachtofen, nämlich die schwach kieselsäurehaltigen, in denen Quarz fein verteilt ist. Wenn auch der Quarz einen Teil des Kalkgehaltes absättigt und daher etwas größere Kalkmengen verbraucht werden, so steigt doch die Dichte, die Splittrigkeit und das physikalisch günstige Verhalten im Ofen ganz erheblich bei Anwesenheit geringer Mengen beigemischten Quarzes im Kalkstein. Vor allem treiben quarzige Kalksteine bei weitem nicht so stark im Ofen wie quarzfreie. Der Kalkgehalt der für hüttenmännische Zwecke verwendeten Kalksteine soll nicht unter 54,5—60 % CaO (= 97—98 % $CaCO_3$) liegen. Als in der Caletones Smelter der Braden Copper Co. (Rancagua, Chile) zu Beginn des Betriebes noch der benötigte Kalkstein fehlte, griff man mit gutem Erfolge zu Muschelschalen, die bei einem durchschnittlichen Gehalt von 96—97 % $CaCO_3$, 0,1—0,5 % $MgCO_3$ und 0,1 bis 0,5 % $Fe_2O_3 + Al_2O_3$ ein gut brauchbarer basischer Zuschlag sind.

Kiesabbrände, die gelegentlich als basischer Zuschlag benutzt werden, bieten besondere Vorteile, wenn sie geringe Mengen von Kupfer enthalten, die bei der Verhüttung mit zugute gemacht werden können. Daß sie frei sein müssen von metallischen Beimengungen, die im Verlaufe der weiteren Metallgewinnung zu Komplikationen führen können, wie z. B. Wismut, ist selbstverständlich. Für den Schachtofenbetrieb müssen die Abbrände stückig gemacht werden, was mit Vorteil geschehen kann, wenn sie bei der Agglomeration sulfidischer Feinerze mit diesen gemöllert und mit ihnen zusammen agglomeriert werden.

Die organischen Brennstoffe.
(Vgl. auch Anhang Nr. 1.)

Bei der unmittelbaren Verhüttung sulfidischer Rohstoffe werden organische Brennstoffe lediglich zur Schaffung der erforderlichen Arbeitstemperaturen in den Öfen benötigt. Es kommt somit in allererster Linie auf den Heizwert an. Möglichst hohes spez. Gew., das bei festen Brennstoffen ja in einem gewissen Zusammenhange mit dem Heizwerte steht, ist bei stückigen Brennstoffen insofern von Bedeutung, als spezifisch leichte Brennstoffe den Erzdurchsatz im Ofen je Zeiteinheit herabsetzen, was am stärksten erkenntlich wird bei der Benutzung von Holz. Der Aschengehalt der festen Brennstoffe soll nicht nur möglichst gering sein, sondern die Aschen müssen auch leichtschmelzig sein und wenig Tonerde enthalten. Der Schwefelgehalt, der bei allen anderen hüttenmännischen Prozessen schwer ins Gewicht fällt, ist bei unmittelbarer Verhüttung sulfidischer Materialien völlig bedeutungslos. Abgesehen von der Frage, ob stückiger, staubförmiger, flüssiger oder gasförmiger Brennstoff, ist für die Auswahl der Brennstoffe in überragender Weise der Preis je Kalorie unterer Heizwert loco Hütte ausschlaggebend.

Stückige Brennstoffe. Stückig zur Verwendung gelangende Brennstoffe sollen gute Eigenschaften besitzen bezüglich der Sturzfestigkeit und der Abriebfestigkeit. Beim Stürzen von 1 t stückiger Kohlen oder Koks aus 5 m Höhe auf Eisenbleche sollen nicht mehr als 5 kg Feines (unter 5 mm) anfallen. Für die Abriebfestigkeit, die besonders beim Transport eine Rolle spielt, gibt es keine wirklich einwandfreien Bestimmungsmethoden, so daß Zahlenwerte diesbezüglich fehlen[1]. Ganz allgemein läßt sich für Koks sagen, daß mit steigendem SiO_2-Gehalt der Asche die Festigkeit jeglicher Art sinkt.

Die Anforderungen, die an die Entzündungstemperatur und die Verbrennlichkeit fester Brennstoffe bei der in Rede stehenden Art der Schmelzarbeit gestellt werden müssen, hängen ganz davon ab, in welcher Art der Brennstoff an diejenige Stelle gebracht wird, an der er zur Wirkung kommen soll. Wird er beim Schachtofenbetrieb mit der Beschickung zusammen von oben gegichtet, so sind hohe Entzündungstemperatur und Schwerverbrennlichkeit das Wünschenswerte, damit der Brennstoff unverändert möglichst tief in den Ofen hineingelangt, möglichst dicht über die Düsen. Zudem wird bei leichtverbrennlichem Material primär gebildetes CO_2 schnell zu CO reduziert, das dann mit langer Flamme verbrennt und dadurch die oberen Teile der Beschickung erhitzt und zum Sintern bringt, statt seine Wärme dort an die Charge abzugeben, wo sie in erster Linie gebraucht wird, über den Düsen. Wird der Brennstoff hingegen, wie das auf einigen japanischen Hütten geschieht, stückig durch die Düsen eingetragen, so besteht natürlich Interesse an niedriger Entzündungstemperatur, weniger an leichter Verbrennlichkeit. Bei Koks ist somit spezifisch leichter, d. h. poröser Koks möglichst zu vermeiden, da er wegen seiner Porösität leicht verbrennlich ist. Das Porenvolumen soll möglichst nicht über 45 % betragen. Am besten ist immer der Koks, bei dessen Herstellung die Kohle in der Koksofenkammer maschinell eingestampft worden ist, da dieser stets der porenärmste und am

---

[1] Es sei verwiesen auf O. Simmersbach: Kokschemie, 2. Aufl. Berlin: Julius Springer 1914.

schwersten verbrennliche ist. Eine gewisse Regelung der Verbrennlichkeit jedweden stückigen Brennstoffes liegt in der Hand des Hüttenmannes selber, da
die Verbrennlichkeit u. a. auch wesentlich von der Korngröße des zur Verbrennung gelangenden Materials abhängt. Es empfiehlt sich daher, beim Einkauf
des Brennstoffes stets möglichst großstückiges Material zu verlangen, nicht nur,
damit beim Transport möglichst geringer Verlust durch Abrieb eintritt, sondern
auch, weil durch Zerkleinerung nötigenfalls die Verbrennlichkeit geregelt werden
kann. Je kleinstückiger ein Brennstoff ist, desto leichter verbrennlich ist er
natürlich. Des weiteren ist beim Einkauf stückiger Brennstoffe scharf auf den
Feuchtigkeitsgehalt zu achten; denn erstens — und das ist das wichtigste —
muß bei sehr nassem Material unnötig Wasser transportiert werden; zweitens
verschluckt jedes Gramm Wasser zu seiner Verdampfung rund 600 cal; drittens
erniedrigt außerdem auch die hohe spez. Wärme des Wasserdampfes ($= 0,475$)
den Nutzeffekt des Brennstoffes im Ofen. Die von einzelnen Hüttenleuten
gerade bei unmittelbarer Verhüttung geübte Methode, den Brennstoff vor dem
Gichten noch in Wasser einzutauchen, um ihn möglichst tief in den Ofenschacht
in unverbranntem Zustande hinunter gelangen zu lassen, ist aus diesen Gründen
zu verwerfen, da der gewonnene Vorteil bei weitem nicht die verursachten Verluste an nutzbarer Wärme aufwiegt.

Von der Verwendung von Holz als Brennstoff im Schachtofenbetriebe wird
an späterer Stelle noch ausführlich die Rede sein. Wegen des verhältnismäßig
niedrigen Heizwertes der verschiedenen Holzarten (zwischen 4400—4500 cal für
wasserfreies Holz) müssen, um Kohle oder Koks durch Holz zu ersetzen, unvergleichlich viel größere Mengen — dem Volumen nach — in den Schachtofen
eingebracht werden, was eine Verminderung des Erzdurchsatzes je Zeiteinheit
zur unbedingten Folge hat. Dennoch kann auf Werken, die fernab von günstigen
Transportwegen liegen und bei denen eben durch die Transportverhältnisse die
Gestehungskosten für Kohle oder Koks loco Werk anormal hoch ausfallen, mit
gutem Erfolge Holz an Stelle von fossilen Brennstoffen verwandt werden. Das
für unmittelbare Verhüttung am besten geeignete Holz ist Eiche oder Buche.
Wenngleich auch Kiefer wegen ihres Harzgehaltes einen höheren Heizwert hat
(bis 4600 cal) und erst recht harzige Kieferstubben (bis 5550 cal), so ist sie doch
viel zu leicht verbrennlich[1]. Sie entzündet sich schon in den oberen Schichten
der Ofenbeschickung, erwärmt diese, was nicht sein soll, und ist fast restlos
verbrannt, bis die Beschickung die Hauptreaktionszone dicht über den Düsen
erreicht. Buche und Eiche sind viel schwerer verbrennlich; sie gelangen bei
flottem Ofengang nach Erfahrungen des Verfassers ziemlich unverbrannt bis in
die Zone, wo die erste Zusatzwärme nötig ist[2]. Eine besonders schwierige Frage
ist es, mit welchem Feuchtigskeitsgehalt Holz gegichtet werden soll. Am günstigsten verbrennt Holz im allgemeinen, wenn es kurz nach dem Schlagen zur

---

[1] Im südlichen Transkaukasus und in Nordpersien wächst ein rotrindiger, sehr harziger
Busch, dessen Holz zwar einen Heizwert von 7000 cal. erreicht, das aber auch so leicht
verbrennlich ist, daß es, frisch gebrochen, im Saft sofort mit einem Streichholz angesteckt
werden kann und lichterloh brennt.

[2] Bei schnellem Ofengang fand Verfasser gelegentlich äußerlich verkokte Eiche beim
Ausbrechen des Ofensumpfes unten im erstarrten Stein eingebettet. Das Holz war offenbar
durch die Düsenebene hindurch unverbrannt bis in den Ofensumpf gelangt.

Verwendung gelangt, wobei es während dieser Zeit als Stammholz (nicht geschnitten) lagern soll. Praktisch ist dies jedoch nur in den seltensten Fällen durchzuführen, da die meisten Forstverwaltungen unbedingt darauf bestehen, daß nur im Spätwinter geschlagen werden darf, bevor der Saft wieder zu steigen beginnt. Die Erlaubnis, Holz zu schlagen, das im Saft steht, ist kaum zu erhalten. Daher muß in den verschiedenen Jahreszeiten meist Holz von verschiedenem Feuchtigkeitsgrade benutzt werden, da im Laufe von drei Vierteljahren (bis zur nächsten Fällungszeit) auch Stammholz austrocknet[1]. Die geeignetste Stückgröße für Buche und Eiche wird erreicht, wenn der Stamm quer zur Längsachse bei Eiche in Scheiben von 8 cm Stärke, bei Buche in 10 cm starke Scheiben geschnitten wird und diese dann so gehackt werden, daß dreikantige Prismen mit rund 8 cm Seitenlänge der Dreiecksseiten entstehen. Zum Ablängen des Stammholzes auf derartige Scheiben ist die Kreissäge ungeeignet, weil die Arbeiter mit der Hand viel zu dicht an die Säge herankommen. Vorzüglich sind die Motorkettensägen, die leicht transportabel sind (auch zum Fällen im Walde vorzüglich; ein Kiefernstamm 85 cm Durchmesser 10 cm über dem Erdboden in 1 Min. 15 Sek. durchschnitten) und bei einem Eigengewicht von 40 kg gestatten, Stämme bis 100 cm Durchmesser mit 11—12 m/Sek. Sägegeschwindigkeit in Scheiben jeglicher Dicke abzulängen, wobei Eiche von 50 cm Durchmesser in rund 50 Sek. durchschnitten wird. Auch das Hacken geschieht zweckmäßig mit Maschine. Schneiden und Hacken kann so eingerichtet werden, daß täglich nur der Tagesbedarf für die Schachtöfen hergerichtet wird[2].

Von Interesse ist ein Vergleich der Verbrennungsverhältnisse verschiedener stückiger Brennstoffe, wie ihn Thörner gegeben hat[3].

Verbrennungsverhältnis verschiedener stückiger fester Brennstoffe.

Gewöhnlicher Koks : Birkenkohle = 1 : 1,97
„   „   : Fichtenkohle = 1 : 1,97
„   „   : Meilerkoks = 1 : 1,72
„   „   : Buchenkohle = 1 : 1,58
„   „   : Eichenkohle = 1 : 1,55
„   „   : Steinkohle = 1 : 1,45
„   „   : Anthrazit = 1 : 0,89

Nähere Angaben über Zusammensetzung, Heizwert usw. verschiedener stückiger fester Brennstoffe vgl. Anhang Nr. 1.

Staubförmige Brennstoffe. Die an staubförmige Brennstoffe zu stellenden Anforderungen richten sich genau wie bei den stückigen Brennstoffen ganz nach der Art und Weise, wie der Brennstoff verfeuert werden soll. Die wichtigste

---

[1] Aus diesem Grunde ist es auch geraten, als Polstangen zum Raffinieren keine Buchenstangen zu verwenden, wie früher immer empfohlen wurde. Sobald die Stangen trocken sind, brennen sie im Kupferbade ab wie Zunder, ohne irgendeine nennenswerte Wirkung zu erzielen. Lebhafte Gasentwicklung und zugleich stark reduzierendes Gas kann man sehr gut mit harziger Kiefer erzielen, die sich auch schneller — im Bedarfsfalle — mit Wasser tränken läßt, als die teurere Buche.

[2] Derartige Kettensägen mit Benzinmotorantrieb bauen z. B. die Gesellschaft E. Ring & Co. (Marke Rinco), Berlin W 9, Schellingstr. 3, und die Terranova G. m. b. H. für Apparatebau, Berlin SO 33, Schlesische Str. 29/30 (Marke Rapid).

[3] Thörner, W.: Beiträge zum Studium von Steinkohlen, Koks und Holzkohlen als Hochofen-Brennmaterial. Stahl u. Eisen Jg. 6, S. 71—83, 1886.

Frage bezüglich der Art der Verfeuerung ist die, ob freie Flammentwicklung möglich ist, wie z. B. beim Drehofen, oder ob diese behindert ist, wie bei dem mit Kohlenstaub befeuerten Schachtofen. Der als besonderer Vorzug der Staubfeuerungen immer gepriesene Vorteil, daß staubförmig auch die minderwertigsten Kohlen verfeuert werden können, muß mit Bezug auf die hier in Rede stehenden Zwecke insofern eine Einschränkung erfahren, als das verfeuerte Material unbedingt aschenarm und vor allem arm an Tonerde in der Asche sein muß, damit nicht Schwierigkeiten in der Schlackenbildung auftreten. Des weiteren muß auch das Rohmaterial, das auf Staub vermahlen werden soll, möglichst trocken sein, da die Kohle vor dem Vermahlen bis auf 1 % Feuchtigkeit getrocknet werden muß, wenn die Mühlen rationell arbeiten und keine Stockungen in der mechanischen oder pneumatischen Staubförderung auftreten sollen.

Bei der Beheizung von Agglomerationsdrehöfen empfiehlt sich die Verwendung von gasreichen und langflammigen Kohlen (Flammkohlen, bituminösen Braunkohlen u. dgl.), da hier freie Flammentwicklung gewährleistet und schnelle Entzündung des Kohlenstaubes erforderlich ist. Bei der Befeuerung von Schachtöfen hingegen wird der Gebrauch von Magerkohlen vorzuziehen sein, die trotz ihres hohen Zündpunktes, wenn sie durch die Düsen gefeuert werden, sich schnell entzünden können und dabei gasarm sind, so daß sie kurzflammig brennen und die oberen Regionen der Ofenbeschickung vor schädlicher Überhitzung geschützt bleiben.

Sollen mit Kohlenstaub Öfen befeuert werden, bei denen im Ofenraum reduzierende Atmosphäre herrschen muß (Öfen, in denen mittelbar verhüttet wird oder Raffinieröfen), oder sollen durch Kohlenstaubfeuerung besonders hohe Temperaturen erzielt werden (es können bis zu 1700⁰ C Flammtemperatur erreicht werden), so kommt es darauf an, einen Kohlenstaub zu verfeuern, zu dessen völliger Verbrennung ein möglichst geringer Luftüberschuß erforderlich ist (unter 15 %). Diese Anforderung an den Kohlenstaub entfällt aber bei der unmittelbaren Verhüttung, da hier zur Schaffung der oxydierenden Ofenatmosphäre ohnehin mit Windmengen gearbeitet wird, denen gegenüber der für die Kohlenstaubverbrennung benötigte Luftüberschuß bedeutungslos ist. Allerdings kann aus demselben Grunde nicht das Maximum der Flammtemperatur und somit auch nicht der maximale Nutzeffekt erreicht werden.

Die Herstellungskosten des Kohlenstaubes setzen sich zusammen aus dem Wärmebedarf für die Trocknung, dem Kraftbedarf für die Vorzerkleinerung, dem Kraftbedarf für die Staubmühlen und den Unterhaltungskosten der gesamten Staubbereitungsanlage. Der Wärmebedarf für die Trocknung läßt sich aus der Feuchtigkeit der Rohkohle leicht ermitteln. Den Kraftbedarf für die Zerkleinerung geben Rosin und Rammler[1] mit

Vorzerkleinerung in Walzwerken oder Brechern . 1,2—1,7 kWst/t
Staubmahlen   in Schleudermühlen . . . . 28,5 kWst/t
      in Schwerkraftmühlen . . . . . . 23,0 kWst/t
      in Fliehkraftmühlen . . . . 11,6 kWst/t
      in Federmühlen . . . . 10,0 kWst/t

an, wenn bis auf einen Siebrückstand von 20 % bei 4900 Maschen zerkleinert wird.

---

[1] Rosin u. Rammler: Kraftbedarf von Kohlenstaubmühlen in Abhängigkeit von Belastung, Mahlbarkeit und Mahlfeinheit. Arch. Wärmewirtsch. 1926, S. 54 ff., 81 ff.

In zentralen Mahlanlagen lassen sich die gesamten Trocknungs- und Mahlkosten nach neuesten Erfahrungen auf rund 3—4 M. pro Tonne herabdrücken[1].

Flüssige Brennstoffe. Heizöle für Feuerungszwecke sollen möglichst nicht über 1 % Wasser enthalten und einen Flammpunkt über 65° C haben. Bei 15° C muß das Öl satzfrei sein; sein unterer Heizwert darf nicht unter 8500 cal liegen. Um ein Versetzen der Ölleitungen und ein Verschmieren der Brenner zu verhüten, sollen Teeröle nicht über 4 % freien Kohlenstoff enthalten. Der Stockpunkt soll möglichst unter 0° C liegen, damit nicht zu umfangreiche Schutzmaßnahmen gegen das Einfrieren der Ölleitungen erforderlich werden. Je weniger viskos ein Öl, desto besser zerstäubt es im Brenner. Hochviskose Öle müssen unter Umständen bis auf 60° C vorgewärmt werden.

Ins einzelne gehende Fingerzeige für die Auswahl des richtigen Öles zu geben, ist ausgeschlossen, da ein Abhängigkeitsverhältnis zwischen den Eigenschaften der Heizöle und der benutzten Brennerkonstruktion besteht, so daß ein Öl, das in dem einen Brenner glänzend arbeitet, bei einem anderen Brenner erhebliche Schattenseiten zeigen kann. Die von der Ölsorte unabhängigsten Brenner sind im allgemeinen die Öl-Gasbrenner, in denen Öle, die frei sein müssen von jeglichen suspendierten Partikeln, restlos vergast werden, so daß also eigentlich schon keine Ölfeuerung mehr vorliegt, sondern Gasfeuerung.

Einige Zahlenwerte zur Kennzeichnung typischer und viel benutzter Heizöle finden sich in Anhang Nr. 1.

Gasförmige Brennstoffe. Bei Benutzung gasförmiger Brennstoffe ist neben dem Heizwert noch die Menge der dem Heizgase beigemischten nicht brennbaren Gase von Bedeutung (z. B. Stickstoff in Generatorgasen), weil Wert darauf gelegt werden muß, möglichst geringe Mengen inerter Gase durch die metallurgischen Apparaturen durchzusetzen, um nicht das bei den unmittelbaren Verhüttungsprozessen anfallende SO_2-Gasgemisch zu stark zu verdünnen, wenn es weiter verarbeitet werden soll, und um möglichst viel Sauerstoff je Zeiteinheit der Beschickung zuführen zu können.

Natürliche Vorkommen von gasförmigen Brennstoffen gehören zu den Seltenheiten. Es kommen daher für hüttenmännische Zwecke vornehmlich Heizgase in Betracht, die als Nebenprodukt (als Abgase) bei anderen Prozessen oder in fremden Werken anfallen, bzw. Heizgase, die durch Vergasung fester oder flüssiger Brennstoffe erst hergestellt werden müssen. In beiden Fällen interessiert nur der Gestehungspreis je Wärmeeinheit. Die Herstellung der Heizgase selber fällt nicht in den Rahmen der vorliegenden Betrachtungen.

Lagerung der Erze, Zuschläge und Brennstoffe auf der Hütte.

Die Frage der richtigsten und billigsten Art, Erze, Zuschläge und Brennstoffe auf der Hütte zu lagern, steht mit der unmittelbaren Verhüttung sulfidischer Erze und Hüttenprodukte nur insofern in direktem Zusammenhang, als viele sulfidische Erze — wie schon auf S. 28—34 gezeigt wurde — eine besonders sorgfältige Behandlung verlangen, um nicht den Verlauf der unmittelbaren Ver-

---

[1] Vgl. M. Waehlert: Die Kohlenstaubfeuerung bei Raffinieröfen. Metall u. Erz Jg. 24, S. 252—257, 1927, und Wohlwill: Erfahrungen mit Kohlenstaubfeuerungen bei der Norddeutschen Affinerie. Metall u. Erz Jg. 24, S. 257—260, 1927.

arbeitung zu benachteiligen. Die gleiche Frage ist aber indirekt von erheblicher Bedeutung insofern, als jeder Hüttenmann bestrebt sein muß, die gesamten Produktionskosten, von denen die Lagerungskosten ein nicht unerheblicher Anteil sind, so niedrig wie möglich zu gestalten. So unglaublich es erscheinen mag, es kommt leider vor, daß ein Schmelzbetrieb für unwirtschaftlich erklärt wird, weil Verbilligungen im Schmelzprozeß als solchem nicht mehr zu erzielen sind, andererseits aber vergessen wurde, auch andere zum Betriebe gehörende Dinge, wie z. B. die Lagerung der Rohmaterialien und die Frage der Massennahtransporte einer gründlichen Prüfung auf Verbesserungsbedürftigkeit zu unterziehen.

Wenn auch die Art der Lagerung der Erze nur für jeden einzelnen Betrieb individuell richtig gelöst werden kann, so sei hier doch versucht, auf einige Gesichtspunkte von allgemeiner Bedeutung hinzuweisen, deren Berücksichtigung zur Niedrighaltung der gesamten Betriebskosten beitragen kann.

An obengenannter Stelle wurde bereits darauf hingewiesen, daß sulfidische Erze unbedingt trocken und in küstennahen und sehr nebelreichen Gegenden auch gegen Durchzug wasserdampfreicher Luft geschützt gelagert werden müssen. Daß ein Stürzen aus beträchtlicher Höhe und starke gegenseitige Reibung der Erzbrocken gerade bei einem so empfindlichen Material, wie sulfidische Erze es oftmals sind, unterbunden werden muß, wurde gleichfalls schon erwähnt. Damit tritt die grundsätzliche Frage auf, ob sulfidische Erze zweckmäßig in Bunkern zu lagern sind oder ob Lagerschuppen eine schonendere Behandlung der Erze versprechen. Diese Frage entscheidet sich für kieselige Erze, die hart und splittrig sind und nur geringen Abrieb zeigen — und, wenn wenig Platz auf dem Hüttengelände vorhanden ist —, zugunsten von Bunkern mit Unterteilung in einzelne Erztaschen. Für Erze mit geringem Kieselsäuregehalt oder für rein sulfidische Erze, für weiche Pyrite oder gar für weiche Sulfide hochwertiger Metalle entscheidet sie sich unbedingt zugunsten von Lagerschuppen oder -hallen mit gepflasterter oder mit Platten belegter Bodenfläche.

Bei Bunkern sei stets erster Grundsatz, daß sie mit Profilböden ausgerüstet sind, so daß die einzelnen Erztaschen durch leicht bedienbare und möglichst dicht schließende Füllrümpfe ohne besonderen Arbeitsaufwand entleert werden können. Zweiter Grundsatz sei, daß wirklich Platz ist unter den Bunkern. Bei hölzernen Bunkern bilden die der Entleerung dienenden Bunkertunnel, die meist zur Entlastung der Zimmerung so eng wie nur irgend möglich gebaut werden, nicht nur ein großes Hemmnis für den flotten Verlauf der Entleerung der Erztaschen und der Zustellung der Erze zum Ofen, sondern sie bilden auch ein schweres Gefahrenmoment für Menschenleben, falls einmal ein Teil des Bunkerbodens (besonders durch Reißen der Zuganker) zu Bruch geht, was in jedem Betriebe vorkommen kann oder falls ein Erzzug im Bunkertunnel entgleist. Wie außerordentlich sauber, geräumig und gefahrenlos ist es dagegen unter den modernen aus Eisenbeton gebauten Bunkern, bei denen nur in den Ecken der Erztaschen Stiele aus Eisenbeton stehen, zwischen denen die trichterförmig ausgebildeten Bunkerböden eingehängt sind, so daß z. B. ein Bunker mit 4×10 Erztaschen gewissermaßen auf 55 Beinen steht[1].

---

[1] Solche Bunker wurden jetzt vielfach von der Firma Dyckerhoff & Widmann A.-G., Wiesbaden-Biebrich, für Eisenhüttenwerke gebaut.

Lagerhallen in Eisenkonstruktion gewähren u. a. den Vorteil, daß die gepflasterten oder mit Platten belegten Lagerplätze von einer horizontal und vertikal verschiebbaren Beschüttungsbühne aus leicht so mit Erz beschüttet werden können, daß die Sturzhöhe nicht über 1 m beträgt. Sie verlangen bei der Löschung im Gegensatz zu Bunkern ein erneutes Aufheben der Erze, was aber unter Benutzung fahrbarer Förderbänder (mit Muldenband) schonend und mit

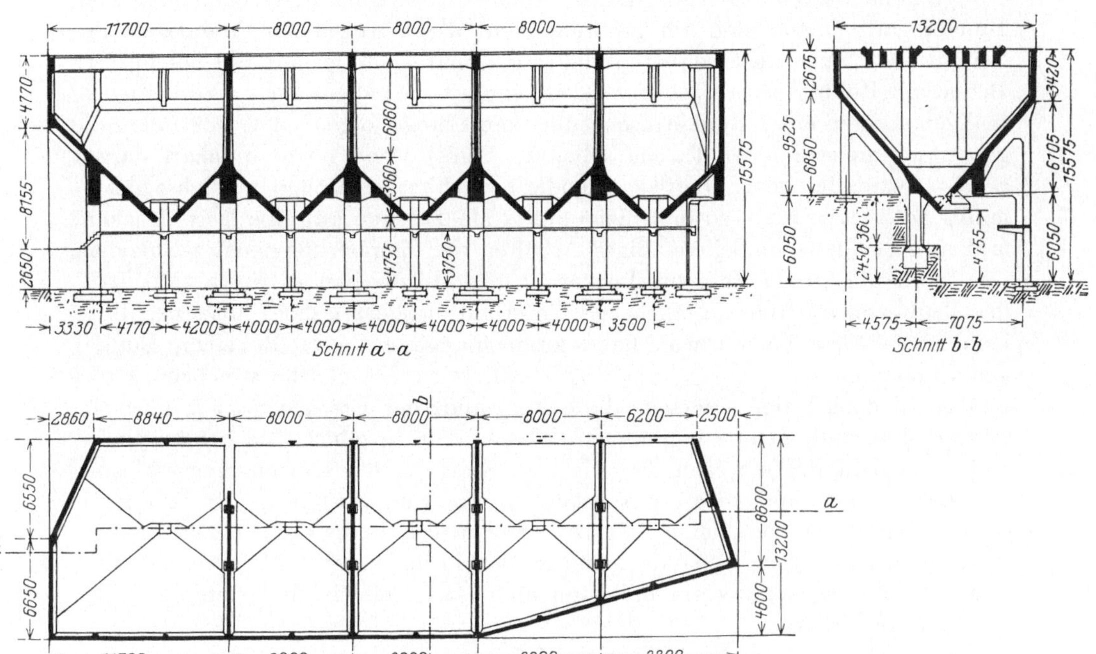

Abb. 5. Moderner Erzbunker, gebaut in Eisenbeton von der Firma Dyckerhoff & Widmann A.-G. (Erzbunker in Hussigny).

recht geringen Kosten durchgeführt werden kann[1]. Ein Nachteil der Lagerhallen ist der große Bedarf an Baugrund, da Schüttkegel mit über 5 m Höhe bei sulfidischen Erzen schon um der großen Sturzhöhe willen möglichst vermieden werden müssen.

Aus dem Vergleich einer größeren Anzahl von Bunkeranlagen und Lagerhallen hat sich ergeben:

An Baugrund erforderlich zur Lagerung von 10000 t Erz
(4 verschiedene Erzsorten, Schüttgewicht = 2,9 t/cbm):

Holzbunker mit 48 Taschen zu je 208 t Erz, mittl. Bodendruck = 12 t/qm . 850 qm

Bunker in Eisenbeton mit 24 Taschen zu je 416 t Erz, mittl. Bodendruck = 18 t/qm . . . . 550 qm

Lagerhalle, 4 Schüttkegel mit max. Schütthöhe = 5 m bei 30° Böschungswinkel; an beiden Längs- und Querseiten der Halle 4 m breite Gänge; ein Längs- und ein Quer-Mittelgang zu je 3 m Breite . . . . 2000 qm

---

[1] U. a. von Wilh. Stöhr, Offenbach a. Main, gebaut.

Mittlere Baukosten für eine Anlage zur Lagerung von 10000 t Erz in Mark je Tonne zu lagernden Gutes (bezogen auf Baustelle in Mitteldeutschland).

Holzbunker (für Pyrite und sulfidischen Erze) . . . . 5,50— 6,00 M.

Bunker in Eisenbeton (für Eisenerze, deren Schüttgewicht allerdings viel höher ist, nach Dyckerhoff & Widmann) . . . . 20,00—22,00 M.

Lagerhalle, 2000 qm Grundfläche, 8 m Seitenhöhe . . . . 5,00— 5,50 M.

Was nun die Unterhaltungskosten anbetrifft, so sind diese beim hölzernen Bunker ganz entschieden am größten, nicht allein wegen der Abnutzung der Seitenwände (auch im Eisenbetonbunker muß natürlich der mit Erz beschüttete Boden mit Rollhölzern versehen werden), sondern vor allem auch, weil bei jedesmaligem Leeren einer Bunkertasche und dem darauffolgenden Wiederfüllen die gesamte Zimmerung der Tasche arbeitet. Selbst wenn noch so scharf darauf geachtet wird, daß gegenüberliegende oder benachbarte Taschen möglichst gleichmäßig entleert werden, so daß nicht drei volle Taschen auf eine leere drücken, läßt sich ein ganz ungleichmäßiges Arbeiten der Zimmerung nicht vermeiden, was im Laufe kurzer Zeit zur Lockerung des Holzverbandes führt. Mit 10 % des Neuwertes dürften die jährlichen Unterhaltungskosten eines hölzernen Bunkers mit eichenem Gebälk wohl kaum zu hoch angesetzt sein. Bei einem Bunker aus Eisenbeton ist der Verbrauch an Rollhölzern der gleiche wie beim Holzbunker. Jedoch leiden einerseits die Seitenwände der Taschen bei weitem nicht so stark und andererseits kommt ein Arbeiten der einzelnen Taschen gegeneinander kaum in Frage wegen der relativen Starrheit der ganzen Konstruktion. Bei Lagerhallen sind nur die Gebäudeunterhaltungskosten in Rechnung zu setzen (abgesehen von kleinen Ausbesserungen des Bodenbelages), da das gestapelte Erz mit dem Gebäude nicht in Berührung kommt. Lagerhallen sind also im Betriebe weitaus am billigsten und gewährleisten die schonendste Behandlung des Erzes.

Die Kosten für die Lagerung des Erzes setzen sich zusammen aus 1. den Kosten für Verteilung des eingehenden Erzes auf die einzelnen Stapelplätze bzw. Bunkertaschen, 2. den eigentlichen Lagerkosten (die sich aus den auf die Lagerzeit bezogenen Abschreibungen für Baugrund und Bunker bzw. Halle und den auf die Lagerzeit bezogenen Unterhaltungskosten ergeben) und 3. den Kosten für die Löschung der Lagerräume zuzüglich der Zustellungskosten zum Ofen. Unter diesen Unkosten, mit denen das Erz vor der Verhüttung belastet wird, entfällt — wenn die Lagerräume der Hütte nur dem Durchgangsverkehr dienen — der bei weitem größte Anteil auf die Kosten der Transporte, und bei Erz verarbeitenden Hütten spielen stets die Nahtransporte von Erz (einem Massengut) eine um so größere Rolle, je ärmer die Erze sind. Ohne hier näher auf die sehr wichtige Frage der Kosten solcher Nahtransporte von Massengütern einzugehen, sei nur auf die in Anhang Nr. 2 gegebenen Zahlenwerte hingewiesen, die sich verhältnismäßig leicht für jeden Betrieb entsprechend umwerten lassen[1].

Für feste Brennstoffe und für Zuschläge sind meist Bunker am geeignetsten, da diese Materialien keine hohen Schüttgewichte besitzen und daher durch Benutzung von Bunkern auf relativ kleiner Grundfläche bei relativ großer Schütt-

---

[1] Vgl. Aumund, H.: Wirtschaftliche Grundlagen der Lagerung und Stapelung. Z. V. d. I. Bd. 69, S. 1225—1232, 1925. — Schulze-Manitius, H.: Nahtransport Bd. 1. Wittenberg 1927.

höhe gestapelt werden können. Die bei der Lagerung von Kohle und gelegentlich auch von Koks auftretende Selbstentzündlichkeit hielt man seither für allein abhängig von der Schütthöhe des Brennstoffes und glaubte sie daher durch Beschränkung der Schütthöhe auf 5—7 m bekämpfen zu können. Es hat sich jedoch gezeigt, daß hierdurch die Selbstentzündungsgefahr der Brennstoffe zwar zurückging, aber, wenn die Brennstoffe ruhig lagern, keineswegs gänzlich beseitigt wurde. Damit wird auch der Wert derjenigen Silo-Patente in Frage gestellt, die lediglich unter Zugrundelegung der beschränkten Schütthöhe dahin zielten, auf geringer Grundfläche möglichst viel Kohle vor Selbstentzündung gesichert zu lagern. In stärkerem Maße als von der Schütthöhe hat sich die Selbstentzündlichkeit abhängig erwiesen von der oft schon in 1 m unter der Oberfläche auftretenden Bildung von Grus. Solche Grusnester werden infolge noch unbekannter chemischer Vorgänge leicht dämpfig und heiß und führen dann zur Selbstentzündung des Brennstoffes. Ein Brennstoffsilo, der eine wirtschaftlich günstige und vor Selbstentzündungsgefahr gesicherte Lagerung der Brennstoffe gewährleisten soll, muß daher außer einer beschränkten Schütthöhe von rund 7 m die Möglichkeit bieten, die Bildung von Grusnestern zu unterbinden. Die Wayß & Freytag A.-G. in Neustadt a. d. Haardt hat einen Kohlensilo konstruiert, der diesen Anforderungen gerecht wird. Beim Öffnen eines Auslauftrichters wird der Inhalt mehrerer durch durchbrochene und in sich kreuzender Richtung angeordnete Schrägflächen gebildeter Abteilungen gleichzeitig in Bewegung gesetzt, wodurch eine relativ große Schütthöhe zulässig und eine innige Durchmischung ermöglicht wird. Nesterbildung wird durch Zerreißen der Grusnester selbst schon bei geringer Entnahme gestört[1].

Für alte Schlacken, die wieder gegichtet werden sollen (Retourschlacken) sind gleichfalls Bunker die günstigsten Stapelmittel.

Stückige Metallsteine und ähnliche hochwertige stückige Zwischenprodukte sind ebenso zu behandeln wie stückige sulfidische Erze. Granulierter oder gemahlener Stein darf nie in hölzernen Bunkern gelagert werden, da bei derartig feinkörnigem Gut Selbstentzündungsgefahr besteht und gelegentlich schon hölzerne Bunker, in denen gemahlener Stein lagerte, durch Selbstentzündung abgebrannt sind.

Sulfidische Feinerze sollten niemals verbunkert, sondern stets nur in Hallen gelagert werden, da ihre starke Neigung zum Zusammenbacken bei etwaiger Lagerung in Bunkern meist schon nach kurzer Lagerzeit ein glattes Ziehen der Bunker illusorisch macht und sich schnell eine einzige kompakte Masse bildet.

Das erstrebenswerte Ziel, Agglomerationsprodukte immer nur in solchen Mengen herzustellen, wie der Schmelzbetrieb sie erfordert, d. h. immer nur so viel Feingut zu agglomerieren, wie sofort verschmolzen werden kann, läßt sich aus den verschiedensten Gründen nicht immer erreichen. Müssen daher gelegentlich auch Agglomerate gelagert werden, so sollten auch sie nur in Hallen und nicht in Bunkern untergebracht werden, um Abrieb und Zerfall möglichst zu vermindern. Unter Kalkzuschlag hergestellte Agglomerate vertragen nur wenige Tage Lagerzeit, da sonst der Kalk zu treiben beginnt.

---

[1] Vgl. u. a. Mangold: Silobauten in Eisenbeton. Hamburger Techn. Rdsch., Ill. Beil. zum Hamburg. Fremdenbl., Jg. 3, Nr. 14 vom 5. 4. 1923.

Die Probenahme.

Dieselbe Sorgfalt, die der Probenahme bei Abnahme angekauften Erzes gewidmet wird, verdient auch die Probenahme in solchen Hütten, die Erze aus eigenen Gruben verschmelzen, wenn eine einwandfreie Betriebskontrolle ausgeübt werden soll. Nur eine sorgfältige Überwachung des Metallinhaltes der durch eine Hüttenanlage durchgesetzten Erze auf ihrem ganzen Wege vom Rohmaterial bis zum Fertigprodukt bietet die Möglichkeit, Verlustquellen zu erfassen und möglichenfalls zu vermindern. Die beste kaufmännische Betriebskontrolle ist die, daß — buchtechnisch — beispielsweise der Schachtofen Erz vom Bunker kauft, Stein erschmilzt und dessen Gestehungspreis je Prozent Metall ermittelt. Er verkauft den produzierten Stein beispielsweise an einen Konvertor. Dieser erbläst Konvertormetall und stellt wiederum den Gestehungspreis je Prozent Metallinhalt fest usw. Dazu ist Probenahme erforderlich, und es müssen Toleranzen festgelegt werden, d. h. Fehlergrenzen, die in der Bestimmung des Metallinhaltes zulässig sind. Die jeweilige Enge oder Weite dieser Fehlergrenzen richtet sich nach dem Barwerte des Produktes, also vornehmlich nach seinem Metallinhalt. Entsprechend den Toleranzen ist die Probenahme einzurichten.

Je ärmer die Rohmaterialien an Metall sind, desto schwerer fallen die unvermeidlichen Betriebsverluste ins Gewicht, was sofort erkennbar wird, wenn man diese Verluste in Prozent des gesamten Metallinhaltes ausdrückt oder sie mit dem Ausbringen vergleicht:

Erz Nr. 1.	Fe $= 44{,}7\,\%$	Erz Nr. 2.	Fe $= 37{,}2\,\%$
	S $\;= 51{,}3\,\%$		S $\;= 42{,}8\,\%$
	Cu $= \;\;4{,}0\,\%$		Cu $= 20{,}0\,\%$
	$\overline{100{,}0\,\%}$		$\overline{100{,}0\,\%}$

Wird aus je 100 kg beider Erze unter Zuschlag von Quarz ein 40 proz. Stein und eine Schlacke von der ungefähren Zusammensetzung $4\,\mathrm{FeO} \cdot 3\,\mathrm{SiO_2}$ erschmolzen bei $0{,}4\,\%$ Cu in der Schlacke, so fallen an

87,93 kg Schlacke mit	0,35 kg Cu	45,10 kg Schlacke mit	0,18 kg Cu
9,12 kg Stein mit	3,65 kg Cu	45,57 kg Stein mit	19,82 kg Cu

$$\frac{\text{Betriebsverlust}}{\text{ausgebrachtem Cu}} = \text{rund } \frac{1}{10} \qquad\qquad \frac{\text{Betriebsverlust}}{\text{ausgebrachtem Cu}} = \text{rund } \frac{1}{100}$$

Um in beiden Fällen gleiche Genauigkeit in der Betriebskontrolle zu erzielen, kann demnach an und für sich bei dem reicheren Erz Nr. 2 die Toleranz zehnmal soweit gefaßt werden als bei dem Erz Nr. 1.

Für die Betriebsüberwachung dürfte bei Erzen mit über $7\,\%$ Metall (Cu, Ni, Co) im allgemeinen eine Genauigkeit von zwei Einheiten in der ersten Dezimale genügen, d. h. der tatsächliche Metallinhalt muß gleich dem durch Probenahme und Analyse ermittelten plus oder minus $0{,}1\,\%$ sein. Bei Erzen mit weniger als $7\,\%$ Metall empfiehlt es sich, diese Grenze auf plus oder minus $0{,}05\,\%$ oder gar $0{,}02\,\%$ festzulegen. Für Agglomerate gilt das gleiche wie für Erze. Edelmetallgehalt erfordert natürlich eine besondere Berücksichtigung. Für die Bestimmung der Metallverluste in Schlacken ist eine Grenze von plus oder minus $0{,}01\,\%$ leicht innezuhalten (Bestimmung erfolgt meist kolorimetrisch). Bei Steinen lassen sich Genauigkeiten von plus oder minus $0{,}05\,\%$ gleichfalls leicht erreichen.

Es ist selbstverständlich, daß die vorstehend genannten Toleranzen keine Normen sein können; denn normieren läßt sich in dieser Beziehung nichts. Jedes Werk muß individuell, je nach der Gesamtheit aller Umstände, unter denen es zu arbeiten hat, die Toleranzen bestimmen. Das eine Werk wird sehr weite Grenzen zulassen können, während ein anderes Werk bei gleichem Material die Grenzen eng ziehen muß.

Bei der Probenahme hängt die Anzahl der aus der Gewichtseinheit (oder unter Umständen auch aus der Maßeinheit) zu ziehenden Proben ganz vom Charakter der Erze ab. Während ein Hüttenwerk, das die zu verarbeitenden Erze oder Hüttenprodukte aus fremder Hand kauft, für jeden einzelnen Kaufvertrag die Art der Probenahme und die Toleranzen besonders festlegen muß, ist bei Hütten, die Erze aus eigenen Gruben verschmelzen, hinsichtlich der Probenahme unbedingt eine Zusammenarbeit des Grubenleiters und des Hüttenleiters herbeizuführen. Bei gangförmigen Lagerstätten, deren Metallinhalt fast stets beträchtlichen Schwankungen unterworfen ist, müssen die Einzelproben oder „Lose" aus viel kleineren Erzmengen gezogen werden, als z. B. bei Erzstöcken, d. h. die Probenahme muß dichter sein. Bei Erzstöcken wiederum müssen Erze aus dem Randgebiet der Lagerstätte mit einer größeren Anzahl von Erzlosen je Einheit belegt werden als Erze aus der Mitte des Stockes. Der Grubenleiter muß bei den zur Hütte angelieferten Erzen stets angeben, aus welchem Teile der Lagerstätte sie stammen und sollte auch immer seine eigenen Beobachtungen über Änderungen im Charakter der Fördererze der Hüttenleitung mitteilen, damit diese dementsprechend ihre Probenahme, ihren Möller usw. ändern kann.

Genaue (vorschriftenartige) Richtlinien lassen sich für die Dichte der Probenahme nicht geben. Der sicherste Weg zur richtigen Probenahme ist der empirische, indem man zwei untereinander verschiedene Probenahmen durchführt und ihre Ergebnisse miteinander vergleicht, etwa in folgender Art:

Von 100 t angelieferten Erzes werden beim Eingang auf der Hütte die 10. Tonne als Los A 1, die 20. als Los A 2 und so fort bis zur 100. als Los A 10, ferner die 25. Tonne als Los B 1, die 75. als Los B 3 ausgeschieden. Los A 5 ist = Los B 2, Los A 10 = Los B 4 zu setzen. Alle Lose kommen getrennt zur Untersuchung. Aus dem Vergleich der Schwankungen innerhalb der zehn A-Lose einerseits und der vier B-Lose andererseits läßt sich leicht beurteilen, ob es genügt, nur jede 25. Tonne als Probe zu nehmen. Im letzteren Fall werden dann von den nachfolgenden 400 Tonnen die 50. als Los C 3, die 100. als C 4, die 150. als C 5 und so fort bis zur 400. als Los C 10 ausgeschieden und B 2 = C 1, B 4 = C 2 gesetzt. Vergleicht man die Schwankungen aller C-Lose einerseits und derjenigen C-Lose mit geraden Ziffern andererseits, so läßt sich erkennen, ob eine Beschränkung auf jede 100. Tonne als Probe zulässig ist oder ob die Größe der Schwankungen doch zur Benutzung jeder 50. oder gar 25. Tonne als Probe zwingt. Dabei braucht man sich natürlich nicht an die Gewichtseinheit von 1 t zu halten, sondern benutzt — wenn die Gewichte der einzelnen Erzladungen in den Fördermitteln (Drahtseilbahnwagen, Muldenkipper od. dgl.) einigermaßen beständig sind — am besten je nachdem den 25., 50. usw. oder den 100., 200. usw. ganzen Wagen als Probe.

Zu beachten ist bei der Probenahme auch die Korngröße des zu bemusternden Gutes. Großes Korn verlangt die Entnahme von gewichtsmäßig größeren Proben als kleines Korn.

Die Probenahme von Schlacken, sei es zur Kontrolle der Metallverluste in den Schlacken, sei es, um die Zusammensetzung von Retourschlacken, die wieder im Schachtofen gegichtet werden sollen, kennenzulernen, gestaltet sich außerordentlich einfach, weil die Probe dem flüssigen Schlackenstrom entnommen werden kann und die Zusammensetzung des Schlackenstromes meist für bekannte Zeiträume konstant bleibt. Nur muß natürlich darauf geachtet werden, daß nicht Stein mit in die Probe gerät. Bei den abzusetzenden Schlacken, die den Vorherd verlassen, besteht diese Gefahr nicht, und hier kann daher mit einem kleinen Schöpflöffel die Probe genommen werden. Anders bei dem aus dem Schachtofen bei kontinuierlich arbeitendem Stich ablaufenden Schlackenstrahl, dessen Zusammensetzung gelegentlich kontrolliert werden muß, um die Wirkung des Vorherdes nachprüfen zu können. Ist der unter der Schlacke laufende Stein nicht mit bloßem Auge gut zu unterscheiden (was namentlich im Sonnenlicht der Fall sein kann), so kann leicht Stein mit geschöpft werden. Dem kann man abhelfen, indem man mit einer Gießkelle (für 25 kg Cu-Inhalt) Stein und Schlacke gemeinsam schöpft, in der Kelle erstarren läßt und den Stein von der Schlacke abschlägt. Bei Konverterschlacke empfiehlt sich gleichfalls Probenahme mit einer großen Gießkelle, namentlich wenn die Schlacke etwas schlickerig ist.

Bei Metallsteinen macht die Probenahme keine sonderlichen Schwierigkeiten, wofern eine Schöpfprobe aus flüssigem Stein entnommen werden kann. Es genügt die Entnahme einer Probe von etwa 50 g. Nur ist darauf zu achten, daß die geschöpfte Probe sorgfältig von Schlacke gereinigt wird, bevor es an das Zerkleinern geht. Die Bemusterung kalter Metallsteine erfordert indessen besondere Sorgfalt, wenn der Metallgehalt rund 40 % übersteigt, da solche Steine meist ausgeschiedenes gediegenes Metall (Mooskupfer, Kupfernickel oder Nickeleisen u. dgl.) enthalten und derartige Ausscheidungen oftmals recht ungleichmäßig verteilt sind. Hier bietet nur die sorgfältig über die gesamte zu bemusternde Menge verteilte Entnahme einer größeren Probe (etwa 5 kg), die aus möglichst vielen Einzelstücken bestehen soll (zu je 100—200 g), die Gewähr für eine den Tatsachen entsprechende Probe. Beim Mahlen von Steinproben, die metallische Ausscheidungen enthalten, werden die Metallkörnchen abgeplattet, so daß sie abgesiebt werden können. Die zur Analyse benötigte Probe muß natürlich aus dem gemahlenen Stein einerseits und den abgesiebten abgeplatteten Metallkörnchen andererseits so eingewogen werden, daß das Verhältnis von Stein zu Metallkörnern das gleiche bleibt, wie in der ursprünglichen Fünfkiloprobe[1].

Die Bemusterung von Flugstäuben während des Betriebes bietet keinerlei Schwierigkeiten in solchen Flugstaubkanälen oder -kammern, die mit Bodentaschen zum Ziehen der Stäube ausgerüstet sind. Bei Kanälen oder Kammern mit flachem Boden, auf dem sich der Staub niederschlägt (wie solche in älteren

---

[1] Sollen analytisch genaue Metallwerte ermittelt werden, so ist es unzulässig, Proben, in denen Metalle wie Cu, Ni, Co, Fe u. dgl. bestimmt werden sollen, in Königswasser oder in Bromsalzsäure zu lösen, da schon beim Lösen und erst recht während des Eindampfens unweigerlich Metallverluste durch Verflüchtigung als Chlorür oder Bromür eintreten.

Für die laufenden Betriebsanalysen kann unter Umständen zwecks Zeitersparnis in einem Königswasser von konstanter Zusammensetzung gelöst werden, wenn erstens stets genau gleiche Versuchsbedingungen innegehalten werden (gleiche Einwagen, gleiche Säuremengen zum Lösen, gleiche Eindampfzeiten usw.) und wenn zweitens die dabei auftretenden Fehler ermittelt und ein für allemal festgelegt worden sind.

Hüttenwerken noch vielfach anzutreffen sind), ist die Bemusterung des Staubes sehr schwierig, weil während des Betriebes der Kammer stets der gesamte Staub in Bewegung ist und wogt wie Meereswellen, so daß die Zusammensetzung durch Wandern der Bestandteile dauerndem Wechsel unterworfen ist. Ist eine Reservekammer oder ein Notkanal vorhanden, so ist der zu bemusternde Raum stets außer Betrieb zu setzen.

Von Krätzen, Fegseln und ähnlich ungleichartig zusammengesetzten Materialien kann eine Probe nur gezogen werden nach gründlichem Umschaufeln des Materiales. Es müssen große Proben gezogen werden, die dann in einem Tiegel eingeschmolzen und aus der Schmelze bemustet werden.

Was nun die Ausführung der Probenahme bei stückigem Gut, bei Erzen und Agglomeraten sowie bei kalten Steinen anbetrifft, so sei besonders auf die immer und immer wieder zu beobachtende Tatsache hingewiesen, daß nur die rein maschinelle Probenahme zu wirklich richtigen Ergebnissen führt. Es sollte grundsätzlich jeder menschliche Handgriff, der die zu ziehende Probe berührt, ausgeschaltet werden.

Das Klauben einer Probe, wobei aus jedem an dem Probenehmer vorbeigefahrenen Erzwagen eine Probe, wie es heißt, „blindlings" von Hand gegriffen wird, führt stets zu falschen Resultaten. Hat der Probenehmer viel Erze gesehen, und weiß er auch nur ungefähr, worauf es für ein gutes Betriebsergebnis ankommt, so greift er trotz guten Willens unwillkürlich nach den besten Stücken und holt z. B. bei Cu-haltigen Pyriten, in denen Kupferglanz und Kupferindig vorkommen, immer die dunkelviolett schimmernden Stücke heraus. Benutzt man einen vollkommenen Laien als Probenehmer, so greift dieser stets nach den am schönsten glänzenden und glitzernden Stücken, was gleichfalls nicht dem wirklichen Durchschnitt entspricht. Verfasser hat bei ehrlichem Willen zur Objektivität mit sich selbst derartige Versuche angestellt. Ergebnis: statt 4,0 wurden 4,3% Cu im Erz gefunden. Das sind 107,5% des wirklichen Kupferinhaltes. Was das bedeutet, wird am klarsten, wenn in solchem Falle z. B. nach Verarbeitung von 5000 t 4 proz. Erzes plötzlich der Kaufmann auf der Hütte erscheinen möchte, um nach Abzug der Ausbringverluste angeblich fehlende 14 t Kupfer im Werte von 16 800 M. zu suchen. Ist aber das Ergebnis der Probenahme niedriger als der tatsächliche Metallgehalt der Erze, so bleibt es unter Umständen unauffällig, wenn beispielsweise ein Raffinierofenherd leckt und unter dem Herd sich bereits eine Kupfersau von etlichen Tonnen Gewicht angesammelt hat oder wenn erschmolzenes Metall auf irgendeinem unrechtmäßigen Wege verschwindet.

Abgesehen davon, daß kein menschlicher Probenehmer unfehlbar ist, wird bei solcher Art der Probenahme von der Oberfläche niemals berücksichtigt, daß fahrende mit Erz beladene Wagen schon infolge der Schienenstöße wie Setzmaschinen wirken. Bei grobstückigem Erz sammelt sich eine nicht unbeträchtliche Menge von meist hochwertigem Abrieb im Muldentiefsten der Erzwagen an. Bei feinkörnigen Erzen (namentlich, wenn sie Pb-haltig sind) tritt je nach der Länge der Fahrt eine mehr oder minder große Verlagerung der schwereren Bestandteile nach unten ein. Daher müssen immer ganze Wagen, die restlos ausgeleert werden, als Probe benutzt werden, wenn maschinelle Probenahmeeinrichtungen fehlen.

Die Anzahl der maschinellen Einrichtungen zur Aussonderung von Mustern aus größeren Erzposten ist sehr groß. Am billigsten arbeiten diejenigen Apparaturen, die sich in die zum Erzlager führende Fördereinrichtung einbauen lassen, ohne ein Hemmnis für die glatte Abwicklung des Förderbetriebes zu bilden. Das ist besonders leicht möglich, wenn die Erzlager mittels Gurtförderbändern beschickt werden und mittels eines Becherwerkes (mit verstellbarem Becherabstand und verstellbarer Umlaufsgeschwindigkeit) die Probe gezogen wird.

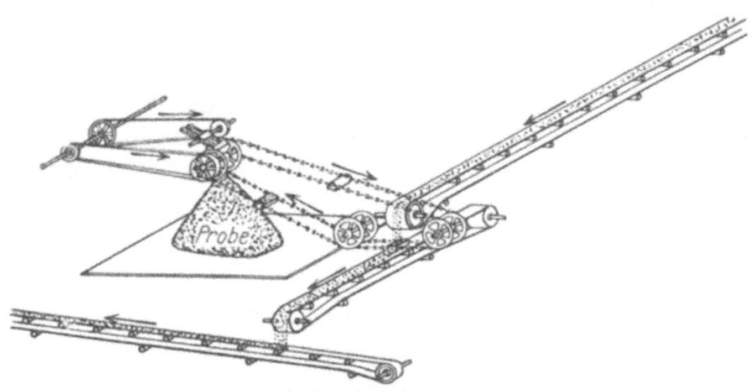

Abb. 6. Automatischer Probenehmer, in Gurtförderband eingebaut.

Das Herrichten der gezogenen Probe für das Laboratoriumsmuster (Brechen, Mahlen, automatisches Quartieren mit den bekannten Apparaten) geschieht bei allen Mustern, die keine freien Metalle enthalten, in bekannter Weise. Bezüglich Herrichtung von Proben hochwertiger Steine mit metallischen Ausscheidungen vgl. das unter Probenahme von Steinen bereits Gesagte.

Unter der großen Zahl maschineller Probenahmeeinrichtungen für das Ziehen der Laboratoriumsprobe aus einem schon bis auf 10—12 mm zerkleinerten Haufwerk sei besonders auf einen sehr stabil gebauten, recht staublos und außerordentlich genau arbeitenden transportabel eingerichteten Probenehmer hingewiesen: The „Knight“ Sampling Machine, der bei handlicher Ausführung eine Probe von 1 t in 16 Min. bemustert und für dessen vorzügliche Arbeit es das beste Zeugnis ist, daß er auf Zinnhütten, also bei Bemusterung sehr wertvoller Materialien, weite Verbreitung gefunden hat. (Gebaut von Thomas Dryden & Sons, Preston in Lancashire, England.)

III. Das Stückigmachen von Feinerzen.

Feinerze können in eine für den Schachtofenbetrieb geeignete stückige Form übergeführt werden durch Brikettieren oder durch Agglomerieren, bei welch letzterem stets eine gewisse Temperaturerhöhung erforderlich ist.

Wenngleich auch noch heute einige Hüttenwerke ihre Feinerze und Flugstäube brikettieren, so haben doch die Erfahrungen, die man in der Praxis mit Erzbriketts im allgemeinen und mit Briketts sulfidischen Feingutes im besonderen gemacht hat, dazu geführt, die Brikettierung fast völlig aufzugeben und alles Feingut zu agglomerieren. Bis heute ist noch kein Erzbrikett geschaffen worden, das, sobald es sich im Schachtofen befindet, seine Festigkeit voll und ganz behält und nicht zerfällt. Es seien daher — eben wegen ihrer geringen praktischen Bedeutung — unter den bekanntgewordenen Brikettierungsverfahren nur die früher am häufigsten angewandten kurz gestreift.

Brikettieren.

Von den bekannten Brikettierungsmethoden, nämlich der Ziegelung ohne Bindemittel, der Ziegelung mit anorganischem Bindemittel und der Ziegelung mit organischen Bindemitteln, kommen für sulfidische Feinerze, die auf unmittelbarem Wege verhüttet werden sollen, nur die ersten beiden Methoden in Betracht. Die Anwendung organischer Bindemittel kann nicht ins Auge gefaßt werden, da diese Stoffe im Verlaufe des Verhüttungsprozesses stets unter Bildung von Kohlenwasserstoffen, von freiem Kohlenstoff und von Kohlenstoff-Sauerstoff-Verbindungen abgebaut werden, die, zumal in Anbetracht ihrer Gasform bzw. ihrer feinen Verteilung und daher großen Oberfläche, stark reduzierend wirken können und somit eine unmittelbare Verhüttung stören.

Die bei der Brikettierung von Brennstoffen ohne Bindemittel üblichen Preßdrucke von 300—700 Atm. reichen für die Ziegelung von Feinerzen im allgemeinen nicht aus, sondern es sind hierfür Mindestdrucke von 800 Atm. erforderlich, die je nach den vorliegenden Erzen bis zu 2000 Atm. gesteigert werden müssen. Das am ehesten für die Ziegelung sulfidischer Feinerze ohne Bindemittel geeignete Preßverfahren ist die Brikettierung nach Ronay (Eigentum der Allg. Brikettierungsgesellschaft m. b. H., Berlin), die vornehmlich der Ziegelung von Metallspänen dient, aber auch zum Brikettieren von Erzen angewandt worden ist, und die darauf beruht, daß man das zu brikettierende Material mit kurzen Unterbrechungen Drucken aussetzt, die stufenweise gesteigert werden. Dieses Verfahren hat den Vorteil, daß dabei der im Feinerze eingeschlossenen Luft beim jeweiligen Nachlassen des Druckes Gelegenheit gegeben wird, aus dem Brikett zu entweichen, und daß die bei der Pressung auftretende und recht erhebliche Preßwärme (Reibungswärme) genügt, um die dem Feinerze anhaftende Feuchtigkeit auszutreiben. Eine Ronay-Presse, die auf der Friedenshütte (Oberbedarf) bei Morgenroth (Oberschlesien) steht, liefert stündlich 300 Briketts (Eisenerze).

Unter den Brikettierungsverfahren mit anorganischem Bindemittel können zur Herstellung von Preßlingen aus sulfidischen Feinerzen nur diejenigen Anwendung finden, bei denen als Bindemittel ein Silikat dient. Reiner Kalk als Bindemittel, wie er z. B. gern bei der Brikettierung von Rückständen der Metallhüttenindustrie angewandt wird, kommt als Bindemittel für sulfidische Erze nicht in Frage, weil nicht nur die Feuchtigkeit des zugesetzten Kalkes (gelöscht) zur Bildung erheblicher Mengen von Schwefelsäure aus den Sulfiden Veranlassung geben würde, sondern auch, weil solche Briketts bei der hohen Temperatur im Schachtofen sehr schnell zerfallen würden infolge Treibens des kalkigen Bindemittels, ganz abgesehen davon, daß bei verhältnismäßig armen Feinerzen die Kosten für das Aufsetzen der Briketts zwecks Trocknung und nachfolgendes Wiederabsetzen wohl kaum aufzubringen wären.

Das für die Herstellung von Preßlingen aus feinen Sulfiderzen bestgeeignete Verfahren vorstehender Art ist das Verfahren nach Dr. Schumacher. Dem fein gemahlenen Erze werden 1—5 % fein gemahlener Quarzsand und 3—10 % gebrannter (ungelöschter) Kalk zugesetzt. Dieses Gemenge wird in einer Mischmaschine innig durchgemischt. Es folgt ein Befeuchten zum Ablöschen des Kalkes, wobei auf 100 kg zugesetzten Kalk nicht mehr als 32 l Wasser verwendet werden sollen. Die Herstellung einer solchen Mischung läßt sich zweckmäßig und leicht in den von Brück, Kretschel & Co., Osnabrück, gebauten Mischmaschinen oder auch in den bekannten und im Hoch- und Straßenbau üblichen Betonmischmaschinen bewerkstelligen. Das so vorgerichtete Material gelangt in eine Drehtischpresse, in der es zu Steinen gepreßt wird, die auf Härtungswagen abgesetzt und in einen besonderen Härtungskessel gefahren werden, wo sie 10—12 Stunden überhitztem Dampf von ungefähr 174⁰ C (8 Atm. Überdruck) ausgesetzt bleiben. In diesem Härtungskessel reagieren Kalk und Quarzmehl aufeinander unter Bildung von Wollastonit, $CaSiO_3$ (bzw. Pseudowollastonit), welcher die Erzteilchen außerordentlich fest verkittet, den abgekühlten Briketts eine vorzügliche Fallfestigkeit verleiht, sie für den Schachtofen gut geeignet macht und sogar für den Schmelzprozeß selbst insofern zu begrüßen ist, als er sich als ein im Brikett sehr fein verteiltes und verhältnismäßig leicht schmelzendes Flußmittel erweist, das die Schlackenbildung außerordentlich erleichtert.

In einem Bericht an die Erzbrikettierungskommission des Vereins deutscher Eisenhüttenleute[1] werden die Anlagekosten für eine Zweipressenanlage, bei einer täglichen Leistung

---

[1] Das Brikettieren von Eisenerzen. Stahl u. Eisen Jg. 28, Nr. 10, S. 321—325, 1908.

von 40—44000 Preßlingen in 20 Stunden, mit ungefähr 220000 M. eingesetzt. Die Firma Brück, Kretschel & Co., Osnabrück, die solche Brikettierungsanlagen nach Dr. Schumacher baut, gibt an als

erforderlich für eine Zweipressenanlage (40000 Preßlinge in 20 Std.)
700 qm Baufläche,
Antriebskraft: rund 160 PS,
Dampfverbrauch für Antriebskraft und Härtekessel = 0,5 kg Dampf/Preßling,
Belegschaft: 1 Aufseher, 15 Mann in der 8-Std.-Schicht.
(Speziellere Angaben vgl. G. Franke: Handbuch der Brikettbereitung Bd. 2, S. 145 bis 146, 1909.)

In dem vorstehend erwähnten Bericht an den V. D. E. sind von der Königshütte und der Friedrich-Alfred-Hütte Angaben über die Jahresproduktion mit einer Schumacher-Zweipressen-Anlage sowie über die dabei entstehenden Brikettierungskosten je Tonne Erz enthalten, aus denen sich die reinen Herstellungskosten für einen Preßling folgendermaßen errechnen:

Betriebskosten einer Zweipressenanlage für 40000 Preßlinge in 20 Std.
bei 300 Arbeitstagen im Jahr.

1 = Königshütte, O.-S., geziegelt wurde Purpurerz (Kiesabbrände);
2 = Königshütte, O.-S., geziegelt wurde Schlich von Gellivaraerz;
3 = Friedrich-Alfred-Hütte, Rheinhausen, geziegelt wurde Gichtstaub von Eisenhochöfen.

	Jahresproduktion an Preßlingen	darin Ätzkalk		darin Quarzmehl	
		%	t	%	t
1	78000 t	4,5	3510	3,5	2730
2	105600 t	3,0	3168	2,0	2112
3	60000 t	10,0	6000	5,0	3000

	Brikettierungs-kosten je t bei 8% Amortisation	im Jahr	Ätzkalk 12 M. je t	Quarzmehl 7 M. je t bei 3 M. bis 3,75 M. je t reinen Quarzsand	Reine Preßkosten
1	2226 M.	173628 M.	42120 M.	19110 M.	112398 M.
2	1535 M.	162096 M.	38016 M.	14784 M.	109296 M.
3	3412 M.	204720 M.	72000 M.	21000 M.	111720 M.
				Im Mittel für 12 Millionen Stck.	111138 M.

Reine Herstellungskosten für einen Preßling, abzüglich der Kosten
der Zuschläge . . . . 0,00926 M.

Verfahren nach Kondo. Um mit noch einem anderen, recht eigenartigen Wege bekanntzumachen, der einmal zur Stückigmachung von Feinerzen eingeschlagen worden ist, sei kurz ein Verfahren erwähnt, das der Japaner Kondo angegeben hat und das auf den Ashio Works der Furikawa Mining Co. Eingang gefunden zu haben scheint. Das angefeuchtete Erz wird ohne Bindemittel unter mäßigem Druck geziegelt; die so hergestellten Preßlinge, die wegen ihrer geringen Festigkeit behutsam behandelt werden müssen, werden nun Stück für Stück in die eisernen mit Kalkwasser ausgestrichenen Becher eines horizontal laufenden Becherwerkes eingelegt, deren Fassungsvermögen so bemessen ist, daß zwischen Becherwand und Preßling ein Spielraum verbleibt. Das Becherwerk, das auch einer Gießmaschine verglichen werden kann, führt den frei im Becher liegenden Ziegel unter einem langsam fließenden Strom flüssigen Metallsteines hindurch, wobei der Metallstein nicht nur die Zwischenräume zwischen Becherwand und Preßling ausfüllt, sondern diesen schließlich auch bedeckt. Da der Metallstein sehr schnell erstarrt, können die so in Metallstein eingehüllten Ziegel am Ende des Becherwerkes automatisch ausgeworfen werden. Sie sollen eine vollkommen ausreichende Festigkeit besitzen. Selbst wenn dies der Fall sein sollte (die Unterseite der Preßlinge, mit der sie im Becher des Becherwerkes aufliegen, dürfte wohl kaum mit einem Überzug von Metallstein bedeckt werden), so kann Verfasser sich nicht denken, daß solche Ziegel für den Schachtofen geeignet seien. Denn sobald derartige, von Stein umhüllte Ziegel warm werden, muß die Hülle durch den Druck der aus den Sulfiden infolge thermischer Dissoziation entweichenden Schwefeldämpfe gesprengt werden, so daß die Preßlinge zu Grus zerfallen. Einen praktischen Wert kann man dem Kondoschen Verfahren daher wohl kaum zusprechen.

Agglomerieren.

Das Agglomerieren oder Sintern erfolgt stets unter erhöhter Temperatur und meist in einem Temperaturbereich, der mehrere hundert Celsiusgrade unter dem Schmelzpunkt des zu versinternden Materials liegt, einem Temperaturbereich, der teils bis in das Gebiet des beginnenden Erweichens reicht, welches dem Schmelzen stets vorausgeht. Die Sinterung kann erfolgen:

a) durch unmittelbares Aneinanderbacken der einzelnen Erzpartikelchen, sobald sie sich im Stadium beginnender Erweichung befinden,

b) durch Backen niedrig schmelzender Silikate, die sich aus der den Feinerzen stets beigemengten Gangart oder aus beigefügten Zuschlägen bilden können, und die wie ein Zement die Feinerzpartikel verkitten.

In beiden Fällen können bis zu gewissen Grenzen dem zu versinternden Materiale auch solche Substanzen beigemengt werden, die allein kaum zur Sinterung geeignet sind, wie z. B. Flugstäube, die sich allein schwer versintern lassen, es sei denn, daß sie Bedingungen erfüllen, wie sie vorstehend unter b angegeben sind.

Sulfidische Erze zeichnen sich noch dadurch aus, daß ihnen für die Sinterung keine oder nur geringe Wärme von außen zugeführt zu werden braucht. Es ist im allgemeinen nur eine gewisse Zündwärme erforderlich, um die exotherm verlaufenden chemischen Reaktionen einzuleiten, die an sulfidischen Erzen unter erhöhter Temperatur stets eintreten, zumal sobald Sauerstoff zugegen ist.

Chemische Vorgänge bei der Agglomeration. Die chemischen Umwandlungen, die sich beim Sintern von Feinerzen leider nicht vermeiden lassen, könnten dazu verleiten, Sintern und Rösten als einander verwandte Prozesse anzusprechen. Ein diesbezüglicher Vergleich wäre jedoch untunlich, da beide hüttenmännischen Operationen grundsätzlich voneinander verschieden sind. Das Sintern verfolgt lediglich eine physikalische, eine mechanische Veränderung des lockeren Haufwerkes, das die Feinerze bilden. Die für die Weiterverarbeitung der stückig gemachten Feinerze bestgeeignete Art der Sinterung ist immer diejenige, die mit den geringsten chemischen Umwandlungen verbunden ist, wie sie bei Temperaturerhöhung nun einmal in Kauf genommen werden müssen. Die Röstung hingegen verfolgt lediglich chemische Ziele, nämlich die Oxydation der gerösteten Materialien, und wenn sich dabei auch gelegentlich ein gewisses Zusammenbacken der gerösteten Erze nicht vermeiden läßt, so ist doch beim Rösten eine physikalische Veränderung feinen Gutes ein durchaus nicht erstrebtes Ziel, ein nicht immer ganz zu umgehendes Übel. Die Erhaltung eines möglichst großen Schwefelanteiles im Sintergut ist bei unmittelbarer Verhüttung wegen des Heizwertes des Schwefels zu erstreben, der später im Schachtofen von Bedeutung ist. Hohe Oxydationsstufen der umgewandelten Metallsulfide sind zu vermeiden, weil sie für die Schlackenbildung im allgemeinen höhere Temperaturen erfordern als niedere Oxydationsstufen, was insbesondere für die Eisenoxyde gilt.

Die chemischen Vorgänge, die im Verlaufe einer Sinterung sulfidischer Feinerze eintreten können, sind mannigfacher Natur und zerfallen in den thermischen Abbau hochgeschwefelter Sulfide, teilweise Oxydation der dabei entstehenden niedrigeren Schweflungsstufen zu Sulfaten und anschließenden thermischen Zerfall der Sulfate, der zur Bildung basischer Sulfate oder darüber hinaus zur Entstehung von Oxyden führt. Alle drei Vorgänge laufen selbstverständlich nebeneinander her und befinden sich, je nach der herrschenden Temperatur und den partiellen Dampfdrucken, in den verschiedensten Übergangsstadien.

Thermischer Zerfall schwefelreicher Sulfide. Bei Temperaturerhöhung zerfallen schwefelreiche Sulfide unter Bildung schwefelärmerer Verbindungen und gleichzeitiger Abscheidung freien Schwefels in Dampfform. Der prozentuale Zerfall ist von der Temperatur sowie vom Partialdruck des Schwefeldampfes in den die Sulfide umgebenden Gasen abhängig, so daß bei gut geregelter Ableitung der entstehenden Schwefeldämpfe, also niedrigem Partialdruck, der thermische Zerfall restlos vonstatten gehen kann, während er bei schlecht geregelter oder gar unterbundener Ableitung des Schwefeldampfes, was Erhöhung des Partialdruckes zur Folge hat, zum Stehen kommen kann. Auch Sulfarsenide, Sulfantimonide und ähnliche komplexe Verbindungen werden bei Erwärmung thermisch abgebaut. Allerdings steht bis heute noch nicht fest, ob bei der Erwärmung von z. B. Sulfarseniden zunächst vornehmlich Arsen und erst bei höheren Temperaturen größere Schwefelmengen ausgetrieben werden oder umgekehrt. Auch sind die entstehenden S-, As- usw. ärmeren Produkte ihrer Konstitution nach noch nicht sicher bekannt. Unter den hier interessierenden Metallsulfiden weist — soweit Dissoziationsdrucke schon experimentell bestimmt worden sind — der Covellin (CuS) unter normalem Atmosphärendruck das stärkste Zerfallbestreben bei Temperaturerhöhung auf. Das Zerfallsbestreben von Pyrit bei erhöhter Temperatur steht ihm ziemlich nahe.

Dissoziationsdruck von Pyrit[1]			Dissoziationsdruck von Covellin[1]		
bei 575⁰ C . . .	0,75	mm Hg	bei 400⁰ C . . .	1,5	mm Hg
„ 595⁰ „ . . .	3,5	„ „	„ 410⁰ „ . . .	2,7	„ „
„ 610⁰ „ . . .	13,5	„ „	„ 444⁰ „ . . .	11,2	„ „
„ 625⁰ „ . . .	36,6	„ „	„ 450⁰ „ . . .	31,0	„ „
„ 635⁰ „ . . .	61,0	„ „	„ 460⁰ „ . . .	55,0	„ „
„ 645⁰ „ . . .	106,5	„ „	„ 468⁰ „ . . .	93,0	„ „
„ 655⁰ „ . . .	168,0	„ „	„ 475⁰ „ . . .	170,0	„ „
„ 665⁰ „ . . .	251,0	„ „	„ 482⁰ „ . . .	320,0	„ „
„ 672⁰ „ . . .	343,0	„ „	„ 485⁰ „ . . .	393,0	„ „
„ 680⁰ „ . . .	518,0	„ „	„ 490⁰ „ . . .	510,0	„ „

Es ist selbstverständlich, daß in der Praxis die Geschwindigkeit dieses thermischen Zerfalles auch von der Korngröße des Materials abhängig ist.

Während der Zerfall von Covellin sich verhältnismäßig einfach als

$$2\,CuS = Cu_2S + S$$

---

[1] Allen, E. T., und Robert H. Lombard: Eine Methode zur Bestimmung des Dissoziationsdruckes von Sulfiden und ihre Anwendung auf Covellin (CuS) und Pyrit. Sillimans Amer. J. of Science (4) Bd. 43, S. 175—195, März 1917 (22. 11. 1916).

ausdrücken läßt, durchläuft der Zerfall von Pyrit eine große Anzahl verschiedener Stadien, die von

$$(Fe_3S_4 = 2\,FeS + FeS_2)$$
$$3\,FeS_2 = Fe_3S_4 + 2\,S \quad (Fe_7S_8 = 6\,FeS + FeS_2)$$
$$(Fe_{12}S_{13} = 11\,FeS + FeS_2)$$

über immer niedrigere Schwefelungsstufen wie Fe_7S_8 bis $Fe_{12}S_{13}$ (Bereich der chemischen Zusammensetzung des Magnetkieses) usw. zu

$$FeS_2 = FeS + S$$

führen, wobei jedes einzelne Stadium eine Funktion der Temperatur und des Druckes ist.

Oxydation der verschiedenen Schwefelungsstufen. Der abgespaltene Schwefel wird meist durch den Luftsauerstoff zu SO_2 verbrannt. Die Oxydation der verschiedenen Schwefelungsstufen der Sulfide führt höchstwahrscheinlich primär vorwiegend zur Bildung von Sulfaten, die bei den in Betracht kommenden Reaktionstemperaturen stets wasserfrei sind; aber auch durch sekundäre Prozesse, wie die Einwirkung entstandener SO_3, wird die Bildung von Sulfaten befördert. Es ist eine bekannte Tatsache, daß SO_2 im Gemenge mit Luftsauerstoff bei erhöhter Temperatur zur Bildung von SO_3 neigt, wenn katalytisch wirkende Substanzen zugegen sind und eine hinreichende Reaktionszeit zur Verfügung steht. Auf dem nur wenige Zentimeter langen Wege durch heißes Gut, den die SO_2-Abgase zurückzulegen haben, wenn mit geringen Schütthöhen gesintert wird (z. B. bei allem Sintern mit Saugwind), tritt nennenswerte Schwefelsäurebildung im allgemeinen nicht ein. Anders dagegen, wenn die Gase längere Zeit heißes Sintergut durchstreichen, wie dies z. B. beim Sintern in Töpfen und bei größeren Schütthöhen des Gutes der Fall sein kann. Beim Abrösten von Pyrit in Telleröfen, bei denen die Röstgase einen langen Weg über heißes Gut zurücklegen, werden sogar leicht bis zu 5 % des Gesamtschwefels zu SO_3 oxydiert; beim Überleiten der Röstgase über glühenden Kiesabbrand schreitet die SO_3-Bildung bis zu 15,8 % des Gesamtschwefels fort. In den großen Pyritröstöfen der Schwefelsäurefabriken fallen im allgemeinen Röstgase mit 97,2—90,7 % SO_2 und 2,8—9,3 % SO_3, bezogen auf den Gesamtschwefel, an. Nicht nur das im Verlaufe des Sinterprozesses entstehende Eisenoxyd, sondern auch anwesende SiO_2- und andere Oxyde wirken katalytisch im Sinne der SO_3-Bildung, wobei der Bildungsprozeß exotherm verläuft:

$$2\,SO_2 + 3\,O_2 + Katalysator = 2\,SO_3 + 2\,O_2 + 22\,600\;cal.$$

Das entstehende SO_3 wirkt auf die anwesenden Oxyde unter Sulfatbildung.

Die wichtigsten Oxydationsvorgänge, denen Pyrit im Verlaufe der Abröstung sowie in vermindertem Maße und als Nebenerscheinung auch bei der Agglomeration unterworfen ist, lassen sich ausdrücken als

$$FeS_2 + 1\,O_2 = FeS + SO_2$$
$$2\,FeS_2 + 5\,O_2 = 2\,FeO + 4\,SO_2$$
$$4\,FeS_2 + 11\,O_2 = 2\,Fe_2O_3 + 8\,SO_2$$
$$2\,FeS + 3\,O_2 = 2\,FeO + 2\,SO_2$$
$$FeO + SO_3 = FeSO_4$$
$$FeSO_4 + FeO = Fe_2O_3 + SO_2$$
$$FeSO_4 + FeS + 1\tfrac{1}{2}\,O_2 = Fe_2O_3 + 2\,SO_2$$

Daneben ist bei weniger weitgehender Oxydation auch noch die Bildung von Magnetit möglich:

$$3\,FeS_2 + 2\,SO_2 = Fe_3O_4 + 8\,S$$
$$3\,FeS + 2\,SO_2 = Fe_3O_4 + 5\,S$$
$$FeS + 10\,Fe_2O_3 = 7\,Fe_3O_4 + SO_2$$

Thermischer Abbau entstandener Sulfate. Die Existenzbedingungen der entstehenden Sulfate sind sehr verschiedenartig. Wasserhaltige Sulfate, die in den kälteren Teilen der Agglomerationsbeschickung vorübergehend gebildet werden können, namentlich, wenn feuchtes Gut agglomeriert wird, werden mit steigender Temperatur entwässert. Wasserfreie Sulfate werden aufgespalten, großenteils unter vorübergehender Bildung basischer Sulfate, die schließlich bis zu Oxyden zerfallen, was oberhalb von rund 800° C insbesondere von Kupfer-, Nickel-, Kobalt- und Zinksalzen gilt. Das basische Bleisulfat hingegen ist ziemlich beständig.

Thermischer Abbau wasserhaltiger Sulfate[1].

Sulfat	Beginn der Entwässerung bei °C	Geht allmählich über in	Sulfat	Beginn der Entwässerung bei °C	Geht allmählich über in
$FeSO_4 + 7\,H_2O$	21° C	$FeSO_4 + 4\,H_2O$	$ZnSO_4 + 2\,H_2O$	115° C	$ZnSO_4 + H_2O$
$FeSO_4 + 4\,H_2O$	80° C	$FeSO_4 + H_2O$	$ZnSO_4 + H_2O$	225° C	$ZnSO_4$
$FeSO_4 + H_2O$	406° C	$Fe_2O_3 + 2\,SO_3$	$NiSO_4 + 7\,H_2O$	40° C	$NiSO_4 + 4\,H_2O$
$CuSO_4 + 5\,H_2O$	27° C	$CuSO_4 + 3\,H_2O$	$NiSO_4 + 4\,H_2O$	106° C	$NiSO_4 + H_2O$
$CuSO_4 + 3\,H_2O$	93° C	$CuSO_4 + H_2O$	$NiSO_4 + H_2O$	279° C	$NiSO_4$
$CuSO_4 + H_2O$	155° C	$CuSO_4$	$CoSO_4 + 7\,H_2O$	19° C	$CoSO_4 + 4\,H_2O$
$ZnSO_4 + 7\,H_2O$	25° C	$ZnSO_4 + 6\,H_2O$	$CoSO_4 + 4\,H_2O$	58° C	$CoSO_4 + H_2O$
$ZnSO_4 + 6\,H_2O$	28° C	$ZnSO_4 + 2\,H_2O$	$CoSO_4 + H_2O$	276° C	$CoSO_4$

Thermischer Abbau wasserfreier Sulfate[2].

Zerfallendes Sulfat	Beginn des Zerfalls	Stürmischer Zerfall	Zerfallsprodukte
$FeSO_4$	167° C	480° C	Fe_2O_3 u. SO_2
$Fe_2(SO_4)_3$ . . .	492° C	560° C	Fe_2O_3 u. SO_3
$CuSO_4$	653° C	670° C	$2\,CuO \cdot SO_3$
$2\,CuO \cdot SO_3$ . . .	702° C	736° C	CuO u. SO_3
$PbSO_4$	637° C	705° C	$6\,PbO \cdot 5\,SO_3$ u. SO_3
$6\,PbO \cdot 5\,SO_3$ . .	952° C	962° C	? $2\,PbO \cdot SO_3$ u. SO_3
$ZnSO_4$	702° C	720° C	$3\,ZnO \cdot 2\,SO_3$ u. SO_3
$3\,ZnO \cdot 2\,SO_3$ . .	755° C	767° C	ZnO u. SO_3
$NiSO_4$	702° C	736° C	NiO u. SO_3
$CoSO_4$	720° C	770° C	CoO u. SO_3

Neben diesem rein thermischen Zerfall finden aber auch noch Vorgänge statt, bei denen Sulfate durch vorhandene Sulfide oder Oxyde zerlegt werden.

Der Verlauf der Entschwefelung von Pyriten, wie sie im Gefolge des Sinterprozesses auftritt, sowie der Prozentgehalt des entschwefelten Gutes an wasserlöslich gewordenem Schwefel, also an Sulfatschwefel, wurden neuerdings von

<hr>

[1] Siehe S. 62, Anm. 1.

[2] Vgl. H. O. Hofman u. W. Wanjukow: The Decomposition of Metallic Sulphates at Elevated Temperatures in a Current of Dry Air. Transactions Amer. Inst. Min. Eng. Bd. 43, S. 523—577, 1913.

F. C. Thompson und Norman Tilling[1] kurvenmäßig festgelegt, wobei die
Kurve für den Sulfatschwefel schon ab 430° C einen sehr lebhaften Zerfall des
Ferrosulfates erweist.

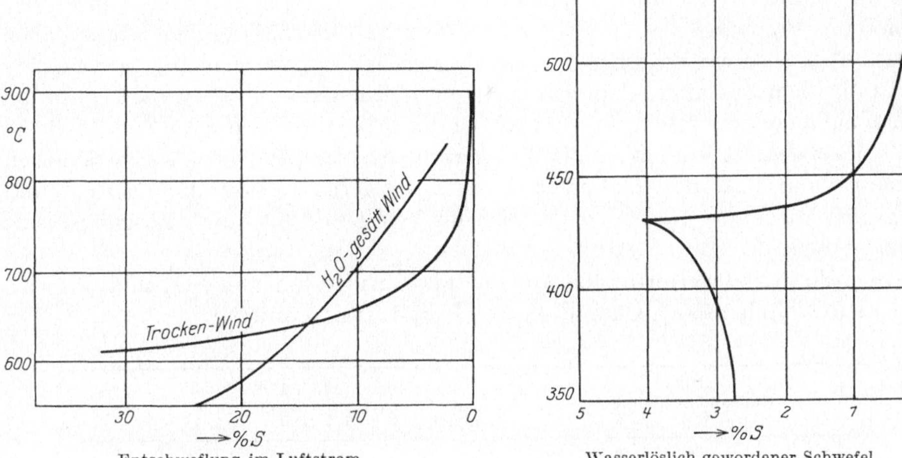

Entschweflung im Luftstrom.

Wasserlöslich gewordener Schwefel.

Abb. 7 u. 8. Entschweflung von Pyrit beim Rösten im Luftstrome.

Ausbringen bei der Agglomeration. Soweit einerseits die Abröstung von
Pyrit im Interesse der Schwefelsäurefabrikation bearbeitet worden ist, so fehlen
andererseits doch ins einzelne gehende genaue Angaben über die verschiedenen
Umwandlungen, die in dem abgerösteten Gute selber statthaben. Eingehender
studiert sind indessen diese Umwandlungen bei Kupferkies, und zwar von Tafel
und Greulich[2].

Umwandlung von Kupferkies beim Rösten im Luftstrom,
nach Tafel und Greulich.

Bestimmt als	300° C	350° C	400° C	450° C	500° C	550° C	600° C	650° C	700° C
Cu als $CuSO_4$	—	0,5	22,7	27,8	49,2	60,0	46,8	23,4	1,1
Cu als $CuSO_4$ oder als basisches Sulfat . .	0,8	2,5	11,9	11,3	13,7	32,3	49,9	60,1	58,0
Cu unlöslich	99,2	97,0	65,4	60,9	37,1	7,7	3,3	16,5	40,9
Fe als $FeSO_4$	0,8	1,8	12,3	8,9	9,0	3,8	—	—	—
Fe als $Fe_2(SO_4)_3$ . . .	(0,04)	(0,03)	1,5	0,7	2,7	0,1	1,6	0,2	—
Fe als lösliches Oxyd bzw. basisches Sulfat	5,1	4,0	36,0	21,1	16,2	12,8	7,3	2,6	2,6
Fe unlöslich	94,9	94,2	49,2	69,3	72,1	83,3	91,1	97,2	97,4
S als SO_3	0,5	1,7	32,2	34,2	68,9	90,2	95,5	93,2	72,3
S im Unlöslichen . . .	99,5	98,3	67,8	65,8	31,1	9,8	4,5	6,8	27,7

Ein Gehalt des zu versinternden Feingutes an Zinkblende kann unter gewissen Verhältnissen vermehrend auf die im Verlaufe der Versinterung in Freiheit gesetzten Wärmemengen einwirken. Wird mit Saugwind und niedriger

[1] Thompson, F. C., u. Norman Tilling: The Desulphurisation of Iron-Pyrites.
J. Soc. Chem. Ind. Bd. 43, Transactions S. 37—46, 1924.
[2] Tafel, V., u. E. Greulich: Über die Vorgänge bei der Röstung von Chalkopyrit
Metall u. Erz Jg. 21, S. 517—520, 1924.

Schütthöhe des zu versinternden Gutes gearbeitet (etwa in Greenawaltschen Sinterpfannen oder auf Dwight-Lloyd-Apparaten), so wird das Gut nur kurze Zeit mäßig erhitzt und schnell wieder gekühlt, so daß eine nennenswerte Oxydation von Zinkblende überhaupt nicht eintritt. Sintert man hingegen in Sintertöpfen mit Preßwind und arbeitet man mit verhältnismäßig großen Schütthöhen (80—100 cm), so wird das Gut an und für sich heißer und verbleibt auch längere Zeit in heißem Zustande. Unter solchen Verhältnissen kann teilweise Oxydation von Zinkblende auftreten, die — weil bei der Oxydation von 1 kg ZnS 1140 Cal in Freiheit gesetzt werden — die Temperatur des Sinterkuchens so beträchtlich steigern kann, daß die Gefahr teilweisen Ausseigerns von Sulfiden auftritt und man die Charge zur Mäßigung der thermischen Reaktion durch Zuschläge verdünnen muß.

Den Einfluß der Korngröße auf das erste Auftreten von SO_2 und auf den Beginn des Glühens der Charge hat K. Friedrich[1] ermittelt.

Untersuchte Sulfide	Korngröße		
	unter 0,1 mm	0,1 bis 0,2 mm	über 0,2 mm
Schwefelkies (Rio, Elba)			
Entweichen von SO_2 ab . . .	325⁰ C	405⁰ C	472⁰ C
Beginn des Glühens	410⁰ C	533⁰ C	575⁰ C
Magnetkies (Bodenmais)			
Entweichen von SO_2 ab . . .	430⁰ C	525⁰ C	590⁰ C
Beginn des Glühens	450⁰ C	595⁰ C	605⁰ C
Kupferglanz (künstlich)			
Entweichen von SO_2 ab . . .	430⁰ C	493⁰ C	679⁰ C
Beginn des Glühens	440⁰ C	503⁰ C	679⁰ C
Millerit			
Entweichen von SO_2 ab . . .	513⁰ C	595⁰ C	616⁰ C
Beginn des Glühens	585⁰ C	nicht bestimmbar	

Da mit dem Sintern sulfidischer Erze stets eine gewisse Abröstung verbunden ist, so tritt selbstverständlich auch eine Konzentration des Kupfergehaltes ein. Die Anreicherung des Kupfergehaltes im ausgebrachten Sintergut, die vornehmlich auf das Entweichen von Schwefel aus der Charge und auf Oxydation zurückzuführen ist, schwankt im allgemeinen zwischen 9 : 10 und 4 : 5, wobei das letztere Konzentrationsverhältnis das häufigere ist. Das bedeutet, daß eine Charge, die mit z. B. 4 % Cu in die Sinteranlage eingebracht wird, ein Sinterprodukt liefert mit rund 5 % Cu.

Das Ziel, die in eine Sinteranlage eingebrachten Feinerze restlos in stückige Form überzuführen, ist bislang noch durch keine Sinteranlage erreicht worden; das Ausbringen an stückigem Agglomerat in einer für den Schachtofen geeigneten Korngröße, bezogen auf die eingesetzte Charge, liegt beim Sintern in Töpfen meist erheblich unter 100 %. Auf Sinterherden, Sinterpfannen und Sintertischen mit Saugwind wird im allgemeinen ein besseres und 100 % mehr genähertes Ausbringen an stückigem Sinterprodukt erzielt. Aber beim Zerkleinern der Sinterkuchen fällt auch hier noch Sinterfeines an, das für den Schachtofen nicht geeignet ist. Selbstverständlich hängt das Ausbringen unter anderem

[1] Friedrich, K.: Thermische Daten zu den Röstprozessen. Metallurgie Bd. 6, S. 169 bis 182, 1909.

in hohem Maße von der Zusammensetzung der jeweiligen zu versinternden Charge ab.

Bei der Berechnung einer Sintercharge muß stets der nachfolgende, unmittelbare Verhüttungsprozeß ins Auge gefaßt werden, und die Sintercharge soll so zusammengesetzt sein, daß das ausgebrachte Sinterprodukt ein im Ofen gut gehendes und eine leichtflüssige Schlacke bildendes Material darstellt. Es wird im späteren noch auf den großen Wert eines guten Sinterproduktes für einen leichten Ofengang beim Schachtofenprozeß eingehend hingewiesen werden. Daraus ergibt sich, daß bei der Zusammensetzung der Sintercharge in erster Linie darauf geachtet werden muß, ein den chemischen Anforderungen des Schachtofens gerecht werdendes Sinterprodukt zu erzielen. Die Herstellung eines möglichst harten Sinterproduktes, das auch beim Zerkleinern nur wenig Feines liefert, darf erst in zweiter Linie erstrebt werden. Wie verschiedenartig dabei das Ausbringen an stückigem Sinterprodukt — insbesondere beim Topfsintern — ausfallen kann, zeigt der nachfolgende Vergleich von 4 Sinterkampagnen aus der Praxis des Verfassers, wozu zu bemerken ist, daß die dem Sintereinsatz zugeschlagenen Quarzitmengen bemessen worden sind unter Berücksichtigung des Kieselsäuregehaltes der eingesetzten Erze. In der zweiten Kampagne bietet der verhältnismäßig geringe Tagesdurchsatz als solcher deshalb keinen Vergleichswert, weil diese Kampagne im Winter unter schwierigsten Schneeverhältnissen durchgeführt wurde, wo Stockungen in der Erzzufuhr usw. für das geringe Ausbringen verantwortlich waren.

Gesintert in Sintertöpfen. Höhe des ausgebrachten Sinterkuchens = 80 cm	Cu	Fe	S
Erz 1. Sorte	3,61 %	40,92 %	42,42 %
Erz 2. Sorte	4,58 %	37,71 %	38,78 %
Mischerz (aus 1. + 2. Sorte) .	3,93 %	39,85 %	41,21 %
Erz 3. Sorte	5,36 %	36,44 %	32,52 %

	1. Kampagne	2. Kampagne	3. Kampagne	4. Kampagne
Erz 1. Sorte . .	627 t = 53,0 %	267 t = 43,2 %	69 t = 1,7 %	196 t = 13,9 %
Erz 2. Sorte . .	226 t = 19,1 %	219 t = 35,5 %	35 t = 2,7 %	336 t = 23,6 %
Mischerz	—	—	915 t = 70,8 %	633 t = 44,5 %
Erz 3. Sorte . .	—	—	22 t = 1,7 %	18 t = 1,3 %
Sinter-Feines . .	186 t = 15,7 %	45 t = 7,3 %	—	—
Flugstaub . . .	—	—	61 t = 4,7 %	122 t = 8,5 %
Quarzit	144 t = 12,2 %	87 t = 14,0 %	191 t = 14,8 %	122 t = 8,5 %
Einsatz	1183 t	618 t	1293 t	1421 t
Ausbringen an gut stückigem Produkt . . .	818 t = 69,1 %	369 t = 59,7 %	720 t = 55,7 %	744 t = 52,4 %
Betriebstage . .	26	25	30	31
Tageseinsatz . .	45,50 t	24,72 t	43,10 t	45,84 t
Tagesausbringen	31,46 t	14,76 t	24,00 t	24,00 t

Die Unterschiede im Ausbringen sind zurückzuführen auf die verschiedenartige Zusammensetzung des Sintermöllers.

Die Erhaltung eines möglichst hohen Prozentsatzes an Schwefel im Agglomerat hängt einerseits von der geeigneten Wahl des Möllers für die Sintercharge ab: sie wird andererseits in starkem Maße beeinflußt durch die Windführung

Zusammenhang zwischen Ausbringen und S-Gehalt im Agglomerat beim Sintern in Töpfen.

Agglomerierversuch		Cu %	S %	% S im Agglomerat	Agglomerat in % des Einsatzes
1. Erz 1. Sorte . . .	57,69 t = 47,32 %	4,51	40,4		
Erz 2. Sorte . . .	44,80 t = 36,80 %	5,68	39,5		
Quarzit	19,33 t = 15,88 %				
Einsatz	121,82 t				
Arbeitstage	4				
Durchsatz	30,43 t/Tg				
Ausbringen	88,48 t = 73,10 %	5,73	14,5	14,5	73,10
2. Erz 1. Sorte . . .	70,40 t = 49,30 %	4,32	42,3		
Erz 2. Sorte . . .	51,20 t = 35,85 %	4,81	40,8		
Quarzit	21,21 t = 14,85 %				
Einsatz	142,81 t				
Arbeitstage	5				
Durchsatz	28,65 t/Tg				
Ausbringen	92,80 t = 65,00 %	5,55	15,1	15,1	65,00
3. Erz 3. Sorte . . .	67,20 t = 26,57 %	4,18	36,7		
Erz 1. Sorte . . .	106,88 t = 42,25 %	3,52	42,4		
Erz 2. Sorte . . .	58,72 t = 23,21 %	4,23	39,4		
Quarzit	20,16 t = 7,97 %				
Einsatz	252,96 t				
Arbeitstage	6				
Durchsatz	42,16 t/Tg				
Ausbringen	139,20 t = 55,04 %	4,92	17,4	17,4	55,04
4. Erz 3. Sorte . . .	105,60 t = 33,16 %	4,08	38,5		
Erz 1. Sorte . . .	95,92 t = 30,12 %	3,42	41,4		
Erz 2. Sorte . . .	83,36 t = 26,17 %	4,33	40,1		
Quarzit	33,60 t = 10,55 %				
Einsatz	318,48 t				
Arbeitstage	7				
Durchsatz	45,49 t/Tg				
Ausbringen	162,40 t = 51,07 %	4,70	17,9	17,9	51,07
5. Erz 3. Sorte . . .	57,60 t = 24,34 %	5,01	35,7		
Erz 1. Sorte . . .	52,80 t = 22,40 %	3,50	43,5		
Erz 2. Sorte . . .	53,36 t = 22,63 %	4,53	41,4		
Mischerz	41,60 t = 17,64 %	4,12	41,9		
Quarzit	30,40 t = 12,90 %				
Einsatz	235,76 t				
Arbeitstage	5,5				
Durchsatz	42,86 t/Tg				
Ausbringen	116,00 t = 49,22 %	5,16	19,5	19,5	49,22
6. Erz 3. Sorte . . .	41,60 t = 20,16 %	4,82	37,6		
Erz 1. Sorte . . .	96,16 t = 46,61 %	3,36	44,7		
Erz 2. Sorte . . .	47,44 t = 22,99 %	4,72	41,4		
Quarzit	21,12 t = 10,24 %				
Einsatz	206,32 t				
Arbeitstage	5				
Durchsatz	41,26 t/Tg				
Ausbringen	101,20 t = 49,13 %	5,14	20,3	20,3	49,13

beim Sintern, wobei, was besonders betont sei, um einer gemäßigten Windführung willen der Durchsatz nicht zu sinken braucht. Wenn beim Sintern in Töpfen mit Preßwind 1. stets dafür gesorgt wird, daß die Sintercharge an keiner Stelle „durchbrennt", d. h. daß alle Stellen, wo sich an der Oberfläche der Sintercharge im Verlaufe der Sinterung hellrot werdende Partien zeigen, oder gar Stellen, wo der Wind aufwirbelnd durchbläst, sofort mit ein paar Schaufeln Charge abgedeckt werden, wenn 2. andererseits auch die Bildung nicht backender Nester im Sinterkuchen durch fleißiges Durchstoßen unterbunden wird, so daß möglichst gleichmäßige Windverteilung und ein gleichmäßiges Flammenspiel auf der Kuchenoberfläche erzielt wird, und wenn 3. beim Chargieren des Sintergefäßes darauf geachtet wird, daß möglichst an der Wandung feinkörnigeres Material als in der Mitte liegt, so läßt sich bei mäßigem Blasen der gleiche Durchsatz erzielen, der erreicht werden kann, sobald der Arbeiter am Sinterapparat sich die Arbeit leichter gestaltet, womöglich die ganze Charge in wenigen Raten einsetzt, und dann zur schnellen Versinterung den Windschieber völlig aufdreht. Versuche des Verfassers haben gezeigt, daß bei langsamem Eintragen der Charge in Schichten von je etwa 5 cm Schichthöhe bei mäßigem Blasen weitaus bessere Resultate erzielt werden als durch andere Arbeitsart. Besonders hohe, den Schachtofenbetrieb stark belastende Kokspreise veranlaßten den Verfasser, zu ermitteln, bis zu welchem maximalen Gehalt Schwefel in dem ausgetragenen Sintergute erhalten bleiben kann unter Ausbringung immerhin noch so großer Mengen stückigen Gutes, daß die Wirtschaftlichkeit gewahrt bleibt. Es hat sich dabei gezeigt, daß bei rund 12 % Schwefel im ausgetragenen Sintergut etwa 75 % der eingesetzten Charge stückig ausgebracht werden können, und daß dieses Ausbringen bei einem Gehalt von 20 % Schwefel in der Charge auf rund 50 % des Einsatzes sinkt. Daß, je höher der Schwefelgehalt der eingesetzten Feinerze, um so leichter die Erhaltung eines hohen Schwefelungsgrades im ausgetragenen Gute gelingt, erscheint selbstverständlich.

Um zu ermitteln, welche Mengen von Flugstaub einem pyritischen Feinerz beigemengt werden können, wenn das Ausbringen an stückigem Gut noch in wirtschaftlichen Grenzen bleiben soll, stellten K. Fraulob und der Verfasser gemeinsam eine Reihe von je fünftägigen Versuchen an, die als Ausgangsmöller die gleiche Erzmischung hatten wie der Möller 2 der vorstehenden Versuche über die Beziehungen von Schwefelgehalt und Ausbringen. Diesem Ausgangsmöller wurden 4, 8, 12 und 16 % Schachtofenflugstaub mit dem verhältnismäßig hohen SiO_2-Gehalt von rund 30 % SiO_2 beigemischt, wobei das Ausbringen mit zunehmender Flugstaubmenge von 65 % auf 49 % des Einsatzes sank. Dabei war die Verteilung des Flugstaubes im stückig ausgebrachten Sintergute und in dem anfallenden Sinterfein prozentual gleichartig.

Abhängigkeit des Ausbringens von der Flugstaubmenge im Einsatz
(Topfsintern).

Agglomerierte Cu-haltige Rohstoffe:

Erz 1. Sorte mit Cu = 4,32 %, S = 42,3 %
Erz 2. Sorte mit Cu = 4,81 %, S = 40,8 %
Flugstaub   mit Cu = 6,36 %, S = 11,64 %, Fe = 34,65 %,
            SiO_2 = 29,27 %.

1. Erz 1. Sorte . .   70,40 t = 49,30 %
   Erz 2. Sorte . .   51,20 t = 35,85 %
   Flugstaub . . .   —   =   —
   Quarzit . . . .   21,21 t = 14,85 %
   Einsatz . . . .   142,81 t
   Arbeitstage . . .   5
   Ausbringen . . .   92,80 t = 65,00 %
   bei 0,00 % Flugstaub:
       Ausbrg. = 65,00 %

2. Erz 1. Sorte . .   72,53 t = 47,93 %
   Erz 2. Sorte . .   52,13 t = 34,45 %
   Flugstaub . . .   5,98 t = 3,95 %
   Quarzit . . . .   20,69 t = 13,67 %
   Einsatz . . . .   151,33 t
   Arbeitstage . . .   5
   Ausbringen . . .   84,97 t = 56,15 %
   bei 3,95 % Flugstaub:
       Ausbrg. = 56,15 %

3. Erz 1. Sorte . .   70,75 t = 46,49 %
   Erz 2. Sorte . .   50,22 t = 33,00 %
   Flugstaub . . .   12,31 t = 8,09 %
   Quarzit . . . .   18,91 t = 12,42 %
   Einsatz . . . .   152,19 t
   Arbeitstage . . .   5
   Ausbringen . . .   81,97 t = 53,86 %
   bei 8,09 % Flugstaub:
       Ausbrg. = 53,86 %

4. Erz 1. Sorte . .   66,59 t = 45,10 %
   Erz 2. Sorte . .   46,88 t = 31,75 %
   Flugstaub . . .   17,52 t = 11,87 %
   Quarzit . . . .   16,65 t = 11,28 %
   Einsatz . . . .   147,64 t
   Arbeitstage . . .   5
   Ausbringen . . .   74,47 t = 50,44 %
   bei 11,87 % Flugstaub:
       Ausbrg. = 50,44 %

5. Erz 1. Sorte . . .   65,34 t = 43,63 %
   Erz 2. Sorte . . .   45,23 t = 30,20 %
   Flugstaub . . . .   24,17 t = 16,14 %
   Quarzit . . . . .   15,03 t = 10,03 %
   Einsatz . . . . .   149,77 t
   Arbeitstage   5
   Ausbringen . . . .   72,97 t = 48,72 %
   bei 16,14 % Flugstaub: Ausbrg. = 48,72 %

Agglomerieranlagen und ihr Betrieb.

Die Bereitung des Möllers. Den nachfolgenden Erörterungen über die verschiedenen, in Betrieb befindlichen Agglomerieranlagen seien einige Worte vorausgeschickt über die Bereitung des für Agglomeration sehr empfehlenswerten Möllers. Es hat sich bei der gemeinschaftlichen Agglomeration verschiedener Sorten sulfidischer Erze herausgestellt, daß das Ausbringen an stückigem Gut aus der Agglomerationsanlage um so besser ausfällt, je sorgfältiger die Charge gemöllert worden ist. Bezüglich des Zuschlages von Quarzit (bzw. Kalk) zum Möller muß darauf hingewiesen werden, daß der Zuschlag, der ja an und für sich im allgemeinen für die Agglomeration nicht erforderlich ist, sich stets sehr nützlich erweist, da er die Charge auflockert und somit auch die Reaktionsoberfläche vergrößert. Sofern das Ausbringen an stückigem Gut aus dem Agglomerationsprozeß nicht gar zu sehr darunter leidet, soll der Zuschlag gleich so bemessen sein, daß das ausgebrachte Sinterprodukt von vornherein ofenfähig ist, d. h. daß später im Schachtofen für die Bildung einer leichtflüssigen Schlacke bezüglich des Sinterproduktes kein weiterer Zuschlag mehr nötig wird. Die Korngröße des zugeschlagenen Materiales ist zweckmäßig Walnußgröße.

Der Sintermöller kann selbstverständlich wie alle anderen Erzmöller von Hand bereitet werden, wobei die zu vermöllernden Erze und Zuschläge in dünnen Lagen übereinander auf dem Möllerplatze ausgebreitet werden und die eigentliche Möllerung dann dadurch erfolgt, daß beim Abtransport zur Agglomerationsanlage der Möller von unten abgeschaufelt wird, so daß in dem Maße, wie unten am Boden die Schaufel das Gut entnimmt, die einzelnen übereinanderliegenden Erzlagen nachrutschen und sich dabei innig mischen. Daß die Bereitung eines Möllers von Hand wegen der vielen, dazu erforderlichen Arbeiter ein außerordentlich teures Unternehmen ist, bedarf keines besonderen Beweises.

Verhältnismäßig niedrig lassen sich die Kosten für die Bereitung des Möllers gestalten, wenn man zu maschineller Möllerung übergeht. Unter den zahlreichen für das Mischen feinkörniger Materialien gebauten Mölleranlagen seien hier nur vier insbesondere in Hüttenbetrieben bewährte Typen genannt:

1. **Möllersilos mit Abstreichteller und Transportband.** Die zu möllernden Materialien werden von ihren Lagerplätzen in kleine trichterförmige Durchgangssilos gebracht, unter deren offener Trichtermündung, mehrere Dezimeter vom Rande der Mündung entfernt, ein horizontal drehbarer Abstreichteller angeordnet ist. Das in den Trichtersilo eingeschüttete Erz fällt sofort durch bis auf den Abstrichteller und bildet durch den hier sich aufhäufenden Schüttkegel aus Feingut selbst den Siloverschluß. Ein auf verschiedene abzustreichende Mengen einstellbarer Abstreicher gestattet, von dem in langsame Drehung versetzten Abstreichteller beliebige Feingutmengen zu entnehmen, die auf ein Transportband fallen. In dem Maße, wie das Transportband sich unter den verschiedenen hintereinander angeordneten Trichtersilos fortbewegt, wird es von den nach Bedarf eingestellten Abstreichern aller Möllersilos mit verschiedenstem Feingut beschüttet, so daß es an seinem Ende einen fertigen Möller abwerfen kann. (Bauart der Maschinenfabrik Fr. Gröppel, Bochum.)

2. **Raps-Mischer.** Die Mischer nach Dr. Raps, D.R.P. 173453, ähneln sehr den im Betonbau üblichen Feingutmischern. Sie bestehen aus konischen Trommeln, die so auf Laufrollen gedreht werden können, daß ihre Konusachse horizontal liegt. Die Hinterwand der Trommel, d. h. die Wand, die den größten kreisförmigen Konusschnitt verschließt, ist geschlossen, während die Vorderwand (dem kleinsten kreisförmigen Konusschnitt entsprechend) offen bleibt und zum Eintrag und Austrag des zu mischenden Gutes dient. Die Innenwände der kegelförmigen Trommel sind mit feststehenden schraubenförmig angeordneten Leisten besetzt. Nach Eintrag des zu möllernden Gutes wird die Trommel in solcher Richtung gedreht, daß das Gut von den schraubenförmigen Leisten der Hinterwand des Mischers zugeführt wird. Hier heben die Leisten das Gut empor und lassen es immer und immer wieder senkrecht durch den kegelförmigen Innenraum der Trommel hindurchfallen, wodurch innigste Mischung schnell erzielt wird. Ein Raps-Mischer von 15 cbm Inhalt kann auf einmal bis zu 5 cbm zu möllernden Gutes verarbeiten. Dabei kann man im allgemeinen mit einem Zeitaufwand von etwa 1—2 Min. für das Eintragen des Gutes und von etwa 3 bis 5 Min. für die Durchmischung rechnen. Nach hinreichender Mischung des Gutes wird die Trommel zwecks Entleerung in entgegengesetzter Richtung gedreht, wobei die schraubenförmigen Leisten nunmehr den gesamten Trommelinhalt rückwärts bewegen und austragen. Austragszeit = 2—3 Min. Ein Raps-Mischer mit 15 cbm Inhalt verlangt für den Leerlauf etwa 4—5, für volle Last 15—17 PS, so daß man mit einem mittleren Kraftbedarf von 10 PS zu rechnen hat. Raps-Mischer sind auf Zinkhütten sehr verbreitet.

3. **Ransome-Mischer,** U. S. A.-Patent 870797 (vom 12. November 1907) der Ransome Concrete Machinery Co. zu Dunellen, N. J., die ursprünglich für

Betonbau geschaffen worden sind, und die den Raps-Mischern sehr ähneln, sind besonders in Amerika als Möllermaschinen verbreitet.

4. „Tellus"-Mölleranlage. Die „Tellus"A.-G. für Bergbau und Hüttenindustrie in Frankfurt a. M. baut eine durch D.R.P. 288376 vom 23. November 1913 ausg., 30. Oktober 1915 geschützte Möllermaschine, die im wesentlichen aus einer Grube für die schichtenweise Einlagerung des zu möllernden Gutes, einem als Bunker ausgebildeten Füllwagen zur Verteilung der einzelnen Möllerbestandteile in der Grube, einer fahrbaren Baggeranlage zum Schöpfen des Gutes aus der Grube und zur gleichzeitigen innigen Möllerung sowie einem Förderband zum Abtransport des fertigen Möllers besteht.

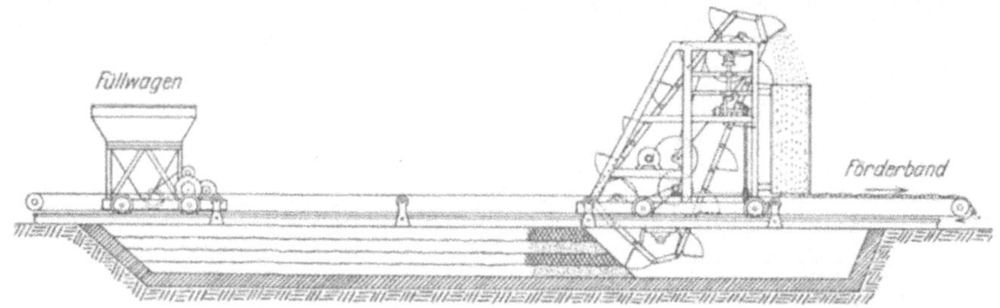

Abb. 9.   Mölleranlage der „Tellus" A.-G., Frankfurt a. M. (D.R.P. 288376).

Sinteranlagen mit Preßwind. Sinterherde mit Preßwind. Zwar können teilweise Röstanlagen auch zum Sintern und Sinteranlagen teilweise auch zum Rösten benutzt werden. Immerhin darf dabei aber nicht vergessen werden, welches die eigentliche Aufgabe einer solchen Anlage sein soll, ob Rösten oder ob Agglomerieren, da oftmals diesbezügliche Modifikationen in der Anlage erforderlich werden.

Wo es sich um die Stückigmachung verhältnismäßig kleiner Mengen von Feinerzen handelt, und wo daher diese kleinen Mengen von Feinerzen den Kostenaufwand für eine kompliziertere Anlage nicht rechtfertigen, kann man sich mit sehr einfachen Sintereinrichtungen behelfen, die man in der für jede Hüttenanlage erforderlichen kleinen Werkstätte und mit den eigenen Arbeitern unter Umständen selbst erbauen kann. James W. Neill[1] (Pasadena, Cal.) berichtet, wie er in La Motte (Miss.) sich behelfsmäßig Sinterherde (mit Preßwind) zum Stückigmachen von Co-Ni-Konzentraten unter 20 mm Korngröße baute, und wie sie später in größerer Anzahl auch in der Yampa Smelter, Bingham Cañon, Utah, in Betrieb waren. Diese Sinterherde bestehen aus einem aus feuerfesten Steinen gemauerten Windkasten, in den die Gebläsewindleitung seitlich einmündet und der durch zwei deckelartig darauf ruhende, durch eine Mittelscheidewand voneinander getrennte, aus Stabrost bestehende Herde von je 1550×1860 mm bedeckt wird. Darüber ist eine unmittelbar auf die Herde aufsetzende Haube für den gemeinschaftlichen Gasabzug beider Herde angebracht. In die eine Längsseite dieses Gasabzuges sind herunterklappbare Türen eingebaut, durch die das zu versinternde Gut auf die Herde aufgetragen und nach erfolgter Agglomeration wieder heruntergezogen wird. Bei einem durchschnittlichen Schwefel-

---

[1] Neill, James W.: In der Diskussion zu Hofman: Recent Progress in Blast Roasting. Transactions Amer. Inst. Min. Eng. Bd. 41, S. 739—763, 1911.

gehalt des Einsatzes von 35 % S sind im Mittel 4—6 t Charge in 8 Std. durchgesetzt worden, wobei mit gut eingearbeiteter Belegschaft ein mittleres, stückiges Ausbringen von 75 % erreicht wurde, und die Agglomerationskosten in Yampa Smelter durchschnittlich 5 M. je Tonne versintertes Erz, in Great Falls (wo Arbeitskräfte teurer sind) durchschnittlich 8 M. je Tonne versintertes Erz betrugen, beides ausschließlich der Kosten für Gebläsewind.

Noch eine andere außerordentlich einfache Sintervorrichtung mit Preßwind ist bemerkenswert. In den Werken der U. S. Smelt., Ref. & Ming. Co. in Bingham Junction, Utah[1], erfolgte die Sinterung (allerdings gleichzeitig als Abröstung) in gemauerten Kästen von 600 × 900 mm Grundfläche und 900 mm Tiefe, deren Boden aus einem gußeisernen Siebboden mit 10-mm-Bohrungen besteht, unter dem der Windkasten liegt. Oberhalb dieser gemauerten Kästen ist ein durch Schieber abschließbarer Bunker (6 t Fassungsvermögen) zur Aufnahme der Charge angebracht. Die Vorder- und die Rückwand der Sinterkästen sind mit Türen versehen, die gestatten, vermittels eines elektrisch angetriebenen Ausdrückstempels, der auf einem quer vor den Sinterkästen liegenden Gleis verschoben und so vor jeden einzelnen Sinterkasten gefahren werden kann, die Charge nach erfolgter Sinterung maschinell auszustoßen. Darüber, inwieweit heiße Beschickung am Mauerwerk festbrennt, so daß beim Ausstoßen des Sinterkuchens die Gefahr besteht, daß Steine aus dem Mauerwerk mit herausgerissen werden (so war es in einer alten Kammerröstanlage in Bor, Serbien), wird leider nichts berichtet.

Sintertöpfe mit Preßwind. Eine sehr häufig für Sinterzwecke angewandte Agglomerationsanlage ist der Sintertopf nach Huntington-Heberlein mit all den vielen Modifikationen, die er im Laufe der Zeit erfahren hat. Wenngleich er auch ursprünglich als Röstapparat, und zwar speziell für Bleierze, gebaut wurde, so ist er doch ebenso für die Agglomeration fast aller Erze und Hüttenprodukte geeignet und hat sich bei hinreichend großen Abmessungen auch als wirtschaftlich brauchbar erwiesen. Grundsätzlich gewarnt sei vor der Anwendung kleiner Sintertöpfe mit etwa 2—3 t Einsatz, da diese einerseits wegen der verhältnismäßig großen Bedienungsmannschaft, die sie erfordern, unwirtschaftlich arbeiten, und da ihre Nachteile andererseits vornehmlich auf dem ungünstigen Verhältnis von eingesetztem Volumen zu Wärme abstrahlender Oberfläche beruhen. Kleine Sintertöpfe werden oftmals so gebaut, daß sie zur Durchführung des Sinterprozesses vermittels Kranes in ein Arbeitsgestell (das auch die Windzuleitung trägt) eingehängt und zwecks Entleerung wieder mittels Kranes aus diesem Gestell herausgehoben, an die Entleerungsstelle gefahren und dann gekippt werden. Große Sintertöpfe werden heute fast nur noch ortsfest eingebaut und mit Kippeinrichtung durch Zahnrad und Schneckenantrieb versehen (Sinterkonvertoren). Der Windkasten, von dem aus die Windverteilung vor sich geht, wird teils innerhalb des Sintertopfes, teils außerhalb desselben angebracht. Die Anordnung des Windkastens außerhalb des eigentlichen Sintertopfes wird heute bevorzugt: denn, je größer der Windkasten ist, um so bessere Windverteilung wird erzielt. Der nach unten schwach konisch verjüngte gußeiserne Sintertopf, dessen Seitenwand je nach Durchmesser des Topfes aus mehreren Sektoren zusammengesetzt

---

[1] **Hofman, H. O.**: Recent Progress in Blast Roasting. Transactions Amer. Inst. Min. Eng. Bd. 41, S. 739—763, 1911.

ist, besitzt einen schwach kugelkalottenförmigen, abnehmbaren Siebboden, dessen Wölbung in das Innere des Sintertopfes hinein gerichtet ist. Unter dem Siebboden wird ein Windkasten aus Eisenblech angebracht, dessen Inhalt bis zu einem Drittel des Sintertopfinhaltes beträgt und der durch das beträchtliche Windpolster, das er für den Sintertopf bildet, eine sehr gleichmäßige Verteilung des Windes durch den Siebboden gewährleistet.

Bei Anordnung des Windkastens innerhalb des Sintertopfes kann der Siebboden, durch den die Windverteilung erfolgt, bei besonders großen Abmessungen des Sintertopfes nicht mehr aus einem Stück hergestellt werden. Man unterteilt ihn daher bei etwa 2000 mm Siebbodendurchmesser in zwei, bei noch größeren Abmessungen in mehrere, aber möglichst wenige Sektoren, die durch Knaggen gehalten werden, um ein Herausfallen des Siebbodens beim Kippen des Topfes zu vermeiden. Dabei sollte man sich aber auf die Anbringung möglichst weniger Knaggen beschränken, da diese durch Schwefelaufnahme bald glasspröde werden und dann beim Stochen der Beschickung leicht abgestoßen werden. Zweckmäßiger noch ist eine Konstruktion, bei der die Spitzen aller Siebbodensektoren auf einem in der Mitte des Sintertopfbodens aufgestellten Pilz auflagern, der an seinem Fuße eine der Zahl der Sektoren entsprechende Anzahl von Ösen trägt; in diese Ösen werden einseitig zum Haken umgebogene, anderseitig mit Gewinde versehene Rundeisenstäbe eingehakt, die durch eine in der geometrischen Mitte des Sektors gelegene besondere Bohrung so hindurchgeführt werden, daß der Siebbodensektor dann mittels Mutter an diesem Haken festgelegt

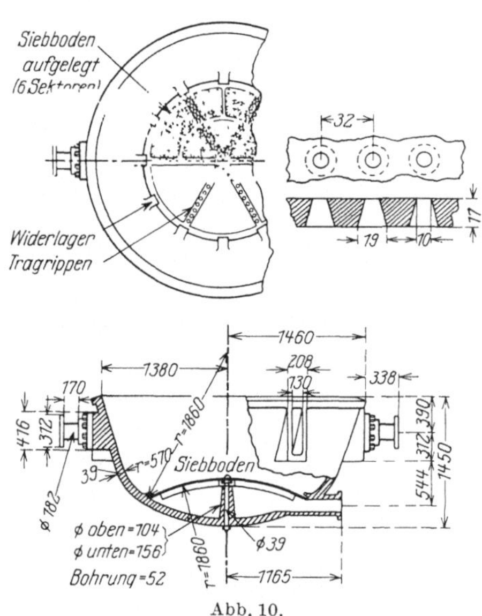

Abb. 10.
Gußeiserner Sinterkonverter mit Sektoren-Boden.

werden kann. Gewinde und Mutter werden durch eine kleine aufgestülpte Kappe geschützt. Konische Bohrungen im Siebboden, mit dem größeren Durchmesser dem Windkasten zugewandt, sind wegen geringerer Verstopfungsgefahr und leichterer Reinigung vorteilhafter als zylindrische Bohrungen. Die Zuführung des Windes durch eine der Aufhängungsachsen (wie bei Verblasekonvertoren — namentlich kleineren Birnen — oft üblich) wird für Sintertöpfe im allgemeinen konstruktiv zu teuer. Der Windanschluß wird daher meist durch einen konischen, horizontal parallel seiner Achse beweglichen Windanschlußstutzen hergestellt, der den in Arbeitsstellung befindlichen Sintertopf mit einer fest verlegten Windleitung verbinden kann. Die Sintertöpfe selber bestehen auf Hüttenwerken, die Wasser oder Gleisanschluß besitzen, meist aus einem Stück und sind aus Gußeisen hergestellt. Wegen des erheblichen damit verbundenen Stückgewichtes werden sie für solche Hüttenwerke, die fernab von guten Transportwegen liegen, zweckmäßig als Eisenblechtöpfe ausgebildet, die aus mehreren

Stücken an der Baustelle zusammengenietet werden können und die dann eine aus mehreren Sektoren (je nach Gewicht) bestehende gußeiserne Einlage erhalten (vgl. Abb. 11). Es ist versucht worden, zwecks besserer Wärmeisolation und somit letzten Endes zwecks größeren Ausbringens an stückigem Gut bei der vorgenannten Bauart zwischen Blechummantelung und gußeisernem Einsatz einen isolierenden Luftzwischenraum anzubringen, ohne daß dadurch Erhebliches verbessert worden wäre.

Der Gasabzug, der über dem Sintertopf angebracht werden muß, wird heute meist fest auf die Arbeitsbühne aufgesetzt und starr mit der Abgasleitung verbunden. Früher setzte man den Gasabzug unmittelbar auf den Sintertopf auf (vgl. Abb. 11) und mußte ihn dann so bauen, daß er zwecks Kippens des Sintertopfes an Seilen mit Gegengewicht gehoben werden konnte. Diese veraltete Konstruktion hat den Nachteil, daß leicht Seilrollen sich festklemmen, Seile reißen usw. usw. Daß der Gasabzug hinreichend groß bemessen sein muß, so daß der Sintertopf unter dem feststehenden Abzug leicht um 180 Winkelgrade gekippt werden kann, ist selbstverständlich. In den Gasabzug werden Arbeitstüren eingebaut, durch die die Beschickung des Sintertopfes, das Stochen usw. erfolgen kann.

Die Zerkleinerung des aus dem Sintertopfe ausgebrachten Kuchens kann von Hand

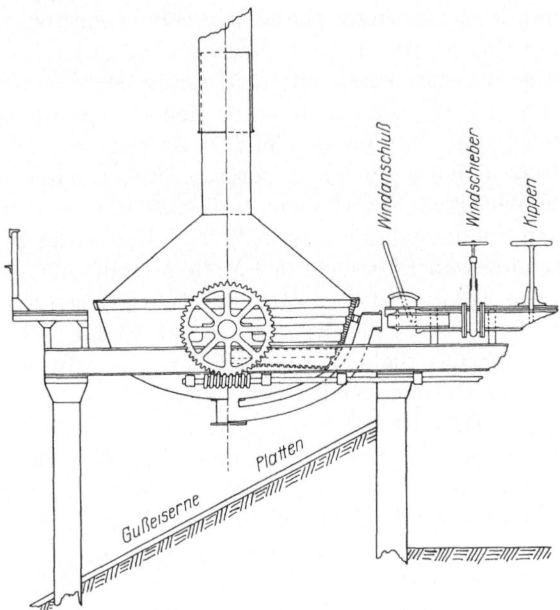

Abb. 11.   Arbeitsstand eines ortsfesten Sinterkonvertors (Eisenblechtopf mit gußeiserner Einlage).

erfolgen, wobei es sich empfiehlt, unter dem kippbaren Sintertopfe eine mit Gußeisenplatten belegte oder gepflasterte schiefe Ebene anzubringen, auf der der Kuchen sofort unter dem Sintertopfe hervorrutschen kann. Gelegentlich wird der Zerkleinerung von Hand gut vorgearbeitet dadurch, daß unter dem Sintertopfe schwere, gußeiserne Dorne aufgestellt werden, auf die der fallende Kuchen stürzt, und die ihn in größere Stücke zerlegen.

Betrieb einer Sintertopfanlage. Zur Einleitung des Sinterprozesses ist, wie schon früher gesagt, eine gewisse Zündwärme erforderlich. Diese wird dadurch geschaffen, daß auf den mit gröberen Quarzit- oder Kalkstücken (z. B. bei bleiischen Erzen, aus denen Blei in die Steine wandern soll) bedeckten Siebboden des Sinterkessels (um ein Festbrennen des Sinterkuchens am Siebboden zu verhindern) eine Lage Abfallholz gebracht, diese entzündet, das Feuer später abgedeckt (mit feinem Brennmaterial, Kohlengrus, Sägespänen od. dgl.) und mäßiger Gebläsewind eingeschaltet wird. Auf dieses Zündfeuer wird nunmehr der befeuchtete Möller nach und nach in dünnen Schichten aufgetragen. Die unbedingt erforderliche Feuchtigkeit des Möllers, die künstlich 2—3 Tage vor dem Chargieren durch Besprengen geschaffen wird, so daß eine recht gleichmäßige Durchfeuchtung auch feinster Stäube eintritt, schwankt je nach den Erzen zwischen 3 und 8 % Feuchtigkeit. Das richtige Maß kann nur durch Versuche festgelegt werden. Feuchtigkeit der Sintercharge ist aus vierfachen Gründen erforderlich: 1. bewirkt die Feuchtigkeit ein mechanisches Aneinanderhaften der einzelnen in den Sintertopf eingetragenen Erzpartikelchen und vermindert die Staubverluste, die bei stärkerem Blasen entstehen; 2. bezweckt die künstlich dem Erze zugeführte Feuchtigkeit eine Verlangsamung der Temperaturerhöhung in der Charge und verhindert einen zu raschen und zu lebhaften Verlauf der mit der Sinterung verbundenen Oxydationsreaktion. Je höher der Schwefelgehalt der Charge ist, desto größere Feuchtigkeit ist am Platze. 3. Der im Verlaufe des Sinterprozesses durch Verdampfen des der Charge beigemengten Wassers erzeugte Wasserdampf lockert feinkörnige Chargen auf und verschafft dem Gebläsewind dadurch gleichmäßig Zutritt zu allen Teilen der Charge. Er führt zur Bildung eines gut blasig-porösen Sinterproduktes. 4. endlich fördert eine gewisse Feuchtigkeit in so hohem Maße das Backen der Erze, daß sie geradezu unerläßlich ist, ohne daß eine stichhaltige Erklärung dafür bisher gefunden wäre. Beim lagenweisen Eintragen des Möllers empfiehlt es sich, vor Eintragen jeder neuen Lage die Sinterkesselwand in dünner Schicht mit Quarzit- oder Kalksteinstaub zu beschütten, damit auch an der Wand, genau so wie es für die bessere Erhaltung des Siebbodens geschieht, ein Anbacken des Sinterkuchens verhindert und Zerstörung der Kesselwand vermieden wird. Soweit es sich praktisch durchführen läßt, ist es stets von Nutzen, in der Nähe der Kesselwand feinkörnigeren Möller einzutragen als im Innern des Kessels, da der Gebläsewind dazu neigt, den schwierigeren Weg durch die Charge zu vermeiden und an der Kesselwand emporzublasen. Will man größere Mengen im Vergleich mit sulfidischem Feingut schwerer versinterbaren Gutes mit verarbeiten (Flugstaub mit viel oxydischen Anteilen od. dgl.), so kann die Temperatur im Sinterkuchen erhöht und besser verteilt, sowie gleichzeitig die Beschickung aufgelockert werden durch zeitweiliges Eintragen dünner Lagen von Sägespänen, Kohlengrus oder besser noch von Feinkoks (abgesiebtes Koksklein des Schmelzkokses od. dgl.). Das in regelmäßigen Zeitabständen erfolgende Eintragen dünner Lagen von Sintermöller verdient wegen der dadurch zu erzielenden besseren Windverteilung entschieden den Vorzug gegenüber dem weniger mühseligen Eintragen großer Chargenmengen auf einmal.

Der Sintertopf wird mit niedriger Pressung angeblasen; die Windpressung steigt langsam in dem Maße, wie die Schichthöhe im Sintertopfe zunimmt. Ist der gesamte Einsatz in den Sintertopf eingetragen, so soll man bemüht sein, den Sinterkuchen mit möglichst niedriger Windpressung gar zu blasen. Es ist zur Zeit noch unmöglich, durch theoretische Erwägungen und Berechnungen den Windbedarf einer Sinteranlage genau zu ermitteln. Weder die erforderliche Windmenge, die in hohem Maße vom Charakter der Erze abhängt, noch die anzuwendende maximale Pressung lassen sich bislang rein rechnerisch ermitteln: man ist lediglich auf Erfahrungswerte angewiesen, aber auch diese Erfahrungswerte dürfen in ihrer Übertragbarkeit auf neue noch nie versinterte Feinerze nicht überschätzt werden. Steht der Hüttenmann vor der Aufgabe, eine Sinteranlage für ein neuartiges bislang noch niemals versintertes Feinerz zu errichten, so ist stets der praktische Großversuch mit etwa 20 t Feinerz anzuraten. Die Erfahrungen, die dabei gewonnen werden können, haben höheren Geldeswert, als die mit dem Großversuch verbundenen Unkosten. Die je Tonne Einsatz zur Agglomeration erforderliche Windmenge ist selbstverständlich ganz erheblich geringer als die zur Schmelzung benötigte, zumal ja möglichst schwache Oxydation erstrebt wird. Die Windpressung ist lediglich (von Pressungsverlusten in der Windzuleitung abgesehen) abhängig von der Korngröße, d. h. dem Porenvolumen des Einsatzes und von der Schichthöhe des eingesetzten Gutes. Je feinkörniger der Einsatz, desto geringere maximale Schichthöhe der Charge im Sintertopf ist zulässig. Deshalb können auch feinste Flotationsprodukte nur gemeinsam mit hinreichenden Mengen gröberen Materials versintert werden, ähnlich, wie das in Rückständehütten z. B. mit Zink- und Bleistäuben geschieht. Eine zu weit gehende Füllung des Sinterkonvertors zieht eine derartige Steigerung der Windpressung nach sich, daß die Gefahr eines Schmelzens der untersten Teile des Einsatzes besteht. Der Verfasser hat beim Agglomerieren in Sintertöpfen mit Siebbodendurchmesser = 1200 mm, oberem Durchmesser = 1670 mm, maximaler Schütthöhe des Einsatzes = 1000 mm, Einsatz in einen Konvertor = rund 4 t, sowohl bei den vorstehend geschilderten Versuchen bezüglich maximalen S-Gehaltes im Austrag und bezüglich beigemengter Flugstaubmengen als auch sonst Windmengen bis zu 30 cbm/Min. je Konvertor und Pressungen bis zu 900 mm Wassersäule angewandt. Pressungen über 1000 mm Wassersäule kommen für Agglomerationsanlagen kaum in Frage.

Um bei diesem mit ständig steigender Windpressung arbeitenden Sinterverfahren die Gebläsemaschinen, die bei der relativ niedrigen erforderlichen Pressung auch Schneckengebläse sein können, nicht allzu ungleichmäßig zu beanspruchen, ist es von Nutzen, beim Arbeiten mit mehreren Sintertöpfen die Garungszeitpunkte der einzelnen Töpfe zu staffeln, d. h. z. B. so zu arbeiten, daß beim gleichzeitigen Betrieb von 6 Sintertöpfen und zwölfstündiger Garungszeit nacheinander alle 4 Std. ein Topf gar wird.

Betriebsmäßige Sinterresultate, bezüglich der Zusammensetzung des Sintermöllers, bezüglich der chemischen Zusammensetzung des ausgebrachten Sinterproduktes und bezüglich des Ausbringens an stückigem Sintergut sind für Kupfererze schon vorstehend auf S. 67—70 gegeben worden.

Auch Konzentrate können im Sintertopf mit gutem Erfolge stückig gemacht werden, wenn ein geeigneter Möller gewählt wird. Packard[1] z. B. agglomerierte folgende Erze:

	Setzmaschinen-konzentrat 8 mm Korngröße	Tischkonzentrat 0,5 mm Korngröße	Angeröstetes Feinerz 8 mm Korngröße
Cu	6,32 %	4,65 %	8,34 %
Fe	31,97 %	36,60 %	27,20 %
S	38,85 %	44,10 %	6,48 %
Pb	1,25 %	1,04 %	—
CaO	0,73 %	0,63 %	3,91 %
Al$_2$O$_3$	4,93 %	3,72 %	15,05 %
SiO$_2$	17,42 %	10,32 %	12,48 %

---

[1] Packard, G. A.: The Production of Converter Matte from Copper Concentrates by Pot Roasting and Smelting. Transactions Amer. Inst. Min. Eng. Bd. 38, S. 633—637, 1908.

Sintermöller =
     158,5 kg Setzmaschinenkonzentrat
     + 174,5 kg Tischkonzentrat
     + 253,0 kg angeröstete Erze
     +   63,5 kg Kalkstein
     ———————————
     649,5 kg Einsatz

Gesamt-Ausbringen . . .   534,5 kg Agglomerat
Abgas + Stäube . . . .   115,0 kg
     ———————————
     649,5 kg

Analyse des Agglomerates:
     Cu = 7,59 %
     Fe = 30,30 %
     S = 9,14 % . . . . 69 % des Gesamt-S-Gehaltes
     CaO = 9,04 %   verflüchtigt.
     Al_2O_3 = 13,16 %
     SiO_2 = 16,17 %

Das Ausbringen war sehr gut. Nur die oberen 30 mm des Einsatzes waren nicht agglomeriert. Das übrige bildete einen einzigen einheitlichen, festen Kuchen.

Natürlich lassen sich so hohe Schwefelgehalte im Agglomerat, wie bei der Agglomeration von Roherzen nicht erzielen, da schon der Schwefelgehalt des Möllers beim Agglomerieren von Konzentraten geringer ist als bei Agglomerieren von Roherzen.

Bei der Versinterung von Nickel-Kobalt-Konzentraten von relativ großer Feinkörnigkeit wurden in der Hüttenanlage der Detroit Copper Mining Co. of Arizona, Morenci, Ariz., folgende Werte[1] erzielt:

Charge = 8 t Aufbereitungskonzentrat + 2 t Flugstaub.

	Konzentrat	Flugstaub		Konzentrat	Flugstaub
Cu	18,8 %	17,1 %	Al_2O_3	5,0 %	5,5 %
Fe	24,9 %	25,9 %	CaO	0,5 %	1,9 %
S	32,2 %	16,2 %	MgO	0,5 %	0,5 %
SiO_2	14,3 %	23,9 %	Differenz . .	3,8 %	9,0 %

Siebanalyse des Konzentrates:

  über 13 mm . . . . . . 3,3 %   . . . . über 0,5″ (Zoll)
  13 —2,2 mm . . . . . 9,6 % . 0,5″ (Zoll) — 10 engl. Maschen
  2,2 —0,35 mm . . . . 30,9 % . . . . 10— 40   ,,   ,,
  0,35—0,22 mm . . . . 25,5 % . . . . 40— 80   ,,   ,,
  0,22—0,12 mm . . . . 14,0 % . . . . 80—120   ,,   ,,
  0,12—0,075 mm . . . 7,8 % . . . . 120—200   ,,   ,,
  unter 0,075 mm . . . . 8,9 % . . . . unter 200   ,,   ,,

Garungszeit = 20 Std.   Stückiges Ausbringen = 93 % des Einsatzes.

Analyse des erzielten Sinterproduktes:

  Cu . . . . 21,4 % Al_2O_3 . . . . . . 5,8 %
  Fe . . . . 34,5 % CaO . . . . 0,8 %
  S . . . . 9,5 % MgO . . . . . . 0,6 %
  SiO_2 . . . . . . 17,6 %   Differenz . . . . 9,8 %

Die Canadian Copper Co. erhielt in ihrer Hütte in Copper Cliff, Ontario, Kanada, beim Sintern von Ni und Co führendem Magnetkiesfeinerz, Korngröße unter 13 mm:

---

[1] Hofman, H. O.: Recent Progress in Blast-Roasting. Transactions Amer. Inst. Min. Eng. Bd. 41, S. 739—763, 1911.

Charge = 6 t, bestehend aus 4 Teilen Creighton-Erz und 1 Teil Flugstaub.
Garungszeit = 8,5 Std.

	Creighton-Erz	Flugstaub		Creighton-Erz	Flugstaub
Cu + Ni . .	6,6 %	6,8 %	S	26,0 %	8,0 %
Fe	42,0 %	7,3 %	SiO$_2$	15,5 %	23,0 %

Stückiges Ausbringen = 75—80 %. S im Sinterprodukt = 12 %.

Betriebskosten einer Topfsinteranlage. Vergleicht man bei Sintertopf-Agglomerationsanlagen mit verschieden großen Einheiten die Betriebskosten, so zeigt sich, daß die Kosten für Werkzeugverbrauch (Schaufeln, Krücken, Hämmer usw.) sowie die Amortisation keine nennenswerten Unterschiede aufweisen. Eine Anlage mit kleinen Einheiten bringt meist etwas höhere Reparaturkosten als große Einheiten. Auch ist der Windverlust (durch Undichtigkeiten) und somit der Kraftverbrauch bei einer Reihe von kleinen Sintertöpfen größer als beim Betrieb weniger großer Töpfe gleichen Gesamtfassungsvermögens. Sehr beträchtlich und für die Wirtschaftlichkeit ausschlaggebend aber sind die auftretenden Unterschiede in den Betriebslöhnen, wie nachfolgende Aufstellung zeigt. Unter I und II werden die Betriebslöhne zweier Anlagen mit gleichem Gesamtdurchsatz, aber verschieden großen Einheiten verglichen. II und III zeigen die mit Vergrößerung der Sinteranlage abnehmenden Betriebslöhne.

Verglichene Sinterkessel-Anlagen: (Garungszeit = 12 Std.)

  I   6 Kessel, je 3,5 t Durchsatz in 24 Std. =   38 t Erz + 4 t Quarzit
 II   2 Kessel, je 10,5 t Durchsatz in 24 Std. =   38 t Erz + 4 t Quarzit
III   6 Kessel, je 10,5 t Durchsatz in 24 Std. = 114 t Erz + 12 t Quarzit

Bei I und II sind Handarbeit, bei III in weitgehendstem Maße mechanisierte Arbeit ins Auge gefaßt (Mischtrommeln und Möllermaschine, Transportbänder, Becherwerke usw.).

Belegschaft:	I	II	III
In 3 Schichten zu je 8 Std. je Schicht			
Möllern und Beschicken	3 Mann	3 Mann	2 Mann
Sinterkessel-Bedienung	3 Mann	1 Mann	3 Mann
Meister	1 Mann	—	—
In 2 Schichten zu je 8 Std., je Schicht			
Zerkleinern, Klassieren, Verladen	2 Mann	2 Mann	2 Mann
Meister	—	—	1 Mann
Gesamt-Belegschaft	25 Mann	16 Mann	21 Mann

Tägliche Arbeitslöhne:			
Möllern und Beschicken (4,50 M. je Schicht) .	40,50 M.	40,50 M.	27,00 M.
Sinterkesselbedienung (5,50 M. je Schicht) . .	49,50 M.	16,50 M.	49,50 M.
Zerkleinern usw. (4,50 M. je Schicht)	18,00 M.	18,00 M.	18,00 M.
Meister (7,00 M. je Schicht)	21,00 M.	—	14,00 M.
Gesamt-Tageslöhne	128,00 M.	75,00 M.	108,50 M.

Das Stückigmachen von 1 t Feinerz kostet somit bei einem Konzentrationsverhältnis = 5 : 4 an Arbeitslöhnen bei

stückigem Ausbringen = 50 % des Einsatzes .	6,52 M.	3,94 M.	1,88 M.
stückigem Ausbringen = 60 % des Einsatzes .	5,43 M.	3,26 M.	1,56 M.

Die Überführung von 1 t Cu im Feinerz[1] in
1 t Cu im stückigen Agglomerat, bei einem
Konzentrationsverhältnis = 5 : 4 erfordert
somit an Arbeitslöhnen bei

stückigem Ausbringen = 50 % des Einsatzes .	134,70 M.	79,00 M.	38,00 M.
stückigem Ausbringen = 60 % des Einsatzes .	112,30 M.	65,80 M.	31,70 M.

Sinteranlagen mit Saugwind. Sinterapparate, die mit Saugwind arbeiten,
haben vor den mit Preßwind bedienten Sinteranlagen so grundsätzliche Vorzüge,
daß das Sintern mit Preßwind heute mehr und mehr durch die Arbeit mit Saugwind verdrängt wird.

Wenn der für die Sinterarbeit benötigte Wind dem zu agglomerierenden Gute
durch einen Rost oder einen Siebboden zugeführt wird, so zeichnen diese
dem Winde von vornherein gewisse Wege vor und erst bei beträchtlicher Schütthöhe des auf dem Siebboden oder auf dem Roste lagernden Gutes tritt eine einigermaßen gleichmäßige Windverteilung ein. Wenn hingegen der benötigte Wind
frei aus der Atmosphäre entnommen und durch das in Pfannen oder auf Tischen

---

[1] Um ein für die Beurteilung der Wirtschaftlichkeit eines Hüttenbetriebes zur Erschmelzung von Metall aus Erzen unerläßliches und wirklich klares Bild von den mit jedem einzelnen Arbeitsprozeß verbundenen Unkosten zu bekommen, muß man die Betriebskosten
von zwei verschiedenen Gesichtspunkten aus betrachten. Erstens muß sich der Hüttenmann jederzeit darüber im klaren sein, was die Verarbeitung von einer Tonne Rohmaterial
in jedem einzelnen Arbeitsgange kostet. D. h., es müssen z. B. die Agglomerationskosten,
die Kosten der Schachtofenarbeit, die Kosten der Konvertorarbeit bezogen werden auf
1 t zu agglomerierendes Feinerz bzw. auf Rohstein zu verschmelzende metallhaltige Schachtofenbeschickung bzw. auf Konvertormetall zu verblasenden Rohstein. Das ist erforderlich,
um beurteilen zu können, ob vielleicht der eine oder der andere hüttenmännische Prozeß
in sich mit außergewöhnlich hohen Unkosten belastet ist, was Anlaß geben kann, nach
Wegen zu seiner Verbilligung zu suchen. Es ist dies aber auch erforderlich, um zu wissen,
für wieviel Mark Brennstoff oder Zuschlag oder dergleichen benötigt werden, um 1 t Material agglomerieren oder verschmelzen oder verblasen zu können. Zweitens sollte man niemals versäumen, die Betriebskosten sowohl jedes einzelnen Prozesses, als auch der gesamten
Schmelzarbeit auch auf 1 t ausgebrachtes Metall zu beziehen — sei es nun 1 t Metall in Gestalt von Agglomerationsprodukten, sei es 1 t Metall in Gestalt von Rohstein, sei es 1 t Metall in Gestalt von Konvertormetall. Die Unkosten je Tonne Metall sind vom kaufmännischen Standpunkt aus besonders wichtig, da erst durch Ermittlung der Unkosten je Tonne
Metall die Möglichkeit geschaffen wird, den kaufmännischen Wert von z. B. Agglomerationsprodukten, Rohstein usw. zu bestimmen und die Frage zu beantworten: Was ist 1 t soundso
viel prozentiger Rohstein wert und was kann daran verdient werden? Nur wenn man die
Betriebskosten auch auf 1 t Metall in Gestalt irgendeines Zwischenproduktes oder Fertigproduktes bezieht, kann man beurteilen, ob ein Einzelprozeß im Rahmen der gesamten
Produktionskosten ungewöhnlich hohe Kosten verursacht und ob man daher suchen soll,
ihn durch einen billigeren Einzelprozeß zu ersetzen. Es kann z. B. Fälle geben, in denen die
Agglomerationskosten je Tonne Erz sich in durchaus normalen Grenzen bewegen und wirklich nicht mehr verbilligt werden können, während sich bei Bezug der Agglomerationskosten
auf 1 t Metall, das aus der Form der Feinerze in die Form von Agglomeraten übergeführt
wurde, die Agglomerationskosten sich belaufen auf beispielsweise 8 £ bei einem Raffinade-
kupferpreis von 60 £, also 13,3 % vom Werte des Fertigproduktes und womöglich 20 oder
mehr Prozente von den gesamten Betriebskosten für Grube, Hütte usw.

Im Nachfolgenden sollen daher alle Angaben über Betriebskosten bezogen werden:

1. auf die Tonne verarbeitetes Rohmaterial, d. h. stückig gemachtes Feinerz, verschmol-
zene metallhaltige Schachtofenbeschickung, verblasenen Rohstein usw., und

2. auf die Tonne Metall, das in Gestalt von Zwischen- oder Fertigprodukten ausgebracht wird.

gelagerte Gut hindurchgesaugt wird, so bildet die Beschickung der Sinteranlage selbst die Windverteilungseinrichtung, und es werden in viel höherem Maße alle Partikelchen gleichmäßig vom hindurchgesaugten Winde erfaßt. Die Gefahr der Bildung nichtbackender Nester, die bei der Arbeit mit Preßwind immer besteht und die zu ihrer Beseitigung ein gutes Stochen der Charge erfordert, besteht bei Saugwindanlagen nicht.

Bläst der Preßwind an einzelnen Stellen einer Sintertopfbeschickung durch oder wird zu stark geblasen, so besteht die Gefahr erheblicher Verluste an frisch eingetragenem Material durch Verstäuben, selbst bei feuchtem Gut. Oft werden nicht unbeträchtliche Mengen an Feinerz, Flugstäuben usw. in die Gasabzüge und in die Flugstaubkammern mit fortgerissen. Dieser Übelstand tritt bei Saugwindanlagen nur in sehr verringertem Maße auf, da das Gut auf dem Boden der Sinterpfanne oder auf dem Sintertische gewissermaßen festgesaugt wird.

Das in einem Sintertopfe mit Preßwind verarbeitete Material verweilt, wenn ein größerer Sinterkuchen ausgebracht werden soll und daher mit Schütthöhen von 80—100 cm gearbeitet wird, so lange im Sintertopfe, daß es nicht nur an und für sich sehr heiß wird, sondern eben wegen seines langen Verweilens im heißen Zustande leicht zu weit gehender Oxydation ausgesetzt wird. Auf Sintertischen oder in Sinterpfannen wird nur mit geringer Schütthöhe des Gutes, kaum über 25 cm, gearbeitet. Das Gut wird schnell erhitzt bis zum Backen und wird ebenso schnell wieder gekühlt, so daß der Sintervorgang, der in den mit Preßwind betriebenen Anlagen verhältnismäßig langsam vor sich geht, eine ganz erhebliche Intensivierung erfährt.

Während bei der Preßwindarbeit einer Regelung der Intensität des Sintervorganges, ja überhaupt der ganzen Beherrschung des Prozesses erhebliche Schranken gesetzt sind, gestattet die Saugwindarbeit außerordentlich viele Varianten, nicht nur durch Veränderung der Feuchtigkeit des aufgegebenen Gutes, sondern auch durch Veränderung der Schütthöhe, Veränderung der angesaugten Windmenge und manches andere.

Dazu kommt noch als ein weiterer Vorzug der Saugwindanlagen, daß die Arbeit mit diesen Apparaturen in viel höherem Maße mechanisierten Charakter trägt als die Preßwindarbeit. Gelegentlich der Erörterung der Agglomeration im Sintertopfe ist schon darauf hingewiesen worden, daß für ein gutes Ausbringen an wirklich stückig gewordenem Gute sorgfältigste Wartung, stete verständnisvolle Beobachtung des Sintervorganges erforderlich ist. Es werden an das „hüttenmännische Gefühl" des die Anlagen bedienenden Arbeiters nicht unerhebliche Anforderungen gestellt. Saugwindanlagen stellen indessen, wenn sie einmal richtig eingefahren sind, bei weitem nicht so hohe Anforderungen an die Beobachtungsgabe und das Geschick des Arbeiters. Sie arbeiten daher — um es einmal so auszudrücken — mit größerer Sicherheit.

Sinterpfannen mit Saugwind. Bei den Saugwindsinteranlagen ist grundsätzlich zu unterscheiden zwischen den diskontinuierlich arbeitenden Sinterpfannen und den kontinuierlich arbeitenden Sintertischen (den Dwight-&-Lloyd-Sinterapparaten).

Mit zu den ersten Sinteranlagen mit Saugwind gehören die von W. Job für die Stückigmachung der Bleierze von Laurion (Griechenland) gebauten Sinterpfannen (oder für die Jobsche Konstruktion wohl noch besser: Sinterherde) mit

Saugwind. Vor Jahren wurden von J. E. Kohlmeyer ähnliche Saugwindanlagen zur Stückigmachung von Zinkmuffelrückständen in der Zinkhütte zu
Trzebinia (zwischen Kattowitz und Krakau am Rande der oberschlesischen Erz-
mulde) eingebaut.

1907 begann John E. Greenawalt die Sinterarbeit mit den von ihm ausgebildeten „Intermittant Down-draft Pots", die 1910 in größerer Anzahl in der
Hütte der Modern Smelting and Refinig Co. zu Denver, Colorado, und 1911

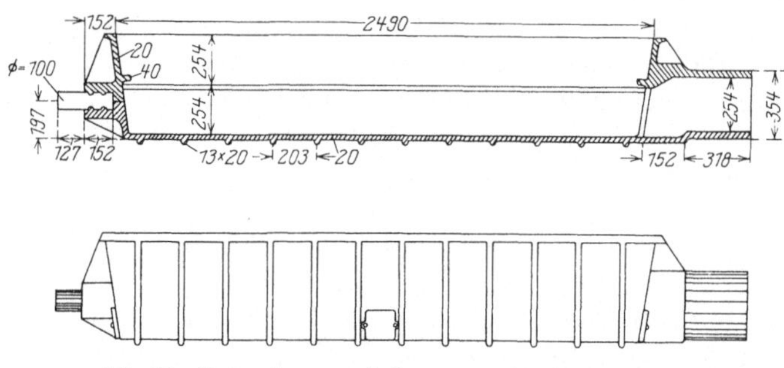

Abb. 12. Sinterpfanne nach Greenawalt, für Saugwind.

in der Hütte der United States Smelting and Refining Co. zu Midvale, Utah,
aufgestellt wurden und sich durch ihre Einfachheit besonders auszeichnen[1].

Die aus Gußeisen hergestellte Pfanne besteht aus einem Oberteil, der eigentlichen Sinterpfanne und einem Unterteil, dem Saugwindkasten. Der in den
Saugwindkasten eingesetzte mehrteilige Rost wird durch Knaggen im Oberteil
am Herausfallen gehindert, wenn die Pfanne gestürzt wird.

Die Sintergeschwindigkeit, die mit solchen Sinterpfannen erzielt werden kann,
läßt sich weitgehend variieren. Ein und dieselbe Charge, mit 15 % Feuchtigkeit
aufgegeben, konnte z. B. bei einer Saughöhe von 305 mm H_2O in 60 Min., bei
406 mm H_2O in 45 Min. und bei 510 mm H_2O in 35 Min. gar gesintert werden.
Als Bedienung sind zum Beladen und Stürzen einer Pfanne 2 Mann erforderlich,
die das Beschicken und Entleeren in 15 Min. ausführen. Durchsatz auf einer
Greenawaltschen Pfanne im Mittel 60 t ausgebrachten Sinterkuchens in
8 Std.

Sinterpfannen ähnlicher Art werden heute von vielen Firmen gebaut, u. a. auch
von der Lurgi, Apparatebaugesellschaft m. b. H. zu Frankfurt a. M., die eine
neuartige Ausführungsform geschaffen hat, bei der zwei einander gegenüberliegend
bzw. vier kreuzweis einander gegenüberliegend angeordnete Pfannen von einem
Drehgestell getragen werden, um das die Pfannen auch horizontal geschwenkt
werden können und das zugleich die Abgassaugleitung aufnimmt.

Neben den ortsfesten Sinterherden sind noch fahrbare Sinterpfannen zu erwähnen, bei denen die eigentliche Sinterpfanne von der zentral orientierten und
lotrecht nach unten gerichteten Saugleitung mittels eines Fahrgestelles abgehoben und an den Ort der Entleerung gebracht werden kann. Zu diesem
Typ gehören u. a. die Pfannen nach Saugzugverfahren „Erikson", die in Schweden

<hr>

[1] Pulsifer, H. B.: The Important Factors in Blast Roasting Metall. Chem. Engg.
Bd. 10, S. 153—159, 207—213, 1912.

und Norwegen verbreitet sind und die die Firma Fr. Gröppel, Bochum in eigener Ausführung baut.

Die Dwight-&-Lloyd-Apparate mit Saugwind[1] (Inhaber aller Rechte für Deutschland: Lurgi, Apparatebaugesellschaft m. b. H., Frankfurt a. M.). Die Dwight-&-Lloyd-Apparate sind ursprünglich gebaut worden einerseits zum Abrösten sulfidischer Erze (ursprünglich vornehmlich Bleierze) sowie zum Sintern von oxydischen Eisenerzen und von Metallhüttenrückständen. Erfahrungen in der Agglomeration sulfidischer Feinerze mit diesen Apparaten unter Berücksichtigung des Grundsatzes, möglichst viel Schwefel im Sinterprodukt zu erhalten, liegen leider bisher noch nicht vor. Die zur Zeit in Mitterberg auf Dwight-Lloyd-Apparaten versinterten sulfidischen Flotationskonzentrate werden nicht unmittelbar verhüttet. Die Betriebsergebnisse beim Agglomerieren von Eisenerzen und auch von metallhaltigen Rückständen aber lassen nicht ohne weiteres Rückschlüsse auf die Wirtschaftlichkeit einer Agglomeration sulfidischer Feinerze — namentlich metallarmer sulfidischer Feinerze — zu, da noch unbekannt ist, wieviel Schwefel sich in der Beschickung erhalten läßt, und der Verbrauch des Zündofens der Dwight-&-Lloyd-Apparate an Brennstoff ein mit Bezug auf arme Erze verhältnismäßig hoher ist, und da bei der Agglomeration von Eisenerzen und hochwertigen Rückständen sogar noch Kokslösche bis zu zehn Gewichtsprozenten des ausgebrachten Agglomerates dem Möller zugeschlagen wird.

W. W. Norton behauptet, daß in Dwight-&-Lloyd-Apparaten das im Einsatz enthaltene Fe vornehmlich zu Eisenoxydul oxydiert wird, während in Sinterkästen und Sintertöpfen vornehmlich Eisenoxyd anfiele[2]. Es wurde jedoch schon darauf hingewiesen, daß bei mäßigem Blasen — allerdings unter Verlängerung der Garungszeit — in Sinterkästen und -töpfen die Menge anfallenden Eisenoxydes im Vergleich zum gebildeten Eisenoxydul verhältnismäßig niedrig gehalten werden kann. Wieweit die Nortonsche Behauptung das in Sinterkästen und -töpfen Erreichbare übertrifft, entzieht sich der Beurteilung.

Der Grad der Abröstung oder — mit anderen Worten — die im Agglomerat erhalten gebliebene Schwefelmenge lassen sich regeln durch Veränderung der Schütthöhe des aufgegebenen Gutes, durch Änderung seiner Feuchtigkeit, durch Änderung der angesaugten Luftmenge, die im allgemeinen mit einem Unterdruck von 300—400 mm Wassersäule angesaugt wird und endlich durch Änderung der Fahrgeschwindigkeit der Apparate, die bei geraden Apparaten zur Zeit zwischen 0,20 und 0,50 m/Min., bei runden Apparaten im Mittel zwischen 0,30 und 0,60 m/Min. schwankt.

Die gerade Ausführung der Dwight-&-Lloyd-Apparate, wie sie Abb. 13 zeigt, ist vornehmlich für Eisenerze in Anwendung und wird heute für einen Durchsatz von bis zu 1000 t in 24 Std. je Einheit gebaut. Der Kraftverbrauch eines geraden Apparates mit 6,6 qm Herdfläche (Durchsatz = rund 144 t Erz = 122 t Agglomerat) beläuft sich auf 1—2 PS für das Zündofengebläse, 2—3 PS für den Zünd-

---

[1] Photographische Abbildungen von Dwight-&-Lloyd-Maschinen vgl. A. Biernbaum: Das Stückigmachen von Feinerzen. Metall u. Erz Jg. 19, S. 1—8, 1922.

[2] Norton, W. W.: A Comparison of the Huntington-Heberlein and Dwight-Lloyd Process. Bull. Amer. Inst. Min. Eng., August u. November 1914.

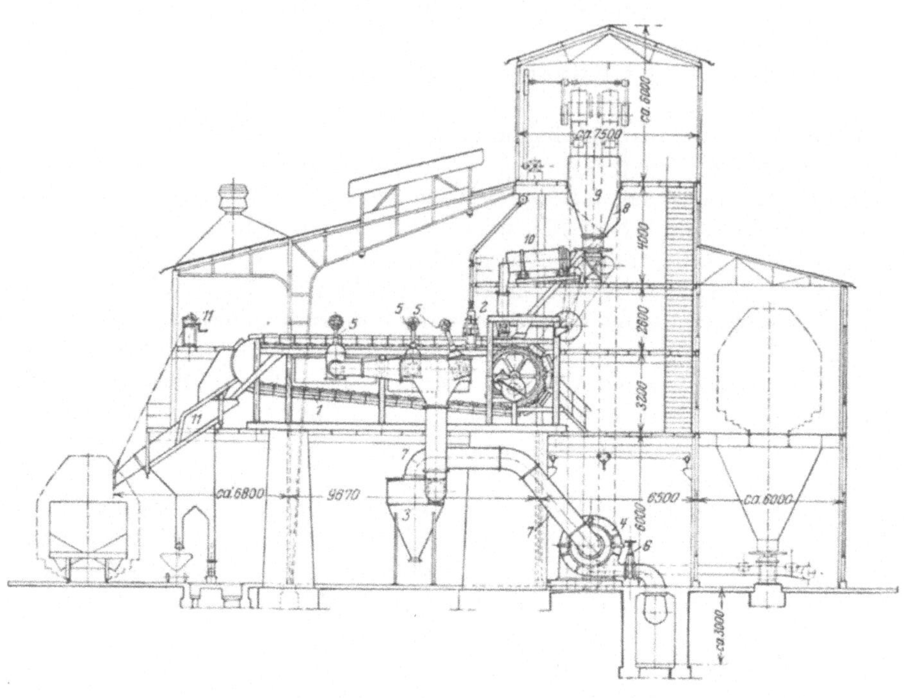

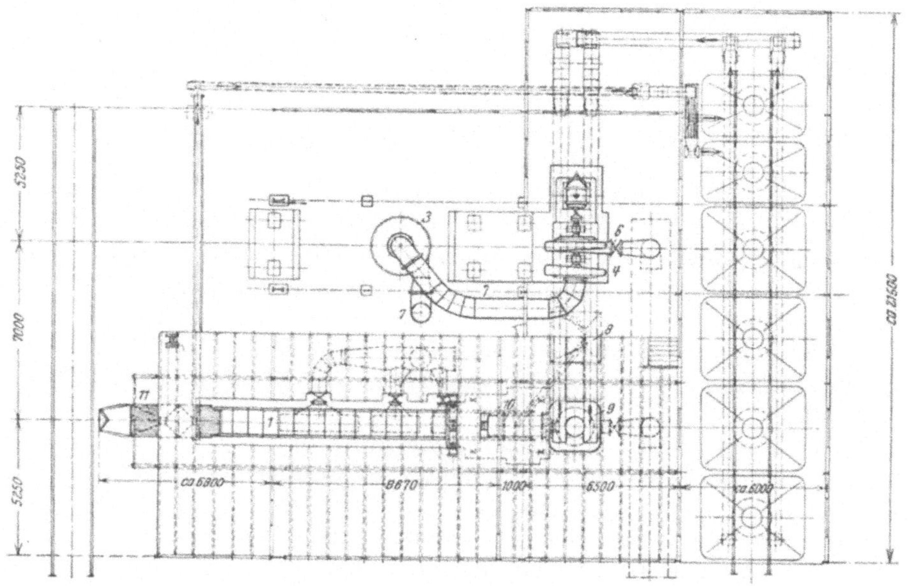

Abb. 13. Gerader Dwight-&-Lloyd-Apparat.

exhaustor, 6 PS für den Antrieb der Maschine selbst und rund 95 PS für den Hauptexhaustor. Zur Bedienung genügen 3—5 Mann.

Die Anlagekosten beliefen sich 1925 auf:

1 grader Dwight-&-Lloyd-Apparat mit allem Zubehör und Transportmaschinen 126000 M.
Bunkeranlage . . . . 25000 M.
Gebäude mit Kamin . . . . 41000 M.

Zusammen 192000 M.

Mit Fundamenten, Gleisanschlüssen und Montage rund . . . . 220000 M.

Die runden Dwight-&-Lloyd-v. Schlippenbach-Apparate, die fast ausschließlich der Röstung von Metallerzen, Metallhüttenprodukten und -rückständen

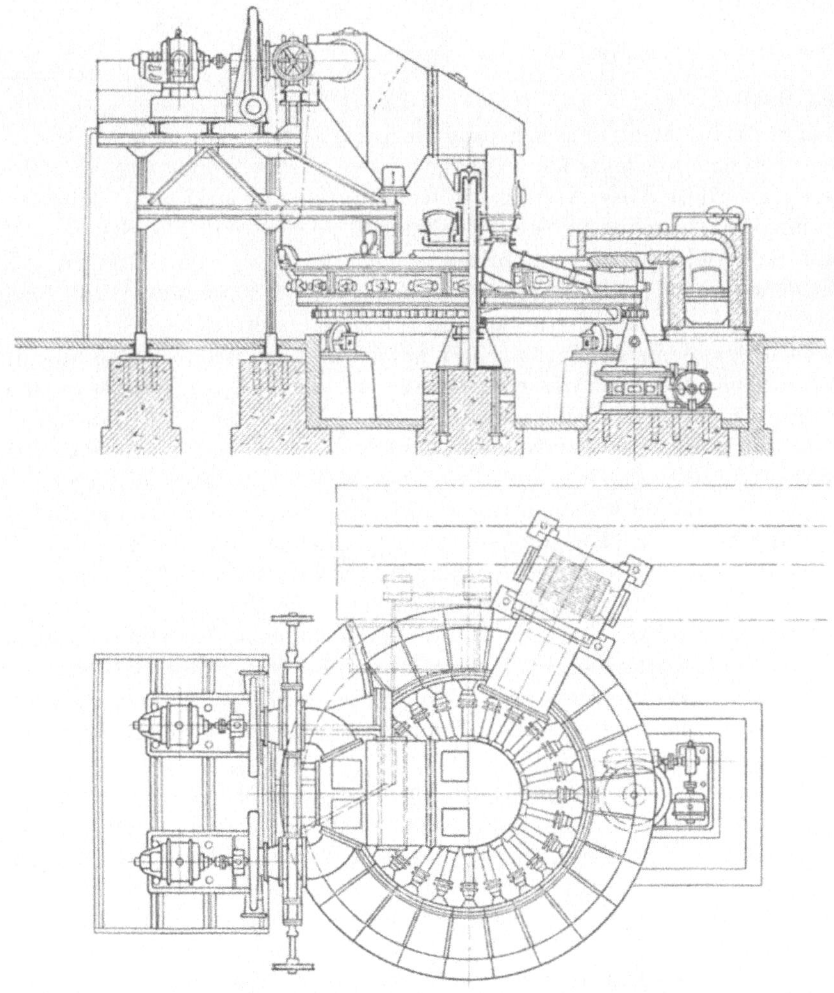

Abb. 14. Runder Dwight-&-Lloyd-v. Schlippenbach-Apparat.

dienen, werden mit Gasabzug aus dem Zentrum des runden Herdes nach oben und neuerdings auch mit Gasabzug nach unten in zwei Größen gebaut, mit mittlerem Herddurchmesser = 5,5 m und = 8,0 m. Der kleinere Apparat leistet bis zu 60 t in 24 Std., während auf den großen Apparaten Leistungen bis zu 130 t in 24 Std. erreicht werden. Zündofengebläse und Zündexhaustor stellen sich im Kraftverbrauch wie bei den geraden Apparaten. Antriebskraft für beide

Größen = rund 3 PS. Hauptexhaustor beim kleinen Apparat = rund 65 PS, beim großen = rund 85 PS.

Die Anlagekosten beliefen sich 1925 auf:

1 runder Dwight-&-Lloyd-v. Schlippenbach-Apparat mit 18,3 qm nutzbarer Herdfläche = 8 m mittlerer Herddurchmesser mit allem Zubehör und Transportmaschinen . . . . 186500 M.
Bunkeranlage . . . . 35000 M.
Gebäude mit Kamin . . . . 26000 M.

Zusammen 247500 M.

Mit Fundamenten, Gleisanschlüssen und Montage rund . . . . 300000 M.

Die Möglichkeit, bei den Dwight-&-Lloyd-Apparaten die Abgase für ihre Nutzbarmachung leicht in Reich- und Armgase zu trennen, bildete vor wenigen Jahren noch einen bedeutenden Vorzug bei der Verarbeitung auf Schwefelsäure. Heute aber verliert dieser Vorzug an Bedeutung, da es jetzt ohne nennenswerte Steigerung der Gestehungskosten möglich ist, Abgase mit 1% SO_2 wirtschaftlich auf Schwefelsäure zu verarbeiten.

Bei dem Mangel an praktischer Erfahrung in der Anwendung von Dwight-&-Lloyd-Apparaten für die reine Agglomeration sulfidischer Feinerze ist es natürlich ausgeschlossen, ein auch nur einigermaßen zutreffendes Bild von der Wirtschaftlichkeit dieser Apparate bei der schonenden Agglomeration metallarmer Sulfide zu geben; denn wenn allgemein behauptet wird, daß bei einem Vergleich von Sintertopfanlagen und Dwight-&-Lloyd-Anlagen für eine bestimmte Tonnenleistung die Arbeit eines Dwight-&-Lloyd-Apparates bedeutend wirtschaftlicher sei, als die Aufstellung von Sintertöpfen, so kann das angesichts des Anschaffungspreises der Dwight-&-Lloyd-Apparate nur mit Bezug auf die durch ihren Betrieb gewährleistete Ersparnis an Arbeitskräften und die kontinuierliche Arbeitsweise gelten. Es gilt andererseits auch nur für die möglichst weitgehende Abröstung von Sulfiden und für die Stückigmachung hochwertiger Eisen- oder Metallerze (oder Rückstände), die eine starke Belastung mit Kosten für aufgewandten Zusatzkoks vertragen. Die Anwendbarkeit der Dwight-&-Lloyd-Apparate für die hier in Rede stehenden Zwecke müßte erst durch umfangreiche Großversuche erwiesen werden.

Die Agglomeration in Drehöfen. Die Agglomeration in Drehöfen unterscheidet sich von der Sinterung in den verschiedensten Kästen, Töpfen und auf Herden mit Preß- oder mit Saugwind grundsätzlich dadurch, daß im Drehofen das zu agglomerierende Gut bewegt, gerollt, gewälzt wird, während es in den anderen Anlagen sich selbst in der Ruhelage befindet. Versuche, Erze, auch sulfidische Erze, in Drehöfen abzurösten, sind schon sehr alt, und in Gestalt der Hocking-Oxland-Drehöfen für Pyritröstung in Schwefelsäurefabriken ist ein in der Praxis bewährter Drehofen geschaffen worden. Zu einem hohen Grade von Vollendung sind die Drehöfen für Schwefelsäurefabriken heute durch die sehr sinnreichen Konstruktionen der Maschinenfabrik Fr. Gröppel, Bochum, und speziell durch die Arbeit ihres Obering. C. P. Debuch gelangt[1]. Die Anwendung von Drehöfen für die reine Agglomeration bei möglichst geringer Abröstung ist jedoch

---

[1] Debuch, C. P.: Der Drehofen für die Pyritröstung. Zbl. Hütten- u. Walzwerke Jg. 31, Nr. 37, S. 521—529; Nr. 38, S. 543—547, 1927.

verhältnismäßig jung und hat für die Agglomeration sulfidischer Feinerze erst seit ungefähr 1915 Ausbildungsformen gefunden, die sich in der Praxis bewährt haben.

Die ersten Versuche, den Drehofen zur Agglomeration zu verwenden, die von Erfolg gekrönt waren, stellte J. H. Payne[1] im Versuchslaboratorium in Yorktown, Va., an mit einem ölgefeuerten Drehofen von 6,20 m Länge bei 0,62 m lichter Weite. Seine Versuchsergebnisse führten zur Durchbildung zweier Drehofentypen, des 18-m-Drehofens und des 46,5-m-Drehofens.

Der Agglomerationsprozeß im Drehofen beruht darauf, daß das eingetragene Gut im Zustande des beginnenden Erweichens, einem Zustande, der erfahrungsgemäß eine Temperaturspanne von rund 100—150 Celsiusgraden umfaßt, und bei dessen Endpunkt Übergang in den flüssigen Zustand eintritt[2], am Boden des Ofens, also im tiefsten Teile des sich drehenden, innen befeuerten zylindrischen Mantels, kuchenteigartig gerollt und gewälzt wird, so daß es zusammenbackt zu einzelnen Kugeln (analog Schneebällen). Der Prozeß ist wegen des engen Temperaturbereiches, in welchem er durchgeführt werden kann, einerseits empfindlicher in bezug auf ein gutes Ausbringen als die schon genannten Agglomerationsprozesse, läßt sich aber andererseits auch viel sorgfältiger und leichter maschinell beherrschen als das Kasten- oder Topfsintern. Das zu agglomerierende Gut — seien es Flugstäube, Feinerze oder Aufbereitungsprodukte irgendwelcher Art — wird in dem der Beschickungsöffnung zugewandten Teil des geneigt gelagerten Ofens zunächst möglichst gleichmäßig erwärmt und langsam der Temperaturspanne zugeführt, in der es erweicht, wozu ungefähr acht Zwölftel der gesamten Ofenlänge dienen. Im erweichenden Zustande tritt es in die eigentliche Wälzoder Ballungszone ein, die ungefähr die nachfolgenden drei Zwölftel der Ofenlänge einnimmt und wird hier rollend zu Kugeln geformt, die auch solches Material mit einschließen, das den Zustand völliger Erweichung noch nicht ganz erlangt hat. Das verbleibende letzte Zwölftel der Ofenlänge, das die fertigen Kugeln dann noch passieren, dient der Härtung der Kugeln, die dadurch herbeigeführt wird, daß die Temperatur in diesem letzten dem Austragsende nahen Bezirk wieder niedriger gehalten wird, als in der Ballungszone, so daß die Erweichung wenigstens oberflächlich nachläßt und die Bälle eine festere Hülle erhalten. Grundbedingung für eine derartige Durchführung der Agglomeration ist natürlich eine peinlichst gleichmäßig gehaltene und stetige Ausgestaltung des Temperaturanstieges und -gefälles im Drehofen sowie eine dem jeweiligen Einsatz angepaßte Drehgeschwindigkeit. Herrscht in der Ballungszone eine nur um wenige Dekagrade (1 Dekagrad = 10° C) zu hohe Temperatur, so kommt es zum Schmelzen des Einsatzes, und es fließen dann ausgeseigerte Sulfide, unter Umständen sogar flüssiger armer Stein aus dem Austragsende, untermischt mit vollkommen trockenen und nicht zusammengebackenen Kalzinationsprodukten. Ist

---

[1] In L. Addicks: Nodulizing Blast-Furnace Flue-Dust. Transactions Amer. Inst. Min. Eng. Bd. 49, S. 500—506, 1915.

[2] Der Temperaturbereich der Erweichung läßt sich experimentell ungefähr begrenzen, wenn man die zu verarbeitende Charge in einem Tiegelofen einschmilzt, pyrometrisch den Schmelzpunkt bestimmt und durch Aufnahme einer Abkühlungskurve den Erstarrungspunkt ermittelt. Die Differenz zwischen dem höher liegenden Schmelzpunkt und dem niedriger liegenden Erstarrungspunkt gibt ein ungefähres Bild des Erweichungsbereichs.

die Temperatur in der Ballungszone jedoch zu niedrig, so trägt der Ofen den Einsatz in der physikalisch gleichen Pulverform aus, wie er ihn empfängt, allerdings unter Verlust von S. Für eine gute und in engen Grenzen leicht regelbare Wärmeführung im Drehofen ist eine ausgezeichnete maschinelle Einrichtung im Ölbrenner gegeben. Gelegentlich einer Steigerung des Brennölpreises hat man bei der U. S. Metals Refining Co. in Chrome, N. J., den Ersatz der Ölfeuerung durch Steinkohlenrostfeuerung und später durch Steinkohlen-Generatorgasfeuerung versucht. Beides lieferte aber ungünstige Ergebnisse, da bei der Rostfeuerung jedes neue Aufgeben von Kohle einen vorübergehenden Temperaturabfall im Ofen nach sich zog, und da auch bei der Generatorgasfeuerung der Heizwert des produzierten Gases und auch seine Temperatur beim Eintritt in den Drehofen nicht so weit geregelt und konstant gehalten werden konnten, wie es ein gleichmäßiger Ofengang erfordert. Wenngleich auch noch wenig praktische Ergebnisse im hüttenmännischen Betrieb von Drehöfen mit Kohlenstaubfeuerung vorliegen, so möchte der Verfasser nach den bei den Drehöfen der Zementindustrie gemachten Erfahrungen doch annehmen, daß die Kohlenstaubfeuerung die gleiche Regelbarkeit und Beherrschung der Drehofentemperatur wie die Ölfeuerung zulassen wird. Krupp, Magdeburg-Buckau, baut in seinen Wälzöfen ja auch schon Kohlenstaubfeuerungen ein. Dabei ist eine möglichst restlose Verbrennung leicht zu erreichen, da ja ohnehin mit starkem Luftüberschuß gearbeitet werden muß, so daß reduzierende Eigenschaften eines CO-haltigen Gasgemisches nicht zur Geltung kommen können, weil CO sofort zu CO_2 verbrannt wird.

Es ist eine für die Verwendung des Drehofens als Agglomerationseinrichtung wichtige Erfahrungstatsache, daß im allgemeinen, je größer der Drehofen ist, um so geringer die Oxydation und der Abröstungsgrad des eingesetzten Gutes ausfällt und um so leichter eine gute Regelung der Temperaturverhältnisse möglich ist. Da der Brennölbedarf der Drehöfen nicht proportional ihrer Größe steigt, sondern bei zunehmenden Ofendimensionen erheblich hinter der Proportionalität zurückbleibt, und die Länge der entwickelten Flamme im Ofen mit steigenden Ofenabmessungen im Verhältnis zur Ofenlänge geringer wird, so mag sich die vorstehende Erfahrungstatsache wohl daraus erklären, daß die oberen acht Zwölftel des Ofens, die der Vorwärmung des eingetragenen Gutes dienen, bei großen Öfen vornehmlich von heißen Verbrennungsgasen durchstrichen werden, und verhältnismäßig wenig freien Sauerstoff mehr führen, während die gleiche Zone bei kleineren Öfen in weitaus stärkerem Maße von der Heizflamme und freiem Sauerstoff der Zusatzluft erreicht wird, so daß im letzteren Falle die Schwankungen des Verhältnisses von Vorwärmzone zu Ballungszone größer sind als im ersten.

Aus Vorstehendem geht hervor, daß ein zu agglomerierendes Gut sich um so besser für Drehofenagglomeration eignet, je größer sein Erweichungsbereich ist, und daß natürlich der Brennölverbrauch in unmittelbarem Zusammenhange mit der chemischen Zusammensetzung des Gutes, vornehmlich mit seinem Schwefelgehalt und dessen Heizwert, steht. Ein in den anderen schon besprochenen Agglomerationseinrichtungen nicht sinterbarer Flugstaub kann im Drehofen bei genügendem und dennoch geringem Brennstoffaufwand sehr wohl stückig ausgebracht werden. Mit steigendem Schwefelgehalt sulfidischer Feinerze oder

Konzentrate, also mit steigender Reaktionswärme im eingetragenen Gute selbst, fällt der Brennölbedarf schnell. Betont sei nochmals, daß es im Drehofenbetrieb in noch höherem Maße als sonst auf einen erstklassigen Ölbrenner ankommt, der nicht nur feinste Regulierung gestatten soll, sondern der auch bei größtem Ölzufluß das Öl so fein zerstäuben muß, daß niemals Öltröpfchen unverbrannt auf die Ausmauerung des Ofens aufprallen, da in solchem Falle das Mauerwerk in verheerendem Maße zerstört wird.

Besonderer Erwähnung muß an dieser Stelle der Flotationsprodukte getan werden. Die Tatsache, daß alle Einzelpartikel der Flotationsprodukte mit feinsten Ölhäutchen überzogen sind, macht sich bei Agglomeration im Drehofen dahingehend bemerkbar, daß, so gering auch die mit dem Flotationsprodukt eingetragenen Ölmengen sind, der Brennölbedarf beim Wälzen von Flotationsprodukten merklich niedriger ausfällt als bei gleichwertigen Tischkonzentraten. Es ist wohl anzunehmen, daß diese Tatsache auf die außerordentlich große Oberfläche der Flotationsprodukte und die im Zusammenhang damit sehr innige Mischung mit geringsten Ölmengen zurückzuführen ist. Auf der anderen Seite bieten gerade Flotationsprodukte unter Umständen Schwierigkeiten für die Durchführung der Drehofenagglomeration, wenn sie Tone enthalten. Ein Zuviel an Aluminiumsilikat, das aus der Flotation stammt und mit Ölhäutchen überzogen ist, veranlaßt lebhaftes Zusammenballen der Charge, die dann so stark backt, daß es schnell zur Bildung von Bällen bis zu 1,50 m Durchmesser kommt, die den Ofen in kürzester Zeit versetzen können.

Eine beim Drehofenbetrieb allgemein gefürchtete Gefahr besteht in der Bildung ringförmiger Ansätze im Austragsende, die unter Umständen in einer halben Stunde zum völligen Zuwachsen des Ofens führen können (sog. „noserings"). Bei schwankenden Temperaturverhältnissen im Ofen und stellenweiser Überhitzung der Wand kann örtliches Schmelzen von Teilen der Charge eintreten, die dann an den sich aufwärts bewegenden Teilen der inneren Ofenwandung herunterlecken, staubförmiges Gut mit einschließen und so zur Bildung sehr harter und widerspenstiger konzentrischer Ansätze führen. Das sicherste Mittel zur Vermeidung solcher Ansätze ist und bleibt die Schaffung ganz gleichmäßiger Temperaturverhältnisse im Ofen und die dauernde Überwachung desselben sowie gelegentliche Säuberung des Ofens. Auch bei niedriger Temperatur schlackende Gangart kann den Drehofenbetrieb schwerstens stören. In der Caletones Smelter der Braden Copper Co. in Teniente, 80 km südöstlich von Santiago de Chile z. B. werden die dort arbeitenden drei Drehöfen alle drei Tage 2—8 Std. stillgelegt, die Ansätze schwach abgelöscht und mit Krücken herausgerissen. Noch ein anderer Weg ist gangbar, nämlich das „Herausfressen" der Ansätze durch eine geeignete hochsulfidische Charge. Mit der in umstehender Tabelle als „sehr gut gehender Einsatz" bezeichneten Charge z. B. gelang es in Caletones Smelter, einen stark zugewachsenen Ofen in 12—24 Std. völlig zu säubern, so daß der Betrieb unterbrechungslos fortgeführt werden konnte.

Die Korngröße des aus dem Drehofen ausgetragenen Gutes ist abhängig von der Backfähigkeit der Charge und von der Wälzgeschwindigkeit. Je kleiner die Wälzgeschwindigkeit und je größer der Wälzweg, d. h. je geringer die Umdrehungszahl des Ofens und seine Neigung gegen die Horizontale, desto größeren Durchmesser erreichen die anfallenden Kugeln. Mit abnehmender Umlaufgeschwindigkeit und zunehmender Länge des Wälzweges sinkt aber auch die Schwefelmenge, die im ausgetragenen Gute erhalten bleibt. Beide Umstände müssen richtig gegeneinander abgestimmt werden, um das günstigste Ausbringen zu erzielen. Die Wälzgeschwindigkeit beträgt für sulfidische Erze meist 5,0—7,5 m/Min., die Neigung des Ofens gegen die Horizontale meist $1 : 15 =$ rund $3^0 50'$ bis $1 : 13$ = rund $4^0 25'$. Im allgemeinen fallen die Wälzprodukte von reinem Flugstaub bezüglich der Korngröße kleiner aus als diejenigen sulfidischer Erze bei sonst gleichen Verhältnissen. Beim Wälzen sulfidischer Erze wiederum fallen die Wälzprodukte um so kleinkörniger an, je mehr Schwefel im Austrag erhalten bleiben soll. Eine Anzahl von Bestimmungen des Porenvolumens im Austrag gewälzter Ducktown- und Braden-Erze, die J. H. Payne vornahm, ergaben Porenvolumina von 42—45 %, also recht gute und keineswegs zu dichte Produkte.

Die Art der Bewegung, die das eingetragene Gut im Verlaufe des Agglomerationsprozesses im Drehofen auszuführen hat, läßt die Vermutung naheliegend erscheinen, daß bei dieser Art der Stückigmachung, namentlich, wenn sehr feinkörniges Gut eingetragen wird, wie z. B. feinste Flotationsprodukte, erhebliche Flugstaubverluste auftreten. In der Praxis hat sich jedoch gezeigt, daß die Flugstaubverluste sehr niedrig gehalten werden können, wenn man den Einsatz in feuchtem Zustande einträgt, wobei Feuchtigkeiten von etwa 2—4 % in Betracht kommen. Wird das Gut feucht eingetragen, so tritt am Eintragsende selbst

Wälzerfolge der Caletones Smelter der Braden Copper Co., Chile in 3 Stück 46,5-m-Drehöfen, aus dem Betriebsjahre 1925[1].

	Durch- schnitts- konzentrat	Aus- gebrachte Bälle	Schlecht gehender Einsatz	Sehr gut gehender Einsatz
Cu	25,7 %	28,9 %	23,1 %	17,4 %
Fe	22,8 %	25,2 %	21,4 %	28,0 %
S	30,1 %	19,5 %	28,7 %	34,5 %
CaO + MgO .	0,8 %	1,1 %	1,3 %	0,9 %
Al_2O_3	5,8 %	6,4 %	7,0 %	5,2 %
SiO_2	10,7 %	11,6 %	13,8 %	10,7 %

Charge enthielt Tischkonzentrat   rund 77 % . . . . bis 70 %
Flotationsprodukte . . . . . .   rund 23 % . . . . mindestens 30 %
Brennöl je Tonne Einsatz . . .   24,6—28,4 l . . . . 18,9 l
Durchsatz je Ofen in 24 Std. .   rund 250 t . . . . 400—450 t

Agglomeration von Schachtofen-Flugstaub der U.S. Metals Refg. Co. in Chrome, N. J., im 18-m-Drehofen[2].

	Eingesetzter Flugstaub	Ausgebrachtes Agglomerat		Eingesetzter Flugstaub	Ausgebrachtes Agglomerat
Cu	12,00 %	13,02 %	SiO_2	18,19 %	20,80 %
FeO	31,33 %	36,93 %	Unlösliches .	22,10 %	26,50 %
Zn	1,97 %	1,88 %	Ag	351,4 g/t	339,0 g/t
CaO	0,48 %	0,54 %	Au	3,7 g/t	3,1 g/t
S	11,86 %	4,95 %			

Infolge der Art der Probenahme sind Schlüsse auf Edelmetallverluste nicht zulässig.

[1] Mazani, M. S.: Braden Copper Co. Caletones Smelter. Mining & Metallurgy Bd. 6, S. 474—480, 1925.
[2] Addicks, L.: Nodulizing Blast-Furnace Flue-Dust, an vorstehend angegebener Stelle.

Siebanalyse von gewälztem Kupfer-Schachtofen-Flugstaub der U.S. Metals Refg. Co. in Chrome, N. J., im 18-m-Drehofen bei 30 l Brennöl je Tonne Einsatz[1].

13,0 —6,5 mm	54,21 %
6,5—4,7 mm	23,16 %
4,7—1,6 mm	20,60 %
1,6—1,2 mm	1,10 %
1,2—0,6 mm	0,54 %
unter 0,6 mm	0,39 %
	100,00 %

Siebanalyse von gewälztem El-Cobre-Flotationsprodukt, im 18-m-Drehofen, bei 30 % S im Einsatz und 4—20 % S im Austrag, bei 30—33 l Brennöl je Tonne Einsatz[2].

über 52,0 mm	25,95 %
52,0—26,0 mm	25,21 %
26,0— 2,6 mm	19,54 %
2,6— 1,3 mm	24,52 %
1,3— 1,0 mm	1,64 %
1,0— 0,6 mm	1,93 %
unter 0,6 mm	1,21 %
	100,00 %

kaum die Bildung von Staubwolken auf, die durch den natürlichen Zug abgesogen werden könnten. Diejenigen Stäube jedoch, die von der Heizflamme und der Bewegung des Gutes im Ofen aufgewirbelt oder die von entwickelter SO_2 emporgerissen werden, und die der natürliche Zug aus dem Ofen fortzutragen bestrebt ist, werden nahe dem Eintragsende in erheblichem Maße niedergeschlagen durch den Wasserdampf, der aus der Feuchtigkeit des eingetragenen Gutes entwickelt wird. Dazu kommt noch, daß das eingetragene Gut verhältnismäßig schnell heiß wird und daher nur verhältnismäßig kurze Zeit staubförmig bleibt. Payne berichtet, daß ein Rohgut, welches 88 % ölflotierter Feinerze der Braden Copper Co. mit Korngröße unter 0,13 mm enthielt, bei Eintragen in angefeuchtetem Zustande keinerlei Flugstaubverluste lieferte. So günstig wie in diesem Falle liegen die Verhältnisse nicht immer. In der Caletones Smelter der Braden Copper Co. werden die Abgase der drei dort in Betrieb befindlichen Drehöfen, die mit rund 250° C aus den Öfen austreten, in einem 10 m langen Stahlblechgaskanal vorgekühlt und treten dann in eine Cottrelanlage, die unmittelbar an das Ofenhaus angeschlossen ist. Bei einer Gastemperatur in der Cottrelanlage selbst von 225° C am Eintritt bis 175° C am Austritt durchfließt das Drehofenabgas die Anlage mit einer Geschwindigkeit von 2,4 m/Sek., so daß das Gas rund $2^1/_2$ Sek. zwecks Entstaubung im hochgespannten Felde verweilt.

Die zur Agglomeration benutzten Drehöfen zeigen starke Ähnlichkeit mit den in der Zementindustrie zum Brennen von Zementklinkern üblichen Öfen, deren konstruktive Einfachheit als ein besonderer Vorzug hervorgehoben sei, weichen dagegen von den modernsten Drehöfen für Röstzwecke, wie sie Fr. Gröppel, Bochum, heute baut, in der Art der Ausmauerung ab; auch kommen natürlich die am Gröppelschen Röstdrehofen eingebauten besonderen Windzuführungen in Fortfall. Da sich die Agglomerationsdrehöfen untereinander bezüglich ihrer Bauart letzten Endes nur in ihrer Größe unterscheiden, sei an dieser Stelle

---

[1] Vgl. Anm. 2 S. 90.
[2] Draper, R. M.: In der Diskussion zu vorstehend genannter Arbeit von L. Addicks.

die Bauart der in der Praxis gut bewährten Öfen der Caletones Smelter (Braden Copper Co.) näher gekennzeichnet. Die Außenummantelung mit 3050 mm Durchmesser bei 45600 mm Baulänge ist aus 19 mm Stahlblech zusammengenietet und wird von zwei schweren Gußstahllaufringen getragen, die selbst wieder jeder auf zwei Paar auf Zapfen gelagerten Laufrollen ruhen. An der Stelle, an der die Gußstahllaufringe mit der Ummantelung vernietet sind, ist der Blechmantel auf 38 mm verstärkt. Da die Laufringe ein sehr erhebliches Gewicht aufweisen würden, wenn sie aus einem Stück gegossen wären, ist man zur Erleichterung des Transportes dazu übergegangen, sie aus drei einzelnen, durch Bolzen zu einem einzigen Ring zusammengefaßten, je 52 mm starken Gußstahlringen zusammenzusetzen, die jeder für sich aus 6 Sektoren bestehen, wobei dafür Sorge getragen ist, daß durch Stoß von Sektor an Sektor nie mehr als ein Drittel der Laufringgesamtstärke geschnitten wird: d. h. die Stöße von Sektor zu Sektor sind beim zweiten Teilring um 20^0, beim dritten Teilring um 40^0 gegen die Sektorenstöße des ersten Teilringes versetzt. Es ist diese Konstruktion nötig geworden, um zu vermeiden, daß die Laufringe sich verziehen.

Der Antrieb jedes einzelnen mit Zahnkranz versehenen Ofens erfolgt durch einen 100-PS-Motor mit Vorgelege und Schneckenantrieb. Den Öfen ist ein Gefälle von $1 : 13,7 =$ rund $4^0 10'$ gegeben, was bewirkt, daß die Charge bei einer Ofenumdrehung, für die normalerweise die Zeit von 1 Min. erforderlich ist, rund 1 m vorwärts bewegt wird, so daß der Einsatz vom Eintragsende bis zum Austragsende den Ofen in 45 Min. durchläuft.

Die Ummantelung ist einen Stein stark (= 230 mm) mit Schamotte ausgemauert, so daß ein lichter Durchmesser von rund 2600 mm verbleibt. Der Brennölbedarf eines solchen Ofens läßt sich aber noch weiter erniedrigen, wenn unmittelbar auf die Ummantelung zunächst eine schwache Lage von Isoliersteinen, etwa Kieselgursteinen oder Sil-O-Cel-Steinen[1], gesetzt wird und erst dann die feuerfeste Auskleidung folgt. In der Ballungszone muß der locker mit Ton oder Lehm ausgefüllte Spielraum zwischen Ummantelung und Ausmauerung für die Ausdehnung des Mauerwerkes mindestens 30 mm betragen: nach dem Eintragsende zu kann er bis auf 15 mm sinken. Die Ausmauerung der Ballungszone mit Magnesitsteinen erhöht die Lebensdauer des Ofens beträchtlich, ohne allzu große Verteuerung des Mauerwerkes. Bei Magnesitausmauerung muß der Spielraum für Ausdehnung natürlich entsprechend größer bemessen sein.

Zur Aufnahme des angefeuchteten Einsatzes ist oberhalb jedes Caletonesdrehofens ein 20-t-Bunker angebracht. Aus diesem wird das zu agglomerierende, befeuchtete Gut vermittels je drei rechts und drei links der Längsachse des Drehofens angeordneten Förderschnecken von 305 mm Durchmesser und 1220 mm Länge entnommen, die mit verschiedener Geschwindigkeit laufen und in ein gußeisernes, ovales Gerinne von 330 : 608 mm entleeren, das mit 70^0 Neigung durch den Gasabzug des Ofens so in sein Inneres geführt ist, daß es 457 mm unterhalb des Oberendes des Drehofens in denselben einmündet. Um zu vermeiden, daß die abstreichenden Drehofengase durch dieses Eintragsgerinne ent-

---

[1] Gute Wärmeisolationen durch Kieselgurleichtmassen liefert z. B. die Firma Vereinigte Deutsche Kieselgurwerke G. m. b. H. zu Hannover, deren Isoliermittel sehr geringe Wärmeleitzahlen aufweisen. Sil-O-Cel-Steine liefert die Celite Products Co., London SW 1, Windsor House, Victoria Street, sowie New York, Chicago, Los Angeles und Frisco.

weichen können, wird durch ein 13-mm-Rohr über dem Gerinne mäßig Druck-
luft in den Ofen eingeblasen. Das Austragsende des Ofens wird von einer parallel
der Ofenachse verschiebbaren und mit feuerfesten Ziegeln ausgemauerten Kammer
abgeschlossen. Diese besitzt einen offenen Boden, durch den die Wälzprodukte
in einen Sammelbunker ausgetragen werden können, und ist an der dem Austragsende gegenüberliegenden Stirnseite mit den in drei Dimensionen beweglichen
Ölbrennern ausgerüstet. Sollen Ansätze aus dem Ofen ausgeräumt werden, so
wird diese Kammer in der
Richtung der Längsachse der
Drehtrommel zurückgefahren,
so daß das Ofeninnere un-
mittelbar zugänglich wird.

Eine unerwünschte Ver-
dünnung der Abgase des
Ofens durch angesaugten falschen Wind vermeidet die
beim Gröppelschen Röst-
drehofen angewandte Kon-
struktion, bei der die aus dem
Ofen austretenden Abgase von
einem knieförmigen Rohrstück
aufgenommen werden, das
am Unterende beweglich und
durch Wasserverschluß gegen
den Abgaskanal abgedichtet
ist, und das mit dem an das
Eintragsende der Drehtrommel anschließenden Ende
durch Zuggewicht fest an den
Drehofen angedrückt wird.

Der mittlere Durchsatz der
Drehöfen in Caletones beträgt

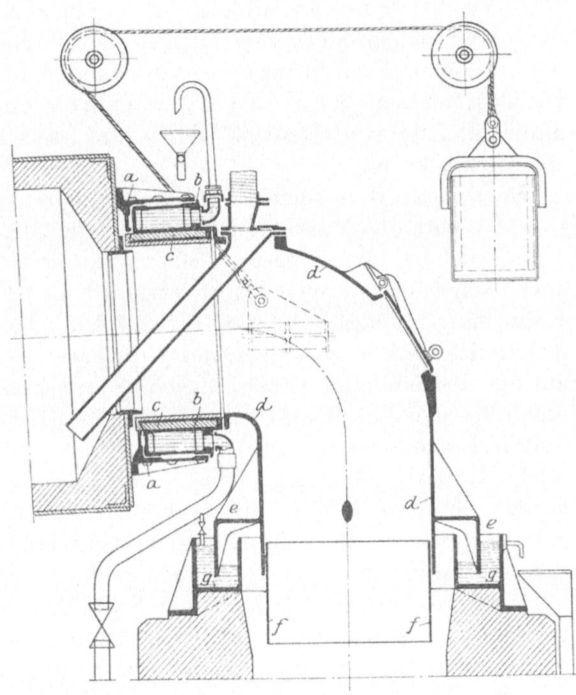

Abb. 15. Drehofenkopf mit Gasaustritt (Konstruktion der
Maschinenfabrik Fr. Groppel, Bochum).

250 t in 24 Std. bei einem Ausbringen von Wälzprodukten zwischen 78 und
6 mm Korngröße, bei einer durchschnittlichen chemischen Zusammensetzung
der Charge, wie sie das vorstehend angegebene Durchschnittskonzentrat von
Caletones besitzt und bei einem Brennölverbrauch von rund 25 l Öl je Tonne
Einsatz.

IV. Die Schlacken

(engl. = the slag; span. = la escoria; franz. = la scorie).

Physikalische Chemie der Schlacken.

Die Grundbedingung für die Durchführbarkeit einer unmittelbaren Verhüttung sulfidischer Erze und Hüttenprodukte ist nicht nur ein stark exothermer
Verlauf der Oxydationsreaktion, sondern es muß auch technisch möglich sein,
die bei dieser Reaktion frei werdende Wärmemenge unter möglichst geringen
Wärmeverlusten derartig innerhalb der Ofenbeschickung zu konzentrieren, daß

diese Wärmemenge allein oder ungünstigstenfalles bei nur geringer durch organische Brennstoffe künstlich zugeführter Wärme hinreicht, um die Charge niederzuschmelzen. Wenngleich diese Umsände erst an späterer Stelle eingehende Behandlung finden, so muß ihrer doch schon hier Erwähnung getan werden, da sich daraus die Folgerung ergibt, daß für ein unmittelbar zu verhüttendes Erz oder Hüttenprodukt nur verhältnismäßig geringe Mengen fremder Mineralbestandteile wie Gangart u. dgl. zulässig sind. Es ist somit der bezüglich der Menge bei weitem überwiegende zu verschlackende Bestandteil der Beschickung das Oxydationsprodukt des Doppel- bzw. Einfachschwefeleisens, und die bei unmittelbaren Verhüttungsprozessen anfallenden Schlacken unterscheiden sich von der Mehrheit der sonst bei Metallhüttenprozessen erstrebten Schlacken dadurch, daß ihr Hauptbestandteil — ihre „Basisschlacke" — eine Eisenoxydulsilikatschlacke ist.

Saure Erze, d. h. solche Erze, die mehr freie Kieselsäure in Gestalt kieseliger Gangart enthalten, als zur Bildung der günstigsten Eisenoxydulsilikatschlacke erforderlich ist, können fast nie allein auf unmittelbarem Wege verhüttet werden, auch wenn man ihren überschüssigen Kieselsäuregehalt durch Zuschlag von Kalk absättigt und so Kalkeisenoxydulsilikatschlacken erschmilzt, die mit zu den niedrigstschmelzenden hüttenmännischen Schlacken gehören; denn bezogen auf die Gesamtcharge (Erz + Zuschlag) enthalten solche Erze meist bei weitem nicht diejenige Menge an Eisensulfiden, die zur Erzielung des für die Schmelzung erforderlichen thermischen Mindesteffektes im Ofen benötigt wird. Werden solche sauren Erze aber gemeinsam mit basischen Erzen oder Hüttenprodukten verschmolzen, so können sie dank ihres hohen Kieselsäuregehaltes mit Bezug auf die basischen Erze die Rolle von sauren Zuschlägen übernehmen und dann sehr wohl auf dem in Rede stehenden Wege zugute gemacht werden.

Daraus ergibt sich, daß in den Schlacken der unmittelbaren Verhüttungsprozesse neben Eisenoxydul als wichtigstem basischen Bestandteil die aus Gangmitteln stammenden Oxyde von Kalzium, Barium (besonders bei einigen japanischen Erzen), Magnesium, Aluminium sowie die aus beigemengten Erzen gebildeten Oxyde von Blei, Zink und unter Umständen Nickel und Kobalt, als Schlackenbildner eine der Menge nach nur untergeordnete Rolle spielen; wohlverstanden der Menge nach; denn der Einfluß solcher Schlackenbildner auf die physikalischen Eigenschaften von Eisenoxydulsilikatschlacken kann auch bei geringem Prozentsatz dieser Beimengungen so beträchtlich sein, daß er den Schmelzfluß erheblich bevor- oder benachteiligt.

Um einen hüttenmännischen Schmelzprozeß unter möglichst geringen Metallverlusten in der Schlacke und auch unter thermisch möglichst wirtschaftlichen Bedingungen durchführen zu können, ist es erforderlich, eine Schlacke zu wählen und zu erschmelzen, die bei möglichst niedriger Bildungstemperatur möglichst dünnflüssig ist. Da nun aber die Bildungstemperatur und die Dünn- bzw. Zähflüssigkeit, kurz die Viskosität der Schlacken voneinander unabhängig sind, gibt es Schlacken, die zwar niedrige Bildungstemperatur besitzen, die aber zähflüssiger sind, als eine sehr ähnliche Schlacke mit höherer Bildungstemperatur. Die wichtigste und zugleich schwierigste Aufgabe für den Hüttenmann ist es daher, bei gegebenen Erzen und unter Berücksichtigung der aus allgemeinwirtschaftlichen und kaufmännischen Gesichtspunkten gegebenen Verhältnisse diejenige Schlacke zu wählen und im Betriebe auch tatsächlich zu erschmelzen, die niedrigste Bildungstemperatur und geringste Viskosität (Zähflüssigkeit) in sich am günstigsten vereint. Diese Forderung ist mit Recht gelegentlich in extreme Form gefaßt worden, indem gesagt wurde: Der Hüttenmann soll in erster Linie nicht Metalle, sondern gute Schlacken erschmelzen können. Fallen niedrigschmelzende, dünnflüssige Schlacken als quasi Hauptprodukt an, so entstehen gute Zwischenprodukte (Steine, Speisen u. dgl.) oder Metalle als quasi Nebenprodukt von selbst.

Für die Bildung einer silikatischen Schlacke (die hüttenmännisch sog. „oxydischen Schlacken" kommen hier nur wenig in Betracht) sind stets die physikalisch-chemischen Verhältnisse im Reaktionsraum, also im Schmelzofen, von ausschlaggebender Bedeutung. Bei gegebener chemischer Beschaffenheit der basischen Schlackenbildner (Oxydationsstufe und prozentuale Beteiligung der verschiedenen Metalloxyde) sowie bei gegebenen als Säure wirkenden Schlackenbildnern (Siliziumdioxyd und unter Umständen Aluminiumoxyd, Zinkoxyd, evtl. Eisenoxyd) kann unter gegebenem Druck und bei gegebener Temperatur nur eine einzige, genau definierbare Silikatschmelze oder Schlacke entstehen. Ist die Menge der im Ofen vorhandenen Basen oder Säuren größer, als es der chemischen Zusammensetzung eben dieser bestimmten Schlacke entspricht, so bleiben die überschüssigen Basen- oder Säuremengen von der Verschlackung ausgeschlossen. Eine Veränderung der physikalischen Reaktionsbedingungen kommt in der Praxis nur bezüglich der Temperatur in Frage, da ja zur Zeit noch in keinem hüttenmännischen Ofen unter vermindertem oder erhöhtem Druck gearbeitet wird. Steigt die Temperatur im Ofen oder — genauer gesagt — in der Schlackenbildungszone des Ofens, so wird stets die der jeweiligen Temperatur entsprechende Schlackenzusammensetzung auftreten, die sich von der Zusammensetzung einer bei niedrigerer Temperatur entstehenden Schlacke deutlich unterscheidet.

Herrscht in der Schlackenbildungszone des Schachtofens eine bestimmte Temperatur, so kann die Menge der in die Schlacke zu treibenden Oxyde und infolgedessen natürlich auch die Konzentration der anfallenden Metallprodukte (Steine usw.) sehr wohl reguliert werden durch die Menge zugeschlagener saurer Mittel, d. h. es kann viel und es kann wenig der gebildeten Oxyde verschlackt werden. Niemals aber kann die chemische Zusammensetzung der anfallenden Silikate durch bloße Vermehrung oder Verminderung des sauren Zuschlages verändert werden. Erfüllen die physikalischen Eigenschaften einer bei der vorliegenden Temperatur anfallenden Schlacke nicht die erforderlichen Bedingungen, z. B. bezüglich der Viskosität, so könnte man theoretisch wohl die Temperatur dieser Schlacke erhöhen — etwa, um ihre Viskosität zu vermindern —, wenn es möglich wäre, die im Ofensumpf sich ansammelnde Schlacke weiter zu erhitzen. Im Ofen selbst aber, und nur das kommt in der Praxis in Betracht, kann man keine höhere Temperatur eben dieser Schlacke erzielen, weil im selben Augenblick, in dem die Temperatur verändert wird, auch schon ein chemisch anders zusammengesetztes und der nunmehr herrschenden neuen Temperatur entsprechendes neues Silikat entsteht. In praxi muß in solchem Falle natürlich die Temperatur verändert werden. Das bedeutet aber: Es muß eben ein anderes, weniger zähflüssiges Silikat gesucht werden, das sowohl bei erhöhter als unter Umständen auch bei erniedrigter Temperatur gefunden werden kann, und das natürlich, wenn die gleiche Menge von Oxyden verschlackt werden soll wie früher, unter allen Umständen eine Veränderung der zugeschlagenen Menge saurer Schlackenbildner erfordert.

Läuft also eine Schlacke zu zähflüssig, so ist durchaus nicht etwa das Allheilmittel in einer Temperaturerhöhung, d. h. im bloßen Gichten eines höheren Brennstoffsatzes zu suchen. Es kann dabei unter Umständen eine erhebliche Verschlechterung des Ofenganges eintreten, indem nunmehr ein zwar bei höherer Temperatur gebildetes, aber womöglich dennoch noch zäheres Silikat entsteht. Ja, es ist vorgekommen, daß in solchem Falle sogar der Stich sich langsam zugesetzt hat und trotz erhöhter Brennstoffmenge der Ofen eingefroren ist. Ein gangbarer Weg zur Verbesserung einer zu zähen Schlacke ist der, unter gleichzeitiger Änderung der Temperatur, d. h. natürlich des Brennstoffsatzes, auch gleichzeitig die Menge des sauren bzw. basischen Zuschlages zu ändern, wobei selbstverständlich vorher bekannt sein muß, welche Erhöhung oder Verminderung des sauren Zuschlages bei bestimmter Änderung des Brennstoffsatzes erforderlich ist.

Eine genaue Untersuchung der Verhältnisse innerhalb der Schlackenbildungszone beim Schachtofenbetrieb führt zu dem Ergebnis, daß die dort statthabenden Verschlackungsvorgänge tatsächlich innerlich noch differenzierter sind, als es in Vorstehendem den Anschein hat, allerdings ohne daß dadurch das Endergebnis erheblich beeinflußt wird.

In dem Maße, in dem die aus Erz und schlackenbildendem Zuschlag sowie etwaigem organischen Brennstoff zusammengesetzte Beschickung im Schachtofen niedergeht, gelangt sie in immer heißer werdende Zonen und erreicht schließlich ein Temperaturgebiet, in dem die erste Schlacke entsteht, d. h. das niedrigst schmelzende Silikat, das aus den vorhandenen basischen und sauren Bestandteilen überhaupt gebildet werden kann, und das eine ganz bestimmte, chemische Zusammensetzung hat, ein genau festliegendes Verhältnis von Basen zu Säuren, eine bestimmte Silizierungsstufe. Etwaige über die Zusammensetzung dieses ersten Silikates überschüssige Basen oder Säuren bleiben unverändert und sinken mit dem zeitlichen Fortschreiten des Prozesses in tiefere und heißere Ofenzonen. Die gleichfalls in diese heißeren Zonen hinabtropfende oder -rieselnde Schlacke erwärmt sich und findet Bedingungen vor, unter denen sie zwar beständig ist — keinen chemischen Zerfall erleidet —, unter denen aber an und für sich ein anderes der höheren Temperatur entsprechendes Silikat entstehen würde. Es nimmt daher die zuerst gebildete Schlacke so viel basische bzw. saure Bestandteile in sich auf, als der neuen Schlacke entspricht, und geht damit in diese über. Bei flottem Ofengang fließt im allgemeinen die in höheren Zonen des Schachtofens gebildete Schlacke zu schnell abwärts, als daß sie Gelegenheit hätte, sich in den heißeren Zonen, die sie durchrieselt, restlos in andere der jeweiligen Temperatur entsprechende Silikatschmelzen umzuwandeln. Nur ein Teil der abwärts fließenden Schlacke findet dazu Gelegenheit. So entsteht auf dem Wege zum Ofensumpf innerhalb der Schlackenbildungszone ein Gemisch der verschiedensten Silikate, die gegenseitig ineinander löslich sind. Der gleiche vorstehend in differenzierter Form dargestellte Schlackenbildungsprozeß wiederholt sich in den verschiedenen Temperaturzonen des Ofens immer und immer wieder und — ge-

wissermaßen als Integral aller dieser Differentiale — fällt schließlich eine End-
schlacke an, die zwar eine bestimmte chemische Zusammensetzung hat, die aber
aus der gegenseitigen Lösung der verschiedensten Silikate bestehen kann. Erst
im Sumpfe des Schachtofens kann sich eine etwaige Schmelzpunkterniedrigung
und somit auch Erstarrungspunkterniedrigung auswirken, die eintritt, wenn verschieden hoch schmelzende chemische Verbindungen miteinander gemischt werden, es sei denn, daß neue chemische Verbindungen auftreten, deren Schmelzpunkt höher liegt als derjenige der Komponenten. Bei den Silikatschmelzen
ist dazu allerdings wegen ihres geringen osmotischen Druckes, also wegen ihres
geringen Bestrebens, ineinander zu diffundieren, eine geraume Zeit erforderlich.
Während beim Flammofenbetrieb die Schlacke lange Zeit in dünnflüssigem Zustande im Ofen verweilt und dabei auch stets erheblicher neuer Wärmezufuhr
ausgesetzt ist, so daß hinreichend Zeit zur Diffusion, d. h. zur innigen Durchmischung der einzelnen Silikatschmelzen gegeben ist, werden die Silikate im
Schachtofenbetrieb, sobald sie den Sumpf erreicht haben, der weiteren Zufuhr
von Wärme entzogen. Beim periodisch abgestochenen Schachtofen ist die
Diffusionszeit schon erheblich geringer als beim Flammofen, und es ist daher
auch nichts Außergewöhnliches, wenn die Schlacke eines bestimmten Abstiches
trotz gleichbleibender Zusammensetzung der Beschickung andere Eigenschaften
zeigt, als die Schlacke des voraufgegangenen Abstiches und des nächstfolgenden.
Beim kontinuierlich laufenden Schachtofen tritt Durchmischung der einzelnen
Silikatschmelzen kaum mehr in nennenswertem Maße ein. Daraus erklärt es
sich, daß bei gleicher chemischer Schlackenzusammensetzung der Flammofen
im allgemeinen die Schlacken mit dem niedrigsten Erstarrungspunkt und mit
der größten Dünnflüssigkeit liefert, und daß eine Schachtofenschlacke bei kontinuierlichem Überlauf im allgemeinen heißer gehen muß als bei periodischem
Abstich, wenn gleiche Dünnflüssigkeit erreicht werden soll.

Die vorstehend geschilderte Art des Schlackenbildungsvorganges gibt eine
weitere Möglichkeit, eine zu zäh fließende Schlacke zu verbessern. Will man nicht,
wie schon erwähnt, für die Dauer der ganzen Ofenkampagne die Brennstoffmenge sowie die Menge der Zuschläge ändern, so kann man meist auch zum
Ziel gelangen, indem man alte Schachtofenschlacke gichtet. Da die Bildungstemperatur der Schlacken fast stets beträchtlich höher liegt (100—200^0 C) als
ihre Schmelztemperatur und außerdem bei fast allen Schlacken schon unterhalb
ihres Schmelzpunktes (50—100^0 C unterhalb) ein Erweichen eintritt (vgl. diesbezüglich auch S. 87, 1), so schmilzt eine gegichtete Schachtofenschlacke schon vor
Erreichung desjenigen Temperaturbereiches im Ofen, in dem die erste Neubildung
von Schlacke beginnt. Auf dem Wege zum Ofensumpf nimmt dann diese früh
schmelzende Schlacke teilweise wieder, je nach den Umständen, basische oder
saure Bestandteile auf und reinigt auf diese Weise den Ofen von allen bei der
Neubildung von Schlacke nicht verbrauchten Basen bzw. Säuren, die sich andernfalls im Ofen anhäufen und skelettartig darin stehenbleiben würden. Die End-
schlacke, die sich im Sumpf ansammelt, wird gleichzeitig bezüglich ihrer physikalischen Eigenschaften verbessert, weil erstens an und für sich schon nunmehr
eine verbesserte Schlacke die Schlackenbildungszone verläßt und weil zweitens
derjenige Teil der gegichteten alten Schachtofenschlacke, der unverändert bis
in den Sumpf durchläuft, die dort angesammelte Schlacke nicht nur verdünnt

und dadurch ihre Viskosität mindert, sondern oftmals auch noch, soweit die Zeit des Verweilens im Ofensumpf dazu hinreicht, ihren Schmelzpunkt herabsetzt, so daß der Inhalt des Sumpfes, der die ihm innewohnende Wärmemenge ja nicht abgeben kann, in überhitzten Zustand gelangt und auch dadurch weniger viskos wird. Dieses Ziel ist selbstverständlich nur mit Schachtofenschlacke zu erreichen, niemals mit der viel höher schmelzenden Konvertorschlacke oder gar mit Raffinierofenschlacke. Im Betriebe erscheint es daher geraten, von einer gut laufenden leichtschmelzigen und dünnflüssigen Schachtofenschlacke immer ein paar hundert Tonnen (je nach Größe des Betriebes) in Sandbetten laufen zu lassen, mit Wasser abzulöschen, zu brechen und in Reserve zu lagern, damit für Zeiten schlechten Ofenganges ein billiges und gut wirkendes Medikament zur Verfügung steht.

Die Wärmemenge, die für die Schmelzung kalt gegichteter alter Schachtofenschlacke erforderlich ist, darf möglichst nicht der Ofenbeschickung entzogen werden. Daher muß, wenn die Schachtofenschlacke mit der übrigen Beschickung vermöllert wird, für eine entsprechend vergrößerte Brennstoffmenge in der gesamten Beschickung gesorgt werden. Will man jedoch — was gewisse Vorteile bietet — die alte Schlacke nicht mit vermöllern, sondern sie in regelmäßigen Zeitabständen allein gichten, so muß jedem Schlackensatz ein besonderer geringer Einsatz von Brennstoff vorausgegeben werden (für 400 kg Schlacke genügen meist 25—50 kg Schmelzkoks). Die Erhöhung des allgemeinen Brennstoffverbrauches, bezogen auf den gesamten Einsatz, fällt beim Gichten alter Schachtofenschlacke im allgemeinen niedriger aus, als wenn zur Verbesserung zu zäher Schlacke die Zusammensetzung der gesamten Beschickung geändert und auf höhere Temperatur in der Schlackenbildungszone eingestellt wird.

Die Anzahl der verschiedenen Kieselsäuren, sei es, daß sie in der Natur in Gestalt von Silikaten vorkommen, sei es, daß sie auf chemisch-präparativem Wege hergestellt worden sind, sei es schließlich, daß sie heute noch hypothetischer Natur sind, ist außerordentlich groß.

Chemische Einteilung der Kieselsäuren.

	Mono-	Di-	Tri-	Poly-
		Kieselsäuren		
2 basische oder Meta- kieselsäuren	H_2SiO_3	$H_2Si_2O_5$	$H_2Si_3O_7$	$H_2Si_mO_{(2m+1)}$
4 basische oder Ortho- kieselsäuren	H_4SiO_4	$H_4Si_2O_6$	$H_4Si_3O_8$	$H_4Si_mO_{(2m+2)}$
6 basische Kieselsäuren	H_6SiO_5	$H_6Si_2O_7$	$H_6Si_3O_9$	$H_6Si_mO_{(2m+3)}$
8 basische Kieselsäuren	H_8SiO_6	$H_8Si_2O_8*$	$H_8Si_3O_{10}$	$H_8Si_mO_{(2m+4)}$
2n basische Kieselsäuren	$H_{2n}SiO_{n+2}$	$H_{2n}Si_2O_{n+4}$	$H_{2n}Si_3O_{n+6}$	$H_{2n}Si_mO_{(2m+n)}$

* Identisch mit Ortho-Monokieselsäure.

Die Anzahl derjenigen Kieselsäuren hingegen, die in hüttenmännischen Schlacken als Schlackenbildner auftreten, ist durchaus beschränkt und diejenige in der Praxis vorkommende Kieselsäure mit dem größten Molekül ist die achtbasische Trikieselsäure. Da es unter den Silikaten solche mit relativ hohem und solche mit relativ niedrigem Kieselsäuregehalt gibt, ist zwecks gegenseitiger Unterscheidung der Begriff der „Azidität" eingeführt worden. Als Azidität wird der Quotient aus der Anzahl der Sauerstoffatome in der Säure und der Anzahl der Sauerstoffatome in der Base eines Silikates bezeichnet, oder, was dem gleichkommt, Gewicht des Sauerstoffes, der an Elemente gebunden ist, die als Säure auftreten (Si, unter Umständen Al, Zn, sechswertiges Fe), dividiert durch Gewicht des an basisch auftretende Elemente (zwei- und dreiwertiges Fe, ferner Ca, Mg usw.) gebundenen Sauerstoffes. Die Einführung des Begriffes der Azidität hat zu einer von der rein chemischen Nomenklatur abweichenden speziell hüttenmännischen Einteilung der Silikate Anlaß gegeben, die bedauerlicherweise zur Hebung der klaren Begriffsbezeichnung dieser immerhin etwas verwickelten chemischen Verbindungen nicht gerade beiträgt.

Hüttenmännische Einteilung der wichtigsten in Schlacken auftretenden Silikate.

Typus	Hüttenmännische Bezeichnung	Azidität	Formel des Silikates	Das vorliegende Silikat leitet sich ab von der
$4\,RO \cdot 1\,SiO_2$	Subsilikat	0,5	R_4SiO_6	8 basischen Monokieselsäure
$4\,RO \cdot 2\,SiO_2$	Singulosilikat	1,0	R_2SiO_4	Ortho-Monokieselsäure
$4\,RO \cdot 3\,SiO_2$	Sesquisilikat	1,5	$R_4Si_3O_{10}$	8 basischen Trikieselsäure
$4\,RO \cdot 4\,SiO_2$	Bisilikat	2,0	$RSiO_3$	Meta-Monokieselsäure
$4\,RO \cdot 6\,SiO_2$	Trisilikat	3,0	$R_2Si_3O_8$	Ortho-Trikieselsäure

Die Schmelztemperatur der verschiedenen Silikate ist nicht nur abhängig von der Base des Silikates, sondern sie schwankt, ebenso wie die Bildungstemperatur, auch stark mit der chemischen Zusammensetzung der Kieselsäureverbindungen ein und derselben Base, mit der Silizierungsstufe oder Azidität. Die Tatsache, daß die Kieselsäuren im Vergleich mit anderen Mineralsäuren, wie TiO_2, WO_3 usw., verhältnismäßig schwache und reaktionsunlustige Säuren sind, vor allem aber die Reaktionsträgheit einiger Basen gegenüber den Kieselsäuren bringt es mit sich, daß eine exakte Bestimmung der Schmelztemperatur von Silikaten außerordentlich schwierig ist, und daß die Zeit als wesentlicher Faktor bei der Erschmelzung von Silikaten nicht außer acht gelassen werden darf (Erweichungsbereich!). So erklärt es sich auch, daß die immerhin recht stattliche Anzahl von Versuchen zur Bestimmung der Schmelzpunkte von Silikaten zu Daten geführt hat, die außergewöhnlich stark voneinander abweichen und deren Hauptwert weniger in der absoluten Festlegung von Temperaturpunkten zu sehen ist, als in der Möglichkeit, die Schmelztemperaturen verschiedener Silikate miteinander zu vergleichen. In diesem Sinne ist auch nachfolgende für die Bedürfnisse des Betriebspraktikers aufgestellte Tabelle zu

Annähernde Lage des Schmelzpunktes einiger einfacher Silikate.

Nr.	Silikat	Als Mineral bekannt unter dem Namen	Ungefährer Schmelzpunkt
1	$FeO \cdot SiO_2$		$950—1000^0$ C
2	$2\,FeO \cdot SiO_2$	Fayalit	$950—1050^0$ C
3	$CaO \cdot SiO_2$	Wollasonit	$1250—1350^0$ C
4	$2\,CaO \cdot SiO_2$		1450^0 C
5	$MgO \cdot SiO_2$	Enstatit	1550^0 C
6	$2\,MgO \cdot SiO_2$ . . .	Forsterit	1600^0 C
7	$CaO \cdot MgO \cdot (SiO_2)_2$.	Diopsid	1300^0 C
8	$Al_2O_3 \cdot SiO_2$	Sillimannit	1850^0 C
9	$2\,CaO \cdot Al_2O_3 \cdot SiO_2$	Gehlenit	1600^0 C
10	$ZnO \cdot SiO_2$		1450^0 C
11	$2\,ZnO \cdot SiO_2$	Willemit	1500^0 C

bewerten, bei deren Zusammenstellung aus einer großen Anzahl von veröffentlichten Daten die Schmelzpunkte ohne Bedenken auf volle fünfzig Grade abgerundet worden sind[1].

Höher zu bewerten als die meisten Schmelzpunktsbestimmungen sind die vornehmlich von amerikanischen Hüttenleuten in der Literatur niedergelegten Angaben über die Bildungstemperaturen der in hüttenmännischen Schlacken auftretenden Silikate, die an späterer Stelle Berücksichtigung finden werden.

Es sei nur noch darauf hingewiesen, daß die Bildungstemperatur der in der Praxis brauchbaren Silikate höher liegen muß als die Schmelztemperatur der zu erschmelzenden Metallprodukte (Steine, Speisen usw.) und niedriger als die Abbautemperatur derselben, damit nicht Abbauprodukte in die Schlacke gelangen und so in Verlust geraten können.

Entsprechend der überragenden Bedeutung der Eisenoxydulsilikate in den Schlacken der unmittelbaren Verhüttungsprozesse, sollen nachstehend zunächst die chemischen und physikalischen Eigenschaften der reinen Eisenoxydulsilikatschlacken — der Basisschlacken — erörtert und dann anschließend die Beeinflussung und Änderung der Eigenschaften dieser Basisschlacken durch die verschiedensten in der Praxis auftretenden Beimengungen behandelt werden.

Reine Eisenoxydulsilikatschlacken.

Die reinen Eisenoxydulsilikatschlacken sind Gegenstand so vielseitiger und gründlicher Untersuchungen gewesen, daß die nachfolgenden Angaben über ihre Bildungstemperaturen als gesichert angesehen werden können.

Zusammensetzung und Bildungstemperatur der wichtigsten Eisenoxydulsilikate.

Zusammensetzung	Azidität	% FeO	% SiO$_2$	$\frac{\% \text{ FeO}}{\% \text{ SiO}_2}$	Bildungstemperatur
$4\,\text{FeO} \cdot \text{SiO}_2$	0,50	82,66	17,34	4,77	rund 1280° C
$3\,\text{FeO} \cdot \text{SiO}_2$	0,66	78,14	21,86	3,57	rund 1220° C
$2\,\text{FeO} \cdot \text{SiO}_2$	1,00	70,44	29,56	2,38	rund 1270° C
$3\,\text{FeO} \cdot 2\,\text{SiO}_2$	1,33	64,12	35,88	1,79	rund 1140° C
$4\,\text{FeO} \cdot 3\,\text{SiO}_2$	1,50	61,37	38,63	1,59	rund 1120° C
$\text{FeO} \cdot \text{SiO}_2$	2,00	54,37	45,63	1,19	rund 1110° C

Aus den angegebenen Bildungstemperaturen der Eisenoxydulsilikate ergibt sich, daß es im Schachtofenbetrieb — wenn man zunächst einmal von Fragen der Viskosität vollkommen absieht — empfehlenswert ist, mit Schlacken zu arbeiten, die FeO · SiO$_2$ und 3 FeO · SiO$_2$ enthalten, wobei gelegentlich auch Bildung von 2 FeO · SiO$_2$ eintritt, wenn der Ofen besonders heiß geht. Die chemische Zusammensetzung der resultierenden Endschlacken liegt dann zwischen rund 50 und 75% FeO mit entsprechend rund 50—25% SiO$_2$, beide Werte meist näher an 50 gelegen, als an 75 bzw. 25. Im Konvertor, der im allgemeinen

---

[1] Auch bei Versuchen in der Praxis, die Temperatur einer Schlacke messend zu bestimmen, etwa mit einem Strahlungspyrometer, dürften kaum größere Genauigkeiten als $\pm$ 25° C erreicht werden, so daß es schon aus diesem Grunde überflüssig ist, Werte auf 1—2° genau anzugeben. Wer ganz exakte (wissenschaftlich außerordentlich wertvolle) Schmelzpunktbestimmungen kennenzulernen wünscht, findet einwandfreie Werte für einige einfache Silikate in den Veröffentlichungen des Carnegie-Institutes.

viel heißer geht als der Schachtofen, können natürlich auch höher schmelzende Silikate anfallen.

Herrscht in der Schlackenbildungszone eines Schachtofens eine verhältnismäßig niedrige Temperatur von etwa 1100° C, so bildet sich ausschließlich das Bisilikat $FeO \cdot SiO_2$, das, verglichen mit den anderen Eisenoxydulsilikaten, die größte Menge SiO_2 enthält, also die Gichtung erheblicher Mengen von Kieselsäure in Gestalt saurer Zuschläge erfordert und dadurch nicht nur den Erzdurchsatz im Ofen herabsetzt, sondern auch einen hohen Gestehungspreis der Schlacke nach sich zieht, da der saure Zuschlag nicht nur selbst schon Geld kostet, sondern auch mit Bunkerkosten und den Kosten des Antransportes zum Ofen belastet ist. Aus diesen Gründen, aber auch um den Ofen nicht bei der niedrigst möglichen Temperatur laufen zu lassen und sich dadurch der Gefahr des Ein-

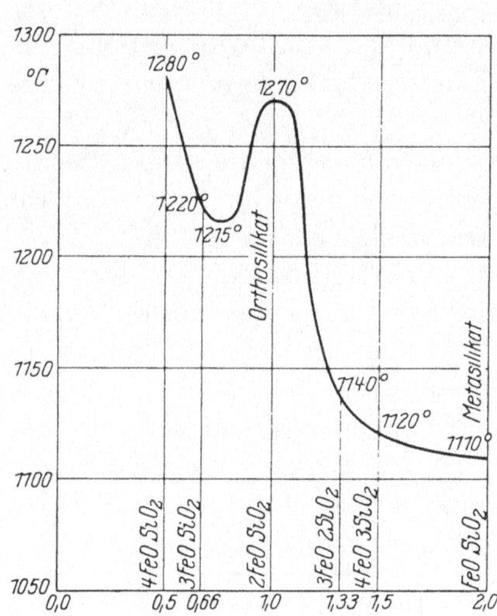

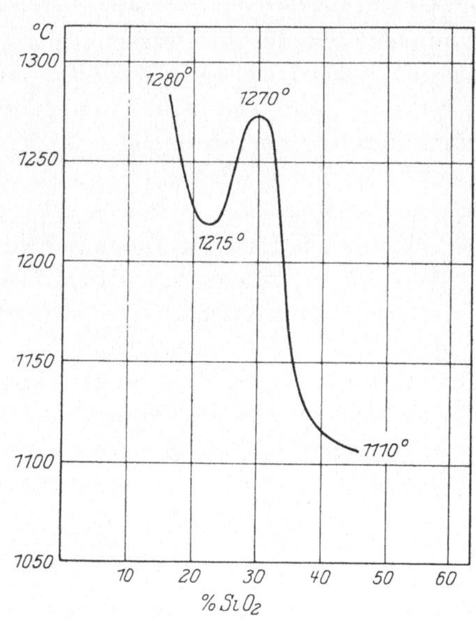

Abb. 16. Änderung der Bildungstemperatur bezogen auf die Azidität.

Abb. 17. Änderung der Bildungstemperatur bezogen auf Prozent Kieselsäuregehalt.

(Nach H. O. Hofman.)

frierens auszusetzen, zieht man es vor, mit etwas höherer Temperatur in der Schlackenbildungszone zu arbeiten. Die obere Temperaturgrenze, die aus Gründen der Kosten, mit denen jede Wärmeeinheit im Ofen belastet ist, bei unmittelbarer Verhüttung möglichst nicht überschritten werden soll, liegt bei etwa 1250° C. Wird sie um ein geringes überschritten, und das ist innerhalb der Beschickung örtlich eigentlich stets der Fall, so können sich auch das zwischen Subsilikat und Singulosilikat stehende $3FeO \cdot SiO_2$ und das Singulosilikat $2FeO \cdot SiO_2$ selbst bilden, deren Erschmelzung den Vorteil gewährt, daß der Schmelzprozeß mit erheblich geringeren Kosten für Zuschläge belastet ist und außerdem der Erzdurchsatz gesteigert wird.

Als besonderes Charakteristikum und als wichtige Grundlage für die Auswahl einer Schlacke und für die Berechnung einer Schachtofenbeschickung galt bislang vielfach die Azidität. Diesem schon erläuterten Begriff der Azidität ist häufig, besonders von amerikanischer Seite, eine viel zu große Bedeutung beigemessen worden. Für die Schachtofenpraxis, in deren Schlacken stets nur Silikatgemische vorliegen, ist die Azidität einer Schlacke ein ziemlich belangloser Wert, der keinerlei Schlüsse auf die Schlackenkomponenten und auf die Temperatur in der Schlackenbildungszone des Ofens zuläßt. Das erhellt am ehesten aus einem Beispiel: Das Singulosilikat $2FeO \cdot SiO_2$ enthält zwei Atome Sauerstoff im Säureradikal und zwei Atome Sauerstoff in der Base FeO. Bei einer chemischen Zusammensetzung von 70,44 % FeO und 29,56 % SiO_2 hat das Singulosilikat somit eine Azidität $= 1$. Eine Schachtofenschlacke, die aus 32,4 Gew.-% $FeO \cdot SiO_2$ und 67,6 Gew.-% $(3FeO \cdot SiO_2)$ besteht oder — was dem gleichkommt — aus 50 Mol.-% $FeO \cdot SiO_2$ und 50 Mol.-% $(3FeO \cdot SiO_2)$, hat gleichfalls die chemische Zusammensetzung 70,44 % FeO $+$ 29,56 % SiO_2. Da auf zwei SiO_2 vier FeO entfallen, ist ihre Azidität auch $= 1$. Das Singulosilikat aber erfordert eine Mindestbildungstemperatur von 1270° C, während die Komponenten des in Betracht gezogenen Silikatgemisches schon bei 1220° C anfallen. Aus der chemischen Zusammensetzung und der Azidität einer Schlacke der Praxis kann also niemals ohne weiteres auf die Schlackenkomponenten und die Bildungstemperaturen geschlossen werden.

Als Regel gilt, daß die Silikate der Schwermetalle, also auch des Eisens, in den Schlacken der Praxis zum größeren Teile als Singulosilikat, die Silikate der alkalischen Erden vornehmlich als Bisilikate vorliegen.

Das Singulosilikat des Eisenoxyduls (Eisenoxydulorthosilikat) gehört zur Gruppe der rhombisch kristallisierenden Olivine, ist in reinster Form dunkelgrün, meist jedoch eisenschwarz. Außer in den Schlacken der unmittelbaren Verhüttung sulfidischer Nichteisenmetallerze ist es der Hauptbestandteil der Eisenfrischschlacken. In der Natur kommt es, aus Magmen ausgeschieden, vor als Fayalit. Das Bisilikat (Eisenoxydulmetasilikat) ist eisenschwarz und findet sich in der Natur selten als Grunerit, der zu den monoklinen Hornblenden gehört.

Fayalit als Mineral und in Schlacken[1].

FeO	Fayalit als Mineral (Fayal, Azoren)			Eisenfrischschlacken		Kupferschlacken	
				Gute Hoffnung Oberhausen	Dillingen, Saar	Fahlun	Roros, Norwegen
FeO	60,95	62,57	65,84	69,18	69,23	70,14	53,0—59,0
SiO_2	29,15	31,04	24,93	29,59	28,79	23,81	30,0—36,0
MnO	0,69	0,79	2,94	Spur	Spur	0,54	1,5— 2,6*
CaO	0,72	0,43	—	—	0,38	0,68	1,0— 3,0
MgO	2,38	—	—	—	0,15	—	2,0— 3,0
CuO	0,31	0,32	0,60	—	—	3,18	?
PbO	1,55	1,71	—	—	—	Co 0,15	—
Al_2O_3	4,06	3,27	1,84	—	0,48	—	5,5— 8,0
Fe_2O_3	—	—	—	1,54	—	—	—
Unlösliches	—	—	$FeS=2,77$	Spur	—	—	—
	99,81	100,13	98,92				

* einschließlich ZnO und NiO.

[1] Fayalit von Fayal, Frischschlacke der Gute-Hoffnungs-Hütte und Schlacke von Fahlun vgl. C. Doelter: Handbuch der Mineralchemie Bd. 2, 1, S. 716—717, 1914. — Schlacke von Dillingen (Saar) vgl. C. Hintze: Handbuch der Mineralogie Bd. 2, S. 27—28, 1904. — Schlacke von Röros vgl. J. H. L. Vogt: Die Silikatschmelzlösungen Bd. 2, S. 23. Christiania 1904. (Die Röros-Schlacke ähnelt der des Evje-Nickelwerkes.)

Ausgesprochen fayalitische Schlacken[1].

Birtavarre-Kupferhütte in Lyngen, Norwegen		Moskedal, Norwegen	Birtavarre-Kupferhütte in Lyngen, Norwegen		Moskedal, Norwegen
FeO	38,95 48,75	41,05	Al_2O_3	11,24 7,20	8,18
SiO_2	42,05 33,30	41,50	Cu	0,28 0,43	0,20
CaO	2,76 5,10	2,48	S	? ?	1,45
MgO	3,94 4,41	4,27	Spez. Gew. .	3,55 3,67	?
ZnO	— —	0,21			

Grunerit als Mineral (von Collobrières, Dep. Var, Frankr.)[2].

$$
\begin{array}{lr}
\text{FeO} & 52{,}20\,\% \\
\text{SiO}_2 & 43{,}90\,\% \\
\text{CaO} & 0{,}50\,\% \\
\text{MgO} & 1{,}10\,\% \\
\text{Al}_2\text{O}_3 & \underline{1{,}90\,\%} \\
& 99{,}60\,\%
\end{array}
$$

Genau bestimmte Werte für die in Gemischen geschmolzener Eisenoxydulsilikate auftretenden Schmelzpunkterniedrigungen und — was den Praktiker noch mehr interessieren würde — Erstarrungspunkterniedrigungen und Eutektika, liegen nicht vor, und selbst wenn solche Werte für reine Silikate vorlägen, so würden sie für die Schlacken der Hüttenbetriebe nicht von sonderlicher Bedeutung sein, da ja die in Rede stehenden Schlacken neben vorwiegend Eisenoxydulsilikaten in geringen Mengen noch viele andere Silikate und auch Oxyde beigemengt enthalten, die die Erstarrungspunkterniedrigung und die Eutektika stark beeinflussen. Für den praktischen Hüttenmann kann nur die laboratoriumsmäßige Bestimmung des Erstarrungsbereiches einer großen Anzahl chemisch verschieden zusammengesetzter Schlacken, die aus den Betrieben stammen, Anhaltspunkte bieten für den so wichtigen thermischen Arbeitsbereich der Vorherde, da natürlich eine Schlacke im Vorherde um so länger flüssig erhalten bleibt, je größer die Spanne zwischen der Temperatur der aus dem Ofenstich ausfließenden Schlacke und dem Erstarrungspunkt des ersten aus der Schmelze sich fest ausscheidenden Bestandteiles ist. Eine begrüßenswerte Arbeit wäre daher die systematische vergleichende Aufnahme der Abkühlungskurven einer großen Anzahl von im Betriebe erschmolzenen bewährten und auch nicht bewährten Schlacken.

Das einzige, was bezüglich der Erstarrungspunkterniedrigung von Silikatgemischen mit Eisenoxydulsilikat als Hauptbestandteil, wie sie in den Schlacken der Hüttenbetriebe vorliegen, als wirklich gesichert angesehen werden kann, ist die Tatsache, daß Schlacken mit rund 40% SiO_2 den niedrigsten Erstarrungspunkt haben, wie die Erfahrung in vielen Hüttenbetrieben gelehrt hat.

Barium, Kalzium und Magnesium als Beimengung in Eisenoxydulsilikatschlacken.

Barium kommt in den Gangmitteln der zur unmittelbaren Verhüttung gelangenden Erze ausschließlich als Schwerspat vor. Kalzium findet sich in den

---

[1] Vgl. R. Stören: Beobachtungen beim Pyritschmelzen. Metall u. Erz Jg. 12, S. 200 bis 206, 220—226, 241—250, 1915.

[2] Grunerit vgl. C. Doelter: Handbuch der Mineralchemie Bd. 2, 1, S. 736, 1914.

Gangmitteln dieser Erze sowohl als Kalkspat und Aragonit wie als Gips, selten als Flußspat, und bildet oft in Gestalt von Feldspäten, Amphibolen und Pyroxenen einen wichtigen Gemengteil der die Erzlagerstätten bergenden Gesteine. Magnesium findet sich vornehmlich in dolomitischer Gangart und in den Amphibolen und Pyroxenen der Nebengesteine; bei Magnetkies- und Nickelerzlagerstätten auch als Serpentin.

Von allen drei Leichtmetallen sind Singulo- und Bisilikate bekannt. Während die Sulfate von Ba, Ca und Mg bei hohen Temperaturen in reduzierender Atmosphäre zunächst in Sulfide übergehen und diese dann in Oxyde umgesetzt und verschlackt werden, muß in der oxydierenden Atmosphäre der unmittelbaren Verhüttungsprozesse ein rein thermischer Zerfall der Sulfate in Oxyde und Schwefelsäureanhydrit angenommen werden. Die aus dem Spursteinofen, in dem Schwerspat sogar als Flußmittel zu begrüßen ist, bekannte Reaktion $2\,BaSO_4 + 4\,FeS + 4\,SiO_2 + 5\,O_2 = 2\,(BaO \cdot SiO_2) + 2\,(2\,FeO \cdot SiO_2) + 6\,SO_2$, die leichtflüssige Ba-Fe-Schlacken liefert, bleibt aus, sobald es an Kohlenstoff (zur Reduktion des Sulfates) gebricht. Die thermische Dissoziation der Karbonate von Ba, Ca und Mg ist bekannt. Der Schmelzpunkt der Kalziumsilikate liegt über 1250^0 C; die Bariumsilikate dürften erst bei noch höherer Temperatur schmelzen; und die Schmelztemperatur der reinen Magnesiumsilikate wird nicht unter 1450^0 C erreicht. Daraus läßt sich auf eine Bildungstemperatur dieser Leichtmetallsilikate schließen, die nicht nennenswert unter 1400^0 C liegen kann (genaue Bestimmungen fehlen). Es ist infolgedessen höchst unwahrscheinlich, daß bei den in der Schlackenbildungszone der Schachtöfen bei unmittelbarer Verhüttung herrschenden Temperaturen primär Silikate von Barium, Kalzium oder Magnesium entstehen, sondern es werden offensichtlich die Oxyde dieser Leichtmetalle von den niedrig schmelzenden Eisenoxydulsilikaten gelöst, wobei sich dann komplexe Kalzium-Eisen-, -Barium-Eisen-, Magnesium-Eisen- usw. Silikate bilden können[1], teils als isomorphe Mischungen mit dementsprechend schwankender chemischer Zusammensetzung, teils als echte chemische Verbindungen mit festliegender Zusammensetzung. Im Einklang damit steht auch die Tatsache, daß Kristalle reiner Leichtmetallsilikate (Wollastonit, Enstatit usw.) in Dünnschliffen von Eisenoxydulsilikatschlacken nicht zu finden sind. Hingegen treten in diesen Schlacken Pyroxene wie Hypersthen und Hedenbergit sowie gelegentlich der gemeine Amphibol, die Hornblende, auf. Olivin ist selten, ebenso der aus der Natur nicht bekannte Kalkeisenolivin. Aus der Dünnschliffbeobachtung ergibt sich somit, daß Kalzium und Magnesium vornehmlich als Bisilikate verschlackt werden. Das Singulosilikat Kalkeisenolivin entsteht nur, wenn Flußspat in der Beschickung vorhanden ist, der schon bei niedriger Temperatur mit Kieselsäure reagiert unter Bildung des aus der Zementindustrie bekannten Singulosilikates ($2\,CaF_2 + 2\,SiO_2 = 2\,CaO \cdot SiO_2 + SiF_4$), welches infolge von Volumenzunahme um $10\,\%$ bei Abkühlung unter 675^0 C stark treibt. Dieses Kalksingulosilikat geht durch Aufnahme von Olivin, also von Fayalit und Forsterit, in Kalkeisenolivin über unter Bildung sehr leichtflüssiger Schlacken.

---

[1] K. A. Hofmann gibt in seinem Lehrbuch der anorganischen Experimentalchemie, S. 483, Braunschweig 1918, an, daß Kieselsäure bei rund 1000^0 C aus Baryt die Schwefelsäure unter Bildung von Silikat austreibt; ebenso Eisenoxyd unter Bildung von Bariumferrit, was mit obigem im Widerspruch steht.

Komplexe Silikate von Eisenoxydul mit Kalzium- und Magnesiumoxyd[1].

1. Bi-Silikate.

$$FeO \cdot SiO_2 \quad + \quad CaO \cdot SiO_2 \quad = \quad FeO \cdot CaO \cdot (SiO_2)_2$$
Grunerit monoklin — Wollastonit monoklin (1,05 : 1 : 0,96) — Hedenbergit monoklin (1,09 : 1 : 0,59)

$$x(FeO \cdot SiO_2) \quad + \quad y(MgO \cdot SiO_2) \quad = \quad z((FeO, MgO) \cdot SiO_2)$$
Grunerit monoklin — Enstatit rhombisch (0,97 : 1 : 0,58) — Hypersthen rhombisch (0,91 : 1 : 0,57)

$$(FeO, MgO) \cdot SiO_2 \quad + \quad CaO \cdot SiO_2 \quad = \quad (FeO, MgO) \cdot CaO \cdot (SiO_2)_2$$
Hypersthen rhombisch — Wollastonit monoklin — Sahlit monoklin

$$3((FeO, MgO) \cdot SiO_2) \quad + \quad CaO \cdot SiO_2 \quad = \quad 3(FeO, MgO) \cdot CaO \cdot (SiO_2)_4$$
Hypersthen rhombisch — Wollastonit monoklin — Hornblende monoklin

2. Singulo-Silikate.

$$2FeO \cdot SiO_2 \quad + \quad 2MgO \cdot SiO_2 \quad = \quad 2(FeO, MgO) \cdot SiO_2$$
Fayalit rhombisch (0,46 : 1 : 0,58) — Forsterit rhombisch (0,46 : 1 : 0,59) — Olivin rhombisch (0,47 : 1 : 0.59)

$$x(2(FeO, MgO) \cdot SiO_2) \quad + \quad y(2CaO \cdot SiO_2) \quad = \quad z(2(FeO, MgO, CaO) \cdot SiO_2)$$
Olivin rhombisch — rhombisch — Kalkeisenolivin rhombisch

Bezüglich des Bariums, das in Form von Schwerspat in die Ofenbeschickung gelangt, ist zu erwähnen, daß sich häufig in Schlacken von Erzen mit barytischer Gangart (z. B. in einigen japanischen Schlacken) noch reines nicht umgewandeltes $BaSO_4$ findet neben Ba-haltigen komplexen Silikaten.

Der Eintritt geringer Mengen von Kalzium in die Eisenoxydulsilikatschlacken erniedrigt nicht nur ihren Schmelzpunkt, sondern mindert gleichzeitig ihre Viskosität. Bei Bisilikatschlacken ist diese Wirkung noch stärker als bei Singulosilikaten. Aus den von Fulton[2] festgelegten Schmelzpunktkurven geht hervor, daß bei einem Verhältnis von FeO : CaO = 9 : 1 die größte Schmelzpunkterniedrigung erreicht wird. Wo reiner (Mg-freier) Kalk nicht teuer ist, empfiehlt sich daher bei der Verhüttung kalkfreier Erze ein geringer Zuschlag von Kalk in der Beschickung durchaus, zumal dadurch auch das spez. Gew. der Schlacken etwas herabgesetzt wird.

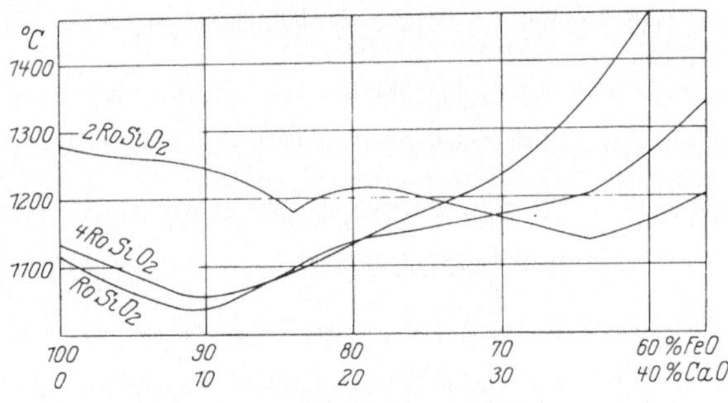

Abb. 18.   Einfluß von CaO auf die Schmelztemperatur von Eisenoxydulsilikatschlacken verschiedenen Azidatsgrades. (Nach Fulton).

Der Eintritt von Magnesium in die Schlacken hingegen hat oft sehr nachteilige Wirkungen. Werden bis zu 12,5 % des Ca-Gehaltes einer Kalkeisenoxydulsilikatschlacke durch Mg ersetzt, so steigt die Bildungstemperatur derselben; bis zum Ersatz von 25 % des Ca fällt die Bildungstemperatur wieder, steigt abermals, aber schwächer, bis zum Ersatz von 50 % des Ca, fällt rapide bis zum Ersatz von 62,5 % des Ca-Gehaltes und steigt dann schnell und erheblich

---

[1] Sofern sicher bekannt, ist das kristallographische Achsenverhältnis mit angegeben, aus dem die weitgehende isomorphe Mischbarkeit erkenntlich wird.

[2] Fulton, Ch. H.: Principles of Metallurgy, S. 274. New York 1910. — Vgl. auch Ch. H. Fulton: The Constitution and Melting Points of a Series of Copper Slags. Transactions Amer. Inst. Min. Eng. Bd. 44, S. 751—780, 1913.

an[1]. Die gesamte Kurve der Bildungstemperaturen liegt in diesem Falle aber höher als die Bildungstemperaturkurve reiner Kalkeisenoxydulsilikate. Dazu kommt, daß zwar Mg allein die Viskosität von Eisenoxydul- und Kalkeisenoxydulsilikatschlacken erniedrigt, sie aber bei Gegenwart der geringsten Mengen von Al ganz beträchtlich erhöht, so daß die Schlacken langfädig und schmierend werden, was eine Verschlechterung der Schlacken bedeutet, die meist bei weitem nicht durch den Vorteil der Verminderung des spez. Gew. aufgewogen wird. Es müssen daher Dolomite und Serpentine aus der Beschickung weitgehendst ausgehalten werden (möglichst natürlich schon bei der Förderung der Erze).

Besonders gefährlich wird Mg in der Ofenbeschickung, wenn Zink zugegen ist und verschlackt wird. H. van F. Furman[2] berichtet schon 1900, daß Eisenoxydulsilikatschlacken mit 2—3 % BaO und bis zu 8 % Zn, wie sie damals auf den Hütten Colorados häufig waren, schon bei einem MgO-Gehalt von 2—3 % sehr widerspenstig wurden und bei 5 % MgO oftmals überhaupt nicht mehr liefen. (Diesbezüglich vgl. auch weiter unten!)

Der Eintritt von Aluminium und Zink in Eisenoxydulsilikatschlacken.

Aluminium findet sich in geringer Menge fast stets in den Erzen. Sofern es bereits gemeinsam mit anderen Basen, wie FeO, CaO, MgO, an Kieselsäure gebunden ist, z. B. in den Feldspäten, Amphibolen und Pyroxenen der Nebengesteine, ist Al für die Schlackenbildung meist nicht von sonderlicher Bedeutung, da diese mehrbasischen Minerale einen Schmelzpunkt unter 1400° haben und — wenn sie nicht in außergewöhnlich großen Mengen auftreten — schnell und willig von den neu entstehenden Eisenoxydulsilikaten gelöst und aufgenommen werden. Anders aber liegen die Verhältnisse, wenn das Al in der Form des sehr hoch schmelzenden Tones, also des reinen Tonerdesilikates, vorliegt. Je eisenfreier und reiner der Ton, desto höher liegt sein Schmelzpunkt (über 1600° C) und desto gefährlicher wird er für die Schlacken, da das Tonerdesilikat mit den übrigen Basen der Ofenbeschickung zwar in Reaktion tritt, aber bei den in Frage kommenden Temperaturen — wie schon eingangs dieses Kapitels erwähnt — die Reaktion außerordentlich langsam vonstatten geht und daher im Schachtofenbetrieb bei weitem nicht die erforderliche Zeit für derartig träge Reaktionen vorhanden ist, so daß oftmals das Tonerdesilikat größtenteils in nur erweichtem Zustande in die Endschlacken gelangt und diese schmierend macht und verdickt, etwa, wie man Teer mit Sand verdicken und strengflüssig machen kann.

Ton und Tonerde, d. h. Aluminiumsilikat und Aluminiumoxyd, die als die größten Schädlinge des unmittelbar verhüttenden Schachtofenbetriebes hier besonders gebrandmarkt seien, können, wenn sie schmitzenartig in den zu verschmelzenden Erzen auftreten, unter Umständen und wenigstens teilweise von Hand ausgehalten werden. Wenn sie hingegen verhältnismäßig fein verteilt im Erze auftreten, so ist die Aussicht auf Beseitigung dieser Schädlinge recht

---

[1] Vgl. Franklin R. Carpenter: Pyritic Smelting in the Black Hills. Transactions Amer. Inst. Min. Eng. Bd. 30. S. 764—777, 1900.

[2] Furman, H. van F.: In der Diskussion zu vorstehender Arbeit von Carpenter. Transactions Amer. Inst. Min. Eng. Bd. 30, S. 1125—1133, 1900.

gering, da nicht einmal die selektive Flotation ein Mittel zur Ausscheidung des Tones an die Hand gibt. (Vgl. die Flotierbarkeit von Kaolin und Pyrit auf S. 39.)

Zink tritt in den für unmittelbare Verhüttung in Betracht kommenden Erzen ausschließlich als Zinkblende auf. Zum Teil wird das Zink schon in den oberen Zonen der Ofenbeschickung (als Oxysulfid) verflüchtigt und findet sich dann im Ofenbruch wieder. Zum anderen Teil wandert es teils in die anfallenden Schlacken (oft ist ein beträchtlicher Teil des Gesamt-Zn der Schlacken als Sulfid gelöst) und teils auch in die erschmolzenen Metallprodukte (Steine, Speisen u. dgl.).

Aluminium und Zink müssen bezüglich ihrer Einwirkung auf die Eisenoxydulsilikatschlacken gemeinsam betrachtet werden, weil beide Elemente „amphoteren" Charakter tragen, d. h. bei starker Säurekonzentration (H_2-Ionenkonzentration) als Base auftreten, bei starker Basenkonzentration (OH-Ionenkonzentration) sich aber wie eine Säure verhalten.

Aluminium und Zink, als Base wirkend:

$$Al(OH)_3 + 3\,HX = AlX_3 + 3\,H_2O$$
$$Zn(OH)_2 + 2\,HX = ZnX_2 + 2\,H_2O$$

Aluminium und Zink, als Säure wirkend:

$$2\,Al(OH)_3 + 2\,YOH = Y_2O \cdot Al_2O_3 + 4\,H_2O \text{ (Aluminat)}$$
$$Zn(OH)_2 + 2\,YOH = Y_2O \cdot ZnO + 2\,H_2O \text{ (Zinkat)}[1]$$

Die Frage, ob Al in den Hüttenschlacken und — was hier besonders interessiert — in den Eisenoxydulsilikatschlacken die Rolle einer Base oder einer Säure spielt, gehört zu den am heißesten umstrittenen Fragen, mit denen sich die auf dem Gebiete der Schlackenkonstitution arbeitenden Hüttenleute befaßt haben, und ist natürlich für die Berechnung einer Ofenbeschickung um so bedeutungsvoller, je mehr Al in den zu verschmelzenden Rohstoffen vorhanden ist[2].

Oxyde von Al und Zn verhalten sich wie eine Base. Tritt Al_2O_3 als Base in die Schlacken ein, so dürften — wenigstens bei den Temperaturen in der Schlackenbildungszone, wie sie bei unmittelbarer Verhüttung in Betracht kommen — genau wie bei MgO und CaO sicherlich nicht primär Aluminiumsilikate gebildet werden, sondern auch hier nehmen frisch gebildete Eisenoxydulsilikate zunächst die Al-haltigen Minerale in sich auf, sei es als echte Lösung, sei es unter Bildung einer zähen Paste, und erst langsam finden Umwandlungen statt, die zur chemischen Bindung der in der Beschickung vorhandenen Aluminiumverbindungen an die Eisenoxydulsilikate führen. Das in der Natur als Andalusit und Sillimannit vorkommende Aluminiumsilikat $Al_2O_3 \cdot SiO_2$ schmilzt erst über 1800° C; das von C. A. H e b e r l e i n[2] angenommene Singulosilikat $2\,Al_2O_3 . 3\,SiO_2$,

---

[1] Vgl. auch A. W e r n e r: Neuere Anschauungen auf dem Gebiete der anorganischen Chemie, 4. Aufl. 1920.

[2] U. a. vgl.: A u s t i n, L. S.: Pyrite Smelting. Engg. Min. J. Bd. 78, S. 253—254, 1904. — S h e l b y, C h a r l e s F.: Alumina in Copper Blast Furnace Slags. Engg. Min. J. Bd. 86, S. 270—275, 1908. — B r e t h e r t o n, S. E.: Alumina in Copper Blast Furnace Slags. Engg. Min. J. Bd. 86, S. 483—484, 1908. — K o c h, W a l t e r E.: Alumina in Slags. Engg. Min. J. Bd. 86, S. 730, 1908. — H o o p e r, H a r l e y E.: Alumina in Copper Blast Furnace Slags. Engg. Min. J. Bd. 86, S. 1111, 1908. — S h e l b y, C h a r l e s F.: Alumina in Copper Blast Furnace Slags. Engg. Min. J. Bd. 86, S. 1264—1265, 1908. — H e b e r l e i n, C. A.:

das auch in den Mansfelder Schlacken vermutet wird, soll einen etwas niedrigeren Schmelzpunkt haben. Sicher aber liegen die Schmelztemperaturen und dementsprechend auch die Bildungstemperaturen reiner Aluminiumsilikate außerhalb des hier in Frage kommenden Temperaturbereiches.

Overmann stellte schon im vorigen Jahrhundert die immer wieder bestätigte Lehre auf, daß die Silikate ein und derselben Kieselsäure eine um so niedrigere Schmelztemperatur haben, je größer die Anzahl der (verschiedenen) darin enthaltenen Basen ist. In der Praxis sind in solchen Erzen, die Al in irgendeiner Form enthalten, meist auch Ca und Mg neben dem Eisen vorhanden, so daß an und für sich Silikate mit hoher Anzahl von Basen bei hinreichender Reaktionsdauer (ungünstigstenfalls erst im Vorherd) sehr wohl gebildet werden können. Es hat sich dabei gezeigt, daß zunächst vornehmlich ein in der Natur verhältnismäßig seltenes komplexes Silikat, der Gehlenit, entsteht, dessen theoretische Zusammensetzung $3\,CaO \cdot Al_2O_3 \cdot 2\,SiO_2$ ist, wobei aber CaO durch FeO oder MgO und andererseits Al_2O_3 durch Fe_2O_3 in mäßigen Grenzen ersetzt werden können, so daß die Schreibweise $3\,(CaO, FeO, MgO) \cdot (Al_2O_3, Fe_2O_3) \cdot 2\,SiO_2$ der wahren Zusammensetzung des Gehlenites gerechter wird. Wo sich Gehlenit bilden kann, da sind auch die Umstände für die Bildung von Åkermannit $4\,(CaO, FeO) \cdot 3\,SiO_2$ gegeben. Gehlenit und Åkermannit bilden isomorphe Mischungen, die verhältnismäßig leichtschmelzig und als Melilith bekannt sind. Dem Melilith, der das in Schlacken der unmittelbaren Verhüttung verbreitetste niedrig schmelzende tonerdehaltige Silikat ist, und der sich bei annäherndem Mischungsverhältnis von Gehlenit : Åkermannit $= 1\,Mol : 1\,Mol$ als Singulosilikat ansprechen läßt, steht noch ein anderes, in den fraglichen Schlacken gleichfalls angetroffenes Singulosilikat sehr nahe, der Arfvedsonit $(CaO, MgO) \cdot (Al_2O_3, Fe_2O_3) \cdot 2\,SiO_2$. Daneben kommt gelegentlich auch die Bildung von reinem Kalkfeldspat, dem Anorthit $CaO \cdot Al_2O_3 \cdot 2\,SiO_2$ vor, der gleichfalls ein Singulosilikat ist, und bei dem ebenfalls CaO durch FeO teilweise vertreten werden kann.

Bisilikate können im allgemeinen nur sehr wenig Al_2O_3 aufnehmen. Singulosilikate hingegen nehmen größere Mengen von Tonerde auf, sogar bis zu $20\,\%$. Ca-reiche Schlacken (die bei unmittelbarer Verhüttung selten sind) können beträchtliche Mengen Al_2O_3 als Base aufnehmen; je Fe-reicher eine Schlacke ist, desto weniger Al_2O_3 vermag sie zu binden. Daraus erklärt es sich, daß beim Anfallen Fe-reicher und gleichzeitig Ca-armer Eisenoxydulsilikatschlacken überschüssige Mengen von Al_2O_3, die die Schlacken nicht selbst aufzunehmen vermögen, sich zu kartoffelgroßen Klößen oder „Augen" zusammenballen, die in zähflüssige Schlacken eingewickelt sind und in diesem Zustande aus dem Ofenstich mit austreten (eine schwere Gefahr für den Stich). Stören[1], der solche „Augen" in der Schlacke untersucht hat, gibt folgende Analysen:

High Silica Slags at the Magistral Smeltery. Engg. Min. J. Bd. 88, S. 107—108, 177, 1909. — Peters, Edward Dyer: A Study of practicable Copper Slags. Mineral Ind. Bd. 18, S. 227—249, 1909. — Smith, L. G.: Role of Alumina in Copper Blastfurnace Slags. Engg. Min. J. Bd. 90, S. 1260—1261, 1910. — Henrich, C.: The Function of Alumina in Slags. Transactions Amer. Inst. Min. Eng. Bd. 56, S. 621—632, 1917, und Diskussion auf S. 941—945.

[1] Stören, R.: Beobachtungen beim Pyritschmelzen. Metall u. Erz Jg. 12, S. 200—206, 220—226, 241—250, 1915.

	Normal-Schlacke	„Auge"
SiO_2	40,52 %	49,52 %
FeO	42,66 %	30,52 %
Al_2O_3	8,53 %	12,86 %
CaO	2,47 %	2,81 %
MgO	3,80 %	4,19 %

Treten solche Augen auf, so muß Kalk zugeschlagen werden, bis sie verschwinden. Ist Ca in nennenswerter Menge in der Schlacke vorhanden, so kann bei geringer Al-Aufnahme (unter der Voraussetzung, daß Mg und Zn nicht zugegen sind), sogar der Schmelzpunkt der Schlacke um 50—60° C sinken, was aber in der Praxis bedeutungslos ist im Vergleich zur Steigerung der Viskosität.

Die größte Al-Menge, die Shelby[1] jemals in seiner Praxis in Cananea (Mexiko) in einer Kalkeisensilikatschlacke hat aufnehmen können, geht aus folgender Analyse Nr. 1 hervor, während Analyse Nr. 2 erkennen läßt, wie sehr sich die Schlacke gebessert hat in dem Maße, wie sie sich dem Singulosilikat näherte.

Nr. 1. Langsamster je vorgekommener Durchsatz.			Nr. 2. Schnellster je erreichter Durchsatz.		
SiO_2	41,1 %	= 21,81 % O	SiO_2	37,7 %	= 20,01 % O
FeO	27,8 %	= 6,19 % O	FeO	33,9 %	= 8,76 % O
CaO	16,1 %	= 4,59 % O	CaO	14,8 %	= 4,22 % O
Al_2O_3	11,8 %	= 5,54 % O	Al_2O_3	10,0 %	= 4,70 % O
		16,32 % O			17,68 % O
Azidität	1,34			1,13	
Herdaktivität	3,6 t in 24 Std.			6,1 t in 24 Std.	
Gesamtdurchsatz	4500 t			5500 t	

Gleichzeitig aber lehrt das Beispiel von Cananea, wie sehr der Hüttenmann in seiner Beweglichkeit bezüglich der Schlackenzusammensetzung eingeschränkt wird, wenn er relativ große Mengen von Al in der Beschickung zu bewältigen hat und andererseits im Brennstoff beschränkt ist (in Cananea wurde „pyritisch" geschmolzen, also unter recht geringem Zuschlag fremden Brennstoffes) und wie leicht unter solchen Bedingungen ein geringes Zuviel oder Zuwenig an Kieselsäure in der Beschickung dem Ofen den Garaus machen und ihn einfrieren lassen kann.

Zink als Base bildet mit Kieselsäure zwei schwer schmelzende Silikate, deren Bildungstemperaturen sicher über 1550° C liegen, und zwar das Bisilikat $ZnO \cdot SiO_2$ sowie das Singulosilikat $2ZnO \cdot SiO_2$, den rhombischen Willemit. Bezüglich der Aufnahme von ZnO, das sich nur außerordentlich schwer in Schmelzflüssen löst, als Base in die Eisenoxydulschlacken gilt das gleiche wie beim Eintritt von CaO, MgO und Al_2O_3 in diese Schmelzen. Bei Abwesenheit von Aluminium entsteht eine isomorphe Mischung der Singulosilikate Fayalit und Willemit, der Zinkfayalit $2(FeO, ZnO) \cdot SiO_2$, dem in der Natur vorkommenden (aber außerdem noch Manganoorthosilikat enthaltenden) Roepperit ähnlich. Bei Gegenwart von Aluminium hingegen fallen meist zinkhaltige Melilite an.

Die Mengen von Zink, die als Base in eine Eisenoxydulsilikatschlacke eintreten können, sind, wenn Mg oder Al in der Beschickung vorhanden, fast gleich

---

[1] Shelby, Charles F.: Alumina in Copper Blast Furnace Slags. Engg. Min. J. Bd. 86, S. 1264—1265, 1908.

Null und auch wenn Mg und Al fehlen, nehmen Schlacken mit hohem FeO-Gehalt nur geringe Mengen von Zink auf, es sei denn, daß die Temperatur in der Schlackenbildungszone künstlich erheblich gesteigert wird. Das erklärt sich großenteils daraus, daß, obgleich einmal gebildete Zinksilikate verhältnismäßig beständig sind, CaO und besonders FeO die Aufnahmefähigkeit der Schlacken für ZnO als Base stark zurückdrängen. Umfangreiche Untersuchungen, die Horace Tharp Mann[1] bezüglich der Aufnahmefähigkeit hochbasischer Schlacken (es handelte sich dabei um Bleischachtofenschlacken) für ZnO anstellte, zeigten, daß beim Ersatz von FeO durch ZnO sehr erhebliche Schwierigkeiten auftreten, die auf das ablehnende Verhalten von FeO dem ZnO gegenüber zurückzuführen sind. Abgesehen von alledem steigert auch Zn die Viskosität der Schlacken sehr erheblich.

Zinkfayalit-Schlacke[2] aus den Freiberger Hüttenwerken.		Zinkreiche Melilit-Schlacke[3] aus der Seigerhütte bei Hettstedt.	
SiO_2	28,45 %	SiO_2	35,80 %
FeO	41,98 %	FeO	21,50 %
CaO	3,00 %	CaO	24,50 %
MgO	0,84 %	MgO	2,74 %
Al_2O_3	1,31 %	Al_2O_3	9,34 %
ZnO	18,55 %	ZnO	4,00 %
BaO	1,80 %	NiO	0,19 %
CuO	0,60 %	(Cu, Ni)S	0,43 %
PbO	2,50 %	Na_2O	1,36 %
SnO_2	0,75 %	K_2O	0,85 %
S	1,70 %		100,71 %
	101,48 %		

Werden Al_2O_3 und ZnO als Basen in die Eisenoxydulsilikatschlacken aufgenommen, so geschieht dies jedenfalls meist unter Bildung von Singulosilikaten.

Oxyde von Al und Zn verhalten sich wie eine Säure. Sollen Aluminium oder Zink von Schlacken mit stark basischem Charakter aufgenommen werden — und bei ihrem hohen FeO-Gehalt sind ja die Schlacken der unmittelbaren Verhüttungsprozesse durchaus stark basischer Natur — so verhalten beide sich, wie schon erwähnt, meist als Säure unter Bildung von Aluminaten und Zinkaten[4]. Die bislang (vornehmlich aus der Zementindustrie) bekanntgewordenen Aluminate zwingen zur Annahme einer größeren Anzahl verschiedener Aluminiumsäuren, die, genau wie die verschiedenen Kieselsäuren, Mono-, Di- usw. Aluminate bilden können. Einem Erschmelzen von Aluminatschlacken an Stelle von Silikat-

[1] Mann, Horace Tharp: Effect of Zinc Oxide on the Formation Temperatures of some Ferrous Slags. Transactions Amer. Inst. Min. Eng. Bd. 73, S. 3—30, 1926.

[2] Stelzner, A. W.: Zinkspinellhaltige Fayalitschlacke der Freiberger Hüttenwerke. Neues Jb. Mineral., Geol. usw. Bd. 1, S. 170—176, 1882.

[3] Stahl, W.: Kristallisierte Schlacke (zinkreiche Melilitschlacke). Berg- u. Hüttenm. Ztg Jg. 58, S. 273—274, 1904.

[4] Auf die rein wissenschaftliche Bedeutung habenden Erörterungen über die Existenz von Alumokieselsäuren soll hier nicht näher eingegangen werden. Vgl. diesbezüglich z. B. C. Doelter, Konstitution der Silikate, in C. Doelter, Handbuch der Mineralchemie Bd. 2, 1. Hälfte, S. 76—92, 101—109, und J. H. L. Vogt: Die Schlacken, in C. Doelter, Handbuch der Mineralchemie Bd. 1, S. 925—955, 1912 bzw. 1914.

schlacken steht an und für sich lediglich die höhere Bildungstemperatur der Aluminate im Wege[1].

Unter den Aluminaten der Metalle, die unter der Gruppenbezeichnung „Spinelle" zusammengefaßt werden und sämtlich ein verhältnismäßig hohes spez. Gew. haben, sind die Kalziumaluminate am besten bekannt, und zwar:

$$3\,CaO \cdot 1\,Al_2O_3 \ldots \ldots \text{Azidität} = 1{,}00 \ldots \ldots \ldots \text{Schmelzpunkt} = \text{rund } 1500^0\,C$$
$$5\,CaO \cdot 3\,Al_2O_3 \ldots \ldots \quad\text{,,} \quad = 1{,}80 \ldots \ldots \ldots \quad\text{,,} \quad = \text{,,} \quad 1350^0\,C$$
$$1\,CaO \cdot 1\,Al_2O_3 \ldots \ldots \quad\text{,,} \quad = 3{,}00 \ldots \ldots \ldots \quad\text{,,} \quad = \text{,,} \quad 1600^0\,C$$
$$3\,CaO \cdot 5\,Al_2O_3 \ldots \ldots \quad\text{,,} \quad = 5{,}00 \ldots \ldots \ldots \quad\text{,,} \quad = \text{,,} \quad 1700^0\,C$$

Den niedrigsten Schmelzpunkt mit rund 1250^0 C hat ein Kalziumaluminat mit $45\,\%$ CaO und $55\,\%$ Al_2O_3, was ungefähr $3\,CaO \cdot 2\,Al_2O_3$ entsprechen würde, wobei es sich aber nach Ansicht der Zementchemiker nicht um eine chemische Verbindung, sondern um ein Gemisch der oben angegebenen Aluminate handelt, also um Schmelzpunkterniedrigung.

Magnesiumaluminate sind in Schlacken selten. Aus der Natur ist der „echte Spinell" als $MgO \cdot Al_2O_3$ und der „edle Spinell" (Ceylonit) als (MgO, FeO) $\cdot (Al_2O_3, Fe_2O_3)$ bekannt.

Häufiger dagegen finden sich in hüttenmännischen Schlacken und besonders in den hier interessierenden Eisenoxydulsilikatschlacken die Eisenspinelle $3\,FeO \cdot 2\,Al_2O_3$ und $FeO \cdot Al_2O_3$, von denen der erste bei einer Azidität $= 2$ nach Bretherton[2] den niedrigsten Schmelzpunkt hat.

Das Zinkoxyd, das sich auch bei hohen Temperaturen recht reaktionsunlustig zeigt, liefert den Zinkspinell $ZnO \cdot Al_2O_3$, dessen Bildungstemperatur zwar nicht allzu hoch zu liegen scheint, der aber offensichtlich außerordentlich viskos sein muß, da seine Entstehung von überaus gefährlichem Einfluß auf die physikalischen Eigenschaften der Schlacken ist, und der außerdem ein spez. Gew. $= 4{,}3$—$4{,}5$ hat[3].

Kobaltoxyd kann durch Bildung der verhältnismäßig leichtschmelzigen Kobaltspinelle am Eintritt in die Steine gehindert werden und so in Verlust geraten. Neben dem aus der Lötrohrprobierkunst bekannten Thenards-Blau $= CoO \cdot Al_2O_3$ ist noch ein Kobaltspinell von der Zusammensetzung $4\,CoO \cdot 3\,Al_2O_3$ beobachtet worden.

---

[1] Vgl. auch E. J. Kohlmeyer: Über Ferrite und andere Oxydverbindungen in hüttenmannischen Prozessen. Metallurgie Bd. 7, S. 289—307, 1910.

[2] Bretherton, S. E.: Alumina in Copper Blast Furnace Slags. Engg. Min. J. Bd. 86, S. 483—484, 1908.

[3] Georges Ralli teilt in einer sehr eingehenden und bezüglich der Kenntnis der Schlacken wertvollen Arbeit einen Zinkspinell aus einer Schlacke der Hütte Balia bei Smyrna mit, der sich aus einer Schlacke mit

SiO_2	$= 20{,}80\,\%$	CaO	$= 10{,}00\,\%$
Fe	$= 30{,}05\,\%$	MgO	$= 0{,}40\,\%$
Zn	$= 12{,}75\,\%$	Al_2O_3	$= 3{,}20\,\%$
Mn	$= 2{,}40\,\%$	S	$= 6{,}08\,\%$
Pb	$= 1{,}05\,\%$		

ausschied. Die Schlacke wies $1{,}94\,\%$ Zinkspinell auf, der selber aus $FeO = 19{,}5\,\%$, $ZnO = 30{,}5\,\%$ und $Al_2O_3 = 50{,}0\,\%$ bestand. — Vgl. Georges Ralli: La consommation de combustible dans la fusion des minerais de cuivre et de plomb. Rev. univ. des mines, de la métall., des trav. publ., des sci. et des arts appl. à l'ind. Jg. 55, Ser. 4, Bd. 34, S. 213—296; Bd. 35, S. 1—99. Liège-Paris 1911.

Kupfer- und Nickelspinelle scheinen unbekannt zu sein.

Zinkate sind im Vergleich zu den Aluminaten sehr selten. Die geringe Neigung zur Bildung von Zinkaten mag sich aus dem geringen Sauerstoffverhältnis im Zinkoxyd erklären. Nachdem ein Teil des in Gestalt von Erz in den Schachtofen eingebrachten Zinks den Ofen in der Richtung nach oben unter Bildung starker Ansätze verlassen hat, bleibt die Hauptmenge des restlichen Zinks offensichtlich als Sulfid erhalten. Ein Teil desselben wird von den anfallenden Metallprodukten (Steinen usw.) aufgenommen und tritt wieder als weißes Zinkoxyd zutage, wenn Wind in den heißen Stein eingeblasen wird (im Konvertor). Der Rest des den Ofen aus dem Abstich verlassenden Zinksulfides ist in unverändertem Zustande von den Schlacken aufgenommen worden: bei der Gichtung zinkischer Erze brennt nicht nur über dem Abstich des Schachtofens und über den Löchern in der Schlackendecke des Vorherdes stets ein bläulichweißes Zinkflämmchen, sondern man kann auch durch Einblasen von Wind in solche Schlacken weiße Nebel von Zinkoxyd aus den Schlacken austreiben. Werden lediglich Fördererze gegichtet, so treten unmittelbar gebildete Zinkate noch seltener auf als Zinksilikate. Werden hingegen zusammen mit Fördererzen auch Sinter- oder Agglomerationsprodukte zinkischer Feinerze gegichtet, so findet sich des öfteren in den anfallenden Schlacken ein einfaches Eisenzinkat $FeO \cdot ZnO$, das aber nach Ansicht des Verfassers auf sekundärem Wege entsteht durch Zerfall von Zinkhydroferriten, die bei der Agglomeration entstanden waren: $ZnO \cdot Fe_2O_3 + ZnS + O_2 = 2(FeO \cdot ZnO) + SO_2$.

Von Kalzium und Magnesium sowie von Kupfer und Nickel sind bislang keine Zinkate bekanntgeworden. Hingegen bildet Kobaltoxyd ein dem Kobaltspinell analoges grünes Kobaltzinkat $CoO \cdot ZnO$, bekannt als Rinnmanns Grün.

Werden Al_2O_3 und ZnO als Säuren in die Eisenoxydulsilikatschlacken aufgenommen, so geschieht dies jedenfalls meist unter Bildung von Bialuminaten bzw. Singulozinkaten.

Verrechnung von Al_2O_3 und ZnO bei Berechnung einer Eisenoxydulsilikatschlacke. Die Frage, unter welchen Bedingungen Aluminiumoxyd (Zinkoxyd ist nach vorstehendem ja nur von untergeordneter Bedeutung) als Base und unter welchen es als Säure in die Schlacken eintritt, läßt sich nicht exakt beantworten: d. h. es läßt sich nicht mit Bestimmtheit sagen, bis zu welchem Kieselsäureprozentgehalt der das Al_2O_3 aufnehmenden Schlacke dieses als Base in die Schlacke eintritt und von wann an es sauren Charakter zeigt. C. A. Heberlein[1] verficht zwar auf Grund seiner Erfahrungen in Zacatecas die Ansicht, daß Al_2O_3 stets als starke Base anzusehen sei und berichtet u. a., daß 1912 in Copper Queen viel Cu-haltiger Gibbsit (ein fast reines Aluminiumhydroxyd) verschmolzen wurde unter Erzielung einer Schlacke mit 32% Al_2O_3; er verleiht seiner Ansicht aber keine Stichhaltigkeit, da er weder den SiO_2- sowie den CaO- und FeO-Gehalt seiner Schlacken noch seinen Brennstoffverbrauch angibt. Nur von einer Kalkeisenoxydulsilikatschlacke mit $SiO_2 = 46{,}4\!-\!53{,}0\%$, $FeO = 16{,}2\!-\!32{,}1\%$, CaO $= 18{,}7\!-\!26{,}1\%$, $Al_2O_3 = 4{,}5\%$, $ZnO = 0{,}35\%$, die gemeinsam mit einem Stein von $31{,}1\!-\!44{,}7\%$ Cu anfiel, berichtet er einen Brennstoffbedarf von $10\!-\!12\%$ (bezogen auf die Gesamtcharge?).

---

[1] Heberlein, C. A.: High Silica Slags at the Magistral Smeltery, Zacatecas, Teil I. Engg. Min. J. Bd. 88, S. 107—108, 1909.

Bei Kalkeisenoxydulsilikatschlakken wie z. B. den Mansfelder Schlakken mit einer ungefähren Zusammensetzung wie nebenstehend, hat

% Cu	% SiO_2	% FeO	% Al_2O_3	% CaO	% MgO
0,2	48,4	5,89	18,17	19,50	8,02
0,6	50,0	8,70	15,60	20,30	4,40
0,8	48,2	10,75	16,35	19,30	3,02

Al_2O_3 sicher basischen Charakter; denn wenn man es als Säure verrechnen wollte, so käme man zu einer Silizierungsstufe = nahezu 4, also zu Quadri-Silikoaluminaten, was höchst unwahrscheinlich erscheint.

Steigt der Gehalt an FeO und sinkt der Prozentsatz an CaO, so sinkt auch die Menge von Al_2O_3, die als Base in die Schlacke eintreten kann, und es werden mehr Aluminate gebildet, die höheren Schmelzpunkt und Versteifung der Schlacke nach sich ziehen. So läuft z. B. in den Schachtöfen der Union Minière du Haut Katanga (die mit heißem!! Wind arbeiten) eine Schlacke mit 42,0 %/o SiO_2, 23,5 %/o FeO, 14,5 %/o CaO, 7,5 %/o Al_2O_3, die nur möglich ist, weil die verschmolzenen Erze absolut frei von Zink sind, und die dennoch so viskos ist, daß sie bis zu 3 %/o Cu zurückhält[1].

Bei Ca-armen, ausgesprochenen Eisenoxydulsilikatschlacken mit hohem FeO-Gehalt, wie sie bei unmittelbaren Verhüttungsprozessen die Regel sind, ist indessen bei der Berechnung der Schlacke das nicht bereits im Erz silikatisch gebundene Al_2O_3 lediglich als Säure in Rechnung zu stellen.

Schlacken, die an der Grenze beginnender Spinell-Abscheidung liegen[2].

	1. Kalkeisenoxydulsilikatschlacken (unmittelbar vor der Spinellabscheidung)			2. Eisenoxydulsilikatschlacken (Spinell-Abscheidung hat bereits begonnen)		
FeO	8,20 %	9,60 %	10,50 %	37—45 %	40—45 %	40—50 %
CaO	32,10 %	24,40 %	34,10 %	Spur	Spur	3—4 %
MgO	6,80 %	11,40 %	5,40 %	Spur	Spur	1,5—8 %
SiO_2	46,50 %	44,40 %	35,50 %	20—25 %	35 %	20—30 %
Al_2O_3	12,90 %	8,90 %	9,10 %	1,3—1,4 %	4—7 %	8—12 %
ZnO	—	—	—	10—18 %	5—8 %	8—12 %
Zinkspinell .	—	—	—	3,5—3,7 %	1,7—1,8 %	0,5 %

Mangels hinreichend genauer Eingrenzung des unterschiedlichen Verhaltens von Al_2O_3 auf wissenschaftlicher Grundlage sind in der Betriebspraxis verschiedene empirische Wege zur Ermittlung der in einer Schachtofenschlacke als Base und der als Säure zu verrechnenden Teile des Al_2O_3-Gehaltes der Beschickung in Anwendung.

In der Trail-Smelter der Consol. Mining & Smelting Co. of Canada Ltd., Brit. Columbia[3], ist für die Berechnung von Kalkeisenoxydulsilikatschlacken die Arbeitshypothese aufgestellt worden, daß CaO, Al_2O_3 und SiO_2 ein Bisilikat der Zusammensetzung $Al_2O_3 \cdot 3\,CaO \cdot 6\,SiO_2$ bilden. Alles Al_2O_3, das über den diesem Bisilikat entsprechenden Tonerdeanteil hinaus, überschüssig, vorhanden ist, wird als Säure verrechnet. Es ist daher z. B. eine Schlacke mit

$$SiO_2 \ = 44,0\,\%, \text{ entsprechend } 23,47\,\% \text{ Sauerstoff}$$
$$Al_2O_3 = 17,4\,\%, \qquad\qquad 8,17\,\% \qquad ,,$$
$$CaO \ = 19,2\,\%, \qquad\qquad 5,49\,\% \qquad ,,$$
$$FeO \ = 16,1\,\%, \qquad\qquad 3,57\,\% \qquad ,,$$
$$MgO \ = 2,5\,\%, \qquad\qquad 1,00\,\% \qquad ,,$$

---

[1] Vgl. T. A. Rickard: A Journey to South-Africa, Teil VI. Engg. Min. J. Bd. 121, S. 13—21, 1926.

[2] Vgl. Fulton: Principles of Metallurgy, S. 258. New York 1910.

[3] Vgl. J. Buchanan u. F. E. Lee: Ming. Eng. Rev. v. 15. 2. 1913.

als der Bisilizierungsstufe näher denn der Singulostufe anzusprechen, weil derjenige Teil des Al_2O_3-Gehaltes, der den 5,49 % Sauerstoff des CaO entspricht, nämlich rund 11,7 % Al_2O_3, nach obiger Arbeitshypothese als Base zu verrechnen ist, so daß die verbleibenden rund 5,7 % Al_2O_3 als Säure auftreten und sich somit ergibt:

Basische Schlackenbildner:		Saure Schlackenbildner:
11,7 % Al_2O_3 mit 5,49 % O_2		5,7 % Al_2O_3 mit 2,68 % O_2
19,2 % CaO ,, 5,49 % O_2		44,0 % SiO_2 ,, 23,47 % O_2
16,1 % FeO ,, 3,57 % O_2		In Säuren 26,15 % O_2
2,5 % MgO ,, 1,00 % O_2		
In Basen 15,55 % O_2		

Silizierungsstufe (Azidität) = 1,68.

Die Schlacke steht also dem Bisilikat näher als dem Singulosilikat und läuft in der Trail-Smelter erfahrungsgemäß gut.

Ein anderer besonders für stark FeO-haltige Schlacken geeigneter empirischer Weg für die Verrechnung des Al_2O_3, der zu recht guten Ergebnissen führt, besteht darin, in der Beschickung analytisch den in Königswasser löslichen Anteil des Al-Gehaltes sowie den Gesamt-Al-Gehalt zu bestimmen und dann das in Säure lösliche Al_2O_3 als Base, das in Säure unlösliche als Säure zu verrechnen.

Aus dem Vorstehenden erhellen die erheblichen Schwierigkeiten, denen der Hüttenmann bezüglich der Wahl einer guten, leichtschmelzigen und leichtflüssigen Schlacke begegnet bei Anwesenheit von Tonerde und von Zink. In der Praxis ist es daher stets geraten, wenn tonerdehaltige Erze auf unmittelbarem Wege verhüttet werden sollen, zwar eine geeignete Schlacke zunächst rechnerisch zu ermitteln, aber nicht etwa dann auch sofort die Beschickung dieser neuen Schlacke entsprechend zu ändern. Ein solches Vorgehen kann trotz aller Berechnungen den Ofen binnen kürzester Zeit einfrieren lassen. Das tonerde- bzw. zinkhaltige Erz darf zunächst nur in geringen Mengen gegichtet werden unter scharfer Beobachtung aller Veränderungen der Schlacke und nur langsam darf der Einsatz solchen Erzes bis zu der errechneten zulässigen Menge gesteigert werden unter gleichzeitiger langsamer Änderung der gesamten Zusammensetzung der Beschickung.

Gelingt es nicht, ohne Vergrößerung des Brennstoffverbrauches bis ins Unwirtschaftliche eine Schlacke zu finden, die die im Erze vorhandenen Mengen von Al_2O_3 und ZnO aufnehmen kann und dabei hinreichend leichtschmelzig bleibt, so bleibt noch das Mittel, die Reaktionsgeschwindigkeit in der Schlackenbildungszone (insbesondere vor den Düsen) zu steigern. Dies kann einerseits durch Arbeiten mit heißem Winde geschehen, was aber bei unmittelbarer Verhüttung aus später zu erörternden Gründen Nachteile mit sich bringt, oder andererseits durch erhebliche Steigerung der Windpressung. R. Sticht z. B. konnte in der Mount Lyell-Hütte größere Mengen von Al_2O_3 in seinen Schlacken aufnehmen, als er die Windpressung bis auf 3000 mm Wassersäule steigerte. Selbstverständlich bestehen auch hierbei wirtschaftliche Grenzen, die in den Kosten für Winderhitzung (wofern nicht genügend Abwärme zur Verfügung steht), bzw. in den gesteigerten Kraftkosten für die Gebläsemaschinen sowie in dem für Vergrößerung der Gebläseanlagen zu investierenden Kapital liegen.

Der Eintritt von Eisenoxyd in Eisenoxydulsilikatschlacken.

Schon in vielen Erzen und in fast allen Zuschlägen finden sich mehr oder minder große Mengen von Eisenoxyd Fe_2O_3. Bei der Durchführung der Oxydationsprozesse, die das Charakteristikum der unmittelbaren Verhüttung sind, ist natürlich oftmals Gelegenheit zur Entstehung nicht nur der niedrigsten Oxydationsstufe, der Oxydule, sondern auch von höheren Oxydationsstufen gegeben. Vornehmlich entstehen größere Mengen von Eisenoxyd bei der Agglomeration von Feinerzen in Sintertöpfen, wo das eingesetzte Gut lange Zeit hindurch bei Rotglut dem Einflusse des hindurchgeblasenen oder hindurchgesaugten Windes ausgesetzt ist.

$$FeS_2 + O_2 = FeS + SO_2$$
$$FeS + 1^1/_2 O_2 = FeO + SO_2$$
$$2 FeO + {}^1/_2 O_2 = Fe_2O_3$$

Zwischen dem Eisenoxyd Fe_2O_3 und den verschiedensten Metalloxydulen treten bei erhöhter Temperatur chemische Reaktionen ein, die engere Bindungen zwischen den Oxydulen und dem Eisenoxyd herstellen, wobei beide Bestandteile in verschiedenen molekularen Mischungsverhältnissen erscheinen können. Einzelne dieser neu entstehenden Körper haben den Charakter echter chemischer Verbindungen, in denen das Eisen in sechswertiger Form vorliegt. Während zwei- und dreiwertiges Eisen durchaus basisches Verhalten zeigt, trägt sechswertiges Eisen Eigenschaften, die es als Säure erscheinen lassen (z. B. Kaliumferrat $= K_2FeO_4$). Die gesamte noch nicht restlos erforschte Gruppe der Verbindungen, die aus Eisenoxyd und Metalloxydulen entstehen, wird vielfach unter der Sammelbezeichnung „Ferrite" zusammengefaßt[1]. Erwähnt sei, daß ähnliche Erscheinungen auch bei Kobalt beobachtet worden sind, die zur Bildung von „Kobaltiten" führen.

Reines Eisenoxyd ist bis zu Temperaturen von 1370^0 C beständig. Erst bei Temperaturen über 1370^0 C tritt eine meßbare Sauerstofftension des Fe_2O_3 und ein merklicher Zerfall ein[2]. Ein rein thermischer Zerfall von Eisenoxyd in Ferrohydroferrit und freien Sauerstoff, wie ihn Wüst[3] ab 1000^0 C zu erkennen glaubte, kommt für Schachtofenschlacken nicht in Frage. Im Konvertor indessen kann ein thermischer Zerfall von Fe_2O_3 gelegentlich und in untergeordnetem Maße auftreten.

Hingegen kann die bloße Einwirkung von SO_2 auf die Sulfide des Eisens zu Bildung von Magnetit führen und solche Verhältnisse treten gelegentlich in

---

[1] Die sehr verbreitete Bezeichnung von Verbindungen, die aus Eisenoxyd Fe_2O_3 und Metalloxydulen entstehen können, als „Ferrite", ist nicht einwandfrei. Als Ferrite können nach der chemischen Nomenklatur nur die Salze der (hypothetischen) eisenigen Säure benannt werden. Die der schwefligen Säure analoge eisenige Säure wäre $H_2FeO_3 = H_2O \cdot FeO_2$ und dementsprechend könnte das Eisenoxyd als Ferroferrit mit der Schreibweise $FeO \cdot FeO_2$ angesprochen werden. Das natürliche Mineral Magnetit Fe_3O_4 jedoch, das nicht etwa ein Gemenge von Eisenoxydul und Eisenoxyd $FeO \cdot Fe_2O_3$ ist, denn es hat ja konstante chemische Zusammensetzung, läßt sich auffassen als ein Salz der hydroeisenigen Säure $H_2(FeO_2)_2$, die der hydroschwefligen Säure entspricht ($H_2S_2O_4$). Er ist also ein Ferrohydroferrit von der Konstitution $Fe \cdot (FeO_2)_2$ und so sind alle sog. „Ferrite" eigentlich Hydroferrite.

[2] Die analytische Fe-Bestimmung durch Glühen gefällten Fe-Hydroxydes bleibt natürlich unbeeinflußt, da im Glühtiegel niemals derartig hohe Temperaturen erreicht werden.

[3] Wüst, F.: Über die Theorie des Glühfrischens. Metallurgie Bd. 5, S. 7—12, 1908.

den oberen Zonen der Schachtofenbeschickung auf, wenn frisch gegichtet worden ist und die aus den tieferen Zonen der Beschickung nach oben streichenden Gase keinen freien Sauerstoff mehr enthalten, so daß noch längere Zeit nach dem Gichten (5—10 Min. lang oder gar bis zum nächsten Gichten) dicke schmutziggelbe Wolken von Gichtgas aus der Beschickung austreten.

$$3\,FeS_2 + 2\,SO_2 = Fe(FeO_2)_2 + 8\,S$$
$$3\,FeS + 2\,SO_2 = Fe(FeO_2)_2 + 5\,S$$

Die Möglichkeiten für Magnetitbildung innerhalb der Beschickung sind also:

1. Thermischer Abbau von Fe_2O_3 — sei es bei Agglomeration von Feinerzen, sei es durch reichlichen Sauerstoffüberschuß und womöglich gleichzeitigen Kieselsäuremangel innerhalb des Schachtofens entstanden (speziell vor den Düsen) — oberhalb von 1000^0 C. Gewisse Rückschlüsse auf die thermischen Existenzbereiche von FeO und Fe_2O_3 ermöglicht das von Kohlmeyer[1] aufgestellte Zustandsdiagramm.

2. Einwirkung von schwefliger Säure auf die Sulfide des Eisens bei Mangel an Sauerstoff.

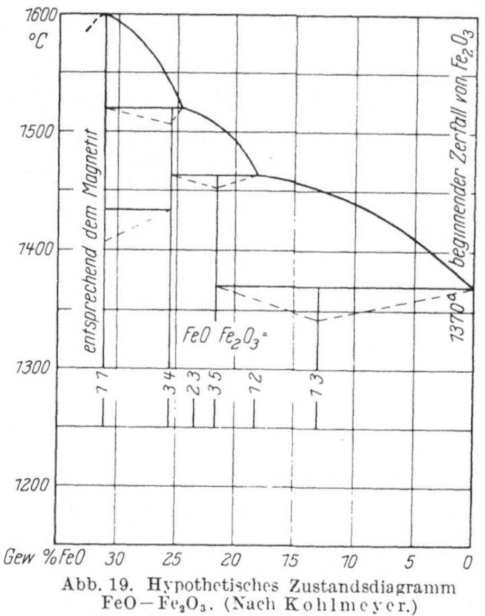

Abb. 19. Hypothetisches Zustandsdiagramm FeO—Fe_2O_3. (Nach Kohlmeyer.)

Weder das Eisenoxyd noch der Ferrohydroferrit gehen unmittelbar Verbindungen mit Kieselsäure ein. Da sie bei den im Schachtofen herrschenden Temperaturen nicht in geschmolzenem Zustande mit den Schlacken in Berührung kommen, so müssen die Schlacken derartige Verbindungen zunächst in mehr oder minder teigigem Zustande aufnehmen, wodurch sie verdickt und strengflüssig werden. Zum geringen Teil mag physikalische Lösung in den Silikatschmelzen eintreten. Sehr nachteilig wirkt das hohe spez. Gew. derartiger Verbindungen, das, ebenso wie es bei Gegenwart von Spinellen der Fall ist, das mittlere spez. Gew. der anfallenden Schlacken durchaus merklich erhöht.

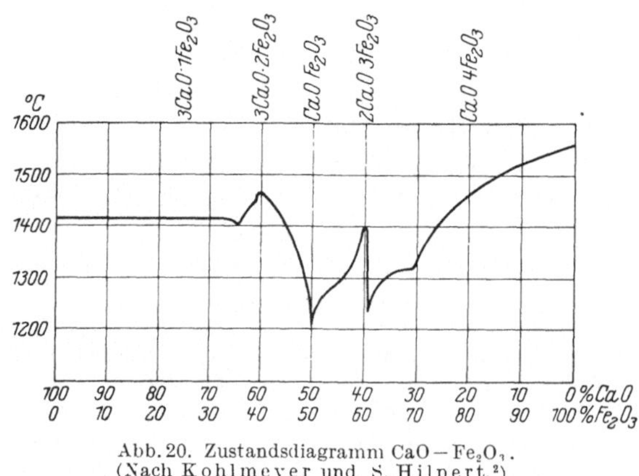

Abb. 20. Zustandsdiagramm CaO—Fe_2O_3. (Nach Kohlmeyer und S. Hilpert.[2])

<hr>

[1] Kohlmeyer, E. J.: Über Bleioxyd- und Eisenoxydulferrite. Metallurgie Bd. 10 (N. F. Bd. 1), S. 447—462, 483—491, 1913.

[2] Kohlmeyer, J., u. S. Hilpert: Über Kalziumferrite. Metallurgie Bd. 7, S. 193—201, 225—245, 1910.

Ganz ähnliche Verbindungen, wie die eben erwähnten, entstehen, wenn Fe_2O_3 auf CaO bzw. MgO einwirkt. Bemerkenswert ist der im allgemeinen niedriger liegende Schmelzpunkt der Kalkverbindungen, unter denen das einfache Kalziumhydroferrit $Ca(FeO_2)_2$ nach Kohlmeyer schon bei wenig über 1200° C schmilzt. Während SiO_2 auf $CaSO_4$ schon ab 1000° C zersetzend einwirkt, beginnt die Einwirkung von reinem Fe_2O_3 erst bei 1100° C, also später. Hingegen verläuft die restlose Umwandlung $CaSO_4 + Fe_2O_3 = CaO \cdot Fe_2O_3 + SO_2 + {}^1/_2 O_2$ in einer viel kürzeren Temperaturspanne, als die durch SiO_2 bewirkte Umwandlung, da die Kalziumhydroferritbildung bereits wenig über 1200° C (bei Erreichung des Schmelzpunktes) beendet ist[1].

Zinkoxyd reagiert schon bei recht niedrigen Temperaturen mit Fe_2O_3 unter Bildung von Hydroferriten und ähnlichen Körpern. Beim Abrösten von pyritreichen Bleizinkerzen der Sullivan Mine (Brit. Columbia) wurde bereits bei 650° C ein Maximum an Hydroferritbildung beobachtet[2]. Zinkhydroferrit $Zn(FeO_2)_2$ (in der Natur als Franklinit bekannt) kann somit schon beim Agglomerieren zinkhaltiger Feinerze in reichlichem Maße entstehen, namentlich bei der Sintertopfarbeit. Wie die übrigen Hydroferrite, so sind auch die Zinkhydroferrite sehr temperaturbeständig[3].

Auch Kupfer, Nickel und Kobalt gehen mit Fe_2O_3 Verbindungen ein. Ein Dicuprihydroferrit z. B. bildet sich gelegentlich beim Abrösten von Kupferkies. Nickelohydroferrit $= NiO \cdot Fe_2O_3$ ist äußerst selten.

Ferro-, Cupri-, Nickelo- und Cobalto-Hydroferrit zeichnen sich durch stark magnetische Eigenschaften aus. Zinkhydroferrit ist schwächer magnetisch; Kalziumhydroferrit ist unmagnetisch.

Der Eintritt von Blei in die Eisenoxydulsilikatschlacken.

Blei, das in den Erzen meist als Bleiglanz, gelegentlich als Bournonit vorliegt, verschlackt — soweit sich im Verlaufe der unmittelbaren Verhüttung überhaupt Gelegenheit zur Entstehung von Bleioxyden bietet — mit Kieselsäure bekanntermaßen sehr leicht unter Bildung niedrig schmelzender Bisilikate, von denen das Singulosilikat $2PbO \cdot SiO_2$ bereits bei 745° C, das Bisilikat $PbO \cdot SiO_2$ bei 765° C schmilzt. Wenngleich auch diese Bleisilikate ein sehr hohes spez. Gew. haben, so werden sie doch von anderen Silikatschmelzen spielend leicht gelöst.

Der Eintritt von Sulfiden in die Eisenoxydulsilikatschlacken.

Obgleich in der Natur die verschiedensten Mischungsverhältnisse von Sulfiden und z. T. sogar recht sauren Silikatschmelzen anzutreffen sind (z. B. innige Durchmischungen von Magnetkies und dem granodioritischen und gabbroiden

---

[1] Vgl. auch H. O. Hofman and W. Mostowitsch: The Behavior of Calcium Sulphate at Elevated Temperatures with some Fluxes. Transactions Amer. Inst. Min. Eng. Bd. 39, S. 628—653, 1909.

[2] Vgl. E. H. Hamilton, G. Murray and D. McIntosh: Formation of Zink Ferrate. Mining Mag. Bd. 27, S. 145, 1917, und Bull. Canadian Mining Inst. vom Juli 1917.

[3] Zerfällt selbst über 1000° C bei Gegenwart von Kohlenstoff nicht, wohl aber bei Gegenwart von CO-Gas. Vgl. V. Lindt: Die Zerstörung des Zinkferrites in gerösteten Blenden vor ihrer eigentlichen Reduktion. Metall u. Erz Jg. 11, S. 405—408, 1914.

Muttergestein der Lagerstätten des Sudburydistriktes), und während die FeO-armen Schlacken der Eisenhochöfen mit steigender Basizität und steigender Temperatur nicht unbedeutende Mengen von Sulfiden zu lösen vermögen (so daß ihr Gehalt an S bis zu 2,5, ja 3% betragen kann), finden sich Sulfide in gelöstem Zustande in den Schlacken der unmittelbaren Verhüttungsprozesse und überhaupt in den meisten Schlacken, die beim Steinschmelzen und Steinverblasen anfallen, nur in verhältnismäßig geringen Mengen. Die Lösefähigkeit der hier in Betracht kommenden metallhüttenmännischen Schlacken für Sulfide steigt mit zunehmender Basizität, mit zunehmendem Fe- und Zn-Gehalt und mit Erhöhung der Schlackentemperatur. Die Gleichgewichte, die sich zwischen Schlacke und Stein, namentlich während ihres Verweilens im Vorherd, einstellen, sind in hohem Maße vom Fe-Gehalt der Steine abhängig. Jedoch verläuft die Änderung der bloßen Löslichkeit der Steine in Schlacken bei abnehmendem Fe-Gehalt der Steine nicht stetig, sondern bei Erreichung eines gewissen Abnahmegrades (bei Kupfersteinen z. B. bei rund 12% Fe) nimmt die Löslichkeit in der Schlacke rapid zu[1]. Während die Sulfide des Kupfers, Nickels, Kobalts, Silbers und Bleis kaum in nennenswerten Mengen in Lösung gehen, sind Eisen- und Zinksulfid immerhin bis zum Betrage einiger Prozente löslich. J. H. L. Vogt hat die in Schlacken des Steinschmelzens aufgenommenen Mengen von Eisen- und Zinksulfid ermittelt und u. a. gefunden[2]:

% SiO$_2$	% FeO	% CaO	% ZnO	Geloste Sulfide
23—28	40—45	10— 5	12 —16	6—8 % (Zn, Fe)S
25—32	40—50	ca. 10	0,5— 1	2—2,5 % FeS
35—40	30—40	ca. 10	0 — 1,5	ca. 1,5—2,0 % FeS
ca. 50	10—20	ca. 10	0 — 1	ca. 0,5—0,75 % FeS

Die Viskosität der Schlacken.

Sowohl für einen flotten Ofengang als auch für die später zu behandelnde Frage der Verluste an zu gewinnendem Metall, das durch die Schlacken zurückgehalten wird, ist die Viskosität von größter Bedeutung.

Bei Substanzen, die sich mit steigender Temperatur bezüglich ihres chemischen Aufbaues nicht verändern, nimmt die Viskosität mit zunehmender Temperatur im allgemeinen ab. Stellt man die Viskositätsverminderung bei steigender Temperatur kurvenmäßig dar, so ist aus dem asymptotischen Verlauf derartiger Kurven zu entnehmen, daß nach Erreichung einer bestimmten Temperaturgrenze weitere Temperatursteigerung eine weitere Viskositätsverminderung nicht mehr nach sich zieht. Es wird ein stationärer Dünnflüssigkeitsgrad erreicht. Die hüttenmännischen Schlacken gehören aber nicht zu dieser Art von Substanzen, so daß eine Schlacke, die zwar ihren Prozentgehalt an Einzelbestandteilen mit steigender Bildungstemperatur nicht zu ändern braucht, wohl aber ihre konstitutionellen Verhältnisse wechselt, unter Umständen bei höherer Temperatur viskoser werden

---

[1] Theoretische und experimentelle diesbezügliche Untersuchungen vgl. W. Jander: Gleichgewichte von Sulfiden und Silikaten im Schmelzfluß. Metallwirtsch. Jg. 7, I. S. 580 bis 585, 1928.

[2] Vogt, J. H. L.: Die Schlacken, in C. Doelter: Handbuch der Mineralchemie Bd. 1, S. 925—955, 1912.

kann. Ein Gemenge von MgO und SiO_2 z. B. bildet in der Schmelze oberhalb von 1550° C Singulosilikat $2\,MgO \cdot SiO_2$ (Forsterit), während unterhalb von 1550° C das Bisilikat $MgO \cdot SiO_2$ (Enstatit) entsteht. Da der Forsterit gegenüber dem Enstatit die stabilere Form ist, so geht das Bisilikat bei Erhitzung über 1550° C in Singulosilikat über unter gleichzeitiger Abscheidung von einem Molekül freier Kieselsäure. Durch diese in Freiheit gesetzte Kieselsäure wird die Schmelze, die unterhalb von 1550° C gut dünnflüssig war, nunmehr steif und zähe, weil die freie Kieselsäure erst oberhalb von 1600° C zu schmelzen beginnt[1].

Je größer der Prozentsatz basischer („frischer") Bestandteile einer metallurgischen Schlacke ist, desto weniger viskos ist sie im allgemeinen und desto kleiner ist auch meist das Temperaturintervall, innerhalb dessen sie erstarrt. Stark kieselsäurehaltige („seigere") Schlacken sind meist sehr viskos, erstarren nur langsam und können beträchtliche Unterkühlungen erleiden[2]. Steigt der SiO_2-Gehalt der Schlacken über 40%, so nimmt die Viskosität bedeutend schneller zu als unterhalb von 40% SiO_2.

Bezüglich des Einflusses der basischen Bestandteile von Bisilikatschlacken auf deren Viskosität stellte Greiner[3] die Reihenfolge

$$\text{Fe}''\qquad \text{Mn}\qquad \text{Fe}'''\qquad \text{Mg}\qquad \text{Ca}\qquad \text{Al}$$

auf. Schlacken mit vorwiegend zweiwertigem Fe oder mit Mn sind die dünnflüssigsten: Al ist dasjenige Element, das die Viskosität am stärksten vermehrt. PbO bewirkt eine erhebliche Erniedrigung der Zähflüssigkeit.

Es wurde schon erwähnt, daß bei gleichem osmotischen Druck die Diffusionsgeschwindigkeit von Lösungen sowie von Schmelzen der inneren Reibung, also der Viskosität, umgekehrt proportional ist, und daß daher die Mischung von Silikatschmelzen verschiedener Viskosität und die Ausgleichung etwaiger Konzentrationsunterschiede nur sehr langsam vonstatten geht. Schmelzen von unterschiedlicher Viskosität, wie sie in den Schachtofenschlacken vorliegen können (z. B. dünnflüssige Eisenoxydulsilikatschmelzen und daneben anfallende spinellhaltige sehr zähe Schlacken), mischen sich daher auch bei längerem Verweilen im Vorherde nicht nennenswert miteinander, sondern es bilden sich Schichtungen. Die viskosere Schlacke, wenn sie gleichzeitig spezifisch schwerer ist, sinkt nach unten. Das kann für die Separation im Vorherde von sehr nachteiliger Bedeutung

---

[1] Vgl. W. Hommel: Die Verarbeitung komplexer Erze und Hüttenprodukte. Metall u. Erz Bd. 16, S. 501—511, 559—576, 1919.

[2] Gelegentlich findet man in der Literatur eine falsche Verallgemeinerung, indem gesagt wird, je basischer eine Silikatschmelze sei, desto weniger viskos, je saurer, desto viskoser sei sie. Schon 1886 hat A. Lagario in seiner Arbeit: „Über die Natur der Glasgesteine und der Kristallisationsvorgänge im eruptiven Magma", Tschermaks mineral. Mitt. Bd. 8, S. 511, 1886, darauf hingewiesen, daß es bezüglich der basischen bzw. sauren Bestandteile einer Schmelze sehr darauf ankommt, um welche Basen bzw. Säuren es sich handelt. Es sei in diesem Zusammenhange z. B. auf die trotz sehr hohen Kieselsäuregehaltes im Vergleich mit metallurgischen Schlacken recht geringe Viskosität von Bleisilikatschmelzen hingewiesen (Jenaer Leichtflint-Bleikristall O 788 hat z. B. 78,0 % SiO_2, 9,5 % PbO, 5,7 % Na_2O und 6,6 % K_2O). Es sei auch daran erinnert, daß andere Säuren wie z. B. Borsäure und in noch höherem Grade Wolframsäure die Schmelzen außerordentlich dünnflüssig machen, auf der anderen Seite aber Basen wie Al_2O_3 sie sehr zähe machen können.

[3] Greiner, E.: Über die Abhängigkeit der Viskosität in Silikatschmelzlösungen von ihrer chemischen Zusammensetzung. Dissert.: Jena 1907, 57 S., 19 Textabb., 2 Taf.

sein, da oftmals eine derartige viskose und spezifisch schwere Schlacke sich als trennende Schicht zwischen den flüssigen Stein und die darüber stehende gut dünnflüssige Schlacke lagert. Da der Stein im Vorherd niemals so hoch steigen darf, daß er den Schlackenüberlauf erreicht, so wird meist auch die trennende hochviskose (z. B. Spinell-) Schlacke den Vorherd nicht aus dem Schlackenüberlauf verlassen. Es sammelt sich immer mehr hochviskose Schlacke an und das Übel wird immer schlimmer. Der Nutzeffekt des Vorherdes wird langsam immer geringer. Hat man auf Grund der Zusammensetzung der zu verhüttenden Erze für längere Zeit oder für immer mit dem Anfall von Schlacken zu rechnen, die sehr viskose Bestandteile enthalten, so kann bessere Separation als im gewöhnlichen Vorherd erreicht werden, wenn man auf kontinuierlich laufenden Ofenstich verzichtet und den Stein periodisch absticht, die Schlacke hingegen kontinuierlich in einen großen Flammofen laufen läßt, in dem sie lange Zeit heiß erhalten werden kann, so daß hinreichend Gelegenheit zur Diffusion und Abtrennung zurückgehaltener Metallprodukte zur Verfügung steht. Muß auch der periodisch abzustechende Stein aus irgendwelchen Gründen noch gespeichert werden (die Tiegelzustellung eines Schachtofens bietet ja niemals so viel Speicherraum wie ein großer Vorherd), so kann er in einem kleinen Flammofen leicht heiß erhalten werden. Eine solche Art der Schlackenbehandlung wurde in El Paso, Texas, mit gutem Erfolg angewandt (60-t-Flammöfen für die Schlacken).

Werden dünnflüssige Schlacken schnell abgekühlt, so erstarren sie mit feinkristalliner Struktur. Viskose Schlacken hingegen erstarren bei schneller Abkühlung stets glasig. Durch sehr langsame Kühlung, also durch Tempern, lassen sich aber auch zähflüssige Schlacken zur feinkristallinen Erstarrung bringen. Die bislang vielfach vertretene Ansicht, daß man aus relativ sauren und oft sehr viskosen Schlacken keine Schlackensteine herstellen könne, ist irrig. Verfasser hat selbst aus einer verhältnismäßig sauren Kupferschachtofenschlacke mit 46 % SiO_2 bei 14 tägigem Tempern durchaus brauchbare feinkristalline Schlackensteine erzielt. Daß die Herstellung von Schlackensteinen als Fabrikationszweig bei derartig langem Tempern natürlich nicht wirtschaftlich ist, bedarf keiner besonderen Betonung. Immerhin kann man aber für den eigenen Bedarf der Hütte sehr gut Platten für den Fußbodenbelag einzelner Gebäudeteile und Pflastersteine bei genügendem Tempern auch aus stark sauren sowie aus hochviskosen Schlacken selbst herstellen.

Ein absolutes Maß für die Viskosität gibt es nicht. Alle Zahlenwerte über Viskosität sind nur relativer Natur. Methoden zur Festlegung von Vergleichswerten und geeignete Apparaturen für diesen Zweck sind mehrfach angegeben worden, u. a. ein vom Verfasser gebautes und um möglichster Annäherung an die Praxis willen für mehrere Liter Schlackeninhalt eingerichtetes Viskosimeter, in dem innerhalb der auf bestimmte Temperatur gebrachten geschmolzenen Schlacke ein Propeller gedreht und bei stets gleichbleibender Drehkraft die jeweilig erreichbare Umdrehungszahl bestimmt wird. Neben derartigen für das Laboratorium geeigneten und für Kontrollen wertvollen Apparaten gebraucht der Hüttenmann aber am Schmelzofen selbst Hilfsmittel, die ihm gestatten, auf einfachstem Wege und innerhalb weniger Minuten sich eine ungefähres Bild von der Viskosität der anfallenden Schlacke zu machen. Entnimmt man mittels einer trockenen, nicht vorgewärmten Schaufel aus dem ablaufenden Schlackenstrahl eine Probe von etwa $^1/_4$ l und bewegt dann die Schaufel kurz stoßweise, wie einen Sichertrog, um die Schlackenprobe möglichst breit auf der Schaufel zu verteilen, so hat man es bei breit auseinander laufenden und langsam erstarrenden Schlacken mit dünnflüssigem Material zu tun, wohingegen zähes, schmierendes Material sich auf der Schaufel selbsttätig legitimiert. Gießt man eine Gießpfanne mit 500—1000 l Schlacke auf einer möglichst wagerechten ebenen Fläche aus, so gibt die Größe der von Schlacke überflossenen Fläche und der Böschungswinkel, der sich an den Schlackenrändern ausbildet, gleichfalls ein gutes Bild von der Viskosität der Schlacke. Steife und zähe Schlacken laufen nicht weit, sondern kriechen nur lavaartig vorwärts und zeigen an ihrem Rande Böschungswinkel von 40 und mehr Graden oder haben gar einen wulstigen Rand. Auch empfiehlt es sich, täglich beim Kippen flüssiger Schlacke auf die Schlackenhalde das Verhalten der Schlacke zu beobachten. Bei einiger Übung gelingt es sehr bald, den Grad der Viskosität einwandfrei auf Grund solcher Beobachtungen zu beurteilen. Kontrollen mit einem Viskosimeter, namentlich, wenn man mit relativ viskosen Schlacken arbeiten muß, oder außergewöhnliche Betriebsstörungen eintreten, verbessern die subjektiven Beobachtungen.

Das spezifische Gewicht der Schlacken.

Für eine möglichst weitgehende Trennung der erschmolzenen Metallprodukte von den Schlacken ist neben der Viskosität das spez. Gew. von ausschlaggebender Bedeutung.

Das spezifische Gewicht der wichtigsten Schlacken-Komponenten.

	Sp. Gew.		Sp. Gew.
FeO	5,00	$FeO \cdot SiO_2$	3,44
		$4\,FeO \cdot 3\,SiO_2$	3,62
		$3\,FeO \cdot 2\,SiO_2$	3,67
		$2\,FeO \cdot SiO_2$	3,91
		$3\,FeO \cdot SiO_2$	4,11
		$4\,FeO \cdot SiO_2$	4,27
Fe_2O_3	5,20		
Fe_3O_4	5,18		
MnO	5,10	$MnO \cdot SiO_2$	3,36
PbO	9,20	$PbO \cdot SiO_2$	5,74
		$2\,PbO \cdot SiO_2$	7,00
ZnO	5,80	$ZnO \cdot SiO_2$	3,86
BaO	5,00	$BaO \cdot SiO_2$	3,74
CaO	3,32	$CaO \cdot SiO_2$	2,90
MgO	3,20—3,60	$MgO \cdot SiO_2$	3,06
Al_2O_3	3,60		
SiO_2	2,51		
		$ZnO \cdot Al_2O_3$	4,58
		$Fe(FeO_2)_2$	5,19
		$Zn(FeO_2)_2$	5,13

Mit zunehmendem SiO_2-Gehalt der Schlacken nimmt das spez. Gew. im allgemeinen ab. J. H. L. Vogt[1] verglich die spezifischen Gewichte verschiedener Schlacken, deren FeO- und SiO_2-Gehalt wechselte, bei gleichbleibendem Gehalt an anderen Nebenbestandteilen, wie CaO, MgO, Al_2O_3 usw. Dabei stellte sich

[1] Vogt, J. H. L.: Norsk Tekn. Tidskrift 1895.

für 1 % Zunahme des SiO_2-Gehaltes eine durchschnittliche Abnahme des spez. Gew. um 0,03 heraus (vgl. folgende Tabelle).

Spezifisches Gewicht von Eisenoxydulsilikatschlacken mit rund 15 % CaO, MgO, Al_2O_3 usw.

bei 20 % SiO_2 (= rund 65 % FeO) . . . . . . Spez. Gew. = 4,10
,, 25 % SiO_2 (= ,, 60 % FeO) . . . . ,, ,, = 3,95
,, 30 % SiO_2 (= ,, 55 % FeO) . . . . ,, ,, = 3,80
,, 35 % SiO_2 (= ,, 50 % FeO) . . . . ,, ,, = 3,65
,, 40 % SiO_2 (= ,, 45 % FeO) . . . . ,, ,, = 3,50

Der Einfluß der chemischen Zusammensetzung der Schlacken auf ihr spez. Gew. geht am deutlichsten aus einigen Schlacken der Praxis hervor, die J. P. Channing untersuchte[1].

Chemische Zusammensetzung und spezifisches Gewicht einiger Schlacken der Praxis.

	Nr. 1	Nr. 2	Nr. 3	Nr. 4	Nr. 5
SiO_2	42,35	39,06	37,18	36,35	33,16
FeO	30,66	45,67	42,73	44,54	57,42
CaO	20,38	6,04	8,71	7,90	1,42
MgO	1,23	1,62	2,11	1,99	0,63
ZnO	0,93	1,44	2,30	2,66	1,96
MnO	—	0,40	0,41	0,64	0,46
Al_2O_3	3,02	4,14	4,96	4,10	1,92
S	0,67	1,52	1,32	1,67	2,15
Cu	0,24	0,37	0,21	0,27	0,86
Spez. Gew.	**3,215**	**3,383**	**3,514**	**3,568**	**3,836**
% Stein in der Schlacke .	1,20	1,58	2,05	2,32	1,87

Die Metallverluste in den Schlacken.

Unter den Verlustquellen, denen der Hüttenmann Rechnung zu tragen hat, spielen nächst den Flugstäuben die Schlacken die größte Rolle. Wenngleich man auch stets bestrebt sein soll, die Verluste an zu erschmelzenden Metallen oder Metallprodukten auf ein Mindestmaß herabzudrücken, so ist diesem Bestreben doch eine Grenze gesetzt durch zwei Faktoren, nämlich durch die Tatsachen, daß erstens für die Erfassung der in Verlust geratenden Metallmengen keine höheren Kosten aufgewandt werden dürfen, als dem tatsächlichen Wert der Verluste entspricht (Metallwert in der Form, in der das Metall in Verlust gerät), und daß zweitens die zu erschmelzenden Metalle unter Umständen in solcher Form von den Schlacken aufgenommen werden (chemisch gebunden), daß es bislang keine praktisch gangbaren Wege zu ihrer Erfassung gibt.

Metallverluste können eintreten dadurch, daß

1. zu erschmelzende Metalle teilweise verschlackt werden, d. h. als Silikat, Spinell oder Hydroferrit chemisch gebunden und in dieser Form von den Schlacken gelöst oder aufgenommen werden:

2. zu erschmelzende Metalle in sulfidischer oder oxydischer Form unter Bildung echter physikalischer Lösungen von den Schlacken aufgenommen werden;

---

[1] Channing, J. P.: in T. A. Rickard: Pyrite Smelting, a reprint of articles published in the Engg. Min. J., 1903—1905, New York 1906, S. 263.

3. zu erschmelzende Metalle oder Metallprodukte (Steine od. dgl.) infolge hoher Viskosität der Schlacken oder aus anderen Gründen in Tröpfchenform in den Schlacken suspendiert bleiben, so daß sie nur sehr langsam und unter Umständen überhaupt nicht zum Absetzen kommen, besonders, wenn der Unterschied im spez. Gew. der Schlacken und der Metalle bzw. Metallprodukte nur gering ist.

Metallverluste, die durch Umstände, wie sie unter 1 und 2 genannt wurden, begründet sind, lassen sich im allgemeinen nur außerordentlich schwer praktisch bekämpfen. Die Verringerung der Metallverluste hingegen, die durch Suspension in den Schlacken entstehen, liegt durchaus im Bereiche des praktisch Möglichen.

Metallverluste durch Verschlackung. Bei der großen Affinität der für unmittelbare Verhüttung in Betracht kommenden Metalle, also vornehmlich Cu, Ni, Co, zum Schwefel, kann Verschlackung derselben erst eintreten, wenn der Oxydationsprozeß so weit fortgeschritten ist, daß erstens die Hauptmenge der zu verschlackenden Gemengteile des Rohstoffes (also Fe, Ca usw.) bereits in Schlacke umgewandelt ist, und daß zweitens auch schon der Zerfall der sulfidischen Metallprodukte unter Bildung von Sauerstoffverbindungen begonnen hat. In Schachtofenschlacken finden sich daher Silikate bzw. Aluminate oder gar Hydroferrite von Cu, Ni oder Co höchst selten, und auch in den Konvertorschlacken finden sich derartige chemische Bindungen in nennenswerter Menge erst von dem Augenblick an, in dem die Metallkonzentration in den verblasenen Steinen bei Kupfersteinen 68—70%, bei reinen Nickelsteinen 60—62% überschritten hat. Um hierbei unnötige Metallverluste zu vermeiden, muß deshalb

das nahende Ende des Konzentrationsprozesses im Konvertor möglichst genau beobachtet werden, um rechtzeitig den Kieselsäurezuschlag abbrechen zu können (vgl. unter „Konvertorprozeß"). Je mehr die Metallkonzentration im Konvertor beim Blasen auf Metall steigt, desto größer wird auch der Metallverlust durch Verschlackung, wobei, namentlich gegen Ende des Blaseprozesses, Nickel und Kobalt noch stärker zum Verschlacken neigen als Kupfer. Die bei der Schachtofenarbeit auf Rohstein und auch bei der Steinkonzentration im Konvertor im Vergleich mit Cu geringere Verschlackung von Ni und die Umkehrung dieses Verhält-

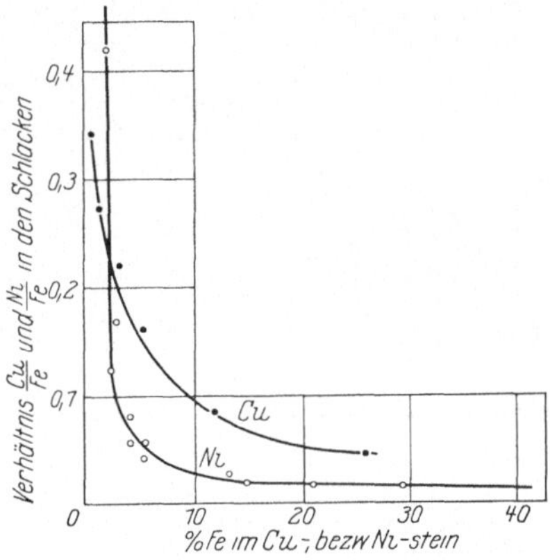

Abb. 21. Cu : Fe und Ni : Fe in Schlacken verschiedengrädiger Cu- bzw. Ni-Steine.

nisses gegen Ende des Garblaseprozesses im Konvertor zeigen typisch zwei von Bogitsch[1] aufgestellte Kurven, die das Verhältnis Cu : Fe und Ni : Fe in den Schlacken bei verschiedengrädigen Kupfer- bzw. Nickelsteinen darstellen. Edelmetalle werden niemals als Silikate verschlackt.

Metallverluste durch physikalische Lösung. Die physikalische Lösung reiner Metallsulfide in den Eisenoxydulsilikatschlacken wurde bereits besprochen. Auch oxydische Metallverbindungen können als echte Lösung aufgenommen

---

[1] Bogitsch, B.: Sur le déferrage des mattes de cuivre et du nickel. C. r. Acad. Sci. Bd. 182, S. 1473—1475. 1926.

werden, was jedoch selten ist, da die Sauerstoffverbindungen meist noch hinreichend Kieselsäure zur Bildung von Silikaten vorfinden. Die Verteilung ein und desselben löslichen Körpers (Sulfide) in zwei Lösungsmitteln (Schlacke und Metallprodukt) ist unabhängig vom relativen Betrag der Lösungsmittel und von der Konzentration. Die Verteilung geschieht jedoch stets so, daß das Konzentrationsverhältnis konstant ist. Es besteht somit ein unmittelbarer Zusammenhang zwischen der Metallkonzentration im Metallprodukt (der Grädigkeit des Steines) und den von den Schlacken gelösten Metallmengen. Wenn eine Schlacke, die zu einem bestimmten Stein gehört, in flüssigem Zustande mit einem Steine von anderer Konzentration hinreichende Zeit zusammengebracht wird, so ändert sich die Menge gelöster Sulfide durch Diffusion; aus reicheren Steinen nimmt die Schlacke Sulfide auf; an ärmere Steine gibt sie sie ab.

Die Metallverluste durch physikalische Lösung von Sulfiden
a) steigen 1. mit zunehmender Steinkonzentration,
        2. mit zunehmendem Fe- und Zn-Gehalt der Schlacken und
        3. mit zunehmender Schlackentemperatur. Sie
b) fallen 1. mit zunehmendem Ca-Gehalt und
        2. mit zunehmendem SiO_2-Gehalt der Schlacken[1].

Unter sonst gleichbleibenden Verhältnissen bewirkt eine Zunahme des SiO_2-Gehaltes um 1 % (trotz steigender Viskosität) im allgemeinen eine Abnahme des Metallgehaltes um 0,01 %[2].

Edelmetalle werden von Schlacken niemals unter Bildung echter physikalischer Lösungen aufgenommen.

Metallverluste durch Suspension. Weitaus am meisten — weil praktisch am ehesten zu erfassen — interessieren diejenigen Metallverluste, die durch Suspension erschmolzener Metallprodukte in den Schlacken, also letzten Endes durch ungenügende Trennung von z. B. Stein und Schlacke hervorgerufen werden.

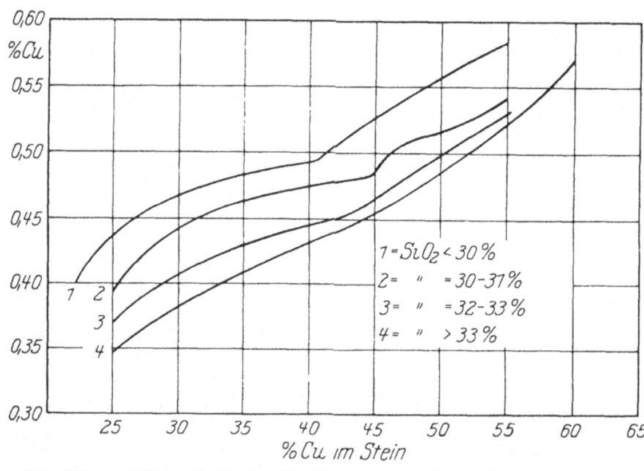

Abb. 22. Abhängigkeit der Cu-Verluste in der Schlacke vom SiO_2-Gehalt derselben bei wechselnder Cu-Konzentration in den Steinen.

Bei der innigen Durchmischung, die die erschmolzenen Metallprodukte und die anfallenden Schlacken während des Schmelzprozesses selbst erfahren, bleiben stets mehr oder minder große Mengen von Metallprodukt in Gestalt kleiner

---

[1] Vgl. die sehr umfangreichen und gründlichen Untersuchungen von W. Wanjukoff (Tomsk): Untersuchungen über die beim Steinschmelzen den Eintritt des Kupfers in die Schlacken beeinflussenden Umstände, über die Verbindungsform des Kupfers innerhalb der Schlacken und über die Verminderung der Kupferverluste durch Schlacken. Metallurgie Bd. 9, S. 1—27, 48—62, 1912.
[2] Vgl. die 2590 Bestimmungen in Schlacken und Steinen, die niedergelegt sind in der Arbeit von W. A. Heywood: Copper Losses in Blast Furnace Slags. Engg. Min. J. Bd. 77, S. 395ff., 1904.

Tröpfchen in den Schlacken suspendiert. Sie setzen sich, sobald die mechanischen Bewegungen in den Schlacken aufhören, um so schneller ab, je größer der Unterschied zwischen dem spez. Gew. der Metallprodukte und der Schlacken ist. Es wird vielfach angegeben, für eine gute Scheidung von Schlacke und Stein sei ein Unterschied im spez. Gew. von mindestens 1 erforderlich, eine Forderung, der in der Praxis nur selten voll und ganz genügt werden kann.

Die Metallverluste durch Suspendiertbleiben von Stein- u. dgl. Tröpfchen in den Schlacken sind

um so geringer, je spezifisch leichter die Schlacken sind,

um so geringer, je ärmer die Schlacken sind an Spinellen und Hydroferriten,

um so geringer, je heißer die Schlacken laufen,

um so geringer, je längere Zeit für die Separation zur Verfügung steht, d. h. je größer die Vorherde sind, bzw. bei diskontinuierlichem Abstich die Herde der Schachtöfen.

Die Metallverluste durch ungenügende Separation sind aber auch noch um so geringer, je gasärmer die Schlacken sind.

Dieser letzte Umstand hat vielfach noch nicht hinreichende Beachtung gefunden. Durch Gasbläschen, die in den Schlacken (während ihres Verweilens im Vorherd) aufsteigen, werden nämlich Steintröpfchen immer und immer wieder emporgerissen. Sie flotieren in der flüssigen Schlacke. In der Praxis ist stets die Beobachtung, daß z. B. eine in einem Spitztopf erstarrte Schlacke blasig aussieht (beim Zerschlagen), ein sehr böser Vorbote für erhöhte Metallverluste durch Flotieren von Steintröpfchen. Die Bildung von Gasblasen in der Schlacke kann dreierlei Ursachen haben. Erstens kommt es vor, daß bei ungenügender Oxydation im Schachtofen, bei mangelnder Windmenge oder beim Gichten zu großer Mengen von Feinerzen, Sulfide ausseigern, die zwar vom Stein aufgenommen werden, die aber bis zu dem Augenblick, wo sie selbst die Konstitution der Steine angenommen haben, noch Gas (meist S-Dampf) abgeben. Solche Steine gasen auch im Vorherd, und die aufsteigenden Gas- oder richtiger Dampfbläschen wirbeln durch die Schlackenschicht empor, reißen Steintröpfchen mit und lassen die noch in der Schlacke enthaltenen Steintröpfchen in der Schwebe beharren. Zweitens wirken in den Schlacken gelöste Metallsulfide und Oxyde, in erster Linie gelöstes Eisensulfid und Hydroferrite, vornehmlich Ferrohydroferrit, aufeinander ein unter Abscheidung von S in Dampfform. $Fe(FeO_2)_2 + FeS = 4FeO + S$. Drittens ist bekannt, daß allen Metallsteinen SO_2 in immerhin nennenswerter Menge entsteigt, und zwar um so lebhafter, je metallreicher die Steine sind. Alle Steine „stinken". Viertens endlich kann nicht unbeträchtliche Gasbildung im Stein auch durch mitgerissene Kohlenstoffpartikel verursacht werden, die vom Sauerstoff vorhandener Oxyde zu CO verbrannt werden.

Die störende Einwirkung etwaiger Schichten spezifisch schwerer Schlacken, die sich trennend zwischen den Stein und die leichteren Schlacken einlagern, wurde bereits erwähnt. In solchen trennenden Schlackenschichten finden sich oftmals recht bedeutende Anreicherungen von Metall, Tröpfchen von Stein u. dgl., die aus den leichten Schlacken abgesunken sind und durch die schweren trennenden Schlacken am Eintritt in die Hauptmasse der Steine gehindert werden.

Die in den Hüttenlaboratorien übliche Methode der Bestimmung des in den Schlacken enthaltenen Cu (Zersetzen der Schlacke mit HCl, doppelte Fällung von Fe und Al mit NH_4OH und Kolorimetrieren des Cuprammoniumchlorides) ist für Schachtofenschlacken im allgemeinen einwandfrei. Zu niedrige Werte jedoch werden gefunden, wenn (bei Konvertorschlacken) Cu, Ni oder Co teilweise verschlackt sind, da ihre Silikate von HCl nicht restlos zerstört werden. Will man gleichzeitig ermitteln, in welchen Mengen die verlorengehenden Metalle als Silikate oder echte physikalische Lösungen und in welchen Mengen sie als suspendierte Steintröpfchen in Verlust geraten, so ist der von F. D. Stedman[1] angegebene Weg empfehlenswert, der durch Aufschluß mit einem Gemisch von frischer wäßriger SO_2-Lösung mit Flußsäure, in dem noch Pyrogallol gelöst ist, alle Metalle zugänglich macht, auch die silikatisch gebundenen; suspendierte Steintröpfchen werden durch $AgNO_3$-Lösung ausgelaugt, ohne daß Silikate oder gelöste Sulfide dadurch beeinflußt werden.

Zwischen den behandelten drei Formen, in denen Metalle in Schlacken verloren gehen können, scheinen keine näheren Beziehungen zu bestehen. Ch. G. Maier und G. D. van Arsdale[2] haben bei einer ganzen Reihe von Schachtofenschlacken das Verhältnis von suspendiertem Cu zu physikalisch gelöstem Cu untersucht, wobei sich herausstellte, daß dies Verhältnis oftmals nahezu = 1 war, daß also durch Verbesserung der Separationsverhältnisse im Vorherd die Kupferverluste theoretisch um ungefähr 50 % herabgesetzt werden können.

Physikalisch gelöstes Cu und mechanisch suspendiertes Cu in verschiedenen Schachtofenschlacken.

Hütte	Schlackenzusammensetzung						Gesamt-Cu	gelöstes Cu	suspend. Cu
	SiO_2	FeO	CaO	MgO	Al_2O_3	S			
Morenci	35,00*	34,00*	18,00*		10,00*	—	0,30	0,15	0,15
Arizona Copper Co. Nr. 1	39,98	39,30	3,46	2,43	11,70	0,52	0,37	0,21	0,16
Arizona Copper Co. Nr. 2	38,80	42,35	3,07	2,24	11,38	0,40	0,40	0,20	0,20
Arizona Copper Co. Nr. 3	41,35	34,81	6,14	2,51	11,45	0,29	0,40	0,25	0,15
Arizona Copper Co. Nr. 4	41,69	36,36	6,03	2,30	11,71	0,25	0,32	0,24	0,08
Copper Queen . . .	36,00*	38,00*	7,00*		11,00*	—	0,35	0,16	0,19
Old Dominion . . .	37,00*	34,00*	16,00*		9,00*	—	0,36	0,13	0,23
El Paso Nr. 1 . . .	41,04	42,87	5,68	1,71	5,88	0,40	0,46	0,25	0,21
El Paso Nr. 2 . . .	41,75	44,31	5,16	1,25	6,44	0,58	0,38	0,25	0,13

* = Durchschnittsanalysen.

Das Verhältnis von sulfidischem Metall (physikalisch gelöst oder in suspendierter Form) zu oxydischem (und dann meist verschlacktem) Metall ermittelte Lathe[3] an Schachtofenschlacken und an Konvertorschlacken, wobei die starke

[1] Stedman, F. D.: An Investigation of Losses in Copper Blast Furnace Slags. Engg. Min. J. Bd. 114, S. 1023—1027, 1072—1076, 1922.

[2] Maier, Charles G., u. G. D. van Arsdale: Copper and Magnetit in Copper Smelter Slags. Chem. metallurg. Engg. Bd. 22, S. 1101—1107, 1157—1162, 1920. — Canby, R. C.: Copper and Magnetit in Copper Slags. Chem. metallurg. Engg. Bd. 23, S. 48, 1920.

[3] Lathe, Frank A.: Metal Loss in Copper Slags. Engg. Min. J. Bd. 100, Teil 1, S. 215 bis 217; Teil 2, S. 263—268; Teil 3, S. 305—308, 1915. — Copper Loss in Slags. Engg. Min. J. Bd. 110, S. 1076—1080, 1920.

Verschlackung von Metall in der Schachtofenschlacke der British-American Nickel Corp. vornehmlich auf Verkieselung von Ni zurückzuführen sein dürfte, während die Zunahme der Metallverschlackung bei Konvertorschlacken in unmittelbarem Zusammenhang mit dem Fortschreiten des Blaseprozesses steht.

Bindung des Kupfers in einigen amerikanischen Schlacken als Sulfid bzw. Oxyd.

	Gesamt-Cu	Sulfid.-Cu	Oxyd.-Cu	$\frac{\text{Sulfid.-Cu}}{\text{Oxyd.-Cu}}$
1. Schachtofenschlacken.				
Brit. Amer. Nickel Corp., Nickelton, Ont.	0,050	0,035	0,015	2,33 : 1
Granby Cons. M. S. & R. Co., Anyox, Brit. Columb.	0,145	0,120	0,025	4,80 : 1
Tennessee Copper Co., Ducktown, Tenn.	0,220	0,200	0,020	10,00 : 1
Cons. Ming. & Smeltg. Co., Trail, Brit. Columb.	0,255	0,225	0,030	7,50 : 1
Granby Cons. M. S. & R. Co., Anyox, Brit. Columb.	0,295	0,280	0,015	18,60 : 1
Cananea Cons. Copper Co., Cananea, Mex.	0,330	0,275	0,055	5,00 : 1
Tennessee Copper Co., Ducktown, Tenn.	0,440	0,290	0,150	1,93 : 1
2. Konvertorschlacken.				
Brit. Amer. Nickel Corp., Nickelton, Ont.				
Beginn des Blasens	1,230	1,170	0,060	19,50 : 1
Mitte des Blasens	1,460	1,360	0,100	13,60 : 1
Ende des Blasens	0,845	0,595	0,250	2,38 : 1

Schlacken von Nickel-Kupfersteinen nehmen verhältnismäßig viel geringere Mengen Ni als Cu auf, wie dies deutlich ein Vergleich von typischem Ni-Cu-Stein und zugehöriger Schlacke der International Nickel Co. in Copper Cliff (Ontario, Canada) zeigt.

Nickelkupferstein und zugehörige Schachtofenschlacke.

	Stein	Schlacke
Cu	5,85	0,16
Ni	14,35	0,32
Fe	48,40	40,90
S	26,25	1,65
SiO_2	—,—	33,15
Al_2O_3	—,—	6,50
CaO	—,—	3,70
MgO	—,—	2,50

Edelmetalle an und für sich werden von Schlacken auch in suspendierter Form wegen ihres hohen spez. Gew. nicht zurückgehalten. Dennoch gehen auch Edelmetalle mit den Schlacken verloren, und zwar dadurch, daß edelmetallhaltiger Stein suspendiert bleibt. Wenn eine Schlacke, die zu einem edelmetallreichen Stein gehört, in flüssigem Zustande mit edelmetallarmem Stein gleichen Cu-Gehaltes zusammengebracht wird, so ändert sich zwar der Cu-Gehalt nicht, aber die Edelmetalle wandern aus der Schlacke in den edelmetallarmen Stein. Diese Tatsache hat L. T. Wright[1] mehrfach mit gutem Erfolge zum Entgolden und Entsilbern von Schlacken angewandt.

---

[1] Wright, Lewis T.: Metal-Losses in Copper-Slags. Transactions Amer. Inst. Min. Eng. Bd. 40, S. 492—495, 1910.

Verteilung des Edelmetallgehaltes in Kupferstein und der zugehörigen Schlacke.

| Nr. | Es entfallen auf 1 t Cu im | | | | Verhältnis | |
| | 50 proz. Stein | | in der Schlacke (0,3 % Cu) | | $\frac{\text{Au-Schlacke}}{\text{Au-Stein}}$ | $\frac{\text{Ag-Schlacke}}{\text{Ag-Stein}}$ |
	g Au	g Ag	g Au	g Ag		
1	867,7	1953,0	269,0	1520,8	0,31	0,78
2	108,9	1032,5	71,5	961,0	0,66	0,93
3	77,8	5175,0	50,4	3974,6	0,65	0,76
4	94,5	4727,2	65,3	3697,6	0,69	0,76

Je größer z. B. das Verhältnis Au : Cu und Ag : Cu in den Kupfersteinen ist, desto kleiner wird es in den zugehörigen Schlacken. (Für Ni : Cu gilt das gleiche.) Die Mengen an Cu und an Au, deren Verlust in der Schlacke als noch zulässig zu erachten ist, berechnen eine Anzahl amerikanischer Hüttenwerke nach den zuerst auf der Hütte der Cons. Ming. & Smeltg. Co. zu Trail[1] aufgestellten Grundsätzen, denen gemäß noch gerade zulässig ist:

$$\text{Cu-Prozente der Schlacke} = \frac{(\text{Cu-Prozente des Steines})^3}{140000} + 0,135$$

$$\text{Au-Prozente der Schlacke} = \frac{\text{Au-Prozente des Steines} \cdot 0,34}{100}$$

Zink in der Schlacke erhöht die Silber-, nicht die Goldverluste.

Ein gutes Gesamtbild vom Steigen der Metall-, insbesondere Cu-Verluste in der Schlacke mit steigender Metallkonzentration im Stein gibt die von v. Czedik-Eysenberg[2] zusammengestellte Abb. 23, in der unter 1 Daten aus Hofmans Metallurgy of Copper (1914), unter 2 Daten aus Schnabels bekanntem Handbuch und unter 3 Daten aus einer zwar alten, aber sehr wertvollen Arbeit von Le Play[3] verzeichnet sind. Deutlich zeigt sich der rapide Anstieg der Metallverluste bei Überschreitung eines Metallgehaltes im Stein von 65—70 %, also innerhalb des Arbeitsbereiches der Konvertoren.

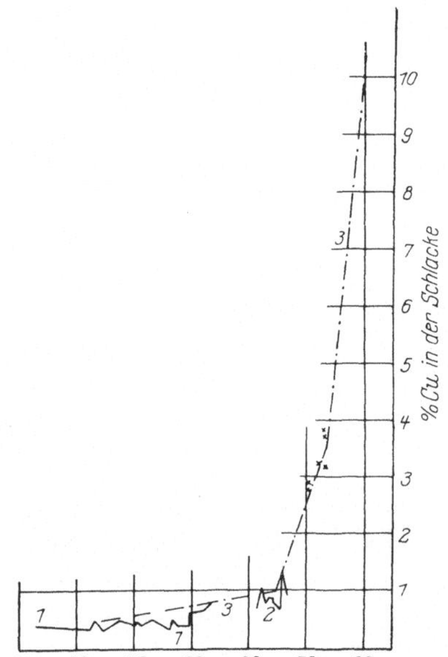

Angesichts der verwickelten Verhältnisse, unter denen zu erschmelzende Metalle in

Abb. 23. Steigender Cu-Verlust in der Schlacke mit steigendem Cu-Gehalt der Steine.

[1] Vgl. F. D. Stedman: An Investigation of Losses in Copper Blast-Furnace Slag. Engg. Min. J. Bd. 114, S. 1023—1027, 1072—1076, 1922.

[2] Vgl. Frz. Frh. v. Czedik-Eysenberg: Untersuchungen der Kupfersteinkonzentration im Flammofen in Rücksicht auf die Gewinnung des Silbers aus dem Konzentrationsstein nach dem Verfahren von Ziervogel. Dissert.: Clausthal 1924 (236 S. u. 52 Taf.), ungedruckt. Maschinenschriftl. Abzug in der Preuß. Staatsbibliothek unter Signatur U. 24.9860.

[3] Le Play: Description des procédés métallurgiques, employés dans le pays de Galles pour la fabrication du cuivre; et recherches sur l'état actuel et l'avenir probable de la production et du commerce de ce metal. Ann. Mines Ser. 4, Bd. 13, S. 3—219, 389—666. 1848.

den Schlacken in Verlust geraten können, und angesichts der in der Praxis doch meist in verschiedenen Hüttenbetrieben auch recht verschiedenartigen Eisenoxydulsilikatschlacken wäre es von geringem Werte, in bestimmten Kurven ausdrücken zu wollen, welche Verluste an Metall für die Wirtschaftlichkeit des Betriebes tragbar sind und wo die Grenze der Unwirtschaftlichkeit oder der Vergeudung liegt. Hingegen mag die nebenstehende graphische Eingrenzung des Gebietes, in dem der Metallgehalt der Schachtofenschlacken einer größeren Anzahl von erwiesenermaßen wirtschaftlich arbeitenden Hüttenwerken liegt, einen Anhalt geben für die im allgemeinen in Kauf genommenen Metallverluste, wobei Me = Cu oder Cu + Ni oder Cu + Ni + Co zu setzen ist.

Wie schon erwähnt, ist das Bestreben des Hüttenmannes, die Metallverluste in den Schlacken auf ein Mindestmaß herabzusetzen —

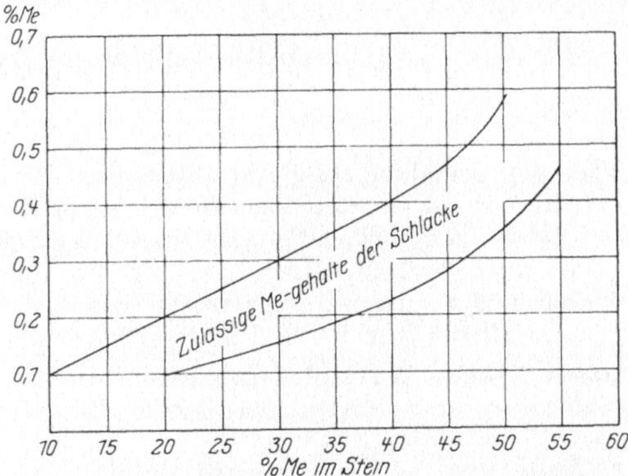

Abb. 24. Erfahrungsmäßig im allgemeinen zulässige Metallverluste[1].

sei es durch Änderung der Schlackenkomposition vermittels besonderer Zuschläge, sei es durch Vergrößerung der Vorherde oder durch Benutzung heizbarer Vorherde (= kleiner Flammöfen) —, beschränkt durch die für die Verbesserung zulässigen Kosten, die sich leicht nach Art folgenden Beispieles ermitteln lassen:

Beispiel:

Verhüttetes Erz:	4,0 % Cu, 44,7 % Fe, 51,3 % S;
Zuschlag:	Quarzit mit 90 % SiO_2;
Erschmolzene Schlacke:	Basisschlacke = $4\,FeO \cdot 3\,SiO_2$; Cu = 0,3 %;
Erschmolzener Stein:	30,0 % Cu;
Tagesdurchsatz:	400 t Erz.

30 proz. Stein enthält:

39,8 % Fe
30,2 % S
30,0 % Cu

Die Basisschlacke enthält:

47,70 % Fe
13,67 % O_2
38,63 % SiO_2

Bezeichnet man die in die Schlacke wandernden Anteile Fe bzw. Cu mit x und die in den Stein wandernden Anteile mit y, so ist die

Verteilung des Fe-Inhaltes des Erzes: $47,7\,x + 39,8\,y = 44,7$
Verteilung des Cu-Inhaltes des Erzes: $0,3\,x + 30,0\,y = 4,0$

$$x = 0,833$$
$$y = 0,125$$

Von 100 kg Erz wandern somit:

in den Stein:
$39,8 \cdot 0,125 = 4,97$ kg Fe
$30,0 \cdot 0,125 = 3,75$ kg Cu

in die Schlacke:
$44,7 \cdot 0,833 = 39,73$ kg Fe
$0,3 \cdot 0,833 = 0,25$ kg Cu

[1] Vgl. auch Mostowitsch: Die Berechnung der Beschickung für Kupfersteinschmelzen im Schachtofen. Metallurgie Bd. 9, S. 559—568, 1912.

$$39{,}73 \text{ kg Fe} + 11{,}39 \text{ kg O}_2 = 51{,}12 \text{ kg FeO}$$
$$51{,}12 \text{ kg FeO} + 32{,}18 \text{ kg SiO}_2 \ (= 35{,}76 \text{ kg Quarzit}) = 86{,}88 \text{ kg Schlacke}$$

Cu in der Schlacke . . . . $= 0{,}25$ kg Cu

Anfallende Schlackenmenge $= 87{,}13$ kg

$4{,}97$ kg Fe $+ 3{,}75$ kg Cu $+ 3{,}78$ kg S . . . . $= 12{,}50$ kg Stein

Anfallende Steinmenge $= 12{,}50$ kg

Bei einem Tagesdurchsatz von 400 t Erz fallen somit an:

$348{,}52$ t Schlacke mit $0{,}3\%$ Cu $= \ \ 1$ t Cu

$50{,}00$ t Stein mit 30% Cu $\ \ = 15$ t Cu

16 t Cu

Unter der Annahme, daß die Hälfte des in der Schlacke vorhandenen Cu als Stein suspendiert ist, stellt der Cu-Inhalt der Schlacke an suspendiertem Stein einen scheinbaren Wert (1 t Cu $= 60{,}0 \ \pounds$) von . . . . $30{,}0 \ \pounds$ je Tag dar.

Hiervon sind abzusetzen: Verarbeitungskosten von 30proz. Stein auf Raffinat (für 1 t Cu-Inhalt $= 5 \ \pounds$) . . . . $2{,}5 \ \pounds$

Tatsächlicher Wert des in der Schlacke täglich als suspendierter Stein verlorengehenden Kupfers . . . . $27{,}5 \ \pounds$ je Betriebstag.

An Kosten für die Erfassung des in der Schlacke als suspendierter Stein verlorengehenden Kupfers dürfen also nicht mehr als $27{,}5 \ \pounds$ täglich ausgegeben werden oder für die Herabsetzung des Cu-Gehaltes der Schlacke um $0{,}1\%$ dürfen (ohne Erzielung eines Reingewinnes) verausgabt werden: maximal 1 sh je Tonne Schlacke.

Solche Verhältnisse muß der Hüttenmann, der sich natürlich stets im klaren darüber sein muß, wo die ihm in Gestalt von Erz in die Hand gegebenen Metalle bleiben, immer vor Augen haben, damit er dem Wirtschaftler, der (weil er die Grenzen des Möglichen nicht kennt) dazu neigt, die Hände über dem Kopf zusammenzuschlagen, wenn er hört, daß täglich z. B. 1 t Kupfer auf die Halde wandert, jederzeit zeigen kann, wo die Grenzen der Wirtschaftlichkeit bei der Schmelzarbeit liegen.

V. Die Steine

(engl. = the matte; span. = la matte; franz. = la matte).

Physikalisch-chemische Eigenschaften.

Die Möglichkeit, Steine, d. h. sulfidische einfache oder komplexe Metallverbindungen aus Erzen zu erschmelzen, ist abhängig von der sog. „Affinität" des Schwefels zu den Metallen, oder — was dasselbe ist — sie ist abhängig von dem Schwefeldampfdruck, den die einzelnen Schwefelverbindungen bei verschiedenen Temperaturen zeigen.

Das Kupfer z. B. bildet bekanntlich zwei Sulfide, $CuS =$ Kupfersulfid und $Cu_2S =$ Kupfersulfür. Der Schwefeldampfdruck von CuS ist schon bei niedriger Temperatur so groß (die Verbindung ist so wenig beständig), daß geringe Erwärmung über Tagestemperatur genügt, um die Verbindung zum Zerfall zu bringen: $2CuS = Cu_2S + S$. Der Schwefeldampfdruck von Cu_2S hingegen ist viel geringer, so daß diese Verbindung auch bei höheren Temperaturen (700—800° C) noch recht beständig ist. In der analytischen Chemie wird Kupfer bekanntlich u. a. als Kupfersulfür bestimmt durch Glühen von Kupfersulfid unter Zufügung von etwas Schwefel und Wägung als Cu_2S. Beim einfachen Glühen von Kupfersulfid ohne Zusatz von Schwefel ist Gewichtskonstanz nicht zu erzielen: denn infolge des vorhandenen Luftsauerstoffes tritt teilweise die Reaktion $CuS + 1^1/_2 O_2 = CuO + SO_2$ ein, weil CuO gegenüber dem CuS die beständigere Verbindung ist (der Sauerstoffdruck des CuO ist niedriger als der Schwefeldampfdruck des CuS). Die Zugabe von Schwefel zum Kupfersulfid im Glühtiegelchen ist unumgänglich, um erstens möglichst in einer SO_2-Atmosphäre, d. h. unter Sauerstoffabschluß, zu arbeiten und um zweitens, falls dennoch etwas Oxyd gebildet werden sollte, sich die größere Beständigkeit des Cu_2S dem CuO gegenüber und die Neigung zur Bildung von Sulfür zunutze zu machen: $2CuO + 2S = Cu_2S + SO_2$.

Erst zwischen 1000 und 1200° C wird die Schwefeldampfspannung des Kupfersulfürs so groß, daß die Verbindung zerfallen kann, wenn ein Element zugegen ist, das mit einer der Verbindungskomponenten — z. B. dem Schwefel — eine stabilere Verbindung eingeht, wie das in diesen Temperaturbereichen z. B. noch für den Sauerstoff gilt. Die „Affinität" des Schwefels zum Sauerstoff wird dann größer als die zum Kupfer. SO_2 entsteht und Kupfer fällt teilweise als freies Metall an, weil die Dampfspannung der Sauerstoffverbindungen des Kupfers so groß ist, daß bei den in Rede stehenden Temperaturen trotz Gegenwart freien Sauerstoffes oxydische Kupferverbindungen nur noch in sehr untergeordnetem Maße beständig sind. CuO hat bei 1000° C einen Sauerstoffdruck von 118 mm Hg, bei 1070° C schon einen Sauerstoffdruck von 458 mm Hg, ist also bei einem Sauerstoff-Gegendruck von rund 150 mm Hg, wie er in der Atmosphäre herrscht (21 % O_2 = rund $^1/_5$ Atm.) wenig oberhalb von 1000° C nicht mehr existenzfähig. Cu_2O ist bei Atmosphärendruck oberhalb von 1650° C gleichfalls nicht existenzfähig.

Anders beim Nickel. Die „Affinität" von Schwefel zu Nickel ist schon bei niederen Temperaturen so groß, daß Nickelstaub, wenn er in Schwefeldampf eingetragen wird, unter Feuererscheinung in Sulfid übergeht. Auch bei höheren Temperaturen ist die Beständigkeit der Nickelsulfide größer als die des Cu_2S. Geschmolzenes Cu z. B. wirkt kaum chemisch aufspaltend auf SO_2 ein, wohingegen geschmolzenes Ni die SO_2 zersetzt unter Bildung von Nickelsulfiden. Die Sauerstoffspannung etwaiger beim Verblasen von Nickelsteinen gebildeter Nickeloxyde ist bei weitem geringer als die der Kupfersauerstoffverbindungen. Nickeloxydul z. B. ist zwischen 1000 und 1200° C durchaus noch beständig.

Auf diesen Tatsachen beruht die Möglichkeit, Kupfersulfür im Konvertor auf Kupfermetall zu verblasen und die Unmöglichkeit, bei Nickel das gleiche zu erreichen.

Die Kobaltsulfide sind unbeständiger als das Kupfersulfid und zerfallen schon bei relativ niedrigen Temperaturen (800—1000° C), so daß Co verhältnismäßig leicht verschlackt.

Da exakte Bestimmungen der Dissoziationsdrucke der verschiedenen einfachen und komplexen Metallsulfide heute noch fehlen, muß man sich zunächst mit den vorliegenden mehr gefühlsmäßigen Beobachtungen über die Verwandtschaftsverhältnisse zwischen Schwefel und den Metallen begnügen, wie sie mehrfach in Vergleichsreihen niedergelegt worden sind.

9*

132 Die Steine.

Verwandtschaft der Metalle zum Schwefel, bezogen auf Fe.

Nach Fournet[1]	Nach Ostwald[2]	Nach der Verbindungswärme[1]	Nach den heterogenen Gleichgewichten[2]	Nach Wanjukoff[1]
	Al	Mn	Mn	Al
	Mg			Mg
	Mn	Al		Ca
	Zn	Zn		Zn
Cu	Sb, As, Cd	Cd	Cu	Mn
Fe	Fe	Fe	Fe	Fe
Sn	Co	Pb	Ni	Co
Zn	Pb	Cu	Co	Ni
Pb	Cu	Co	Pb	Cu
	Ni	Ni		
Ag		Sb	Sb	
Sb	Hg	Hg		
As	Ag	Ag	Ag	

Ein (wenn auch wohl noch revisionsbedürftiges) Bild von der Verwandtschaft des Sauerstoffes zu den Metallen hat Stahl geschaffen[4] durch Errechnung der Dissoziationsdrucke verschiedener Oxydationsreaktionen.

Gleichgewicht zwischen den Dissoziationsdrucken verschiedener Oxydations-Reaktionen.

$$2\,Ag_2O = 2\,Ag_2 + O_2 \quad \text{im Gleichgewicht bei} \quad 383^0 \text{ abs. Skala}$$
$$4\,CuO = 2\,Cu_2O + O_2 \quad\quad\quad\quad\quad 1679^0$$
$$2\,Cu_2O = 2\,Cu_2 + O_2 \quad\quad\quad\quad\quad 1935^0$$
$$2\,CuO = Cu_2 + O_2 \quad\quad\quad\quad\quad 1775^0$$
$$2\,PbO = Pb_2 + O_2 \quad\quad\quad\quad\quad 2384^0$$
$$2\,NiO = Ni_2 + O_2 \quad\quad\quad\quad\quad 2751^0$$
$$2\,ZnO = Zn_2 + O_2 \quad\quad\quad\quad\quad 3817^0$$

Diese Stahlschen Gleichgewichtsbestimmungen lehren, daß z. B. bei CuO das Bestreben, durch Abstoßen zweier Sauerstoffatome in Cu_2O überzugehen, bei Tagestemperatur nahezu gleich Null ist, während bei rund 1400° C CuO restlos in Oxydul und Sauerstoff aufgespalten wird. In allen dazwischenliegenden Temperaturstufen stellen sich Gleichgewichte ein, nachdem ein gewisser Teil CuO zerfallen ist. Je mehr die fragliche Temperatur sich an 1400° C annähert, um so höher ist der Prozentsatz an Cu_2O, der entsteht. Wird ein solches Gleichgewicht gestört dadurch, daß neu CuO hinzugefügt wird, so geht von diesem neu hinzugefügten CuO wieder so viel in Cu_2O über, bis das Gleichgewicht abermals hergestellt ist. Das gleiche gilt — und dieses interessiert bezüglich des Konvertorprozesses besonders — für den Zerfall von Cu_2O in metallisches Kupfer und Sauerstoff, welcher Vorgang noch, wie schon erwähnt, durch das Bestreben des Schwefels, Sauerstoff vom Kupfer los- und an sich selbst heranzureißen, gefördert wird. Es ist also möglich, durch Schaffung bestimmter Temperaturen beliebige Mengen von CuO in Cu_2O und von Cu_2O in metallisches Kupfer und Sauerstoff zerfallen zu lassen.

[1] Fournet, J.: Recherches sur les sulfures, et aperçus sur quelques résultats de leur traitement métallurgique. Ann. Mines Ser. 3, Bd. 4, S. 3—36, 1833. Deutsch von Dr. Hartmann: Fournet, Über die Sulfurete oder Schwefelmetalle und Übersicht einiger Resultate ihrer hüttenmännischen Behandlung. J. prakt. Chem. Bd. 2, S. 129—154, 1834.

[2] Guertler, W.: Versuche zur Feststellung der Verwandtschaftsreihe der Metalle gegenüber Schwefel nach der „mikrostatischen" Methode. Metall u. Erz Jg. 22, S. 199—209, 1925.

[3] Wanjukoff, W.: Untersuchungen über die beim Steinschmelzen usw. Metallurgie Jg. 9, S. 1—27, 48—62, insbesondere S. 61, 1912.

[4] Stahl, W.: Über die Dissoziationsspannungen resp. Sauerstoffdrücke einiger Oxyde in den Röst- und Schmelzhitzen der Flammöfen. Metallurgie Jg. 4, S. 682—690, 1907.

Die bei der unmittelbaren Verhüttung erschmolzenen Steine sind mit Ausnahme der reinen Eisensteine stets komplexe Sulfide, die im erstarrten Zustande teils regelrechte chemische Verbindungen, zum größeren Teil aber gegenseitige Lösungen von einfachen oder komplexen Metallsulfiden in Schwefeleisen, oder umgekehrt, bilden. Zudem haben die Steine der Praxis nie die Zusammensetzung, die der Theorie entspricht, sondern von der großen Anzahl chemischer Verbindungen, die beim Steinschmelzen entstehen, lösen sich manche teilweise in den Steinen und verunreinigen diese. Das gilt besonders von den Hydroferriten.

Im Gegensatz zur Schlackenbildung im Schachtofen sind diejenigen physikalisch-chemischen Vorgänge, die zur Entstehung der Steine führen, verhältnismäßig einfacher Natur. Der thermische Abbau schwefelreicher Sulfide wurde bereits auf S. 62ff. behandelt. Danach zerfällt das Doppelschwefeleisen FeS_2 auf dem Wege über die verschiedensten Zwischenstufen zunächst bis zum Monosulfid FeS. Der Zerfall bleibt bei den im Schachtofen herrschenden Temperaturen jedoch nicht auf dieser Stufe stehen, sondern schreitet fort unter Bildung von Körpern, die sich mehr und mehr der Zusammensetzung $Fe_5S_4 = 4\,FeS + Fe$ nähern, die also Lösungen von Fe in FeS sind und die als Eisensteine bezeichnet werden[1]. Schon in noch festem Zustande reagieren aller Wahrscheinlichkeit nach die Abbauprodukte des FeS_2 mit frei vorhandenen Sulfiden von Cu, Ni, Co und — wenn vorhanden — Pb, Zn und Ag, unter Vorbereitung oder Bildung chemischer Verbindungen. In dem Augenblick, wo das erste Schmelzen von Eisensulfiden oder Eisensteinen eintritt, beginnt daneben auch physikalische Lösung von Sulfiden der genannten Metalle. Komplexe hochgeschwefelte Sulfide wie z. B. $Cu_2S \cdot Fe_2S_3$ (Kupferkies) stoßen bei den Temperaturen des Schachtofens ein Atom S ab und liefern Verbindungen der ungefähren Zusammensetzung $Cu_2S \cdot 2\,FeS$, die natürlich auch in Eisensulfiden oder Eisensteinen löslich sind.

Je nach den in der Zeiteinheit im Schachtofen gegenwärtigen Sauerstoffmengen und je nach der Größe der Oberfläche der einzelnen Erzbrocken werden mehr oder minder große Mengen von Eisensulfiden oxydiert, da die „Affinität" des Sauerstoffes zum Eisen bei den in Frage kommenden Temperaturen eine unvergleichlich viel größere ist als die des Schwefels. Zwar liegen keine exakten Bestimmungen der Schwefeldampfspannungen von Eisensulfiden bei erhöhten Temperaturen vor (mit Ausnahme der auf S. 62 gegebenen Werte für FeS_2); die vorhandenen Werte über die Sauerstoffdrucke von Eisenoxyden aber lassen darauf schließen, daß Eisensulfide, die bei Schachtofentemperatur vom

Sauerstoffdruck der Eisenoxyde[2].

$$\begin{array}{llll}
FeO & \text{bei } 750^0\,C & \ldots\ldots & 1{,}602 \cdot 10^{-17} \text{ mm}\\
& \text{bei } 990^0\,C & \ldots\ldots & 1{,}984 \cdot 10^{-12} \text{ mm}\\
Fe_2O_3 & \text{bei } 427^0\,C & \ldots\ldots & 2{,}241 \cdot 10^{-26} \text{ mm}\\
Fe(FeO_2)_2 & \text{bei } 725^0\,C & \ldots\ldots & 4{,}250 \cdot 10^{-17} \text{ mm}\\
& \text{bei } 950^0\,C & \ldots\ldots & 1{,}490 \cdot 10^{-11} \text{ mm}
\end{array}$$

---

[1] Vgl. H. Le Chatelier et M. Ziegler: Sulfure de fer, ses propriétés et son état dans le fer fondu. Bull. Soc. d'Encouragement pour l'Ind. nationale Bd. 103, S. 368—393, 1902. Sowie R. Loebe u. E. Becker: Das System Eisen — Schwefeleisen. Z. anorg. Chem. Bd. 77, S. 301—319, 1912.

[2] Wöhler, L., u. O. Balz: Die Bestimmung der Wertigkeitsskala von Eisen, Kobalt, Nickel, Mangan, Zinn und Wolfram mit Hilfe ihres Wasserdampfgleichgewichtes und der Dissoziationsdruck der Oxyde dieser Metalle. Z. Elektrochem. Bd. 27, S. 406—419, 1901.

Sauerstoff des Gebläsewindes erfaßt werden, auch restlos oxydiert werden, ohne daß sich Gleichgewichtslagen einstellen, bei denen die Oxydation nur teilweise stattfindet unter Erhaltung eines restlichen Teiles von Sulfid, und ohne daß eine nennenswerte Umkehrbarkeit dieser Reaktion unter Rückbildung von Eisensulfiden in Frage kommt. Die Menge von Eisensulfiden oder Eisensteinen, die den Oxydationsbereich eines Schachtofens (d. h. den gesamten Ofenschacht oberhalb der Düsen) ungestört durchfließen und als Lösungsmittel für einfache oder komplexe Metallsulfide wirken kann, ist also unmittelbar abhängig von dem Grade der Oxydation im Ofen. Die daraus resultierende Konzentration von Metall im Stein hängt somit ab von der Windmenge im Ofen je Zeiteinheit, von der Korngröße der Beschickung und von der Durchsatzgeschwindigkeit.

Alle Steine sind paramagnetisch, und zwar in um so höherem Grade, je metallärmer sie sind. Nur reines FeS und reines FeS_2 sind unmagnetisch, im Gegensatz zu den dazwischen liegenden Schweflungsstufen, denen ja auch der Magnetkies angehört.

Spezifisches Gewicht der wichtigsten Steinkomponenten.

Pb	11,3
Cu und Ni	8,9
Fe	7,88
PbS	7,5
Ag_2S	7,2
Cu_2S	5,7
NiS	5,2
FeS	4,8
ZnS	4,1

Die Eisensteine.

Reine Eisensteine werden heute nur höchst selten erschmolzen. Sie sind, namentlich früher, vielfach als Edelmetallsammler benutzt worden, wie auf S. 5 bereits angedeutet.

Die Schmelz- und — genau wie bei den Schlacken — auch die Bildungstemperaturen der Lösungen von Fe in FeS lassen sich am besten aus nachfolgendem Fe-FeS-Diagramm beurteilen, welches im übrigen zeigt, daß Fe und FeS unbeschränkt miteinander mischbar sind. Die chemische Zusammensetzung schwankt im allgemeinen zwischen der des reinen Monosulfides mit 63,5 % Fe und 36,5 % S einerseits und des niedrigst schmelzenden Eisensteines mit 70,8 % Fe und 29,2 % S andererseits. Darüber hinaus steigt der Fe-Gehalt nur, wenn zu viel Brennstoff bei zu wenig Wind gegichtet wird, so daß im Ofenschacht stellenweise reduzierende Atmosphäre auftritt.

Die Hauptschwierigkeit für die Erschmelzung von Eisensteinen liegt in der Neigung der Eisensulfide zur Oxydation und der damit verbundenen Gefahr der Entstehung von Ferrohydroferrit (Magnetit). Magnetitbildung ist beim Eisensteinschmelzen deshalb viel gefährlicher als beim Erschmelzen sonstiger Steine, weil außer den schon früher geschilderten Komplikationen in der Schlackenbildung das Auftreten von Magnetit hier sehr schnell zur Bildung von Eisensäuen führt, die den flotten Ofenbetrieb schwer gefährden. Unterhalb von 1100°

wirken Eisensulfid und Ferrohydroferrit kaum aufeinander ein. Zwischen 1100 und 1200° C aber verschiebt sich das Gleichgewicht

$$2\,FeS + Fe(FeO_2)_2 \rightleftharpoons 5\,Fe + 2\,SO_2$$

sehr stark zugunsten der rechten Seite. Verweilt der Eisenstein, der Ferrohydroferrit gelöst hat, genügend lange Zeit im Sumpfe des Schachtofens, so scheiden sich dort Eisensäue aus, die entweder den Stich versetzen oder aber den Sumpf allmählich zuwachsen lassen. Ist die Zeit des Verweilens im Sumpf nicht hinreichend, so verlegt sich die Ausscheidung der Eisensäue in den Vorherd. Bei langsamem Ofengang kann sich sogar innerhalb der Beschickung ein Skelett von Fe absondern, was weiteres Nachrutschen der Beschickung verhindert. Auf jeden Fall kommt, sobald die Bildung von Eisensäuen beginnt, der Ofenbetrieb sehr bald zum Erliegen.

Was nun die Aufnahme von Edelmetallen anbetrifft, so nimmt reines Eisenmonosulfid (FeS), nur Silber auf, aber kein Gold. Liegt das Silber schon im Erz in sulfidischer Form vor, so geht es als Ag_2S, physikalisch gelöst, in den Eisenstein über. Liegt es als gediegen Silber vor, so sulfuriert es sich innerhalb des Schachtofens sehr schnell und wird dann gleichfalls als Sulfid gelöst. Gold hingegen tritt sowohl in pyritischen Erzen als auch in Gold führenden Quarzen lediglich als gediegenes Gold auf und bildet nur unter ganz besonderen, beim Eisensteinschmelzen nicht erfüllten Bedingungen Schwefelverbindungen[2]. Es wird daher auch von reinem FeS nicht gelöst. Wohl aber lösen Eisensteine Gold unter Bildung von Eisen-Gold-Legierungen. Die Neigung des freien Eisens im Eisenstein, sich mit Gold zu legieren, ist so stark, daß bei magnetischer Aufbereitung fein zerkleinerten Eisensteines das ausgeschiedene Eisen praktisch alles Gold enthielt und das verbleibende Eisenmonosulfid goldfrei war. Auch die beim Eisensteinschmelzen anfallenden Schlacken sind praktisch goldfrei. In der Golden Reward Plant zu Deadwood in den Black Hills (U. S. A.) wurden in einem Schachtofen mit 950 × 3750 mm Düsenebene Eisensteine erschmolzen, wobei Eisensäue im Gewicht bis zu 40 t anfielen, die 625—775 g Au je Tonne enthielten. (Solche Säue wurden entweder zerschossen und mit Bleiglanz verbleit

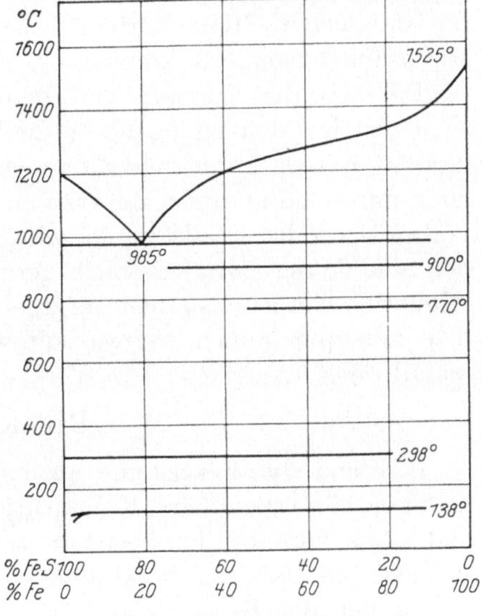

Abb. 25.   Diagramm FeS−Fe[1].

---

[1] Loebe, R., u. E. Becker: Das System Eisen — Schwefeleisen. Z. anorg. Chem. Bd. 77, S. 301—319, 1912.

[2] Gold kann nur in Au_2S übergeführt werden, wenn S auf geschmolzene Legierungen des Goldes mit anderen Metallen wie Ag, Pb, Cu, Fe einwirkt. Vgl. J. S. Maclaurin: Double Sulphides of Gold and other Metals, or the Action at a Read Heat of Sulphur upon Gold alloyed with other Metals. Transactions Chem. Soc. London Bd. 12, S. 1269—1275, 1896.

oder in Flammöfen durch das Gewölbe eingesetzt und mit Pyrit und Kupferkies eingeschmolzen. Eine 40-t-Sau wurde in 3 Tagen eingeschmolzen[1]).

Gilt es nur, Silber im Eisenstein anzusammeln, so muß der Schachtofen flott laufen und die Vorherde müssen klein gewählt werden, damit möglichst im Ofen keine Zeit zur Ausscheidung von Eisensäuen vorhanden ist und auch in den Vorherden nur möglichst kleine Säue anfallen. Soll hingegen Gold angereichert werden, so sind bei gleichfalls flottem Ofengang große Vorherde ratsam, in denen die anfallenden Steine verhältnismäßig lange Zeit verweilen und gegebenenfalls Eisensäue absondern können, in denen sich das gesamte Gold aufspeichert.

Da es in der Praxis außerordentlich schwierig, wenn nicht geradezu ausgeschlossen ist, den Ofengang so zu beherrschen, daß der Anfall an Eisensäuen geregelt werden kann, und da schon recht arme Kupfersteine (deren Erschmelzung nur einen geringen Zusatz von Kupfererzen zur Beschickung erfordern) als vollwertige Edelmetallsammler wirken[2] und bei ihrer Erschmelzung die Gefahren der Saubildung ganz erheblich geringer sind, hat man heute allgemein das Erschmelzen von Eisensteinen aufgegeben und sammelt Edelmetalle fast ausschließlich in Kupfersteinen an, was oft wirtschaftlicher ist als Verbleiung der Edelmetallträger.

Die Kupfersteine.

Während die Eisensteine als einfache Sulfidverbindungen eine verhältnismäßig leicht erkennbare Konstitution haben, da sie nur aus zwei Stoffen (Fe und S bzw. FeS und Fe) bestehen, treten bei den komplexen Sulfidverbindungen, zu denen alle übrigen metallhüttenmännischen Steine gehören, erhebliche Komplikationen der Konstitution ein.

Die Kupfersteine sind Gegenstand zahlreicher und eingehender Untersuchungsarbeiten geworden. Dennoch haben erst die letzten Jahre eine Klärung der physikalisch-chemischen Verhältnisse bei den Kupfersteinen gebracht[3].

[1] Carpenter, Franklin R.: Pyritic Smelting in the Black Hills. Transactions Amer. Inst. Min. Eng. Bd. 30, S. 764—777, 1900. Vgl. auch Myric N. Bolles: The Concentration of Gold and Silver in Iron Bottoms. Transactions Amer. Inst. Min. Eng. Bd. 35, S. 666 bis 695, 1905.

[2] Wohl das krasseste Beispiel in dieser Beziehung bietet ein Bericht C. A. Heberleins, dem folgende Daten entnommen sind:

Edelmetallhaltiges Erz	Erschmolz. Schlacke	Erschmolz. Stein
SiO_2 = 31,40 %	SiO_2 = 45,60 %	
Fe = 20,10 %	FeO = 23,90 %	Cu = 3,08 %
S = 11,70 %	CaO = 21,50 %	Ag = 335 g/t
CaO = 14,60 %	Cu = 0,095 %	Au = 29,8 g/t
Al_2O_3 = 5,50 %	Ag = 65,1 g/t	
Cu = 0,28 %	Au = Spur.	

Cu-Verluste = 23,7 % des Gesamt-Cu-Inhaltes der Erze
Ag-   „   = 13,0 % „   „   Ag-   „   „   „
Au-   „   = 3,3 % „   „   Au-   „   „   „

Es hat also schon der minimale Cu-Gehalt der Erze in Höhe von 0,28 % Cu in diesem Falle genügt, die Edelmetalle praktisch vollkommen zu erfassen. Vgl. C. A. Heberlein: Blast-Furnace Smelting of Low-grade Ore. Engg. Min. J. Bd. 91, S. 617. 1911.

[3] Vgl. E. Keller: Copper Mattes. The Mineral Ind. Bd. 9, S. 240, 1900. — Gibb, Allan, and R. C. Philp: The Constitution of Mattes Produced in Copper Smelting. Transactions Amer. Inst. Min. Eng. Bd. 36, S. 665—680, 1906. — Röntgen, P.: Zur Kennt-

Auf Grund von Abkühlungskurven, die nach dem Zusammenschmelzen von Kupfersulfür und Eisenmonosulfid aufgenommen wurden, glauben P. Röntgen, H. O. Hofman, K. Bornemann und ihre Mitarbeiter, sowie Baykoff und Troutneff die Entstehung verschiedener komplexer Verbindungen nachweisen zu können, wie z. B. $3Cu_2S \cdot 2FeS$, $2Cu_2S \cdot FeS$, $Cu_2S \cdot FeS$, $Cu_2S \cdot 2FeS$, $2Cu_2S \cdot 5FeS$, die in den Kupfersteinen auftreten und bei den relativ kupferarmen Steinen in FeS gelöst sind, bei den relativ kupferreichen Steinen selbst gewisse Mengen von FeS physikalisch gelöst in sich aufnehmen. Zu ähnlichen Ergebnissen kommen bezüglich einer angenommenen Verbindung $5Cu_2S \cdot FeS$ als Hauptkomponente der Kupfersteine auf Grund andersartiger Untersuchungen Gibb und Philp. Die Bildung vorstehend genannter komplexer Verbindungen wird (Gipp und Philp ausgenommen) aus Haltepunkten der Abkühlungskurve gefolgert, ohne daß bezüglich der Beständigkeit solcher Verbindungen der Faktor „Zeit" berücksichtigt wurde, d. h. ohne daß geprüft wurde, ob solche Verbindungen längere Zeit hindurch im flüssigen und auch bei hoher Temperatur im festen Zustande beständig sind oder ob sie nur vorübergehend auftretende Übergangsstadien bilden. Letzteres erscheint deshalb durchaus wahrscheinlich, weil alle Steine im zäh- und erst recht im leichtflüssigen Zustande längere Zeit hindurch S-Dampf abgeben, der zu SO_2 verbrennt, bis schließlich ein durch die jeweiligen Abkühlungsverhältnisse bedingter Gleichgewichtszustand erreicht wird[1]. Abgesehen davon und abgesehen von dem Einfluß der metallischen Verunreinigungen und des Sauerstoffes, die sich in allen Kupfersteinen der Praxis finden, befassen sich die genannten Untersuchungen lediglich mit Steinen theoretischer Zusammen-

nis der Natur des Kupfersteins. Metallurgie Jg. 3, S. 479—487, 1906. — Hofman, H. O., W. S. Caypless and E. E. Harrington: The Constitution of Ferro-Cuprous Sulphides. Transactions Amer. Inst. Ming. Eng. Bd. 38, S. 142—153. — Bornemann, K., u. F. Schreyer: Das System Cu_2S — FeS. Metallurgie Jg. 6, S. 619—630, 1909. — Baykoff, A., et N. Troutneff: Recherches Experimentales sur la Nature des Mattes de Cuivre. Rev. Métall. Jg. 6, S. 519—543, 1909. — Fulton, Ch. H., and I. E. Goodner: The Constitution of Copper-Iron and Copper-Lead-Iron Mattes. Transactions Amer. Inst. Min. Eng. Bd. 39, S. 584—620, 1909. — Juschkewitsch, N.: Zur Theorie des Kupfersteinschmelzprozesses. Deutsch von J. Schilowsky. Metallurgie Jg. 9, S. 543—559, 1912. — Schad, H., u. K. Bornemann: Beiträge zur Kenntnis des Kupfersteins. Metall u. Erz Bd. 13, S. 251—262, 1916. — Stahl, W.: Kupferausscheidung beim Konzentrieren von Kupferstein. Metall u. Erz Bd. 14, S. 201—202, 1917. — Edwards, F. H., The Constitution of Copper Mattes. Transactions Inst. Min. Metall, S. 492—518. London 1924. — Mostowitsch, W.: Über den Sauerstoffgehalt der Steine vom Kupferschmelzen. Ann. Sibir. Technol. Inst. zu Tomsk Bd. 47, S. 1ff., 1925. (Autoref.: Metall u. Erz Bd. 24, S. 264, 1927). — Tiedemann, H.: Die Haarkupferbildung im Kupferstein. Metall u. Erz Bd. 23, S. 200—210, 1926. — Reuleaux, O.: Reaktionen und Gleichgewichte im System Cu — Fe — S mit besonderer Berücksichtigung des Kupfersteins. Metall u. Erz Bd. 24, S. 99—111, 129—134, 1927. — Die Veröffentlichung von B. Bogitsch: Sur la composition des mattes de cuivre, C. r. Acad. Sci, Bd. 182, S. 468—470, 1926, verdient keinerlei Beachtung, da sie inhaltlich eine — gelinde gesagt — höchst verdächtige Ähnlichkeit mit der genannten Arbeit von O. Reuleaux zeigt, die bereits 1924 als Dissertation vorgelegen hat.

[1] Je metallreicher die Steine sind, desto stärker sondern sie im allgemeinen SO_2 ab („stinken"), so daß Steine mit rund 76—78 % Cu an der Oberfläche häufig kleine Warzen und Krater zeigen, die von geplatzten Gasbläschen herrühren und diesen Steinen beim Harzer Hüttenmann den Namen „Pockensteine" und beim alten Walliser Hüttenmann den Namen „pimple metal" eingetragen haben.

setzung aus Cu_2S und FeS. Sie vernachlässigen absichtlich zunächst, um die
Klärung der Verhältnisse zu erleichtern, die Tatsache, daß schon die Schachtofensteine, in erhöhtem Maße aber die Konvertorsteine teils Fe, teils Cu gelöst
enthalten und Zusammensetzungen aufweisen, die sich deshalb nicht mit den
genannten Vorstellungen zur Deckung bringen lassen, weil viele Steine der
Praxis im Vergleich mit den theoretischen Steinen in flüssigem Zustande zu
wenig, in erstarrtem Zustande hingegen oftmals zu viel Schwefel aufweisen.
Sie vermögen auch weder die Tatsache zu erklären, daß beim Nachsetzen flüssigen
Steines in einen Konvertor, in dem noch auf Schlacke geblasen wird, gelegentlich
innerhalb des Konvertors zwei Steinschichten verschiedener Zusammensetzung
entstehen, noch können sie Aufklärung geben über den Anfall von „Bottom-
kupfer“, „Mooskupfer“ und „Haarkupfer“.

Trägt man die Zusammensetzung einer großen Anzahl von Schachtofen-
kupfersteinen der Praxis in ein Dreiecksdiagramm ein, so ergibt sich als Existenz-

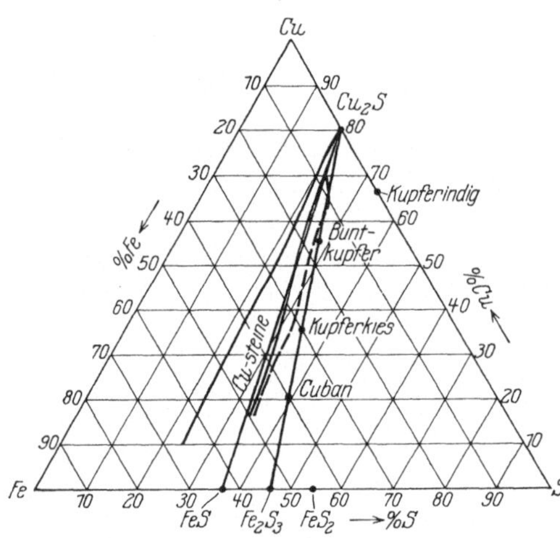

Abb. 26. Chemische Zusammensetzung von Kupfersteinen
in flüssigem und erstarrtem Zustande.

bereich der Kupfersteine in der Praxis in flüssigem Zustande das in
nachstehendem Diagramm mit aus-
gezogener Linie umrandete Feld.
Es wird rechts von der Geraden
begrenzt, auf der alle Mischungen
von Cu_2S und FeS, also alle theoretischen Kupfersteine liegen. Nach
links erstreckt es sich bis an die
östliche Grenze einer noch zu besprechenden großen Mischungslücke,
die innerhalb des Systems Cu—Fe—S
auftritt. Demnach liegen die technischen Kupfersteine in flüssigem
Zustande nur in Ausnahmefällen auf
der Linie Cu_2S—FeS und enthalten
meist weniger Schwefel, als dieser
Linie entspricht. Im Verlaufe des
Erstarrungsprozesses treten bei gewissen Kupfersteinen aber konstitutionelle Umwandlungen ein, die zur Ausscheidung von gediegen oder nahezu gediegen Kupfer
führen (Moos- und Haarkupferbildung), unter gleichzeitiger Verschiebung der
Zusammensetzung der restierenden Steine nach der rechten Seite des Dreiecksdia-
gramms. Da in der erstarrten Schmelze der Schwefelgehalt sich nicht mehr
ändern kann, der Gehalt an solchem Kupfer, das als Stein gebunden ist, durch
die nach Erstarrung eintretende Moos- oder Haarkupferabscheidung aber sinken
kann, können erstarrte Steine unter Umständen schwefelreicher werden als die
Mischungsprodukte von Cu_2S und FeS; es erweitert sich ihr Existenzbereich
nach rechts (punktiert umrandet) bis dicht an die Linie, die alle Mischungen
zwischen Cu_2S und Fe_2S_3 darstellt, und auf der wichtige in der Natur auftretende sulfidische Kupferminerale liegen, wie z. B. Kupferkies und Buntkupfererz.

Nicht nur der unter Mooskupferausscheidung vor sich gehende Spaltungs-
prozeß einer Steinschmelze, die physikalisch gelöstes Kupfer enthält und dieses

nach Unterschreitung des Erstarrungspunktes teilweise ausscheidet[1], nicht nur
der gelegentlich auftretende und unter Haarkupferbildung verlaufende Spaltungs-
prozeß innerhalb der bereits längst erstarrten Steine kann ihre Zusammensetzung
nach rechts, d. h. in der Richtung höheren Schwefelgehaltes, verlagern, sondern
auch manche anderen im praktischen Hüttenbetriebe auftretenden Umstände
können das gleiche bewirken. Man kann in beschränktem Maße kupferhaltige
Flugstäube des Schachtofenbetriebes, die oft beträchtliche Mengen nur schwach
zersetzten Pyrites und nur schwach entschwefelter Kupfersulfide sowie hochwertiger eisenarmer Kupfersulfide enthalten, dadurch zugute machen, daß man
die Betten, in die Stein gegebenenfalls abgestochen wird, mit diesen Flugstäuben
ausschlägt und dadurch erreicht, daß ein Teil des Flugstaubes von dem darüber
fließenden Stein gewissermaßen „eingewickelt" wird. Der in solchen Betten erstarrte Stein zeigt zonare Umwandlungen, die sich schon äußerlich dadurch bemerkbar machen, daß die zu allerunterst, also unmittelbar auf dem Flugstaub
aufliegenden Steinschichten tiefindigoblau werden, während sich unmittelbar über
dieser Schicht eine messinggelbe und über grünlichgelb in tombakbraun über-
gehende Schicht ausbildet. Verfasser hat eine Reihe solcher Steine untersucht
und dabei ermittelt:

	Cu	Fe	S	Cu	Fe	S
Oberfläche						
120 mm normaler Stein . . .	26,2	43,4	30,1	—	—	—
40 mm tombakbraun	27,6	40,1	31,9	—	—	—
15 mm grünlichgelb	31,7	35,8	32,7	34,5	30,5	35,0
10 mm messinggelb	36,3	33,6	29,6		= Kupferkies	
5 mm indigoblau	53,5	15,9	30,9	55,5	16,4	28,1
Flugstaub-Unterlage					= Buntkupfererz	

Die rechts beigefügten Vergleichszahlen lassen die Ähnlichkeit der messing-
gelb bis grünlichgelb gewordenen Steinschicht mit dem Kupferkies und die
Übereinstimmung zwischen der indigoblau gewordenen untersten Steinschicht
und dem Buntkupfererz erkennen. Ähnliche relative Schwefelanreicherungen
im Stein treten ein, wenn Roherz in den flüssigen Stein eingeführt wird, wie das
z. B. beim Verschmelzen von Feinerzen oder Konzentraten in einem mit flüssigem
Stein beschickten Konvertor der Fall ist.

Während reines Cu_2S und reines FeS unbegrenzt miteinander mischbar sind,
klafft zwischen reinem metallischen Cu und reinem Cu_2S eine sehr große Mischungslücke. Auch die vier Substanzen Cu_2S, FeS, Fe und Cu, die sämtlich
in den Kupfersteinen der Praxis auftreten können, sind nur in beschränktem
Maße miteinander mischbar. O. Reuleaux nennt in seiner Arbeit aus dem Jahre
1927 (Literaturangabe s. eingangs) eine ganze Anzahl von Schmelzgemischen,
die zwar aus den Bestandteilen Cu, Fe und S bestehen, die aber außerhalb des

---

[1] Wenn Gibb and Philp (Literaturangabe vgl. eingangs) angeben, daß geschmolzenes
FeS bis zu 120 % seines Eigengewichtes an metallischem Cu zu lösen vermag unter Steinbildung (54,5 % Cu + 28,3 % Fe + 17,2 % S) und wenn später von anderer Seite noch
gesagt wird, daß solche Schmelzen beim Erstarren die Hälfte ihres Kupfergehaltes wieder
absondern (unter Hinterlassung eines Steines mit 37,5 % Cu, 39,7 % Fe und 22,8 % S), so
müssen — wenn keine Versuchs- oder Beobachtungsfehler unterlaufen sind — außergewöhnliche Verhältnisse vorgelegen haben, da der restierende Stein anomale Zusammensetzung
zeigt. Mit Bezug auf Fe wäre eine normale Steinzusammensetzung ungefähr 30 % Cu +
40 % Fe + 30 % S.

Bereiches der Kupfersteine der Praxis liegen und daher auch in feuerflüssigem Zustande nicht existenzfähig sind, sondern stets in zwei Schichten zerfallen, eine obere Steinschicht und eine untere Schicht mit mehr metallischem Charakter.

Spaltungsprodukte von Cu-Fe-S-Schmelzen.

Schmelze Nr.	Ausgangsmaterial			Versuchs-temp.	Obere Schicht			Untere Schicht		
	Cu %	Fe %	S %	°C	Cu %	Fe %	S %	Cu %	Fe %	S %
18	90	—	10,0	1200	80,35	—	19,1	98,45	—	1,27
17	84	4,0	12,0	1200	71,4	6,7	21,6	97,3	1,55	1,16
9	90	7,3	2,7	1200	50,2	26,92	22,4	94,9	4,7	0,2
8	70	22,0	8,0	1350	48,6	27,5	23,2	80,1	19,2	0,3
10	55	33,0	12,0	1450	48,2	28,5	22,7	62,6	36,4	1,1
7	50	36,5	13,5	1350	47,9	30,2	21,4	40,7	50,9	7,63
33	30	55,0	15,0	1450	33,1	44,8	21,1	26,4	65,7	7,6
32	20	70,0	10,0	1450	26,8	50,1	22,4	19,6	74,2	6,6
40	15	70,0	15,0	1500	19,6	57,4	22,5	12,8	79,8	—
41	10	75,0	15,0	1550	14,1	62,1	23,1	4,67	87,2	8,6

Durch Eintragung dieser Spaltungsprodukte in das Dreiecksdiagramm Cu-Fe-S konnte Reuleaux die Mischungslücke dieses Systems begrenzen.

Die Reuleauxsche graphische Darstellung gilt für Temperaturen von rund 1200—1500° C. Während mit steigender Temperatur (was für die Praxis nicht in Frage kommt) die Mischungslücke sich verkleinert, vergrößert sie sich möglicherweise noch bei sinkender Temperatur. Die die Mischungslücke durchschneidenden und mit entgegengesetzt gerichteten Pfeilen versehenen Linien geben an, in welche beiden verschiedenen Komponenten alle diejenigen Steine zerfallen müssen, die — wenn sie existieren könnten — nach ihrer Zusammensetzung innerhalb der Mischungslücke liegen würden. Dabei zeigt sich die für die Praxis sehr wichtige Erscheinung, daß Steine mit weniger als rund 50 % Cu, wenn sie zu stark entschwefelt werden, in einen kupfer-

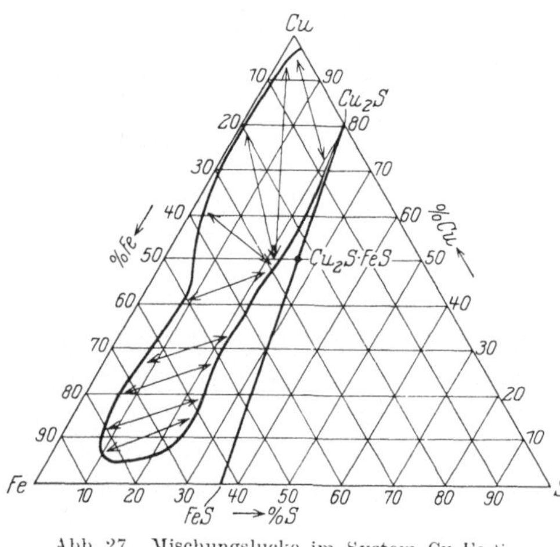

Abb. 27. Mischungslücke im System Cu-Fe-S.
(Nach O. Reuleaux.)

reicheren und gleichzeitig schwefelreicheren Stein einerseits und ein geringe Mengen von Kupfer und Schwefel enthaltendes Eisen andererseits zerfallen. D. h.: Läuft der Schachtofen zu heiß und dabei langsam (was beim Arbeiten mit heißem Wind eintreten kann), so daß die Steine längere Zeit in heißen Zonen verweilen, so tritt die Gefahr der Bildung von Eisensäuen im Schachtofen auf. Steine mit mehr als rund 50 % Cu hingegen zerfallen, wenn sie weitgehend entschwefelt werden (z. B. beim Verblasen im Konvertor), oder ihre Schwefelkonzentration künstlich herabgedrückt wird (wie beim schmelzflüssigen Zementationsprozeß), in kupferärmeren und gleichzeitig schwefelreicheren Stein einerseits und ein sehr schwach eisen- und schwefelhaltiges Kupfer andererseits.

Die Erstarrungstemperaturen verschiedener Kupfersteine und verschiedener
Spaltungsprodukte derselben hat Reuleaux gleichfalls im Diagramm festgelegt. Dabei weisen Steine mit rund 24,0 % Cu, 44,5 % Fe und 31,5 % S bis
zu Steinen mit rund 40 % Cu, 31,8 % Fe und 28,2 % S Erstarrungspunkte unter

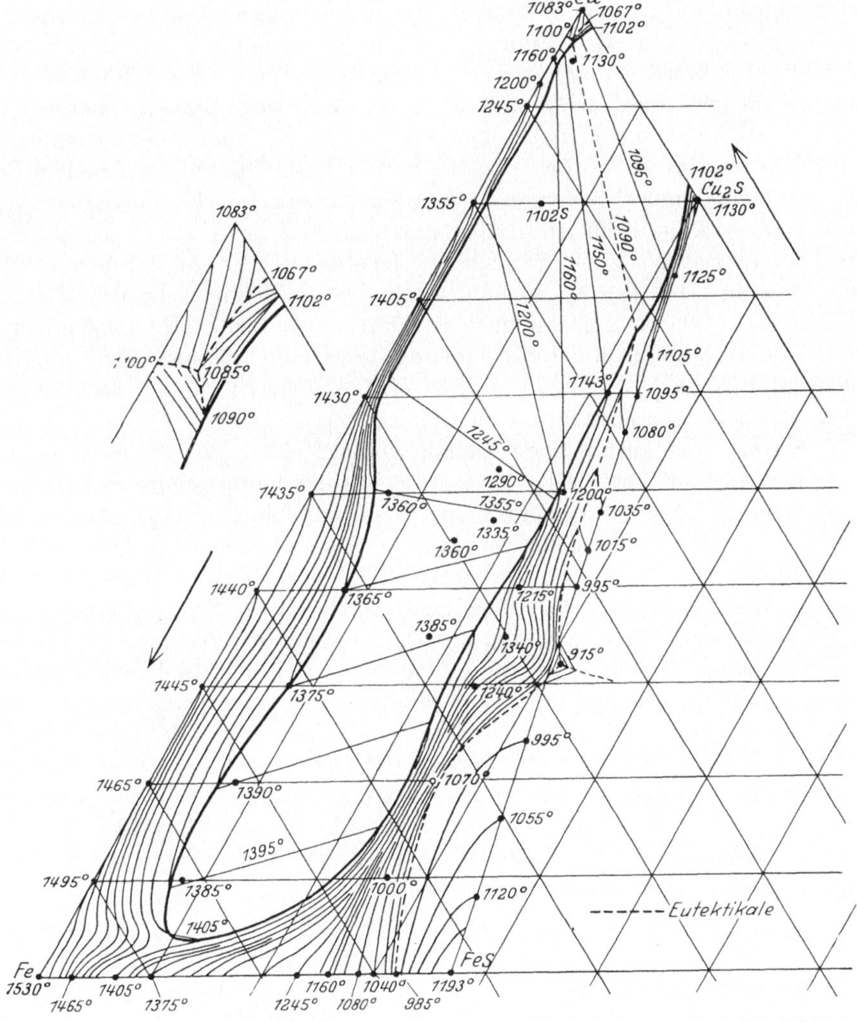

Abb. 28. Erstarrungstemperaturen verschiedener Kupfersteine und ihrer Spaltungsprodukte.
(Nach O. Reuleaux.)

1000° C auf. Die niedrigste Erstarrungstemperatur von 915° C zeigt ein Stein
mit rund 32 % Cu, 37 % Fe und 31 % S.

Da bei den Sulfiden der Steine im Gegensatz zu den Silikaten der Schlacken
kein verhältnismäßig ausgedehnter Erweichungsbereich existiert, und dementsprechend auch keine starken Unterkühlungen auftreten, liegen die Schmelz-
und die Erstarrungstemperaturen der Steine sehr nahe beieinander. Schachtofensteine von rund 30—35 % Cu haben die niedrigsten Schmelzpunkte.

Nach dem Erkalten sehen sehr arme Kupfersteine mit nur wenigen Prozent Cu schwärzlichgrau aus. Je reicher sie an Cu werden, um so mehr macht der schwärzliche Farbton einem grauen Platz, der mit weiter steigendem Kupfergehalt (über 10 %) in Bläulichgrau übergeht. Ab rund 15 % Cu werden die Steine rötlich violettgrau. Je reicher sie sind, um so mehr tritt der rötlichviolette Ton hervor. Steine von 30—55 % Cu sind stumpf bronzefarben mit violettem Stich. Bei 55—70 % Cu geht das Violett in Blau bis schließlich Purpur über. Bei ungefähr 70 % Cu-Gehalt tritt eine plötzliche starke Farbwandlung zu Lichtstahlgrau ein, die zwischen 72 und 75 % Cu in nahezu Silberweiß übergeht (sog. White-metal). Steine mit noch höherem Cu-Gehalt sind wieder dunkel, und zwar indigo bis violett. Wenn es auch schwer sein dürfte, nach der bloßen Farbe „aus der Hand" den Kupfergehalt jedweden erkalteten Kupfersteines richtig zu schätzen, so kann doch jeder Hüttenmann bei einiger Übung innerhalb eines besonderen Bereiches (z. B. bei Schachtofensteinen, die unter Umständen um plus oder minus 5 % des Durchschnittsgehaltes an Kupfer schwanken können) seine Steine auf 1—2 % genau nach der Farbe schätzen. Mit steigendem Cu-Gehalt kommt dabei noch der zunehmende Unterschied im spez. Gew. als Kennzeichen zu Hilfe.

Die Tatsache der engbegrenzten und sehr augenfälligen Farbänderung des kalten Steines bei einem Kupfergehalt von 72—75 % Cu läßt es wahrscheinlich erscheinen, daß innerhalb dieses Bereiches die Kupfersteine in kaltem Zustande besondere konstitutionelle Verhältnisse aufweisen. Auf die Konstitution der gleichen Steine in flüssigem Zustande daraus schließen zu wollen, ist jedoch unzulässig, da im Verlaufe der Erstarrung und Abkühlung der Steine so mannigfache Zustandsänderungen stattfinden, daß Rückschlüsse leicht zu Trugschlüssen führen. In flüssigem Zustande sind die Kupfersteine der Praxis meist Lösungen von Kupfersulfür (Cu_2S) (und unter Umständen Kupfer) in Eisenstein ($x\,FeS + y\,Fe$), wobei es nicht ausgeschlossen aber auch nicht erwiesen ist, daß beständige chemische Verbindungen von Kupfer- und Eisensulfiden bestehen. Im Verlaufe des Erkaltens können sie sich in feste Lösungen von Kupfersulfür in magnetkiesähnlichen Eisensulfiden umwandeln und sich konstitutionell der Zusammensetzung von Kupferkies und Buntkupfererz nähern, was W. Stahl (Literaturangabe s. eingangs), der im Kupferstein die Existenz einer komplexen Verbindung $2\,Cu_2S \cdot FeS$ voraussetzt, ausdrückt als

$$2\,Cu_2S \cdot FeS + FeS = Cu_2S \cdot Fe_2S_3 + 2\,Cu$$
$$2(2\,Cu_2S \cdot FeS) = 3(Cu_2S \cdot Fe_2S_3) + 2\,Cu.$$

Das dabei in Freiheit gesetzte Kupfer, das nach Czedik[1] zwischen 92,3 und 99,9 % Cu schwankt, und dessen Ausscheidung nach Tiedemann (Literaturangabe s. eingangs) zwischen 548° und 180° C stattfindet, wird in die interkristallinen Zwischenräume und durch diese hindurch in gaserfüllte, blasenartige Hohlräume der erkalteten Steine hineingepreßt. Beim Austritt aus den haaroder fadenförmigen interkristallinen Zwischenräumen tritt es in die Hohlräume

---

[1] Czedik-Eysenberg, Frz. Frh. v.: Untersuchungen der Kupfersteinkonzentration im Flammofen in Rücksicht auf die Gewinnung des Silbers aus dem Konzentrationsstein nach dem Verfahren von Ziervogel. Dissert.: Clausthal 1924 (236 S. u. 52 Taf.), im Druck nicht erschienen; maschinenschriftl. Abzug in der Preuß. Staatsbibliothek Berlin unter Sign. U. 24, 9860.

ein, als ob es gewissermaßen durch eine Düse eingespritzt wird. Es bedeckt daher die Blasenwände haarförmig, moosartig, zahnig und hakig und ähnelt in seinen äußeren Formen außerordentlich den allbekannten zahnigen und hakigen Stücken von gediegen Silber aus Kongsberg.

Zwei Haarkupferanalysen aus Mansfelder Spurstein[1].

Cu 98,96		Cu 98,400
Fe 0,40		Fe 0,093
Ag 0,462		Ag 0,761
Ni + Co 0,35		Ni 0,482
Zn 0,23		Zn 0,198
		Pb 0,012
		As 0,015

Genau wie Moos- und Haarkupfer kann gelegentlich auch Moos- und Haarsilber ausgeschieden werden. Die von W. Stahl betonte Unterscheidung von Mooskupfer als solchem Cu, das im Kupferstein physikalisch gelöst war und bei der Erstarrung ausgeschieden wurde, gegenüber dem Haarkupfer, als das er das vorstehend genannte Zerfallsprodukt (zwischen 548 und 180° C) bezeichnet, ist für die Praxis von keiner sonderlichen Bedeutung.

Wenngleich auch schon Kupfersteine mit weniger als 10% Cu unter besonderen Umständen Mooskupferausscheidungen zeigen können, so sind diese doch erst kennzeichnend für Steine mit rund 45—70% Cu. Steine mit höherem Kupfergehalt zeigen kein Mooskupfer mehr. Das Maximum der Mooskupferbildung scheint bei 62 proz. Steinen erreicht zu werden.

Außer Cu_2S, FeS, Fe und Cu weisen alle Kupfersteine der Praxis je nach der Zusammensetzung der Erze, aus denen sie erschmolzen werden, mannig-

Zusammensetzung verschiedener Schachtofen-Kupfersteine.

	Cu %	Fe %	S %	Pb %	Zn %	Verunreinigungen in %
Russische Steine:	26,53	41,40	25,10	—	—	0,8 SiO_2, 0,1 CaO
	30,23	38,80	24,50	—	—	0,7 SiO_2, 0,2 CaO
	30,87	39,67	23,81	—	—	0,46 SiO_2, 3,96 Al_2O_3, 0,29 CaO, 0,43 MgO
Amerikanische Steine:	10,24	53,90	25,41	—	1,66	0,43 Mn
	10,49	54,66	26,27	—	—	—
	11,20	61,68	25,47	—	—	0,22 As, Spuren Pb
	11,62	53,80	25,12	—	2,77	0,32 Mn
	19,94	50,85	25,63	—	—	—
	20,40	41,20	26,30	8,50	1,50	0,20 SiO_2, 1,40 Mn, 0,16 Sn
	21,36	41,03	22,95	0,02	0,24	0,20 Co, 10,44 Fe_3O_4
	23,43	43.70	26,52	—	1,48	0,15 Mn
	36,48	25,20	32,66	—	3,05	—
	40,25	24,91	29,78	—	—	—
	41,10	24,91	29,78	—	—	—
	45,78	25,93	24,51	—	2,09	0,14 Mn
	55,00	13,85	23,96	3,02	1,24	0,09 As, 0,27 Sb, 2,58 Fe_3O_4
	57,83	15,28	22,47	0,07	2,09	0,01 As, 0,01 Sb
Japanische Steine:	19,95	37,24	26,62	1,18	9,82	1,50 SiO_2
	30,35	28,03	24,97	5,48	8,18	0,95 SiO_2, 0,53 Al_2O_3, 0,11 BaS
	41,20	22,60	26,40	5,50	4,20	—
	42,94	21,36	24,18	1,21	6,81	0,86 SiO_2
	48,83	12,04	23,65	7,57	4,00	0,50 SiO_2, 0,50 Al_2O_3

[1] Siehe Anm. 1 S. 142.

fache verunreinigende Beimengungen auf, die aus Sulfiden anderer Metalle, aus Speisen verschiedenster Art, aus oxydischen Metallverbindungen und schließlich aus teils physikalisch gelösten, teils mechanisch eingeschlossenen sonstigen Substanzen wie BaS, SiO_2, Schlacken u. dgl. bestehen können. Bei der Berechnung von Schachtofenchargen ist natürlich oftmals nicht vorauszusehen, welche Mengen und welche Arten von Verunreinigungen in die Steine aufgenommen werden, so daß solche Berechnungen — wenn diesbezügliche praktische Erfahrungen fehlen — zunächst auf Grund der theoretischen Zusammensetzung der Steine, wie sie in Anhang Nr. 3 angegeben wird, vorgenommen werden müssen. Welche Mengen von Verunreinigungen gelegentlich in Kupfersteinen anzutreffen sind, zeigt Zusammenstellung auf Seite 143 der verschiedensten Steinanalysen, bei denen die japanischen Steine mit ihrem außerordentlichen hohen Zinkgehalt eine Ausnahmestellung einnehmen und durch ihren hohen Bleigehalt eigentlich schon zu den später zu behandelnden Bleikupfersteinen hinüberführen.

Eintritt von Sulfiden fremder Metalle in die Steine. Abgesehen von dem bei den Edelmetallen zu besprechenden Silber sind es vornehmlich Ni, Co, Pb und Zn, die als Sulfide von Kupfersteinen gelöst werden. Sind in den zu verschmelzenden Erzen Ni, Co, Pb oder Zn in nennenswerter Menge vorhanden, so wird man stets bestrebt sein, auch diese Metalle zugute zu machen und das Zn als Zinkoxydstaub zu gewinnen. Daher soll von den Nickel-, Kobalt- und Bleikupfersteinen noch besonders die Rede sein, so daß an dieser Stelle nur der Eintritt von Schwefelzink in die Kupfersteine zu erörtern bleibt. Verhältnismäßig große Mengen von Zink finden sich zur Zeit lediglich in den in Japan erschmolzenen Steinen. Geringere Mengen von Zink (bis zu 4 und 5 % Zn) sind jedoch in den der unmittelbaren Verhüttung unterworfenen Erzen recht häufig. Schon gelegentlich der Frage der Verschlackung von Zink (vgl. S. 106 ff.) wurde gesagt, daß die verhältnismäßig langsam verlaufende Abröstung des Zinks es mit sich bringt, daß ein Teil des Zinkinhaltes der Schachtofenbeschickung in den anfallenden Stein wandert, dessen spez. Gew. durch ZnS-Aufnahme sinkt.

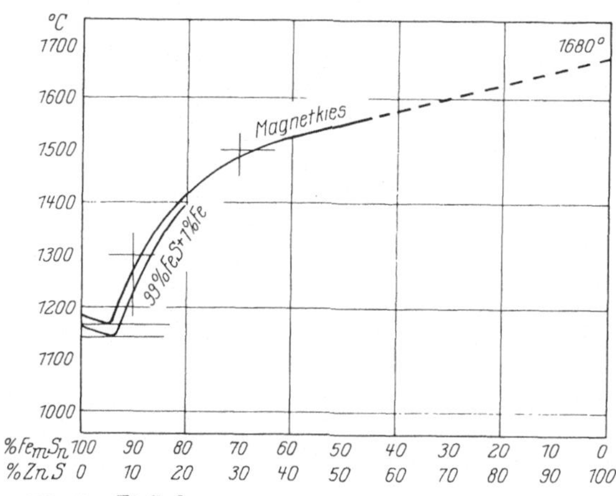

Abb. 29. Einfluß von ZnS auf die Erstarrungstemperatur der Eisensulfide. (Nach K. Friedrich.)

Den Einfluß von ZnS auf die Erstarrungs- und die mit ihr fast identische Schmelztemperatur der Eisensulfide untersuchte K. Friedrich[1]. Es zeigte sich, daß durch geringe Beimengungen von Schwefelzink der Schmelzpunkt sowohl von magnetkiesartigen Eisensulfiden als auch von Eisensteinen um ein geringes herabgesetzt wird. Überschreitet aber der Zn-Gehalt der Steine 6 % = rund

---

[1] Friedrich, K.: Die Zinkblende als Steinbildner. Metallurgie Jg. 5, S. 114—128, 1908.

9 % ZnS, so tritt ein außerordentlich schnelles Steigen des Schmelzpunktes ein. Zwar ist die Einwirkung von Zn auf Mehrstoffsysteme, wie sie in den Kupfersteinen und in den Bleikupfersteinen vorliegen, heute noch nicht graphisch festgelegt; die Tatsache aber, daß auf mehreren japanischen Hüttenwerken (Kosaka Smelter der Fujita Co., Kano Smelter[1]) Steine mit bis zu 10 % Zn bei verhältnismäßig geringem Aufwand an organischem Brennstoff erschmolzen werden, läßt die Vermutung zu, daß die Steigerung der Schmelztemperatur durch den Eintritt von ZnS bei Kupfer- und Bleikupfersteinen weniger beträchtlich ist als bei den bloßen Eisensteinen. So störend ein Zinkgehalt der Kupfersteine, wenn er 6—7 % Zn übersteigt, für das Steinschmelzen im Schachtofen werden kann, so begrüßenswert ist er andererseits beim Verblasen der Steine im Konvertor — vorausgesetzt, daß die Steine edelmetallfrei sind —, weil die Oxydation des Zinksulfides, für die im Konvertor hinreichend Zeit vorhanden ist, außerordentlich stark exotherm verläuft (vgl. S. 66).

Eintritt von Speisen in die Steine. Wenn sich unter den Erzen, die der unmittelbaren Verhüttung unterworfen werden, Arsenide oder Antimonide, Sulfarsenide oder Sulfantimonide befinden, wie z. B. Enargit, Kupferfahlerze oder die komplizierten arsenischen Silber- und Kobalterze des Kobaltdistriktes (Ontario), so ist die Möglichkeit gegeben, daß auch Speisen in geringer Menge in die Kupfersteine eintreten. Bei erheblicheren Mengen von Arsen oder Antimon in der Beschickung trennen sich die anfallenden Speisen von den Steinen scharf ab (spez. Gew. der Speisen = 6,5—7,8 gegenüber 4,8—5,8 der Steine), wobei sich gleichzeitig Pb, Au und Pt in den Speisen anreichert (während Ag vornehmlich in die Steine wandert) und verhältnismäßig reine Steine anfallen. Handelt es sich dagegen in der Beschickung nur um verhältnismäßig geringe Mengen von As und Sb, so werden die gebildeten geringen Speisemengen meist von den Steinen aufgenommen. Genaue Untersuchungen darüber, welche Mengen von Speisen von den Steinen aufgenommen werden können, liegen nicht vor. Erfahrungsgemäß nimmt die Aufnahmefähigkeit von Kupferstein für Speisen mit zunehmendem Cu-Gehalt beträchtlich ab. Am ehesten können die in der Hütte der Coniagas Reduction Co. zu Thorold, Ontario, gemachten Erfahrungen einen Begriff vom Eintritt der Speisen in die Steine geben, da in dieser Hütte Silber-Kobalt-Erze des Kobaltdistriktes auf Speise und Stein verschmolzen werden und die dort anfallenden Steine wohl als gesättigt mit Speise angesehen werden können[2].

	Kobaltnickelspeise	Kupfersilberstein
Co.	26,8 %	5,7 %
Ni	16,1 %	1,4 %
Cu	3,1 %	16,8 %
Fe.	12,4 %	18,7 %
Ag	3,34 %	28,14 %
As.	29,7 %	1,0 %
S	6,5 %	21,3 %

Es ist bekannt, daß Nickel und auch Kobalt eine größere „Affinität" zum

---

[1] Vgl. M. Eissler: Copper Smelting in Japan. Transactions Amer. Inst. Min. Eng. Bd. 51, S. 700—742, 1916.

[2] Harris, A. Carr: Experiments in Cobalt-Silver-Nickel Smelting. Engg. Min. J. Bd. 118, S. 214—216, 1924.

Arsen als zum Schwefel haben. Auch Blei scheint mehr zum As als zum S zu neigen, da es bei gleichzeitigem Anfall von Speise und Stein sich in den Speisen anreichert. Sind daher in As- oder Sb-haltiger Beschickung außerdem Ni, Co oder Pb vorhanden, so bilden diese in erster Linie Speisen.

Die bislang bekanntgewordenen Abkühlungskurven ergaben besonders niedrige Erstarrungspunkte für folgende As- und Sb-Metallgemische:

für Fe-As	bei	70 %	Fe	und	30 %	As	. . . . .	rund	835° C[1]
„ Ni-As	„	73 %	Ni	„	27 %	As	. . . . .	„	900° C[2]
	„	66 %	Ni	„	44 %	As	. . . . .	„	800° C
„ Co-As	„	71 %	Co	„	29 %	As	. . . . .	„	915° C[2]
„ Cu-As	„	79 %	Cu	„	21 %	As	. . . . .	„	685° C[3]
„ Cu-Sb	„	73 %	Cu	„	27 %	Sb	. . . . .	„	660° C
	„	25 %	Cu	„	75 %	Sb	sogar . .	„	535° C

Die Schmelztemperaturen liegen also niedriger als die der Kupfersteine. Speisenbildung wirkt in dieser Richtung in keiner Weise störend auf den Verlauf des Steinschmelzens ein. Beim Verblasen speisehaltiger Steine werden As und Sb sehr schnell verflüchtigt und die Arsenide und Antimonide gehen in Sulfide über.

Eintritt oxydischer Metallverbindungen in die Steine. Die meisten Kupfersteine sind in mehr oder minder hohem Maße magnetisch. Diese Eigenschaft kann sowohl vom Vorhandensein freien Eisens (im Eisenstein, den die Kupfersteine enthalten) herrühren, als auch dadurch erklärlich sein, daß magnetische Hydroferrite physikalisch gelöst oder mechanisch suspendiert sind, in erster Linie Magnetit, daneben aber höchst wahrscheinlich auch Kupri- und unter Umständen Kobalto-Hydroferrit. Über die Bildung von Hydroferriten bei unmittelbarer Verhüttung im Schachtofen ist bereits S. 115ff. berichtet worden. Werden Konvertorschlacken, die recht nennenswerte Mengen von Ferrohydroferrit enthalten können, gegichtet, so wird der Anfall von Hydroferriten im Schachtofen noch vergrößert. Infolge ihres hohen spez. Gew., das sich in den gleichen Grenzen wie das spez. Gew. der Kupfersteine bewegt, trennen sich die Hydroferrite von den Schlacken ebensogut ab wie die Steine und sinken zumindest während des Verweilens im Vorherd in die Steine hinein. Hat man einen Vorherd nach längerer Betriebsdauer einmal leerlaufen und erkalten lassen, so findet man meist den Boden und den unteren Teil der Seitenwände reichlich mit oktaedrischen Kristallen bedeckt, die sich analytisch als schwach Cu-haltiger Magnetit erweisen. Lang[4] nennt eine Schlacke von Ducktown, Tennessee (U. S. A.) die $SiO_2 = 33,78\%$, $Fe = 31,68\%$, $CaO = 12,48\%$, $MgO = 2,87\%$, $Al_2O_3 = 4,07\%$, $Zn = 2,83\%$, $Mn = 0,41\%$, $Cu = 0,40\%$ und $S = 1,69\%$ aufweist, und er-

---

[1] Friedrich, K.: Eisen und Arsen. Metallurgie Jg. 4, S. 129—137, 1907. — Dieckmann: Studienarbeiten, das System Eisen-Arsen betreffend. Stahl u. Eisen Jg. 33, S. 1207 bis 1208, 1913; Jg. 34, S. 1694—1695, 1914.

[2] Friedrich, K. (mit F. Bennigson): Nickel und Arsen. Metallurgie Jg. 4, S. 200 bis 216, 1907. — Friedrich, K.: Zur Kenntnis der Erstarrungspunkte der Kobaltnickelarsenide. Metall u. Erz Jg. 10, S. 659—671, 1913.

[3] Friedrich, K.: Kupfer und Arsen. Metallurgie Jg. 2, S. 477—495, 1905. — Neuere Untersuchungen über das Schmelzdiagramm Kupfer-Arsen usw. Metallurgie Jg. 5, S. 529 bis 535, 1908.

[4] Lang, H.: Studies in Slag Formation. Engg. Min. J. Bd. 121, S. 485—490, 1926.

rechnet daraus ihre Konstitution (wobei er Al_2O_3 als Base verrechnet) zu: Fayalit
= 46,82%, Wollastonit = 25,85%, Enstatit = 7,17%, Andalusit = 6,46%,
d. h. Silikate zusammen = 86,30%, ferner Sulfide von Cu, Zn, Mn = 5,29%.
Hierbei bleiben 6,04% Fe unverrechnet, die — wenn sie als Magnetit gebunden
sind — 8,26% Magnetit entsprechen und die Summe der Einzelbestandteile
auf 99,85% bringen. Es ist augenfällig, daß derartige Mengen von Magnetit
in der aus dem Ofenstich ablaufenden Schlacke, zumal wenn ein hochwertiger
Stein erschmolzen wird und dementsprechend große Schlackenmengen auf geringe
Steinmengen entfallen, im Falle guter Separation im Vorherd einen sehr beträcht-
lichen Anteil an der Zusammensetzung der Steine nehmen müssen. Nach
Mostowitsch (Literaturangabe s. eingangs) beträgt der Sauerstoffgehalt von
Kupfersteinen meist 2,5—8% und ist restlos in Gestalt von Magnetit und anderen
Hydroferriten gebunden. Nach seiner Ansicht ist die Menge der in Steinen vor-
handenen Hydroferrite der Entschwefelung der Beschickung direkt und der
Azidität der anfallenden Schlacken umgekehrt proportional. Von dem gegenseitigen Verhalten von Metalloxyden und Steinen beim Konvertorprozeß wird
gelegentlich der Besprechung desselben noch ausführlich die Rede sein.

Sonstige Verunreinigungen. Geringe Schlackenmengen, die gelegentlich von
den Steinen zurückgehalten werden, sind meist bedeutungslos. Ein Al-Gehalt,
wie er in manchen Steinen anzutreffen ist, ist auf Beimengung von Spinellen
zurückzuführen, die sich wie die Hydroferrite wegen ihres hohen spez. Gew. im
Vorherd leicht den Steinen beigesellen. In einigen japanischen Steinen, die aus
stark barythaltigen Erzen erschmolzen werden, finden sich geringe Mengen von
mechanisch beigemengtem Bariumsulfid, die sich aber beim Verblasen der Steine
schnell verschlacken lassen. Auch Kalziumhydroferrit kann vorkommen.

Der Eintritt von Edelmetallen in die Kupfersteine[1]. Abgesehen von dem
Edelmetallgehalt vieler sulfidischer Erze, die auf Kupfer verschmolzen werden
sollen, sind Kupfersteine als Sammler von Edelmetallen aus relativ armen Edel-
metallerzen, aus solchen goldführenden Quarzen, die sich nicht laugen lassen,
und aus dem Erzinhalt saurer Gold-Silber-Quarzgänge besser geeignet als Blei.
Bleierze müssen abgeröstet werden, was sich bei denjenigen Kupfererzen, die
unmittelbar verhüttet werden, erübrigt. Bleischlacken nehmen weniger Kieselsäure auf als Kupferschlacken, so daß beim Kupfersteinschmelzen viel größere
Mengen edelmetallhaltigen Quarzes zugeschlagen werden können als beim Erschmelzen von Werkblei. Der Bleischachtofen geht viel kälter als der Kupfersteinschachtofen. Er ist daher auch viel empfindlicher als dieser. Außerdem benötigt
der auf Werkblei arbeitende Bleischachtofen unvergleichlich mehr Koks (zum
Reduzieren) als der Kupfersteinschachtofen, wenn unmittelbar verhüttet wird.
Malcolmson[2] weist darauf hin, daß nach seinen mexikanischen Erfahrungen
beispielsweise ein und derselbe Schachtofen in 24 Std. 125 t bleiige Erzbeschik-
kung und 42,5 t edelmetallhaltigen Quarz einerseits oder 250 t kupferige Erz-

---

[1] Die — wenn wirklich einwandfreie Ergebnisse erzielt werden sollen — durchaus nicht
einfache Bestimmung des Edelmetallgehaltes in Steinen behandelt ausführlich: Dewey,
Fred P.: The Sampling of Gold Bullion. Transactions Amer. Inst. Min. Eng. Bd. 44,
S. 853—882, 1913.

[2] Malcolmson, Jas. W.: The Custom Smelting Industry in Mexiko. Engg. Min. J.
Bd. 78, S. 25, 1904.

beschickung und 112,5 t edelmetallhaltigen Quarz andererseits durchgesetzt hat, also nahezu die dreifache edelmetallführende Quarzmenge in der Zeiteinheit, wobei ein Werkblei mit durchschnittlich 10 kg Au + Ag pro Tonne, hingegen ein Kupferstein mit durchschnittlich 20 kg Au + Ag pro Tonne erschmolzen werden konnte.

Im Vergleich mit Eisensteinen nehmen die Kupfersteine unvergleichlich mehr Edelmetall auf als jene und vor allem sammeln sie begierig Gold, dessen Aufnahme bei Eisensteinen stark erschwert ist (vgl. S. 135). Einen interessanten diesbezüglichen Vergleich stellten Fulton und Knutzen[1] in der National Smelter der Horseshoe Co. in Rapid City an, wobei sie ermittelten:

Aufnahmefähigkeit verschiedener Steine für Edelmetalle.

	% Fe	% Cu	% S	% Zn	g/t Au	g/t Ag
Schwach Cu-haltiger Eisenstein	61,0	1,6	—	2,18	213	291
Armer Kupferstein	68,5	3,5	27,9	—	126	261
Armer Kupferstein	—	5,57	—	—	529	307
Kupferstein.	—	19,3	—	—	349	563
Kupferstein.	—	20,6	—	—	352	591
Kupferstein.	—	22,6	30,0	—	513	642

In dem schwach Cu-haltigen Eisenstein ist wahrscheinlich der wenn auch geringe Zn-Gehalt für die relativ großen Mengen Edelmetall ausschlaggebend gewesen.

Bis zu 20 % Cu im Stein ist die Aufnahmefähigkeit reiner Kupfersteine für Silber nicht sonderlich groß. Werden jedoch 20 % Cu überschritten, so können sehr beträchtliche Mengen von Ag aufgenommen werden unter Bildung von Steinen, die schließlich sogar als Silberkupfersteine angesprochen werden müssen. In der schon erwähnten Hütte der Coniagas Reduction Co. (Thorold, Ontario)[2] werden Silberkupfersteine erschmolzen mit

Silberkupfersteine.

		76,92	80,64				96,42	94,66
Cu = 11,27	. . . .	19,33		Co = 7,93	. . . .	8,73		
Fe = 27,28	. . . .	23,56		Ni = 4,07	. . . .	0,89		
Ag = 15,83	. . . .	12,70		As = 4,58	. . . .	1,07		
S = 22,54	. . . .	25,05		Pb = 2,92	. . . .	3,33		
		76,92	80,64			96,42	94,66	

Die Gegenwart geringer Mengen Blei in einer edelmetallhaltigen Ofenbeschikkung ist der Ansammlung des Edelmetalles im Kupferstein in keiner Weise hinderlich, sondern macht sogar die Steine gut dünnflüssig und mindert dadurch Verluste in der Schlacke. Die Edelmetalle werden in solchem Falle von den Kupfersulfiden aufgenommen; eine Anreicherung in den bleiigen Bestandteilen der Ofenprodukte und eine Abwanderung in die Schlacke findet — selbst mit Bezug auf Ag — nicht statt. In der Old La Plata Leadsmelter in Leadville der Bimetallic Smelting Co. zu Leadville, Colorado z. B. wurden aus derartiger Beschickung bleiische Kupfersteine mit 17,9 % Cu und 5685 g Ag pro Tonne neben

---

[1] Mitgeteilt in Metallurgie Jg. 1, S. 273—277, 1904.
[2] Harris, A. Carr: Experiments in Cobalt-Silver-Nickel Smelting. Engg. Min. J. Bd. 118, S. 214—216, 1924.

46,5—62,0 g Au pro Tonne bei einer Schlacke mit $SiO_2 = 35,80\,\%$, $FeO = 51,38\,\%$ $CaO = 4,89\,\%$, $Al_2O_3 = 2,93\,\%$ und Unbestimmt (darunter Pb) $= 5,0\,\%$ sowie $Ag = 6,2$—$10,9$ g/t, $Au = 0,23$—$0,34$ g/t erschmolzen. Die anfallenden Flugstäube schwankten zwischen $Cu = 2,3$—$2,4\,\%$, $Fe = 34,5$—$38,4\,\%$, $Pb = 3,5$ bis $6,3\,\%$, Zn konstant $= 7,1\,\%$, SiO_2 konstant $= 15,7\,\%$, Mn konstant $= 0,4\,\%$. Der Edelmetallgehalt der Stäube war trotz des sehr schwankenden Pb-Gehaltes, der gelegentlich bis auf $15\,\%$ stieg, konstant mit $Ag = 465$ g/t und $Au = 3,4$ g/t.

Erreichen die Kupfersteine einen Konzentrationsgrad, bei dem gediegen Kupfer im Stein auftritt (Mooskupfer kommt wegen seiner erst nach Erstarrung der Steine beginnenden Ausscheidung hierbei nicht in Frage), so ändern sich die Verhältnisse, indem Ag und Au nunmehr in das gediegene Kupfer einwandern. Darauf beruht der mehrfach versuchte und wieder aufgegebene Prozeß des „Bottomschmelzens", der nur eine dem Konvertorbetrieb angepaßte Form des alten wallisischen „Best-selected"-Prozesses ist[1], und der neuerdings seit 1919 bei der Arizona Copper Co. in Clifton, Arizona, wieder stark entwickelt wird (vgl. später unter „Der Konvertorprozeß"). Während gediegen Kupfer im Stein analog den Kupferbottoms Gold in sehr reichlichem Maße aufnimmt, ist die Silberaufnahme beschränkt. Am klarsten stellt ein von Ambler[2] aufgestelltes diesbezügliches Diagramm die Verhältnisse dar.

Um Goldverluste zu vermeiden, muß die Ofenbeschickung so berechnet werden, daß im anfallenden Stein mindestens 200 kg Kupfer auf 1 kg Gold entfallen.

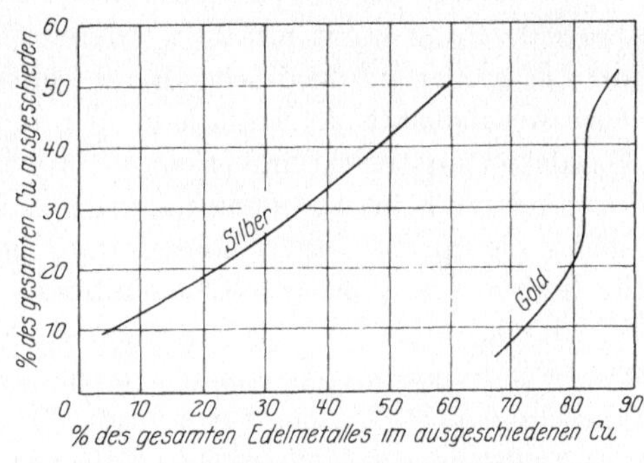

Abb. 30. Anreicherung von Gold und Silber in Kupferbottoms.

Das spezifische Gewicht der Steine. Mit steigendem Kupfergehalt nimmt das spez. Gew. der Kupfersteine natürlich zu. Daß aber die Zunahme von den im Stein vorhandenen Beimengungen in gewissem Maße abhängig ist, zeigen deutlich folgende Bestimmungen:

Chemische Zusammensetzung und spezifisches Gewicht verschiedener Kupfersteine.

Cu	Fe	S	Mn	Zn	Spez. Gew.
10,24	53,90	25,41	0,43	1,66	4,820
11,62	53,80	25,12	0,32	2,77	4,802
23,43	43,70	26,52	0,15	1,48	4,900
45,78	25,93	24,51	0,14	2,09	5,003
60,22	—	—	—	—	5,420
80,00	—	—	—	—	5,550

Die Bildung von Kupferstein im Schachtofen. Verglichen mit den verhältnismäßig trägen Schlackenbildungsprozessen beruht die Bildung von Steinen auf

---

[1] Bei dem ein Kupferboden erschmolzen wird, in dem sich As, Sb, Bi, Sn, Au und Ag ansammeln, so daß der darüber stehende Stein außerordentlich rein ist und aus ihm leicht ein hochwertiges bestens auserlesenes (best selected) Kupfer erschmolzen werden kann.

[2] Ambler, J. Owen: Selective Converting at Clifton, Arizona. Engg. Min. J. Bd. 111, S. 267—268. 1921.

recht lebhaften Reaktionen. Während die Bildungstemperatur der einzelnen
Schlackenkomponenten meist 100—200⁰ C oberhalb des Schmelzpunktes liegt,
und viele Schlacken für ihre Bildung recht lange Reaktionszeiten benötigen,
beginnt die Steinbildung schon weit unterhalb des Schmelzpunktes und bedarf
nur relativ kurzer Reaktionszeiten.

Steine können entstehen

1. durch Abbau, aus hochgeschwefelten Sulfiden oder Sulfidgemischen, wie
sie in vielen Erzen vorliegen:

2. durch Aufbau, aus Metall-Schwefel-Verbindungen und Eisensulfid bzw.
Eisensteinen.

Kupferkies, Buntkupfererz u. dgl. zerfallen in dem Maße, wie sie im Schachtofen nach unten sinken, unter Abstoßung von Schwefel. Messungen der Schwefeldampfspannungen, die ein Bild von der Intensität dieses Zerfalles geben könnten,
fehlen. Die zurückbleibenden Abbauprodukte, deren Schmelzpunkt zwischen
900 und 1000⁰ C liegt, mischen sich innig mit denjenigen Mengen geschmolzenen
Eisensulfides oder Eisensteines, die von der Oxydation und der darauffolgenden
Verschlackung nicht erfaßt worden sind und bilden, je stärker die Oxydation
und je größer infolgedessen die Verschlackung ist, um so metallreichere Steine.
Der Metallgehalt der anfallenden Steine ist also lediglich eine Funktion der
Oxydationsintensität im Ofen.

Sind einfache Metallsulfide, wie z. B. Cu_2S in freiem Zustande in der Beschickung vorhanden, so können dieselben schon bei niederen Temperaturen und
in festem Zustande mit Eisensulfiden unter Steinbildung in Reaktion treten.
Ein feinkörniges und inniges Gemisch von Cu_2S und FeS z. B. zeigt schon ab
200⁰ C Veränderungen, wobei sich eine Verbindung $2\,Cu_2S \cdot FeS$ zu bilden scheint:
mit steigender Temperatur nimmt die Intensität dieser Reaktion beträchtlich
zu. Selbstverständlich ist bei solcher synthetischer Steinbildung die Größe der
Oberfläche, d. h. die Kornfeinheit, und die Innigkeit der gegenseitigen Berührung der Agenzien von ausschlaggebender Bedeutung.

Unter den im Ofenschacht gebildeten sulfidischen Produkten nehmen, wie
bei der Schlackenbildung, die niedrigst schmelzenden höher schmelzende und
daher noch feste Bestandteile in sich auf, wobei die nach unten fließende Schmelze
die festen und noch nicht geschmolzenen Erzbrocken korrodiert und zernagt.
Flüssiger Kupferstein greift außerordentlich stark an.

Die Nickelsteine, Nickel-Kupfer- und Nickel-Kupfer-Kobalt-Steine.

Alles Nickel, sowohl das rein pyrometallurgisch erschmolzene als auch das
nach dem Langer & Mondschen Nickelkarbonylverfahren erzeugte, muß den Weg
über Ni-haltige Steine machen. Aus allen Nickelerzen, sowohl aus den sulfidischen als auch aus den silikatischen, den Garnieriten, müssen daher zunächst
Ni-haltige Steine erschmolzen werden.

Reine Nickelsteine fallen vornehmlich bei der Verhüttung des Garnierites
an[1]. Die übrigen reinen Nickelsulfide der Natur, aus denen kupferfreie Nickel-

---

[1] Das Verschmelzen geschieht noch heute nach dem 1874 von Garnier angegebenen
Verfahren im Schachtofen mittels Koks unter Zuschlag von Gips (unter Umständen statt
dessen auch Baryt) als Schwefelbringer.

steine erschmolzen werden können, sind heute kaum von nennenswerter wirtschaftlicher Bedeutung. Die beim Verschmelzen der Ni-haltigen Magnetkiese anfallenden Steine haben stets einen relativ beträchtlichen Kupfer- und bei einzelnen Erzen dazu auch noch Kobaltgehalt. Sie können nicht als eigentliche Nickelsteine angesprochen werden, sondern sie müssen je nach den beigemengten Metallen als Kupfer-Nickel-, Nickel-Kupfer-, Kupfer-Kobalt-Nickel- oder Kupfer-Nickel-Kobalt-Steine bezeichnet werden.

Die konstitutionellen Verhältnisse liegen schon bei den reinen Nickelsteinen wegen der Existenz mehrerer hitzebeständiger Nickelsulfide viel verwickelter als bei den Kupfersteinen: erst recht aber gilt das von den komplexen Metallsteinen mit Cu + Ni- oder gar Cu + Ni + Co-Gehalt. So kann es auch nicht wundernehmen, daß es heute mit der Kenntnis dieser Verhältnisse noch recht schlecht bestellt ist, so daß nur wenige Tatsachen als wirklich gesichert gelten dürfen.

Reine Nickelsteine. Genau wie das CuS ist auch das Nickelmonosulfid NiS nicht hitzebeständig. Bei steigender Temperatur geht es allmählich unter Schwefelabgabe in Ni_3S_2 über, ja, es kann bei besonders hohen Temperaturen und bei Gegenwart von FeS die Entschwefelung sogar noch weiter fortschreiten bis zur Bildung von Ni_2S, das unterhalb von 1000^0 C allerdings nicht existenzfähig zu sein scheint, sondern in Ni_3S_2 und Ni zerfällt:

$$2 Ni_2S = Ni_3S_2 + Ni .$$

Nach Untersuchungen von Bornemann[1] können Eisenmonosulfid und die beiden Nickelsulfide mehrere komplexe Verbindungen bilden. Primär entsteht

$Ni_3S_2 \cdot 2 FeS$, Schmelzpunkt = 870^0 C, mit

Ni = 42,32 %	entsprechend
Fe = 26,84 %	57,74 % Ni_3S_2
S = 30,84 %	+ 42,26 % FeS
100,00 %	100,00 %

Bei Schwefelmangel, wie er beim Erschmelzen von Nickelsteinen aus Garnieriten sehr häufig eintritt, oder bei sehr hohen Temperaturen entsteht daneben die Verbindung:

$Ni_2S \cdot 2 FeS$, Schmelzpunkt = 886^0 C, mit

Ni = 36,08 %	entsprechend
Fe = 34,34 %	45,94 % Ni_2S
S = 29,58 %	+ 54,06 % FeS
100,00 %	100,00 %

Wird eine zwar noch nicht genau bestimmte, aber sicherlich oberhalb von 1000^0 C liegende Temperaturgrenze unterschritten, so zerfällt diese Verbindung:

$$2 (Ni_2S \cdot 2 FeS) = 2 Ni_2S \cdot 3 FeS + FeS$$
$$= Ni_3S_2 \cdot 2 FeS + 2 FeS + Ni .$$

Die reinen Nickelrohsteine der Garnieritschmelzpraxis, die bei niederen Ni-Gehalten (3—6 %) grau sind, und beim Steigen des Ni-Gehaltes schnell metallisch-nickelfarben werden, sind dementsprechend in der Schmelzhitze

---

[1] Vgl. K. Bornemann,: Das Schmelzdiagramm der Nickel-Schwefel-Verbindungen. Metallurgie Jg. 5, S. 13—19, 1908. — Über die Konstitution des Nickelsteins. Metallurgie Jg. 5, S. 61—68, 1908. — Das System Nickel-Schwefel. Metallurgie Jg. 7, S. 667—674, 1910.

Lösungen von $Ni_2S \cdot 2\,FeS$ in FeS und gehen beim Erkalten in feste Lösungen von $Ni_3S_2 \cdot 2\,FeS$ und Ni in FeS über. Nickelkonzentrationssteine zeigen im Schliff gelegentlich (wenn auch selten) schon bei Ni-Gehalten unter 40 % Ni kleine blechförmige Ausscheidungen von Ni und NiFe, die den Stein durchsetzen.

Aus den von Bornemann festgelegten Abkühlungskurven der Systeme FeS—Ni_3S_2 und FeS—Ni_2S können Schlüsse auf die Bildungstemperaturen der Nickelsteine verschiedener Konzentration gezogen werden, wobei sich zeigt, daß mit steigendem Ni-Gehalt, der ein Maximum bei 73,30 % Ni erreichen kann (entsprechend reinem Ni_3S_2), die Erstarrungstemperatur und entsprechend auch die Bildungstemperatur ziemlich stetig sinkt.

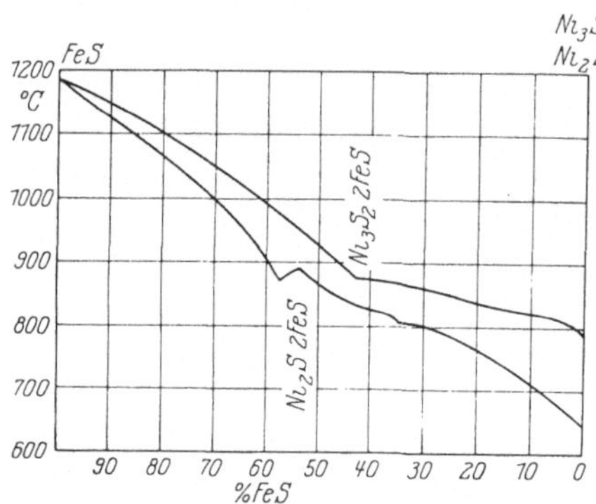

Abb. 31. Erstarrungskurve geschmolzener Gemische von FeS—Ni_3S_2 und FeS—Ni_2S. (Nach Bornemann.)

Die Erstarrungskurve der Ni-Fe-Legierungen verläuft als eine nur ganz schwach gekrümmte und stetige Kurve, die zwischen dem Erstarrungspunkt des Eisens (1502° C) und dem Erstarrungspunkt des Nickels (1451° C) nur eine sehr geringe Erniedrigung aufweist, die bei 1435° C und rund 70 % Ni + 30 % Fe liegt. Der Erstarrungspunkt etwaiger stark metallischer Spaltungsprodukte von Nickelsteinen, wie sie den Bodenkupfer-Ausscheidungen der Kupfersteine entsprächen, liegt somit sehr hoch.

Die Tatsache, daß die Nickelsulfide auch bei so hohen Temperaturen, wie sie im Konvertor erreicht werden, viel beständiger sind als Kupfersulfid und die Unbeständigkeit der Nickelsilikate, die mit FeS sofort Eisenoxydulsilikat und Nickelsulfide bilden, bringt es mit sich, daß nicht nur beim Schmelzen auf Nickelrohstein, sondern auch beim Verblasen von Nickelsteinen (bis zu einem Metallgehalt der Steine = rund 75—78 %) das Nickel in geringerem Maße verschlackt wird, als das Kupfer (vgl. auch die Beständigkeit der Nickeloxyde S. 131).

Beim Konzentrieren von Kupfersteinen im Konvertor nimmt nicht nur der prozentuale Fe-Gehalt, sondern auch der prozentuale S-Gehalt der Kupfersteine ab. Beim Konzentrieren von Nickelsteinen hingegen sinkt zwar der prozentuale Fe-Gehalt; der prozentuale S-Gehalt hingegen steigt.

Reine Nickelsteine, wie sie aus Garnieriten erschmolzen werden, schwanken meist zwischen

$$
\left.\begin{array}{l}
Ni = 30\text{—}40\,\% \\
Fe = 40\text{—}50\,\% \\
S\ \, = 10\text{—}20\,\%
\end{array}\right\}
\begin{array}{l}
\text{bei Metallverlusten in den Schlacken in Höhe} \\
\text{von 0,25—0,30 \% Ni [1].}
\end{array}
$$

Sie leiden also (fast stets) unter einem Schwefelmanko,[1] das erst bei weiterer Konzentrationsarbeit ausgeglichen wird, wobei Steine von rund 65 % Ni + 15 %

---

[1] In den beiden französischen Hütten in Noumea und Thio auf Neukaledonien wird heute auch Schachtofenstein mit 50 % Ni erschmolzen, der im Konvertor auf 76—79 proz. Material verblasen und dann verfrachtet wird.

Fe schon rund 20 % S aufweisen (anfallende Schlacken im Mittel = 2—3 % Ni, 50—52 % Fe, 40—42 % SiO_2). Die höchste Nickelkonzentration, die sich praktisch erreichen läßt, haben Nickelfeinsteine mit

rund 77,5 % Ni   entsprechend einer Lösung von Ni in Ni_3S_2
0,5 % Fe
21,5 % S

Sind As oder Sb in einer sulfidischen Ofenbeschickung in nennenswerter Menge vorhanden, so entstehen zunächst Speisen, da die „Affinität" des Ni zu As und Sb größer ist als zu S. Während die Arsennickelspeisen bei Gegenwart reichlicher Schwefelmengen und bei erhöhter Temperatur zum Übergang in Sulfarsenide und schließlich in Sulfide neigen, sind die Antimonnickelspeisen beständiger.

Nickelkupfersteine. Weit häufiger als reine Nickelsteine sind die Kupfernickel- oder Nickelkupfersteine, wie sie bei der Verhüttung nickelhaltiger Magnetkiese anfallen. Ihrem ganzen Verhalten nach sind sie gegenseitige Lösungen von Kupferstein und Nickelstein oder Lösungen dieser beiden in Eisensteinen. Dem entspricht auch die Tatsache, daß bei Kupfernickelsteinen Cu und Ni nicht in dem gleichen Verhältnis, in dem sie sich in den anfallenden Steinen finden, von den beim Rohsteinschmelzen bzw. beim Konzentrieren erschmolzenen Schlacken aufgenommen werden, sondern Cu in stärkerem Maße als Ni, genau wie dies beim Erschmelzen reiner Kupfersteine oder reiner Nickelsteine der Fall ist.

Ni_3S_2 wirkt in starkem Maße den Erstarrungspunkt erniedrigend auf Cu_2S ein, wie Hayward[1] nachwies:

Erstarrungspunkt verschiedener Gemische von Ni_3S_2 und Cu_2S.

% Cu_2S	% Ni_3S_2	Verzögerung im Temperaturabfall bei der Abkühlung	% Cu_2S	% Ni_3S_2	Verzögerung im Temperaturabfall bei der Abkühlung	% Cu_2S	% Ni_3S_2	Verzögerung im Temperaturabfall bei der Abkühlung
100,0	0,0	1130° C	60,0	40,0	953° C	20,0	80,0	727° C
97,5	2,5	1086° C	50,0	50,0	925° C	10,0	90,0	739° C
95,0	5,0	1068° C	40,0	60,0	884° C	5,0	95,0	768° C
90,0	10,0	1043° C	30,0	70,0	820° C	0,0	100,0	794° C
80,0	20,0	1008° C	27,5	72,5	798° C			
70,0	30,0	982° C	25,0	75,0	773° C			

Vergleicht man die Erstarrungstemperaturen verschiedener Gemische von Kupferstein und Nickelstein, so zeigt sich allerdings, daß die beobachteten Erstarrungstemperaturen nur innerhalb von ungefähr 150 Celsiusgraden schwanken, also bei weitem nicht so stark, wie bei Cu_2S-Ni_3S_2-Gemischen.

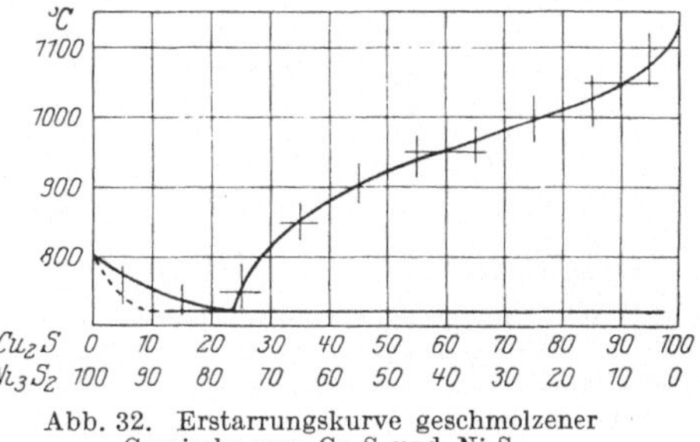

Abb. 32. Erstarrungskurve geschmolzener Gemische von Cu_2S und Ni_3S_2.

[1] Hayward, Carle A.: The Equilibrum Diagram of the System Cu_2S — Ni_3S_2. Transactions Amer. Inst. Min. Eng. Bd. 48, S. 141—152, 1915. Zu Ergebnissen, die sich fast völlig mit denen Haywards decken, kamen A. Stansfield u. W. V. Faith: The Constitution of Nickel-Copper Mattes. Transactions roy. Soc. Canada, Sect. III, Ser. 3, Bd. 18, S. 325—328, 1924.

Erstarrungspunkte verschiedener Kupfernickelsteine der Praxis[1].

% Cu	% Ni	% (Cu + Ni)	Erstarrungs-temperatur	% Cu	% Ni	% (Cu + Ni)	Erstarrungs-temperatur
4,00	9,70	13,70	912° C	7,40	17,75	25,15	880° C
4,05	9,65	13,70	955° C	8,25	18,30	26,55	880° C
4,45	10,65	15,10	925° C	6,10	21,50	27,60	922° C
4,65	11,65	16,30	920° C	8,65	20,85	29,50	985° C
5,15	12,60	17,75	925° C	9,20	23,30	32,50	890° C
5,95	14,30	20,25	905° C	9,35	24,10	33,45	935° C
6,40	15,75	22,15	935° C	19,05	45,20	64,25	1027° C
6,95	16,20	23,15	940° C	24,90	51,85	76,75	960° C
7,20	17,00	24,20	920° C	22,40	58,40	80,80	757° C

Beim Konzentrieren von Kupfernickelstein (im Konvertor) verhalten sich bis zur Erreichung eines Fe-Gehaltes des Steines = rund 1 % das Kupfer wie das Nickel so, als ob ein einziges Metall, eine nicht aufspaltbare Kupfernickellegierung vorläge. Das Verhältnis von Cu : Ni bleibt ziemlich konstant. Es ist daher — wenngleich man auch Kupfernickelstein wegen des unterschiedlichen Verhaltens von Cu und Ni nicht unmittelbar auf Kupfernickellegierungen verblasen kann — möglich, durch geeignete Gattierung der Roherze von vornherein das Verhältnis von Cu : Ni in

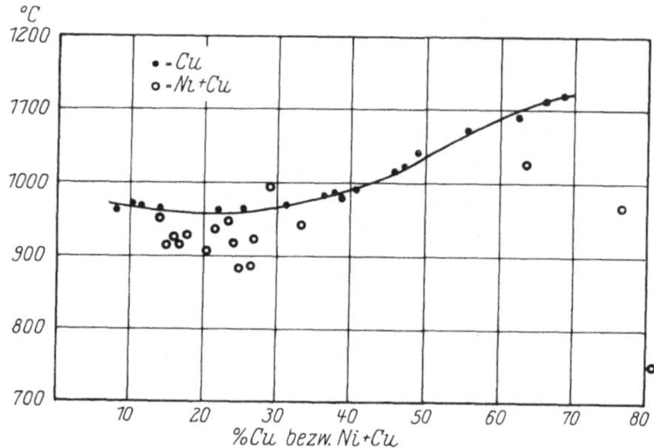

Abb. 33. Erstarrungstemperaturen verschiedener Kupfersteine und Kupfernickelsteine der Praxis.

den zu erblasenden Schwarzlegierungen[2] festzulegen. So erschmilzt z. B. die International Nickel Co. in ihrer Hütte in Copper Cliff (Ontario, Canada) aus den Roherzen ihrer Creighton Mine und Frood Mine, die in den letzten Jahren eine mittlere Zusammensetzung von

Creighton-Mine Erz		Frood-Mine Erz
SiO_2 = 17,0 %		Ni = 1,68 %
Fe = 41,5 %		Cu = 1,50 %
Ni = 4,0—4,4 %		
Cu = 1,5—2,0 %		
S = 24,0 %		

aufweisen, einen Schachtofenstein mit 16,6—18,0 % Ni und 8,4—9,0 % Cu[3], also mit einem Ni-Cu-Verhältnis, wie es im Monelmetall vorliegt. Dieser Stein

---

[1] Guess, G. A., and F. E. Lathe: An Investigation into the Flowing Temperatures of Copper Mattes and Copper-Nickel Mattes. Transactions Amer. Inst. Min. Eng. Bd. 55, S. 775—780, 1917.

[2] Entsprechend der Bezeichnung „Schwarzkupfer" müssen solche Produkte als „Schwarzlegierungen" angesprochen werden.

[3] Vgl. Jean Galibourg: Métallurgie du nickel au Canada et aux États Unis. Rev. Métall. Bd. 24, S. 627—645, 1927 (Semaine du nickel. Paris 1927).

wird auf ein Schwarzmonelmetall verblasen, das rund 50 % Ni + rund 25 % Cu enthält. Daß das Schwarzmonel nicht ohne weiteres — wenigstens, soweit Bedarf vorliegt — reduzierend auf Monelmetall verarbeitet wird, liegt lediglich daran, daß das anfallende Schwarzmonel dieser Hütte bis zu 28 g (Pt + Pd) pro Tonne aufweist, so daß es in der Port Colbornhütte nach dem Oxford-Verfahren zur Trennung von Cu und Ni unter gleichzeitiger Zugutemachung des Edelmetallgehaltes weiterverarbeitet wird. Andere Hütten (wie z. B. die Oxford Copper Co.) stellen aus erblasenem Schwarzmonel durch reduzierendes Schmelzen (nach voraufgegangener Totröstung) ein Monelmetall her, das noch weit größere Korrosionsbeständigkeit besitzt, als das aus Reinmetallen legierte Monel (Oxford-Monel = 70,0 % Ni, 28,9 % Cu, 1,0 % Fe, Schmelzpunkt = 1360° C, spez. Gew. = 8,87—8,97).

Die Beständigkeit des Verhältnisses Cu : Ni beim Verblasen von Kupfernickelstein auf Schwarz-Nickelkupfer-Legierung erhellt am besten aus den auf der Copper Cliff-Hütte von Browne angestellten Verblaseversuchen[1], aus denen drei Versuche mit hoch Ni-haltigen Nickelkupfersteinen mitgeteilt seien:

1. Unterblasener Nickelkupferstein (Copper Cliff) (nicht lange genug geblasen).

Blasezeit in Min.	Im Stein vorhanden					Ni, Fe und S in % des (Cu + Ni) Inhaltes		
	% Cu	% Ni	% Cu + Ni	% Fe	% S	% Ni	% Fe	% S
0	12,93	27,60	40,53	30,50	27,60	68,0	75,2	68,0
10	15,66	33,00	48,66	22,54	28,89	67,9	46,3	59,7
20	17,32	36,02	53,34	19,00	27,66	67,3	35,6	52,7
30	18,08	38,26	56,34	16,35	27,31	67,5	27,1	48,4
40	20,86	40,12	60,98	13,75	25,23	65,8	22,4	41,1
50	21,41	42,98	64,39	9,90	25,73	66,7	15,7	39,8
60	22,02	46,66	68,68	7,40	24,92	67,9	10,8	36,4
70	24,80	47,14	71,94	4,50	23,56	65,3	6,2	32,6
80	26,26	46,90	73,16	3,15	23,69	64,0	4,3	32,4

Die Enteisenung ist bei diesem Steine noch nicht weit genug durchgeführt.

2. Richtig auf Schwarzmonel verblasener Nickelkupferstein.

Blasezeit in Min.	Im Stein vorhanden					Ni, Fe und S in % des (Cu + Ni)-Inhaltes		
	% Cu	% Ni	% Cu + Ni	% Fe	% S	% Ni	% Fe	% S
0	10,55	21,60	32,15	37,25	27,70	67,2	115,8	86,2
10	12,80	28,50	41,30	28,60	26,25	69,0	69,2	63,5
20	15,40	34,00	49,40	21,70	25,95	68,9	43,9	52,5
30	18,10	39,80	57,90	14,95	25,95	68,3	25,8	44,5
40	19,80	43,25	63,05	10,30	25,10	68,6	16,3	39,8
50	21,60	46,85	68,45	5,57	25,04	68,4	8,1	35,1
60	25,90	52,20	78,10	2,15	17,70	66,9	2,7	22,6
70	28,10	53,40	81,50	1,07	16,10	65,5	1,3	20,0

[1] Browne, David H.: The Behavior of Copper Matte and Copper-Nickel Matte in the Bessemer Converter. Transactions Amer. Inst. Min. Eng. Bd. 41, S. 296—316, 1911.

Die Steine.

3. Überblasener Nickelkupferstein (zu lange geblasen).

Blase-zeit in Min.	Im Stein vorhanden					Ni, Fe und S in % des (Cu + Ni)-Inhaltes		
	% Cu	% Ni	% Cu + Ni	% Fe	% S	% Ni	% Fe	% S
0	11,40	23,72	35,12	34,75	26,54	67,6	98,9	75,6
10	14,30	29,04	43,34	26,27	26,68	67,0	60,8	61,6
20	16,55	32,96	49,51	21,20	26,62	66,7	42,8	53,7
30	18,85	37,54	56,39	15,61	26,02	66,3	27,6	46,0
40	20,60	40,46	61,06	12,34	25,68	66,2	20,2	42,1
50	21,65	43,32	64,97	8,87	23,88	66,7	13,7	36,8
60	22,95	50,64	73,59	3,11	21,72	68,7	4,2	29,4
70	20,20	54,38	74,58	2,75	20,18	43,0	3,7	27,1
80	23,60	53,36	76,46	1,68	20,70	69,2	2,2	26,8
90	26,30	52,48	78,78	0,45	20,18	66,5	0,5	25,6
100	29,30	46,12	75,42	2,65	20,98	61,2	3,4	27,8
110	37,05	50,98	88,03	0,96	8,38	58,0	1,1	9,5
120	45,90	46,50	92,40	0,56	6,52	49,9	0,6	7,0

Erst wenn die praktisch einhaltbare Enteisenungsgrenze von rund 1 % Fe im Stein unterschritten wird, tritt eine Störung des Verhältnisses Cu : Ni im Stein auf, vermutlich dadurch herbeigeführt, daß Bodenkupfer ausgeschieden wird. Hand in Hand mit dieser Störung geht auch eine rapide Verschlackung von Nickel, die beim Überblasen von Nickelkupfersteinen ihren Grund weniger in der Bildung von Nickelsilikaten hat als in der Entstehung von Nickelhydroferrit ($NiO \cdot Fe_2O_3$).

Als Typus hochwertiger Kupfernickel-Schachtofensteine mit vorwiegend Kupfer seien noch die folgenden Steine aus Hütten des Sudburydistriktes genannt:

1. Cu = 26,91 %, Ni = 14,14 %, Fe = 31,23 %, S = 26,95 %, Co = 0,24 %.
2. Cu = 24,54 %, Ni = 15,56 %, Fe = 28,65 %, Fe_3O_4 = 7,32 %, S = 23,24 %, Co = 0,55 %, Pb = 0,027 %, Sb = 0,0068 %, As = 0,0042 %, Ag = 164,3 g/t, Au = 1,55 g/t.

Kobalthaltige Steine. Über die Beeinflussung der Konstitution von Kupfersteinen oder Nickelkupfersteinen durch den Eintritt von Kobaltsulfiden liegen bislang keine eingehenderen Untersuchungen vor. Das schwarze Kobaltsulfid CoS_2 gibt in der Glühhitze S ab und geht in das verhältnismäßig beständige Kobaltisulfid Co_2S_3 über. Es spricht bislang nichts gegen die Annahme, daß dieses Kobaltisulfid sich in Eisensteinen löst unter Bildung von Kobaltstein, der seinerseits wieder in Kupfer- oder Nickelkupfersteinen löslich ist. Jedoch scheinen die Kobaltsteine schon bei Temperaturen von rund 1000° C bei weitem nicht die gleiche Beständigkeit wie Kupfersteine oder gar Nickelsteine zu haben, denn sie verfallen viel leichter der Oxydation, was zur Verschlackung des Kobalts führt. In Belgisch-Kongo werden daher sulfidische Kupferkobalterze im Schachtofen auf verhältnismäßig metallarme Kobaltkupfersteine verschmolzen und dann im Konvertor verblasen, wobei Kupfer (mit 2—3 % Co) erblasen wird und gleichzeitig eine den größten Teil des Kobalts, neben wenig Kupfer enthaltende Eisensilikatschlacke anfällt, die ihrerseits im elektrischen Ofen auf eine Kobalt-Kupfer-Eisen-Legierung verschmolzen wird.

Über die Blei-Kupfer-Nickel-Kobalt-Steine von La Motte (Missouri) vgl. unter Bleikupfersteine.

Ein — was die konstitutionellen Verhältnisse anbetrifft — noch völlig unerforschtes Gebiet bilden die aus den erst 1904 entdeckten und erst seit wenigen

Jahren aufgeschlossenen Silberkobalterzen des Kobaltdistriktes (Kanada) gelegentlich erschmolzenen Silber-Kupfer-Kobalt-Nickel-Steine, die hier nur mit zwei Beispielen ihrer chemischen Zusammensetzung gestreift seien[1]:

Silber-Kupfer-Kobalt-Nickelsteine.

	1	2		1	2
				39,10 %	41,65 %
Ag =	15,83 %	12,70 %	Fe =	27,28 %	23,56 %
Cu =	11,27 %	19,33 %	Pb =	2,92 %	3,33 %
Co =	7,93 %	8,73 %	S =	22,54 %	25,05 %
Ni =	4,07 %	0,89 %	As =	4,58 %	1,07 %
	39,10 %	41,65 %		96,42 %	94,66 %

Die Bleikupfer- und Kupferbleisteine[2].

Bei der unmittelbaren Verhüttung Pb-haltiger sulfidischer Erze im Schachtofen gelangt meist ein recht stattlicher Teil des gesamten Pb-Inhaltes der Erze in die erschmolzenen Steine. Teils mag es sich dabei um ausgeseigertes Schwefelblei handeln, das infolge seines hohen spez. Gew. die Beschickungssäule des Schachtofens so schnell durchfließt, daß es auf seinem Wege in nur geringem Maße oxydiert wird; teils wird $PbSO_4$, das in den oberen Zonen der Beschickung entstanden ist, sich aber schon bei rund 700° C recht lebhaft zu $6 PbO \cdot 5 SO_3$ zersetzt, bei 950—970° C weiter zerlegt zu $2 PbO \cdot SO_3$ und gelangt in solcher Form in den Ofensumpf und in den Stein; teils tritt sogar sicher an Koksstücken der Beschickung Reduktion zu Pb ein, das in den Sumpf fließt, soweit es nicht vom Sauerstoff des Windes erfaßt und anschließend verschlackt wird, und das sich im Stein des Sumpfes teils resulfuriert, teils sogar als metallisches Pb vom Stein aufgenommen wird.

Das einzige bekannte Sulfid des Bleies ist PbS. Geschmolzenes FeS und geschmolzenes PbS lösen sich unbegrenzt ineinander, wobei allerdings komplexe chemische Verbindungen bestimmter Konstitution nicht aufzutreten scheinen. Weidmann ermittelte bei Untersuchung der Abkühlungsverhältnisse verschiedener schmelzflüssiger FeS-PbS-Gemische eine maximale Schmelzpunkterniedrigung bei 782° C und 63,3 % Pb, 17,1 % Fe, 19,6 % S, einer Zusammensetzung also, die PbS · FeS entspricht. Die Erstarrungspunkte von FeS-PbS-Gemischen anderer Zusammensetzung ergaben sich zu:

Erstarrungstemperaturen verschiedener FeS-PbS-Gemische[3].

% FeS	% PbS	Beginn der Erstarrung	% FeS	% PbS	Beginn der Erstarrung
—	100,00	970° C	36,46	63,54	862° C
1,97	98,03	958° C	41,35	58,65	895° C
9,78	90,22	905° C	50,81	49,19	915° C
25,10	74,90	790° C	60,67	39,33	983° C
26,46	73,54	790° C	78,23	21,77	1059° C
30,07	69,93	819° C	94,87	5,13	1119° C
31,38	68,62	829° C	100,00	—	1137° C
32,04	67,96	834° C			

[1] Vgl. A. Carr Harris: Experiments in Cobalt-Silver-Nickel-Smelting. Engg. Min. J. Bd. 118, S. 214—216, 1924.

[2] Bei mehr Pb als Cu im Stein auch einfach „Bleistein" genannt, was aber eine ungenaue Bezeichnung ist.

[3] Weidmann, H.: Bleistein. Metallurgie Jg. 3, S. 660—664, 1906.

Untersuchungen in gleichem Sinne, die Friedrich[1] durchführte, sind praktisch insofern besonders wertvoll, als Friedrich mit Magnetkies an Stelle von Eisenmonosulfid und Bleiglanz an Stelle von reinem PbS gearbeitet hat. Hier zeigt sich eine maximale Schmelzpunkterniedrigung bei 863° C und 70% Bleiglanz + 30% Magnetkies.

Bleistein kann dementsprechend schon bei verhältnismäßig niedrigen Temperaturen, also in relativ hoch über der Schlackenbildungszone des Schachtofens gelegenen Regionen der Beschickung gebildet werden. Mäßige Mengen von Bleistein mischen sich mit Kupferstein und Nickelkupferstein vollkommen, während größere Mengen von Bleistein (nach völliger Sättigung der übrigen Metallsteine mit Bleistein) sich dank ihres hohen spez. Gew. sehr scharf von den übrigen Metallsteinen abtrennen. Die Grenzen der Aufnahmefähigkeit verschiedener Metallsteine für Bleistein sind noch nicht mit Sicherheit festgelegt.

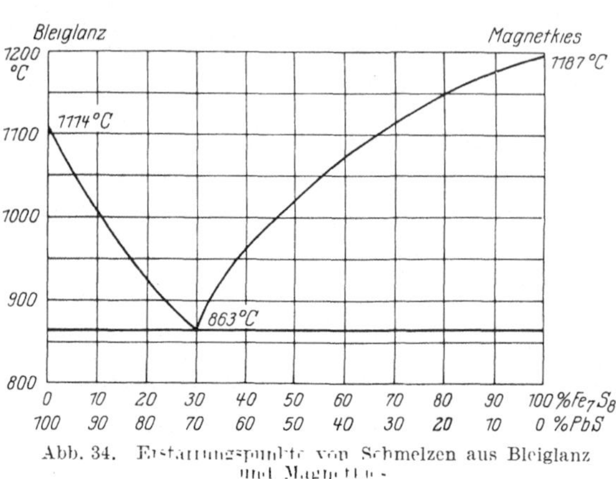

Abb. 34. Erstarrungspunkte von Schmelzen aus Bleiglanz und Magnetkies.

Zwar fallen bei unmittelbarer Verhüttung selten Bleikupfersteine mit so hohen Bleigehalten an, wie bei mittelbarer Schmelzarbeit (z. B. in Tsumeb, Südwestafrika), schon deshalb, weil zu bleiige Erze sich nicht mehr für unmittelbare Verhüttung eignen, da sie nicht die für den Prozeß erforderliche Wärmemenge zu liefern vermögen. Seltener als bei der mittelbaren Verhüttung sind unmittelbar erschmolzene Bleikupfersteine keineswegs. Die auf den Blagodatny-Werken (Kreis Jekaterinburg im Ural) aus edelmetallhaltigen bleiigen kupferhaltigen Pyriten erschmolzenen Steine fielen als Rohsteine mit 15,3% Cu, 11,4% Pb und rund 25% S an, wobei drei Viertel des gesamten Pb-Inhaltes der Beschickung in die Steine wanderte. Typische, unmittelbar erschmolzene Bleikupfersteine anderer Hütten sind die Steine der Pueblo-Smelter und der Kosaka-Smelter.

Bleikupfersteine von Pueblo		Bleikupferstein von Kosaka	
Cu = 20,40 %	43,50 %	Cu = 30,35 %	
Pb = 8,50 %	16,00 %	Pb = 5,48 %	
Fe = 41,20 %	12,30 %	Fe = 28,03 %	
Mn = 1,40 %	1,20 %	Zn = 8,18 %	
Zn = 1,50 %	3,60 %	S = 24,97 %	
Sn = 0,16 %	0,18 %	SiO₂ = 0,95 %	
S = 26,30 %	19,20 %	Al₂O₃ = 0,50 %	
As = Spur	0,14 %	BaSO₄ = 0,11 %	
Sb = Spur	0,02 %	98,57 %	
SiO₂ = 0,20 %	2,20 %		
99,66 %	98,34 %	Spez. Gew. = 4,76	

---

[1] Friedrich, K.: Die Schmelzdiagramme der binären Systeme Bleiglanz-Magnetkies und Bleiglanz-Schwefelsilber. Metallurgie Jg. 4, S. 479—485, 1907.

Während Nickelkupfersteine und vor allem reine Kupfersteine vorzügliche Edelmetallsammler sind, die sowohl einen etwaigen Silber- als auch einen etwaigen Goldgehalt der Beschickung restlos aufnehmen, können Bleisteine im Gegensatz zu Werkblei[1] zwar sehr bedeutende Mengen an Silber, aber nur recht geringe Mengen an Gold aufnehmen. Es ist das von Bedeutung für die Weiterverarbeitung der Kupferbleisteine, da, falls der Pb-Gehalt im Laufe der weiteren Verarbeitung verschlackt wird, zwar bedeutende Silberverluste eintreten, erhebliche Goldverluste aber kaum zu erwarten sind.

Noch eine eigenartige Gruppe von Steinen verdient Erwähnung: Die Kupfer-Nickel-Kobalt-Blei-Steine, die aus den Erzen der Grube La Motte in Missouri erschmolzen werden. Durch mehrfaches Konzentrieren werden erzielt:

Kupfer-Nickel-Kobalt-Blei-Steine von La Motte.

	Erster Stein	Zweiter Stein	Dritter Stein
Pb	20—25 %	20—30 %	35—40 %
NiCo	3—3,5 %	5—6 %	12—17 %
Cu	0,5—1 %	1—2 %	3—5 %

Eine weitere Konzentration ist nicht möglich, da sonst das in die Schlacke einwandernde Blei zu viel Ni und Co in die Schlacke treibt.

VI. Der Schachtofenprozeß.

Die Vorgänge im Schachtofen.

Physikalisch-chemische Vorgänge. Die physikalisch-chemischen Vorgänge, die sich bei unmittelbarer Verhüttung im Schachtofen abspielen, sind außerordentlich zahlreich. Während manche der auftretenden Reaktionen kennzeichnend für den Prozeß sind, treten andere nur in untergeordnetem Maße und nur unter besonderen Umständen in die Erscheinung.

Die Beschickung, die frisch gegichtet wird, erfährt zunächst eine langsame Temperatursteigerung, die vornehmlich von den aus tieferen Ofenzonen abziehenden Reaktionsgasen vermittelt wird. Sie verliert dabei verhältnismäßig schnell die ihr anhaftende Feuchtigkeit. Ist die Temperatur auf einige hundert Grad Celsius gestiegen, so setzt langsam eine große Anzahl von Dissoziationsprozessen ein, bei denen hochgeschwefelte Sulfide, Sulfarsenide und Sulfantimonide mehr oder minder große Mengen ihres Schwefelgehaltes abstoßen. Enthalten die von unten aus dem Ofenschacht aufsteigenden Gase noch überschüssigen Sauerstoff, so gerät infolge der Zündwärme der Abgase ein ihrem Sauerstoffgehalt entsprechender Teil des abgespaltenen Schwefels in Brand unter SO_2-Bildung. Der übrige Schwefel aber verläßt in Gestalt dichter schwerer schmutziggelber Schwefeldampfschwaden den Ofenschacht. Je nach der gegichteten Erz-

---

[1] Edelmetallhaltige Steine werden entgoldet und entsilbert 1. durch reduzierendes Niederschmelzen im Schachtofen mit überschüssigem Pb-Erz oder anderen bleiigem Material oder 2. durch Behandlung der Steine mit flüssigem Blei (Eintränken, das noch heute in Japan ausgeführt wird), wobei im Blei das gesamte Gold und etwa 70 % des Silbergehaltes der Steine angesammelt werden. Silber läßt sich nur unvollständig erfassen, da $2 Ag_2S + 2 Pb = Ag_2Pb + Ag_2S \cdot PbS$. Vgl. u. a. W. Mostowitsch: Extraction of Gold and Silver from Matte by Lead. Metall. Chem. Engg. Bd. 14, S. 703—703, 1916, Auszug aus dem J. russ. metall. Soc. 1914, S. 511—532.

menge, je nach der von der Temperatur der obersten Teile der im Ofen befindlichen Beschickungssäule abhängigen Geschwindigkeit dieser Dissoziationsreaktion und je nach dem Gehalt der Abgase an freiem Sauerstoff treten solche Schwefeldampfschwaden im allgemeinen sofort oder wenige Minuten nach dem Gichten auf und dauern 1—5 Min. lang an.

Je heißer die Beschickung auf dem Wege abwärts wird, desto leichter wird sie der Oxydation durch den Sauerstoff des Gebläsewindes zugänglich. Die Dissoziationszone, in deren tiefsten Teilen das Schwefeleisen teilweise sogar bis zu Subsulfiden (Eisensteinen) aufgespalten wird, geht in eine Oxydationszone über. Hier wird zunächst unter lebhafter SO_2-Bildung ein großer Teil der in ihrem Schwefelgehalt geschwächten Sulfide in Oxyde umgewandelt. In erster Linie wird Eisenoxydul gebildet. Daneben werden Arsenide und Antimonide zu Arsen- bzw. Antimontrioxyd oxydiert, die beide bei den hier herrschenden Temperaturen verdampfen und mit den Abgasen zusammen nach oben abziehen (Arsen in viel stärkerem Maße als Antimon). Komplexe, niedrig geschwefelte Sulfide, wie sie in den obersten Zonen aus dem Kupferkies, dem Buntkupfererz usw. entstehen konnten, werden so umgebildet, daß mehr oder minder große Teile ihres FeS-Gehaltes gleichfalls zu FeO oxydiert werden. Dadurch verlieren sie an FeS und die Sulfide der zu erschmelzenden Metalle reichern sich indirekt auf diese Weise an (beginnende Steinbildung unter Freiwerden von FeO und SO_2). Von Sulfarseniden und Sulfantimoniden gilt entsprechendes (beginnende Stein- und Speisebildung unter Abgabe von As_2O_3, bzw. Sb_2O_3 und Freiwerden von FeO). Schwefelwismut, das in Gestalt von Wismutglanz zwar verhältnismäßig selten anzutreffen ist, sich dagegen — wenn auch meist nur in geringen Mengen — häufiger als Kupferwismutglanz findet, wird nur in geringem Maße zu Wismuttrioxyd oxydiert; allerdings offensichtlich in erheblich geringerem Maße als die Sulfide des Arsens und Antimons. Bleiglanz geht — soweit er nicht zu Bleisulfat oxydiert wird — schnell in Glätte über. Die recht schwer und langsam oxydierbare Zinkblende bildet gewisse Mengen von Zinkoxysulfid, die verdampfen und gemeinsam mit den Oxyden des As und Sb sowie teilweise des Bi vom Abgas nach oben entführt werden.

Die Vorgänge in der Dissoziationszone und der Oxydationszone eines Schachtofens, in dem unmittelbar verhüttet, d. h. oxydierend geschmolzen wird, mit der Röstung zu vergleichen, wäre verkehrt, weil der Faktor Zeit dabei vernachlässigt würde. Die Vorgänge im Schachtofen spielen sich in relativ viel kürzeren Zeiträumen ab und sind so unvergleichlich lebhafterer Natur, daß für manche chemischen Reaktionen, die in den langen Zeiträumen der Röstung sich abspielen können, im Schachtofen gar keine hinreichende Zeit vorhanden ist. Bei welchem Röstprozeß käme wohl das Röstgut binnen 10—15 Min. auf Rotglut?

Bei der Unzahl von Vorgängen, die sich in der Oxydationszone abspielen, herrscht natürlich in den einzelnen Lagen der Beschickung ein dauerndes Auf- undab nicht nur der Oxydationsintensität, sondern auch des erzielten Oxydationsgrades, eine ewige Reaktionsunruhe, die sich praktisch niemals unterbinden läßt. So erscheint es leicht verständlich, daß stellenweise auch „Überoxydation" eintritt, d. h. Bildung höherer Oxydationsstufen, als sie der Hüttenmann eigentlich wünscht. Örtlich kann dabei FeO weiter zu Fe_2O_3 und zu $Fe(FeO_2)_2$ oxydiert werden. Es kann örtlich und vorübergehend auch Cu_2S zu Cu_2O umgewandelt werden, wie gelegentlicher geringer Cu_2O-Gehalt von Schachtofen-Flugstäuben beweist.

Neben der Oxydation durch gasförmigen Sauerstoff tritt aber in den tieferen Lagen der Oxydationszone auch Oxydation durch den bereits in fester Form gebundenen Sauerstoff ein. Sauerstoffreiche Oxyde — gleichgültig, ob sie als solche in den Ofen eingetragen wurden (z. B. in Form von Agglomerationsprodukten) oder ob sie eben erst frisch entstanden sind — wirken genau so oxydierend auf Schwefelverbindungen ein, wie gasförmiger Sauerstoff. Hochoxydierten Metallen wird von Sulfiden Sauerstoff unter Bildung von SO_2 und Entstehung niederer Oxydationsstufen entzogen. Die Sulfide reduzieren die hochoxydierten Metalle; etwaiges Fe_2O_3 oder $Fe(FeO_2)_2$ kann zu FeO reduziert werden. Vorübergehend gebildetes Cu_2O sulfuriert sich bei erster Gelegenheit wieder zu Cu_2S.

So treten als Gesamtprodukt der Oxydationszone in die nächstfolgende, die Schmelzzone, Sulfide und Sulfarsenide, -antimonide, -bismutide ein, die — zwar noch in festem Zustande — in ihrer chemischen Zusammensetzung nichts anderes sind als vorgebildete Steine. Daneben verläßt ein Teil des Eisengehaltes der Beschickung, dessen Menge vom Grade der Oxydation abhängt, als Eisenoxydul die Oxydationszone. Der Quarz der Beschickung hat chemisch keinerlei Umwandlung erfahren, wohl aber mechanisch und strukturell. Durch die Temperatursteigerung ist er durch und durch rissig geworden; große Stücke sind zerplatzt; seine Oberfläche ist im Verhältnis zu seinem Volumen außerordentlich vergrößert worden. Bei rund 570^0 C geht er in β-Quarz, zwischen 800 und 900^0 C in Tridymit bzw. Cristobalit über. Etwaiger Kalkstein ist restlos zu CaO gebrannt, wobei, wenn er fein verteilte Kieselsäure enthielt, bereits in noch festem Zustande Kalziumsilikat vorgebildet worden ist.

In der Schmelzzone, die nach unten durch die Düsenebene begrenzt ist, spielt sich die große Anzahl aller derjenigen Reaktionen ab, die zur Schlackenbildung und zur Entstehung der schmelzflüssigen Steine führen und die bereits in den Kapiteln über die Schlacken und über die Steine ausführlich behandelt wurden. Nebenher läuft die Fortsetzung der Oxydationsprozesse, die am intensivsten unmittelbar über den Düsen statthaben und dort leicht Anlaß zur Bildung erheblicher Mengen von $Fe(FeO_2)_2$ geben.

Die wichtigsten chemischen Reaktionen im Schachtofen bei unmittelbarer Verhüttung.

1. Obere und mittlere Dissoziationszone.

Pyrit	$x\,FeS_2 \longrightarrow Fe_xS_{x+1} + (x-1)S$
Kupferindig	$2\,CuS \longrightarrow Cu_2S + S$
Kupferkies	$Cu_2S \cdot Fe_2S_3 \longrightarrow Cu_2S \cdot 2\,FeS + S$
Buntkupfererz	$3\,Cu_2S \cdot Fe_2S_3 \longrightarrow 3\,Cu_2S \cdot 2\,FeS + S$
Enargit	$3\,Cu_2S \cdot As_2S_5 \longrightarrow 3\,Cu_2S \cdot As_2S_3 + 2\,S$
Famatinit	$3\,Cu_2S \cdot Sb_2S_5 \longrightarrow 3\,Cu_2S \cdot Sb_2S_3 + 2\,S$
Kalk	$CaCO_3 \rightleftharpoons CaO + CO_2$
außerdem teils	$S + O_2 = SO_2$

2. Tiefere Dissoziationszone.

$$Fe_xS_{(x+1)} \;\succ\; x\,FeS + S$$
$$Fe_xS_{(x+1)} \;\succ\; Fe_xS_{(x-1)} + 2\,S \quad \text{(Eisenstein!)}$$

und wiederum
$$S + O_2 = SO_2$$

3. Oxydationszone.

$$Fe_xS_{(x+1)} + (1^1/_2 x - 1)\,O_2 = x\,FeO + (x+1)\,SO_2$$
$$FeS + 1^1/_2\,O_2 = FeO + SO_2$$
$$Fe_xS_{x-1} + (1^1/_2 - 1)\,O_2 = x\,FeO + (x-1)\,SO_2$$
$$x(Cu_2S \cdot 2\,FeS) + 3(x-1)\,O_2 = x\,Cu_2S \cdot 2\,FeS + (2x-2)\,FeO + (2x-2)\,SO_2\,{}^{[1]}$$
$$x(3\,Cu_2S \cdot 2\,FeS) + 3(x-1)\,O_2 = 3\,x\,Cu_2S \cdot 2\,FeS + (2x-2)\,FeO + (2x-2)\,SO_2$$
$$x(3\,Cu_2S \cdot As_2S_3) + 4^1/_2(x-1)\,O_2 = 3\,x\,Cu_2S \cdot As_2S_3 + (x-1)\,As_2O_3 + 3(x-1)\,SO_2$$
$$x(3\,Cu_2S \cdot Sb_2S_3) + 4^1/_2(x-1)\,O_2 = 3\,x\,Cu_2S \cdot Sb_2S_3 + (x-1)\,Sb_2O_3 + 3(x-1)\,SO_2$$
$$x(Cu_2S \cdot Bi_2S_3) + 4^1/_2(x-1)\,O_2 = x\,Cu_2S \cdot Bi_2S_3 + (x-1)\,Bi_2O_3 + 3(x-1)\,SO_2$$
$$Cu_2S + 1^1/_2\,O_2 \rightleftharpoons Cu_2O + SO_2$$
$$2\,FeO + {}^1/_2\,O_2 = Fe_2O_3$$

unter Umständen
$$3\,FeO + {}^1/_2\,O_2 = Fe(FeO_2)_2$$

außerdem
$$PbS + 1^1/_2\,O_2 = PbO + SO_2$$

und
$$ZnS + 1^1/_2\,O_2 = ZnO + SO_2$$
$$Cu_2S + x\,FeS = Cu_2S \cdot x\,FeS$$
$$Cu_2O + x\,FeS = Cu_2S \cdot (x-1)\,FeS + FeO$$

4. Schmelzzone.

$$C + O_2 = CO_2$$
$$3\,Fe_2O_3 + FeS = 7\,FeO + SO_2$$
$$3\,Fe(FeO_2)_2 + FeS = 10\,FeO + SO_2$$
$$x\,FeO + SiO_2 = x\,FeO \cdot SiO_2$$
$$x\,FeS + 3\,x\,O + SiO_2 = x\,FeO \cdot SiO_2 + x\,SO_2$$
$$Cu_2O + SiO_2 = Cu_2O \cdot SiO_2$$
$$Cu_2O \cdot SiO_2 + x\,FeS = Cu_2S \cdot (x-1)\,FeS + FeO \cdot SiO_2$$
$$CaO + SiO_2 = CaO \cdot SiO_2$$
$$2\,x\,FeO + 2\,y\,MgO + SiO_2 = 2(x\,FeO, y\,MgO) \cdot SiO_2$$
$$2\,x\,Fe_2O_3 + SiO_2 = x\,Fe(FeO_2)_2 + x\,FeO \cdot SiO_2 + x\,O$$
$$2\,ZnO + SiO_2 = 2\,ZnO \cdot SiO_2$$
$$x\,CaO + y\,Fe_2O_3 = x\,CaO \cdot y\,Fe_2O_3$$
$$3\,FeO + 2\,Al_2O_3 = 3\,FeO \cdot 2\,Al_2O_3$$

und manche andere sehr verwickelte Reaktionen mehr, wie z. B. $3\,x\,FeO + 3\,v\,CaO + 3\,w\,MgO + y\,Al_2O_3 + z\,Fe_2O_3 + 2\,SiO_2 = 3(x\,FeO, v\,CaO, w\,MgO) \cdot (y\,Al_2O_3, z\,Fe_2O_3) \cdot 2\,SiO_2$

5. Unmittelbar über den Düsen.

$$3\,FeO + {}^1/_2\,O_2 = Fe(FeO_2)_2\,{}^{[2]}.$$

Es bedarf eigentlich keiner besonderen Betonung, daß natürlich zwischen den einzelnen vorstehend genannten Zonen innerhalb der Schachtofenbeschickung

---

[1] Der Unterschied zwischen $x(Cu_2S \cdot 2\,FeS)$ und $x\,Cu_2S \cdot 2\,FeS$ ist zu beachten!

[2] In Anlehnung an die Vorgänge, die sich bei der unmittelbaren Verhüttung sulfidischer Erze und Hüttenprodukte im Schachtofen abspielen, ist in den letzten Jahren durch Großversuche auf der Hütte der Coniagas Reduction Co. zu Thorold, Ontario (Kanada), versucht worden, auch die Ag-, Ni- und Co-haltigen arsenidischen Erze des Kobaltdistriktes (vgl. S. 24) unmittelbar zu verhütten, wobei ein hauptsächlicher Wärmebringer für den Prozeß der Zuschlag von 35—45 % armer Retourspeise zur Beschickung ist und die Speise gleichzeitig konzentriert wird. Die wichtigsten chemischen Reaktionen, die bei solchem „Arsenid-

keine scharfen Grenzen bestehen. Wie in Gebieten, in denen bereits Oxydation stattfindet, die Dissoziation der Sulfide noch weiter fortschreitet, so reichen auch Oxydationsvorgänge bis in die tiefsten Zonen des Ofens hinab, bis an die Düsen, obwohl über den Düsen die bei weitem vorwiegenden Vorgänge diejenigen der Schlackenbildung und der gegenseitigen Lösung der anfallenden Schmelzprodukte ineinander sind. Dennoch markieren sich die genannten Zonen innerhalb der Beschickungssäule ziemlich deutlich, und es wird sich an späterer Stelle noch zeigen, wie wichtig die Innehaltung dieser Zonen für einen günstigen Verlauf der Schachtofenarbeit ist, wie sehr darauf geachtet werden muß, daß nicht die Schmelzzone zu hoch emporsteigt, und daß — wenn nicht Verschwendung mit dem Winde getrieben werden soll — auch über der Oxydationszone eine genügend hohe Dissoziationszone liegt[1].

Die Korngröße der Beschickung. Von ganz hervorragender Bedeutung für den Verlauf des Schachtofenprozesses, insbesondere innerhalb der Oxydations- und der Schmelzzone, ist die Größe der Reaktionsoberfläche der Beschickung. Je größer die Oberfläche eines in Reaktion tretenden Körpers im Verhältnis zu seinem Volumen ist, desto lebhafter verläuft die Reaktion, d. h. desto schneller mit Bezug auf die Zeiteinheit spielt sie sich ab, desto größere Mengen des betreffenden Körpers können in der Zeiteinheit verarbeitet werden. Daß der Durchsatz durch einen Schachtofen in der Zeiteinheit durch Verkleinerung der Korngröße erhöht werden kann, ist bekannt. Aber wie stark diese Erhöhung ist, das ist bislang noch niemals zahlenmäßig ermittelt worden. Die Tatsache, daß kein erheblicher Unterschied in der Reaktionsgeschwindigkeit erzielt wird, wenn an Stelle von Erzbrocken mit 5 l Inhalt Stücke von nur $2^1/_2$ l Inhalt gegichtet

Schmelzen" in Frage kommen, betreffen natürlich die Verschlackung des Eisens der Speise, wobei gleichzeitig Arsen in Freiheit gesetzt wird, das dann der Oxydation verfällt.

$$2\,Fe_3As_2 + 2\,SiO_2 + 2\,O_2 = Fe_2As_2 + 2\,(2\,FeO \cdot SiO_2) + 2\,As$$
$$2\,Fe_6As_2 + 4\,SiO_2 + 4\,O_2 = Fe_4As_2 + 4\,(2\,FeO \cdot SiO_2) + 2\,As$$
$$2\,Fe_4As_2 + 3\,SiO_2 + 3\,O_2 = Fe_2As_2 + 3\,(2\,FeO \cdot SiO_2) + 2\,As$$
$$Fe_2As_2 + SiO_2 + {}^1/_2\,O_2 = 2\,FeO \cdot SiO_2 + 2\,As$$

Wenngleich auch bei einem Herabsetzen des Kokssatzes auf 2,5—3,5 % der Beschickung der Co-Verlust in der Schlacke von 0,3 auf 0,6 %, der Ag-Verlust von 270 g/t auf rund 500 g/t stieg, so ließ sich doch bei Anwendung von Sandstein als SiO_2-Zuschlag ein ungestörter Ofengang erzielen, wobei eine Speise mit 10,8 % Fe, 4,1 % Cu, 2,89 % Ag und (aus den sulfidischen Anteilen der Beschickung stammend) gleichzeitig ein gut von der Speise separierender Stein mit 20,5 % Fe, 21,1 % Cu und 19,67 % Ag erschmolzen werden konnte. Durch vorheriges schonendes Agglomerieren der Beschickung ließ sich der verhältnismäßig langsame Ofengang um das Dreifache beschleunigen. Vgl. A. Carr Harris: Experiments in Cobalt-Silver-Nickel Smelting. Engg. Min. J. Bd. 118, S. 214—216, 1924.

[1] Erwähnt sei an dieser Stelle noch das Thom. Willard Carves erteilte amer. Pat. Nr. 1507581 vom 9. 9. 1924. Carves bläst, speziell bei unmittelbarer Verhüttung sulfidischer Erze, im Schachtofen in der Düsenebene oder unmittelbar darunter Wasserdampf ein. „Der eingeblasene Dampf, der sich schnell etwas überhitzt, entzieht der anfallenden Schlacke und dem Stein überschüssige Wärme. Dampf und seine Dissoziationsprodukte steigen mit dem eingeblasenen Winde empor und entschwefeln Stein und Sulfide, die sich unmittelbar vor dem Schmelzen befinden. Entstehendes H_2S verbrennt sofort wieder zu Wasserdampf und SO_2." Nach Behauptung des Patentes, dessen praktischen Wert Verfasser nicht zu beurteilen vermag, soll die Schmelzzone im Ofen durch das Einblasen von Dampf verkleinert und gesenkt werden; es sollen Fe-reichere Schlacken und Fe-ärmere, also metallreichere Steine anfallen und es soll auch der Brennstoffbedarf sinken, wie praktische Versuche gezeigt haben sollen.

werden, daß aber ein ganz gewaltiger Unterschied eintritt, wenn an Stelle von
Erzbrocken mit 200 ccm Inhalt solche mit 100 ccm Inhalt, also wiederum halb
so große, gegichtet werden, hat — soweit Verfasser ermitteln konnte — wenigstens in der Literatur noch niemals die ihr gebührende Beachtung gefunden.

Allerdings darf dabei nicht außer acht gelassen werden, daß es in der Praxis
mit einer bloßen Verminderung der Korngröße, für die zudem eine ofenpraktisch
gebotene untere Grenze besteht, nicht allein getan ist. Mit der Verkleinerung
des Volumens der einzelnen Bestandteile der Beschickung nimmt in verhältnismäßig geringem Maße der zwischen den Einzelkörpern verbleibende Zwischenraum ab, durch den der Wind hindurchstreicht. Dazu kommt, daß in der Schmelzzone bei verminderter Korngröße der Beschickung — eben wegen der gesteigerten
Reaktionsgeschwindigkeit — der Anfall an flüssigem Stein und an flüssiger
Schlacke, die durch die genannten Zwischenräume hindurchrieseln, beträchtlich steigt und so nicht nur der für den Durchgang des Windes verbleibende
Raum weiter, und zwar hierdurch erheblich vermindert wird, sondern daß die
abwärts fließenden Schmelzen auch teilweise die engen Kanäle, die die einzelnen
Zwischenräume verbinden, geradezu verstopfen. Um bei verkleinerter Korngröße — ganz abgesehen von dem erhöhten Reibungswiderstand des kleineren
Kornes — in der Zeiteinheit die gleiche Windmenge durchzusetzen, muß daher
die Windgeschwindigkeit erheblich gesteigert werden. Es ist ein größerer Kraft-
aufwand erforderlich, um die gleiche Windmenge durch die Beschickung hin-
durchzupressen. Die Windpressung, die ja stets vom Ofen selbst auf Grund
seiner drosselnden Eigenschaften bestimmt wird, steigt[1].

Das tatsächliche Verhältnis von Oberfläche zu Volumen bei Erzbrocken verschiedener Korngröße zu ermitteln, ist praktisch unmöglich. Man muß sich daher
mit Annäherungswerten begnügen. Derjenige Körper, der das ungünstigste Verhältnis von Oberfläche zu Volumen besitzt, ist die Kugel. Derjenige Körper,
der das günstigste Verhältnis von Oberfläche zu Volumen aufweist, ist das
Tetraeder. Sieht man davon ab, daß viele Erzbrocken mathematisch Körper
mit einspringenden Winkeln und Begrenzungsflächen darstellen — und man darf
nach Meinung des Verfassers wegen der bei Erzen meist tatsächlich geringen
dadurch hervorgerufenen Abweichungen dies wohl außer acht lassen — so muß
demnach das Verhältnis von Oberfläche zu Volumen bei Erzbrocken zwischen
den für die Kugel und den für das Tetraeder geltenden Verhältnissen liegen.
Je kugeliger ein Erz bricht, desto näher steht es der mathematischen Kugelform;

---

[1] Es sei dies zum Anlaß genommen, einen sich gelegentlich einschleichenden Irrtum
klarzustellen. Wenn das Windmanometer am Ofen eine unter dem für den jeweiligen Betrieb normalen Maße liegende Pressung anzeigt, so wird gelegentlich versucht, die Pressung
durch Steigerung der Umdrehungszahl der Gebläsemaschinen zu erhöhen. Das ist aussichts-
los. Denn durch Erhöhung der Umdrehungszahl wird bei Kolben- und Kapselgebläse-
maschinen (welch letztere eigentlich auch nur Kolbenmaschinen mit rotierendem Kolben
sind) einzig und allein die Windmenge gesteigert. Bei Turbogebläsen wird gleichfalls in
allererster Linie die Windmenge und nur in sehr untergeordnetem und durch die Maschine
selbst eng begrenztem Maße die Pressung erhöht. In der Hüttenpraxis ist die Windpressung
lediglich eine Funktion des Widerstandes, den die Ofenbeschickung dem freien Winddurch-
gang entgegensetzt. Nur eine Erhöhung dieses Widerstandes, d. h. höheres Gichten oder
Gichten kleineren Kornes (im Notfalle granulierte Schachtofenschlacke) kann die Pressung
steigern.

je plattiger es bricht, desto mehr nähert es sich dem Würfel bzw. dem Tetraeder. Die nachfolgenden Kurven umgrenzen somit die Veränderung des Verhältnisses von Oberfläche zu Volumen, die mit Herabsetzung der Korngröße Hand in Hand geht.

Noch krasser gestaltet sich der Unterschied zwischen den Verhältnissen Oberfläche zu Volumen bei geringer und bei beträchtlicher Korngröße, wenn man nun, wie es dem Schachtofen als Reaktionsgefäß entspricht, Kugeln, Würfel oder Tetraeder von verschiedener Korngröße (bei untereinander gleichen Volumina) in die Raumeinheit einschüttet. Vergleicht man die Volumina der eingeschütteten Körper bei wechselnder Korngröße miteinander, so zeigen sich recht mäßige Schwankungen. Vergleicht man die Volumina der zwischen den Einzelkörpern bei verschiedener Korngröße verbleibenden Zwischenräume, so stellen sich gleichfalls nur geringe Schwankungen heraus. Ein ganz gewaltiges Ausmaß aber nimmt die Vergrößerung der Oberfläche mit abnehmender Korngröße an. Schon bei dem an und für sich un-

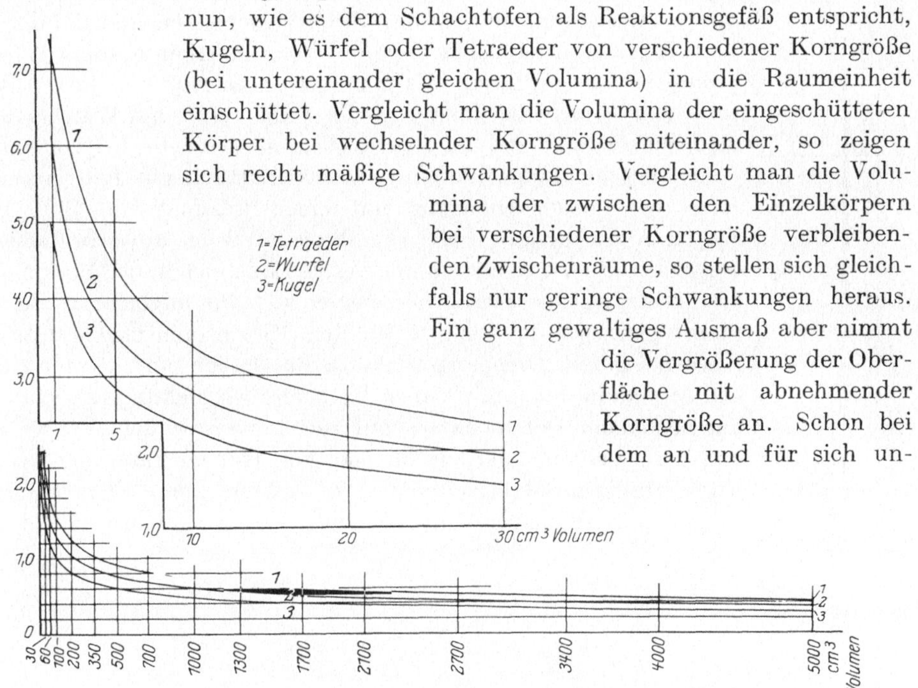

Abb. 35. Änderung des Verhältnisses von Oberfläche zu Volumen bei schwankender Korngröße.

günstigsten Körper, der Kugel, steigt die Gesamtoberfläche aller in einen Raum von 1 cbm bei dichtester Kugelpackung eingefüllten Kugeln von 20,724 qm bei 5 l Kugelinhalt, auf 39,547 qm bei 1 l Kugelinhalt, auf 58,360 qm bei 350 ccm Kugelinhalt, auf 88,922 qm bei 100 ccm Kugelinhalt, auf 135,270 qm bei 30 ccm Kugelinhalt und gar auf 426,810 qm bei 1 ccm Kugelinhalt. Im nachfolgenden Kurvenbild sind die Verhältnisse dargestellt, wie sie sich beim diesbezüglichen Vergleich von Kugel und Tetraeder ergeben[1].

Zahlenmäßige Bestimmungen für die mit der Korngrößenverkleinerung in unmittelbarem Zusammenhange stehende Erhöhung der Pressung liegen — wie

---

[1] Die Stückzahl wurde vom Verfasser empirisch ermittelt, indem er Kugeln und Tetraeder gleicher Volumina, und zwar von 1, 30, 100, 350, 1000 und 5000 ccm Inhalt herstellen und diese über eine geneigte Rinne in bestimmte kubische Räume fließen ließ so lange, bis diese kubischen Räume „gestrichen voll" waren, ohne zu rütteln (von 1—30 ccm Volumen wurde ein Meßkubus von 8 l Inhalt, von 100—350 ccm Volumen ein solcher von 125 l Inhalt und für 5000 ccm Volumen ein Meßraum von 343 l Inhalt benutzt). Die eingelaufenen Kugeln, Würfel oder Tetraeder wurden ausgezählt und das Ergebnis auf einen Raum von 1 cbm umgerechnet.

schon gesagt — heute noch nicht vor. Immerhin läßt sich aber sagen, daß für diese Erhöhung der Pressung das verminderte Porenvolumen einer feinkörnigeren Beschickung und der erhöhte Reibungswiderstand derselben nur von geringfügiger Bedeutung sein können. Das erwies sich am deutlichsten, als K. Frau-lob und der Verfasser zwecks Untersuchung einer schadhaft gewordenen Gebläse-maschine den normalen Widerstand eines Schachtofens und die normale Pressung dadurch herzustellen versuchten, daß sie den Stich verschlossen und dann den Ofen bis oben hin mit granulierter Schlacke von durchschnittlich 0,5 ccm Korn-volumen vollschütteten. Es gelang so, bei 4000 mm hoher Be-schickungssäule eine Pressung von 1000—1100 mm Wassersäule zu erreichen, während der gleiche Ofen im Betriebe bei 2000 mm hoher Beschickungssäule und durchschnittlich gut faustgroßem Korn bei flottem Ofengang mit einer Pressung von 1400 bis 1600 mm Wassersäule lief. Der Widerstand der abwärts fließen-den Schmelze ist es also in allererster Linie, der in der Praxis die Herabsetzung der Korngröße begrenzt. Im allgemeinen kann man sagen, daß das kleinste für den Schachtofen noch zulässige Korn bei gutem Ofengang Walnußgröße haben darf. Unter Um-ständen kann man mit einem Teil der Beschickung, aber auch nur mit einem Teil, noch bis auf Haselnußgröße herabgehen, so daß man also auch geringe Mengen von Konzentraten der Grob- bis Mittelkorn-Setzmaschinen mit gichten kann. Treten Stö-rungen im Ofengang ein, so muß so feines Korn allerdings

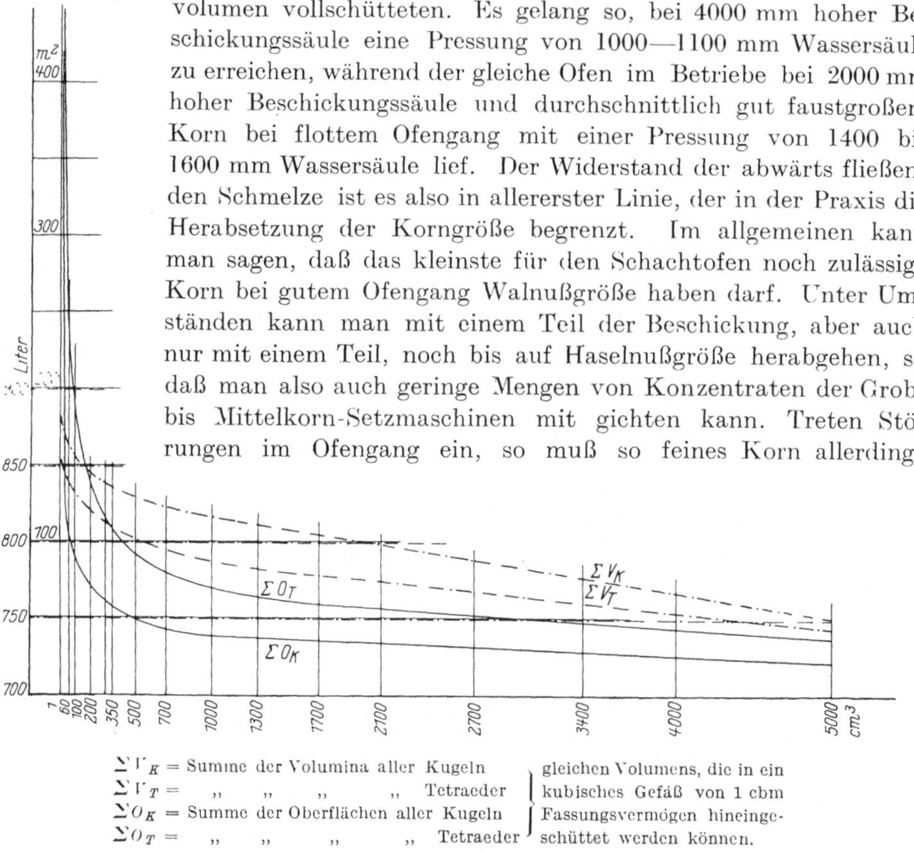

Σ V_K = Summe der Volumina aller Kugeln ⎫ gleichen Volumens, die in ein
Σ V_T =   ,,   ,,   ,,   ,, Tetraeder ⎪ kubisches Gefäß von 1 cbm
Σ O_K = Summe der Oberflächen aller Kugeln ⎪ Fassungsvermögen hineinge-
Σ O_T =   ,,   ,,   ,,   ,, Tetraeder ⎭ schüttet werden können.

Abb. 36. Änderung des Gesamtvolumens und der Gesamtoberfläche der in einen Raum von 1 cbm einfüll-baren Körper bei schwankendem Einzelvolumen.

sofort aus der Beschickung fortgelassen werden. Bei zinkhaltigen Erzen ist die Herabminderung der Korngröße auf Haselnußkorn deshalb ausgeschlossen, weil diese Korngröße schon eine viel zu große die Gichtgase kühlende Oberfläche besitzt, so daß die andernfalls zur Bildung von Ofenbruch führenden zinkischen Kondensate sich schon in den oberen Teilen der Beschickung verfestigen und diese so verkitten, daß die Gicht hängenbleibt und der Ofen im Augenblick zugewachsen ist.

Auch Fragen der Betriebswirtschaftlichkeit können der Anwendung einer ver-hältnismäßig geringen Korngröße eine Schranke setzen. In einer schon bestehenden Hüttenanlage wird sich natürlich der Durchsatz durch den Schachtofen stets nach der Aufnahmefähigkeit der im weiteren Verhüttungsgange folgenden Einheiten (Konvertor usw.) richten müssen. Bei einer neu zu erbauenden Hüttenanlage hat man abzuwägen zwischen den Vorteilen eines gesteigerten Durchsatzes durch den Schachtofen und den Nachteilen des sich damit gleichzeitig erhöhenden Kraftverbrauches der Gebläsemaschinen, für die ihrerseits auch nur ein begrenzter Schwankungsbereich der Pressung zulässig ist[1].

Manche Erze, besonders harte und mit kieseligen Adern durchzogene, zerkleinern sich selbst, wenn sie im Ofen langsam auf höhere Temperaturen kommen, durch die ungleichmäßige Ausdehnung ihrer Bestandteile. Andere wiederum bleiben durchaus kompakt. Quarziger Zuschlag zerplatzt bei der Erhitzung um so leichter, je reiner er ist. Quarzite, die von tonigen Adern durchzogen werden, lösen zwar ihr Gefüge, zerfallen aber nicht in einzelne Stücke, da der milde Ton die Stücke fest zusammenhält. Kalkstein zerfällt im Ofenschacht fast nie, so daß unter Umständen zu große und nicht von den sich bildenden Schlacken aufgezehrte Kalksteinstücke sowie milde Quarzite bis in den Sumpf gelangen.

Kalte Gicht — heiße Gicht. Je nach der chemischen Zusammensetzung der Erze ist zu erwägen, ob es sich empfiehlt, mit heißer oder mit kalter Gicht zu arbeiten. Im allgemeinen ist es geraten, mit möglichst kalter, dunkler Gicht zu fahren. Wenn die obersten Teile der Beschickungssäule dauernd dunkel bleiben — abgesehen von den kleinen SO_2-Flämmchen, die meist über der Gicht spielen —, so hat man die Gewißheit, den aus den tieferen Ofenzonen emporsteigenden Abgasen mittels der Beschickung soviel Wärme wie möglich entzogen zu haben, und das ist von besonderer Bedeutung, da die Abgase die bei weitem größte Wärmeverlustquelle des Schachtofenprozesses sind. Sagt doch schon Sticht ganz richtig (vgl. Anm. 1, S. 172): „Immerhin bezeichnen aber die 315° (C) die Temperatur der entweichenden Gase und Dämpfe, und findet daher sogar bei sog. ‚kalter‘ Gicht ein größerer Wärmeverlust oben im Ofen statt, als bei gleich hoch begichteten Koksschmelzöfen der Fall sein würde. Überhaupt nähert sich das Pyritschmelzen schon aus gewissen praktischen Rücksichten den Arbeiten mit flammender Gicht, denn es ist bei hohem S-Gehalt der Beschickung stets die Gefahr vorhanden, daß eine zu kalt gehaltene Gicht sich zusetzt. Wie bereits bemerkt, wird deshalb eine kurz über die kalten, vollkommen schwarz bleibenden Massenstücke emporschießende, fahl leuchtende Flamme gern gesehen." Gleichzeitig sind die Wärmeverluste durch Abstrahlung von der Oberfläche der Beschickung auf das Mindeste beschränkt. Außer diesen wärmewirtschaftlichen Vorteilen liegt auch ein nicht zu unterschätzender betriebstechnischer Vorteil in der kalten Gicht. Es ist schon mehr als ein Mann durch Unfall in den Ofen gefallen. Dem Verfasser ist ein Fall — gerade aus der unmittelbaren Verhüttung — bekanntgeworden, wo mit sehr kalter Gicht gearbeitet wurde, ein Mann in den Ofen fiel und es durch schnelles Zugreifen gelang, den Mann herauszuholen, bevor er erstickt und ohne daß ihm außer

---

[1] Eine Gebläsemaschine kann z. B. so berechnet und gebaut werden, daß sie die normal von ihr zu liefernde Windmenge bei Pressungen von 1000—2000 mm H_2O fördert, dabei ruhig läuft und wirtschaftlich arbeitet, d. h. eine möglichst geringe Antriebskraft benötigt. Dieselbe Maschine kann dann aber nicht ohne Gefahr für sie selbst und besonders für ihre wirtschaftliche Arbeitsweise dauernd auf z. B. 4000-mm-H_2O-Pressung beansprucht werden.

einer SO_2-Vergiftung irgend etwas zugestoßen war. Bei heißer Gicht wäre der Mann natürlich verloren gewesen.

Diejenigen Bestandteile, bei deren Vorhandensein im Erz sich heiße Gicht empfiehlt, sind As, Sb, Bi und vor allem Zn. Alle diese Stoffe werden, wie bereits gezeigt wurde, mehr oder minder stark zu verdampfenden Oxyden verbrannt, die sich in der Kälte wieder kondensieren. Schwefelarsen oxydiert sich am leichtesten, ihm folgen die Sulfide von Sb, Bi und Zn. As_2O_3 kondensiert sich am langsamsten; ihm folgen die Oxyde von Sb, Bi und Zn. Da es unbedingt im Interesse des anfallenden Steines liegt, neben As vor allem Sb, Bi und Zn in möglichst geringer Menge in den Stein eintreten zu lassen, und da die Erschmelzung einer leichtflüssigen Schlacke durch den Eintritt von Zn oder ZnS in die Schlacke sehr erschwert wird (vgl. Kapitel „Die Schlacken"), so muß größter Wert darauf gelegt werden, die Oxydationsprodukte dieser Schädlinge so schnell und so weitgehend wie möglich aus der Beschickung zu vertreiben. Ist lediglich As in der Beschickung vorhanden, so gelangt bei kirschroter Gicht kaum irgendwelches As in den Stein. Sb und Bi, soweit die Vertreibung des letzteren überhaupt gelingt, erfordern schon heißere Gicht. Dafür, in wie weitgehendem Maße eine Verflüchtigung von As, Sb und Bi innerhalb der obersten Teile der Beschickungssäule zu erreichen ist, gibt die von Gibb[1] mitgeteilte nachstehende Zusammenstellung einen Anhalt.

Verflüchtigung von As, Sb und Bi beim Rösten sulfidischer Cu-Erze.

Roherz		Im Roherz		Im Röstgut		Verflüchtigt in % des Cu-Inhaltes	Verflüchtigt wurden somit
		%	In % des Cu-Inhaltes	%	In % des Cu-Inhaltes		
Cu-haltiger	Cu	5,550	100,00	7,680	100,00	—	—
Pyrit:	As	1,180	21,26	0,407	5,29	15,970	75,1 % des As
	Sb	0,035	0,63	0,035	0,47	0,160	25,4 % des Sb
	Bi	0,011	0,198	0,011	0,143	0,055	27,8 % des Bi
Cu-Konzen-	Cu	12,150	100,00	14,680	100,00	—	—
trat:	As	0,967	7,96	0,454	3,09	4,870	61,2 % des As
	Sb	0,046	0,378	0,045	0,307	0,071	18,8 % des Sb
	Bi	0,014	0,115	0,015	0,102	0,013	11,3 % des Bi

Bei Anwesenheit nennenswerter Mengen von Zink in der Beschickung muß möglichst mit hellroter bis gelber Gicht gearbeitet werden, wenn die Kondensationsprodukte des Zinks so weitgehend als angängig aus der Beschickung vertrieben und das niemals ganz zu verhindernde Zuwachsen des Ofens möglichst vermindert werden soll.

Auf die Vorteile, die eine heiße Gicht für die mehr oder minder starke Vertreibung von As, Sb, Bi und Zn aus der Beschickung bietet, muß verzichtet werden, wenn Edelmetalle in der Beschickung vorhanden sind, und diese in dem erschmolzenen Stein gesammelt werden sollen. Das gilt besonders für einen etwaigen Silbergehalt.

Die jüngsten Untersuchungen über Silberverluste bei oxydierender Verhüttung sowie beim Rösten haben die Tatsachen bestätigt, die Plattner schon

---

[1] Gibb, Allan: The Elimination of Arsenic, Antimony and Bismuth from Copper. Transactions Amer. Inst. Ming. Eng. Bd. 33, S. 653—670, insbesondere S. 655—656. 1903.

1856[1] festlegte. Nach Heßner[2] wirken sauerstoffreiche Oxyde, wie Fe_2O_3 usw., aber auch ZnO und viele andere, katalytisch als Sauerstoffüberträger. In ihrer Gegenwart können auch Edelmetalle verhältnismäßig leicht oxydiert werden, wobei das Silber ein leichtflüchtiges Silberoxyd, wahrscheinlich Ag_2O, bildet. Wie stark die Silberverflüchtigung bei Gegenwart von Oxyden sein kann, zeigte Plattner[1], der pulverförmiges Silber mit verschiedenen Oxyden mischte und 1 Std. lang auf 500—800° C erhitzte.

Silberverluste durch Verflüchtigung als Oxyd in Gegenwart von Oxyden[1].

Angewandtes Oxyd	Beigemengt	
	2 % Ag	1 % Ag
Fe_2O_3	3,0 % Ag-Verlust	3,5 % Ag-Verlust
CuO	5,0 % ,,	6,7 % ,,
ZnO	9,5 % ,,	9,8 % ,,
SiO_2	13,5 % ,,	13,5 % ,,

Besonders erstaunlich erscheinen dabei die erheblichen Silberverluste, die durch Quarz (als Katalysator) hervorgerufen werden. Unter den Metalloxyden ist es in erster Linie ZnO, das erhebliche Verluste an Silber herbeiführt. Die Frage der Goldverluste bei Gegenwart von Zn und auch von As in der Beschickung ist noch nicht geklärt. Doch scheinen auch für dieses Edelmetall bei zinkischen und arsenischen Erzen teilweise Verlustgefahren zu bestehen.

Da bei Edelmetallgehalt der Beschickung und gleichzeitiger Anwesenheit von Zn entweder — bei kalter Gicht — das Zn zum großen Teil in die Schlacken, zum geringeren Teile in den Stein wandert, bei heißer Gicht hingegen das Zn zu erheblichen Edelmetallverlusten führt, bleibt nur ein Weg übrig, den man in Japan — insbesondere in Tsubaki — beschritten hat, um Silbererze gemeinsam mit Zn-haltigen Cu-Erzen auf unmittelbarem Wege zu verhütten und der darin besteht, die Schmelz- oder Schlackenbildungszone im Ofenschacht durch Brennstoffzufuhr durch die Düsen erheblich nach unten zu verlagern, mit sehr niedriger Beschickungssäule zu arbeiten und dabei außerdem noch einen außerordentlich langsamen Durchsatz und arme Steine in Kauf zu nehmen[3]. (Näheres an späterer Stelle.)

Auch das bei heißer Gicht in beträchtlichem Maße verflüchtigte Blei bringt Edelmetallverluste mit sich, wie Fulton und Knutzen[4] bei ihren Versuchen auf der National Smelter der Horseshoe Mining Co. in Rapid City (South Dakota) feststellten. Der Versuch, Edelmetallverluste bei zinkischem Erz dadurch zu mindern, daß Bleierze zugeschlagen wurden, führte zu einem ausgesprochen negativen Ergebnis. Ein nur verhältnismäßig geringer Teil des Pb-Gehaltes der Beschickung gelangt bis in die Schmelzzone und wandert dort restlos in die

---

[1] Plattner, C. F.: Die metallurgischen Röstprozesse, besonders S. 117, 118. Freiberg i. Sa. 1856

[2] Heßner, K.: Untersuchungen über die Ursachen der Silberverluste bei der oxydierenden Röstung. Metall u. Erz Jg. 21, S. 565—581, 1924.

[3] Vgl. M. Eissler: Copper Smelting in Japan. Transactions Amer. Inst. Ming. Eng. Bd. 51, S. 700—742, 1916.

[4] Fulton, Ch. H., and Th. Knutzen: Sulphide Smelting at the National Smelter of the Horseshoe Mining Co., Rapid City, South Dakota. Transactions Amer. Inst. Ming. Eng. Bd. 35, S. 326—338, 1905.

Schlacke, nicht in den Stein. Der weitaus größte Teil des Pb-Gehaltes wird jedoch verflüchtigt und bringt erhebliche Edelmetallverluste, vornehmlich an Silber, mit sich. Im Flugstaub fanden sich bis zu 60 g Au pro Tonne und bis zu 500 g Ag pro Tonne. Auch hier zeigte sich wieder: je heißer die Gicht, desto größer die Edelmetallverluste, besonders die Silberverluste.

Kalter Wind — heißer Wind. In gewissem Zusammenhange mit der Verflüchtigung von As, Sb, Bi, Zn und Pb steht die Frage, ob nicht heißer Wind manche Vorteile für die unmittelbare Verhüttung bieten kann.

An und für sich scheint natürlich der Gedanke gegeben, die Wärmewirtschaft des Schachtofens dadurch noch begünstigen zu wollen, daß an Stelle kalten Windes heißer Wind geblasen wird. Dieser Gedanke ist um so naheliegender, als die erheblichen Wärmemengen, die in den Abgasen der unmittelbaren Verhüttung aufgespeichert sind und die je nach den erreichten Steinkonzentrationen $40{-}50\%$ der gesamten Abwärme ausmachen (vgl. S. 206), gut nutzbar gemacht werden könnten durch Vorwärmung des Windes, wie dies z. B. in den reduzierend arbeitenden Öfen der Société Minière du Haut Katanga geschieht. Dennoch ist die Frage „kalter Wind oder heißer Wind?" lebhaft umstritten, und es neigt heute die Mehrzahl der Hüttenleute — wenigstens bei unmittelbarer Verhüttung — mit Recht zum Arbeiten mit kaltem Winde.

Was zunächst die Verflüchtigung beigemengter unliebsamer Metalle anbetrifft, so berichtet S. E. Bretherton[1], der ein Verfechter des heißen Windes ist, daß nach einjährigen praktischen Erfahrungen bei der Val Verde Copper Co. in Arizona aus Erzen mit $Cu = 2{,}5\%$, $Fe = 23{,}0\%$, $S = 21{,}0\%$, $As = 7{,}1\%$, $Zn = 4{,}5\%$, $MgO + CaO = 8{,}5\%$, $Al_2O_3 = 3{,}7\%$, $SiO_2 = 21{,}6\%$, Rest (= Pb, CO_2, O_2) $= 7{,}6\%$ bei heißem Wind mit rund 200^0 C Windtemperatur ein 23- bis 30proz. Stein erschmolzen wurde, der vollkommen frei von As und Sb war und nur Spuren von Pb und Zn aufwies. (Zur Beheizung der Winderhitzer bei 103,2 cbm Wind pro Minute rund 7 cbm Holz in 24 Std.)

Brennstoffverbrauch und Durchsatz bei kaltem und bei heißem Winde
(nach W. E. Koch).

2 Rundöfen, Nr. 1 und 2. Düsenebene = 1200 mm Durchmesser, Bauhöhe: Düsenebene bis Gicht = 1450 mm, Sumpftiefe: Düsenebene bis Sumpf = 690 mm, 12 Düsen, je 90 mm Durchmesser, Windmenge = rund 60 cbm/Min. bei 350 mm H_2O Pressung.

| | Ofen Nr. 1 | Ofen Nr. 2 | |
| | Heißer Wind | Kalter Wind | Heißer Wind |
Beschickung.	Durchschnittserz	Nur ausgewahltes bestes Erz	Durchschnittserz
Mögliche Betriebsdauer	22 Tg.	16 Tg.	18 Tg.
Erzdurchsatz in 24 Std.	41 t	31 t	42 t
Kokssatz in % der Beschickung	6,25—6,50	8,75—9,00	5,75—7,00
Kokssatz in % je Tonne Erz . .	$7^1/_2$	11	7
% Erz in der Beschickung . . .	84	81	85
Konzentrationsgrad	15 : 1	10 : 1	15 : 1

[1] Bretherton, S. E.: Hot Blast Smelting for the Elimination Arsenic, Antimony, Lead and Zinc from Copper Mattes and for the Production of Lead. Transactions Amer. Inst. Ming. Eng. Bd. 34, S. 422—426, 1904.

Vergleichsversuche, wie sie Koch[1] in Santa Maria del Oro (Durango, Mexiko) und Wright[2] anstellten, ergaben beim Blasen mit Heißwind gewisse Ersparnisse an Zusatzbrennstoff sowie eine Erhöhung des Durchsatzes.

Noch erheblicher ist die Brennstoffersparnis bei heißem Winde, die L. T. Wright berichtet:

Kalter Wind			Heißer Wind		
Gesamt-S in der Beschickung %	Koksbedarf in %	% Cu im Gestein	Gesamt-S in der Beschickung %	Koksbedarf in %	% Cu im Gestein
15,7	8,92	34,8	20,67	4,0	31,0
18,5	8,55	29,4	19,80	4,5	31,6
19,9	8,43	27,9	18,45	4,8	31,4
25,0	7,88	22,8			

So scheint es zunächst, als ob heißer Wind die Wirtschaftlichkeit des Schmelzprozesses durchaus begünstigt. Diesen scheinbaren Vorteilen stehen aber Nachteile gegenüber, die bei der unmittelbaren Verhüttung immer wieder zur Rückkehr zum kalten Winde gezwungen haben; kommt es doch bei der unmittelbaren Verhüttung im Schachtofen in allererster Linie darauf an, eine möglichst ausgedehnte Oxydationszone zu erzielen, wenn hohe Steinkonzentration erstrebt wird und nicht nur einfaches Ausseigern von schwach entschwefelten Sulfiden stattfinden soll.

Betrachtet man einmal den eigentlichen Verlauf der Oxydation eines Brockens sulfidischen Erzes, so ergibt sich folgendes: Schon bei Tagestemperatur und mäßig über das Erz hinstreichendem Winde oxydiert es sich langsam (Verwitterung). Die Reaktionsgeschwindigkeit und auch die Fortpflanzungsgeschwindigkeit der Reaktion in das Innere des Erzbrockens hinein ist außerordentlich gering. Wird auf das Erz eine erhöhte Temperatur übertragen und wird gleichzeitig die Windmenge gesteigert, so daß je Zeiteinheit eine größere Menge Sauerstoff mit den Sulfiden in Berührung kommt, so steigt die Reaktionsgeschwindigkeit sowohl wie die Fortpflanzungsgeschwindigkeit der Reaktion. Es werden je Zeiteinheit größere Wärmemengen in Freiheit gesetzt, und das Erz erwärmt sich. Die Geschwindigkeit der bloßen Oxydationsreaktion hat für jede Temperatur ein gewisses Maximum, das nicht überschritten werden kann, das aber bei mäßigen Windmengen je Zeiteinheit meist nicht erreicht wird (Röstung). Wird die Windmenge je Zeiteinheit weiter gesteigert bis an die Grenze derjenigen Sauerstoffmenge, die in der Zeiteinheit bei der waltenden Reaktionsgeschwindigkeit gerade noch verarbeitet werden kann, so steigen die je Zeiteinheit in Freiheit gesetzten Wärmemengen so stark an, daß sie die entstehenden Produkte sowie die zurückbleibenden Sulfide zu schmelzen vermögen (Oxydations- und Schmelzzone im Schachtofen). Wird nun aber die für die Erreichung dieses Zieles erforderliche Windmenge vorgewärmt (also räumlich ausgedehnt) und dabei in der Zeiteinheit das gleiche Windvolumen wie vorher durchgesetzt, so kommen natürlich mit dem einzelnen Erzbrocken geringere Sauerstoffmengen je Zeiteinheit in Berührung und die Reaktionsgeschwindigkeit sinkt wieder. Überschreitet man die für die Schmelzung erforderliche Windmenge oder gibt man der zur Schmel-

---

[1] Vgl. Metallurgie Jg. 1, S. 252—253, 1904.
[2] Vgl. Metallurgie Jg. 4, S. 286—287, 1907.

zung erforderlichen Windmenge eine zu hohe Geschwindigkeit, so geht die Reaktionsintensität gleichfalls zurück. Es werden geringere Mengen von Fe oxydiert, d. h. es fallen geringere Schlackenmengen an oder — wenn die Kieselsäuremengen nicht verringert wurden — SiO_2-reichere Schlacken und — was dem entspricht — es fallen Fe-reichere, also metallärmere Steine an. Bei zu hoher Windgeschwindigkeit innerhalb der Beschickung — was sich durch niedrigere Pressung anzeigt —, wie sie bei zu niedriger Beschickungssäule oder bei zu lockerer, zu grobstückiger Beschickung oder bei zu hoher Windtemperatur eintreten kann — werden die Steine ärmer und ärmer, die Temperatur im Ofen sinkt und schließlich friert auch so der Ofen ein.

Heißer Wind bringt es außerdem mit sich, daß die Oxydationszone im Ofen sich zusammenzieht, kleiner wird als erforderlich, um genügende Fe-Menge zu oxydieren. Außerdem aber steigt bei heißem Wind die Menge der vor den Düsen gebildeten hochsauerstoffhaltigen Oxydationsprodukte des Eisens, der Hydroferrite. Mit heißem Winde nimmt die Magnetitbildung vor den Düsen zu und damit steigt erheblich die Aussicht auf Bildung von Eisensäuen, zumal die Temperatur vor den Düsen örtlich schnell auf über 1200° C steigt (vgl. diesbezüglich S. 135). Auch ändert sich die Schlacke, sie wird SiO_2-ärmer und zäher.

Die bei heißem Winde fast stets zu beobachtende Abnahme der Steinkonzentration und die starke Neigung zur Bildung von Säuen sind die Hauptmomente, die die Verbesserung der Wärmewirtschaft und die Möglichkeit, unliebsame beigemengte Metalle zu verflüchtigen (sofern keine Edelmetalle vorhanden sind), zu nur scheinbaren Vorteilen machen und die für die unmittelbare Verhüttung die Arbeit mit kaltem Winde als das Richtige erweisen. So schreibt auch schon R. Sticht mit Recht in seiner grundlegenden Arbeit „Über das Wesen des Pyrit-Schmelzverfahrens"[1] auf S. 107 bezüglich des heißen Windes: „Das unvermeidliche Resultat ist, daß die quantitative Oxydation von Fe und S sinkt; daß die Oxydationskraft des Ofens in bezug auf das Erz also gleichfalls fällt; daß ein ärmerer Stein entsteht; daß die Schlacke weniger FeO und mehr SiO_2 enthält und der Ofen überhaupt sich die Arbeit erleichtert, weil man ihm von außen hilft", und so kommt auch Peters[2] zu dem bei unmittelbarer Verhüttung immer wieder bestätigten Schlusse, daß „1 kg Koks mehr zur Erhöhung der Windmenge mehr wert ist als 1 kg Koks zur Erhitzung des Windes".

Niedrige Beschickungssäule — hohe Beschickungssäule. Von der Höhe der Beschickungssäule im Ofen ist im allgemeinen die Ausdehnung der einzelnen Reaktionszonen innerhalb der Beschickung abhängig. Vor allem — und darin liegt der Hauptwert einer hohen Beschickungssäule — vergrößert sich mit zunehmender Höhe der Beschickung die Oxydationszone des Ofens. Wird mit zu niedriger Beschickungssäule gearbeitet, so bläst der Wind zu stark durch. Die Oxydation ist nur gering und arme Steine fallen an. Muß die Schlacke schwer schmelzende Bestandteile aufnehmen oder hat man mit viskosen Schlacken zu tun, so besteht bei niedriger Beschickungssäule große Gefahr des Einfrierens. Aber auch die Erhöhung der Beschickungssäule, in deren Gefolge das Erz längere

---

[1] Sticht, R.: Über das Wesen des Pyrit-Schmelzverfahrens. Metallurgie Jg. 3, S. 105 bis 122, 149—160, 222—226, 256—261, 265—271, 386—392, 1906.

[2] Peters, Edward Dyer: Some Future Problems in the Metallurgy of Copper. Mineral Ind. Bd. 17, S. 281—295, 1908.

Zeit im Ofen verweilt und viel längere Zeit hindurch mit dem Sauerstoff des angebotenen Gebläsewindes in Berührung kommen kann, ist begrenzt. Die Grenze wird durch die thermochemischen Verhältnisse im Ofen gezogen; denn bei zu hoher Beschickungssäule werden die im Verlaufe der Oxydation in Freiheit gesetzten Wärmemengen örtlich nicht mehr genügend zusammengehalten; die im Ofen herrschenden Bedingungen nähern sich zu sehr einfacher Röstung. Arme Steine, geringe Schlackenmengen, viskose und schmierende Schlacken, die kaum Al_2O_3 aufzunehmen vermögen und die langsame Auftürmung von Kieselsäureskeletten im Ofen sind die Folge.

Außerdem besteht ein ziemlich enger Zusammenhang zwischen der Korngröße der Beschickung und der Höhe der Beschickungssäule. Bei kleinerem Korn erreicht man im allgemeinen mit niedrigerer Beschickung das gleiche wie mit hoher Beschickung bei gröberem Korn. Korngröße und Höhe der Beschickungssäule bestimmen gemeinsam die Pressung des Windes. Bei ein und derselben Korngröße gibt es — je nach der Zusammensetzung der Beschickung — stets eine ganz bestimmte Höhe der Beschickungssäule, bei der größte Wirtschaftlichkeit der Ofenarbeit erzielt wird, d. h. bei der größte Ausdehnung der Oxydationszone (also beste Steinkonzentration) und gleichzeitig hinreichende örtliche Wärmeanhäufung für die Schlackenbildung erzielt werden. Diese günstigste Höhe der Beschickungssäule kann selbstverständlich nur von Fall zu Fall praktisch ermittelt werden, indem man ohne Veränderung der Zusammensetzung der Beschickung die Höhe des Einsatzes im Ofen langsam vergrößert, aber nur so lange, als der Stein in seinem Metallgehalt steigt. Das muß langsam geschehen (etwa alle 4—5 Std. um 10 cm erhöhen!), damit man nicht plötzlich die Gewalt über den Ofen verliert. Will man über das so erzielbare Maximum der Beschickungshöhe noch hinausgehen, so hat man eine weitere Zunahme des Metallgehaltes des Steines nicht mehr zu erwarten. Wohl aber kann man den Durchsatz steigern, allerdings nur auf Kosten des Brennstoffsatzes. Die Wärmekonzentration, die durch Auseinanderziehen der Oxydationszone verringert wird, muß durch Erhöhung der zugeschlagenen Menge an Zusatzbrennstoff wieder hergestellt werden. Deutlich erkenntlich werden diese Verhältnisse aus der nachfolgenden Tabelle, die den Versuchen Churchs[1] entnommen ist.

Daß bei zinkischem Erz eine Erhöhung der Beschickungssäule Gefahren durch Bildung hängender Gichten mit sich bringt, geht schon aus dem bezüglich kalter und heißer Gichten Gesagten hervor. Daß bei Erzen, die schwer schmelzige oder viskose Schlacken bilden, vor einer Übertreibung der Beschickungshöhe gewarnt werden muß, ist gleichfalls verständlich, wenn man bedenkt, daß ja zwar die Temperatur der Schlackenbildungszone durch Erhöhung des Brennstoffsatzes heraufgesetzt werden kann (von den Kosten sei zunächst einmal noch ganz abgesehen), daß aber auch für die Heraufsetzung des Brennstoffsatzes Grenzen durch die Eigenheiten des unmittelbaren Verhüttungsprozesses gegeben sind. Wird nämlich — wegen hoher Beschickungssäule — der Brennstoffsatz erhöht, so muß man sich dabei darüber im klaren sein, daß, selbst bei Anwendung kleinstückigen Kokses (und auch hier besteht ja eine Grenze durch den Abrieb) überall da, wo in der Beschickung ein Stück Koks liegt, örtlich eigentlich schon

[1] Church, J. A.: The Development of Blast-Furnace Construction at the Boston and Montana Smelter. Transactions Amer. Inst. Ming. Eng. Bd. 46. S. 423—444, 1914.

viel zu viel Brennstoff angehäuft ist, so daß örtliche Reduktionen, die zu kleinen aber schwer zerstörbaren Säuen führen, unvermeidlich sind.

Einfluß der Höhe der Beschickungssäule bei konstanter Windmenge.
Düsenebene: 1829 × 4572 mm; oberer Schachtquerschnitt: 1829 × 4572 mm; Bauhöhe: = 5477 mm über Düsenebene.

	1	2	3	4
Höhe der Beschickungssäule in mm	3830	4010	4270	4270
Anzahl der Betriebstage	14	31	28¾	31
Gesamtzahl der Gichtungen	5242	10557	11737	13464
Erz Nr. 1 in t	1397,4	2387,1	3879,1	4128,8
Erz Nr. 2 in t	19,0	115,2	306,7	207,6
Stückige Konzentrate in t	1340,5	2988,5	1891,4	3020,2
Raffinierofenschlacke in t	32,0	62,8	—	—
Sinterprodukte in t	2,1	3,4	—	—
Ofenbruch in t	—	—	—	18,8
Konvertorschlacke in t	1282,5	3021,1	3135,7	3398,2
Kalkstein in t	1272,8	2525,5	2876,3	3007,4
Gesamtdurchsatz in t	5346,3	11103,6	12089,2	13781,0
Koks in t	449,2	992,1	1093,9	1283,8
Koks in % der koksfreien Beschickung	8,4	8,9	9,0	9,3
Windpressung in mm H_2O	1230	1550	1325	1580
Durchsatz in t/24 Std.	381,9	358,2	420,5	444,8
Durchsatz in kg/qdcm Düsenebene	455,4	427,5	501,6	530,6
Schlackenanalyse SiO_2	42,9	42,7	41,9	42,7
FeO	21,0	22,0	23,2	24,5
Al_2O_3	10,1	10,1	10,0	10,1
CaO	22,4	22,3	22,1	20,3
	96,4	97,1	97,2	97,6
Cu-Gehalt des Steines in %	48,6	48,4	51,1	48,8

Noch ein weiterer Umstand begrenzt die Höhe der Beschickungssäule, nämlich die Art des Ofenganges und die damit in engstem Zusammenhange stehende Bildung von Ansätzen, von deren Ursachen noch an späterer Stelle ausführlich die Rede sein wird. Läuft der Schachtofen unruhig, was die verschiedensten Ursachen haben kann, so vermeide man unnötig hohe Beschickungssäulen, verzichte lieber auf hohen Durchsatz und ziehe die Möglichkeit besserer Aufsicht über den Ofen vor, die eine niedrige Beschickung gewährt. Treten bei hoher Beschickungssäule Schwierigkeiten in der Schlackenbildung ein, so hilft meist ein geringer Zuschlag von Kalk zur Beschickung, der die Schlacken leichtschmelziger macht, sofern nicht überhaupt schon mit Ca-haltiger Schlacke gearbeitet wird.

Windmenge und Windpressung. Die für den Schachtofenbetrieb erforderliche Windmenge ist abhängig von dem erstrebten Konzentrationsgrade, d. h. von dem gewünschten Metallgehalt der zu erschmelzenden Steine.

Je metallreichere Steine erschmolzen werden sollen, um so intensivere Oxydation, d. h. um so größere Windmenge[1], ist erforderlich. Daß es aber mit einer

[1] Eine Anreicherung des Sauerstoffgehaltes des Gebläsewindes, wie sie verschiedentlich versucht worden ist, sei es nach Kondensationsverfahren, sei es nach dem Plumboxanverfahren (D.R.P. 233383), erscheint heute selbst bei geringen Windmengen noch kaum wirtschaftlich und dürfte wohl bei derartigen Windmengen, wie die unmittelbare Verhüt-

bloßen Steigerung der Windmenge nicht getan ist, zeigt deutlich folgender Ofenbericht aus der Copper Hill Smelter der Tennessee Copper Co.:

Wassermantelofen. Düsenebene = 1400 ⁄ 4560 mm; Bauhöhe: Düsenebene bis Gicht = 4550 mm; 28 Düsen je 101,6 mm Durchmesser; Höhe der Beschickungssäule konstant = 1980 mm.

	Kampagne Nr.			
	1	2	3	4
Erzdurchsatz in t/24 Std.	228	267	276	468
Quarzdurchsatz in t/24 Std.	19	22	23	39
Quarz, bezogen auf Erz, in %	12	12	12	12
Gesamtdurchsatz in t/24 Std.	247	289	299	507
Cu im Erz, in %	2,5	2,5	2,5	2,5
Koks, bezogen auf die Beschickung in %	2,3	2,3	2,3	2,3
Windmenge in cbm/Min.	408	480	544	626
FeO in der Schlacke in %	41,0	40,6	40,0	41,0
SiO_2 in der Schlacke in %	41,0	39,2	39,0	39,0
Cu im Stein in %	7,7	11,0	8,4	8,1
Cu in der Schlacke in %	0,14	0,11	0,12	0,11

Zwar steigt von Kampagne Nr. 1—4 die Windmenge bedeutend. Die dem erzeugten FeO zwecks Schlackenbildung angebotene Kieselsäuremenge aber ist nicht entsprechend gesteigert worden (konstant 12 % des Erzes), so daß in allen vier Fällen Schlacken mit gleichem FeO- und SiO_2-Gehalt anfielen. Der Erfolg der vergrößerten Windmenge war daher lediglich eine Durchsatzsteigerung. Wäre mehr Quarz zur Schlackenbildung gegichtet worden, so wäre der Durchsatz nahezu konstant geblieben, der Metallgehalt der Steine hingegen wäre gestiegen.

Der Betriebserfolg einer Änderung von Windmenge und -pressung läßt sich am klarsten folgendermaßen dartun:

Windmenge	Windpressung	$\dfrac{SiO_2}{FeO}$	Durchsatz	Metall im Stein
konstant	steigt	konstant	steigt	konstant
steigt	konstant	konstant	steigt	konstant
steigt	konstant	steigt	konstant	steigt
steigt	steigt	steigt	steigt	steigt

Allerdings darf dabei nicht vergessen werden, daß eine Steigerung von Windmenge und -pressung und die damit theoretisch erreichbare Vergrößerung der Intensität aller Reaktionen im Ofenschacht (stärkere Fe-Verschlackung, metallreicherer Stein, Verbesserung der Wärmebilanz des Schmelzprozesses) praktisch eine obere Grenze hat. Ist dank sehr reichlicherWindmenge und genügend hoher Pressung die Fe-Oxydation überaus lebhaft, so kann unter Umständen der Fall eintreten, daß die Verschlackung des FeO mit dem Anfall von FeO trotz Gegenwart hinreichender SiO_2-Mengen nicht mehr Schritt hält, namentlich, wenn zu-

tung sie benötigt, noch viel Arbeit erfordern, um sie wirtschaftlich zu gestalten. Vgl. diesbezüglich: Kassner, G.: Die glatte Zerlegung von Luft in Sauerstoff und Stickstoff, eine Aufgabe der Wärmetechnik. Metall u. Erz Jg. 22, S. 154—157, 1925. — Nuys, C. C. van: Enriched Air Blast for Metallurgical Furnaces. Chem. Metallurg. Engg. Bd. 30, S. 520—521, 1924; sowie die ganze Nr. 1377 der Transactions Amer. Inst. Ming. Eng. 1924.

geschlagener Quarzit zu grobstückig ist. Die Geschwindigkeit der FeO-Bildung wird größer als die Geschwindigkeit der Eisenoxydulsilikatbildung. In der Zeiteinheit fällt eine größere FeO-Menge an, als in der gleichen Zeiteinheit verschlackt werden kann.

Tritt ein durch Überblasen hervorgerufener FeO-Überschuß in den unteren Lagen der Oxydationszone des Ofens auf, so kann er mit dort noch vorhandenem FeS reagieren unter Bildung von grobkristallinen Eisensäuen, in denen sich gegebenenfalls Au anreichert. Die Tatsache, daß bei zu großer Windmenge im unmittelbar verhüttenden Schachtofen die Gefahr der Bildung von Eisensäuen erfahrungsgemäß steigt, liegt begründet in der Reaktion $FeS + 2FeO = 3Fe + SO_2$, einer Reaktion, für deren tatsächliches Auftreten es auch besonders spricht, daß erstens die bei unmittelbarer Verhüttung beobachteten Eisensäue völlig frei von Kohlenstoff sind, und daß sie zweitens oftmals erhebliche Mengen von Cu (aus einer analogen Reaktion stammend) sowie Reste von Schwefel enthalten.

Eisensäue aus dem Schachtofen der Hütte von Vyiski[1].

Cu =	9,47	8,72	7,63	8,15
Fe =	81,84	87,87	76,10	90,30
S =	2,50	2,92	2,49	1,59

Eisensäue aus den Schachtöfen der National Smelter der Horseshoe Mining Co. in Rapid City, South Dakota[2].

Kristallines Fe . . . . . Fe = 99,68 %, S = 0,20 %, Au = **917,6** g/t, Ag = 105,4 g/t
In der Sau eingeschlosse-
nes Cu . . . . Au = **2597,8** g/t
In der Sau eingeschlosse-
nes Pb . . . . Au = **4159,3** g/t, Ag = 9477 g/t

Zinksulfid in der Beschickung ist ein vorzügliches Gegenmittel gegen die Bildung von Eisensäuen, da $Fe + ZnS = FeS + Zn$, welch letzteres verdampft. (Teilweise ist sicher das schon früher erwähnte Brennen von Zinkflämmchen an der Oberfläche von Steinen, die aus zinkischer Beschickung erschmolzen wurden, auch auf die Resulfurierung von Fe der Eisensteine zurückzuführen.)

Tritt ein Überschuß an nicht schnell genug verschlacktem FeO innerhalb der eigentlichen Schmelz- und Schlackenbildungszone auf, so verfällt das nicht verschlackte FeO leicht weiterer Oxydation zu Fe_2O_3. Es steigt damit gleichzeitig der Anfall an Hydroferriten, die die Schlacken steif machen können bis zum Einfrieren des Ofens.

Die praktisch erforderliche Windmenge[3] ist meist um ein Geringes (6—10 %) höher, als die theoretisch errechnete. Um den gewünschten Metallgehalt der Steine wirklich zu erzielen, muß daher darauf geachtet werden, daß der in den Ofen eingeblasene Wind auch wirklich voll und ganz ausgenutzt wird; denn ungenutzt den Ofen verlassender Wind läßt nicht nur die Steine ärmer werden,

---

[1] Baikoff, A., et N. Troutneff: Recherches Expérimentales sur la Nature des Mattes de Cuivre. Rev. Métall. Jg. 6, S. 519—543, 1909.

[2] Fulton, Charles H., and Th. Knutzen: Sulphide Smelting at the National Smelter of the Horseshoe Mining Co. Transactions Amer. Inst. Ming. Eng. Bd. 35, S. 326—338, 1905.

[3] Bezügl. Umrechnung englischer und amerikanischer Angaben von Windpressung lbs/sqinch in Millimeter H_2O bzw. Millimeter Hg vgl. Anhang Nr. 6.

sondern seine Förderung zum Ofen durch die Gebläsemaschinen hat Geld ge-
kostet; er verdünnt unnötig die Abgase und er entzieht der Beschickung Wärme.

Da der Windbedarf bei unmittelbarer Verhüttung unvergleichlich größer ist
als beim reduzierenden Schmelzen und angesichts der Tatsache, daß eine unmittelbare Verhüttung mit der Windmenge steht und fällt, muß selbstverständlich auch klimatischen Verhältnissen Rechnung getragen werden. Es muß der
barometrische Druck sowie die Temperatur des angesaugten Windes und
seine Feuchtigkeit beachtet werden. Die normalen barometrischen Druck-
schwankungen, die die Wetterlage bestimmen, sind meist von geringerer Bedeutung. Eine große Rolle hingegen spielt die Höhenlage eines Hüttenwerkes über
dem Meeresspiegel, die auch bei Bemessung der Gebläsemaschinen berücksichtigt werden muß. Der Feuchtigkeitsgehalt der Luft ist insofern von Einfluß
auf den Verlauf des Verhüttungsprozesses, als er im Ofen Wärme verzehrt. Hat
die im Winde aufgespeicherte Feuchtigkeit die Form von Nebeln, so muß das
Wasser verdampft und der entstehende Wasserdampf dann noch auf Gichtgastemperatur erhitzt werden. Ist die Feuchtigkeit geringer und an und für sich
schon dampfförmig, so wird Wärme zur Erhitzung des Wasserdampfes im Ofen
verbraucht. Verfasser hat auf einem in küstennahem Gebirge gelegenen Werke
stets beobachten können, wie in den Morgenstunden, wenn dichte Nebel auf-
stiegen, die schon auf 10 m jede Sicht versperrten, sich sofort der Ofengang
verschlechterte, auch wenn unmittelbar vor dem Steigen der Nebel eine neue
ausgeruhte Belegschaft antrat, so daß ein etwaiges Nachlassen der Arbeitskraft
der Ofenmannschaft gegen Schichtende ausgeschaltet wurde.

Es ist wohl zu erwarten, daß im Laufe der folgenden Jahre die Vortrocknung
industriellen Windes mittels Silikagel (vgl. O. Kausch: Das Kieselsäuregel
und die Bleicherden. Berlin: Julius Springer 1927) auch bei solchen Windmengen
wirtschaftlich wird, wie sie für unmittelbare Verhüttung benötigt werden, zumal,
wenn man bedenkt, daß die Glasgow Iron & Steel Co. schon 1000 cbm Wind
je Minute mittels Silikagel für ihre Hochöfen trocknet.

Abnahme des mittleren Barometer- standes mit steigender Höhenlage über NN		Abnahme der Wasserdampfspannung der Luft mit zunehmender Höhe über NN (im Gebirge)[1]	
1 m über NN	760,0 mm Hg	500 m über NN	0,83
570 „ „ „	707,3 „ „	1000 „ „ „	0,70
1150 „ „ „	657,7 „ „	1500 „ „ „	0,58
1740 „ „ „	611,0 „ „	2000 „ „ „	0,48
2340 „ „ „	567,0 „ „	2500 „ „ „	0,40
2940 „ „ „	526,0 „ „	3000 „ „ „	0,34
3550 „ „ „	487,3 „ „	3500 „ „ „	0,28
4170 „ „ „	451,0 „ „	4000 „ „ „	0,23
4800 „ „ „	417,0 „ „	4500 „ „ „	0,19
		5000 „ „ „	0,16

Dazu sei bemerkt, daß die große neue Hütte von Cerro de Pasco in Peru
(1923 in Betrieb gegangen) — wohl die höchst gelegene Hütte der Welt — auf
rund 3800 m über NN liegt und wegen ihrer Höhenlage Gebläsemaschinen für
ganz gewaltige Windvolumina aufstellen mußte.

[1] Vgl. J. v. Hann: Lehrbuch der Meteorologie, herausgeg. von R. Süring, 4. Aufl.,
S. 243. Leipzig 1926.

Den sichersten Aufschluß über die Ausnutzung des Gebläsewindes bietet natürlich die Analyse der Gichtgase, wobei die Gasproben unmittelbar über der Beschickung entnommen werden müssen und keinen nennenswerten Sauerstoffgehalt aufweisen sollen. Aber schon ein Blick in den Ofen sagt im allgemeinen ziemlich sicher, ob ungenutzter Sauerstoff die Beschickung verläßt oder nicht. Wenn über der Beschickung nur kleine weißlichblaue SO_2-Flämmchen spielen, so kann man sicher sein, den Wind recht vollständig auszunutzen. Wenn hingegen aus der Beschickung hohe Flammen emporlodern und den Raum über der Beschickung erfüllen, so „bläst der Wind durch" und leistet nicht diejenige Oxydationsarbeit, die er leisten könnte. Der Grund dafür kann ein doppelter sein. Erstens ist es möglich, daß die Beschickungssäule zu niedrig oder das Korn der Beschickung zu groß ist. Schnelle Abhilfe bietet höheres Gichten, das die Pressung erhöht und den Wind zwingt, längere Zeit im Ofen zu verweilen, so daß ihm sein Sauerstoffgehalt weitgehendst entzogen werden kann. Zweitens aber kann auch die Bildung von Ansätzen an den Ofenwänden oder die Entstehung sonstiger Unregelmäßigkeiten im Ofengang zum Durchblasen des Windes führen, und dann müssen diese Umstände bekämpft werden.

Wenn nicht praktisch eine weit über das theoretische Maß hinausgehende Windmenge erforderlich werden soll oder — was auf das gleiche hinauskommt — wenn der geförderte Wind wirtschaftlich richtig ausgenutzt werden soll, so ist also eine der jeweiligen Windmenge entsprechende Windpressung erforderlich, eine entsprechende Winddrosselung durch die im Ofen ruhende Beschickung. Zur Kontrolle sollte an jedem Ofen außer den meist vorhandenen Pressungsmessern auch ein Windmengenmesser in die Windzuleitung eingebaut sein. Pressungsmesser (am besten einfache mit Wasser gefüllte Manometerrohre) gehören an die Windzuleitung beider Breitseiten der Öfen, damit sie auch gleichzeitig ein Bild davon geben, ob die Düsen an den beiden gegenüberliegenden Seiten gleichmäßig offen sind oder ob der Ofen schief brennt.

Wird aus einem einseitig verschlossenen und unter Winddruck stehenden Zuleitungsrohre an beispielsweise zwölf gleichmäßig voneinander entfernten Stellen durch gleich große Öffnungen unter gleichen Verhältnissen Wind entnommen, wie dies in den Windzuleitungen zum Schachtofen theoretisch der Fall ist, so tritt durchaus nicht etwa aus jeder Entnahmestelle die gleiche Windmenge aus. Wenn die Windleitung U-förmig um den Ofen geführt wird, so tritt die größte Windmenge je Entnahmestelle an den beiden verschlossenen Enden der U-förmigen Leitung, die kleinste hingegen am nächsten der Windquelle aus. Wenn in der Mitte des Schachtofens ein 40proz. Stein anfällt, so fließt tatsächlich an dem der Windquelle zugewandten Ende des Ofens ein um 1—2 % ärmerer, am entgegengesetzten Ende indessen ein um 1—2 % reicherer Stein. Das gleiche beobachtete Hamilton[1]. Es erklärt sich dieses aus der Stauung des Windes innerhalb der Windleitung an den verschlossenen Enden. Am besten sind daher Ringleitungen. Wenn nun gar die Widerstände, die dem Winde an den einzelnen Entnahmestellen, den Düsen, entgegentreten, sich ändern, so wechselt natürlich erst recht die austretende Windmenge. Wird eine Düse durch Bildung von Ansätzen od. dgl. verengt, so bekommt der Ofen an dieser Stelle weniger

---

[1] Hamilton, E. H.: Observations in Copper Smelting. Engg. Min. J. Bd. 104, S. 301, 1917.

Wind, und dieses Minus verteilt sich als Plus auf die Gesamtzahl der übrigen Düsen. Daher ist es von größter Bedeutung, die Düsen stets gleichmäßig offen zu halten und bei Verengung einer Düse die Nachbardüsen so lange etwas zu drosseln, bis die Öffnung der verengten Düse gelungen ist. Oftmals kann eine versetzte Düse, wenn Stochen nicht recht hilft, dadurch wieder geöffnet werden, daß die Nachbardüsen stark gedrosselt werden, so daß die durch die verengte Düse hindurchgehende Windmenge steigt und die Reaktion vor der Düse so lebhaft wird, daß die Hindernisse wegschmelzen.

Was die richtige Bemessung der Gebläsemaschinen für den Schachtofenbetrieb betrifft, so wird sie sich natürlich nach dem durchschnittlichen Windbedarf für den Schmelzprozeß zu richten haben. Während bei reduzierender Schmelzarbeit Veränderungen in der Zusammensetzung der Beschickung meist keine erheblichen Variationen im Windbedarf nach sich ziehen, ist es für die unmittelbare Verhüttung von großer Wichtigkeit, gelegentlich auch einmal mit beträchtlich vergrößerter Windmenge arbeiten zu können, und es sollte daher neben dem vielfach üblich gewordenen Grundsatz einer Staffelung der Gebläsemaschinen (bezüglich ihrer Größe und Leistung) besonders dieser Umstand Anlaß geben, für die Windbeschaffung nicht eine einzige Einheit je Ofen aufzustellen, sondern statt dessen mehrere kleinere. Wenn z. B. ein Schachtofen durchschnittlich 500 cbm Wind je Minute verlangt, so wäre es verkehrt, ein Gebläse von z. B. 600 cbm Leistung aufzustellen, sondern es sollten eine Einheit zu 300, zwei Einheiten zu je 200 und eine zu 100 cbm gewählt werden. Dann können 500 cbm von dem 300- und dem 200-cbm-Gebläse bezogen werden. Wird das 200-cbm-Gebläse schadhaft, so tritt das zweite 200-cbm-Gebläse an seine Stelle. Bei einem Schaden an der 300-cbm-Maschine wird diese durch eine 200- und die 100-cbm-Maschine ersetzt. Außerdem können durch Addition der einzelnen Maschinen auch noch Spitzenleistungen erzielt werden, die weit über 500 cbm hinausgehen. Da Reservemaschinen sowieso vorhanden sein müssen, können die durch diese Staffelung bedingten Mehrkosten in der Anschaffung (auch für den Kaufmann, der gern Anschaffungskosten sparen möchte) nicht von erheblicher Bedeutung sein.

Die für den Schachtofenbetrieb bestgeeigneten Gebläsemaschinen sind die Kapselgebläse. Die von ihnen angesaugte und geförderte Windmenge ist nahezu unabhängig von der zu überwindenden Pressung. Der vornehmlich gegen die Kapselgebläse ins Feld geführte Umstand, ihr früher verhältnismäßig geräuschvoller Gang, ist heute nicht mehr stichhaltig, nachdem es der Maschinenfabrik Aerzen (bei Hameln) gelungen ist, ein mit Filzdichtung ausgerüstetes Kapselgebläse zu bauen, das sich durch sehr ruhigen Gang auszeichnet. Von Turbogebläsen, die gelegentlich im Schachtofenbetrieb angewandt worden sind, und bei reduzierender Schmelzarbeit auch sicher gewisse Vorteile gegenüber den Kapselgebläsen haben, ist bei unmittelbarer Verhüttung dringend abzuraten, da sie zu sehr auf Pressungsänderungen reagieren. Größte Wirtschaftlichkeit besitzt ein Turbogebläse immer nur dann, wenn diejenige Pressung herrscht und diejenige Windmenge von der Maschine verlangt wird, für die sie gebaut ist. Steigt die Pressung über das Normale, so sinkt die Windmenge. Darin liegt die schwerste Gefahr bei Anwendung von Turbogebläsen. Sinkt die Pressung unter das Normale, so fällt gleichfalls die Windmenge, die das Gebläse ansaugt und fördert.

Um Windverluste nach Möglichkeit zu vermeiden und um den Unterschied in der Pressung am Ofen und am Gebläse (verursacht durch Reibung in der Leitung) nicht allzu groß werden zu lassen, müssen die Gebläsemaschinen zweckmäßig so nahe wie möglich an den Ofen herangerückt werden. Knie in der Windzuleitung müssen vermieden werden. Außerdem muß natürlich stets dafür gesorgt werden, daß der Ofen selbst keine Undichtigkeiten aufweist und daß der Wind nicht aus den Schieberkästen der Düsenstöcke herauspfeift.

Künstliche Erhöhung der Temperatur in der Schmelzzone durch Zusatzbrennstoffe. Wenn die aus der Oxydation von S zu SO_2, von Fe zu FeO und von anderen Metallen, vornehmlich Zn, zu ihren Oxyden sowie die aus der Schlackenbildung frei werdende Wärmemenge nicht hinreicht, um alle im Ofen neu gebildeten Produkte in leicht-schmelzflüssigem Zustande in den Sumpf des Ofens hinunterfließen zu lassen, wenn also in der Schmelzzone ohne weiteres keine genügend hohe Temperatur, keine hinreichende Wärmekonzentration herrscht, so gilt es, durch künstliche Temperatursteigerung mittels organischer Brennstoffe nachzuhelfen.

Die Menge der für diesen Zweck anzuwendenden Brennstoffe oder — noch deutlicher gesagt — die Anzahl Wärmeeinheiten, die dem Schmelzprozeß je Zeiteinheit künstlich zugeführt werden muß, ergibt sich aus dem Debitsaldo der Wärmebilanz (vgl. S. 218). Sie darf nicht unterschritten werden, wenn der Ofen nicht in Gefahr des Einfrierens geraten soll. Sie darf aber — und darin liegt eine der besonderen Schwierigkeiten der unmittelbaren Verhüttung — auch nicht nennenswert überschritten werden. Bei zu hohem Brennstoffsatz wird 1. ohne Nutzen für den Schmelzprozeß wertvoller Sauerstoff des Gebläsewindes zur Brennstoffverbrennung verbraucht, statt der Oxydation der Beschickung zu dienen; 2. wird die Gefahr teilweiser Reduktionsvorgänge im Ofen heraufbeschworen und 3. endlich wird oftmals eine höhere Temperatur als die gewollte erzielt, wodurch das ganze Gerüst der Beschickungsberechnung zusammenfällt, da nunmehr infolge der viel höheren Temperatur ganz andere Schlacken und ganz andere Steine anfallen, die Wärmebilanz sich ändert und die Beschickung nicht mehr richtig gattiert ist. Zu hoher Brennstoffsatz kann genau so, wie zu große Windmenge — so paradox es klingen mag — zum Einfrieren des Ofens führen. Lyon und Keeney[1] berichten aus ihrer Praxis als Beispiel für die Gefahren zu hohen Brennstoffsatzes, daß die Heraufsetzung der von ihnen gegichteten Koksmenge von 60 lbs je 2000 lbs Beschickung auf 65 lbs je 2000 lbs Beschickung eine Zunahme des SiO_2-Gehaltes ihrer Schlacke um 41% des ursprünglichen SiO_2-Gehaltes und einen Abfall des Cu-Gehaltes ihrer Steine um 35% des ursprünglichen Cu-Gehaltes nach sich zog, also völlig neben das ihrerseits mit der Brennstofferhöhung erstrebte Ziel traf.

Welcher Brennstoff als Wärmequelle angewandt wird, ist an und für sich völlig gleichgültig, wenn es nur gelingt, ihn so in den Schachtofen einzuführen, daß seine Verbrennung einerseits möglichst ausschließlich innerhalb der Schmelzzone stattfindet, andererseits daselbst aber auch möglichst restlos vonstatten geht.

---

[1] Lyon, Dorsey A., and Robert M. Keeney: The Smelting of Copper Ores in the Electric Furnace, besonders Kap. 11, 12 u. 13. Transactions Amer. Inst. Ming. Eng. Bd. 47, S. 233—270, 1914.

Die unmittelbare Verhüttung im Schachtofen ohne Anwendung irgendwelches organischen Brennstoffes, das sog. rein pyritische Schmelzen (pyritic smelting), wie es Ende des vorigen Jahrhunderts eingeführt und ausgebildet wurde, ist fast völlig verlassen worden, da derartige Erze, wie sie für dieses Verfahren erforderlich sind, zu den Seltenheiten gehören und da sich außerdem selbst bei den besten Erzen immer und immer wieder Störungen im Ofengang einstellen[1]. Heute wird fast überall, wo unmittelbar verhüttet wird, ein geringer Zuschlag organischen Brennstoffes angewandt; es wird halbpyritisch geschmolzen (semi-pyritic smelting): denn die Vorteile, die sich aus dem Brennstoffzuschlag ergeben, wiegen bei weitem die Brennstoffkosten auf.

Brennstoffzufuhr von der Gichtbühne aus. Werden feste organische Brennstoffe wie Anthrazit, Koks, Holz gemeinsam mit der Ofenbeschickung von oben gegichtet, so haben sie die Oxydationszone des Schachtofens zu passieren und sollen innerhalb derselben möglichst nicht zur Verbrennung kommen, damit die Wärme, die sie zu spenden vermögen, auf die Schmelzzone konzentriert wird und damit nicht von dem in der Oxydationszone so wichtigen Sauerstoff des Gebläsewindes unnötig verbraucht und der Oxydationsreaktion entzogen wird. Je schwerer verbrennlich ein von oben gegichteter Brennstoff ist, desto tiefer gelangt er mit der abwärtssackenden Beschickung in den Ofenschacht hinein und desto weniger schädlich ist er der Oxydationszone, in der die Beschickung keinesfalls so heiß werden darf, daß sie zu sintern beginnt oder daß Sulfide ausseigern. Nur bei Anwendung sehr grobstückiger Brennstoffe gelingt es,

---

[1] Nachdem 1885 W. L. Austin in der Boulder Smelter, Montana, mit seinen 7jährigen und ab 1891 von R. Sticht fortgesetzten Versuchen unmittelbarer Verhüttung im Schachtofen begonnen hatte, wurde 1892 in der Boulder Smelter und 1893 in Kokomo, Colorado, das pyritische Schmelzen betriebsmäßig aufgenommen. 1892/93 stellte die Bi-Metallic Smelting Co. in ihrer umgebauten Old La Plata Smelter in Leadville, Colorado, entsprechende Versuche mit edelmetallhaltigen sulfidischen Erzen an, die zu einer 1900 wieder stillgelegten Betriebsaufnahme führten. Eine gründliche weitere Durchbildung fand dieses Verfahren in der Hütte zu Tilt Cove, New Foundland, wo z. B. bei 6tägigen Ofenreisen in 294 Schmelztagen 40133 t eines sulfidischen Kupfererzes mit Cu = 3,69 %, S = 34,98 %, Fe = 37,06 % und SiO_2 = 13,23 % verschmolzen wurden unter Verbrauch von insgesamt nur 806,5 t Koks, der lediglich zum Anblasen der Öfen und zum Vorwärmen der Vorherde diente. Grundlegende Klärungen über die verwickelten Verhältnisse bei unmittelbarer Verhüttung schufen die ausgezeichneten Beobachtungen Stichts während seiner Mt. Lyell-Praxis in Tasmania. Vgl. I. H. L. Vogt: Erzröstung und Rohsteinschmelzung. 1897. — Kroupa, G.: Das Pyritschmelzen. Berg- u. Hüttenm. Jb. Bd. 52, S. 85—143. Wien 1904. — Peters, E. D.: Pyrite Smelting, A Review. Engg. Min. J. Bd. 77, S. 881—884, 921—922, 959—960, 1004, 1043 bis 1044; Bd. 78, S. 10—11, 58—59, 100—101, 140, 179—180, 218—220, 1904. — Vogt, I. H. L.: Om Warmeforbruget ved Skjaerstensmeltning. Kristiania 1905. — Rickard, T. A.: Pyrite Smelting, reprint of articles, published in the Engg. Min. J. 1905. — Sticht, R.: Über das Wesen des Pyrit-Schmelzverfahrens. Metallurgie Jg. 3, S. 105—122, 149—160, 222—226, 256—261, 265—271, 386—392, 1906. — Stand der Betriebe der Mount Lyell Mining and Railway Comp. Ltd. am Schlusse des Jahres 1905. Metallurgie Jg. 3, S. 563—568, 591—595, 638—641, 664—670, 686—695, 709—714, 760—770, 788—799, 1906. — History of Pyritic Smelting. Transactions Australasian Inst. Ming. Eng. Bd. 11. Queenstown 1906. — Peters, E. D.: Some future Problems in the Metallurgy of Copper. Mineral Ind. Bd. 17, S. 281—295, 1908. — Nichols, F. S.: Pyrite Smelting at Tilt Cove. Engg. Min. J. Bd. 86, S. 462, 1908. — Doolittle, Ch. H., and R. P. Jarvis: Pyritic Smelting in Leadville. Transactions Amer. Inst. Ming. Eng. Bd. 41, S. 709—722, 1911. — Offerhaus, C.: Copperhill-Praxis im Verschmelzen von Kupfererzen nach dem Pyritverfahren. Metall u. Erz Jg. 10, S. 863—874, 1913.

einen hohen Prozentsatz des Brennstoffes bis in die Schmelzzone gelangen zu lassen, und will man mit kalter Gicht und ausgedehnter Oxydationszone arbeiten, so muß man auf den Vorteil besserer Verteilung innerhalb der Beschickung und schnellerer Verbrennungsreaktion verzichten, den feinkörnige Brennstoffe (Nuß- bis Apfelgröße) bieten. Bei den im Vergleich zur gesamten Beschickung doch recht geringen Mengen an Brennstoff, die bei unmittelbarer Verhüttung gegichtet werden, empfiehlt sich ein Möllern des Brennstoffes mit der übrigen Beschickung nicht, da der Abrieb und die damit verbundenen Verluste (als Flugstaub) relativ zu groß werden. Vorteilhafter ist es, den Brennstoff gesondert neben der übrigen Beschickung zu gichten. Stets soll bei Einsatz einer neuen Gicht der Brennstoff zu unterst gegeben und dann mit dem Einsatz (Erz + Zuschlag) abgedeckt werden. Auf gute Verteilung des Brennstoffes über' die gesamte Oberfläche der Beschickung ist besonders zu achten. Wenn durch mehrere Türen gegichtet wird, so darf der Brennstoff, auch wenn er an Transportmittel kaum mehr als einen Begichtungswagen einnimmt, niemals etwa durch nur eine Tür oder auf nur einer Breitseite des Ofens gegichtet werden (auch nicht, wenn bei aufeinanderfolgenden Gichten die Breitseiten vertauscht werden), sondern er muß stets sorgfältig auf sämtliche Begichtungstüren verteilt werden. Am besten wird er von Hand mit der Koksgabel aufgegeben, wobei besonders darauf zu achten ist, daß auch Brennstoff in die vier Ecken des Ofenrechteckes geworfen wird, die bei einer Begichtung durch die Gichttüren stets zu kurz kommen.

Nicht unerwähnt darf an dieser Stelle ein Verfahren bleiben, das in der Hütte der Ikuno Mines (Japan) bei unmittelbarer Schachtofenarbeit angewandt wurde, um den Zusatzbrennstoff, ohne daß er sich entzündet, möglichst tief in den Ofenschacht gelangen zu lassen. In einen runden Wassermantelofen von außergewöhnlich großem Durchmesser ist von der Gichtbühne aus zentrisch ein eisernes Rohr eingehängt worden, dessen Durchmesser etwa die Hälfte des Wassermantel-Durchmessers beträgt und das einige Dezimeter unterhalb der mutmaßlichen Grenze zwischen Dissoziations- und Oxydationszone der Ofenbeschickung endet[1]. In dem zentralen Ofenschacht werden der gesamte Zusatzbrennstoff und die zu verhüttenden Feinerze gegichtet. In dem Zwischenraum zwischen zentralem Ofenschacht und äußerer Ofenummantelung, der ringförmig den zentralen Schacht umgibt, wird lediglich gut stückiges Erz gegichtet. Der durch die Düsen eingeblasene Wind steigt vornehmlich in dem äußeren ringförmigen Schachte empor. Ist die Beschickung dieses äußeren Ringraumes bis in die Oxydationszone hinabgelangt, so findet die Vereinigung mit der Beschickung des zentralen Schachtes statt und der gesamte Zusatzbrennstoff gelangt nunmehr in der Ofenachse, und zwar tief im Ofen, zur Entzündung, wodurch auch die Bildung eines „toten Mannes" unterbunden wird. Betriebsergebnisse mit diesen Öfen und insbesondere Angaben über den Abbrand der Unterkante des zentralen Rohres sind bedauerlicherweise nirgends niedergelegt worden. Eine befriedigende Lösung des Problems dürfte von dieser Konstruktion vornehmlich wegen des Abbrandes am Zentralschacht kaum zu erwarten sein, da auch Wasserkühlung des Zentralschachtes kaum eine Besserung zu schaffen verspricht, weil durch etwaiges Kühlwasser gerade an der empfindlichsten Stelle der Beschickung

---

[1] Ofenriß vgl. M. Eissler: Copper Smelting in Japan. Transactions Amer. Inst. Ming. Eng. Bd. 51, S. 700—742, 1916.

Wärme entzogen wird, weil am wassergekühlten Zentralschacht die Bildung von Ansätzen zunimmt und weil schließlich eine etwaige Leckage gerade an dieser Stelle besonders große Gefahren birgt.

Bei Hüttenwerken, die fernab von Brennstofflagerstätten liegen und womöglich auch unter schlechten Wegeverhältnissen zu leiden haben, bei denen also die Gestehungskosten für selbst so hochwertiges Material wie Koks oder Anthrazit unverhältnismäßig groß werden, kann aus Gründen der Wirtschaftlichkeit der Ersatz von Anthrazit oder Koks durch Holz erhebliche Bedeutung erlangen, wofern größere Waldbestände in der Nähe des Werkes vorhanden sind.

Angesichts der Verwendung von Holzkohle als Brennstoff in schwedischen Eisenhochöfen erscheint der Gedanke nicht fernliegend, auch bei der unmittelbaren Verhüttung von Metallsulfiden Holzkohle als Zusatzbrennstoff zu verwenden, wenn diese im Vergleich zu Anthrazit oder Koks billig ist. In der Hütte von Bogoslowsk im russischen Gouvernement Perm wurde seit 1907 ein gemauerter Schachtofen mit 9375×1050 mm Düsenebene und 55 Düsen zu je 45 mm Durchmesser mit Holzkohle betrieben, wobei aber bei 20 % Holzkohle in der Beschickung nur ein Viertel des Durchsatzes erzielt wurde, den 12 % Koks in der gleichen Beschickung ermöglichten. Auch konnte nur mit 170 mm Pressung gearbeitet werden, da andernfalls der Holzkohlenverbrauch ins Unermeßliche stieg. Holzkohle kommt lediglich für Staubfeuerung durch die Düsen in Frage.

Über die Eignung der verschiedenen Holzarten wurde schon gelegentlich der Besprechung der Brennstoffe als solcher (S. 46—47) das Nötige gesagt. Hier soll daher nur von der Möglichkeit seiner Anwendung als Zusatzbrennstoff und von der Art, Holz zu gichten, die Rede sein.

In einer großen Anzahl von Versuchen, Koks und Anthrazit durch Holz zu ersetzen, ist der Verfasser zu der Einsicht gekommen, daß es nicht gelingt, den Ersatz restlos durchzuführen. Wird aller Koks bzw. Anthrazit durch Holz ersetzt, so wird dadurch ein derartig großes Volumen des Ofenschachtes beansprucht, daß die erforderliche Wärmekonzentration, die enge Zusammendrängung der Zusatzwärme auf den kleinen Raum der Schmelzzone, nicht erreicht wird. Die Schmelzzone wird auf Kosten der Oxydationszone unverhältnismäßig groß. Bis zu rund 75 % des anderenfalls benötigten Kokses oder Anthrazits hingegen können vorübergehend durch Gichten von Holz ersetzt werden, wenn dieses in geeigneter Weise geschieht. Bei der leichten Entzündlichkeit von Holz, die noch durch die große Oberfläche verstärkt wird, die das Holz beim Hacken auf eine Korngröße erhält, wie sie erforderlich ist, wenn es im Ofen nicht gar zu sperrig sein soll (vgl. S. 46—47), ist es besonders schwierig, das Holz möglichst unverbrannt bis in die Schmelzzone des Ofenschachtes zu bringen. Mitchell[1] versuchte daher, als er auf der Hütte der Mitchell Mining Co. in Guerero (Mexiko) Holz im Schachtofen feuerte, es dadurch vor zu schneller Entzündung und Verbrennung zu bewahren, daß er es mit einem dünnen Brei von Sand und Ton überzog (durch Eintränken) und dann sofort gichtete. Dabei ist es aber ein unter Umständen zu großer Gefahr werdender Nachteil, daß auf diese Weise Ton in den Ofen gebracht wird, also gerade ein Fremdling, den der Prozeß am allerwenigsten vertragen kann. Verfasser hat daher auch schon nach wenigen Tagen

---

[1] Mitchell, George: Use of Wood in Copper Smelting. Engg. Min. J. Bd. 82, S. 700 bis 701, 1906.

der Arbeit nach Mitchellschem Vorschlag das Umhüllen des Holzes mit einer tonigen Schutzschicht aufgeben müssen, weil die anfallenden Schlacken zusehends zäher wurden. Am günstigsten kommt man zum Ziele, wenn man frisches saftiges Holz gichtet.

An welcher Stelle innerhalb einer Gicht aber soll Holz, an welcher soll der Koks gegichtet werden? Soll man zuerst den Koks geben und das Holz innerhalb des Einsatzes (Erz + Zuschlag) gleichmäßig verteilen oder soll man zuerst den Koks und unmittelbar darauf das Holz gichten, so daß der Koks das auf dem Wege zur Schmelzzone verkokte Holz zündet und das Holz seinerseits gut mit Beschickung abgedeckt ist, so daß es verkoken kann? Beides ist nicht ratsam: denn Holz in der Beschickung neigt zu Oberfeuer, was auch Bretherton[1] schon beobachtete. Ist das Holz innerhalb der Beschickung verteilt, so beginnt es schon innerhalb der Oxydationszone zu verbrennen und ist tatsächlich schon fast restlos verbrannt, ehe die Schmelzzone überhaupt erreicht wird. Liegt das Holz unmittelbar auf dem Koks, so ist der Koks durch das sperrige Holz viel zu weit von der darüber liegenden Beschickung entfernt gehalten, und seine Verbrennungswärme kommt nur zum Teil denjenigen Teilen der Beschickungssäule zugute, auf denen er auflagert: denen, die ihm nachfolgen, aber überhaupt nicht. Zudem entzündet der Koks das Holz sofort nach Austreibung der Feuchtigkeit und ehe es wirklich weitgehend verkokt ist.

Wird hingegen das Holz zuunterst gegichtet, dann der Koks und darnach der Einsatz (Erz + Zuschlag), so gelangt das Holz sofort an die tiefste und heißeste Stelle des Ofens, die es beim Gichten überhaupt erreichen kann. Es gerät — zumal beim Gichten von Holz eine vollkommen kalte Gicht überhaupt nicht zu erzielen ist — sofort in eine Art Verkokungskammer und liefert außerdem die Zündwärme, die der nachfolgende Koks benötigt zu seiner Entflammung und die er anderenfalls der im Ofen befindlichen bereits heißen Charge entziehen würde. Bei solcher Art des Gichtens von Holz zeigte sich nicht nur eine gute Verkokung dadurch, daß gelegentlich einer Betriebspause beim Ausräumen des abgelöschten Schachtofens Holzkoks noch unmittelbar über den Düsen gefunden wurde, sondern es kommt auch in hohem Maße die günstige auflockernde Wirkung des Holzes zur Geltung. Sobald das Holz, das ursprünglich einen verhältnismäßig großen Raum innerhalb der Beschickungssäule einnahm, verbrennt, sackt die Beschickung willig und schnell nach. Außerdem kann nicht nur der Wind gut und in gleichmäßiger Verteilung die Beschickung durchstreichen, sondern es wird auch die Ausbildung hängender Gichten in ausgezeichneter Weise unterbunden, da das Verschwinden des ursprünglich vom Holze eingenommenen Raumes sehr gleichmäßig vonstatten geht.

Jeder Schachtofen muß mit Anthrazit oder Koks angeblasen werden und erst, nachdem er 1—2 Tage mit diesem Brennstoff tadellos gelaufen ist, kann langsam der „Edelbrennstoff" abgebrochen und durch Holz ersetzt werden, bis schließlich nur noch 25% des ursprünglichen Koks- oder Anthrazitsatzes gegichtet werden und der Rest durch Holz ersetzt ist. Dabei sind zum Ersatz von einem Gewichtsteil Koks nicht, wie aus den Heizwerten unter Umständen ge-

---

[1] Bretherton, S. E.: Use of Wood in Matte Smelting, together with Results of a new Hotblast Stove. Engg. Min. J. Bd. 82. S. 1013, 1906. Vgl. auch A. H. Bromly: The Use of Wood in Smelting. Engg. Min. J. Bd. 82, S. 837, 1906.

Schachtofen-Betriebsbericht: Zusatzbrennstoff: Koks (Alles in Tonnen).

	1. Tag	2. Tag	3. Tag	4. Tag	5. Tag	6. Tag	7. Tag	8. Tag	9. Tag	10. Tag	11. Tag	12. Tag	Zusammen
Erz, Sorte 1	68,200	68,384	126,580	122,910	119,190	96,720	91,140	94,860	91,140	71,300	76,800	74,400	1101,624
Erz, Sorte 2	76,560	76,560	8,352	—	20,880	36,192	34,104	35,496	34,094	48,024	50,112	44,544	464,918
Erz, Sorte 3	34,870	35,870	32,334	32,968	34,870	33,968	31,066	32,334	31,066	30,264	31,066	29,164	389,840
Erzeinsatz, zusammen	179,630	180,814	167,266	155,878	174,940	166,880	156,310	162,690	156,300	149,588	157,978	148,108	1956,382
Schachtofenschlacke	20,861	20,871	—	—	—	—	—	—	—	—	—	—	41,732
Konvertorschlacke	—	—	13,655	19,724	17,448	16,689	17,069	19,344	18,586	17,448	18,596	17,448	217,739
Sinteragglomerat	—	—	—	—	—	—	—	—	—	—	—	—	
Armer Stein	—	—	11,952	10,624	8,632	5,976	2,656	—	—	—	—	—	39,840
Zwischenprodukte, zusammen	20,861	20,871	25,607	30,348	26,080	22,665	19,725	19,344	18,586	17,448	18,596	17,448	299,311
Gesamter Cu-haltiger Einsatz	200,491	201,635	192,873	186,226	201,020	189,545	176,035	182,034	174,886	167,036	176,574	165,556	2213,911
Quarzit	39,120	44,000	39,360	39,120	39,040	41,600	38,880	39,920	39,200	36,800	39,200	36,800	473,040
Koks	5,472	5,664	4,080	4,784	5,020	4,760	5,180	4.240	2,704	3,888	3,792	3,632	53,216
Durchsatz, zusammen	245,083	251,299	236,313	230,130	245,080	235,905	220,095	226,194	216,790	207,724	219,566	205,988	2740,167
Dazu Koks beim Anheizen	700	—	—	—	—	—	—	—	—	—	—	—	—
Koks, bezogen auf Gesamt-beschickung, in %	2,23	2,25	1,73	2,08	2,05	2,02	2,35	1,88	1,25	1,87	1,73	1,76	1,94

Schachtofen-Betriebsbericht: Zusatzbrennstoff: Koks + Holz.

	1. Tag	2. Tag	3. Tag	4. Tag	5. Tag	6. Tag	7. Tag	8. Tag	9. Tag	10. Tag	11. Tag	12. Tag	Zusammen
Erz, Sorte 1	59,303	75,911	74,082	102,960	100,320	100,320	89,334	96,991	75,933	82,319	77,848	22,972	949,293
Erz, Sorte 2	46,646	51,008	47,971	45,802	44,612	44,612	42,350	45,980	54,450	41,745	36,905	10,890	512,971
Erz, Sorte 3	24,940	48,140	46,900	45,240	44,080	44,080	40,600	47,538	43,159	41,830	38,156	11,259	475,922
Erzeinsatz, zusammen	121,889	175,059	168,953	194,002	189,012	189,012	172,284	190,509	173,542	165,894	152,909	45,121	1938,186
Schachtofenschlacke	31,558	38,602	—	—	—	—	—	—	—	—	—	—	70,160
Konvertorschlacke	—	—	41,229	39,702	38,684	38,684	35,630	38,684	36,139	34,612	32,967	9,162	344,593
Sinteragglomerat	17,056	32,922	33,625	31,785	30,769	31,179	29,615	30,780	27,870	26,598	25,321	7,459	324,979
Armer Stein	—	—	10,000	27,600	42,400	38,400	28,000	31,266	34,800	29,600	22,823	5,504	270,393
Zwischenprodukte, zusammen	48,614	71,524	84,854	99,087	111,853	108,263	93,245	100,730	98,809	90,810	80,211	22,125	1010,125
Gesamter Cu-haltiger Einsatz	170,503	246,583	253,807	293,089	300,865	297,275	265,529	291,239	272,351	256,704	233,120	67,246	2948,311
Quarzit	25,212	36,294	37,867	48,061	36,500	35,364	32,410	34,463	31,205	30,112	27,779	8,217	338,484
Koks	5,800	6,450	5,650	4,450	2,700	2,550	2,500	5,800	4,000	4,550	5,100	1,650	51,200
Holz	—	—	—	5,600	14,400	15,100	13,900	10,100	13,600	6,400	—	—	79,100
Durchsatz, zusammen	201,515	289,327	297,324	351,200	354,465	350,289	314,339	341,602	321,156	297,766	266,019	77,113	3462,795
Dazu Koks beim Anheizen	700	—	—	—	—	—	—	—	—	—	—	—	—
Koks, bezogen auf Gesamt-beschickung, in %	—	2,23	1,97	1,26	0,76	0,73	0,79	1,69	1,24	1,52	1,92	2,14	1,48
Holz, bezogen auf Gesamt-beschickung, in %	—	—	—	1,59	4,06	4,02	4,42	2,96	4,27	2,15	—	—	—

schlossen werden könnte, 2—3 Gewichtsteile Holz, sondern die 4—5fache Menge erforderlich (im allgemeinen vierfache Menge). Außerdem verlangt das Arbeiten mit Holz in der Beschickung erhöhte Aufmerksamkeit und peinlichste Überwachung des Ofenganges, also einen sorgfältigen und erfahrenen Gichtmeister, der seinen Ofen genau kennt. Etwas Koks sollte als „Medizin" auf der Gichtbühne stets bereitliegen: denn — so verwunderlich es vielleicht klingen mag — schon mit 5—10 kg Koks als einmaligem Medikament ist selbst bei Gichten von 3—4 t (Erz +Zuschlag) sehr viel zu erreichen, wenn sie im richtigen Augenblick verabfolgt werden. Ein mit Holz arbeitender unmittelbar verhüttender Schachtofen ist nicht ein Instrument, in das — um es einmal roh so auszudrücken — oben die Beschickung hineingeschüttet wird und aus dem unten Schlacke und Stein herauskommen, sondern er will gehegt und gepflegt sein, tut aber in der Hand des geübten Pflegers tadellos seine Schuldigkeit. Das erweisen u. a. die hier wiedergegebenen Betriebsberichte aus der Praxis des Verfassers über kurze Ofenkampagnen mit ein und demselben Ofen, mit nahezu gleichem Erz und mit einerseits lediglich Koks, andererseits Koks und frischem Buchenholz (und 10 % Eiche) als Zusatzbrennstoff. Der Metallgehalt des anfallenden Steines schwankte in beiden Kampagnen zwischen 22 und 25 % Cu.

Während in der ersten nur mit Koks gefahrenen Ofenkampagne die Höhe der Beschickungssäule 2200 mm betrug und die Pressung zwischen 1500 und 1700 mm H_2O schwankte, mußte in der zweiten Ofenkampagne beim Gichten von Holz die Beschickungssäule erhöht werden, nicht nur, um den größeren Raumansprüchen des Holzes gerecht zu werden, sondern auch, weil die Beschickung durch das Holz — wie schon gesagt — aufgelockert wird. Bei nur 2200 mm hoher Beschickungssäule und Holz in der Beschickung fiel die Pressung zunächst auf 1200—1300 mm H_2O, erholte sich nach Erhöhung der Beschickungssäule auf 3100 mm jedoch schnell, bis zu 1600 mm H_2O. Ja, es konnte sogar ohne Gefahr für den Ofengang die Beschickungssäule noch bis auf 3500 mm Höhe gebracht werden, so daß die Pressung auf 1800—1900 mm H_2O stieg und der Durchsatz erhöht wurde, wie es die zweite Kampagne zeigt. Allerdings muß — wenn man mit Holz arbeiten will — in noch größerem Maße als beim Arbeiten mit Koks die eine Grundbedingung erfüllt sein, daß genügend Wind zur Verfügung steht. Tritt nämlich Windmangel ein, so brennt die Schmelzzone sehr schnell hoch, der Stein wird arm und die Gicht wird so heiß, daß es an den Begichtungstüren kaum mehr vor Hitze auszuhalten ist. Solche Veränderung des Ofenganges kann schon innerhalb einer Stunde vom Besten zum Schlechtesten eintreten.

Brennstoffzufuhr durch die Düsen. Veranlaßt durch die Schwierigkeit, den Zusatzbrennstoff sicher durch die Oxydationszone des Ofenschachtes hindurchzubringen, hat man in Japan zur Ausbildung eines anderen Verfahrens gegriffen, um den Brennstoff in die Schmelzzone zu bringen. Während vom gesamten Bedarf der Beschickung an Zusatzbrennstoff nur rund ein Drittel in Gestalt von Koks zusammen mit der Beschickung von oben gegichtet wird, werden die restlichen zwei Drittel in Gestalt von walnußgroßen Steinkohlenstückchen durch die Düsen gefeuert. Zu diesem Zwecke dienen zylindrische Rohre, in denen sich ein Kolben von Hand bewegen läßt. Der Kolben wird zurückgezogen; in das Rohr werden 3—4 kg Steinkohle eingefüllt und diese geladene Kohlen-„Spritze“ wird einem an den Düsen stehenden Manne zugereicht, der den Düsendeckel öffnet, die Spritze einführt und mittels des Kolbens die Kohle in den Ofen drückt. Nach Schließen des Düsendeckels und Zurückreichen der leeren Spritze wird die nächste Düse mit einer vom Zureicher schon bereitgehaltenen neugefüllten Spritze bedient. Ein Kohlenstopfer kann acht Düsen bedienen und drückt je achtstündige Schicht 1135 kg Steinkohle in den Ofen, eine Leistung, die nur bei der außerordentlichen Geschicklichkeit und Gewandtheit der japanischen Arbeiter möglich ist und die dennoch zu einem gewaltigen Verbrauch an Arbeitskräften führt. Man bedenke, daß zum Niederschmelzen von 300 t Beschickung bei 5 % Brennstoff in der Beschickung (der Brennstoffverbrauch ist in Japan relativ hoch) und Feuerung von zwei Drittel dieser Brennstoffmenge durch die Düsen je Ofenschicht allein drei Kohlenstopfer und außerdem die Mannschaft zum Zureichen und zum Füllen der leeren Spritzen erforderlich sind. Wenngleich auch die Löhne bei der Genügsamkeit des japanischen Schmelzers sehr gering sein können, so kommt aber als weiterer Nachteil dieses doch recht primitiven Verfahrens der außerordentlich große Windverlust durch das fortgesetzte Öffnen der verhältnismäßig großen Düsen (Durchmesser = 152,4 mm) hinzu. Der praktische Windbedarf beträgt nämlich das vierfache des theoretischen, und es würde dieses Verhältnis noch viel ungünstiger ausfallen, wenn nicht in Japan mit außerordentlich geringem Durchsatz und infolgedessen auch mit sehr geringen Windpressungen gearbeitet würde. Die Kano-Hütte arbeitet mit nur 360 mm H_2O-, die Ashio-Hütte der Furikawa Mining Co. mit nur 450 mm H_2O-, die Kosaka-Hütte der Fujita Co. mit 500—700 mm H_2O- und die Hidachi-Hütte der Kuhara Co. mit 880 mm H_2O-Pressung. Durch diese niedrige Pressung und den sich daraus ergebenden schneckenhaften Ofengang wird natürlich auch zum Heißerhalten der Schmelzzone verhältnismäßig viel Brennstoff verbraucht. Bemerkt sei noch, daß auf den japanischen Hütten teilweise auch bituminöse Kohlen durch die Düsen verfeuert werden[1]. Eine Übertragung des japanischen von Hand betriebenen Verfahrens der Brennstoffzufuhr durch die Düsen in maschinellen Betrieb stellt das E. N. Goode & M. J. Johns in Mount Morgan (Queensland) erteilte amerikanische Patent Nr. 1480434 vom 8. Januar 1924 auf „Introducing Blast-Furnace Fuel“ dar. Das gleiche, gleichzeitig aber auch einen gewissen Übergang zur Staubfeuerung, ermöglicht das (für Eisenhochöfen durchkonstruierte) deutsche Patent der Vereinigten Hüttenwerke Burbach-Eich-Düdelingen in Luxemburg und der Deutschen Maschinenfabrik A.-G. in Duisburg auf „Verfahren und Vorrichtung zur Einführung von feinkörnigen Brennstoffen und sonstigem Beschickungsgut in die Schmelzzone von Hochöfen“, D.R.P. Nr. 424228 (Kl. 18a, Gr. 3) vom 30. Juni 1925, ausg. 20. Januar 1926.

Einen anderen Weg der Brennstoffzufuhr durch die Düsen ermöglicht die Staubfeuerung, die seit 1918 besonders bei der Tennessee Copper Co. in Copper Hill und bei der International Nickel Co. in Copper Cliff (Ontario) ausgebildet wurde. Sie kommt vornehmlich für die unmittelbare Verhüttung in Frage, bei

---

[1] Vgl. bezüglich der japanischen Hütten u. a. M. Eissler: Copper Smelting in Japan. Transactions Amer. Inst. Ming. Eng. Bd. 51, S. 700—742, 1916. — Ikeda, Kenzo: Pyritic Smelting and Basic Converting at the Kosaka Copper Smelter, Japan. Transactions Amer. Inst. Ming. Eng. Bd. 69, S. 123—136, 1923.

der dem Schachtofen lediglich Zusatzwärme zugeführt werden soll. Für die Verfeuerung von Koks- oder Kohlenstaub müssen die Düsen so gebaut sein, daß drei Rohre ineinander liegen, von denen das mittlere der Zufuhr von Kohlenstaub + Transportluft dient. Da peinlichst darauf geachtet werden muß, daß zum pneumatischen Transport des Kohlenstaubes stets nur so viel Luft verwandt wird, daß das Staub-Luft-Gemisch nicht explosiv wird (maximal 3,1 cbm je 1 kg Staub)[1], muß die zur Verbrennung des Kohlenstaubes noch fehlende Luftmenge durch ein zweites, das mittlere Rohr umhüllendes Rohr zugeführt werden (9,4 cbm/kg Staub Zusatzluft im umhüllenden Rohre). Der außerdem für die Oxydationsreaktion erforderliche und von der Staubverbrennung gänzlich unabhängige Gebläsewind wird durch ein drittes, den Staubbrenner umhüllendes Rohr von großem Querschnitt zugeführt. Verbrennungsluft (im ersten Mantelrohr) und Gebläsewind (im zweiten Mantelrohr) lassen sich nicht miteinander vereinigen, weil die Verbrennungsluft mit einer Pressung von mindestens 1,3 Atm. zugeleitet werden muß, wenn sie zerstäuberartig den Kohlenstaub mitreißen und eine gute Verbrennung gewährleisten soll.

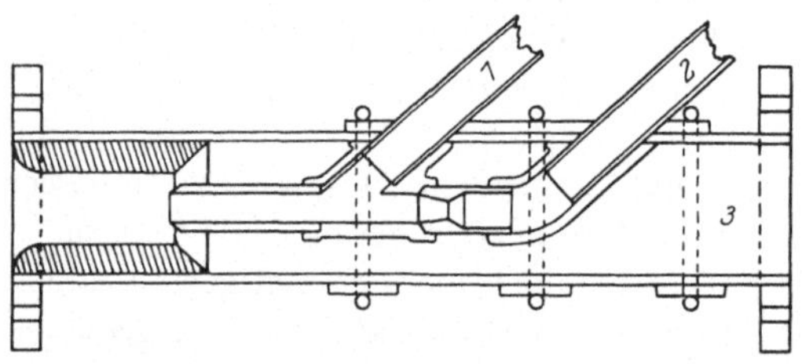

1 = Kohlenstaub + Transportwind für den pneumatischen Staubtransport.
2 = Verbrennungswind zur Verbrennung des Kohlenstaubes.
3 = Oxydationswind für den Ofen.

Abb. 37. Copper-Hill-Düsenstock mit Kohlenstaubbrenner.

Solange man mindestens 50 % des für die Beschickung erforderlichen Gesamtbrennstoffes als Koks mit der Beschickung zusammen von oben gichtet und nur die restliche Brennstoffmenge als Kohlenstaub durch die Düsen feuert, ist der Zug innerhalb der Beschickung hinreichend für die Entwicklung der Staubflamme, und es wird aller Kohlenstaub verbrannt. Sobald man aber mit der durch die Düsen staubförmig zugeführten Brennstoffmenge den Betrag von 50 % des Gesamtbrennstoffes überschreitet, stellen sich Schwierigkeiten ein. Die das Ofeninnere auskleidende Schlackenschicht, die an den Ofenwandungen liegt, verengert sich an den Düsen: die Düsen sind nicht mehr hinreichend offen: unverbrannter Kohlenstaub sammelt sich vor den Düsen im Ofeninnern an und verstopft die Düsen weiter. Die Staubflamme nimmt nicht mehr den Weg durch die Beschickung, sondern sucht sich neue Wege durch alle Fugen des Ofens und durch die Fugen zwischen Düsenstock und Wasserkasten; überall wird Kohlenstaub herausgeblasen, der sich großenteils entzündet. Eine sich so verstopfende Düse verdirbt schnell auch die Nachbardüsen. Ja, es mußten außer den selbstverständlichen Sicherheitsventilen in der Staub-Luft-Gemisch-Zuleitung in Copper Cliff auch in die Zufuhrleitungen für Gebläsewind Sicherheitsventile eingebaut werden, da der Kohlenstaub auch bis weit in die Windleitungen hinein zurückgedrückt wurde, sobald die Düsen sich zusetzten[2].

---

[1] Vgl. u. a. H. M. Payne: Pulverized Coal at the Bunker Hill and Sullivan Smelter. Engg. Min. J. Bd. 114, S. 149, 1922.

[2] Venancourt, G. de: Utilisation du charbon pulvérisé au chauffage des fours à cuivre. Rev. Métall. Bd. 17, S. 2—12, 1920.

Um größere Brennstoffmengen durch die Düsen feuern zu können, wurde daher in Copper Cliff ein neuer Ofentyp für Staubfeuerung ausgebildet, bei dem zwar der Ofenquerschnitt unmittelbar an den Düsen der alte blieb, der Querschnitt dicht über der Düsenebene aber bis auf 1000 mm zusammengezogen wurde, so daß eine Art Verbrennungskammer entstand, durch die die aus der Schmelzzone abfließenden Stein- und Schlackemengen hindurchtropfen, und in der der Staubflamme hinreichend Raum zu freier Flammentwicklung gewährt wird. Die einmal entwickelte Flamme findet dann ohne Schwierigkeit den Weg durch die Beschickung, und es wird tatsächlich aller Staub restlos verbrannt. Dazu kommt noch. daß die Flamme auch über dem im Tiegel angesammelten Schmelzfluß spielt und daselbst die Schlacke heiß erhält.

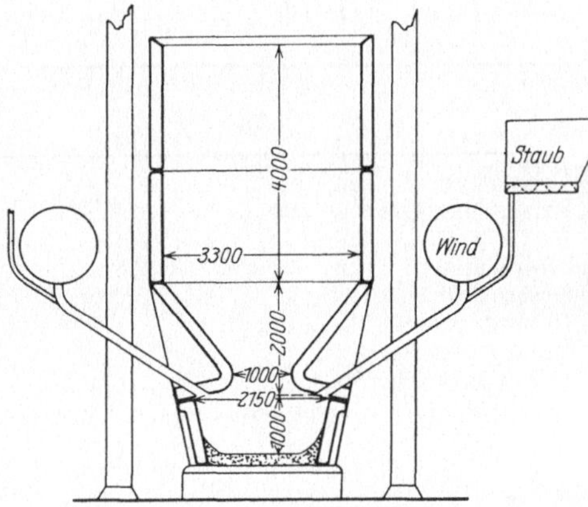

Durch diese Konstruktion wird gute Verbrennung des Staubes gewährleistet. Die Verstopfung der Düsen ist behoben. Die Verbrennungsgase und der Wind verteilen sich gut in der Beschickung; es wird sogar behauptet, daß in einem solchen Ofen auch verhältnismäßig feinkörniges Gut niedergeschmolzen werden kann. Mehrere in Copper Cliff ausgebildete Staubbrennertypen bildet de Venancourt[1] ab.

Abb. 38. Copper-Cliff-Schachtofen für Kohlenstaubfeuerung mit Verbrennungskammer.

Nach Ansicht des Verfassers bleibt noch die grundsätzliche Trennung von Gebläsewind und Kohlenstaubbrenner zu erwägen, die wahrscheinlich manche Vorteile bringen wird, wenn die Kohlenstaubbrenner so angeordnet werden, daß sie in die Verbrennungskammer hinein arbeiten und der Gebläsewind erst oberhalb der Einschnürung des Ofens in eine im besonderen Düsenkranz zugeführt wird.

Was nun die Art der staubförmig verfeuerten Kohle anbetrifft, so berichtet J. P. Channing[2], daß bei Staubfeuerungsversuchen in Copper Hill der Kohlenstaub in unverbranntem Zustande als feinste Staubpartikel in das Gichtgas gelangte, auch in der Staubkammer nicht niedergeschlagen werden konnte, den Gloverturm der Schwefelsäurefabrik gleichfalls passierte und die Kammersäure dunkel färbte, so daß sie unverkäuflich wurde. Da Channing ausdrücklich betont, daß bituminöse Kohle verfeuert wurde, so glaubt der Verfasser, daß es sich hier wohl weniger um feinsten Kohlenstaub als um Teernebel handelt; denn Teernebel passieren mit Leichtigkeit den Glover. Ob die Niederschlagung derartiger Teernebel durch eine elektrostatische Anlage restlos gelingt, bleibt zu probieren. Bestärkt wird Verfasser in der Vermutung von Teernebeln im Gichtgas noch dadurch, daß erstens in den höheren Zonen der Beschickungssäule hinreichend Wasserdampf entwickelt wird, der solche Teernebel gern schützend

---

[1] Vgl. S. 188 Anm. 2.

[2] Channing, J. Parke, in der Diskussion zu Kenzo Ikeda: Pyritic Smelting and basic Converting at the Kosaka Smelter, Japan. Transactions Amer. Inst. Ming. Eng. Bd. 69, S. 123—136, 1923.

einhüllt, und daß zweitens sowohl in Südohio als in Schottland noch heute in großem Maßstabe in Eisenhochöfen an Stelle von Koks bituminöse Steinkohle gefeuert wird (in Südohio von oben gegichtet, in Schottland Düsenfeuerung), wobei in Schottland das als Flotationsöl beliebte „blast-furnace oil" gewonnen wird.

Die wirtschaftlichen Vorteile, die ein gemischtes Arbeiten mit Koks (von oben gegichtet) und Kohlenstaubfeuerung erwarten läßt, lassen sich beurteilen aus Angaben, die der General Manager der Garred-Cavers Corporation[1] über die Ergebnisse in Copper Cliff macht:

Gleich große Öfen, gleiche Beschickung, gleiche Windmenge und -pressung.
Je 6 Betriebstage.

	Ofen Nr. 7. Koks- und Kohlenstaub-feuerung	Ofen Nr. 8, lediglich Koks
Gesamtbeschickung in t	2802	3023
Erz in der Beschickung in t	2802	3023
Koks in t	225	411
Steinkohle in t	192	—
Gesamtbrennstoff in t	417 = 13,8 %	411 = 12,9 %
Gesamt-Brennstoffkosten in $	4869	6370
Brennstoffkosten		
je Tonne Erz in $	1,74	2,11
Staubbereitungskostenanteil	0,07	
	$ 1,81	

Zusammenfassend sei gesagt, daß die Frage der Kohlenstaubfeuerung für Schachtöfen im allgemeinen und für unmittelbar verhüttende Schachtöfen im besonderen zwar noch durchaus nicht restlos gelöst ist, daß sie sich aber auf bestem Wege zur Lösung befindet.

Über Versuche, ähnlich wie bei Staubfeuerung flüssige Brennstoffe durch die Düsen zu feuern, ist bisher wenig bekanntgeworden, und es scheinen solche Versuche auch kaum in nennenswertem Maßstabe angestellt worden zu sein. 1924 begann die rumänische Regierung in einer Versuchsanlage damit, einen Eisenhochofen mit Masut (Rohnaphtha) zu befeuern. Über die dabei gemachten Erfahrungen konnte Verfasser nichts ermitteln.

Auch Gasfeuerung hat noch keine sonderliche Verbreitung gefunden. 1912 wurde Tschernoff und Sendzikowski ein „metallurgischer Gasofen zur Verhüttung schwerschmelzender Erze" patentiert (D.R.P. Nr. 244623, Kl. 40a, Gr.7 vom 29. August 1908, ausg. 14. März 1912), bei dem Generatorgas durch Gasbrenner verfeuert wird und — sofern der Ofen mit reduzierender Atmosphäre arbeiten soll — außerdem ein Teil des Generatorgases gesondert als reduzierende Atmosphäre in den Ofen eingeführt werden kann. Wenngleich bis heute noch nirgends Gasfeuerung in großem Maßstabe Fuß gefaßt hat, so glaubt doch der Verfasser, daß gerade die Gasfeuerung besonders berufen sein wird, den Schachtofenprozeß hinsichtlich der Brennstoffkosten in wirtschaftlicher Beziehung zu heben, und dies ganz besonders bei unmittelbarer Verhüttung. Die Schaffung der für die unmittelbare Verhüttung erforderlichen Zusatzwärme und ihre rich-

---

[1] Wotherspoon, W. L.: Further Tests with Coke and Powdered Coal at Copper Cliff. Engg. Min. J. Bd. 108, S. 585, 1919.

tige Zuleitung in diejenige Stelle des Ofens, wo sie benötigt wird, in die Schmelzzone, läßt sich bei keiner Feuerungsart so gut und sicher regeln und beherrschen wie bei Gasfeuerung. Bei Einführung des Gebläsewindes durch besondere oberhalb der Gasbrenner angebrachte Düsen wird die Wärmeerzeugung von der Oxydationsreaktion völlig unabhängig. Zudem können im Generator auch minderwertige aschenreiche Brennstoffe vergast werden, ohne daß die hüttenmännischen Schlacken irgendwie mit den Brennstoffaschen in Berührung kommen. Es können unter Umständen bei der Erzeugung von Generatorgas auch noch Schmieröle und ähnliche flüssige für den Betrieb wertvolle Kondensate gewonnen werden. Stellt sich Rohnaphtha loco Werk billiger als feste Brennstoffe, so fallen bei seiner Vergasung gleichfalls hochwertige Kondensate an und, der Anfall derartiger Kondensate kann so geregelt werden, daß nicht mehr produziert wird, als zur Deckung des Eigenbedarfs erforderlich ist. Holz eignet sich vorzüglich zur Erzeugung hochwertiger Heizgase, und die sperrigen, Schachtofenraum fressenden Eigenschaften desselben sind ausgeschaltet.

Ein grundsätzlicher Unterschied im Ofengang bei Aufgabe des Brennstoffes von oben einerseits und bei Feuerung durch die Düsen andererseits muß noch gestreift werden. Bei Gichtung des Brennstoffes von oben liegt die Untergrenze der Schmelzzone oberhalb der Düsenebene. Bei Düsenfeuerung hingegen reicht sie tiefer hinab, bis in die Düsenebene hinein. Es ist daher geraten, bei Düsenfeuerung den Abstand zwischen Feuerungsdüsenebene und Ofensumpf bzw. Oberkante des Ofentiegels, größer zu gestalten als bei Gichtung des Brennstoffes von oben. Außerdem werden selbstverständlich bei Düsenfeuerung die Düsen stets hell sein müssen. Bei Brennstoffzufuhr von oben, gemeinsam mit der Beschickung, dürfen indessen bei unmittelbarer Verhüttung die Düsen dunkel sein (bei reduzierendem Schmelzen bekanntlich hell), und sind es auch meist. „Unsere Düsen" — schreibt schon Sticht[1] — „sind stets dunkel, und wir können zu jeder Zeit eine Stange quer durch den Ofen treiben, ohne Feuer zu sehen. Die von dem gewöhnlichen Schachtofenbetriebe stammende Ansicht, daß die Formen leuchten müssen, verleitet bloß zu einer Koksverschwendung und der Beeinträchtigung des pyritischen Prinzips. Die Formen müssen allerdings ebenfalls rein, d. h. offen gehalten werden usw. usw."

Die Windmenge, die für die Verbrennung des Zusatzbrennstoffes, gleichgültig, welcher Art er ist, benötigt wird, läßt sich auf Grund nachfolgender Angaben abschätzen:

Für die Verbrennung sind erforderlich:

Verbrennungsvorgang	Sauerstoff		Luft		Es fallen an:	
	Sauerstoff in kg	Sauerstoff in cbm	Luftbedarf in kg	Luftbedarf in cbm	Verbrennungsprodukte in kg	Verbrennungsprodukte in cbm
1 kg C zu CO_2 . .	2,667	1,865	11,495	8,882	12,495	8,882
1 kg C zu CO . . .	1,333	0,932	5,747	4,441	6,747	5,373
1 kg CO zu CO_2 . .	0,571	0,400	2,463	1,907	3,463	2,307
1 kg H_2 zu H_2O . .	8,000	5,595	34,483	26,690	35,483	32,285

Große Gichten — kleine Gichten. Bei Öfen gleicher Schachtweite und gleichen Abstandes gegenüberliegender Düsen, aber verschiedener Ofenlänge ist bei

[1] Siehe S. 181, Anm. 1.

gleichartigem Ofengang der Durchsatz direkt der Länge des Ofens proportional, d. h. ein Sechsmeterofen setzt doppelt soviel Beschickung durch wie ein Dreimeterofen. Dementsprechend steigt die absolute Größe der einzelnen Gichten, der jeweilig in den Ofen eingesetzten Beschickungsmenge, gewichtsmäßig gleichfalls proportional der Ofenlänge. Es bleibt die Frage nach der zweckmäßigen relativen Größe der Gichten, d. h. der Größe der auf die Einheit des Ofenquerschnittes oder der Düsenebene, also auf z. B. 1 qdm Düsenebene, entfallenden einmaligen Beschickungsmenge zu erörtern. Je kleiner die relativen Gichten, desto gleichmäßiger und ruhiger läuft der Ofen, und darauf kommt es bei unmittelbarer Verhüttung besonders an. Möglichst soll das Gesamtgewicht jeder einzelnen Gichtung 3 kg/qdm Düsenebene nicht überschreiten. Kleine Gichten bringen natürlich erhöhte Kosten des Antransportes der Beschickung von den Lagerplätzen zum Ofen mit sich, und da auch diese Transportkosten niedrig gehalten werden müssen, empfiehlt sich gerade bei unmittelbarer Verhüttung der maschinelle Antransport ganz besonders. (Am geeignetsten erscheint meist eine mit Seilzug betriebene Hängebahn, deren Seil ununterbrochen läuft und an das die Wagen angeklemmt werden.) Durch die Pressungsschwankungen, die bei jedesmaligem Gichten auftreten, läßt sich leicht beurteilen, ob die einzelnen Gichten zu groß sind oder ob sie ohne Bedenken für den Ofengang gesteigert werden können. Die Pressungserhöhung, die unmittelbar nach dem Gichten auftritt, soll möglichst 50 bis allerhöchstens 100 mm Wassersäule niemals übersteigen. Je kleineres Korn gegichtet wird, desto kleiner müssen dementsprechend auch die einzelnen Gichten sein und desto häufiger muß daher gegichtet werden. Steigender Durchsatz berechtigt nicht zur Vergrößerung der Einzelgicht, sondern verlangt nur häufigere Gichten.

Ansätze im Schachtofen. Sobald der Schachtofen angeblasen worden ist und die Schlacke zu laufen begonnen hat, beginnt die erste Bildung von Ansätzen. Die Innenwände des Ofenschachtes überziehen sich mit einer im Mittel 5 cm starken Schlackenschicht, die von außerordentlichem Werte ist. Sie bildet nicht nur eine Schutzschicht für die Wasserkästen, sondern sie isoliert auch in wärmetechnischer Beziehung das Reaktionsgebiet im Ofeninnern gegen die kühlende Wirkung der Wasserkästen und verstopft außerdem oftmals Undichtigkeiten in den Fugen. Die Wasserkühlung der Ofenwände hat ja lediglich den Zweck, das Eisen der Ofenwand vor zu starker Erhitzung und vor zu starker Verminderung seiner Festigkeitseigenschaften zu schützen. Es hat nicht etwa die Aufgabe, der Beschickung Wärme zu entziehen, wie es Baikoff[1] annimmt, der daher für intensivste Kühlung der Wasserkästen im Interesse eines thermisch guten Ofenganges plädiert. Im Gegenteil! Je weniger Wärme durch Kühlung entzogen wird, desto besser für den Prozeß.

Die normalen aus Schlacke bestehenden Wandansätze beginnen meist in den oberen Teilen der Oxydationszone und reichen bis hinab zur Düsenebene. Dicht über den Düsen werden sie schwächer und verschwinden an den Düsen selbst. Eine Schutzschicht aus Schlacke, die die Wasserkastenwand unterhalb der Düsen bedeckt und die fast stets gleichfalls entsteht, stammt aus dem Tiegel

---

[1] Baikoff, A. A.: Fusion pyritique (Pyritic Smelting). Rev. Soc. russe Métall. Bd. 1, S. 174—197, 1925.

des Ofens und besteht aus Schlacke, die aus dem Tiegel bei Beginn des Schmelzbetriebes an den Ofenwänden emporgestiegen ist.

Gelegentlich nimmt nun die Stärke dieser Schlackenschicht weit über das
Normale zu, verengt den Ofenquerschnitt und vermindert dadurch den Durchsatz, erschwert das gleichmäßige Nachsacken der Beschickung, führt unter Umständen zu hängenden Gichten, kurz, stört den Ofengang auf das empfindlichste.
Die Gründe für das Wachsen der Ansätze im Ofeninnern können vielfacher Natur
sein, und es sollen im folgenden die wichtigsten und häufigsten Ursachen derartiger Störungen besprochen werden.

Zu heiße Gicht bringt es oft mit sich, daß die Dissoziationszone der Beschikkungssäule zu klein wird. Die frisch gegichtete Beschickung erreicht zu schnell
eine Temperatur von 900—1000° C und, noch ehe eine hinreichende Entschwefelung durch Dissoziation stattgefunden hat, seigern Sulfide aus, die nach unten
rieseln und dabei auch an den Ofenwänden herunterfließen und die Schlackenschicht verstärken. Sind solche ausseigernden Sulfide erst einmal an der Schlakkenschutzschicht erstarrt oder wenigstens wieder zähe geworden, so sind sie der
Oxydation durch den Gebläsewind so gut wie gänzlich entzogen, da sie außerordentlich dichte Krusten bilden und ihre Oberfläche im Verhältnis zu ihrem
Volumen verschwindend klein wird. Auch leiten sulfidische Ansätze die Wärme
besser als Schlackenansätze. Sie werden daher von den Wasserkästen stärker
gekühlt. Ihrer Entstehung zufolge lagern sie sich schalenblendeartig an die
Ofenwände an. Solche aus ausgeseigerten Sulfiden gebildeten Ansätze sind besonders deshalb sehr unangenehm für den Schmelzbetrieb, weil sie sich nur sehr
schwer bekämpfen lassen. Schmelztechnisch sind sie fast unangreifbar. Der
Gebläsewind streicht glatt an ihnen vorbei und läßt man den Ofen etwas herunterbrennen und gibt Koks an den Rand dieser Ansätze, um sie niederzuschmelzen,
so ist meist der Koks örtlich zu stark angehäuft; unmittelbar an den Ansätzen
wandelt sich die unmittelbare Verhüttung mit oxydierender Atmosphäre in eine
mittelbare mit reduzierender Atmosphäre um, und es kommt leicht zur Bildung
von Eisensäuen, die den Ansatz durchsetzen und nun das Übel erst recht verschlimmern. Dem mechanischen Angriff mit der Brechstange aber setzen solche
Ansätze erstens ihre sehr glatte und kaum Angriffspunkte bietende Oberfläche
und zweitens eine große Zähigkeit (bei ihrem heißen Zustande) entgegen.

Zu wenig Wind im Ofen, zu geringe Windmenge, hat Sinken der Temperatur
in der Schmelz- und Schlackenbildungszone zur Folge. Langsam „kristallisieren"
gewissermaßen an der ursprünglichen Schlackenschutzschicht weiter meist zähe —
weil nicht genügend heiße — Schlackenmassen an, die die Schutzschicht besonders
in der Schmelzzone erheblich verstärken und den Schachtquerschnitt dicht über
der Düsenebene bedenklich verengern. Solche erkalteten oder erkaltenden
Schlackenmassen lassen auch die Schwächung der Schutzschicht, die dicht über
den Düsen vorhanden sein muß, langsam verschwinden und allmählich wachsen
sogar die Düsen zu. An Stelle eifrigen Stochens der Düsen muß mehr und mehr
das Eintreiben schwerer Meißel treten, bis schließlich auch dies nicht mehr fruchtet. Der Ofen ist durch Windmangel zum Tode verurteilt. Er friert ein, da auch
von der Gichtbühne aus die zu tief gelegenen Ansätze mit Brechstangen nicht
zu erreichen sind. Die Beschickung hindert und, wenn man den Ofen stark
niederbrennen läßt, um an die Ansätze heran zu können, federn die dann er

forderlichen langen Brechstangen zu stark; der durch die verengten Düsen gelegentlich und stoßweise hindurchblasende Wind tritt mit so starker Pressung in das Ofeninnere ein, daß er faust- bis kopfgroße weißglühende Stücke der Beschickung hoch emporschleudert, so daß niemand mehr an der geöffneten Begichtungstür arbeiten und in den Ofen hineinsehen kann. Als ultima ratio bleibt nur, den Ofen auszublasen. — Mit Windmangel kann man nicht unmittelbar verhütten.

Zu hohe Windpressung hat zur Folge, daß die abwärts rieselnden Tröpfchen der geschmolzenen Beschickung — seien sie nun Schlacke oder seien sie Stein — immer und immer wieder emporgeschleudert und fein zerstäubt werden, eine Wirkung, die an und für sich der Oxydation nur förderlich ist, die aber leicht in der Schmelzzone dazu führt, daß Schlacken und Steintröpfchen torkretartig gegen die ursprüngliche Schlackenschutzschicht geschleudert werden und diese schalenblendeartig überziehen, wobei in erkaltetem Zustande solche Ansätze auf der Bruchfläche noch deutlich oolithähnliche Körnerstruktur zeigen. Immerhin nutzt bei solchen Ansätzen, sofern sie einigermaßen hoch im Ofen sitzen, die Brechstange, wenn man sie rechtzeitig anwendet und so vorgeht, daß man sie nicht in die Ansätze selbst, sondern in die an der Wasserkastenwand liegende Schlackenschutzschicht eintreibt; denn derartige Ansätze sind im Gegensatz zu ausgeseigerten Sulfiden ziemlich spröde und sind daher leichter niederzubringen.

Zu viel Feinerz in der Beschickung bildet eine schwere Gefahr für den Ofengang, die stets die Bildung bedeutender Wandansätze nach sich zieht. Beim Begichten des Ofens durch seitliche Begichtungstüren stürzt beim Kippen der Transportwagen, in denen sich auf dem Anfahrtwege schon das Feine meist auf dem Boden der Wagenmulde angesammelt hat, stets zuerst das Stückerz in den Ofen, und zwar, je grobstückiger es ist, desto weiter in die Mitte. Das Feine rieselt zuletzt aus der Wagenmulde heraus und fällt, da die Masse des einzelnen Kornes nur sehr gering ist, dicht an der Ofenwand nieder. Bei rollender Bewegung über die schiefe Ebene, die der Begichtungstrichter darstellt, müßten alle Erzteile, gleichgültig, ob sie grob- oder feinkörnig sind, gleich weit nach der Mitte des Ofens zu, gleich weit von der Ofenwand entfernt niederfallen, da ihre Beschleunigung unabhängig von ihrer Masse die gleiche ist. Bei rutschender Bewegung über die schiefe Ebene aber, wie sie um so mehr in Betracht kommt, je feiner das Korn ist, führt die mit abnehmender Korngröße steigende Reibung zu einer Klassierung des Erzes nach dem Korn, und zwar so, daß das feinste am dichtesten an der Ofenwand niederfällt. Da feines Korn schneller seinen Schwefelgehalt durch Dissoziation teilweise abspaltet und sich schneller oxydiert als grobes Korn, ist je Quadratdezimeter Düsenebene und je Zeiteinheit bei feinem Korn eine größere Windmenge erforderlich als bei grobem Korn. Im Ofen aber geht normalerweise schon in der Oxydationszone, über den ganzen Ofenquerschnitt gut verteilt, überall die gleiche Windmenge um. Dazu kommt, daß der Wind in den oberen Teilen der Beschickungssäule immer dazu neigt, besonders an der Ofenwand oder richtiger an der Schlackenschutzschicht durchzublasen. Die Verhüttung geht nahe der Ofenwand mit Bezug auf das dort lagernde feine Korn relativ zu langsam vor sich. Es tritt nicht die genügende örtliche Wärmekonzentration ein und teils seigern Sulfide aus, teils entstehen in tieferen Ofenzonen zähe Massen, aus Schlacke, Stein und noch nicht fertig verarbeiteter

Beschickung zusammengesetzt, die langsam erkalten und schnellwachsende Ansätze bilden. Hat erst einmal die Bildung derartiger Ansätze begonnen, so fällt bei jedem neuen Gichten frisches Feinerz oben auf den Ansatz. Es ist dort der Einwirkung der heißen Abgase des Ofens entzogen und vor jeglichem Angriff des Gebläsewindes vorzüglich geschützt. Auch die schwereren Bestandteile der Flugstäube sammeln sich gern auf derartigen balkonartig in das Ofeninnere hineinragenden Ansätzen, die — wenn sie nicht sofort energisch mit der Brechstange angefaßt werden — schnell den oberen Schachtquerschnitt verengern und leicht zum Hängenbleiben der Gicht führen. Gelegentlich wachsen von solchen Ansätzen aus Nasen in das Ofeninnere hinein, die besonders gefährlich sind, weil die Beschickung sich an ihnen verfängt, nicht mehr nachrutscht und sich im Augenblick Brücken quer durch den Ofen bilden, die den oberen Teil des Ofens in zwei (oder mehr) durch die Brücke voneinander getrennte Ofenschächte zerlegen, während in der Schmelzzone Verbindung zwischen diesen beiden Schächten besteht. Geringe Mengen von Feinerzen, d. h. 5 bis höchstens 10 % des gesamten Erzeinsatzes, lassen sich im allgemeinen ganz gut durchsetzen, wenn auf die Bildung von Ansätzen, die meist zwischen der Beschickungsoberfläche und der Schmelzzone sitzen (meist mehrere Dezimeter über den Düsen schon enden) geachtet wird und sie rechtzeitig und regelmäßig mit Brechstangen zerstört und in die Ofenmitte geworfen werden. Je größer der Gehalt der Beschickung an feinkörnigem Gut (unter Walnußgröße), desto lebhafter wird die Ansatzbildung und desto schwieriger ist sie zu bekämpfen. Verfasser hat einmal versuchsweise den Einsatz an hochwertigem sulfidischen Feinerz langsam aber kontinuierlich gesteigert, um zu ermitteln, bis zu welchen Mengen Feinerz noch durchgesetzt werden konnte. Dabei ergab sich in einem Ofen mit 1100 × 3000 mm Düsenebene bei 350 cbm Wind je Minute und Anfangspressung von 1200 mm H_2O:

Verschlechterung des Ofenganges durch Ansatzbildung infolge Gichtens von Feinerz.

Betriebstage	Feinerz in % des Gesamterzeinsatzes	Tageserzdurchsatz in t			Koks in % der Beschickung	% Cu im Stein
		Stuckerz t	Feinerz t	Zusammen t		
3	5	220,0	11,0	231,0	2,48	26,4
3	10	183,6	20,3	204,0	3,05	22,3
2	15	162,9	28,7	191,6	3,57	17,9
2	20	125,8	31,5	157,3	4,68	11,6
$1/_2$	25	Ofen über Nacht eingefroren.				

Der Ofen zeigte am zehnten Betriebstage bereits mittags sehr gefährliche nasenförmige Ansätze, die gegen Abend eine Brücke bildeten, worauf der Ofen trotz lebhaftester Brechstangenarbeit schnell einfror. Wie stark die Verschlechterung des Ofenganges war, zeigt neben dem Sinken des Durchsatzes am deutlichsten der rapide Abfall des Metallgehaltes im Stein, der sowohl auf Beimengung von ausseigernden Sulfiden als auf Hindurchrieseln von Feinerz bis in den Ofensumpf (bei jedesmaligem Gichten) und auf die unregelmäßigen Windverhältnisse zurückzuführen ist, welche unvermeidlich sind, wenn zur Bekämpfung der Ansätze mit der Brechstange der Ofen etwas herunterbrennen muß und wenn ein gestürzter Teil der Ansätze lange Zeit im Ofeninnern liegt, bis er wegschmilzt, wobei der Wind heftig durchbläst.

Handelt es sich in der Praxis darum, vorübergehend einmal größere Mengen von Feinerzen durch den Schachtofen mit durchzusetzen, so kann man sich — aber auch dieses nur vorübergehend — dadurch helfen, daß man „Hitzegichten" (leichte Stückerzbeschickung mit erhöhtem Brennstoffsatz) einlegt; ein Verfahren, das der Verfasser gelegentlich angewendet hat und das zur Zeit auch in Allahwerdi geübt wird. Anisimoff[1] berichtet aus Allahwerdi (Transkaukasus) folgende Beschickungsart:

	Erze von Allahwerdi	Erze von Schamlug	Alte Schachtofenschlacken	Kalkstein
Cu	5,00 %	5,70 %	2,60 %	CaO . . . . . 43,64 %
Fe	23,80 %	23,59 %	44,70 %	$Fe_2O_3 + Al_2O_3$ 4,60 %
S	27,25 %	27,75 %	2,80 %	CO_2 . . . . . 38,48 %
Zn	2,03 %	4,75 %	—	SiO_2 . . . . . 6,04 %
Pb	—	0,45 %	—	
CaO	1,84 %	1,94 %	3,70 %	
Al_2O_3	9,86 %	10,41 %	—	
SiO_2	31,54 %	26,90 %	26,50 %	

Täglicher Durchsatz:

46 normale Gichten mit zusammen:		und 2 mal 3 aufeinanderfolgende „Hitzegichten" mit:	
Schamlug-Erz	28,8 t	Sortiertes grobstückiges Schamlug-Erz	574 kg
Allahwerdi-Erz	2,2 t	Kalkstein	164 kg
Erzklein beider Erze	27,3 t	Konvertorschlacke	410 kg
Kalkstein	18,0 t	Retourstein	410 kg
Konvertorschlacke	13,5 t		1558 kg
Alte Schachtofenschlacke . . .	7,4 t	Koks	164 kg
Ofenbruch, Krätzen usw. . . .	7,4 t		
Retourstein	13,5 t		
	118,1 t		
Koks	6,9 t		

<table>
<tr><td>Schlackendurchschnitt:</td><td></td><td>Steindurchschnitt:</td><td></td></tr>
<tr><td>SiO_2 . . . .</td><td>38—40 %</td><td>Cu . . . . .</td><td>26,5 %</td></tr>
<tr><td>FeO . . . .</td><td>36,37 %</td><td>Fe . . . . .</td><td>32,17 %</td></tr>
<tr><td>CaO . . . .</td><td>8,25 %</td><td>S . . . . .</td><td>24,76 %</td></tr>
<tr><td>Al_2O_3 . . . .</td><td>10,47 %</td><td>Zn . . . . .</td><td>3,40 %</td></tr>
<tr><td>Zn . . . . .</td><td>4,12 %</td><td>CaO . . . .</td><td>2,47 %</td></tr>
<tr><td>S . . . . .</td><td>0,46 %</td><td>SiO_2 . . . .</td><td>1,14 %</td></tr>
</table>

Der normale Einsatz leidet, wie sich aus vorstehendem ergibt, unter zu hohem Al_2O_3-Gehalt und unter zu großen Mengen beigemengten Feinerzes. Die Zusammensetzung der „Hitzegichten" jedoch ergibt schon auf den ersten Blick, daß sie große Hitze entwickeln und leichtschmelzig sein muß. Infolge der starken Beteiligung von Konvertorschlacke und Stein muß dieser Satz gut korrodierend auf Ansätze, auf „tote Männer" und auf einfrierende Massen wirken. Die Hitzegichten „reißen" gut.

Wenngleich man sich auch einmal für ein paar Wochen — und, wenn es sein muß — auch für ein paar Monate auf diese Weise helfen kann, so erscheint dem

---

[1] Anisimoff, S. M.: Die Kupferhütte Allahwerdi. Mineralnoje Syrjo Jg. 3, S. 277. Moskau 1928.

Verfasser nach seinen Erfahrungen dieser Weg für Dauerbetrieb ungeeignet, da viel zu viel Unruhe in den Ofengang gebracht wird durch den Wechsel des Einsatzes und durch das erforderliche Herunterbrennenlassen der Beschickung vor dem Einsatz der „Hitzegicht", wie es auch in Allahwerdi geübt wird.

Zink in der Beschickung ist im vorstehenden schon mehrfach als unliebsamer Gast im Schachtofenprozeß bekanntgeworden. Nur ein Teil des in den Ofen eingesetzten Zinksulfides wird oxydiert, und zwar primär vornehmlich zu Sulfat, nur in sehr geringer Menge zu Oxyd. Das thermisch bei 700—750° C zerfallende Zinksulfat bildet bei Gegenwart von Sauerstoff um 700—800° C Oxysulfid 4ZnS · ZnO (natürlich als „Voltzit" bekannt). Während reines Zinkoxyd erst ab 1300° C Spuren von Verdampfung zeigt, ist das Oxysulfid verhältnismäßig leicht flüchtig und wird vom Gebläsewinde dampfförmig emporgeführt. In den

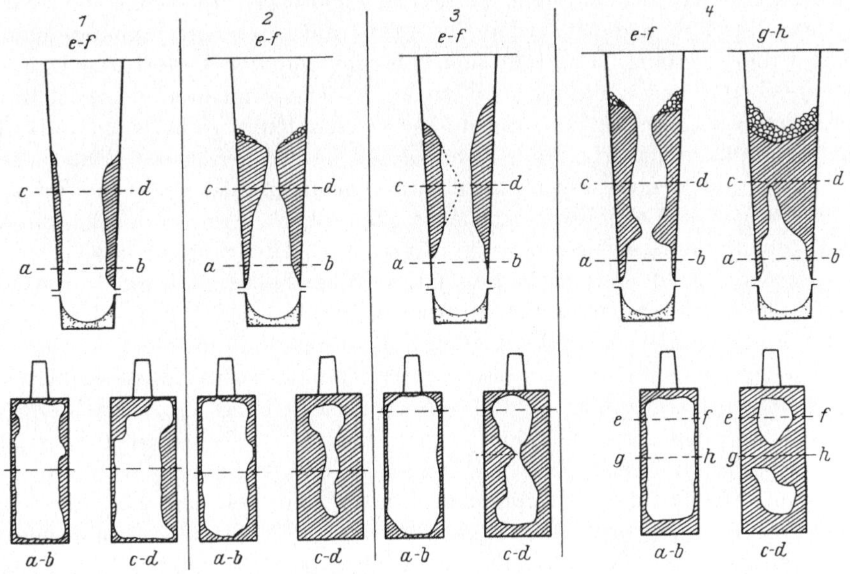

1 = normale Schlackenschutzschicht im Ofen, Ansätze, die den Ofengang in keiner Weise stören.
2 = hochgelegene Ansätze, hervorgerufen durch Gichten eines zu hohen Prozentsatzes an Feinerz in der Beschickung.
3 = torkretartig an die Ofenwandung gespritzte Ansätze aus emporgeschleudertem Schmelzgut.
4 = Zuwachsen eines Ofens infolge zu hohen Feinerzgehaltes in der Beschickung. Ausbildung von Brücken und Schloten oder Pfeifen.

Abb. 39. Verschiedene Fälle von Ansatzbildung im Schachtofen.

kälteren Teilen der Beschickung kondensiert es sich dann wieder. So entsteht der in Schachtöfen mit zinkischer Beschickung in der Ofenhaube stets anzutreffende zinkische Ofenbruch, der sich aber nicht nur an der Haube, sondern — je höher die Beschickungssäule und je kälter die Gicht, um so mehr — auch schon an den oberen Teilen der Schachtofenwandung sowie innerhalb der Beschickung niederschlägt und den Ofen langsam durch Ansätze zuwachsen läßt, die auf ihrer Oberfläche blumenkohlartig aussehen, innerlich indessen außerordentlich fest und hart, aber nicht spröde sind. Gelingt es, derartige Ansätze stückweise von den Begichtungstüren aus mit der Brechstange zu zertrümmern, so hat es keinen Zweck, sie im Ofeninnern zu belassen, da sie zwar allmählich in heißere Ofenzonen hinabsinken würden, aber die Geschichte der Bildung zinkischer Ansätze nur von vorn beginnen würde. Derartige zinkische Ansätze müssen, sofern ihre Zertrümmerung und Loslösung überhaupt gelingt, möglichst nach oben aus dem Ofen herausgezogen werden, um später auf anderem Wege zugute gemacht zu werden[1].

Von besonderem Interesse muß an dieser Stelle eine Diskussionsmitteilung von Olden[2] sein, der zufolge G. T. Holloway nahezu fünf Jahre lang in einem kleinen halbpyritisch arbeitenden Schachtofen sowie in einem kleinen Bleischachtofen, der schwerschmelzige Bleizinkerze durchsetzte (in Wales), mit gutem Erfolge Petroleum durch die Düsen einblies, so daß seine Schachtöfen niemals zugewachsen oder eingefroren sind. (Bericht in Petroleum Review 1901.)

Lange Ofenkampagnen — kurze Ofenkampagnen. Beim reduzierenden Schmelzen läuft ein Schachtofen, wenn er angeblasen ist und keine sonderlichen Störungen durch Schadhaftwerden des Ofens auftreten, oft monatelang ohne jegliche Unterbrechung. Das läßt sich bei unmittelbarer Verhüttung wohl niemals erreichen. Ansatzbildung und sonstige Schwierigkeiten im Verlauf des Schmelzprozesses, wie sie bei unmittelbarer Verhüttung recht leicht auftreten, kennt der reduzierend arbeitende Schachtofen in viel geringerem Maße als der oxydierend schmelzende. Bei unmittelbarer Verhüttung ist eine Ofenkampagne von 40 oder gar 50 Betriebstagen, wie sie gelegentlich erreicht werden, ein sehr gutes Ergebnis: denn, so viel und so genau auch der Ofengang überwacht werden mag, läßt sich das Ofeninnere doch nicht so sauber halten, daß nicht allmählich nach 25—30 Betriebstagen soviel Ansätze dicht über den Düsen oder sonstige den Durchsatz mindernde und oft auch den Stein verdünnende Umstände zusammengekommen sind, daß es besser ist, den Ofen auszublasen, zu säubern und dann sofort wieder anzublasen. Bei Benutzung von Koks als Zusatzbrennstoff lassen sich im allgemeinen Ofenkampagnen von 25—30 Betriebstagen erzielen, sofern die verschmolzenen Erze zinkfrei sind. Bei Benutzung von Holz, gemeinsam mit Koks, als Zusatzbrennstoff muß man sich mit kürzeren Kampagnen von 10—12 Tagen begnügen. Dem an reduzierendes Schmelzen gewöhnten Hüttenmanne will es meist zunächst gar nicht recht gefallen, seinen Ofen nach 25 oder noch weniger Tagen schon wieder ausblasen zu sollen. Es handelt sich aber um nichts anderes als eine einfache Rechenaufgabe. Der Koks- oder sonstige Brennstoffzusatz darf nicht über ein gewisses Maß gesteigert werden, weil sonst unmittelbare Verhüttung verlassen und zu reduzierender Arbeit übergegangen wird und zunächst sogar ein ganz unmögliches Zwischending entsteht (für unmittelbare Verhüttung zuviel und für mittelbare zuwenig Brennstoff), was gewöhnlich allein schon den Ofen zum Stehen bringt. Der Metallgehalt des Steines wird andererseits immer ärmer und der Durchsatz wird immer schlechter. Berechnet man die täglichen Schmelzkosten so, daß man sie auf Kilogramm Metall in Gestalt von Stein bezieht, so zeigt sich ein rapider Anstieg der Produktionskosten, und es ist unschwer, festzustellen, daß es stets billiger wird, den Ofen auszublasen, zu säubern und frisch wieder anzu-

---

[1] Bezügl. der Bildung von Ansätzen im Schachtofen vgl. auch A. J. Bone: Some Essentials in Pyritic Smelting. Engg. Min. J. Bd. 113, S. 247—249, 1922.

[2] Ch. Olden auf S. 289 der Diskussion R. C. Alabaster and F. H. Wintle, Pyritic Smelting. Transaction Inst. Mining Metallurgy, London Bd. 15, S. 269—298, 1905/06.

blasen, als mit einem kranken Ofen immer weiter und weiter hinzuwürgen, bis
er eines Tages von selbst verendet.

Die Betriebsunterbrechung, die dadurch eintritt, daß der Ofen gesäubert wird,
und vor welcher der an reduzierendes Schmelzen gewöhnte Hüttenmann zunächst meist zurückschreckt, kann sehr kurz gestaltet werden. Als Beispiel diene
die Art, wie der Verfasser oft gearbeitet hat:

 8.00 Uhr: Ofensumpf aufgestochen und weiter geblasen, solange noch etwas aus dem
           Sumpf abfließt und bis der Wind stark aus dem Stich herausbläst.
 8.25 Uhr: Wind abgestellt, Düsendeckel sämtlich geöffnet und die Stichwasserkästen
           herausgenommen. (Sind mehrere Stichwasserkästen vorhanden, so soll man alle
           herausnehmen.)
 9.00 Uhr: Langsam mit Ablöschen des Ofens begonnen, langsamer Wassereinfluß von der
           Gicht aus.
 9.30 Uhr: Stark abgelöscht (bei einem 3-m-Ofen mit drei Schläuchen von je 50 mm Durch-
           messer), so daß das Wasser reichlich unten aus dem Ofen ausfließt.
10.00 Uhr: Die unteren Wasserkästen an beiden Schmalseiten losgenommen, was schon
           vorher vorbereitet wurde durch Lösen und Gangbarmachen aller Schrauben-
           muttern.
10.20 Uhr: Mit Ausbrechen der abgeschreckten und daher sehr gut brüchigen alten Be-
           schickung begonnen. Akkord durch Zusicherung einer Prämie für jede halbe
           Stunde früherer Beendigung des Ausbrechens. Für die Arbeiter, die ausbrechen,
           Holzpantinen, da die alte Beschickung noch heiß. Es ist trotz des Akkordes
           gute Aufsicht notwendig, da Arbeiter zu Unvorsichtigkeiten neigen und sich
           oftmals große zusammenhängende Blöcke im Ofeninnern lösen, die heraus-
           stürzen und Leute treffen können.
14.30 Uhr: Ausbrechen beendet und mit Neuausstampfen des Ofensumpfes begonnen. (Be-
           legschaft hierfür gewechselt, da alte Belegschaft erschöpft.)
15.00 Uhr: Untere Wasserkästen an den beiden Schmalseiten wieder eingesetzt. Inzwischen
           haben andere Arbeiter die Düsenstöcke gesäubert und die Dichtungen geprüft
           bzw. repariert.
15.30 Uhr: Ausstampfen des Ofens beendet. Trockenfeuer (bei geöffneten Düsendeckeln.
           Während des Trocknens werden die Wasserkästen, die solange unter Druck
           blieben, um Undichtigkeiten erkennen zu können, ausgeschlammt.
 2.30 Uhr: Trockenfeuer nicht weiter geschürt, sondern niederbrennen lassen.
 3.30 Uhr: Heiße Asche des Trockenfeuers durch die Stiche mit Krücken herausgezogen.
           Eine Leiter durch die Begichtungstür in den Ofen gestellt, so daß ein Mann in
           den Ofen steigen kann, um alle Fugen nochmals nachzudichten. Dabei mit
           einem Gebläse bei geschlossenen Düsendeckeln (nur nach und nach schließen
           und stete Bewachung des Mannes im Ofen von der Gichttür aus!) langsam etwas
           Wind geblasen, um das Ofeninnere zu kühlen, damit der Mann im Ofen arbeiten
           kann.
 4.30 Uhr: Ofen fertig zum Anblasen. Holzfeuer angezündet.
 5.30 Uhr: 700 kg Koks gegichtet und langsam Wind gegeben.
 6.15 Uhr: Erster Satz von alter Schachtofenschlacke.
 6.40 Uhr: Schlacke läuft.
 8.00 Uhr: Stein = 24,6 % Metall.

Vom letzten mit 17,3 % Metall gelaufenen Stein bis zu neuen mit 24,6 % Metall laufenden
Stein

$$\text{Betriebsunterbrechung} = 24 \text{ Std.}$$

Es ist meist nicht schwer, dafür zu sorgen, daß die den Stein weiter verarbeitenden Einheiten (Konvertoren usw.) wegen der Unterbrechung des Schachtofenbetriebes nicht selbst eine Betriebsstörung zu erleiden brauchen. In gewissem
Maße sorgt sogar der Schachtofen selbst dafür; denn der letzte vor der Betriebsunterbrechung geflossene Stein ist meist so metallarm, daß die Konvertoren eo ipso

länger mit seiner Weiterverarbeitung zu tun haben. Sollte dies aus irgendwelchen Gründen nicht der Fall sein und auch kein Steinvorrat für den Konvertor im Vorherd vorhanden sein, so macht es auch keine Schwierigkeiten, die Konvertorschnauze für 24 Std. zuzumauern und den Konvertor so lange still stehen zu lassen, was natürlich insofern ein Nachteil ist, als die Konvertorbelegschaft so lange brach liegt.

Sobald der Ofen erhebliche Schwierigkeiten macht, ist es daher stets geraten und für die gesamten Schmelzkosten billiger, den Ofen auszublasen, schnell zu säubern, zu überholen und dann wieder anzuhängen, als mit schlechtem Ofengang weiterzuarbeiten und zu versuchen, ob sich nicht der Ofengang doch irgendwie verbessern läßt. Das letztere kostet, genau besehen, sehr viel Geld und führt doch nicht zum erstrebten Ziele. Auch um den Vorherd zu schonen, der vor dem Herunterblasen des Ofens mit Stein gefüllt sein soll, ist schnelles Ausbrechen und Wiederanhängen erforderlich.

In der großen Hütte der Granby Consol. Mining, Smelting and Power Co. zu Anyox (Brit. Columbia), in der mit vier großen Öfen von normalem Tagesdurchsatz = je 725 t unmittelbar verhüttet wurde, ist man auf Grund der gleichen Erkenntnisse dazu übergegangen, einen Ofen, wenn er statt 725 t nur noch 600 t je Tag durchsetzt, herunterzublasen, um ihn in 24 Std. wieder anzublasen, wobei man Ofenreisen von nur 10 Tagen in Kauf nimmt[1].

Die Wärmewirtschaft im Schachtofen. Von ausschlaggebender Bedeutung für die Durchführung der unmittelbaren Verhüttungsprozesse ist die Wärmewirtschaft. Es ist nicht nur erforderlich, daß die Oxydationsvorgänge sowie die Schlackenbildung die für die Schmelzung und Verschlackung erforderlichen Wärmemengen überhaupt liefern, sondern es müssen diese Wärmemengen auch in so kurzer Zeit in Freiheit gesetzt werden, daß es gelingt, sie örtlich zusammenzuhalten. Wenn ein Pyrit langsam totgeröstet wird, so werden keine geringeren Wärmemengen erzeugt, als wenn er im Schachtofen unmittelbar niedergeschmolzen wird. Nur ist in ersterem Falle die Wärmekonzentration, d. h. die zur Verfügung stehende Wärmemenge je Zeiteinheit unvergleichlich viel kleiner als im letzteren. Es geht daher auch viel mehr Wärme durch Abstrahlung, durch Leitung der Röstofenwände usw. verloren, selbst wenn die zur Totröstung aufgewandte Windmenge nicht größer wäre als die zur Schmelzung erforderliche.

Wärmebringer ist bei den unmittelbaren Verhüttungsprozessen in erster Linie die Oxydation der Mengen an Schwefel, Arsen usw., die in Gestalt von Erzen, Konzentraten, Agglomeraten usw. in die Oxydationszone des Schachtofens gelangen. Erhebliche Wärmemengen bringt die Oxydation des Eisens zu FeO, und je mehr Eisen oxydiert wird, je metallreicherer Stein also erschmolzen wird, um so größer wird die Debetseite der Wärmebilanz. Auch die Schlackenbildung geht exotherm vor sich, begünstigt also den Prozeß.

Wärmeverzehrer sind die Dissoziation von hochgeschwefelten Sulfiden, von schwefelreichen Sulfarseniden oder Sulfantimoniden, die Dissoziation von Karbonaten, die der Beschickung beigemengt sind, und schließlich die Feuchtigkeit der Beschickung.

---

[1] Vgl. L. R. Clapp: Making Copper 600 Miles north of Vancouver. Engg. Min. J. Bd. 116, S. 1067—1075, 1923.

Wärmeentführer sind die anfallenden und in flüssigem Zustande den Ofen verlassenden Steine und Schlacken, die heißen Gichtgase, die Abstrahlung und schließlich — bei Wassermantelöfen — das Kühlwasser der Wasserkästen.

Wird die Kreditseite der Wärmebilanz größer als die Debetseite, so entsteht ein Debetsaldo, das durch Verbrennung von Zusatzbrennstoff abgeglichen werden muß.

Die einzelnen in der Wärmebilanz auf Debetseite zu verbuchenden Posten lassen sich rechnerisch recht gut erfassen, da die Oxydationswärmen der einzelnen Oxydationsprozesse ziemlich sicher festliegen (vgl. S. 3). Auch die bei der Schlackenbildung frei werdenden Wärmemengen sind schon für eine ganze Reihe von Schlacken bestimmt worden (vgl. Anhang Nr. 4). Die mittlere spez. Wärme der Beschickung kann für Tagestemperatur im allgemeinen mit 0,250 eingesetzt werden. Die spez. Wärme des Gebläsewindes beträgt bei Tagestemperatur 0,303.

Anders steht es mit den auf Kreditseite zu verbuchenden Beträgen. Die bislang vorliegenden Bestimmungen der Dissoziationswärmen hochgeschwefelter Sulfide, hochwertiger Arsenide usw. sind noch recht unsicher, und systematische Untersuchungen in dieser Richtung, an denen auch alle Schwefelsäure fabrizierenden Betriebe (auch Papierfabriken!) Interesse haben müßten, sind dringend erforderlich. Die spez. Wärme der Schlacken ist mehrfach bestimmt worden (vgl. Anhang Nr. 4), desgleichen die spez. Wärme der Steine. Außerdem ist es kein Schweres, diese Werte erforderlichenfalls im Betriebslaboratorium für die anfallenden Schlacken und Steine zu ermitteln. Die den Gichtgasen innewohnenden Wärmemengen lassen sich rechnerisch bestimmen, sobald eine Gasanalyse (einschließlich Staubbestimmung und Staubanalyse) vorliegt; sie lassen sich daneben auch kalorimetrisch kontrollieren. Schlecht bestellt ist es indessen mit unserem Wissen über die Wärmeverluste durch Abstrahlung und Ableitung. Bei Wassermantelöfen kann die Wärmemenge, die vom Kühlwasser abgeführt wird, roh ermittelt werden durch Bestimmung des Durchlaufes durch die Wasserkästen in Kilogramm je Wasserkasten und Zeiteinheit bei gleichzeitiger Bestimmung der Eintritts- und der Austrittstemperatur, wie es z. B. R. P. Roberts[1] durchführte bei seinen Untersuchungen über den thermischen Effekt der einzelnen Wasserkästen je nach ihrer Stellung in der Ofenwand.

Versuch einer Schachtofen-Wärmebilanz bei unmittelbarer Verhüttung[2].

Analyse des zu verhüttenden Erzes:		Aus der Analyse und dem mineralogischen Charakter des Erzes errechnet sich seine mineralische Zusammensetzung:	
Cu	= 2,55 %	Magnetkies . . .	33,5 %
Fe	= 26,80 %	Kupferkies . . .	7,4 %
S	= 17,27 %	Zinkblende . . .	4,4 %
Zn	= 2,93 %	Kalkspat	10,4 %
CaO	= 8,11 %	Aktinolit	17,1 %
MgO . . .	= 3,83 %	Biotit	12,2 %
Al$_2$O$_3$ . . .	= 3,39 %	Quarz	14,1 %
SiO$_2$	= 28,38 %	Unbestimmt . . .	0,9 %
O, CO$_2$ . . .	= 6,74 %		
	100,00 %		100,0 %

---

[1] Roberts, Robert P.: Thermal Effect of Blast-Furnace Jackets, Transactions. Amer. Inst. Ming. Eng. Bd. 46, S. 445—468, 1914.

[2] In Anlehnung an ein Beispiel in Hofman-Hayward: Metallurgy of Copper. 2. Aufl., S. 156—159. New York 1924.

<table>
<tr><td colspan="2">Analyse des zur Verfügung
stehenden Koks:</td><td colspan="2">Die Luft möge enthalten:</td></tr>
<tr><td>C . . . . .</td><td>= 83,9 %</td><td colspan="2" rowspan="2">1,65 Vol.-% Wasserdampf.</td></tr>
<tr><td>Fe . . . .</td><td>= 2,3 %</td></tr>
<tr><td>Al_2O_3 . . .</td><td>= 3,6 %</td></tr>
<tr><td>SiO_2 . . . .</td><td>= 8,4 %</td></tr>
<tr><td>S . . . . .</td><td>= 1,6 %</td></tr>
<tr><td>Unbestimmt</td><td>= 0,2 %</td></tr>
<tr><td></td><td>100,0 %</td></tr>
</table>

Aus der chemischen Zusammensetzung des Erzes und seinem mineralogischen Charakter ergibt sich, daß es ohne irgendwelchen Zuschlag verschmolzen werden kann unter Bildung einer Schlacke, die ein Gemisch aus Eisenoxydul-Singulosilikat und Kalzium-Bisilikat darstellt und die vorhandenen Mengen an Mg und Al leicht aufnehmen kann.

Die Feuchtigkeit der Erzcharge beträgt $1\,^0/_0$ H_2O.

Zusammensetzung der anfallenden Schlacke:		Zusammensetzung des anfallenden Steines:	
SiO_2 . . . . =	40,30 %	Cu . . . . =	16,00 %
FeO . . . . =	34,00 %	Fe . . . . =	49,80 %
CaO . . . . =	11,36 %	S . . . . =	24,90 %
MgO . . . =	5,35 %	SiO_2 . . . . =	0,80 %
Al_2O_3 . . . =	4,99 %	CaO . . . . =	0,30 %
Zn . . . . =	1,83 %	Unlöslich . =	2,10 %
S . . . . . =	0,91 %	Unbestimmt =	6,10 %
Unbestimmt =	1,26 %		100,00 %
	100,00 %		

Um möglichst viel Zink aus der Beschickung nach oben auszutreiben, wird mit heißer Gicht gearbeitet. Abgastemperatur = 600° C.

Gasanalyse des entstaubten Gichtgases:

SO_2 . . . . =	5,4 %	(Vol.-%)
CO_2 . . . . =	6,3 %	
O_2 . . . . . =	8,0 %	
N_2 . . . . . =	80,3 %	
	100,0 %	

Bei der unmittelbaren Verhüttung des vorliegenden Erzes werden erfahrungsgemäß als Zusatzbrennstoff $5\,^0/_0$ Koks, bezogen auf die eingesetzte Roherzmenge, benötigt.

Die Stoffbilanz und die daraus sich ergebende Wärmebilanz im Schachtofen werden aufgestellt für 1000 kg Erz.

Bei Verhüttung von 1000 kg Erz unter Erschmelzung eines 16proz. Steines und einer Schlacke von der vorstehend gegebenen Zusammensetzung fallen an

Abgas	1577 cbm (red. auf 0° C u. 760 mm Hg)
Stein	148,5 kg
Schlacke . . .	714,5 kg

Errechnung des Windbedarfes.

1. Oxydation von Fe zu FeO.

335 kg Magnetkies	202,0 kg Fe
Davon für Steinbildung ab . .	57,1 kg Fe
In die Schlacke gelangen . . .	144,9 kg Fe
50 kg Koks	1,1 kg Fe
Zu oxydieren	146,0 kg Fe
	Sauerstoffbedarf . . . . . 41,7 kg O_2

2. Oxydation von S zu SO_2.

335 kg Magnetkies	133,0 kg S
44 kg Zinkblende	14,5 kg S
50 kg Koks	0,8 kg S
	148,3 kg S 148,3 kg S
Für Steinbildung	14,0 kg S
Als ZnS in der Schlacke . . .	6,5 kg S
	20,5 kg S 20,5 kg S
	Zu oxydieren 127,8 kg S
	Sauerstoffbedarf . . . . . 127,8 kg O_2

3. Oxydation von C zu CO_2.

Da große Mengen überschüssigen Sauerstoffes vorhanden sind, wird alles vielleicht vorübergehend gebildete CO zu CO_2 verbrannt.

50 kg Koks	42,0 kg C
	Sauerstoffbedarf . . . . . 112,0 kg O_2

4. Oxydation von Zn zu ZnO

44 kg Zinkblende	29,5 kg Zn 29,5 kg Zn
Im Stein	3,4 kg Zn
In der Schlacke	13,1 kg Zn
	16,5 kg Zn 16,5 kg Zn
	Zu oxydieren 13,0 kg Zn
	Sauerstoffbedarf . . . . . 3,2 kg O_2
	Gesamt-Sauerstoffbedarf . 284,7 kg O_2

Einem Gesamt-Sauerstoffbedarf von 284,7 kg O_2, der sich verteilt auf

Bildung von CO_2 und SO_2 = 239,8 kg = 167,81 cbm und
Bildung von FeO und ZnO = 44,9 kg = 31,42 cbm

284,7 kg = 199,23 cbm . . . . 199,23 cbm

entsprechen an Stickstoff . . . . 756,40 cbm

Theoretischer Windbedarf 955,63 cbm

Bei der Oxydation liefern

127,8 kg S + 127,8 kg O_2 = 255,6 kg SO_2 . . . . 88,7 cbm SO_2
42,0 kg C + 112,0 kg O_2 = 154,0 kg CO_2
104,0 kg Kalk geben ab = 45,8 kg CO_2

199,8 kg CO_2 . . . . 101,0 cbm CO_2

SO_2 + CO_2 = 189,7 cbm Gas

Dazu kommt der gesamte Stickstoff mit . . . . 756,4 cbm N_2

946,1 cbm Gas

Da das Abgas gemäß Gasanalyse 8,0 % O_2 überschüssig führt, befinden sich im Abgase 40,0 Vol.-% Luftüberschuß . . . . . . = 630,9 cbm Luft

wodurch die Abgasmenge steigt auf . . . . 1577,0 cbm Gas

Der praktische Windbedarf ergibt sich aus

$$\begin{aligned} &\text{Theoretischer Windbedarf} &=\ &955{,}63\ \text{cbm}\\ &+\ \text{Windüberschuß}\quad \ldots &=\ &630{,}90\ \text{cbm}\\ \hline &\text{Praktischer Windbedarf}\ . &=\ &1586{,}53\ \text{cbm (bei } 0^{0}\,\text{C und } 760\ \text{mm Hg)} \end{aligned}$$

Stoffbilanz des Schachtofens für 1000 kg Erz.

	Debet				Kredit		
	Gewicht in kg	Zusammen-setzung	%	Gewicht in kg	Stein kg	Schlacke kg	Abgas kg
1. Erz.							
Kupferkies	74,0	Cu	34,6	25,6	25,6	—	—
		Fe	30,5	22,6	22,6	—	—
		S	34,9	25,8	25,8	—	—
Magnetkies	335,0	Fe	60,4	202,0	57,1	144,9	—
		S	39,6	133,0	12,3	—	120,7
Zinkblende.	44,0	Zn	67,0	29,5	3,4	13,1	13,0
		S	33,0	14,5	1,7	6,5	6,3
Biotit	122,0	Al_2O_3	27,8	33,9	—	33,9	—
		SiO_2	39,4	48,1	—	48,1	—
		FeO	32,8	40,0	—	40,0	—
Aktinolit	171,0	CaO	13,4	22,9	—	22,9	—
		MgO	22,4	38,2	—	38,2	—
		FeO	9,0	15,4	—	15,4	—
		SiO_2	55,2	94,5	—	94,5	—
Kalkspat	104,0	CaO	56,0	58,2	—	58,2	—
		CO_2	44,0	45,8	—	—	45,8
Quarz.	141,0	SiO_2	100,0	141,0	—	141,0	—
Unbestimmt	9,0	—	—	9,0	—	9,0	—
2. Koks	50,0	C	83,9	42,0	—	—	42,0
		Fe	2,3	1,1	—	1,1	—
		Al_2O_3	5,6	1,8	—	1,8	—
		SiO_2	8,4	4,2	—	4,2	—
		S	1,6	0,8	—	—	0,8
		Unbest.	0,2	0,1	—	—	0,1
3. Wind, 1586,53 cbm							
= 333,17 cbm =	476,0	O_2	—	476,0	—	41,7	434,3
+ 1253,36 cbm =	1567,6	N_2	—	1567,6	—	—	1567,6
4. Feuchtigkeit							
in der Charge . . .	10,0	—	—	10,0	—	—	10,0
im Wind	21,7	—	—	21,7	—	—	21,7
			Zusammen:	3125,3	148,5	714,5	2262,3

Die zu verschlackenden Mengen an FeO und CaO errechnen sich für Schlacken vom Typus $2\,FeO \cdot SiO_2$ bzw. $CaO \cdot SiO_2$ wie folgt:

Von dem im Erze vorhandenen Aktinolit, dessen Fe-, Ca- und Mg-Gehalt vollauf durch SiO_2 abgesättigt ist, kann man annehmen, daß er unverändert von der anfallenden Schlacke aufgenommen wird. Vom Biotitgehalt des Erzes gilt dieses aber nicht, da sein SiO_2-Gehalt im Vergleich mit den anfallenden Schlacken zu niedrig ist.

Die zu verschlackenden Mengen an FeO betragen:

a) 146,0 kg Fe liefern . . . . 187,7 kg FeO

b) Wenn aus dem Biotitgehalt des Erzes Schlacken vom Typus
$Al_2O_3 \cdot 2\,SiO_2$ bzw. $2\,FeO \cdot SiO_2$ gebildet werden sollen, so ergibt sich:

33,9 kg Al_2O_3	48,1 kg SiO_2	40,0 kg FeO
+ 39,9 kg SiO_2	— 39,9 kg SiO_2	
73,8 kg $Al_2O_3 \cdot 2\,SiO_2$	8,2 kg SiO_2	
	+ 19.7 kg FeO	— 19,7 kg FeO
	27,9 kg $2\,FeO \cdot SiO_2$ 20,3 kg FeO	20,3 kg FeO

Zu verschlackendes FeO . . . . 208,0 kg FeO

Die zu verschlackenden Mengen an CaO betragen aus 104,0 kg $CaCO_3$. 58,2 kg CaO

Errechnung der erzeugten Reaktionswärmemengen.

Es liefern:

1. die Oxydation von   42,0 kg C   zu CO_2 (8100 Cal/kg) . . . . . . 340 200 Cal
2. die Oxydation von 146,0 kg Fe zu FeO (1173 Cal/kg) . . . . . . 171 258 Cal
3. die Oxydation von 127,8 kg S   zu SO_2 (2164 Cal/kg) . . . . . . 276 560 Cal
4. die Oxydation von   13,0 kg Zn zu ZnO (1305 Cal/kg) . . . . 16 965 Cal
5. die Schlackenbildung
   a) $2\,FeO \cdot SiO_2$ aus 208,0 kg FeO (154 Cal/kg FeO) . . . . 32 032 Cal
   b) $CaO \cdot SiO_2$ aus   58,2 kg CaO (318,8 Cal/kg CaO) . . . . . 18 554 Cal

Errechnung der verbrauchten Reaktionswärmemengen.

Es werden verbraucht für

1. Dissoziation des Magnetkieses (428,6 Cal/kg Fe) bei 144,9 kg Magnetkies, die in die Schlacke wandern . . . . 62 104 Cal
2. Dissoziation der Zinkblende (661,5 Cal/kg Zn) bei 13,0 kg Zinkblende, die in die Schlacke wandern . . . . 8 600 Cal
3. Dissoziation von Kalkstein (1026,0 Cal/kg CO_2) bei 45,8 kg CO_2,
   die in das Abgas übergehen . . . . 46 991 Cal

Errechnung des Wärmeinhaltes der Abgase.

Die anfallenden 1577 cbm Abgas enthalten gemäß (vorstehender) Abgasanalyse und bei 600° C Abgastemperatur:

cbm Gas	mittl. spez. Wärme zwischen 0 u. 600°C	
85,2 cbm SO_2	0,5400	27 604,8 Cal
99,4 cbm CO_2	0,5020	29 939,3 Cal
1392,4 cbm N + O	0,3192	266 672,5 Cal

Dazu kommt:

Verdampfungswärme für 31,7 kg H_2O (606,5 Cal/kg) . . . . = 19 226 Cal
Wärmemenge, um diesen Dampf auf 600° C zu erwärmen
(mittl. spez. Wärme für Wasserdampf zwischen 0 und
600° C = 0,531) . . . . = 10 098 Cal
Wärmeinhalt des im Abgas enthaltenen Wasserdampfes . . = 29 324 Cal   29 324,0 Cal
Wärmeinhalt von 13,0 kg ZnO (mittl. spez. Wärme von ZnO zwischen 0
und 600° C = 0,140) . . . . 1 092,0 Cal

Wärmeinhalt des Abgases . . . . 354 633 Cal

Errechnung des Wärmeinhaltes von Schlacke und Stein.

714,5 kg Schlacke (mittl. spez. Wärme = 325 Cal/kg) . . . . 232 213 Cal
148,5 kg Stein (mittl. spez. Wärme = 225 Cal/kg) . . . . 33 413 Cal

Die Wärmeverluste durch das Kühlwasser der Jackets können so wenig genau bestimmt werden, daß sie nur als Differenz in nachfolgender Wärmebilanz des Schachtofens ermittelt werden, ebenso wie die Wärmeverluste durch Abstrahlung des Ofens.

Wärmebilanz des Schachtofens.

Debit	Cal.	%	Kredit	Cal.	%
Oxydation C zu CO_2 .	340200	39,1	Dissoziation Magnetkies	62104	7,1
Oxydation S zu SO_2 .	276560	31,8	Dissoziation Zinkblende	8600	1,0
Oxydation Fe zu FeO.	171258	19,8	Dissoziation Kalkspat .	46991	5,4
Oxydation Zn zu ZnO.	16965	1,9	Wärme der Schlacke .	232213	26,7
Bildung $2FeO \cdot SiO_2$.	32032	3,6	Warme des Steines . .	33413	3,8
Bildung $CaO \cdot SiO_2$ . .	18554	2,1	Wärme des Abgases .	354633	40,8
			Zusammen	737954	—
Wärme i. d. Beschickung bei 20^0 C (spez.Warme $= 0,25$)	5250	0,6	Als Differenz der Wärmeverlust durchKühl-		
Wärme im Wind bei 20^0 C (spez. Wärme $= 0,303$)	9744	1,1	wasser und Abstrahlung	132609	15,2
Zusammen	870563	100,0	Zusammen	870563	100,0

Diese Wärmebilanz zeigt die erhebliche Wärmezufuhr durch den Zusatzbrennstoff. Sie lehrt auch, daß die stärksten Wärmeverluste des Schmelzprozesses in den den Abgasen innewohnenden Wärmemengen, im Wärmeinhalt der Schlacken und daneben im Wärmeverlust durch Kühlwasser und durch Abstrahlung liegen. Um die Wirtschaftlichkeit eines solchen unmittelbaren Verhüttungsprozesses günstiger zu gestalten, wird man also vor allem Wert legen müssen auf

1. Nutzbarmachung der Abgaswärme und

2. Nutzbarmachung der in den Schlacken aufgespeicherten Wärmemenge, allerdings, ohne daß es gelingt, dadurch die Wärmewirtschaft des Schmelzprozesses selbst in nennenswertem Maße zu heben.

Sieht man von den verhältnismäßig geringen Wärmemengen ab, die in der Praxis aus den Nichteisenmetallsulfiden in Freiheit gesetzt werden bzw. zu ihrer Dissoziation verbraucht werden, und zieht nur die Eisensulfide in Betracht, so lassen sich die thermischen Verhältnisse im Schachtofen auch in mathematische Form bringen, indem man festsetzt:

x = Gewicht der oxydierten Schwefelmoleküle,
a = Gewicht des Kohlenstoffes im gegichteten Koks,
b = Gewicht des gegichteten Kalkzuschlages,
c = anfallende Schlackenmenge,
Q_1 = Verbrennungswärme von C,
Q_2 = Verbrennungswärme von FeS,
Q_3 = molekulare Bildungswärme von FeO,
q_0 = molekulare Schmelzwärme von FeS,
q_0' = molekulare Schmelzwärme der Schlacke,
q_1 = Dissoziationswärme von FeS_2,
q_2 = Dissoziationswärme von $CaCO_3$,
n = anfallende Gichtgasmenge,
T = Gichtgastemperatur,
MCp = spez. Wärme des Gichtgases, bezogen auf das Mol.
L = Verlust durch Strahlung und Leitung.

Die Wärmebilanz wird dann durch folgende Gleichung ausgedrückt[1]

$$a\,Q_1 + x\,Q_2 + x\,Q_3 = (1 - x)q_0 + x\,c\,q_0' + q_1 + b\,q_2 + x\,n\,M\,C\,p\,T + L.$$

Daraus ergibt sich

$$x = \frac{q_0 + q_1 + b\,q_2 + L - a\,Q_1}{q_0 + Q_2 + Q_3 - c\,q_0' - n\,M\,C\,p\,T}$$

Es führt also die mathematische Behandlung der Wärmebilanz zu dem Ergebnis, daß die anfallenden Steine um so reicher an Metall werden, je kleiner die gegichteten Koksmengen sind (die sehr beträchtliche Mengen Sauerstoff verzehren und so der eigentlichen Oxydation entziehen).

Berechnung von Schachtofenbeschickungen. Ein alter amerikanischer Praktiker, C. A. Grabill[2], schreibt einmal: „Um zu ermitteln, was in einen Kupferschachtofen eingesetzt werden müßte, sind drei Dinge erforderlich: gesunder Menschenverstand, ein Bleistift und ein klarer Begriff von dem, was eigentlich Geldeswert bedeutet" und „der Ofen wartet nicht, bis der Hüttenmann irgendein — zufällig auch noch gerade verlegtes — Exemplar einer Metallhüttenkunde auftreibt und darin nachschlägt". Das sind Worte, die für den Betrieb gar nicht oft genug der dringendsten Beachtung empfohlen werden können. Aber um das zu besitzen, was Grabill in diesem Zusammenhange „common sense" — gesunden Menschenverstand oder richtiger wohl „das richtige hüttenmännische Gefühl" — nennt, muß das rechnerische Bild aller Vorgänge, die sich im Schachtofen abspielen, die Stoff- und die Wärmebilanz, dem Hüttenmann in Fleisch und Blut übergegangen sein. Dazu ist erforderlich, daß er zu Beginn einer Schmelzkampagne, in der er Erze von bestimmtem Charakter verschmelzen will, einmal die günstigste Schachtofenbeschickung errechnet und daraus ersieht, innerhalb welcher Grenzen Veränderungen in der Zusammensetzung der Beschickung sich im Ofen auswirken können. Ist in dieser Beziehung völlige Klarheit geschaffen, so wird es im allgemeinen kein Schweres sein, auf Änderungen im Ofengang sofort mit entsprechenden Änderungen in der Beschickung zu antworten, und nicht die Gewalt über den Ofen zu verlieren.

Bei reduzierender Schmelzarbeit lautet die Grundfrage, die beantwortet sein muß, bevor zur Berechnung einer Ofenbeschickung geschritten werden kann: Was für eine Schlacke soll erschmolzen werden? Bei der unmittelbaren Verhüttung lautet diese Grundfrage anders; nämlich: Wieviel Schwefel und wieviel Eisen müssen oxydiert werden, um die für den Prozeß erforderliche Wärmekonzentration zu erreichen, mit anderen Worten: ein wie eisenarmer oder wie metallreicher Stein muß erschmolzen werden? Die Grundfrage ist also die Frage nach der Grädigkeit des zu erzielenden Steines, und erst nach Festlegung des Mindestmetallgehaltes des Steines taucht die zweite Frage auf, die Frage nach der zu erschmelzenden Schlacke. Ein Beispiel aus der Praxis vermag dieses am besten zu erläutern:

Anfang 1906 sollten im Sudburydistrikt Nickel-Kupfer-Erze unmittelbar verhüttet werden, die folgende Roherz-Durchschnittsanalyse aufwiesen:

---

[1] Vgl. A. A. Baikoff: Fusion pyritique (Pyritic Smelting). Rev. Soc. russe de Métallurgie Bd. 1, S. 174—197, 1925.

[2] Grabill, C. A.: The Economics of Copper Blast Furnace Charging. Engg. Min. J. Bd. 110, S. 510—514, 1920.

<table>
<tr><td>SiO_2 . . . = 10,10 %</td><td></td><td></td><td>62,17 %</td></tr>
<tr><td></td><td></td><td>S . . . . = 27,48 %</td></tr>
<tr><td>Fe . . . . = 44,68 %</td><td></td><td>CaO . . . = 1,19 %</td></tr>
<tr><td>Ni . . . . = 5,62 %</td><td></td><td>MgO . . . = 1,14 %</td></tr>
<tr><td>Cu . . . . = 1,77 %</td><td></td><td>Al_2O_3 . . . = 6,85 %</td></tr>
<tr><td>62,17 %</td><td></td><td>98,83 %</td></tr>
</table>

Mit Bezug auf die sulfidischen Bestandteile verspricht ein Erz solcher Zusammensetzung beste Erfolge, und wenngleich auch der Al_2O_3-Gehalt schon recht hoch ist, besteht doch berechtigte Hoffnung, selbst 6,85 % Al_2O_3 mit durch den Ofen zu schleppen und in die Schlacken aufzunehmen, wenn der Ofen gut heiß geht. Sechs- oder achtmal hintereinander ist aber der Ofen mit diesem Erz trotz reichlichen Gichtens von Koks jeweilig in zwei Tagen eingefroren. Der erschmolzene Stein hatte 14—15 % Cu + Ni. Errechnet man aus obiger Durchschnittsanalyse die mineralische Zusammensetzung des Erzes, so ergibt sich:

<table>
<tr><td>Kupferkies . . . 5,11 %</td><td></td><td>wobei die 28,38 % Gangart sich aufteilen in:</td></tr>
<tr><td>Pentlandit . . . 16,05 %</td><td></td><td>FeO . . . = 9,10 %</td></tr>
<tr><td>Magnetkies . . . 51,28 %</td><td></td><td>SiO_2 . . . = 10,10 %</td></tr>
<tr><td>Gangart . . . . 28,38 %</td><td></td><td>Al_2O_3 . . . = 6,85 %</td></tr>
<tr><td>100,82 %</td><td></td><td>CaO . . . = 1,19 %</td></tr>
<tr><td></td><td></td><td>MgO . . . = 1,14 %</td></tr>
<tr><td></td><td></td><td>28,38 %</td></tr>
</table>

Beim Erschmelzen eines 14—15 proz. Nickelkupfersteines werden von den 44,68 % Fe des eingesetzten Erzes rund 28 % für die Steinbildung benötigt. Es bleiben also rund 16,5 % Fe zu oxydieren. Von diesen 16,5 % Fe sind aber bereits rund 7 % Fe oxydiert und liegen als 9,1 % FeO der Gangart vor. In Wirklichkeit stehen somit nur noch 9,5 % Fe zur Oxydation zur Verfügung, und das ist allerdings viel zu wenig. Um dieses Erz unmittelbar verhütten zu können, muß also ein viel hochgrädigerer Stein, ein etwa 35—40 proz. Stein erschmolzen werden, damit hinreichende Mengen Fe und S oxydiert werden können, um die für den Schmelzprozeß erforderliche Wärmemenge in Freiheit zu setzen[1].

Im Interesse flotten Ofenganges liegt somit die Erschmelzung eines möglichst metallreichen Steines. Auf der anderen Seite müssen aber auch die Verhältnisse in den nachfolgenden Steinverarbeitungsprozessen (in Konvertoren usw.) berücksichtigt werden; denn auch diese Prozesse erfordern erhebliche Wärmemengen, und ist zu viel der aus dem Erz zu beziehenden Wärmemenge schon im Schachtofenprozeß verbraucht worden, d. h. sind zu metallreiche, zu eisenarme Steine erschmolzen worden, so besteht bei der Weiterverarbeitung der Schachtofensteine die Gefahr des Einfrierens, ja, es kann sogar die Durchführung des Verblaseprozesses im Konvertor von vornherein illusorisch werden. Die günstigsten Metallkonzentrationen liegen bei Schachtofensteinen im Interesse des Schachtofens einerseits und des Konvertorprozesses andererseits zwischen 30 und 40 % Metall (gleichgültig, ob nur Cu oder Cu + Ni oder Cu + Ni + Co).

Auch über die zu erschmelzende Schlacke muß natürlich von vornherein Klarheit herrschen. Es muß der Beschickungsberechnung eine Schlacke zu-

---

[1] Vgl. u. a. G. F. Beardsley: Negative Results in Pyritic Smelting. Engg. Min. J. Bd. 84, S. 343—344, 1907.

grunde gelegt werden, die so beschaffen ist, daß alle außer Fe noch zu verschlakkenden Beimengungen des Erzes aufgenommen werden, ohne daß allzu hohe Bildungstemperaturen erforderlich werden. Auch soll an die Viskosität der Schlacke gedacht werden, soweit dies bei den spärlichen Unterlagen hierfür möglich ist.

Wenn im Betriebe nicht genau die der Berechnung zugrunde gelegte Schlacke erzielt wird (was kaum jemals vorkommt), so ist das kein sonderlicher Fehler, wenn nur die Schlacke gute Eigenschaften hat. Zudem lassen sich im Betriebe leicht kleine Änderungen in der Zusammensetzung der Beschickung vornehmen, mittels derer auf die gewünschte Schlacke vorsichtig hingesteuert werden kann.

Die Berechnung einer Schachtofenbeschickung wird um so schwieriger, je größer die Anzahl der zu verschlackenden Erzkomponenten ist. Daneben treten dem Praktiker aber meist noch andere Gesichtspunkte entgegen, die Berücksichtigung verlangen. Hütten, die Erze aus eigener Grube verarbeiten, dürfen natürlich nicht die besten Erze auswählen, damit der Schachtofen gut und flott läuft. Denn was soll werden mit denjenigen Erzen, die übrigbleiben, nachdem die hochwertigen Rohstoffe verschmolzen sind? Ein kaufmännisch richtiges Wirtschaften mit den vorhandenen Erzreserven muß Raubbau an diesem oder jenem hochwertigen Erze unter allen Umständen vermeiden und unter Berücksichtigung der Einzelmengen der verschiedenen abbauwürdigen Erze muß festgestellt werden, in welchem ungefähren gegenseitigen Verhältnis die Erze verschmolzen werden müssen. Nur die richtige gegenseitige Abstimmung dessen, was die Grube zu liefern vermag, und dessen, was der Schachtofen verschmelzen kann, sichert größte Wirtschaftlichkeit des Gesamtbetriebes.

Bei Hüttenwerken, die ihre Rohstoffe einkaufen oder die als Lohnhütten arbeiten, liegen die Verhältnisse meist etwas weniger verwickelt, weil man meist den Kauf ungünstigen Materials oder seine Verarbeitung ablehnen bzw. sich geldlich sichern kann. Immerhin wird auch dann das Bestreben, möglichst auch minderwertige Erze zu verarbeiten, Gewinn bringen, wenn es gelingt, den Preis derartiger Erze eben auf Grund ihrer ungünstigen Eigenschaften hinreichend niedrig zu halten.

Im nachfolgenden soll die Berechnung von Schachtofenbeschickungen an zwei Beispielen gezeigt werden, wobei das erste Beispiel mehr theoretischen Wert hat, während dem zweiten Verhältnisse zugrunde liegen, wie sie in der Praxis oftmals anzutreffen sind.

Aufgabe 1.

Bedingungen. Lage der Hütte: gemäßigte Zone, 500 m über NN.

Klima: trocken; mittlere Tagestemperatur $= +15^0$ C.

Es steht ein Wassermantelofen mit 1000×3000 mm Düsenebene zur Verfügung, der bei halbpyritischem Schmelzen erfahrungsgemäß rund 400 t Beschickung (ohne Brennstoff) in 24 Std. durchsetzt.

Zu verhütten ist ein gut stückiges stark pyritisches Roherz. Als Zuschlag kann in reichlicher Menge ein erstklassiger Gangquarz benutzt werden.

Roherz:	Fe	$= 44,7\%$	Quarz:	$SiO_2 = 99,9\%$
	S	$= 51,3\%$		
	Cu	$= 4,0\%$		
		$\overline{100,0\%}$		

Es soll ein 40proz. Stein erschmolzen werden.

Fragen. 1. Wie muß zweckmäßig die Beschickung zusammengesetzt sein?

2. Welche Mengen Stein und welche Mengen Schlacke werden täglich anfallen?

3. Welches Ausbringen an Kupfer in Gestalt von Stein ist zu erwarten?

4. Welche Windmengen werden benötigt?

5. Welche Mengen an Abgasen sind zu erwarten und wie wird ihre chemische Zusammensetzung sein, falscher Wind ausgeschlossen?

Lösung: Als eine gut geeignete Schlacke mit verhältnismäßig niedriger Bildungstemperatur erscheint eine Schlacke, deren Zusammensetzung ungefähr $4\,FeO \cdot 3\,SiO_2$ entspricht.

Bei Erschmelzung eines 40proz. Steines wird der Kupferverlust in der Schlacke zweckmäßig zu 0,4 % angesetzt. Für die Errechnung der prozentualen Schlackenzusammensetzung kann dieser Wert wegen seiner (absoluten) Kleinheit vernachlässigt werden.

<table>
<tr><td>40proz. Stein enthält:</td><td>Schlacke $4\,FeO \cdot 3\,SiO_2$ enthält:</td></tr>
<tr><td>Fe = 31,8 %</td><td>Fe = 47,70 %</td></tr>
<tr><td>Cu = 40,0 %</td><td>O_2 = 13,67 %</td></tr>
<tr><td>S = 28,2 %</td><td>SiO_2 = 38,63 %</td></tr>
<tr><td>100,0 %</td><td>100,00 %</td></tr>
</table>

Der Rechenfaktor für die anfallende Schlackenmenge sei x.

Der Rechenfaktor für die anfallende Steinmenge sei y.

Verteilung des Fe-Inhaltes des Erzes: $47,7\,x + 31,8\,y = 44,7$
Verteilung des Cu-Inhaltes des Erzes: $0,4\,x + 40,0\,y = 4,0$
$$x = 0,876$$
$$y = 0,091$$

Von 100 kg Erz wandern also $47,7 \cdot 0,876 = 41,8$ kg Fe in die Schlacke, während die restlichen $31,8 \cdot 0,091 = 2,9$ kg Fe zur Bildung von Stein benötigt werden. Der Cu-Inhalt von 100 kg Erz tritt mit $40,0 \cdot 0,091 =$ rund 3,65 kg Cu in den Stein ein, während $0,4 \cdot 0,876 =$ rund 0,35 kg Cu als Stein in der Schlacke zurückgehalten werden.

Die Schlacke, die aus 100 kg Erz anfällt, enthält:

<table>
<tr><td></td><td>Fe = 41,52 kg (= 41,8 — 0,28, die im suspendierten</td></tr>
<tr><td>Cu = 0,35 kg</td><td>Stein enthalten sind)</td></tr>
<tr><td>Fe = 0,28 kg</td><td>O_2 = 11,90 kg (entsprechend 41,52 kg Fe)</td></tr>
<tr><td>S = 0,25 kg</td><td>SiO_2 = 33,63 kg</td></tr>
<tr><td>0,88 kg . . . . Stein =</td><td>0,88 kg</td></tr>
<tr><td></td><td>Zusammen = 87,93 kg Schlacke.</td></tr>
</table>

Der Stein, der aus 100 kg Erz anfällt, enthält:

Cu . . . . = 3,65 kg
Fe . . . . = 2,90 kg
S . . . . = 2,57 kg
Zusammen = 9,12 kg Stein.

Für 100 kg Erz werden 33,63 kg SiO_2 zur Verschlackung gebraucht, die bei dem hohen Reinheitsgrad des Quarzes von 99,9 % gleich dem Quarzbedarf gesetzt werden können.

Antwort 1: Die Beschickung muß so zusammengesetzt sein, daß auf je 100 kg Roherz 33,65 kg Quarz gegichtet werden. Da der zur Verfügung stehende Ofen erfahrungsgemäß 400 t Beschickung in 24 Std. durchsetzen kann, so können also

$$\begin{array}{l} \text{täglich } 300 \text{ t Roherz mit } 12 \text{ t Cu-Inhalt} \\ \underline{\quad + 100 \text{ t Quarz}} \\ 400 \text{ t Beschickung} \end{array}$$

durchgesetzt werden.

Antwort 2: Bei einem Durchsatz von 400 t Roherz in 24 Std. fallen an:

$$\begin{array}{l} \text{täglich } 264 \text{ t Schlacke mit } 1,06 \text{ t Cu-Inhalt} \\ \underline{ + 27,36 \text{ t Stein mit } 10,94 \text{ t Cu-Inhalt}} \\ 12,00 \text{ t Cu} \end{array}$$

Antwort 3: Das Ausbringen an Kupfer beläuft sich auf 91,17%.

Die im Gesamtsteinanfall gebundenen Schwefelmengen betragen, bezogen auf 100 kg Erz:

$$\begin{array}{lr} \text{im separierbaren Stein} \dots & 2,57 \text{ kg S} \\ \text{in dem in der Schlacke enthaltenen Stein} & 0,25 \text{ kg S} \\ \hline \text{Gebunden} & 2,82 \text{ kg S} \end{array}$$

Die in Form von Schwefeldampf ausgetriebenen Schwefelmengen entziehen sich jeglicher Schätzung. Sie können daher nicht in Rechnung gestellt werden, zumal sie der Menge nach ja auch je nach dem Ofengang außerordentlich schwanken. Für die Berechnung des Windbedarfes müssen sie daher als zu oxydierende Schwefelmengen mit verrechnet werden.

Unter diesen Umständen sind zu oxydieren:

$$51,3 - 2,82 = 48,48 \text{ kg S}.$$

Die in der anfallenden Schlacke enthaltene Fe-Menge, die Sauerstoff zur Bildung von FeO benötigt, beträgt, bezogen auf 100 kg Erz, 41,52 kg Fe.

Zu oxydieren sind also: 41,52 kg Fe

$$\begin{array}{l} \text{Zur Oxydation von } 48,48 \text{ kg S} \text{werden benötigt rund } 48,40 \text{ kg } O_2 \\ \underline{\text{Zur Oxydation von } 41,52 \text{ kg Fe werden benötigt rund } 11,90 \text{ kg } O_2} \\ \text{Zusammen } 60,30 \text{ kg } O_2 \end{array}$$

60,30 kg Sauerstoff entsprechen bei 760 mm Hg und 0^0 C (Normalgewicht von 1 l Sauerstoff = 1,429 g) 42 200 l Sauerstoff oder

für 100 kg Erz rund 201 cbm Wind (bei 760 mm Hg und 0^0 C).

Setzt man bei einer Lage der Hütte = 500 m über NN den mittleren Barometerstand mit 714 mm ein und berücksichtigt die Durchschnittstemperatur von $+15^0$ C, ohne wegen des trockenen Klimas eine Wasserdampftension der Luft zu berücksichtigen, so ergibt sich der Windbedarf von 100 kg Erz zu 225,75 cbm. Daraus errechnet sich bei Durchsatz von 300 t Erz in 24 Std.:

Antwort 4: Der theoretische Windbedarf beträgt 470,3 cbm/Min.

$$\begin{array}{lr} \text{Dem zur Oxydation von } 100 \text{ kg Erz benötigten Sauerstoff} & \\ \text{(42,2 cbm) entsprechen} \dots & 158,8 \text{ cbm } N_2 \\ \text{Die bei der Oxydation von } 100 \text{ kg Erz anfallenden} & \\ \underline{96,88 \text{ kg } SO_2 \text{ betragen} \dots} & 33,1 \text{ cbm } SO_2 \\ \text{Zusammen} & 191,9 \text{ cbm Abgas.} \end{array}$$

Herrscht oberhalb der Beschickungssäule, wo die Abgase aus der Beschickung austreten, eine Gastemperatur von z. B. 240° C, so nehmen die Abgase einen Raum (wieder bei 714 mm Hg) von 383,83 cbm ein. Daraus errechnet sich bei Durchsatz von 300 t Erz in 24 Std.:

Antwort 5: Die Abgasmenge beträgt bei einer Abgastemperatur von 240° C 800,35 cbm/Min.

Die Abgase enthalten 17,25 % SO_2 (Vol.-%).

Aufgabe 2.

Bedingungen: Eine Hütte, die normalerweise monatlich

     18 000 t pyritische Stückerze,
     3 000 t Agglomerate des vom Stückerz abgesiebten Feinerzes und
     1 440 t Konvertorschlacke

im Schachtofen durchsetzt, erschmilzt einen rund 30 proz. Rohstein.

Es ist in der Grube, die die Hütte mit Erz versorgt, eine Störung eingetreten, derzufolge im nächsten Monat nur 12 000 t Stückerz zur Hütte angeliefert werden können.

Die Belastung der Sintertopfanlage, in der agglomeriert wird, wird daher im folgenden Monat nur 66 % der normalen Belastung betragen. Es soll diese Gelegenheit benutzt werden, um nicht nur die Sintertopfanlage selbst, sondern vor allem auch die Bunker für Agglomerat und für Konvertorschlacke, die dringend reparaturbedürftig sind, einer gründlichen Überholung zu unterziehen. Dazu wäre es allerdings erforderlich, die zur Zeit in den Bunkern lagernden 3000 t Agglomerat bzw. 1440 t Konvertorschlacke im folgenden Monat — auch angesichts der erheblich verminderten Stückerzmenge — restlos zu verarbeiten, damit Bunkertaschen frei und der Reparatur zugänglich werden.

Fragen: 1. Ist es möglich, ohne Änderung des Schmelzprinzips, bei einem Durchsatz von nur 12 000 t statt 18 000 t Stückerz volle 3000 t Agglomerat und volle 1440 t Konvertorschlacke mit zu verschmelzen und dabei gleichfalls einen rund 30 proz. Stein zu erschmelzen, damit Konvertoren und Raffinierhütte nicht allzu sehr von der zeitweiligen Umstellung betroffen werden?

2. Welche Mengen an Zusatzbrennstoff werden gegebenenfalls erforderlich?

Lösung:

Durchschnittsanalysen.

	Stückerz	Davon abgesiebtes Feinerz		Toniger und eisenschüssiger Quarzit (Zuschlag)
Fe	36,1 %	35,4 %	SiO_2	89,5 %
Cu	5,1 %	6,4 %	Fe_2O_3	5,2 %
S	40,7 %	39,9 %	Al_2O_3	2,1 %
As	1,9 %	1,6 %	CaO	0,3 %
Zn	1,2 %	1,3 %	H_2O	2,8 %
CaO	0,9 %	1,0 %		99,9 %
MgO	2,1 %	2,1 %		
Al_2O_3	1,7 %	2,1 %		
SiO_2	8,6 %	7,7 %		
	98,3 %	97,5 %		

Die mineralischen Bestandteile der Erze sind Kupferkies, Enargit, Kupferglanz, Arsenkies, Zinkblende und Pyrit nebst einer Gangart, die aus Quarz, Ton und angewittertem Augit besteht.

Der Quarzit ist mit feinen Tonschnüren durchzogen und brauneisenhaltig. Aus den obigen Analysen ergeben sich:

Sulfidische Minerale im Stückerz:

	% Cu	% Fe	% S	% As	% Zn	Zusammen
Kupferkies	2,1	1,8	2,1	—	—	6,0 %
Enargit	1,6	—	1,1	0,6	—	3,4 %
Kupferglanz	1,4	—	0,4	—	—	1,7 %
Arsenkies	—	1,0	0,5	1,3	—	2,8 %
Zinkblende	—	—	0,6	—	1,2	1,8 %
Pyrit	—	31,4	36,0	—	—	67,4 %
	5,1	34,2	40,7	1,9	1,2	83,1 %

Sulfidische Minerale im Feinerz:

	% Cu	% Fe	% S	% As	% Zn	Zusammen
Kupferkies	2,2	2,0	2,2	—	—	6,4 %
Enargit	1,7	—	1,1	0,7	—	3,5 %
Kupferglanz	2,5	—	0,6	—	—	3,1 %
Arsenkies	—	0,6	0,4	0,9	—	1,9 %
Zinkblende	—	—	0,6	—	1,3	1,9 %
Pyrit	—	30,5	35,0	—	—	65,5 %
	6,4	33,1	39,9	1,6	1,3	82,3 %

Gangart im Stückerz:

	$^0/_0$ CaO	$^0/_0$ MgO	$^0/_0$ Fe $=$ FeO $=$ Fe$_2$O$_3$		$^0/_0$ Al$_2$O$_3$	$^0/_0$ SiO$_2$	$^0/_0$ H$_2$O	Zusammen
Augit . . .	0,8	2,1	0,92	1,2	—	0,5	4,7	—	9,3 %
Ton	0,1	—	0,98	—	1,4	1,2	1,6	1,0	5,3 %
Quarz . . .	—	—	—	—	—	—	2,3	—	2,3 %
	0,9	2,1	—	1,2	1,4	1,7	8,6	1,0	16,9 %

Gangart im Feinerz:

	$^0/_0$ CaO	$^0/_0$ MgO	$^0/_0$ Fe $=$ FeO $=$ Fe$_2$O$_3$		$^0/_0$ Al$_2$O$_3$	$^0/_0$ SiO$_2$	$^0/_0$ H$_2$O	Zusammen
Augit	0,8	2,1	0,92	1,2	—	0,5	4,9	—	9,5 %
Ton	0,2	—	1,38	—	2,0	1,6	2,4	1,6	7,8 %
Quarz . . .	—	—	—	—	—	—	0,4	—	0,4 %
	1,0	2,1	—	1,2	2,0	2,1	7,7	1,6	17,7 %

Es liegen somit im Stückerz in bereits gebundener Form vor:

$$SiO_2 = 6,3 \%$$ sowie der gesamte Gehalt an:
$$Fe = 1,9 \%$$ CaO, MgO, Al$_2$O$_3$

Die mineralische Zusammensetzung des Quarzites ergibt sich aus obiger Analyse zu:

	Ton	Brauneisen	Freier Quarz	Zusammen
SiO$_2$	3,2 %	—	86,3 %	89,5 %
Fe$_2$O$_3$	2,7 %	2,5 %	—	5,2 %
Al$_2$O$_3$	2,1 %	—	—	2,1 %
CaO	0,3 %	—	—	0,3 %
H$_2$O	2,0 %	0,8 %	—	2,8 %
	10,3 %	3,3 %	86,3 %	99,9 %

Die Zusammensetzung der Konvertorschlacke ist:

$$FeO \ldots . = 52,1\,\%$$
$$SiO_2 \ldots . = 44,2\,\%$$
$$Cu \ldots . = 3,3\,\%$$
$$\overline{\quad 99,6\,\% \quad}$$

Bei der Agglomeration der Feinerze liefern 100 kg Feinerz + 15 kg Quarzitzuschlag = 92,6 kg Agglomerat (nach vorliegenden Erfahrungen der in Rede stehenden Hütte).

Das Agglomerat fällt an mit:

Cu . . . = 6,9 %		69,6 %
Fe . . . = 29,1 %	Zn . . . . = 1,4 %	
S . . . . = 19,3 %	CaO . . . . = 1,2 %	
FeO . . . = 9,8 %	MgO . . . = 2,3 %	
Fe_2O_3 . . = 4,1 %	Al_2O_3 . . . = 2,6 %	
As . . . = 0,4 %	SiO_2 . . . . = 22,8 %	
69,6 %	99,9 %	

In 115 kg Sintermöller sind nach vorstehendem

	Im Feinerz an Gangart gebunden	In den Verunreinigungen des Quarzites gebunden	Zusammen
SiO_2	4,9 + 2,4 = 7,3 kg	0,5 kg	7,8 kg
FeO	1,2 kg	—	1,2 kg
Fe_2O_3	2,0 kg	0,4 kg	2,4 kg

sowie alles CaO, MgO und Al_2O_3.

Es liegen somit im Agglomerat in bereits gebundener Form vor:

SiO_2 . . . = 8,4 %	sowie der gesamte Gehalt an
FeO . . . = 1,3 %	CaO, MgO, Al_2O_3
Fe_2O_3 . . = 2,6 %	

Schachtofenbeschickung.

Um den gestellten Bedingungen zu genügen, muß die Beschickung so zusammengesetzt werden, daß auf 1000 kg Stückerz 250 kg Agglomerate und 120 kg Konvertorschlacke verschmolzen werden. Dann enthält die

Beschickung:

	1000 kg Stückerz	250 kg Agglomerat	120 kg Konv. Schlacke	Zusammen	In %
Cu	51 kg	17 kg	4 kg	72 kg	5,26
Freies Fe	342 kg	73 kg	—	415 kg	30,29
Freies FeO	—	21 kg	—	21 kg	1,53
Freies Fe_2O_3 . . .	—	4 kg	—	4 kg	0,29
S	407 kg	48 kg	—	455 kg	33,21
As	19 kg	1 kg	—	20 kg	1,46
Zn	12 kg	4 kg	—	16 kg	1,17
Freie SiO_2	23 kg	36 kg	—	59 kg	4,31
Silikate	146 kg	46 kg	116 kg	308 kg	22,48*
	1000 kg	250 kg	120 kg	1370 kg	100,00

* mit 0,72 % H_2O-Gehalt der wasserhaltigen Silikate.

30 proz. Stein enthält:	eine Basisschlacke vom Typus $4\,FeO \cdot 3\,SiO_2$ enthält:
Cu . . . . = 30,0 %	Fe . . . . = 47,70 %
Fe . . . . = 39,8 %	O_2 . . . . = 13,67 %
S . . . . = 30,2 %	SiO_2 . . . = 38,63 %

Verteilung:

Fe-Inhalt der Beschickung: $47,7\ x + 39,8\ y = 30,29$

Cu-Inhalt der Beschickung: $0,3^*x + 30,0\ y = 5,26$

$x = 0,4930$

$y = 0,1704$

* Die in die Schlacke wandernde Cu-Menge ist zu 0,3 % Cu in Rechnung gestellt, was insofern fehlerhaft ist, als ja die anfallende Schlacke nicht lediglich aus der hier berücksichtigten Basisschlacke besteht, sondern noch die in der Beschickung bereits vorhandenen Silikate usw. hinzukommen, und die wirklich anfallende Schlackenmenge sich rechnerisch zunächst gar nicht erfassen läßt. Der begangene Fehler ist aber wegen seiner geringen Größenordnung für den Zweck der vorliegenden Rechnung bedeutungslos.

Der Gehalt an freiem Fe in 1000 kg zuschlagfreier Beschickung verteilt sich auf

Schlacke $= 477 \cdot 0,4930 = 235,2$ kg Fe

Stein $\quad = 398 \cdot 0,1704 = \underline{\ 67,7}$ kg Fe

$302,9$ kg Fe

Der Gehalt an Kupfer verteilt sich entsprechend auf

Stein $\quad = 300 \cdot 0,1704 = 51,1$ kg Cu

Schlacke $= 0,3 \cdot 0,4930 = \underline{\ 1,5}$ kg Cu

$52,6$ kg Cu

Die anfallende Steinmenge beträgt:

Cu $= 51$ kg

Fe $= 68$ kg

S $\ = \underline{51}$ kg

170 kg Kupferstein mit 30 % Cu.

Die anfallende Schlackenmenge.

Die erforderliche Menge an Quarzitzuschlag für die Basisschlacke ergibt sich zu:

SiO_2-Bedarf . . . . $= 189$ kg SiO_2

Freie SiO_2 in der Beschickung $= \underline{\ 43}$ kg SiO_2

Erforderlicher Zuschlag . . . . $= 146$ kg SiO_2

entsprechend $= 169$ kg Quarzit mit

146,0 kg Quarz

17,4 kg Ton . . . $= 14,0$ kg Silikate (wasserfrei)

5,6 kg Brauneisen $= 4,2$ kg Fe_2O_3

Die anfallende Schlacke enthält:

1. Basisschlacke. Aus dem freien Fe von 1000 kg Beschickung zu erschmelzende Basisschlacke enthält:

Fe $\ . . . . = 235$ kg

O_2 . . . . $= \ 67$ kg

SiO_2 . . . . $= 189$ kg

Stein . . . $= \ \underline{\ 5}$ kg

Zusammen $= 496$ kg Basisschlacke . . . . . 496 kg

2. Ballastschlacke: Von der Basisschlacke werden außerdem je 1000 kg zuschlagfreier Beschickung aufgenommen:

Übertrag: 496 kg

a) 15,3 kg FeO + 9,6 kg SiO$_2$* . . . . = 24,9 kg
b) 2,9 kg Fe$_2$O$_3$ . . . . = 2,9 kg
c) 11,7 kg Zn + 5,7 kg S = 17,4 kg ZnS . . . . = 17,4 kg
d) In der zuschlagfreien Beschickung vorhandene und im Schmelzprozeß entwässerte Silikate . . . . . . = 217,6 kg
e) Im Zuschlag vorhandene und im Schmelzprozeß entwässerte Silikate . . . . = 14,0 kg
f) Fe$_2$O$_3$ im Zuschlag . . . . = 4,2 kg

Zusammen = 281,0 kg   281 kg

Anfallende Schlackenmenge = 777 kg

* Ton- und Fe$_2$O$_3$-Gehalt wegen geringer Menge vernachlässigt.

Daß bei solcher Zusammensetzung der Beschickung eine Schlacke erschmolzen wird, von der man erwarten kann, daß sie als „gut" bezeichnet werden muß, ergibt sich aus der prozentualen Zusammensetzung der anfallenden Schlacke, die sich folgendermaßen errechnen läßt:

Aus:	kg SiO$_2$	kg FeO	kg Fe$_2$O$_3$	kg CaO	kg MgO	kg Al$_2$O$_3$	kg Cu	kg Fe	kg S	kg Zn	kg zus.
1. Basisschlacke	189,0	302,0	—	—	—	—	—	—	—	—	491,0
2. Stein in der Schlacke	—	—	—	—	—	—	1,5	2,0	1,5	—	5,0
3. Aus der Gangart des Stückerzes	46,0	8,8	10,2	6,6	15,3	12,4	—	—	—	—	99,3
4. Verschlacktes FeO des Agglomerats	9,6	15,3	—	—	—	—	—	—	—	—	24,9
5. Fe$_2$O$_3$ des Agglomerats	—	—	2,9	—	—	—	—	—	—	—	2,9
6. Silikate aus den Agglomeraten	15,3	2,2	4,4	2,2	4,4	5,1	—	—	—	—	33,6
7. Silikate der Konvertorschlacke	38,7	46,0	—	—	—	—	—	—	—	—	84,7
8. Zn der Beschickung als ZnS in der Schlacke	—	—	—	—	—	—	—	—	5,7	11,7	17,4
9. Aus dem Tongehalt des Quarzites	5,4	—	4,6	0,5	—	3,5	—	—	—	—	14,0
10. Aus dem Brauneisen des Quarzites	—	—	4,2	—	—	—	—	—	—	—	4,2
Zusammen in kg	304,0	374,3	26,3	9,3	19,7	21,0	1,5	2,0	7,2	11,7	777,0
in %	39,1	48,2	3,4	1,2	2,5	2,7	0,2	0,3	0,9	1,5	100,0

Windbedarf.

Zu oxydieren sind:

1. Oxydation von Schwefel:

In 1000 kg Beschickung vorhanden . . . . 332 kg S
Gebunden im Stein . . . . 51 kg S
Gebunden in der Schlacke . . . . . . 7 kg S
Durch Dissoziation abgespalten $^1/_2$ des Pyritschwefels* . . . . 131 kg S

189 kg S   189 kg S

Es bleiben zu oxydieren 143 kg S . . 143 kg S

* Um bei der nachfolgenden Aufstellung der voraussichtlichen Wärmebilanz nicht zu günstig zu rechnen, muß angenommen werden, daß tatsächlich $^1/_2$ des Pyritschwefels als S-Dampf abgespalten wird und daher als Wärmequelle nicht in Rechnung gestellt werden darf. Wenn tatsächlich ein Teil dieses Betrages zur Verbrennung gelangt, so wird dadurch die Debetseite der Wärmebilanz verbessert (und allerdings der Windbedarf etwas vergrößert).

2. Oxydation von Eisen:

An Fe sind zu oxydieren . . . . 235 kg Fe

3. Oxydation von Arsen:

An As werden oxydiert zu As_2O_3 . . . . 14,6 kg As

Zur Oxydation werden benötigt für

$$143,0 \text{ kg S} + 143,0 \text{ kg } O_2 = 286,0 \text{ kg } SO_2$$
$$235,0 \text{ kg Fe} + 67,0 \text{ kg } O_2 = 302,0 \text{ kg FeO}$$
$$14,6 \text{ kg As} + \underline{4,7 \text{ kg } O_2} = 19,6 \text{ kg } As_2O_3$$
$$214,7 \text{ kg } O_2$$

$$214,7 \text{ kg } O_2 = 150,3 \text{ cbm } O_2 = 715,4 \text{ cbm Wind}$$
$$10\% \text{ Windüberschuß} \ldots = \underline{71,5 \text{ cbm Wind}}$$
$$\text{Zusammen} = 786,9 \text{ cbm Wind}$$

Der Windbedarf beläuft sich je 1000 kg Beschickung auf 786,9 cbm Normalwind (= bei 0° C und 760 mm Hg).

Abgasmenge:

1. 286,0 kg SO_2 . . . . 97,7 cbm SO_2
2. Stickstoffrest des verbrauchten Windes . . . . 565,1 cbm N_2
3. Windüberschuß (10 % der benötigten Windmenge) . . . . . . 71,5 cbm Wind
4. Wasserdampf aus 7,2 kg H_2O (entwässerte Silikate der Gangart)
            3,4 kg H_2O (Tongehalt des Zuschlages)
            1,4 kg H_2O (Brauneisengehalt des Zuschlages)
            12,0 kg H_2O . . . . 14,9 cbm H_2O

Abgasmenge = 749,2 cbm

Debetseite der Wärmebilanz.

1. Oxydation von 235 kg Fe zu FeO (1173 Cal/kg) . . . . 257 655 Cal
2. Oxydation von 143 kg S zu SO_2 (2164 Cal/kg) . . . . 309 452 Cal
3. Oxydation von 14,6 kg As zu As_2O_3 (1043 Cal/kg) . . . . 15 028 Cal
4. Bildung von 496 kg Basisschlacke (90 Cal/kg) . . . . 44 640 Cal
5. Bildung von 25 kg Schlacke vom Typus der Basisschlacke aus den 15,3 kg freiem FeO in der Beschickung . . . . 2 250 Cal

Debet = 629 025 Cal

Kreditseite der Wärmebilanz.

1. Wärmebedarf für die Dissoziation von 492 kg Pyrit zu FeS (550 Cal/kg)*   270 600 Cal
2. Totale Schmelzwärme für 217,6 + 14,0 = 231,6 kg Silikate in der Beschickung (520 Cal/kg)** . . . . 120 450 Cal
3. Wärmebedarf für Verdampfung von 12 kg H_2O aus den entwässerten Silikaten von Gangart und Zuschlägen sowie dem Brauneisen der Zuschläge . . . . 7 500 Cal
4. Abwärme in 777 kg Schlacke (325 Cal/kg) . . . . 252 525 Cal
5. Abwärme in 170 kg Stein (225 Cal/kg) . . . . 38 250 Cal

689 325 Cal

* Der Ansatz von 550 Cal/kg als Wärmebedarf für die Zerlegung von Pyrit ist lediglich erfahrungsmäßig geschätzt. da leider heute noch genaue Bestimmungen dieses sehr wichtigen Wertes fehlen.

** Der Ansatz von 520 Cal/kg als totale Schmelzwärme für Silikate vorliegender Art beruht auf einer Schätzung, die nach Vergleich mit untersuchten Silikaten ähnlicher Zusammensetzung fußt.

Übertrag: 689325 Cal

6. Abwärme im Abgas bei 350° C Abgastemperatur:

97,7 cbm SO_2 (mittl. spez. W. — 350 = 0,4407) .	15046 Cal
565,1 cbm N_2 (0,3103)	61313 Cal
71,5 cbm Windüberschuß (0,3103)	7758 Cal
14,9 cbm Wasserdampf (0,3763)	1982 Cal
749,2 cbm	86099 Cal

749,2 cbm Abgas . . . . 86100 Cal

7. Dazu 20 % dieses Betrages als Wärmeverluste durch Kühlwasser der Wasserkästen, Abstrahlung, Leitung usw. usw. . . . . 15509 Cal

8. Dazu außerdem für
   a) Dissoziation aller bislang nicht berücksichtigten Sulfide,
   b) Abspaltung des Silikatwassers aus den wasserhaltigen Silikaten der Beschickung und des Konstitutionswassers aus dem Brauneisen des Zuschlages,
   c) Verdampfungswärme von 19,6 kg As_2O_3,
   d) Totale Schmelzwärme von 17,4 kg ZnS,
   e) Totale Schmelzwärme von 7,1 kg Fe_2O_3,
   f) Abwärme in den anfallenden Flugstauben

geschätzt = 100000 Cal   100000 Cal
Kredit = 890934 Cal

Debet	629025 Cal	Kredit	890934 Cal
Debetsaldo	261909 Cal		
	890934 Cal		890934 Cal

Zusatzbrennstoffbedarf.

Der untere Heizwert von 1 kg Zusatzbrennstoff (bei 90 % C) betrage 7500 Cal. 1 kg solchen Zusatzbrennstoffes liefert bei der Verbrennung 3,30 kg CO_2.

Erzeugte Wärmemenge je 1 kg verbrannten Zusatzbrennstoffes . . . . 7500 Cal
Abwärme von 3,30 kg CO_2 bei einer Abgastemperatur von 350° C (mittl. spez. W. — 350 = 0,225 Cal/kg CO_2) . . . . 260 Cal

Nutzbar im Schachtofen je kg Zusatzbrennstoff 7240 Cal
(Asche des Zusatzbrennstoffes vernachlässigt)

Zur Abdeckung des Debetsaldos von 261909 Cal sind daher erforderlich: rund 36 kg Zusatzbrennstoff je 1000 kg Beschickung oder

3,6 % Zusatzbrennstoff, bezogen auf die brennstofffreie Beschickung.

Antwort 1: Frage 1 ist zu bejahen. Es ist möglich, unter den gestellten Bedingungen einen 30 proz. Stein zu erschmelzen. Jedoch erweist die rechnerische Wärmebilanz, daß der Schmelzprozeß unter solchen Umständen sich scharf an der Grenze dessen abspielt, was bei unmittelbarer Verhüttung überhaupt erreicht werden kann.

Antwort 2: Der Zusatzbrennstoffbedarf beträgt rund 36 kg je 1000 kg Beschickung.

Dem Inhalt der Antwort 1 ist zu entnehmen, daß es dringend ratsam erscheint, wenn ein geordneter Ofengang sichergestellt werden soll,

entweder mit größerer Windmenge zu arbeiten, d. h. einen metallreicheren Stein zu erschmelzen,

oder sich doch dazu zu entschließen, den Einsatz an Agglomeraten herabzusetzen.

Der Erfolg, der durch Arbeiten mit größerer Windmenge erreicht werden kann, ergibt sich bei Erschmelzung von beispielsweise 35 proz. Stein folgendermaßen:

Gleiche Berechnung für 35 proz. Stein.

In die Basisschlacke gehen	Fe	=	250,8 kg	statt	235,2 kg
	Cu	=	1,8 kg	statt	1.5 kg
In den Stein gehen:	Cu	=	50,8 kg	statt	51,1 kg
	Fe	=	52,1 kg	statt	67,7 kg
Steinanfall:	Stein	=	145,0 kg	statt	170,0 kg
Quarzitbedarf:	SiO_2-Bedarf . .	=	203,0 kg	statt	189,0 kg
	Erforderlicher SiO_2-Zuschlag	=	160,0 kg	statt	146.0 kg
	Quarzitbedarf .	=	185,0 kg	statt	169,0 kg
Schlackenanfall:	Basisschlacke .	=	531,0 kg	statt	496,0 kg
	Ballastschlacke	=	283,0 kg	statt	281,0 kg
	Schlackenanfall	=	814,0 kg	statt	777,0 kg
Windbedarf:	O_2-Bedarf . . .	=	228,7 kg	statt	214,7 kg
		=	160,0 cbm	statt	150,3 cbm
	Als Wind . . .	=	762,1 cbm	statt	715,4 cbm
	+ 10 % . .	=	76,2 cbm	statt	71,5 cbm
	Windbedarf	=	838,3 cbm	statt	786,9 cbm
Abgasmenge:	SO_2	=	103,9 cbm	statt	97,7 cbm
	Stickstoffrest .	=	602,1 cbm	statt	565,1 cbm
	Windüberschuß	=	76,2 cbm	statt	71.5 cbm
	Wasserdampf .	=	15,4 cbm	statt	14,9 cbm
	Abgasmenge	=	797,6 cbm	statt	749,2 cbm

Wärmebilanz:

Debet		Kredit	
Pos. 1	294 423 Cal	Pos. 1	270 600 Cal
,, 2	328 928 ,,	,, 2	121 160 ,,
,, 3	15 028 ,,	,, 3	7 750 ,,
,, 4	47 790 ,,	,, 4	264 550 ,,
,, 5	2 250 ,,	,, 5	32 625 ,,
	688 419 Cal	,, 6	91 622 ,,
		,, 7	15 766 ,,
Debetsaldo . .	215 654 Cal	,, 8	100 000 ,,
	904 073 Cal		904 073 Cal

Zusatzbrennstoffbedarf: je 1000 kg Beschickung 29,8 kg oder 3 % statt 3,6 %, bezogen auf die zusatzbrennstofffreie Beschickung.

Bei Erschmelzung eines 35 proz. statt 30 proz. Steines aus der in Rede stehenden Beschickung beläuft sich also der

Mehrverbrauch an Wind je 1000 kg Beschickung auf . . . . 52 cbm
Wenigerverbrauch an Zusatzbrennstoff je 1000 kg auf . . . 6,2 kg

Tatsächlich wird natürlich eine Sicherstellung des Ofenganges gegenüber der Arbeit auf 30 proz. Stein nur dann erreicht, wenn auf das Weniger an Zusatzbrennstoff und eine etwaige dabei erzielte geldliche Ersparnis verzichtet wird,

d. h. wenn nicht 3 %, sondern 3,6 % Zusatzbrennstoff gegichtet werden. Natürlich muß Wind in hinreichender Menge zur Verfügung stehen.

Metallgehalt des Steines und Wirtschaftlichkeit der Schachtofenarbeit. Schon der vorstehende Vergleich zeigt, daß selbst bei ungünstiger Beschaffenheit der Beschickung oder — wie der Hüttenmann sagt — bei „schwerem Satz" eine Heraufsetzung des Metallgehaltes der zu erschmelzenden Steine wirtschaftliche Vorteile bringen kann, da ja im allgemeinen — um die Werte des vorstehenden Vergleiches noch einmal heranzuziehen — die Förderung von 52 cbm Gebläsewind weniger kostet, als 6,2 kg Anthrazit oder Koks. So erscheint es leicht verständlich, daß, je günstigere Bedingungen für die Schachtofenarbeit vorliegen, die Ersparnisse an Schmelzkosten, die erzielt werden können, um so größer ausfallen, je hochwertigerer Stein erschmolzen wird.

Es ist früher vielfach so gearbeitet worden, daß im Schachtofen zunächst ein verhältnismäßig armer Stein von etwa 10—15 % Metallgehalt erschmolzen wurde und dieser Stein, nachdem er erkaltet und gebrochen war, dann einem nochmaligen Konzentrationsschmelzen im Schachtofen unterworfen wurde, wobei er auf 30—40, ja bis 50 % Metallgehalt gebracht wurde. Erstens ist solche Arbeitsart nur bei sehr hochwertiger Beschickung, d. h. bei hohem Gehalt der Erze an Sulfidschwefel und an Sulfideisen möglich, denn andernfalls besteht bei Anfall armen Steines die Gefahr des Einfrierens (vgl. S. 208). Zweitens aber — und das ist der viel bedeutsamere Umstand — ist solche Arbeit in höchstem Maße unwirtschaftlich. Die gesamte, dem ersten Steine, der wegen seiner Metallarmut auch in reichlicher Menge anfällt, innewohnende Wärmemenge geht für die Schmelzarbeit verloren und muß natürlich durch Zusatzbrennstoff wieder ausgeglichen werden, ganz abgesehen von den Kosten für Brechen des Steines, Transport zur Gichtbühne des Konzentrationsschachtofens, für die Belegschaft des Konzentrationsofens und für Abschreibung seiner Anschaffungskosten sowie Deckung seiner Reparaturen. Es ist diese früher geübte Art des Rohsteinschmelzens wohl nur daraus zu erklären, daß bei Aufstellung von Öfen für unmittelbare Verhüttung die Gebläse unterdimensioniert worden sind und man erst durch jahrelange Erfahrung praktisch ermitteln mußte, welche Arbeitsleistung man einem Schachtofen bei unmittelbarem Steinschmelzen tatsächlich zumuten kann. An und für sich steht ganz und gar nichts dem im Wege, im Schachtofen auch einen 60 proz. Rohstein zu erschmelzen, wenn für hinreichende Windmenge und für genügend hohen Ofenschacht, d. h. für genügende Pressung gesorgt wird. Daß man praktisch niemals im Schachtofen auf 60 proz. Stein arbeitet, liegt daran, daß erstens solcher Stein beim Verblasen zu wenig Wärme für den Verblaseprozeß liefern und daß zweitens die Metallverluste in der Schlacke zu groß werden würden, da ja nicht dauernd die gesamte Schlacke in den Schmelzprozeß zwecks Entkupferung oder Entnickelung zurückkehren kann, sondern schließlich auch einmal Schlacke abgesetzt werden muß.

Je wärmetechnisch ungünstiger eine Beschickung für den Schachtofen ist, um so mehr sinken die Kosten der Rohsteinarbeit mit steigendem Metallgehalt der erschmolzenen Steine, wobei die praktische Höchstgrenze der Grädigkeit der Rohsteine im allgemeinen bei 40—45 % liegt.

Nur ein einziger Grund kann auch heute noch zweigängiges Rohsteinschmelzen, d. h. Erschmelzen eines armen Rohsteines und Konzentrieren desselben im

Schachtofen rechtfertigen bzw. sogar erforderlich machen: ein hoher Gehalt an Edelmetallen in der Beschickung. Bei beträchtlichem Edelmetallgehalt (etwa 8 g Au je Tonne oder 750 g Ag je Tonne) der Beschickung treten, wofern sofort auf metallreichen Stein gearbeitet wird, zu hohe und wirtschaftlich nicht verantwortbare Verluste an Edelmetall in den Schlacken ein. Solche Beschickung wird daher zweckmäßig zunächst auf 15—18 proz. Metallstein verschmolzen, dessen Schlacke abgesetzt werden kann und der selbst dann in einem besonderen Schachtofen auf 40—50 % Metallgehalt konzentriert wird. Um den Metallgehalt der bei der Konzentrationsarbeit anfallenden Schlacke möglichst niedrig zu halten, ist es empfehlenswert, nötigenfalls im Konzentrationsschachtofen so viel Kalkstein zuzuschlagen, daß eine Schlacke mit 8—10 % CaO anfällt, die meist gut dünnflüssig ist und daher nur verhältnismäßig wenig Reichstein suspendiert zurückhält. Die beim Konzentrieren anfallende Schlacke kehrt sämtlich zur Armsteinarbeit zurück und wird in deren Verlauf entgoldet und entsilbert, so daß auch sie abgesetzt werden kann. Die Auffindung des zweckmäßigsten Metallgehaltes des Armsteines, d. h. desjenigen Armsteines, der billigste Schmelzkosten und geringste Edelmetallverluste in der Schlacke in sich vereint, ist eine von Fall zu Fall anzustellende einfache Rechenaufgabe, deren Ergebnis vom Charakter der beim Armsteinschmelzen anfallenden Schlacken abhängig ist.

Beispiele aus der Schachtofenpraxis der unmittelbaren Verhüttung.

Unter der großen Anzahl von Einzelmitteilungen über die unmittelbare Verhüttung im Schachtofen, die vorliegen, sind leider nur die wenigsten so eingehend gehalten, daß sie vergleichend ausgewertet werden können und ein klares Bild der jeweiligen Arbeitsart liefern[1].

Nachstehend seien fünf besonders kennzeichnende Beispiele aufgeführt, und zwar die Erschmelzung von

1. 10 proz. Kupferstein	in der Hütte der Tennessee Copper Co. in Ducktown, Tennessee;
2. 30 proz. Kupferstein	aus der Praxis des Verfassers in der v. Siemensschen Kupferhütte in Kwarzchana, türk. Transkaukasus;

---

[1] Oftmals fehlen nähere Angaben über die verschmolzenen Erze oder über die angewandten Windmengen u. dgl. oder es liegen offensichtlich irrtümliche Mitteilungen vor wie z. B. die Angabe in der nachfolgend genannten Arbeit von Asejew, deren Windmengenberechnung auf der unmöglichen Förderung von 10 000 cbm Wind gegen eine Pressung von 1750—2200 mm Wassersäule mittels eines Turbogebläses von nur 600 PS beruht. Die wichtigsten Arbeiten mit lückenhaften Angaben aus der Praxis seien nachstehend aufgeführt, da doch diese oder jene Angabe für die eine oder andere in der Praxis auftretende Frage von Wert sein kann. Brinsmade, R. B.: Copper Smelting in Utah. Mines and Minerals, Nov. 1907. — Copper Smelting of the Amer. Smelting and Refining Co. at Garfield. Mines and Minerals, Febr. 1908. — Paul, W.: Über die Kupferindustrie Japans. Metallurgie Jg. 5, S. 495—502, 1908. — Offerhaus, C.: Anaconda-Schachtofen-Praxis im Verschmelzen von Kupfererzen. Metallurgie Jg. 6, S. 596—605, 1909. — Copper Blast-Furnace Smelting at Anaconda. Engg. Min. J. Bd. 88, S. 243—250, 1909. — Morgan, K. R.: The Tennessee Copper Co. in Ducktown, Tennessee. Mining and Scientific Press Bd. 101, S. 675—677, 1911. — Asejew: Die Kupfergewinnung im Bergbezirk Kishtym. Metallurgie Jg. 10 (N. F. 1), S. 108—119, 1913. — Stören, R.: Beobachtungen beim Pyritschmelzen. Metall u. Erz Jg. 12, S. 200—206, 220—226, 241—250, 1915. — Eissler, M.: Copper Smelting in Japan. Transactions Amer. Inst. Ming. Eng. Bd. 51, S. 700—742, 1916. — Mason, Ch. F.: The Hidachi Copper Smelter. Engg. Min. J. Bd. 111, S. 55—57, 1921.

3. 15proz. Kupferstein — in der Hütte der Mount Lyell Mining and Railway Co. in Mt. Lyell, Tasmania;

4. edelmetallhaltigem Bleikupferstein — in der Hütte zu Blagodatny, Kreis Jekaterinburg, Ural, 34,1 km nordöstlich von Jekaterinburg;

5. goldreichem Kupferstein aus Erzen, deren Bruttowert zu 85 % in ihrem Au-Gehalt liegt — in der Hütte der Luster Mining and Smelting Co. nahe Santa Maria del Oro, 90 km von Rosario, Durango, Mexiko.

Vergleich der Schachtöfen und ihrer Leistungen in den genannten fünf Hüttenwerken.

	Tennessee Copper Co.[1]	v. Siemens Kwarzchana	Mt. Lyell Tasmania[2]	Blagodatny, Ural[3]	St. Maria del Oro, Mexiko[4]
1. Ausmaße der Düsenebene in mm	1420 × 4570	1100 × 3000	1067 × 5334	$\varnothing = 1000$	1020 × 6810
2. Anzahl der Düsen in Stck.	26	20	40	6	32
3. Düsendurchmesser in mm	100	100	76	100	127
4. Gesamt-Düsenquerschnitt in qdcm je qm Düsenebene	3,15	4,79	3,15	6,00	1,86
5. Abstand Düsenebene bis Gichtbühne in mm	5485	5465	3570	3870	3040
6. Höhe der Beschickungssäule über der Düsenebene in mm	4260	3500	2900	1900	2130
7. Gesamt-Durchsatz in 24 Std. in t	rund 446	rund 325	rund 270	rund 66,35	rund 180
8. Gesamt-Windmenge je Min. in cbm	481	350	300	38,25	354
9. Windmenge je Min./qm Düsenebene in cbm	74	106	52	49	50
10. Windmenge je t Beschickung in cbm	1553	1551	1600	839,1	2832
11. Windpressung in mm Wassersäule	2200	1800	1500	1050	? 400
12. Zusatzbrennstoff in % der zusatzbrennstofffreien Beschickung	2,9—3,3	2,8—3,0	2,4—2,8	4,9—6,3	rund 10
13. Metallgehalt der erschmolzenen Steine	rund 10 % Cu	rund 30 % Cu	rund 15 % Cu	15,3 % Cu +11,4 % Pb	rund 15 % Cu

1. Tennessee Copper Co.:

a) Roherze:

	Burra Burra Mine Erz	Polk County Mine Erz
Cu	2,13 %	2,40 %
Fe	37,60 %	33,80 %
S	30,27 %	20,40 %
Mn	0,40 %	0,38 %
Zn	1,86 %	0,40 %
CaO	6,67 %	7,12 %
MgO	1,57 %	2,09 %
Al_2O_3	3,88 %	3,72 %
SiO_2	9,39 %	20,68 %
	93,77 %	90,99 %

[1] Alabaster, R. C., u. F. H. Wintle: Pyritic Smelting. Transactions Inst. Mining Metallurgy, London Bd. 15, S. 269—298, 1905/06.

[2] Report of the Secretary of Mines of Australia in „The Mineral Industry" 1903.

[3] Ortin, M. F.: Die Verschmelzung gold- und silberhaltiger Kupfererze auf den Blagodatny-Werken. Metallurgie Jg. 10 (N. F. 1), S. 543—554, 586—595, 612—628.

[4] Linton, R.: Mining and Scientific Press 1909 (Santa Maria del Oro betreffend).

b) Stoffbilanz im Schachtofen:

Einsatz	Einsatz in kg	Gehalt des Einsatzes bezw. Ausgebrachten in kg an:								
		Cu	Fe	S	Zn	Mn	CaO	MgO	Al_2O_3	SiO_2
Polk-Co.-Erz . .	1000	24,0	338,0	204,0	28,1	3,8	71,2	20,9	37,2	206,8
Burra Burra-Erz	3000	63,9	1128,0	908,1	55,8	12,0	200,1	47,1	116,4	281,7
Quarzit	700	—	—	—	—	—	—	—	—	679,0
Zusammen	4700	87,9	1466,0	1112,1	83,9	15,8	271,3	68,0	153,6	1167,5

Ausgebracht	Ausgebracht in kg	Cu	Fe	S	Zn	Mn	CaO	MgO	Al_2O_3	SiO_2
Stein	772	79,1	416,3	196,2	12,8	3,3	—	—	—	3,8
Schlacke	2655	6,2	982,0	38,9	54,4	9,4	256,8	62,2	146,3	1096,0
Flugstaub . . .	187	2,6	67,7	—	16,7	3,1	14,5	5,8	7,3	67,7
S im Abgas . .	—	—	—	877.0	—	—	—	—	—	—
Zusammen	—	87,9	1466,0	1112,1	83,9	15,8	271,3	68,0	153,6	1167,5

c) Zusammensetzung der erschmolzenen Produkte:

Stein		Schlacke	
Cu	= 10,24 %	Cu . . .	= 0,21 %
Fe	= 53,90 %	FeO . . .	= 42,73 %
S	= 25,41 %	SiO_2 . . .	= 37,18 %
Zn	= 1,66 %	ZnO . . .	= 2,30 %
Mn	= 0,43 %	MnO . . .	= 0,41 %
SiO_2 . . .	= 0,48 %	CaO . . .	= 8,71 %
	92,12 %	MgO . . .	= 2,11 %
		Al_2O_3 . . .	= 4,96 %
		S	= 1,32 %
			99,93 %

2. Hüttenwerk Kwarzchana, türk. Transkaukasus:

a) Roherze:

Erz	Sorte 1	Sorte 2	Sorte 3
Cu	3,3 %	6,4 %	3,8 %
Fe	42,3 %	36,3 %	36,3 %
S	38,5 %	43,5 %	40,6 %
Zn	2,7 %	3,7 %	2,6 %
CaO . . .	1,5 %	1,8 %	2,4 %
Al_2O_3 . . .	1,6 %	0,8 %	2,6 %
SiO_2 . . .	7,6 %	5,8 %	8,8 %
	97,5 %	98,3 %	97,1 %

b) Stoffbilanz im Schachtofen:

Einsatz	Einsatz in kg	Gehalt des Einsatzes bezw. Ausgebrachten in kg an:						
		Cu	Fe	S	Zn	CaO	Al_2O_3	SiO_2
Erz Sorte 1 . . .	300	9,9	126,9	115,5	8,1	4,5	4,8	22,8
Erz Sorte 2 . . .	200	12,8	72,6	87,0	7,4	3,6	1,6	11,6
Erz Sorte 3 . . .	150	5,7	54,5	60,9	3,9	3,6	3,9	13,2
Quarzit	135	—	5,2	—	—	—	6,3	119,0
Zusammen	785	28,4	259,2	263,4	19,4	11,7	16,6	166,6

Ausgebracht	Ausgebracht in kg	Cu	Fe	S	Zn	CaO	Al_2O_3	SiO_2
Stein	91	27,4	30,1	27,0	6,3	—	—	—
Schlacke	445	0,9	194,4	0,3	5,3	10,9	12,9	158,7
Flugstaub	59	0,1	34,7	2,1	7,8	0,8	3,7	7,9
S im Abgas	—	—	—	234.0	—	—	—	—
Zusammen	—	28,4	259,2	263,4	19,4	11,7	16,6	166,6

c) Zusammensetzung der erschmolzenen Produkte:

Stein		Schlacke	
Cu	= 30,1 %	Cu	= 0,2 %
Fe	= 33,1 %	FeO	= 56,8 %
S	= 29,7 %	SiO_2	= 36,0 %
Zn	= 6,9 %	ZnO	= 1,5 %
	99,8 %	CaO	= 2,5 %
		Al_2O_3 . . .	= 2,9 %
			99,9 %

3. Hütte in Mount Lyell, Tasmania:

a) Roherz:

Pyrit mit Cu	= 2,35 %
Fe	= 40,30 %
S	= 46,50 %
$BaSO_4$ . .	= 2,50 %
Al_2O_3 . . .	= 2,00 %
SiO_2 . . .	= 4,40 %
	98,05 %

b) Steine:

Armstein	Konzentrationsstein
Cu = 15,0 %	Cu = 50,0 %

c) Schlacken:

Erste Rohstein-schlacke		Konzentrations-schlacke	
Cu	= 0,25 %	Cu	= 0,35 %
FeO . . .	= 50,67 %	FeO . . .	= 43,40 %
SiO_2 . . .	= 36,66 %	SiO_2 . . .	= 41,70 %
CaO . . .	= 1,20 %	CaO . . .	= 8,16 %
BaO . . .	= 1,90 %	BaO . . .	= 0,16 %
Al_2O_3 . . .	= 7,47 %	Al_2O_3 . . .	= 5,46 %
	98,15 %		99,23 %

4. Hüttenwerk Blagodatny, Ural:

a) Roherz: Pyrite mit Kupferkies, Bleiglanz und Quarz.

Cu	= 1,5— 2,0 %
Fe	= 14,0—15,0 %
S	= 14,0—15,0 %
Pb	= 1,0— 1,5 %
SiO_2	= 60,0—70,0 %
Ag	= 130—156 g/t
Au	= 13— 15,6 g/t

Aus diesen Erzen werden von Hand die grobstückigen Kupfererze ausgeklaubt. Die verbleibenden Mischerze werden nochmals am Klaubetisch in sog. sortierte Cu-Erze und Pb-Erze geschieden. Walnußgroßes Gut geht auf Grobkornsetzmaschinen und wird dort konzentriert.

Beschickung des unmittelbar verhüttenden Schachtofens:

	Aufbereitete Fördererze			Flammofen-schlacke	Konzen-trations-schlacke
	Geklaubte Grobkiese	Sortierte Kiese	Setzmaschinen-produkt		
Cu . . . . . %	2,4	2,9	3,2	11,4	1,5
Pb . . . . . %	1,0	1,0	2,5	22,4	3,0
Fe . . . . . %	35,7	31,7	25,3	20,8	36,0
S . . . . . %	42,5	35,3	28,2	—	1,0
CaO . . . . %	—	—	—	—	10,0
SiO_2 . . . . %	15,5	26,6	34,2	22,3	25,0
Ag . . . . . g/t	335,6	326,6	450,8	—	—
Au . . . . . g/t	35,14	31,90	40,30	—	—

Wegen des hohen Edelmetallgehaltes werden die Erze zweigängig verschmolzen, und zwar in folgender Weise:

1. Unmittelbares Verschmelzen auf Rohstein mit 16—18 % Cu, und 11—12 % Pb:
2. Abrösten des Kupferbleisteines;
3. Verschmelzen auf Spurstein (Schachtofen) mit 55 % Cu und 19 % Pb sowie Werkblei mit 0,9 % Au, aber nur 1,3 % Ag;
4. Abrösten des Spursteines;
5. Schwarzkupferschmelzen im Flammofen (95—96 % Cu);
6. Raffinieren des Schwarzkupfers.

Von diesen Schmelzgängen interessiert an dieser Stelle lediglich der erste.

b) Stoffbilanz im Schachtofen:

Einsatz	Einsatz in kg	Gehalt des Einsatzes bzw. Ausgebrachten in kg an:					
		Cu	Pb	Fe	S	CaO	SiO_2
Geklaubte Grobkiese	2047	49	21	812	863	—	314
Sortierte Kiese	2866	83	28	909	1012	—	792
Setzmaschinenprodukt . . .	8190	262	205	2072	2309	—	2800
Flammofenschlacke	819	94	183	170	—	—	183
Konzentrationsschlacke . . .	2458	28	74	884	24	245	614
Kalkstein (52 % CaO) . . .	3238	—	—	—	—	1684	—
Zusammen	19618	516	511	4847	4208	1929	4703

Ausgebracht	Ausgebracht in kg						
Stein	3367	516	384	1625	842	—	—
Schlacke	10820	—	40	3222	—	1929	4703
S im Abgas	—	—	—	—	3366	—	—
Zusammen	—	516	424	4847	4208	1929	4703

c) Zusammensetzung der erschmolzenen Produkte:

<table>
<tr><td colspan="2" align="center">Stein</td><td colspan="2" align="center">Schlacke</td></tr>
<tr><td>Cu . . . .</td><td>= 15,3 %</td><td>FeO . . .</td><td>= 38,31 %</td></tr>
<tr><td>Pb . . . .</td><td>= 11,4 %</td><td>CaO . . .</td><td>= 17,83 %</td></tr>
<tr><td>Fe . . . .</td><td>= 48,3 %</td><td>PbO . . .</td><td>= 0,39 %</td></tr>
<tr><td>S . . . .</td><td>= 25,0 %</td><td>SiO_2 . . .</td><td>= 43,47 %</td></tr>
<tr><td></td><td>100,0 %</td><td></td><td>100,00 %</td></tr>
</table>

Schlacken mit SiO_2 = 42—43 %, FeO = 30—32 %, CaO = 15—18 % sind rot, strengflüssig und zähe;

mit SiO_2 = 36—37 %, FeO = 38—40 %, CaO = 15—16 % sind weiß, leichtflüssig und brechen kurz.

Besonders günstig erwies sich ein Verhältnis von

$$SiO_2 : FeO : CaO = 39 : 35 : 16 .$$

d) Metallverluste in den Schlacken und Stäuben:

Verlust an Cu = 11,3 % des eingesetzten Gesamt-Cu
Pb = 25,0 % ,, ,, ,, Pb
Ag = 11,5 % ,, ,, ,, Ag
Au = 6,4 % ,, ,, ,, Au

5. Hütte in Santa Maria del Oro, Durango, Mexiko:

a) Roherze:

	% Fe	% S	% Cu	% CaO	% MgO	% Al₂O₃	% SiO₂	g/t Au
Sulfidische Erze	40,0	35,0	1,1	2,0	2,0	3,0	18,0	12,05
Kieselige sulfidische Erze	26,0	19,0	0,9	3,0	2,0	7,0	42,0	19,57
Oxydische Erze	13,0	2,0	0,5	2,0	3,0	4,0	62,0	18,06
Kalke	5,0	2,0	0,2	48,0	2,0	3,0	9,0	4,25

b) Stoffbilanz im Schachtofen:

Einsatz	Ein-satz in kg	Fe	S	Cu	CaO +MgO	Al₂O₃	SiO₂	Gehalt in g Au
Sulfidische Erze	109	43,6	38,2	1,199	4,4	3,3	19,6	1,313
Kieselige sulfidische Erze	697	181,2	132,4	6,273	34,9	48,8	292,8	13,640
Oxydische Erze	113	14,7	2,3	0,565	5,7	4,5	70,0	2,041
Kalkstein	81	4,0	1,6	0,016	40,6	2,4	7,3	0,366
Armer Retourstein	30	17,7	9,6	1,756	—	—	—	2,068
Koks	115	2,3	—	—	—	2,3	6,9	—
Zusammen	1145	263,5	184,1	9,809	85,6	61,3	396,6	19,428

Ausgebracht	Ausge-bracht in kg	Fe	S	Cu	CaO +MgO	Al₂O₃	SiO₂	Gehalt in g Au
Stein	62	35,3	17,3	8,309	—	—	—	17,390
Schlacke	825	221,2	17,0	0,964	83,2	53,2	386,6	1,022
Flugstaub	30	7,0	1,8	0,536	2,4	8,1	10,0	1,016
S im Abgas	—	—	148,0	—	—	—	—	—
Zusammen	—	263,5	184,1	9,809	85,6	61,3	396,6	19,428

c) Zusammensetzung der erschmolzenen Produkte:

Stein		Schlacke	
Cu	= 15,0 %	FeO	= 34,4 %
Fe	= 57,1 %	SiO₂	= 46,9 %
S	= 27,9 %	CaO + MgO	= 10,1 %
	100,0 %	Al₂O₃	= 6,4 %
		S	= 2,1 %
Au	= 281,4 g/t	Cu	= 0,13 %
			100,03 %
		Au	= 1,33 g/t

d) Ausbringen an Edelmetall:

Angesammelt im Stein	89,51 %	des Au-Einsatzes
Vorhanden im Flugstaub	5,23 %	„ „
Abgesetzt mit der Schlacke	5,26 %	„ „
	100,00 %	

Das im Flugstaub vorhandene Au liegt in einer Form vor, in der es wieder gewonnen werden kann, sei es, durch Laugerei, sei es durch Verarbeitung des Flugstaubes auf feuerflüssigem Wege.

Rechnet man, daß von dem in Gestalt von Flugstaub vorliegenden Au 89 % wiedergewonnen werden können, so ergibt sich die Gewinnbarkeit des Edelmetallgehaltes der Erze zu:

Gewinnbares Au = 94,17 % des Au-Gehaltes der Erze,
Verlust an Au = 5,83 % des Au-Gehaltes der Erze.

Im Laufe der Zeit haben bei einer ganzen Reihe von Werken, die sulfidische Erze auf unmittelbarem Wege zugute machten, Umbauten stattgefunden, die

Vergleich weiterer typischer Schachtofen-Betriebsergebnisse.

	Cananea Cons. Copper Co.	Balaklala Cons. Copper Mfg. Co.	Tennessee Copper Co.	Bully Hill Copper M. & Sm. Co.	Cons. Arizona Copper Co.	Mount Lyell Ming. & Railway Co.	Anaconda Copper Mining Co.
Oberer Schachtquerschnitt in mm	2134×5335	1829×6096	1829×6858	1524×5080	1829×4318	1600×5867	1829×26518
Schachtquerschnitt in der Düsenebene in mm	1219×5335	1422×6096	1422×6858	1168×5080	1219×4318	1372×5334	1422×26518
Düsenebene in qdcm	650,33	866,84	975,22	593,34	526,40	731,90	3770,8
Oberer Schachtquerschnitt : Schachtquerschnitt in der Düsenebene	1,75	1,29	1,28	1,30	1,50	1,28	1,28
Bauhöhe über der Düsenebene in mm	3099	4496	5562	2743	3810	7188	4064
Oberkante des Tiegels bis Düsenebene in mm	660	813	597	610	508	800	152,4
Anzahl der Düsen	36	46	25	30	22	24	150
Querschnitt der Düsen in mm	$\varnothing = 127{,}0$	$\varnothing = 101{,}6$	$\varnothing = 114{,}3$	$\varnothing = 127{,}0$	$\varnothing = 101{,}6$	381×88,9	$\varnothing = 101{,}6$
Düsenebene : Gesamt-Düsenquerschnitt	10,09	6,22	4,42	9,36	4,87	16,00	4,65
Mittlerer Durchsatz von Erz + Zuschlag/24 Std. in t	252,0	782,7	404,5	344,7	292,0	362,8—507,9	1269,8
Durchsatz von Erz + Zuschlag je qdcm Düsenebene in 24 Std. in kg	387,5	902,9	414,8	581,0	554,8	495,8—694,0	336,7
Gewicht einer Gicht in kg	4679	6350	8165	2268	3629	1898—2123	6350
Gewicht einer Gicht je qdcm Düsenebene in kg	7,195	7,326	8,372	3,822	6,894	2,594—2,901	1,684
Cu in der Beschickung in %	6,91	2,23	1,78	3,0	3,7	2,15	6,79
S in der Beschickung in %	16,66	29,70	22,70	23,0	28,8	25—30	13,80
Koks, bezogen auf (Erz + Zuschlag) %	9,0	5,0	5,73	7,0	9,3	3—5	8,7
Asche im Koks in %	17,0	10—12	13,8	18,0	16—18	17,0	15,77
Windmenge in cbm/Min.	306,0	1019,3	573,4	537,6	461,2	509,65	2534,0
Windmenge je qdcm Düsenebene in Liter/Min.	407,6	1176	587,9	906,7	876,3	696,4	676,3
Windpressung in mm H_2O	750	1665	1975	1580	1050	2800	1750
Aus der Beschickung entfernter S in % des Gesamtschwefels	77,6	85,0	76,6	80,0	75,0	95—97	70,58
Cu im Stein in %	33,7	12,4	10,0	30,0	18—22	45—52	43
Schlacke SiO_2	37,5 %	38,2 %	44,5 %	30,0 %	42,2 %	35—38 %	39,3 %
FeO + MnO	33,2 %	38,5 %	39,7 %	27,0 %	39,4 %	48—40 %	24,8 %
CaO + MgO	13,7 %	12,5 %	9,9 %	12,0 %	7,0 %	3—3,5 %	25,2 %
Al_2O_3	9,1 %	6,0 %	6,2 %	11,0 %	4,0 %	0,5—8,3 %	6,2 %
ZnO	—	—	1,5 %	—	—	1,2—1,5 %	
S	?	?	1,2 %	?	?	BaO=2—3%	?
Cu	0,36 %	0,15 %	0,21 %	0,30 %	0,29 %	0,4—0,3 %	0,3 %
Spez. Gew. des Steines	?	?	4,6	?	4,62	4,7—5,0	5,2
Spez. Gew. der Schlacke	?	?	3,34	?	3,54	3,6—3,75	3,3
Kühlwasser für die Wasserkästen in cbm/Std.	8,1	?	?	?	?	83,16	258,55
Kühlwasser f. d. Wasserkästen je qdcm Düsenebene, Lit./Std.	1,09	?	?	?	?	113,6	68,57

teils zu Betriebsverbesserungen führten, teils lediglich die Kapazität der Werke vergrößerten.

In vorstehender Tabelle sind daher auch noch andere Werke zum Vergleich herangezogen.

Die wichtigsten Schachtofentypen.

Für unmittelbare Verhüttung sulfidischer Erze und Hüttenprodukte kommen heute lediglich Wassermantelöfen in Frage. Die Höhe über der Düsenebene, bis zu der der Wassermantel hinaufreicht, schwankt zwar; stets aber ist die Schmelzzone wasserbemantelt und meist die Oxydationszone gleichfalls.

Für die grundsätzliche Gestaltung des als Schachtofen dienenden Raumes ist die Höhe und die Weite (Abstand gegenüberliegender Längsseiten) von ausschlaggebender, die Länge (Längsachse parallel den Düsenreihen) nur von untergeordneter Bedeutung. Die Hauptabmessungen, die beim Bau eines Schachtofens zunächst festgelegt werden müssen, sind daher der gegenseitige Abstand zweier gegenüberliegender Düsen, d. h. die Weite des Ofens in der Düsenebene und das Verhältnis des oberen Schachtquerschnittes zur Düsenebene.

Der gegenseitige Abstand zweier gegenüberliegender Düsen muß stets so bemessen sein, daß der aus den Düsen aus- und in die Beschickung eintretende Wind von jeder Düse aus bis in die Mitte des Ofenschachtes hineinblasen kann, da sich anderenfalls in der Längsachse des Ofens eine nicht hinreichend vom Winde erfaßte Wand ausbildet, ein „toter Mann", der langsamer niederschmilzt als die übrige Beschickung. Für die zweckmäßige Ofenweite in der Düsenebene ist natürlich die ganze Beschaffenheit der Beschickung im Ofeninnern von bestimmendem Einfluß, und es ist daher unmöglich, irgendwie auf rechnerischem Wege die günstigste Weite in der Düsenebene zu bestimmen. Einzig und allein die Erfahrungen, die bei verschiedenen Arten von Beschickung mit verschieden weiten Öfen gemacht worden sind, können hier sprechen. Wenn man von der Betrachtung runder Schachtöfen absieht, die für unmittelbare Verhüttung unter allen Umständen vermieden werden sollten, so hat sich gezeigt, daß man bei rechteckigen Schachtöfen möglichst nicht unter 1000 mm Schachtweite in der Düsenebene heruntergehen soll und andererseits 1500 mm Schachtweite an dieser Stelle möglichst nicht überschreiten darf. Sehr viel angewandte Schachtweiten sind 1000—1200 mm.

Das Verhältnis des oberen Schachtquerschnittes zur Düsenebene oder die Verjüngung des Ofenschachtes ist für den Verlauf des Schmelzprozesses von thermischer Bedeutung. Es gilt, die durch Niederschmelzen bezüglich ihres Raumanspruches im Ofen verkleinerte Beschickung durch Verjüngung des Ofenschachtes (nach der Düsenebene zu) so weit zusammenzuhalten, daß eine möglichst große örtliche Wärmekonzentration erzielt wird. Aus diesem Grunde werden die Schachtöfen meist mit einem mehr oder minder großen Neigungswinkel der beiden Längsseiten, die die Düsen tragen, versehen. Früher hat man auch die Stirnseiten der Schachtöfen geneigt gebaut, hat dies aber nicht nur aus konstruktiven Gründen wieder aufgegeben, sondern auch, weil bei Öfen mit geneigten Stirnseiten besondere Wasserkästen für die Enden der Längsseiten gebaut werden müssen, während man bei nicht geneigter Stirnseite für die Längsseiten lediglich rechteckige Wasserkästen benötigt. Es kann daher bei senkrechten

Stirnseiten des Ofens jederzeit ein schadhaft gewordener Endkasten der Längsseite durch einen anderen Kasten (Mittelkasten) ersetzt werden, und es werden
weniger Reservekästen gebraucht. Auch lassen sich die Fugen zwischen den
in den Ecken des Ofens zusammenstoßenden Stirnseiten- und Längsseitenkästen
besser dichten, wenn die Stirnseiten senkrecht stehen. Die Neigung, die man
im allgemeinen den Längsseiten des Schachtofens gibt, wenn er für unmittelbare Verhüttung gebaut wird, ist allerdings geringer als die Neigung, die man
für reduzierend arbeitende Öfen anwendet. Als geeigneter Neigungswinkel des
der „Rast" des Eisenhochofens vergleichbaren Teiles des Ofenschachtes hat sich
ein Winkel von 5—6° herausgestellt, was einer Neigung von 90—100 mm auf
1000 mm Schachthöhe entspricht. Öfen mit vollkommen senkrecht stehenden
Längsseiten, wie sie gelegentlich auch gebaut worden sind, sind wieder aufgegeben
worden. Derjenige Teil der Wasserkästen, durch den die Düsen hindurchführen,
dem „Gestell" des Eisenhochofens entsprechend, soll allerdings zweckmäßigerweise möglichst senkrecht stehen, damit die Charge dort, wo die Düsen durch
den Wasserkasten stoßen, kein Widerlager findet, was leicht zur Verengung und
Verstopfung der Düsen führen könnte. Wenn die Verjüngung des Schachtofen-
querschnittes nach der Düsenebene hin übertrieben wird, d. h. wenn die Wasserkästen dicht über der Düsenebene einen zu großen Neigungswinkel haben, so
wird derjenige Zusatzbrennstoff, der bis in die Düsenebene heruntersinkt, nur
unvollständig verbrannt, und es besteht die Gefahr, daß sich lokal Kohlenoxydgas bildet, das dann seine reduzierenden Eigenschaften örtlich zur Geltung
kommen läßt. Außerdem fällt bei zu starker Einengung des Ofenschachtes in
der Düsenebene im allgemeinen ärmerer Stein an, und es hat sich gezeigt, daß
z. B. das Verhältnis von eingesetzter Beschickung zu angefallenem Stein, was
bei einem bestimmten Ofen 8 : 1 betrug, auf 3,5 : 1 zurückging, als die Düsenebene verengert wurde. Wie Schiffner[1] berichtet, fiel umgekehrt in der Hütte
von Ely, Vermont, bei einem gemauerten Schachtofen um so reicherer Stein
an, je mehr das Mauerwerk in der Düsenebene ausgefressen wurde. Eine sehr
lehrreiche Reihe von Versuchen mit Öfen verschiedenen Schachtquerschnittes
in der Düsenebene, verschiedener Verjüngung des Ofenquerschnittes (vom oberen
Querschnitt bis zur Düsenebene) und verschiedener Neigung der Längsseiten
wurde auf der Boston & Montana Smelter angestellt, über die Church[2] berichtet.
Neben zwei bereits bestehenden Öfen (Nr. 1 und 2) wurden ein sehr hoher Ofen
mit geringer Weite und fast senkrecht stehenden Wänden (Nr. 3), ein mittel-
hoher sehr weiter Ofen mit senkrechten Wänden (Nr. 4) und mehrere Öfen, die
oben weit, nach der Düsenebene zu aber verschieden stark verjüngt waren (Nr. 5),
neu gebaut und untersucht. Außerdem wurde ein Ofen aufgestellt, der in seinem
Querschnitt an den normalen Eisenhochofen angelehnt, d. h. dessen unterster
Wasserkastensatz zu einer regelrechten Rast ausgebildet ist, und dessen Oberteil sich von der Gichtbühne bis oberhalb der Düsen nicht verengt, sondern erweitert. Versuchsergebnisse mit diesem letzten Ofen sind nicht bekannt —

[1] Schiffner, C.: Welche Erfahrungen hat man mit dem sogenannten pyritischen
Schmelzen gemacht? Bericht 5. internationalen Kongreß für angewandte Chemie zu
Berlin 1903, Sektion III A, Bd. 2, S. 102 ff. Berlin 1904.
[2] Church, J. A.: The Development of Blast-Furnace Construction at the Boston
and Montana Smelter. Transactions Amer. Inst. Ming. Eng. Bd. 46, S. 423—444, 1914.

geworden. Die Betriebsergebnisse, die mit fünf verschiedenen Schachtofentypen verschiedenen Querschnittes in der Düsenebene, verschiedener Bauhöhe von der Düsenebene bis zur Gichtbühne und verschieden hoher Beschickungssäule im Ofenschacht gewonnen wurden (vgl. nachfolgende Zusammenstellung), zeigen, daß die günstigsten Ergebnisse mit dem Ofen Nr. 5 erzielt wurden. Man hat sich später dazu entschlossen, die Schachtweite in der Düsenebene noch auf 1422 mm zu erweitern, woraus sich bei Beibehaltung der oberen Schachtweite (1892 mm) eine Neigung der Längsseiten im Betrage von 235 mm auf 2000 mm Höhe des verjüngten Querschnittes ergibt, gleich nahezu 7° Neigungswinkel. Öfen mit ungefähr 7° Neigungswinkel der Längsseiten und 1400 mm Schachtweite in der Düsenebene sind in großer Zahl gebaut worden und haben sich ebenso gut bewährt, wie die etwas engeren mit 1000—1200 mm Schachtweite zwischen den Düsen und 5—6° Neigungswinkel.

Als Grundplatte für den Schachtofen sind unterteilte gußeiserne Platten von etwa 50—80 mm Dicke, die durch Rippen verstärkt sind, gut geeignet.

Vergleich der Betriebsergebnisse von fünf verschiedenen Schachtöfen mit verschiedenen Querschnitten der Düsenebene, verschiedener Bauhöhe und verschieden hoher Beschickungssäule.

Abmessungen der mit einander verglichenen Schachtöfen (alles in Millimeter).

	Maße der Düsenebene	Oberer Schachtquerschnitt	Schachtbauhöhe über Düsenebene	Höhe der Beschickungssäule
Ofen Nr. 1	914 × 3048	1066 × 3048	2464	2000
Ofen Nr. 2	864 × 1016	1016 × 1016	2499	2000
Ofen Nr. 3	1067 × 4572	1219 × 4572	7442	6400
Ofen Nr. 4	1829 × 4572	1829 × 4572	5477	4000
Ofen Nr. 5	1118 × 4572	1829 × 4572	5477	4000

Mehrmonatliche Betriebsergebnisse der Öfen Nr. 1—5.

Ofen Nr.	Tage	Stein, % Cu	Zusammensetzung der Schlacken in %				% Koks	Tagesdurchsatz in t	Tageszahl der Gichten	Gewicht einer Gicht in kg	Tagesdurchsatz je qdcm Düsenebene	Windpressung in mm H_2O
			SiO_2	FeO	Al_2O_3	CaO						
1	30	51,6	39,6	38,2	10,1	11,1	9,6	133,2	125,0	1065,6	673,5	480
	30	55,1	41,5	31,3	9,5	13,4	9,7	130,0	125,0	1040,0	656,3	560
2	27	53,9	42,2	30,6	9,4	13,1	9,7	169,6	167,5	1012,5	608,0	760
	$29^1/_2$	53,0	41,4	33,3	8,6	12,7	10,3	147,1	140,0	1050,7	526,3	820
3	$25^1/_4$	56,2	40,7	28,1	10,0	17,9	10,5	340,4	378,2	900,0	698,0	1450
	$27^1/_4$	56,2	42,7	25,5	9,8	18,8	9,8	269,1	299,0	800,0	564,6	1525
	$9^1/_2$	47,5	40,2	30,4	12,5	13,2	10,6	206,1	229,0	900,0	422,6	1550
	23	47,6	39,5	25,3	?	20,0	10,5	291,2	323,6	900,0	597,1	1800
4	14	48,6	42,9	21,0	10,1	22,4	8,4	381,9	374,4	1020,0	455,4	1230
	7	53,0	40,8	23,8	10,0	22,8	10,6	253,1	249,0	1016,6	301,8	1500
	31	48,4	42,7	22,0	10,1	22,3	8,9	358,2	340,5	1051,9	427,5	1550
	31	48,8	42,7	24,5	10,1	20,3	9,3	444,8	434,3	1024,2	530,6	1580
5	14	52,6	40,8	22,9	9,7	22,3	9,3	332,5	324,3	1025,3	649,8	1300
	28	51,1	41,4	27,7	9,8	17,7	10,0	230,7	228,9	1007,8	450,0	1470
	30	49,3	42,2	21,7	9,9	20,9	9,3	283,5	283,5	1000,0	553,2	2500

Die Sprengfugen der Grundplatte sollen möglichst senkrecht zur Längsrichtung
des Ofens verlaufen. Zweckmäßig ist die Grundplatte am Rande mit einer
50 mm hohen und 60 mm starken angegossenen Leiste versehen, die als Widerlager für die unteren Wasserkästen dient und sie vor dem Auseinandergedrängt-
werden bewahrt. Eine mit zwei Verstärkungsrippen von 50×60 mm an der
Unterseite versehene und mit Leiste am Rande ausgestattete Teilplatte wiegt
bei 50 mm Plattenstärke und 750×1500 mm Plattenoberfläche rund 500 kg,
ist also verhältnismäßig leicht transportabel. Zweckmäßig ist es, die Grundplatte
auf Bockwinden zu lagern, damit einerseits unter der Grundplatte freier Raum
vorhanden ist, der eine leichte Kontrolle der Dichtigkeit des Ofensumpfes ermöglicht und damit andererseits die Grundplatte jederzeit schnell wieder horizontal ausgerichtet werden kann, falls sie sich aus der Horizontalebene verlagern
sollte bzw. im Falle eines Steindurchbruches durch die Grundplatte ausgewechselt

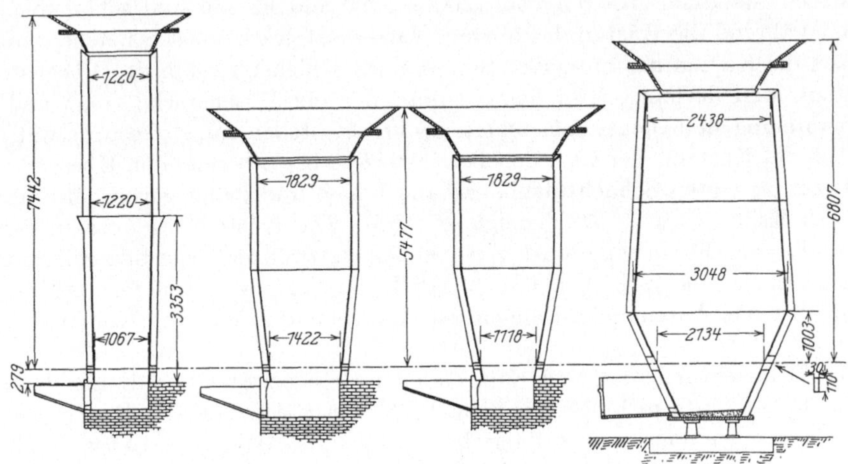

Abb. 40. Querschnitt verschiedener in der Boston & Montana Smelter gebauter und versuchsweise
betriebener Schachtöfen.

werden kann. Auch zwei an ihren Enden auf Sockeln aufgelagerte Differdinger
Träger können an Stelle von Bockwinden Anwendung finden. Gelegentlich sind
wassergekühlte Grundplatten gebaut worden, bei denen die Wasserkühlung durch
Rohre erfolgt, die in die Grundplatte mit eingegossen worden sind. Einen
nennenswerten Vorteil bietet die Wasserkühlung nicht, da sie zu sehr auf die
nächste Umgebung des Kühlrohres beschränkt bleibt (trotz der Leitfähigkeit
des Grundplattenmateriales), und da sich bei der horizontalen Lage der Kühlrohre nur gar zu gern Schlamm in ihnen absetzt. Starke Kühlung der Grundplatte
läge auch gar nicht im Interesse der Heißerhaltung des Ofensumpfes. Eine
hinreichende Kühlung, wie sie die Grundplatte erfahren muß, damit sie nicht
in Gefahr gerät, wird in reichlichem Maße durch einfache Luftkühlung geschaffen.

Die Wasserkästen. Abmessungen und Ausstattung der Wasserkästen sind
bei den in Betrieb befindlichen Wassermantelöfen außerordentlich verschieden.
Der Ofen soll möglichst wenig Fugen erhalten; die Zahl der Wasserkästen soll
dementsprechend möglichst gering sein. Andererseits aber dürfen die Kästen
auch nicht derartig große Abmessungen erhalten, daß ihre Handhabung

beim Auswechseln und bei Reparaturen leidet bzw. sie schwer transportabel werden.

Die gesamte mit Wasserkästen zu ummantelnde Höhe des Ofenschachtes, von der Grundplatte aus gerechnet, wird in zwei bis drei Reihen übereinander stehender Wasserkästen unterteilt, wobei die in der Vertikalen stehenden Fugen der aneinanderstoßenden Kästen des untersten Kastensatzes und die Fugen der darüberstehenden Sätze gegeneinander versetzt sein müssen. Die Breite der Kästen des untersten Kastensatzes, die die Düsenstöcke tragen, richtet sich konstruktiv nach der Zahl von Düsenstöcken, die ein Kasten tragen soll. Bei einem Düsenabstand von 400 mm (Mitte Düse bis Mitte Düse), der sehr zweckmäßig ist, erhalten die Kästen des unteren Satzes, wenn sie zwei Düsenstöcke tragen sollen, rund 800 mm Gesamtbreite, wenn sie drei Düsenstöcke aufnehmen sollen, ungefähr 1200 mm Breite. Wasserkästen von 800 × 2000 mm Fläche sind noch recht handlich; Kästen von 1200 × 2000 mm Fläche sind schon reichlich groß. Während die Kästen der oberen Wasserkästensätze ebene Flächen haben, müssen die Kästen des untersten Satzes einen Knick oberhalb der Düsenstöcke erhalten, weil derjenige Teil des Kastens, der die Düsenstöcke trägt und die Ummantelung des Ofentiegels bildet, senkrecht stehen muß (Gestell), während der Teil des Kastens, der über den Düsenstöcken liegt, bereits den Übergang zur Rast, zur geneigten Schachtofenlängswand bilden und daher gegen den unteren Teil des Kastens um 5—7° geneigt sein soll. Die Kästen des unteren Satzes unterhalb der Düsenebene stark nach außen umzubiegen, wie das gelegentlich auch geschehen ist (vgl. Abb. 53), bringt keine Vorteile, erleichtert dem Ofeninhalt aber das Auseinanderdrängen der Kästen und erhöht die Konstruktionskosten.

Die Beobachtung, daß sich während der Schmelzarbeit im Laufe der Zeit in den Ecken eines rechteckigen Schachtofens Ansätze bilden, die den rechten Winkel zwischen den aneinanderstoßenden Wasserkästen der Längs- und der Stirnseiten ausfüllen und dem Schachtofeninnern an den Stirnseiten eine halbrunde Form geben, hat in der Copperhill Smelter der Tennessee Copper Co. zu dem Versuch geführt, die Wasserkästen der Stirnseiten halbkreisförmig zu gestalten, um die Schachtofenummantelung auf diese Weise mehr der Form anzupassen, die im Laufe des Betriebes der Ofenschacht sich selbst gibt und um die Bildung von Ansätzen in den Ofenecken zu vermeiden. Ein sonderlicher Vorteil hat sich aus solcher Konstruktion aber nicht ergeben, und so ist der Bau von Wassermantelöfen mit gerundeten Stirnseiten wieder aufgegeben worden, zumal gerundete Wasserkästen viel empfindlicher und viel schwerer zu reparieren sind als solche, deren Wände eine Ebene bilden.

Werden mehrere Wasserkastensätze übereinander aufgestellt, so muß bei der Montage und auch später beim Auswechseln von Wasserkästen sowie bei jeder Überholung des Ofens darauf geachtet werden, daß stets — vom Ofeninnern aus gesehen — die Kästen der höher gelegenen Sätze über diejenigen der unteren Sätze nach innen um etwa 10 mm vorkragen. Es ist dies von großer Bedeutung, da anderenfalls gelegentlich von Brechstangenarbeit im Ofen, wie sie zum Niederbringen von Wandansätzen nötig wird, die Gefahr besteht, mit der Brechstange ein Loch in die innere Oberkante der Kästen zu stoßen. Kragen jedoch die oberen Wasserkästen über die unteren nach innen vor, so gleitet die Brechstange glatt von der Innenwand des Oberkastens auf die Innenwand des Unterkastens hinüber.

Als Material für die Wasserkästen wird Siemens-Martin-Stahlblech verwendet. Wegen starker innerer Korrosion der Wasserkästen und häufig vorgekommenen Leerkochens, was zum Durchbrennen und zu Explosionen führte, sind auf der Hütte der Canadian Copper Co. zu Copper Cliff einmal für den unteren Kastensatz gußeiserne Kästen oder richtiger Platten mit einem eingegossenen Röhrensystem gebaut worden, wobei die Kühlröhren zwecks Reinigung gelegentlich mit Preßluft durchgeblasen wurden[1]. Solche Platten als untere Ummantelung des Schachtofens haben sich aber nicht eingeführt. Erstens haben sie ein recht beträchtliches Gewicht; zweitens ist ihre Kühlung höchstwahrscheinlich doch nicht so gut wie die eines richtigen Wasserkastens, und drittens ist das Übel, was zum Bau gußeiserner gekühlter Platten Anlaß gab, stets durch richtige Wartung der unteren Wasserkästen schnell zu beheben. Für die dem Ofeninnern zugewandte Seite des Wasserkastens wird meist 15-mm-Blech, für die nach außen gewandte Seite 11—13-mm-Blech verwandt. Der Abstand zwischen der nach innen und der nach außen gekehrten Kastenwand beträgt im Lichten 80—100 mm. Die nach dem Ofeninnern gewandte Seite nebst den Schmalseiten des Kastens, mit denen die verschiedenen Kästen aneinanderstoßen, wird am besten aus einem Stück gedrückt. Die nach außen gewandte Seite wird entweder mit einem nach außen umgebördelten Rande versehen und dann mit dem nach innen gewandten Teile vernietet oder verschraubt, welch letzteres den Vorteil hat, daß man den Kasten leicht öffnen kann, um seine Innenseiten mit Korrosionsschutzmitteln zu überziehen, oder aber die nach außen gewandte Seite wird mit der nach innen gewandten verschweißt. Den Kasten aus mehr als zwei Teilen herzustellen und alle Kanten zu schweißen (auch die nach dem Ofeninnern gewandten Kanten), empfiehlt sich nicht, da Schweißnähte leicht zu Spannungen innerhalb des heiß werdenden Teiles der Kästen Anlaß geben und so dem Schadhaftwerden der Kästen durch Reißen von Schweißnähten Vorschub geleistet wird. Am unteren Teile der nach außen gewandten Kastenwand werden zwei Mannlöcher angebracht, die möglichst groß gewählt sein sollen, da sie der Reinigung des Kastens dienen. Die Kühlung der Kästen geschieht nach verschiedenen Grundsätzen. Am besten ist stets der Kühlwassereintritt in einer unteren Kastenecke, der Austritt in der diagonal gegenüberliegenden oberen Ecke angebracht. Zur Versteifung des Kastens und zur Verhütung eines Zusammengedrücktwerdens werden gern im Kasteninnern Distanzbleche eingesetzt, die den Abstand zwischen beiden Kastenwänden (der nach innen und der nach außen gekehrten) wahren. Gelegentlich sind diese Versteifungen von der Oberkante bis fast auf den Boden des Kastens herabgeführt worden, so daß der Kühlwasserzufluß auch in der einen oberen Kastenecke, der Abfluß in der anderen oberen Ecke angebracht werden konnte und die Versteifung, die das Kasteninnere in zwei Hälften teilt,

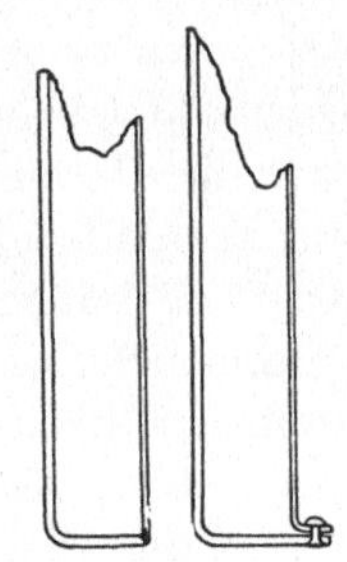

Abb. 41.
Geschweißter und genieteter Wasserkasten.

---

[1] Austin, S. L.: Metallurgy of Copper in 1911. Mineral Ind. Bd. 20, S. 210—248. New York 1912.

das Kühlwasser zwangsläufig in der beispielsweise rechten Kastenhälfte vom oben gelegenen Zufluß nach unten und in der linken Kastenhälfte wieder von unten nach oben zum Abfluß führt. Solche Konstruktion hat aber den Nachteil, daß bei schlammigem Kühlwasser — und solches läßt sich nicht immer vermeiden — leicht am Boden des Kastens innen Schlammschichten abgesetzt werden, die schließlich den Wasserdurchfluß unter dem Versteifungsblech versetzen und so zum Aufhören der Wasserzirkulation führen; auch kann bei stark korrosionsfähigem Wasser der Versteifungsstreifen stellenweise perforiert werden und dann hört der zwangläufige Wasserumlauf überhaupt auf.

Alle Wasserkästen sollten mit einem Sicherheitswasserauslaß am oberen Teile des Wasserkastens versehen sein, der mit einem lose aufliegenden schweren Deckel verschlossen wird, aus dem aber im Falle von Verstopfungen in der Abflußleitung oder im Falle eines Schlackeneinbruches in den Wasserkasten das Wasser bzw. der sich momentan in großer Menge entwickelnde Dampf austreten kann. Dieser Notauslaß muß aber mit umgebördeltem gelochten Rande versehen sein, damit man ihn auch mit einem aufgeschraubten Deckel schließen kann, um bei Reparaturen in der Werkstatt den Kasten abdrücken und so auf Dichtigkeit prüfen zu können. In den die Düsenstöcke tragenden Wasserkästen sind die Düsen in die entsprechenden Bohrungen der Kastenwände eingewalzt. Für die Anbringung der Düsenstöcke ist am besten an der erforderlichen Stelle die nach außen gewandte Kastenwand durch Auflage einer mit Dichtungsnut versehenen Platte verstärkt, in deren Nut nach Zwischenlage eines Ringes aus dünnem Bleiblech eine entsprechende Feder am Düsenstock sich einpreßt. Für das Anklammern des Düsenstockes an den Wasserkasten sind Stiftschrauben, die in die Wasserkasten eingesetzt sind, unzweckmäßig, wie überhaupt Stiftschrauben am Wasserkasten stets vermieden werden sollten, da sie — wenn sie abbrechen oder verbogen werden, was schon bei Transporten leicht geschehen kann — herausgenommen und ersetzt werden müssen, was immer zur Beschädigung der dünnen Korrosionsschutzhäutchen im Innern des Wasserkastens führt, die sich entweder im Laufe der Zeit von selbst ausbilden oder künstlich aufgetragen worden sind. Das Kasteninnere muß so unberührt wie nur irgend möglich bleiben. Viel schneller läßt sich ein Düsenstock auch lösen, wenn er mit radial schwenkbaren Bolzen und Flügelmuttern festgehalten wird (vgl. Abb. 52). Um zwei aneinanderstoßende Wasserkästen eines und desselben Satzes miteinander verbinden zu können, werden auf der nach außen gewandten Seite des Kastens an beiden senkrechten Kanten Knaggen aus gelochtem Winkeleisen aufgenietet, durch die Bolzen gezogen werden können, mit denen die benachbarten Kästen zusammengeholt werden, und die gleichzeitig beim Transport eines Kastens insofern von Nutzen sind, als durch ihre Lochungen Gasrohr geschoben werden kann, an dem der Kasten, horizontal liegend, getragen wird. Jeder Wasserkasten wird außerdem an der Außenseite oben mit zwei Knaggen versehen, an denen er beim Ein- und Auswechseln aufgehängt werden kann.

Auf Hüttenwerken, bei denen größte Sparsamkeit mit dem Kühlwasser geboten ist — sei es, daß das Werk an und für sich in einer wasserarmen Gegend liegt oder mit langen sehr trockenen Sommern zu rechnen hat, sei es, daß das Kühlwasser zu hohem Preise gekauft werden muß —, läßt sich eine sehr weitgehende Kühlwasserersparnis durch Anwendung von Siedewasserkästen nach dem „Nesmith-Vaporisation-System" erzielen. Dieses System macht sich die große Verdampfungswärme des Wassers (= 525 cal) zunutze. Während bei beispielsweise 20^0 C Tagestemperatur das Kühlwasser bis zur Erreichung von 100^0 C nur 80 cal je Gramm aufnimmt, kann es, wenn es restlos verdampft wird, außerdem noch 525 cal je Gramm, zusammen also 605 cal je Gramm aufnehmen. Steht das Wasser unter Druck, so erhöht sich sein Siedepunkt. Bis zur Erreichung einer Temperatur von 100^0 C nimmt unter Druck stehendes Wasser genau so wie Wasser, das in unmittelbarer Verbindung mit der atmosphärischen Luft steht, 525 cal je Gramm auf, aber ohne zu sieden. Bei Druckentlastung tritt stürmische Verdampfung des Wassers ein. Die Nesmithschen Wasserkästen sind vollkommen geschlossen und stehen mit einem Verdampfungskessel in Verbindung, der mehrere Meter über dem obersten Wasserkasten ringförmig um den Oberteil des Ofens gelagert ist (vgl. Abb. 57), damit das Wasser in den Wasserkästen unter einem Druck von mehreren 1000 mm Wassersäule steht und dadurch sein Siedepunkt heraufgesetzt wird. Das in dem Verdampfungskessel sich ansammelnde Kondenswasser, gemischt mit Zusatzwasser aus einer Kühlturmanlage, fließt aus der tiefsten Stelle des Verdampfungskessels unmittelbar den Wasserkästen zu und tritt an ihrer tiefst gelegenen Stelle ein. Von der höchsten Stelle des Wasserkastens führt eine Leitung in den Oberteil des Verdampfungskessels, in der das emporsteigende überhitzte Wasser zum Kessel gelangt. Da im Kessel selbst, der mit der Außenluft in Verbindung steht, Druckentlastung dieses überhitzten Wassers stattfindet, tritt hier lebhaftes Sieden ein. Ein Teil des gebildeten Dampfes kondensiert sich schon in dem Verdampfungskessel. Der nichtkondensierte Dampf kann in einen Kondensationsraum entströmen und wird dort niedergeschlagen, von wo er zum Verdampfungskessel zurückfließt. Wenn es auch nicht gelingt, mit einer theoretisch etwa $7^1/_2$ mal kleineren Kühlwassermenge auszukommen, als ohne Überhitzung des Kühlwassers, da Dampfverluste unvermeidlich sind, so ist doch der Kühlwasserbedarf bei der Nesmithschen Konstruktion um ein ganz beträchtliches herabgesetzt. Ein Nachteil der Siedewasserkästen bleibt es natürlich, daß bei Leckwerden eines Kastens nach innen die Gefahr des Wassereintrittes in den Ofen steigt durch den zwischen Wasserkasten und Verdampfungskessel bestehenden Niveauunterschied. (Allerdings soll auch beim Arbeiten mit nichtsiedenden Wasserkästen das Kühlwasser unter einem gewissen Druck stehen, der durch die Lage des Kühlwassersammelbeckens bestimmt wird und zur Erzielung einer guten Kühlwasserzirkulation unerläßlich ist.)

Von besonderer Art sind die Stichjackets, d. h. diejenigen Wasserkästen, durch die die Stiche hindurchführen. Sie überschreiten in ihren Abmessungen 650 mm in der Wagerechten und 800 mm in der Lotrechten selten, und sind um so zweckmäßiger, je kleiner sie sind (wegen leichten Auswechselns im Betriebe). Sie werden in einen entsprechenden Ausschnitt der unteren Wasserkastenreihe eingepaßt. Da der durch den Stich fließende Metallstein (der Stich selbst kann mit flachen Magnesitsteinen so ausgeschlagen werden, daß der Rohstein mit der Stichlochwandung nicht in Berührung kommt), falls einmal die Auskleidung des Stichloches vollkommen ausgewaschen wird, einen eisernen Stichkasten im Augenblick korrodierend durchgefressen haben würde, werden die Stichjackets zweckmäßig aus Rotguß oder Bronze (Reinkupfer ist zu weich) gegossen[1]. Es muß natürlich ein tadelloser blasenfreier Guß erzielt werden. Gegossene massive Stichplatten mit eingegossenen Kühlschlangen an Stelle von Stichkästen sind gleichfalls in Gebrauch, haben aber den Nachteil, daß die Möglichkeit eines Verschlammens der Kühlrohre und das dann folgende Aussetzen der Kühlung gerade hier am gefährlichsten wirkt. Es sollte stets ein richtiger Wasserkasten ausgebildet werden. Die Wandstärke wird — schon um des leichteren Gießens willen, nicht unter 20 mm gewählt, und es empfiehlt sich, das Stichloch selbst mit mindestens 25 mm bis besser 30 mm Wandstärke zu versehen. Da es bei den geringen Abmessungen der Stichjackets unmöglich ist, Mannlöcher für die Reinigung anzubringen, müssen an ihre Stelle Stopfen mit Gewinde treten, die aber nicht unter 60 mm Durchmesser haben sollten. Größere Reparaturen an schadhaft gewordenen Stichjackets sind oft eine gewagte Sache, und da das Stichjacket betriebstechnisch der wichtigste, aber auch empfindlichste Teil am Wassermantelofen ist, gereicht es oft zum Vorteil, wenn man die Stichjackets, sobald sie bedeutendere Schäden aufweisen, einschmilzt und neu gießt. Daher ist es geraten, stets Modelle vorrätig zu halten, damit, sobald ein Reservestichjacket in Betrieb gehen muß, schnell ein Ersatz eingeformt und gegossen werden kann. Für einen einigermaßen geübten Gießer ist der Guß eines Stichjackets kein Kunstwerk, wenn der Rotguß bzw. die Bronze richtig legiert ist. Bezüglich der Kühlwasserzufuhr zu den Stichjackets sei noch betont, daß es verkehrt wäre, um der geringeren Ausmaße der Stichkästen willen den Kühlwasserzu- und -ableitungen einen geringeren Durchmesser zu geben als bei den übrigen Kästen. Unter 50 mm sollte der lichte Durchmesser seiner Kühlwasserzuleitungen niemals betragen. Auch darf die Kühlwasserzufuhr zum Stichjacket nicht im Nebenschluß einer Zufuhr zu großen Wasserkästen liegen, sondern sie muß stets von der Kühlwasserhauptleitung des unteren Wasserkastensatzes aus erfolgen.

Alle Wasserkästen zeigen im Laufe der Zeit an ihren vom Kühlwasser bespülten Innenseiten Korrosionserscheinungen. Meist sind diese Korrosionen bei unmittelbar verhüttenden Schachtöfen größer als bei reduzierend arbeitenden. Das mag sich zum Teil daraus erklären, daß bei unmittelbarer Verhüttung stets mehr oder minder große Mengen von SO_2 und auch SO_3 in die atmosphärische Luft gelangen, mit dem Regen niedergeschlagen werden und, wenn nicht gerade stark kalkige oder mergelige Böden vorliegen, den atmosphärischen Wässern schwach sauren Charakter und mit zur Anfressung der Innenseiten der Wasserkästen Anlaß geben. Besonders stark werden die Anfressungen der Wasserkästen oft, wenn wegen Wassermangels das den Kästen entfließende heiße Wasser über einen nahegelegenen Kühlturm geleitet wird. Diesbezügliche Beobachtungen konnten R. L. Lloyd in Cananea (Mexiko) und der Verfasser in Kwarzchana (Transkaukasus) machen. Es soll hier nicht die Frage erörtert werden, ob Gasblasen (Luft oder Kohlendioxyd oder Schwefeldioxyd), die aus dem heiß werdenden Wasser austreten und sich an den Kastenwänden ansetzen können, oder ob rein chemische Lösungsvorgänge oder ob elektrolytische Prozesse die Ursache solcher Anfressungen sind. Beachtenswert ist eine Feststellung

---

[1] Gut geeignet sind Legierungen mit etwa 90—80 % Cu, 5—10 % Sn, Rest-Pb + Zn, wobei Pb nicht über 5 %.

von Lee und Demond, die sich besonders eingehend mit der Frage der Korrosion in Wasserkästen beschäftigt haben und beobachteten, daß Wässer, die sich als Kesselspeisewässer einwandfrei erwiesen, dennoch stark korrodierend auf die

<table>
<tr><td></td><td>Kühlwasser der Reduction Works
der Copper Queen Cons. Ming. Co.
in Douglas, Arizona[1].</td><td></td><td>Kühlwasser der Washoe
Reduction Works der
Anaconda Copper Co.[1]</td></tr>
<tr><td>SiO_2</td><td>0,01358 g/Liter</td><td></td><td>0,00915 g/Liter</td></tr>
<tr><td>Fe_2O_3</td><td>0,00352 g/Liter</td><td></td><td>0,00189 g/Liter</td></tr>
<tr><td>Al_2O_3</td><td>—</td><td></td><td>0,00189 g/Liter</td></tr>
<tr><td>$CaCO_3$</td><td>0,00412 g/Liter</td><td></td><td>0,04606 g/Liter</td></tr>
<tr><td>$CaSO_4$</td><td>—</td><td></td><td>0,01199 g/Liter</td></tr>
<tr><td>$MgCO_3$</td><td>—</td><td></td><td>0,00915 g/Liter</td></tr>
<tr><td>$MgCl_2$</td><td>—</td><td></td><td>0,01010 g/Liter</td></tr>
<tr><td>$NaCl + KCl$</td><td>0,15350 g/Liter</td><td>NaCl</td><td>0,00552 g/Liter</td></tr>
<tr><td>$K_2SO_4 + Na_2SO_4$</td><td>0,23422 g/Liter</td><td>Organische Substanz</td><td>0,01830 g/Liter</td></tr>
<tr><td>$K_2CO_3 + Na_2CO_3$</td><td>0,10224 g/Liter</td><td></td><td></td></tr>
</table>

Innenseiten von Wasserkästen einwirkten. Das hier gekennzeichnete Copper-Queen-Wasser stammt aus einer 200 m tiefen Bohrung, hat aber hohen Gehalt an Sulfaten, Karbonaten und Chloriden, so daß schon nach 10—12 Betriebsmonaten die dem Ofeninnern zugewandte Wasserkastenwandung von 12,70 auf 2,38 mm Wandstärke, die nach außen gekehrte Kastenwand von 9,52 auf 1,58 mm Wandstärke sank, und sich unten im Kasten massenhaft $Fe(OH)_3 + Fe_2O_3$ ansammelte. Versuche, die mit erhitztem weichen Stahlblech (0,14 % C und 0,22 % Mn) und den Wässern von Copper Queen und Washoe angestellt wurden, ergaben:

	Temperatur ° C	mg Fe sind oxydiert je Quadratzoll		
		Nach $1^1/_2$ Std.	Nach $2^1/_2$ Std.	Zusammen
Copper Queen- Wasser:	38,8	1,943	1,360	3,303
	58,8	5,322	3,963	9,285
	83,8	5,206	4,701	9,907
	103,0	2,865	1,642	4,507
Washoe-Wasser:	38,8	2,797	1,516	4,313
	58,8	5,178	3,746	8,924
	83,8	6,618	6,422	13,040
	103,0	1,784	0,699	2,483

Dabei zeigt sich, daß die Korrosion bei siedenden Wasserkästen ganz erheblich abnimmt, was wohl zum größten Teil auf vollkommene Entgasung des siedenden Wassers zurückzuführen ist. Um die Wasserkästen zu schonen, ist daher Arbeiten mit siedenden oder fast siedenden Wasserkästen durchaus geraten, bietet es doch außerdem den Vorteil, daß bei siedenden Wasserkästen der Ofenbeschickung relativ die geringste Wärmemenge entzogen wird. Aber auch andere Mittel tragen zur besseren Erhaltung der Kästen bei. Säuerliche Wässer müssen in den Schlammfängern, die sie zwecks mechanischer Reinigung (Entschlammung) sowieso passieren müssen, mit Kalkmilch abgestumpft werden. Lee hängt nahe der Wassereintrittsstelle, wo die Korrosion immer am stärksten ist, Zinkplatten in die Wasserkästen, um etwaige Säuregehalte (die unter Um-

---

[1] Lee, George B.: The Corrosion of Water-Jackets of Copper Blast-Furnaces. Transactions Amer. Inst. Ming. Eng. Bd. 38, S. 877—884, 1908; Bd. 39, S. 806—817, 1909.

ständen erst innerhalb des Kastens auf elektrolytischem Wege in Freiheit gesetzt werden) abzustumpfen. Lloyd, der in Cananea mit stark korrodierenden Wässern zu kämpfen hatte, mußte die in die Kästen eingewalzten eisernen Düsen sogar durch kupferne Düsen ersetzen, weil der Stoß von Düsenrohr gegen die Wasserkastenwand besonders stark zerstört wurde, mußte aber auf der anderen Seite dabei die weniger unangenehm wirkende Tatsache mit in Kauf nehmen, daß er auf diese Weise natürliche elektrische $Fe\text{-}Cu\text{-}H_2O$-Elemente schuf, die wiederum zu elektrolytischer Korrosion Anlaß geben. Ein sehr gutes und vielfach mit besten Erfolgen angewandtes Korrosionsschutzmittel ist arsenige Säure. Läßt man das gesamte Kühlwasser unter bloßem Ersatz geringer Wasserverluste über einen Kühlturm zirkulieren und setzt in dem Sammelbecken des Kühlturmes wöchentlich etwa 1 kg arsenige Säure („technisch") zu, so sind alle Zerfressungsgefahren nahezu behoben[1].

Die Verwendung hochlegierter Vierstoffstähle, insbesondere des Kruppschen V2A-Stahles, die korrosionsfest sind, kommt für den Bau von Wasserkästen heute schon wegen des hohen Preises für so edles Material noch nicht in Frage. Hingegen dürften sich neue Wasserkästen gegen Korrosion durch Cl- und (OH)-haltiges Wasser schützen lassen, wenn sie gleich nach der Herstellung gut mit Al kalorisiert oder mit Al sheratisiert werden, wobei sie allerdings konstruktiv so gestaltet sein müssen, daß bei späteren Reparaturen (auf der Hütte) die mit Schutzschicht überzogene Innenseite möglichst nicht beschädigt zu werden braucht. Auch das Streichen der Innenseite mit Aluminiumbronze (nach tadelloser vorheriger Reinigung — das Eisen muß blank sein) bietet einen guten Korrosionsschutz, zumal die Aluminiumbronze an der dem Ofeninnern zugewandten Kastenwand schnell einbrennt, ein Verfahren, das allerdings nur in Anwendung kommen kann, wenn die Kästen geschraubt oder genietet und nicht geschweißt sind.

Die Anordnung der Stiche am Schachtofen. Jeder Schachtofen muß mit mindestens zwei Stichen ausgerüstet sein, von denen der eine in Betrieb genommen wird, während der andere als Notstich zur Verfügung steht, falls sich aus irgendwelchen Gründen der Stich, durch den gearbeitet wird, zusetzt. Der Notstich soll stets so ausgerüstet sein, daß mit offener Brust durch den Notstich gearbeitet werden kann.

Bei nicht allzu langen Schachtöfen, d. h. bei 3—5 m Ofenlänge, werden die Stiche im allgemeinen an den Stirnseiten der Öfen angebracht. Bei längeren Öfen hingegen ist es zweckmäßig, sie an die Längsseiten zu verlegen. Die Sohle des Schachtofens soll stets so ausgestampft sein, daß sie nach den Stichen hin Gefälle besitzt. Bei Öfen, deren Stiche an den Stirnseiten liegen, weist daher die Ofensohle auf halber Ofenlänge einen Sattel auf. Bei Öfen mit Stichen an den Längsseiten wird die Sohle im allgemeinen mit Steigung nach den Stirnseiten versehen. Bei Anordnung der Stiche an den Stirnseiten kann es bei längeren Öfen (z. B. 5 m Ofenlänge) vorkommen, daß sich allmählich auf der Sohle in der Nähe desjenigen Stiches, durch den nicht gearbeitet wird, und der also als Notstich in Aussicht genommen ist, Ansätze bilden, die sehr hinderlich werden können, falls der Notstich plötzlich geöffnet werden muß. Um Schwierigkeiten, die durch

---

[1] Im Einklang damit steht die Tatsache, daß man z. B. mit As-haltiger Schwefelsäure Eisen nicht beizen kann. Zum Beizen muß die Säure absolut As-frei sein.

eine derartige Erhöhung der Ofensohle an der Seite des nicht arbeitenden Stiches entstehen können, vorzubeugen, ist es daher bei 5-m-Öfen mit Stichen an den Stirnseiten empfehlenswert, in einem Turnus von 14 Tagen bis 3 Wochen die Stiche gegenseitig zu vertauschen, d. h. nach dreiwöchentlichem Arbeiten an Stelle des einen Stirnseitenstiches und seines Vorherdes den anderen Stich nebst Vorherd in Betrieb zu nehmen. Dabei werden Sohlenansätze vorbeschriebener Art durch den fließenden Stein ausgewaschen, und man ist stets sicher, den Notstich schnell öffnen zu können.

Bei langen Öfen, bei denen die Stiche an den Längsseiten angeordnet sind, empfiehlt es sich, wenn der Platz um den Schachtofen herum es irgend gestattet, die Stiche nicht an zwei einander gegenüberliegenden Stellen und etwa in der Mitte der Längsseiten anzuordnen, sondern sie in die Nähe der Stirnseiten zu verlegen, und zwar so, daß sie einander diagonal gegenüberliegen. Auch hier gilt, um den Notstich jederzeit schnell öffnen zu können, das bezüglich der Gefahr von Sohlenansätzen Gesagte.

Die Abstichschnauzen (trap-spout). Die Abstichschnauzen der Wassermantelöfen werden wassergekühlt und auch ohne Wasserkühlung gebaut. Vor die Ausmündung der Schnauze wird stets ein wassergekühlter Überlaufwulst vorgesetzt, der aus Rotguß oder Bronze (Zusammensetzung der Legierung wie bei den Stichwasserkästen) besteht und über den Stein und Schlacke laufen. Die Bauart der Abstichschnauze hängt vornehmlich von der Steighöhe ab, die man dem im Ofensumpf sich ansammelnden Stein und der Schlacke zu geben wünscht und die selbst wieder in engem Zusammenhang mit der Windpressung im Schachtofen steht. Je höher die maximale Pressung, mit der gerechnet werden muß, um so größere Steighöhe ist erforderlich. Bei einer Pressung von 2000 mm Wassersäule z. B. ($= 2$ kg/qcm) und einem spez. Gew. des Rohsteines von z. B. 5 sind schon 400 mm Steighöhe erforderlich, um zu verhindern, daß der Wind aus dem Stich herausbläst. Die tiefste Stelle der Innenseite der metallenen Ummantelung der Abstichschnauze soll am Stichjacket so angesetzt sein, daß sie mindestens 120 mm unterhalb des Stichloches gegen das Stichjacket stößt, damit der Boden der Schnauze $^1/_2$ Stein stark mit Magnesit ausgeschlagen werden kann. Die Steighöhe der Schnauze, oder genauer gesagt die Höhe, die die Kimme des Überlaufwulstes über der Ofensohle erreichen darf, muß in Beziehung zu den Düsen gebracht werden und sollte mindestens 350 mm unter Unterkante der Düsen liegen, damit nicht bei Verstopfungen des Stichloches die Schlacke im Ofentiegel binnen einigen Minuten in die Düsen läuft, sondern immerhin 10—20 Min. bis zum Eintreten dieser Gefahr verstreichen müssen, eine Zeitspanne, die zum Öffnen des versetzten Stiches benutzt werden kann. Abb. 42 zeigt eine aus zwei Teilen zusammengesetzte Abstichschnauze mit vollkommener Wasserummantelung und Pfropfen an der tiefsten Stelle für das Ausschlammen. Sie ist zweiteilig gebaut worden, nicht nur, um nicht ein einziges sehr schwereres Stück zu erhalten, sondern auch, um die Herstellung gießtechnisch zu vereinfachen, da diese Schnauze, wofern erhebliche Schäden daran auftraten, in eigener Werkstatt der Hütte sofort neu gegossen wurde.

Eine Abstichschnauze ohne jegliche Wasserkühlung (Überlaufwulst ist immer wassergekühlt) ist die in Amerika viel gebrauchte Großsche Abstichschnauze (Gross Patent Trap Spout), die aus rippenverstärkten Platten von Hämatit-gußeisen mit Bolzenverschraubung zusammengesetzt ist. Sie ist so bemessen, daß nicht nur der Boden, sondern auch die Seitenwände $^1/_2$ Stein stark mit

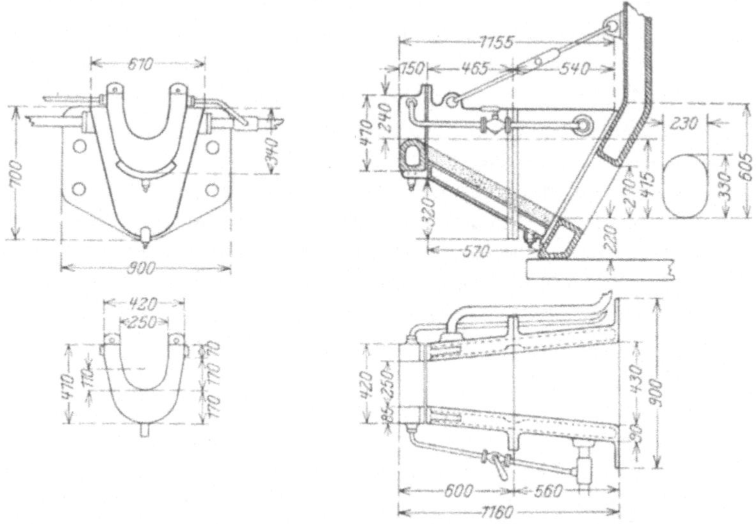

Abb. 42. Zweiteilige vollkommen wassergekühlte Abstichschnauze mit Überlaufwulst, aus Rotguß oder Bronze.

Magnesitziegeln ausgeschlagen werden können, während man bei wassergekühlten Schnauzen die Seitenwände gar nicht oder nur 40—50 mm stark mit Magnesit-

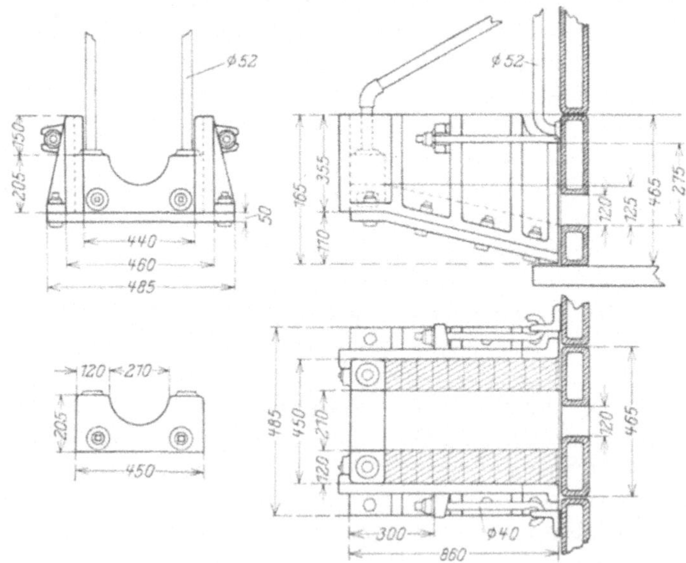

Abb. 43. Großsche ungekühlte Abstichschnauze aus Hämatit-Gußeisen.

stampfmasse auskleidet. Die Großsche Abstichschnauze kann entschieden den Vorteil der Einfachheit für sich in Anspruch nehmen, bedarf sie doch keinerlei Wartung, wie die wassergekühlten Abstichschnauzen. Wird sie zudem wirklich schadhaft, so kann nichts Unangenehmes eintreten, wie bei den Schnauzen mit

Wasserkühlung, falls das Kühlwasser durchbricht oder der Kühlwasserzufluß unterbrochen wird.

Noch ein dritter Typ von Abstichschnauze verdient Erwähnung, eine wassergekühlte Schnauze, vorn durch eine hämatitgußeiserne Platte abgeschlossen und so gebaut, daß sowohl mit steigender Schnauze und also einem Stein- und Schlackenbade im Ofentiegel als auch mit offener Brust gearbeitet werden kann. Der Vorteil dieser Abstichschnauze liegt vor allem darin, daß man, um beim Ausblasen des Ofens den Sumpf gut leerlaufen zu lassen, nur den unteren Stich der Schnauze zu öffnen braucht und sofort mit offener Brust in den gleichen Vorherd hineinarbeiten kann, in den man vorher über den Überlaufwulst gearbeitet hat. Es ist nicht nötig, einen zweiten Ofenstich zu öffnen. Mit Magnesit wird diese Schnauze bis Unterkante des unteren Stiches und an den Seitenwänden ausgeschlagen.

Düsen und Düsenstöcke. Im Interesse einer möglichst gleichmäßigen Windverteilung liegt es, eine recht große Anzahl von Düsen anzubringen und diese lieber enger zu gestalten, aber dementsprechend möglichst dicht nebeneinander durch die Wasserkästen des unteren Kastensatzes hindurchtreten zu lassen (Schlitzdüsenstock von Copper Cliff, Doppeldüsenstock von Krupp, Magdeburg-Buckau). Erheblich unter 100 mm sollte aber der Durchmesser der Düsen nicht betragen, weil mit abnehmendem Düsendurchmesser die Gefahr der Verstopfung erheblich steigt und sehr enge Düsen sich nur schwer offenhalten lassen. Je mehr Düsen zudem vorhanden sind, desto mehr Düsen-

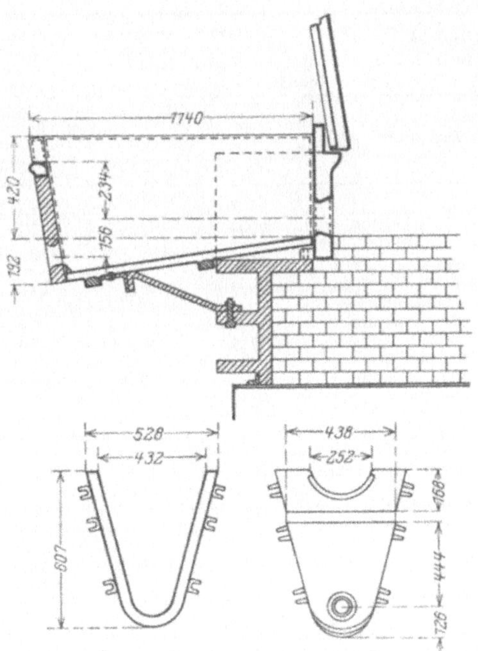

Abb. 44. Abstichschnauze mit Stichloch zum eventuellen Arbeiten mit offener Brust.

stöcke und Windzuleitungen sind auch erforderlich — wofern man nicht mehrere Düsen in einen Düsenstock zusammenfaßt — und desto größer wird die Anzahl der Verbindungsstellen, die undicht werden und zu Windverlusten führen können. Bewährte Düsenweiten sind 100—120 mm. Da außer den Haltevorrichtungen für die Düsenstöcke selbst auch noch die schon bei den Wasserkästen erwähnte Platte mit Nut angebracht werden muß, gegen die der Düsenstock fest gegengedrückt und gedichtet wird, so lassen sich Düsen von 100 mm Durchmesser kaum dichter als mit 350 mm Abstand von Düsenachse zu Düsenachse anbringen. Abb. 52 zeigt eine Zusammendrängung der Düsen auf einen Abstand von 330 mm, was aber schon sehr eng ist und nur durchgeführt werden kann bei ausschwenkbaren Traylor-Düsenstöcken (vgl. später). Von der Anbringung von Düsen auch an den Stirnseiten der Schachtöfen ist man mehr und mehr abgekommen, da der aus ihnen austretende Wind meist den Windstrahl der letzten Düsen der Ofen-

Hentze, Sintern. 16

längsseiten ablenkt, an den Enden der Öfen unnötige, wenn nicht gar störende Konzentrationen des Windes schafft und außerdem Düsenstöcke an den Stirnseiten der Öfen sehr störend sind, wenn dort gleichzeitig Stiche und Abstichschnauzen angebracht werden sollen.

Die Steigerung der Ofenleistung, die bei Vergrößerung der Düsenzahl je laufenden Meter Ofenwand erreicht werden kann, zeigt nachstehende Tabelle.

Einfluß der Verteilung der Düsen auf die Leistungsfähigkeit eines Schachtofens.

	Düsenebene	Bauhöhe	Be-schickungssäule	Düsen-anzahl	1 Düse entfällt auf:
Ofen A.	927 × 2286	2499	2000	6	381,0 mm Ofenlänge
Ofen B.	980 × 3048	2464	2000	7	435,4 mm Ofenlänge

Ofen	Betriebs-tage	Zusammensetzung der Beschickung in % (ohne Koks)				Mittlerer Tages-durchsatz	Koks in % der Be-schickung	Tages-durchsatz in kg/qdcm
		Erz	Stein	Schlacke	Kalk			
A	31	51,2	—	27,5	21,3	124,7 t	10,0	630,5
B	29	51,0	—	27,8	21,2	156,7 t	10,0	560,7
A	28	57,9	0,3	17,4	24,4	116,0 t	10,0	586,5
B	28	58,0	0,4	17,2	24,4	154,7 t	10,0	554,3
A	28	60,9	1,9	18,2	19,0	108,2 t	11,1	546,7
B	25	60,6	—	16,6	22,8	129,6 t	10,0	464,0
A	29	61,2	0,3	14,9	23,6	114,8 t	10,0	580,0
B	30	62,1	—	14,4	23,5	149,2 t	10,1	533,8

Der übliche Düsenquerschnitt ist kreisrund. Es sind zwecks breiterer Windverteilung auch elliptische Düsen gebaut worden, deren größere Achse wagerecht liegt, sowie schlitzartige Düsen, die wagerecht gelegte Rechtecke darstellen. Elliptische Düsen waren z. B. in der Mount Lyell Smelter in Anwendung; schlitzartige in Copper Cliff. Sehr eingebürgert haben sich die unrunden Düsen nicht, wohl schon wegen der längeren Verbindungsnaht zwischen Düse und Wasserkastenwand, die, je länger sie ist, um so leichter undicht werden kann und wegen der schwierigeren Herstellungsarbeit und Reparatur.

Die Höhenlage der Düse über der Grundplatte des Ofens wird bestimmt durch die Summe aus der Stärke der Auskleidung der Sohle, der Steigung der Abstichschnauze und einem Sicherheitskoeffizienten (möglichst nicht unter 350 mm), der bei versetztem Stich der steigenden Schlacke noch eine gewisse Steighöhe gewährt, ehe sie in die Düsen eintritt. Liegt die Ofensohle 250 mm über der Grundplatte (Ausmauerung an der schwächsten Stelle also 250 mm), so ist die Grundplatte im allgemeinen hinreichend geschützt, so daß also die Unterkante der Düsen 600 mm + Steigung der Abstichschnauze über der Grundplatte liegen muß.

Die Zuleitung des Windes zur eigentlichen Düse erfolgt durch den Düsenstock, dessen wichtigste Teile ein horizontal gelagertes Rohr für die Windzufuhr, nach außen verschließbar, ein schräg von oben y-artig in dieses horizontale Rohr einmündendes Rohr für die Verbindung des Düsenstockes mit der Hauptwindleitung und eine Sicherheitsöffnung für etwaigen Schlackenaustritt sind. Der äußere Verschluß des Düsenstockes ist bei der großen Anzahl von Düsenstöcken, die konstruiert worden sind, sehr verschiedenartig gebaut. Er dient vor allem der Reinigung der Düsen und dem Düsenstochen. Für die Erleichterung beider Arbeiten ist wichtig, daß nicht — wie bei manchen Düsenstöcken — nur eine kleine verschließbare Öffnung von 50 mm Durchmesser vorgesehen ist, sondern daß möglichst der ganze Düsendeckel abnehmbar bzw. aufklappbar eingerichtet wird, wie dies beim Shelbyschen Düsenstock sowie bei der Fraser & Chalmersschen Bauart der Fall ist. Außerdem muß dieser Deckel eine Öffnung von etwa 50 mm Durchmesser tragen zum Düsenstochen, die am besten nach Art der Calumet-&-Arizona-Düsenstöcke durch eine Brille mit Schauglas (aus Glimmer) verschlossen wird. Verschluß durch selbstschließende Gummidichtung zeigt der Boston-&-Montana-Düsenstock, bei der zu befürchten ist, daß der Gummiverschluß nicht immer dicht halten wird, wenn Staub in die Dichtungsstelle gerät — vom Verbrennen des Gummis beim Düsenstochen ganz zu schweigen. Durch ein Hahnküken ist die Öffnung zum Stochen des Traylor-Düsenstockes verschlossen (Hahnküken werden leicht undicht!). Der Fall, daß bei versetztem Ofenstich die Schlacke im Ofentiegel steigt und womöglich in die Düsenstöcke hineinläuft, muß an jedem brauchbaren Düsenstock vorgesehen sein. Oft ist an der tiefsten Stelle des Düsenstockes eine Bohrung angebracht, die mit einem Bleiblech verschlossen werden kann, welches von etwa eintretender Schlacke durchgeschmolzen wird. Fließt aber die Schlacke schnell und in großer Menge, so staut sie sich dennoch leicht im Düsenstock, weil mehr eintritt, als aus der durch erkaltende Schlacke sofort verengten Bohrung ausfließen kann. Daher sind praktisch wertvoller die Konstruktionen, wie sie der Boston-&-Montana-Düsenstock und der Traylor-Düsenstock aufweisen, bei denen reichlich Platz für durchtretende Schlacke vorhanden ist. Das gelegentlich angewandte Verschließen des Schlackenaustrittes im Düsenstock mit hölzernen Stopfen ist nicht ratsam, da diese durchaus nicht immer herausbrennen, wenn Schlacke in den Düsenstock eintritt, zumal die Schlacke sofort den Wind vom hölzernen Stopfen fernhält, so daß dieser nur etwas ankohlt und die Schlacke im Düsenstock erkaltet oder gar noch in die Windleitung emporsteigt. 2—3 mm starkes Bleiblech, je nach dem Durchmesser des Schlackenaustrittes, schmilzt indessen sofort durch und gibt der Schlacke die Bahn frei. Verschiedene Arten der Anklammerung der Düsenstöcke an den Wasserkasten zeigt nachstehende Abbildung. Ausgezeichnet ist die Art der Anklammerung beim Traylor-Düsenstock, die schnell gelöst werden kann und außerdem nur zwei Ösen am Wasserkasten benötigt. Die Dichtung des Düsenstockes gegen die Windzufuhrleitung durch Flansch ist nicht zu empfehlen wegen der vielen Bolzen, die beim Abnehmen des Düsenstockes gelöst werden müssen. Muffe mit Bleidichtung (Boston-&-Montana-Düsenstock) fesselt den Düsenstock und die Windzuleitung zwar dicht zusammen, ist aber noch schwerer zu lösen als Flansch, auch wenn statt Bleidichtung Asbestdichtung benutzt wird. Außerordentlich praktisch und handlich erscheint die Verbindungsart des Traylor-Düsenstockes, die außerdem den großen Vorteil bietet, den ganzen Düsenstock nicht abnehmen zu müssen, sondern ausschwenken zu können, wie Abb. 45 zeigt[1]. Ein ganz ausgezeichneter Düsenstock — insbesondere mit Hinblick auf die Erfordernisse der unmittelbaren Verhüttung — kann ge-

---

[1] Vgl. auch R. H. Vail: Tuyere Connections for Copper and Lead Blast-Furnaces. Engg. Min. J. Bd. 102, S. 639—643, 1916.

schaffen werden, wenn der Traylor-Düsenstock mit dem Shelbyschen Verschluß-
deckel und dieser mit der Calumet-&-Arizona-Schaubrille versehen wird. Der
Traylor-Düsenstock hat dazu noch den Vorteil, daß er, ohne seine schnelle Lös-
barkeit vom Wasserkasten zu beeinträchtigen, verhältnismäßig dicht an dicht

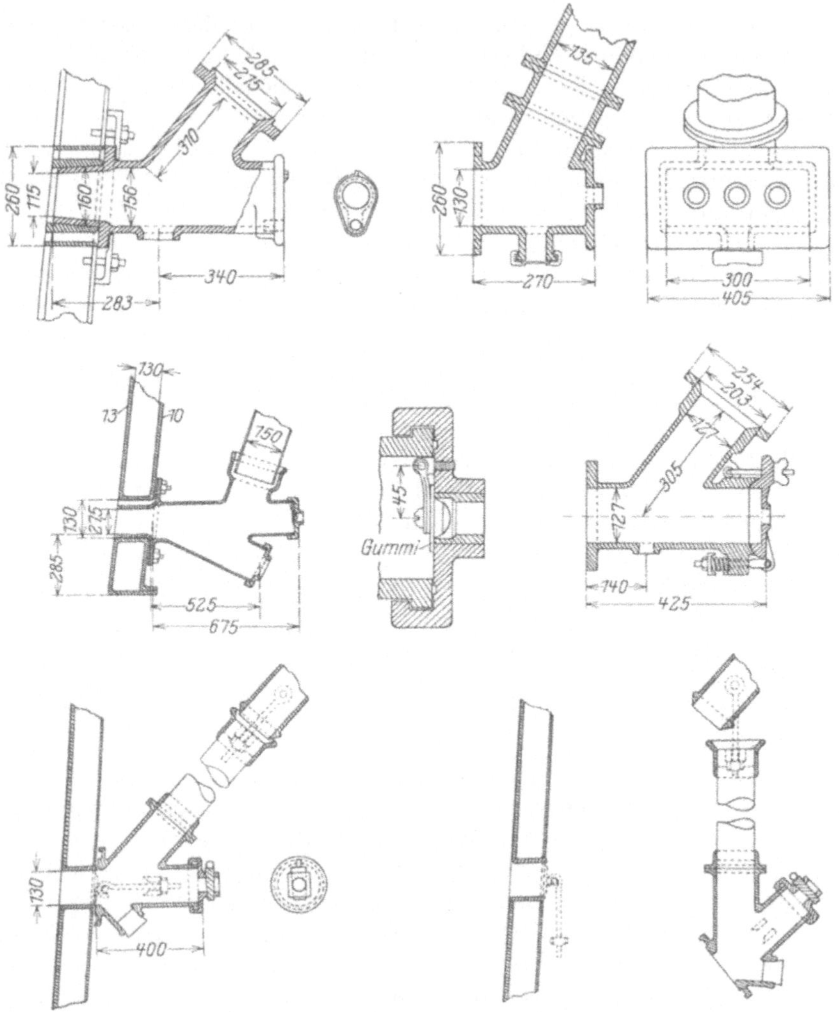

Abb. 45. Bewährte Düsenstöcke.

gesetzt werden kann, so daß der Düsenabstand bis auf 330—350 mm von Düsenachse zu Düsenachse vermindert werden kann.

Jeder Düsenstock muß seinen eigenen Windschieber besitzen, durch den die
Windzufuhr zum Düsenstock geregelt und der Düsenstock von der Hauptwindleitung abgesperrt werden kann. Die Anbringung des Windschiebers am Düsenstock selbst ist nicht ratsam, da der Absperrschieber dort erstens leicht Beschä-
digungen beim Düsenstochen und auch beim Abnehmen der Düsenstöcke ausgesetzt ist und da er zweitens unter Umständen schwer zu erreichen ist, wenn bei

einer Betriebsstörung Schlacke aus dem Düsenstock austritt. Andererseits muß der Absperrschieber bequem mit der Hand zu bedienen sein, während das Auge in das Schauloch des Düsenstockes hineinschaut. Praktisch sind Absperrschieber, die so hoch in die Windzuleitung zum Düsenstock (oberhalb der Trennungsstelle, die beim Ausschwenken eines Traylor-Düsenstockes gelöst wird) eingebaut sind, daß sie auch beim Auswechseln eines Wasserkastens nicht in Gefahr geraten, beschädigt zu werden. Sie können vom Düsenstock aus mit einem Hebel bedient werden, oder aber, wenn sie Spindelantrieb haben — der zwar eine feinere Regelung der Windzufuhr gestattet, aber leicht verschmutzt —, mit einer um das Spindelrad gelegten Kette. Schieberstange oder Spindel des Schiebers müssen staubdicht gekapselt sein, da um den Ofen herum stets viel Staub fällt, der die Schieber ungangbar machen kann. Als Windschieber sind Eisenblechschieber in bronzener Führung das beste.

Die Verbindung zwischen dem Düsenstock einerseits und dem Abzweigungsstutzen der Hauptwindleitung, in den auch der Absperrschieber des betreffenden Düsenstockes eingebaut sein soll, andererseits wird stellenweise heute noch als starres Rohrstück ausgeführt. Eine starre Verbindung aber ist insofern von Nachteil, als bei dem unaufhörlichen Vibrieren des ganzen Schachtofens während der Schmelzkampagne schließlich die besten Dichtungen gelockert werden und auch die Gefahr eines Reißens der Löt- oder Schweißstelle zwischen Hauptwindleitung und Abzweigungsstutzen besteht. Unterbunden werden diese Gefahren durch unstarre Verbindung mittels eines Spiralschlauches. Spiralschläuche, in deren Ende Bleche mit umgebördeltem Rande eingelötet sind, die durch Flansch fest auf einen Flansch des Düsenstockes einerseits und einen Flansch des Abzweigungsstutzens andererseits aufgepreßt werden, sind unzweckmäßig, da der umgebördelte Rand beim Auswechseln von Düsenstöcken leicht bricht. Sehr haltbar hingegen sind solche Spiralschläuche, an deren beiden Enden Flansche hart aufgelötet sind.

Die Hauptwindleitung, deren Durchmesser sich nach dem mittleren Windbedarf des Schachtofens richtet, wird oft nur U-förmig um den Ofen herumgeleitet. Bessere Verteilung des Gebläsewindes auf die Düsen gewähren Ringleitungen. Die Hauptwindleitung muß stets von einer Stirnseite des Ofens aus ihren Wind erhalten, damit nicht die Düsen der einen Längsseite denen der anderen gegenüber bevorteilt sind. Die Knie der Windleitung sollen möglichst großen Radius haben, um Wirbelbildung zu unterbinden. Der Hauptabsperrschieber, durch den der Schachtofen von den Gebläsemaschinen getrennt werden kann, muß so dicht an den Ofen herangerückt werden, wie irgend angängig, damit die Mannschaft an den Düsen ihn jederzeit schnell erreichen kann. An den beiden Ästen der Hauptwindleitung, die die Düsen mit Wind versorgen, werden Manometer angebracht, um die Pressung im Ofen überwachen zu können. Ein Windmengenmesser — gleichgültig, welcher Art —, der niemals fehlen sollte, wo unmittelbar verhüttet wird, muß, von den Gebläsen aus gesehen, unmittelbar vor dem zum Ofen gehörigen Hauptabsperrschieber eingebaut werden. Ein Ableseinstrument für die Windmenge sollte neben einem der Manometer am Gestell des Schachtofens so angebracht sein, daß beide zwar gegen mechanische Beschädigung geschützt, aber für die Mannschaft an den Düsen leicht zugänglich sind. Parallelmanometer zur Pressungsmessung werden auf der Gichtbühne angebracht, damit der Gichtbühnenmeister stets über die Pressung im Ofen unterrichtet ist und sich beim Gichten danach richten kann.

Die Hauptkühlwasserleitung. Die Kühlwasserzuleitung zum Ofen wird unmittelbar vor dem Ofen mit einem Hauptabsperrschieber (Spindelantrieb) versehen und dann als Ringleitung um den ganzen Ofen herumgeführt. Unmittelbar vor der Ringleitung muß unter allen Umständen ein leicht zugängliches Sieb eingebaut sein, das alle mechanischen Fremdkörper wie Putzwolle u. dgl., sei es, daß sie durch Unvorsichtigkeit, sei es, daß sie mit bestimmter Absicht in die Kühlwasserzufuhr hineingelangen, abfängt. Das gleiche gilt für die noch zu erwähnenden Kühlwasserrückleitungen vom Kühlturm. Hinter dem Sieb darf die Kühlwasserleitung für niemanden mehr von außen zugänglich sein. Von der Ringleitung werden die einzelnen Zuleitungen zu den Wasserkästen — jede mit besonderem Absperrschieber — abgezweigt. Die Aufteilung der Wasserzufuhr in mehrere übereinanderliegende Ringleitungen, entsprechend der Zahl der Wasserkastensätze, ist unzweckmäßig, weil dann auch die Absperrschieber für die oberen Wasserkästen hoch oben am Ofen liegen und schwer zugänglich sind. Der einzelne Wasserkasten und seine Kühlwasserzuleitung werden niemals starr miteinander verbunden, weil, wie bei den Windleitungen zu den Düsenstöcken, infolge des Vibrierens des Ofens im Betriebe alle Dichtungen nachlassen würden. Unmittelbar vor dem Eintritt in den Wasserkasten wird ein 250 mm langes Stück Gummischlauch mit Stoffeinlage zwischengeschaltet, das die Verbindung vermittelt.

Es sind gelegentlich Wassermantelöfen mit mehreren übereinanderstehenden Wasserkästen gebaut worden, bei denen das Abwasser der unteren Kästen unmittelbar als Kühlwasser in die nächsthöheren Kästen eingeleitet wurde, so daß das Kühlwasser erst nach Passage von zwei bzw. drei übereinanderstehenden Kästen aus dem obersten Kasten abfließt. Für die Zwecke der unmittelbaren Verhüttung ist diese Konstruktion nicht ratsam, weil im Falle eines Schadens in der Kühlwasserzufuhr selbst oder in einem der Wasserkästen sofort die miteinander verbundenen Kästen sämtlich zu leiden haben bzw. trockengelegt werden und auch das Auswechseln eines schadhaft gewordenen Kastens während des Betriebes unmöglich gemacht wird.

Sämtliche Wasserabsperrschieber müssen aus Rotguß oder Bronze hergestellt sein. Niemals lasse man sich aus Sparsamkeitsgründen zu eisernen Schiebern verleiten.

Das aus dem Wasserkasten austretende heiße Wasser wird bei Siedewasserkästen unmittelbar den Kondensatoren zugeführt. Bei Wasserkästen ohne Kondensation hingegen wird es zweckmäßigerweise in einer ringförmig um den Ofen geführten Rinne gesammelt. Alle Wasserableitungsrohre enden dicht über dieser Sammelrinne, so daß man von der Herdsohle aus stets genau beobachten kann, ob aus allen Kästen Wasser abfließt, oder ob ein Kasten trocken wird. Um der besseren Übersicht willen ist es ratsam, die von verschiedenen Wasserkastensätzen stammenden Abflußleitungen verschieden hoch über der Sammelrinne schräg abzuschneiden, und zwar die Ableitungen der höchsten Kastensätze am kürzesten, die der unteren am längsten, so daß sofort ersichtlich wird, in welchem Kastensatz ein Kasten unter Wassermangel leidet. Das in der Sammelrinne zusammenfließende Abwasser läuft in einen tiefgelegenen Sammelbehälter, von dem aus es entweder durch Überlauf endgültig abfließen kann oder aber mittels besonderer vom Ofen aus einschaltbarer Pumpenanlage zum Kühlturm gepumpt wird. Falls man einen Kühlturm benutzt — und der sollte für Fälle des Wassermangels eigentlich stets vorhanden sein —, so ist am Ofen unbedingt ein Instrument aufzustellen, das den Wasserstand im Kühlturmsammelbecken anzeigt, damit der Ofenmeister stets weiß, wieviel Kühlwasser ihm im Kühlturm zur Verfügung steht. Die Einmündungsstelle der vom Kühlturm kommenden Kondenswasserleitung muß hinter dem Gesamtabsperrschieber der Kühlwasser-Hauptzufuhrleitung und vor Beginn der Ringleitung liegen und einen eigenen Absperrschieber besitzen. Es sei besonders betont, daß sowohl der Absperrschieber der primären Kühlwasserzufuhr als auch derjenige der Kondenswasserzufuhr (vom Kühlturm) nahe am Ofen und von der Herdsohle aus leicht erreichbar liegen müssen, um im Falle schwerer Betriebsstörungen schnell das gesamte Kühlwasser drosseln zu können. Die Abmessungen der Ringleitung für die Versorgung der Wasserkastensätze hängen natürlich von der Zahl der zu versorgenden Kästen und ihrem Wasserbedarf ab. Durch den Durchmesser der Ringleitung wiederum wird der Durchmesser der Hauptzufuhrleitung bestimmt. Zu bedenken ist, daß man während des Anblasens eines Wassermantelofens, also in einer Zeit, in der die Wasserkästen noch nicht durch eine an der Innenwand anliegende isolierende Schlackenschicht geschützt sind, damit rechnen muß, bis zum Vierfachen der normalen Kühlwassermenge durch die Wasserkästen laufen zu lassen. Als Anhaltspunkte für den Kühlwasserbedarf beim Anblasen und während des Betriebes eines Schachtofens können folgende von Edw. D. Peters angegebenen Zahlen dienen:

Düsenebene	Kühlwasserbedarf	
	beim Anheizen	im normalen Betrieb
0,88 qm	8230 Liter/Std.	4160 Liter/Std.
1,16 „	11350 „	4920 „
1,67 „	15140 „	5770 „
2,23 „	18920 „	6810 „
2,79 „	22710 „	7570 „
3,24 „	26500 „	8320 „

Man hüte sich vor zu geringem Durchmesser der Kühlwasserleitungen und unterschreite mit den Zuleitungen zu den einzelnen Kästen 50 mm Durchmesser möglichst niemals. Die schnelle Reinigung der Kühlwasserleitungen wird bedeutend erleichtert, wenn in Biegungen der Leitung grundsätzlich niemals Kniestücke angewandt werden, sondern bei den kleineren Rohrprofilen Kreuzstücke mit Pfropfenverschluß, bei den größeren Profilen Kreuzstücke mit Blindflanschen. Die Mehrkosten in der Anschaffung machen sich reichlich durch Arbeitsersparnis bei der Reinigung bezahlt und auch dadurch, daß tatsächlich die Kühlwasserleitungen um so häufiger gereinigt und überholt werden, je weniger Rohrlegerarbeit damit verbunden ist, was indirekt wieder dem Ofen und seiner Betriebssicherheit zugute kommt.

Die Begichtungseinrichtungen. Die Verbindung zwischen dem oberen Ende des Ofenschachtes — sei es gemauert oder bestehe es aus Wasserkästen — und der Gichtbühne wird im allgemeinen durch gußeiserne Platten hergestellt. Ist der obere Teil des Ofenschachtes gemauert, so wird die Mauerung an den beiden Stirnseiten des Ofens bis an die Gichtbühne emporgeführt; ist der Oberteil des

Schachtes von Wasserkästen ummantelt, so bilden an den Stirnseiten des Ofens
senkrecht stehende gußeiserne Platten, die auf dem Ofengestell selbständig aufgelagert sind und nicht etwa die Wasserkästen belasten dürfen, die Verbindung.
An den Längsseiten des Ofens hingegen wird die Verbindung mit der Gichtbühne
durch gußeiserne schiefe Ebenen geschaffen, die als Schütttrichter dienen und
gleichfalls, um die Schachtummantelung nicht zu belasten, selbständig auf dem
Ofengestell aufgelagert sind. An diese Schütttrichter schließen meist auf der
Gichtbühne selbst Schütttrichter aus kräftigem Eisenblech an, in die die Mulden
der Förderwagen, die die Beschickung zum Ofen bringen, gekippt werden. Um
nicht mit zu schweren Einzelstücken zu tun zu haben, um die Gefahr von Spannungen bei ungleichmäßiger thermischer Beanspruchung möglichst zu verringern
und um Reparaturen zu erleichtern, werden die gußeisernen Schütttrichter des
Schachtofens nicht aus einem Stück gegossen, sondern aus mehreren Sektoren
zusammengestellt, die miteinander verbolzt werden. Dabei wird gleichzeitig die
Möglichkeit vorgesehen, auf dem kräftigen oberen Rahmen des Ofengestelles, der
diese Schütttrichter trägt, in lichtem Abstande von 1000—1500 mm gußeiserne
oder schmiedeeiserne Stiele aufzustellen, in die die Begichtungstüren eingehängt
werden können und die außerdem die Ofenhaube tragen.

Im Gegensatz zu den Begichtungstüren von Schachtöfen, die reduzierender
Schmelzarbeit dienen, und bei denen man die Türen gern recht niedrig gestaltet,
darf bei den Begichtungstüren eines der unmittelbaren Verhüttung dienenden
Schachtofens nie außer acht gelassen werden, daß man durch diese Türen mit
Brechstangen jede Stelle des Ofens zur Bekämpfung von Ansätzen muß erreichen können, was bei Bemessung der Höhe der Türen zu berücksichtigen ist.
Die Begichtungstüren sind gelegentlich als schwingende Hängetüren ausgebildet,
die, um eine obere horizontale Achse drehbar, in das Ofeninnere hinein geöffnet
werden können. Dem Druck, der in den Begichtungstrichter der Gichtbühne
eingeschütteten Beschickung nachgebend, öffnen sie den Weg ins Ofeninnere
und schließen sich dann selbsttätig durch ein an einem Hebelarme angebrachtes
Gegengewicht. Besser als solche Klapptüren sind Schiebetüren, die mittels
Gegengewicht gehoben und gesenkt werden können und in einer Führung laufen.
Bei automatisch sich öffnenden Klapptüren muß mit dem Leeren der Begichtungswagen stets so lange gewartet werden, bis das Erz tatsächlich in den Ofen
stürzen soll — bis gegichtet wird. Das bringt es mit sich, daß oftmals die Förderwagen, die die Beschickung herbeischaffen, 5 und 10 Min. lang beladen auf
der Gichtbühne bereit stehen, aber nicht entleert werden können, weil der Zeitpunkt des Gichtens noch nicht gekommen ist. Rechnet man diese Zeitverluste
für einen ganzen Schmelztag zusammen, so liegen die Fördermittel manchmal
mehrere Stunden je Tag brach. Sind die Wagen entleert, so müssen sie dann
eiligst zu den Lagerplätzen zurückkehren und dort schnellstens wieder beladen
werden — natürlich auf Kosten der Sorgfalt dieser Arbeit: hier wird ein Bunker-
verschluß nicht richtig geschlossen — dort entgleist ein Förderwagen wegen zu
hoher Fahrgeschwindigkeit usw. usw., kurz, es kommt eine unnötige und schäd-
liche Unruhe in die Anfuhr der Beschickung zum Ofen. Das alles ist bei Schiebe-
begichtungstüren vermieden. Kommt die Beschickung auf der Gichtbühne an,
so können die Förderwagen sofort gelöscht werden und die Förderung verläuft
in geordneten Bahnen ruhig weiter, unabhängig vom Gichten. Gegichtet wird

lediglich durch Heben und Senken der Schiebetüren, die das Erz dann zur
gewünschten Zeit aus dem Begichtungstrichter über den gußeisernen Schütttrichter in den Ofen gleiten lassen. An größeren Öfen geschieht die Bewegung
solcher Schiebetüren gelegentlich hydraulisch. Betont sei noch, daß es nicht
geraten ist, die Begichtungstüren so anzuordnen, daß sie mit der inneren Oberkante des Ofenschachtes in einer Ebene liegen. Sie sind in diesem Falle zu sehr
den Gichtgasen ausgesetzt und werden zu heiß, so daß Türen aus Blech (wie bei
Schwingetüren) sich werfen und der Abschluß dadurch undicht wird. Die Begichtungstüren müssen, mit Bezug auf die innere Oberkante des Ofenschachtes,
nach außen versetzt sein. Gußeiserne Türen haben zwar beträchtliches Gewicht,
schließen aber viel besser, da sie sich nicht werfen.

Neben diesen Vorrichtungen zur Begichtung von Hand sind auch eine Reihe
maschineller Begichtungseinrichtungen in Anwendung, von denen hier nur drei
besonders hervorgehoben werden sollen.

Die 1902 auf der Hütte der Ducktown Sulphur, Copper & Iron Co. Ltd. in
Isabella, Tennessee, in Betrieb genommene Begichtungsanlage nach dem Patent
von W. H. Freeland[1] setzt voraus, daß der Schachtofen keine Ofenhaube besitzt,
sondern daß die Gichtgase unterhalb der Gichtbühne durch Exhaustoren seitlich
abgesogen werden und daß mit völlig kalter Gicht gearbeitet wird. Der Ofen
wird durch zwei unterhalb der Gichtbühne bewegliche horizontal gelagerte Schiebetüren verschlossen. Parallel der Längsachse des Ofens läuft über den Ofen ein
Gleis, auf dem ein Chargierwagen verkehren kann. Dieser Wagen, dessen Spur-
weite etwas größer ist als die obere Ofenschachtweite, ist ein Plattformwagen, dessen
Plattform ein Transportband ohne Ende ist, bei einer Bandbreite, die der oberen
Schachtweite entspricht. Nachdem auf diesen Chargierwagen, deren mehrere zu
einem Ofen gehören, die Beschickung an den Lagerplätzen (Bunkern usw.) flach
ausgebreitet worden ist, wird der Wagen über den Ofen gefahren. Die horizontalen Schiebetüren des Ofens werden geöffnet, und es kann nun durch Inbewegung-
setzen des Transportbandes, auf dem die Beschickung ruht, gegichtet werden,
wobei der Begichtungswagen so bewegt wird, daß gleichmäßige Verteilung der
Beschickung auf die gesamte Oberfläche des im Ofen liegenden Gutes erzielt
wird. Andererseits kann aber auch erforderlichenfalles jederzeit örtlich an dieser
oder jener Stelle gegichtet werden, je nachdem der Ofengang es erfordert[2].

Auf der Hütte der Granby Cons. Mining, Smelting & Power Co. zu Anyox,
Brit. Columbia, Canada (rund 1000 km nördlich der Insel Vancouver)[3] wird
die Beschickung nach einem früher in Mount Lyell ausgebildeten Prinzip von
der Gichtbühne aus in eine unmittelbar unterhalb der Gichtbühne liegende
Tasche gestürzt, die einen horizontalen Boden aus Gußeisen besitzt. Nach Heben
der bis auf die Bodenplatte dieser Tasche hinabreichenden Begichtungstür kann
die in der Tasche ruhende Beschickung mittels eines hydraulisch angetriebenen
und über die Bodenplatte hinweggleitenden Stempels in den Ofen geschoben
werden. Um zu verhindern, daß Feinerz, welches sich auf der horizontalen

---

[1] Vgl. C. W. Rawick: The Freeland Charging Machine. Mining and Scientific Press
Bd. 106, S. 443—446, 1913.

[2] Vgl. ähnliche Begichtungseinrichtungen für Bleischachtöfen ohne Ofenhaube, wie sie
Arthur S. Dwight in The Mechanical Feeding of Silver-Lead-Blast-Furnaces, Transactions
Amer. Inst. Ming. Eng. Bd. 32, S. 353—395, 1902, beschreibt.

[3] Vgl. Anonym: Late Blast-Furnace Designs. Engg. Min. J. Bd. 192, S. 658—662, 1916.

Bodenplatte der Erztasche ansammelt, beim Hineindrücken des Erzes in den
Ofen an den Schachtofenwänden hinunterrieselt und hier Anlaß zu der an früherer
Stelle beschriebenen Bildung von Ansätzen gibt, ist das Verbindungsstück
zwischen der Oberkante der Ofenschachtummantelung und der Bodenplatte der
Erztaschen als umgekehrter Trichter gestaltet, und zwar so, daß diejenige Kante,
über die das Erz in den Ofen stürzt, der Mittelachse des Ofens näher liegt als
die Ofenwand, d. h. daß der Ofenschacht, der am Oberrande der Wasserkasten-
ummantelung eine Weite von 1844 mm aufweist, bis auf 1376 mm Weite in
der Begichtungsebene zusammengezogen ist. — Es scheint sehr wohl möglich,
daß durch derartige Konstruktion der Begichtungseinrichtung (vgl. Abb. 54)
auch das Verschmelzen größerer Mengen von Feinerz ermöglicht wird, da jedenfalls das größte Übel beim Gichten von Feinerz, das Herunterrieseln an der
Ofenwand, behoben wird.

Ganz anders gestaltete Robinson[1] in der Hütte der Teziutlan Copper Mining
& Smelting Co. zu Teziutlan, Mexiko, die Begichtung der Schachtöfen. Er legte
oberhalb der Gichtbühne über dem Ofenschacht einen Bunker an, der die gleiche
Weite und Länge wie der Ofenschacht besitzt. Der Länge der Öfen in Teziutlan
entsprechend ist dieser Bunker in fünf Taschen unterteilt. Er ist mit zwei parallel
der Längsachse des Ofens laufenden V-förmigen Profilböden versehen, die so
angelegt sind, daß die Sattelachse des zwischen den beiden V-förmigen Mulden
gelegenen Sattels mit der Längsachse des Ofens zusammenfällt, und daß die
beiden Muldenachsen die Weite des Ofens in ein Viertel und drei Viertel teilen.
Während der Sattel fest eingebaut ist, sind die beiden äußeren (die linke und die
rechte) Begrenzungsflächen der Mulden als Tore ausgebildet, die so geöffnet
werden können, daß die beiden Profilböden der Bunkertaschen den Inhalt der
Taschen in den Ofen stürzen lassen (vgl. Abb. 55). Durch hydraulischen Antrieb
können die Klappen geschlossen werden, sobald hinreichend Erz gefallen ist.
Für Feinerz gilt bei dieser Konstruktion das gleiche wie bei der Bauart von
Mount Lyell und Anyox.

Um die gleichmäßige Verteilung der Beschickung über die ganze Oberfläche
der Beschickungssäule im Ofen auch bei Begichtung durch seitliche Begichtungstüren zu verbessern, sind in den Öfen der Union Minière du Haut Katanga zu
Lubumbashi (Belgisch-Kongo) noch dreikantige wassergekühlte Erzverteiler
parallel der Längsachse der Öfen dicht über der Oberfläche der Beschickungssäule eingebaut worden (vgl. Abb. 51), deren Anbringung jedoch bei unmittelbarer Verhüttung nicht ratsam erscheint, weil derartige Erzverteiler während
der bei unmittelbarer Verhüttung unvermeidlichen Brechstangenarbeit im Wege
sind und außerdem dabei leicht beschädigt werden können.

Alle bisher beschriebenen Begichtungsanlagen gewähren keinen luft- und gas-
dichten Abschluß des Ofeninnern gegen die Außenluft. Stets wird durch die
Begichtungstüren, -klappen usw. falscher Wind angesogen, der die Gichtgase
verdünnt und die Möglichkeit ihrer Weiterverarbeitung — sei es auf flüssige
SO_2 oder auf Schwefelsäure — unter Umständen in Frage stellt. Von einer
großen Anzahl von Gichtverschlüssen, die diesen Übelstand beheben und die
Gicht gasdicht abschließen sollen, verdient wegen seiner Einfachheit und der

---

[1] Vgl. Cyrus Robinson: New Copper Blast-Furnaces at Teziutlan Smeltery. Engg.
Min. J. Bd. 88, S. 655—657, 1909.

guten damit erzielten Ergebnisse der Münkersche Gichtverschluß genannt zu werden[1], der außerdem den Vorteil hat, daß er auch nachträglich an jedem Ofen mit seitlicher Begichtung eingebaut werden kann. Seine Konstruktion und Wirkungsweise sind aus Abb. 46 leicht ersichtlich. In wie weitgehendem Maße der Münkersche Verschluß falschen Wind fernhält, zeigt ein Vergleich von Gichtgasanalysen vor und nach Einbau des Münker-Verschlusses (aus der Praxis der Mansfeld A.-G. für Bergbau und Hüttenbetrieb bei reduzierender Schmelzarbeit).

Gichtgasanalysen vor und nach Einbau des Münker-Verschlusses.

	vor Einbau	nach Einbau
CO	12—22 Vol.-%	15—25 Vol.-%
CO_2	4—18 Vol.-%	10—16 Vol.-%
O_2	3—14 Vol.-%	0,5—1,0 Vol.-%

Dazu kommt als weiterer Vorteil, daß nicht durch das Öffnen der Begichtungstüren der Druck der Gichtgase verändert wird, was Störungen in etwaigen zu passierenden Wasch- usw. Anlagen nach sich ziehen würde. Das Pressungsdiagramm der Gichtgase, hinter dem Gichtverschluß aufgenommen, zeigt einen so gleichmäßigen Verlauf, wie man ihn sich besser wohl kaum denken kann.

Leider ist die Anwendbarkeit von Gichtverschlüssen nach Art des Münkerschen Verschlusses gerade bei unmittelbarer Verhüttung dadurch beschränkt, daß durch einen solchen Verschluß nicht mit der Brechstange gearbei-

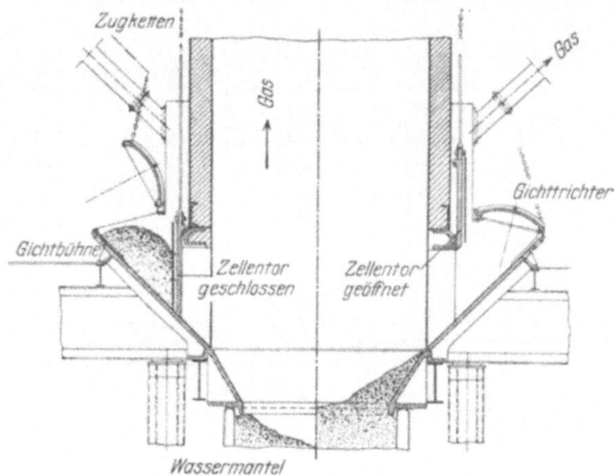

Abb. 46. Münkerscher Gichtverschluß mit Zellentor. D.R.P. 407506.

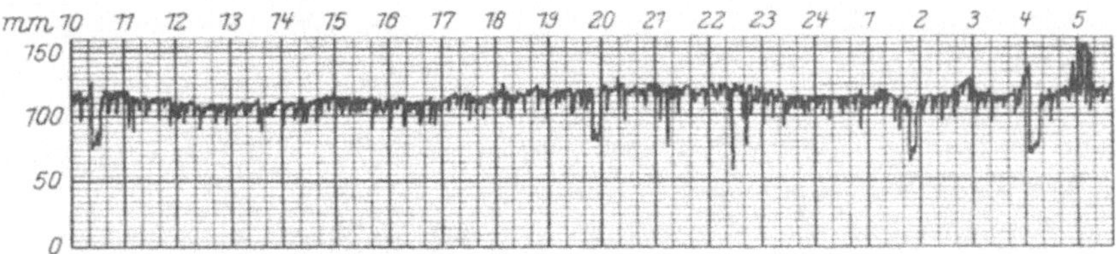

Abb. 47. Pressungsdiagramm des Gichtgases nach Einbau eines Münkerschen Gichtverschlusses.

tet werden kann. Man wird daher für die in Rede stehenden Zwecke, wenn man sich die Vorzüge des Münker-Verschlusses zunutze machen will, zwischen einzelnen Münkerschen Zellentoren, die lediglich zum Gichten benutzt werden, stets einzelne (schmale!) Arbeitstüren anbringen müssen, die — weil sie zum Gichten

---

[1] Vgl. E. Münker: Über Gichtverschlüsse bei Schachtöfen der Metallhüttenindustrie. Metall u. Erz Jg. 22, S. 285—290, 1925.

nicht benutzt werden — verhältnismäßig dichtschließend gebaut werden können.

Die Ofenhaube. Manche Schachtöfen sind ohne eigentliche Ofenhaube gebaut worden, wie z. B. die japanischen und die vorstehend erwähnten Öfen in Isabella, Tennessee. Bei solcher Bauart muß natürlich das Gichtgas unterhalb der Gichtbühne abgesogen werden. Als die Tennessee Copper Co. daran ging, den SO_2-Gehalt ihrer Abgase für Schwefelsäurefabrikation zu verwerten, zeigte sich, daß jedesmal, solange im Gasabzug ein Schieber geschlossen wurde, um die Gase in den Gloverturm der Schwefelsäurefabrik zu drängen, und somit der Zug sich verminderte, die Ofenhaube, die aus Mauerwerk in eisernem Rahmengestell bestand, so heiß wurde, daß alle Eisenkonstruktionsteile stark abbrannten und das Mauerwerk schließlich nur noch dürftig zwischen den vier Eckpfeilern der Ofenhaube hing.

Es wurde daher ein Ofen so umgebaut, daß die Gasabzüge an beiden Stirnseiten des Schachtofens unmittelbar unterhalb der Gichtbühne angebracht und aufgehängt wurden[1]. Die obere Öffnung des Ofenschachtes wurde mit einem

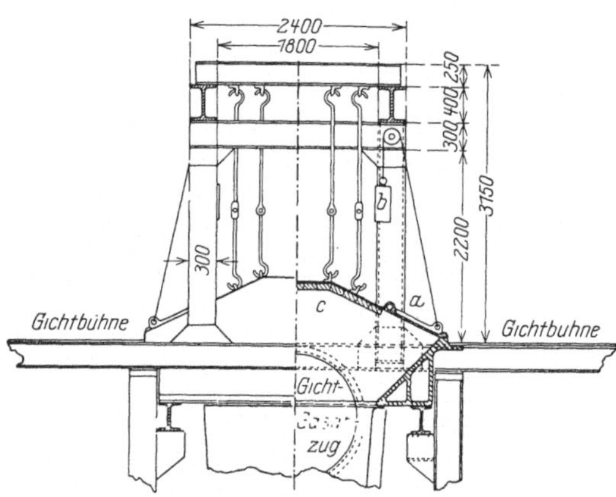

Abb. 48. Flaches Ofendach der Tennessee Copper Co.

flachen an Rundeisen innerhalb eines Rahmengestelles aufgehängten Dache versehen, das aus einem kupfernen Rostsystem bestand, in das feuerfeste Steine eingepaßt wurden. Eisen ließ sich für diese Dachkonstruktion nicht verwenden, da es wegen zu geringen Wärmeleitvermögens zu heiß wurde und zu schnell abbrannte. An beiden Seiten eines solchen schwach über die Gichtbühne erhöhten Ofendaches, das 900—1000° C heiß wurde, sind mit einer Neigung von etwa 30° gegen die Gichtbühne die Begichtungstüren angebracht, die die Schütttrichter des Ofenschachtes deckelartig verschließen. Bei einem anderen Ofen wurde ein entsprechendes sattelförmiges Dach aus alten Wasserkästen eingebaut, durch das zur Kühlung des Daches ein Teil des Gebläsewindes für den Ofen bei gleichzeitiger Vorwärmung des Windes, mit 2000 mm Wassersäule Pressung hindurchgeblasen wurde. Bei beiden Konstruktionen ließen sich befriedigende Ergebnisse erst erzielen, nachdem die Gasabzüge außergewöhnlich großen Durchmesser erhalten hatten, da bei niedriger Gesamtofenhöhe sehr viel Flugstaub mit in den Gichtgasabzug gerissen wird und außerdem die Gasabzüge teilweise so heiß werden, daß sich noch erhebliche Ansätze in ihnen bilden. In der Mount-Lyell-Hütte, bei deren Schachtöfen die Gichtgasabzüge gleichfalls unterhalb der Gichtbühne liegen, sind zur Erreichung eines großen Querschnittes die Gichtgasabzüge in die Längsseiten der Öfen verlegt worden. Im Oberteil der Längsseiten sind Gasaustrittsöffnungen ausgespart worden, die im Querschnitt

---

[1] Vgl. N. H. Emmons: Tops of Copper Blast-Furnaces. Transactions Amer. Inst. Ming. Eng. Bd. 41, S. 723—738, 1911.

horizontal gestreckten Rechtecken gleichen, aber ein schwach gewölbtes Dach haben. Bei zinkischen Erzen ist flaches Ofendach niemals ratsam, weil sich zu große Mengen von zinkischem Ofenbruch daran niederschlagen, die nicht nur das Gewicht des Daches (den Zug an seiner Aufhängung) erhöhen, sondern auch, wenn sie sich lösen, in den Ofen stürzen und dort zu Störungen führen können.

Da es schwierig ist, bei Öfen mit flachem Ofendach, ohne eigentliche Ofenhaube, mit hinreichend kalter Gicht zu arbeiten, wie ein flaches Dach es verlangt, wird meistens über der Gichtbühne eine Ofenhaube errichtet, in die auch die Begichtungseinrichtungen, insbesondere die Begichtungstüren, eingebaut werden. Es sind sowohl Ofenhauben mit ebener Abdeckung als auch solche, die ein Tonnengewölbe tragen, gebaut worden. Der Gichtgasabzug ist sowohl an einer Stirnseite der Ofenhaube als auch im Dach derselben angebracht worden. Was die Ausbildung des Haubendaches anbetrifft, so verdient unbedingt Tonnengewölbe den Vorzug gegenüber flacher Abdeckung, nicht nur, weil dadurch der Stoß der Gichtgase am Haubendach vermindert wird, sondern auch, weil bei gewölbtem Haubendach die Gefahr eines Einstürzens des Daches und eines Herunterfallens von Ofenbruch in den Ofenschacht bedeutend geringer ist als bei flacher Abdeckung. Die Ableitung des Gichtgases seitwärts aus einer der Stirnseiten der Haube verlegt den stärksten Stoß des Gichtgases — beim Umwenden seiner Fließrichtung aus der lotrecht emporsteigenden in die wagerechte und dann sofort abwärts geneigte — in die Ofenhaube selbst; das Gichtgas muß als erste Richtungsänderung, die es erfährt, zum mindesten einen rechten Winkel durchfließen. Wird das Gichtgas hingegen aus der Ofenhaube zunächst lotrecht nach oben abgeleitet und die Gichtgasleitung dann langsam knieförmig umgebogen, so ist die Richtungsänderung des Gasstromes gemildert. Die zerstörenden Einwirkungen, die bei der Richtungsänderung und der damit verbundenen Wirbelbildung des heißen flugstaubbeladenen Gasstromes auftreten, werden gemindert und aus der Ofenhaube in das Knie der Gichtgasleitung verlegt. Die Anbringung eines niedrigen senkrechten und mit Klappe verschließbaren Schornsteins auf der Ofenhaube ist empfehlenswert, um beim Trocknen der Ausmauerung des Sumpfes und beim Anheizen des Ofens nicht sofort die gesamte Gichtgasleitung einschließlich Entstaubungsanlage usw. unter Zug setzen zu müssen.

Es muß — besonders, wenn die Gichtgase weiter verarbeitet werden sollen — Wert darauf gelegt werden, daß die Gase mit möglichst gleichbleibender Temperatur in die Entstaubungsanlagen eintreten. Daher ist auch eine möglichst gleichmäßige Temperatur der Ofenhaube erforderlich. Bei jedesmaligem Gichten tritt, sofern nicht mit gasdichter Gicht gearbeitet wird, kalte Luft von außen zu. Die Abkühlung, die das Gichtgas dadurch vorübergehend erfährt, kann durch mäßige Wärmeabgabe der Ofenhaube meist gut ausgeglichen werden. Wenn aber infolge des Zutrittes von Außenluft auch das Innere der Ofenhaube vorübergehend stark gekühlt wird, wie dies z. B. bei eisernen Ofenhauben der Fall ist, so treten starke Temperaturschwankungen im Gichtgase auf. Bei der Tennessee Copper Co. haben Versuche mit einer gußeisernen Ofenhaube ergeben, daß neben dem Nachteil ihres erheblichen Gewichtes (das den Bau eines sehr tragfähigen Ofengestelles zur Bedingung macht) Eisen als Baustoff für die Ofenhaube viel größere Temperaturschwankungen im Gichtgase bei jedesmaligem Gichten nach sich zieht als Mauerwerk.

Gemauerte Ofenhauben werden im allgemeinen als eisernes Rahmengestell mit Schamottesteinausmauerung ausgeführt. In den vier Ecken der Ofenhaube werden auf dem Ofengestell Stiele aus schwerem Winkeleisen errichtet, die unter-

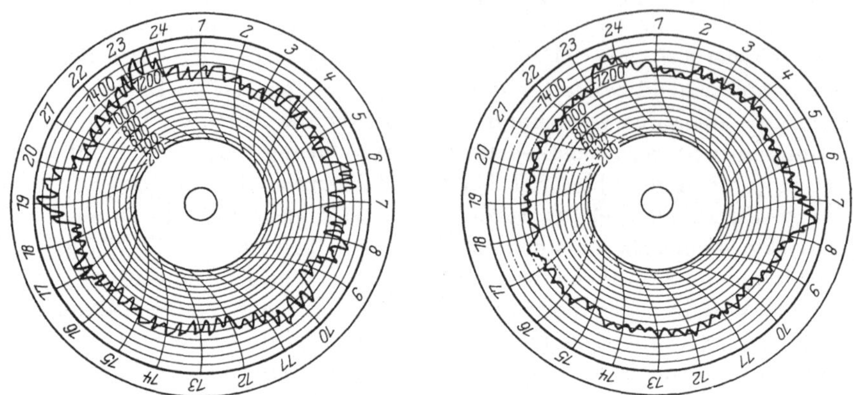

Abb. 49. Temperaturschwankungen der Gichtgase bei jedesmaligem Gichten, gemessen nach Austritt aus der Ofenhaube, bei gußeiserner und bei gemauerter Haube[1].

einander verbunden sind durch ein Fachwerk aus Winkeleisen, das ausgemauert wird. Das als Tonnengewölbe ausgebildete gemauerte Ofendach ruht frei auf den vier Wänden der Haube und ist eisenarmiert. Für die Gichtgasableitung aus der Ofenhaube ist die gleiche Konstruktion, wie sie bei Raffinieröfen der Zuleitung der Gase zum Fuchs dient, gut geeignet. Es wird dabei die Gichtgasableitung, die im Längsprofil einen Kreissektor bildet, auf starken Doppel-T-Trägern so gelagert, daß sie freischwebend über der Ofenhaube hängt und diese nicht belastet.

Stets müssen Räumungstüren in der Ofenhaube vorgesehen werden, damit man durch diese etwa an der Haube anhaftenden Ofenbruch niederbringen kann.

Gelegentlich sind auch doppelwandige Ofenhauben aus Eisenblech gebaut worden, die mittels Windes, der durch die Ummantelung

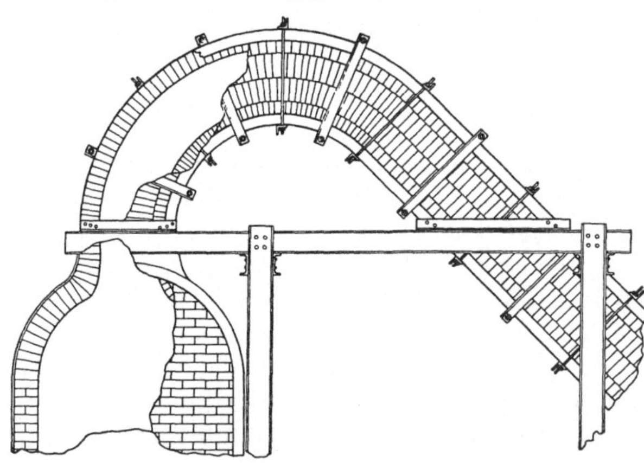

Abb. 50. Schwebende Anbringung der Gichtgasableitung über der Ofenhaube.

der Haube hindurchgeleitet wurde, gekühlt waren. (Auch benutzt als Winderhitzer beim Arbeiten mit Heißwind.) Doch zeigen solche windgekühlten eisernen Hauben die gleichen Nachteile bezüglich der Temperatur der Gichtgase wie gußeiserne Hauben. In Lubumbashi (Belgisch-Kongo) ist bei den

---

[1] Vgl. N. H. Emmons: Tops of Copper Blast-Furnaces. Transactions Amer. Inst. Ming. Eng. Bd. 41, S. 723—738, 1911.

Öfen der Union Minière du Haut Katanga, die mit Heißwind arbeiten, die
Ofenhaube erheblich über das sonst übliche Maß von 2500—3000 mm Höhe
von der Gichtbühne bis zum Stich des tonnengewölbten Haubendaches erhöht
worden, um in die Haube noch einen lyraförmigen (Girouxschen) Winderhitzer einbauen zu können, in dem die Abwärme der Gichtgase ausgenutzt wird.

Das Gerüst des Schachtofens. Das Gerüst des Schachtofens trägt die
Gichtbühne und die Ofen-
haube. An Querträgern
des Gerüstes sind die über
dem untersten Wasser-
kastensatz (der auf der
Grundplatte desOfens ruht)
folgenden höheren Wasser-
kastensätze aufgehängt.
Alle Wasserkästen sind
gegen das Gerüst abge-
steift, um ein Auseinander-
gedrängtwerden der Kästen
durch die im Ofen befind-
liche Beschickung zu ver-
hüten. Außerdem trägt das
Gerüst die Windzuleitung
und die Kühlwasserring-
leitungen (bei Öfen mit
Kühlwasserkondensation
auch die Kondensatoren)
sowie die Sammelrinnen für
das aus den Wasserkästen
abfließende Wasser.

Bei Öfen bis zu 5 m
Länge genügt meist die Aufstellung von vier Gerüst-
stielen; bei längeren Öfen
muß die Anzahl der Stiele
entsprechend erhöht wer-
den. Für die Berechnung
des Gerüstes sind lediglich
konstruktive Momente maß-

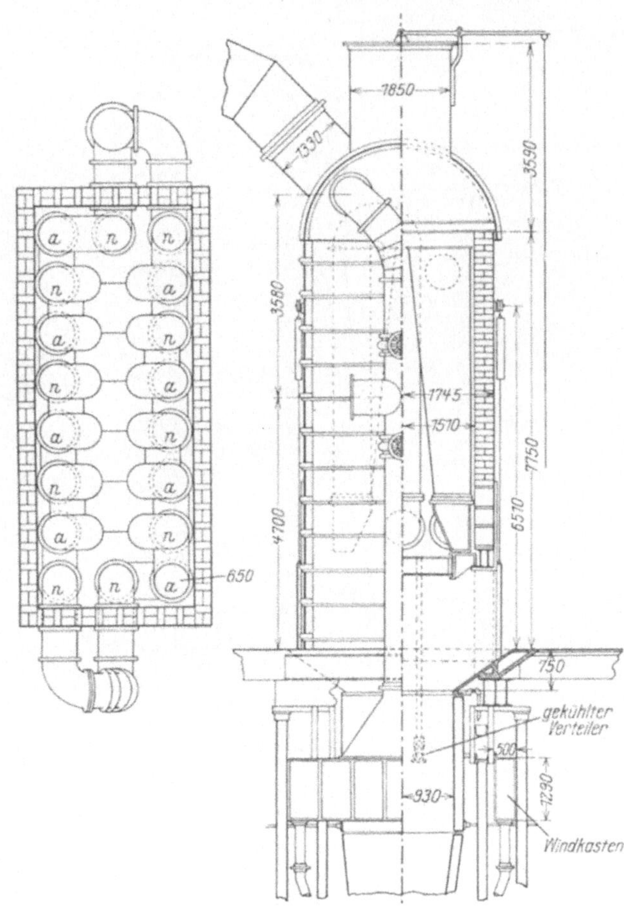

Abb. 51. Lyraförmiger Winderhitzer, eingebaut in die Ofenhaube.
(Ofen in Lubumba-Hi, Katanga, Belgisch-Kongo.)

gebend, die die zu tragenden Lasten berücksichtigen. Bei der Bemessung des
Abstandes der Stiele des Gerüstes vom Ofenschacht aber müssen auch andere,
betriebstechnisch sehr wichtige Momente berücksichtigt werden. Oberster Grundsatz muß stets sein, die Stiele nicht zu dicht an den Ofenschacht heranzurücken,
d. h. genügend Spielraum zwischen Gerüst und Ofenschacht zu lassen. Eine Verankerung der Wasserkästen durch T-Träger, die wagerecht an den Kästen entlang gelegt und im Gerüst eingehängt sind, ist ebenso ungünstig, wie das selbständige Umgeben jedes Wasserkastensatzes (ohne Verbindung mit dem Gerüst)
mit einer auf Knaggen der Wasserkästen ruhenden Verankerung. In beiden

Fällen muß, um einen Wasserkasten auswechseln zu können, der Verband sämtlicher Kästen des betreffenden Kastensatzes gelöst werden, so daß alle Dichtungen nachlassen. Das ist besonders nachteilig — wenn nicht geradezu gefährlich —, falls einmal ein Wasserkasten im Betriebe ausgewechselt werden muß, am arbeitenden Ofen. Zudem muß vor allem Platz am Ofen sein und es darf die Ofenmannschaft sich nicht bei jeder Bewegung durch das zu dicht am Ofen stehende

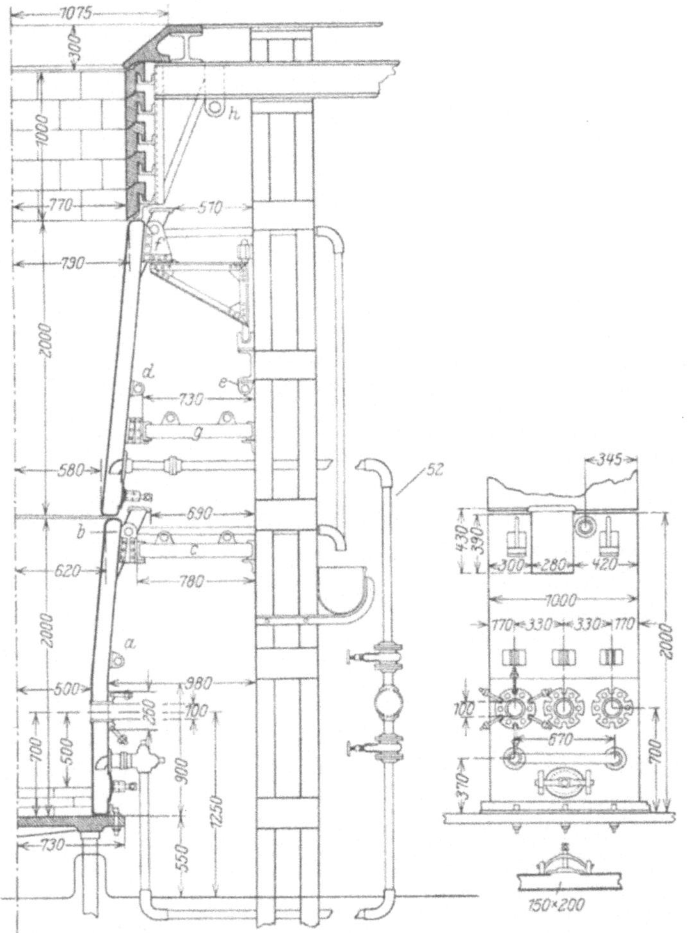

Abb. 52. Modernes Ofengerüst und Aufhängung sowie Versteifung der Wasserkästen.

Gerüst behindert fühlen. Der Vorteil genügend weiten Abstandes des Gerüstes vom Ofen wird aus Abb. 52 ersichtlich, die zeigt, wie der obere Wasserkasten mit der Aufhängevorrichtung f aufgehängt ist an Tragkonsolen des Gerüstes, die seitwärts geschwenkt werden können und dann sofort Platz zum Herausnehmen des Kastens freigeben. Die Versteifung der Wasserkästen gegen das Gerüst erfolgt durch die Absteifungen c und g, die II-förmig gestaltet sind und mit ihren aus U-Eisen gebildeten Stirnen auf Winkeleisen gegen das Gerüst und auf besonderen Widerlagern (b) gegen die Wasserkästen verlagert sind.

Damit beim Einhängen des Wasserkastens dieser nicht nach innen rutschen kann (bei leerem Ofen), wird zwischen d und e eine Distanzkette eingehängt, die straff gespannt ist, sobald die Absteifungen c und g eingesetzt sind. Bei h trägt das Gerüst einen schweren Ring, an dem Flaschenzüge zum Ein- und Aushängen der Wasserkästen aufgehängt werden können. Dieser Ring muß stets so hoch angebracht sein, daß zwischen dem obersten Wasserkasten und dem Ring h genügend Arbeitsraum für einen Flaschenzug vorhanden ist (was ja eigentlich selbstverständlich, aber leider durchaus nicht bei allen Ofenkonstruktionen erfüllt ist). Die Ringe bei a am unteren Wasserkastensatz dienen lediglich der Aufhängung der Düsen.

Verschiedene Wassermantelöfen. Die Ansprüche, die an einen brauchbaren Wassermantelofen gestellt werden müssen, sind — trotz Einheitlichkeit der Grundzüge der unmittelbaren Verhüttung im Schachtofen — je nach den zu verschmelzenden Erzen manchmal doch etwas voneinander abweichend. Daher ist es natürlich ausgeschlossen, solche Öfen normieren zu wollen, und es wird jeder Hüttenmann diese oder jene Verbesserung wissen und anbringen lassen, die seinen besonderen Bedürfnissen gerecht wird, wenn er vor der Aufgabe steht, einen neuen Schachtofen in Auftrag zu geben. Im großen und ganzen aber hofft der Verfasser, daß, wenn alle vorstehend behandelten Gesichtspunkte Berücksichtigung finden, Öfen in Betrieb genommen werden, die den wichtigsten Ansprüchen genügen, und mit denen ein schnelles und glattes Arbeiten möglich ist. Zusammenfassend sei noch gesagt,

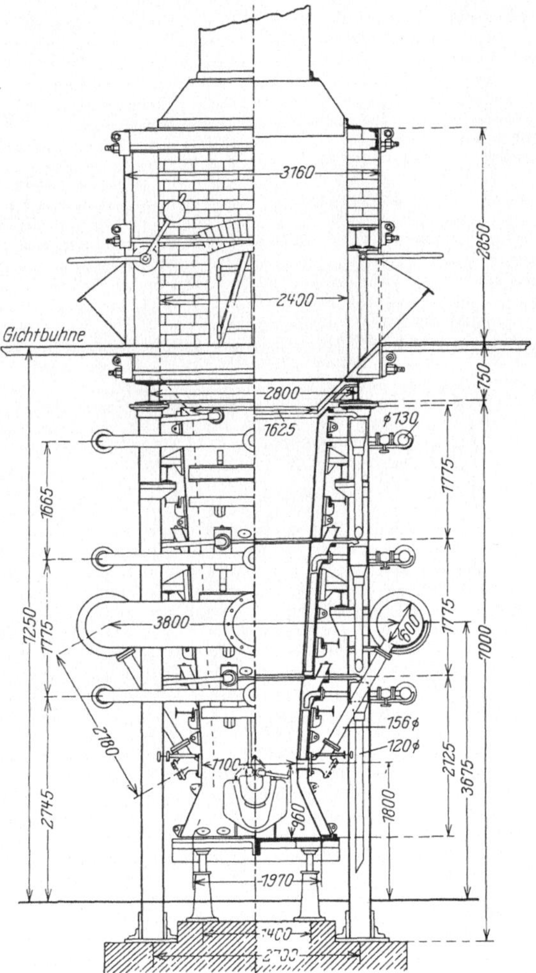

Abb. 53. Älterer Wassermantelofen.

daß jeder Ofen sich um so besser bewährt, je einfacher er gebaut ist, je übersichtlicher Wind- und Wasserleitungen angebracht sind, je schneller und bequemer Wasserkästen ausgetauscht werden können und je mehr Platz um den Ofen, vor allem vor den Düsen ist.

Um nicht beim Waschen der Wasserkästen, beim Entleeren derselben und bei sonstigen Reinigungsarbeiten rund um den Ofen große Wasser- und Schlammlachen entstehen zu lassen, ist es gut, die Fläche unter und um den Ofen etwa

300 mm unter Herdsohle mit geneigt gelagerten gußeisernen Platten zu belegen, sie mit einem 300 mm hohen Rande aus Beton zu umgeben und genügend weite Wasser- und Schlammabflüsse anzubringen, so daß der Ofen gewissermaßen in einer niedrigen versenkten Wanne steht. Bis an den Ofen heran wird diese Wanne mit Riffelblechen abgedeckt, so daß die Ofenmannschaft bis dicht an die Düse herantreten kann. Ist solch eine Wanne unter dem Ofen vorhanden, so sammelt sich — falls ja einmal Schlacke durch die Düsen läuft — auch diese darin und der Zugang zu den Düsen bleibt ungehindert.

Abb. 53: Das Ofengestell ist viel zu dicht an den Ofen herangerückt, so daß bei allen Arbeiten am Ofen Platzmangel herrscht. Die Wasserkästen sind an Querriegeln des Ofengestelles aufgehängt und durch Ankerschie-

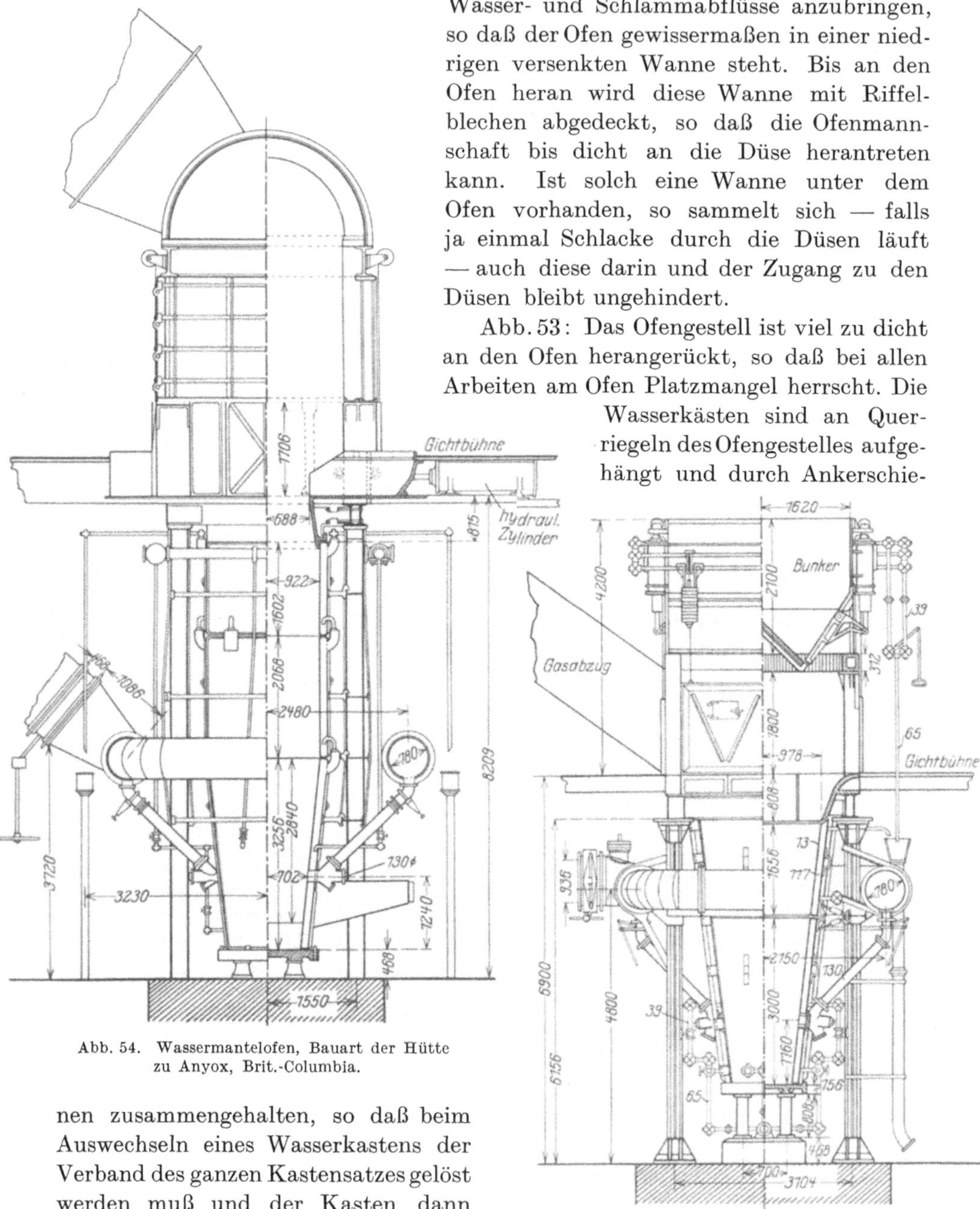

Abb. 54. Wassermantelofen, Bauart der Hütte
zu Anyox, Brit.-Columbia.

Abb. 55. Wassermantelofen, Bauart R o b i n s o n,
Teziutlan (Mexiko)[1].

nen zusammengehalten, so daß beim Auswechseln eines Wasserkastens der Verband des ganzen Kastensatzes gelöst werden muß und der Kasten dann auch nur mit größter Mühe aus dem

<hr>

[1] R o b i n s o n, C y r u s: New Copper Blast Furnaces at Teziutlan Smeltery. Engg. Min. J. Bd. 88, S. 655—657, 1909.

Gestell herausgeholt werden kann. Der oberste Kastensatz kann wegen zu geringen Spielraumes bis zur Gichtbühne mit Flaschenzug überhaupt nicht angefaßt werden. Die Anlage mehrerer Kühlwasserringleitungen erfordert zur Bedienung der Zuleitungen zu den einzelnen Wasserkästen ein dauerndes Herumklettern der Arbeiter auf der Windleitung und im Ofengestell. Das abfließende Kühlwasser ist schlecht zu kontrollieren.

Abb. 54: Der Ofen ist ausgerüstet mit der in Mount Lyell zuerst ausgebildeten maschinellen Begichtungseinrichtung. Das Kühlwasser der Wasserkästen steigt aus den Kästen des untersten Wasserkastensatzes unmittelbar in den zweiten und von diesem in den dritten darüber liegenden Kastensatz empor. Tritt an einem Kasten

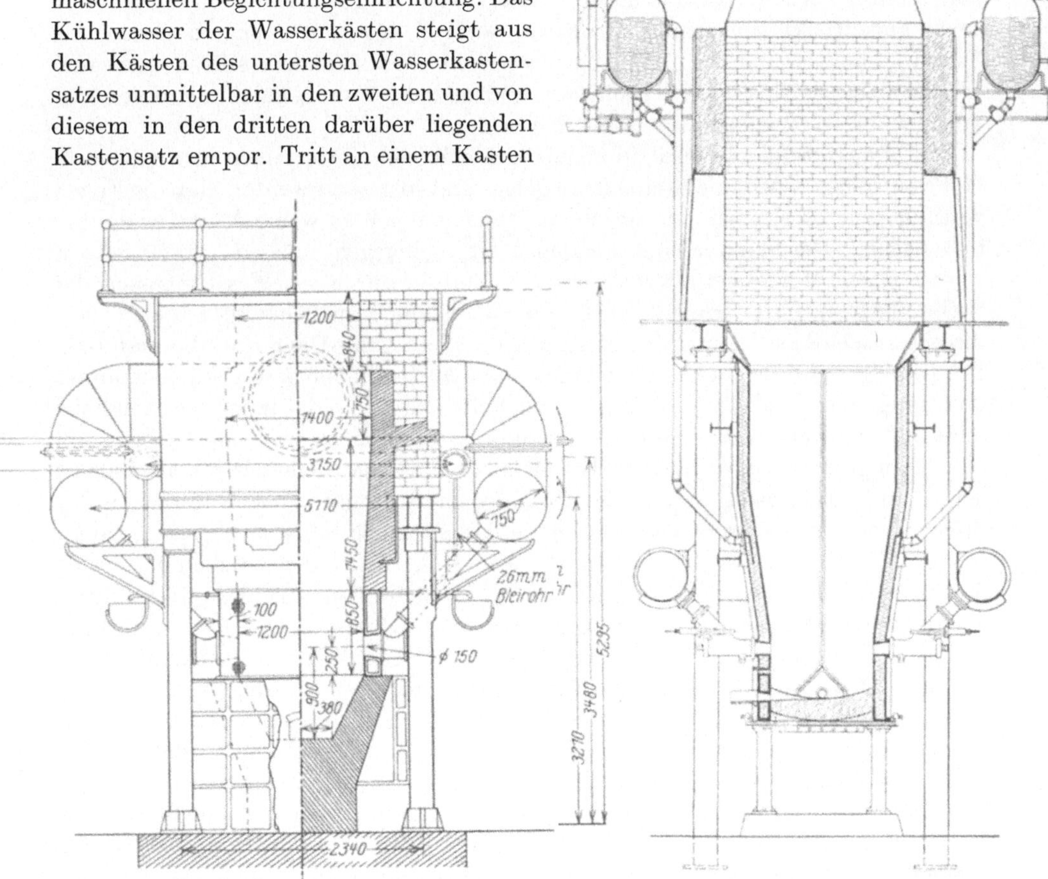

Abb. 56. Japanischer Wassermantelofen, Kosaka.

Abb. 57. Wassermantelofen mit Nesmith Vaporisation. (Colorado Iron Works, Denver, U. S. A.)

eine Störung im Kühlwasserdurchfluß ein, so liegen sofort die mit ihm in einer Vertikalen liegenden Wasserkästen gleichfalls still.

Abb. 55: Der Ofen ist ausgerüstet mit der von Robinson angegebenen maschinellen Begichtung (vgl. S. 250) aus einem über dem Ofen angeordneten Bunker. Das Kühlwasser läuft, wie bei dem Ofen von Anyox, aus dem unteren unmittelbar in den darüber stehenden Wasserkasten. Nachteile die gleichen. An allen Wasserleitungen sind grundsätzlich zwecks leichterer Reinigung Kniestücke durch Kreuz-stücke ersetzt. Zwei Kühlwasserzuleitungen, eine unterhalb und eine weitere oberhalb der Düsen, um besonders gute Umspülung der Düsen zu erzielen.

Abb. 56: Keine Ofenhaube. Der Ofen wird mit Eisenblechen abgedeckt. Nur die Düsenzone ist mit Wassermantel versehen. Der Herd ist gemauert und eisenarmiert.

Der praktische Schachtofenbetrieb.

Soll ein Schachtofen angeblasen werden, so muß er zunächst für den Betrieb hergerichtet werden. Nachdem alle Wasserkästen ausgeschlammt und gewaschen sowie abgedrückt sind und sich als einwandfrei erwiesen haben, nachdem die Düsen gesäubert und die Dichtungen überholt sind, nachdem alle Wasser- und Windschieber leicht gangbar gemacht und gedichtet sind, kann mit dem Aus-schlagen des Ofensumpfes begonnen werden.

Auf die Grundplatte wird ein Mauerwerk aus Schamottesteinen bis zu 250 mm Höhe aufgelegt, wobei die Steine flach gelegt und so gesetzt werden, daß die Fugen versetzt sind. Zwischen den einzelnen Steinlagen soll so wenig Mörtel wie mög-lich liegen. Die senkrecht stehenden Fugen hingegen müssen sorgfältig mit wasserarmem Mörtel gefüllt sein, was am ehesten durch scharfes Einpassen der Steine, hart an hart, erreicht wird. Auf diese Lage von Schamottesteinen wird die eigentliche Auskleidung des Ofenherdes aufgetragen. Die Form, die man dem Herd im Querprofil gibt, V- oder U-förmig, liegt im Belieben des Hüttenmannes und hängt davon ab, wieviel Stein und Schlacke er — da er ja die Steighöhe seiner Abstichschnauze kennt — im Sumpf ansammeln will. Je mehr Stein im Sumpf gespeichert wird, desto besser im allgemeinen; denn desto heißer bleibt der Sumpf. Die tiefste Stelle des Sumpfes muß 70 mm über Unterkante der Stiche in den Stichwasserkästen liegen, da das Stichloch selbst möglichst $^1/_2$ Stein (65 mm) stark mit Magnesit ausgelegt sein soll. Nach den Stichen zu erhält die Sohle Gefälle. Das Gefälle braucht 30 mm auf 1000 mm nicht zu übersteigen. An den Seitenwänden wird die Auskleidung des Sumpfes bis dicht unterhalb der Unterkante der Düsen emporgeführt. Als Material für die Auskleidung ist gesiebter Quarzit (Korngröße nicht über 5 mm) gut geeignet, der, wenn er nicht ohnehin etwas tonhaltig ist, mit höchstens 7—8% Ton und so wenig Wasser angemacht wird, daß er sich kaum von Hand zu Bällen zusammendrücken läßt. Zum Ausstampfen dienen eiserne Stampfer nach Art der Stampfer für Beton-arbeiten. Die Feinheiten der Wölbung in den Ecken lassen sich am besten mit entsprechend geformten trockenen, mehrfach mit Firnis getränkten Klopf-hölzern gestalten. Gleichzeitig mit dem Ofensumpf werden auch die Abstich-schnauzen ausgeschlagen, wozu am besten Magnesitmörtel dient (ein Gemisch von gemahlenem gebrannten Magnesit mit 10% Ton), der mit wenig Wasser angemacht wird[1]. Nach Beendigung dieser Arbeiten wird sofort mit dem Trocknen

---

[1] Jas. W. Tyson jr. versuchte in der Hütte der Elizabeth Mine zu Stratford (Vermont, U.S.A.) die Auskleidung der Schachtofensohle mit Chromit, der von spezifisch schweren Schmelzen nur außerordentlich schwer angegriffen wird. Ausstampfen mit Chromiterz (44—52% Cr_2O_3) führte nicht zum Ziel, da das feinkörnige Chromiterz so schlecht bindet, daß die Auskleidung des Ofensumpfes hochkommt und bald auf dem Bade schwimmt. Hingegen hat bei Ausstampfen mit Chromit und Darüberlegen von drei Lagen Schamotte-

des Sumpfes begonnen. Mit Hobelspänen od. dgl. wird ein über den ganzen Sumpf ausgebreitetes leichtes Trockenfeuer entzündet, das mit armdicken und armlangen Holzscheiten gleichmäßig unterhalten wird. Die Stiche und sämtliche Düsendeckel bleiben dabei geöffnet. Auf gute und sorgfältige Trockung des Sumpfes kommt es besonders an, damit nicht, wenn die erste Schlacke zu laufen beginnt oder — was noch schlimmer wäre — wenn schon Stein fließt, der Sumpf „hochkommt", wie das ja auch bei nicht genügend getrockneten Flammofenherden geschieht. 10—12 Std. ebenmäßigen Trockenfeuers genügen im allgemeinen, wenn die eingestampfte Masse nicht nässer als angegeben war und ihre Schichtstärke 200 mm nicht überschreitet. Zeigen sich etwa Trockenrisse im Ofenherd, so ist zu naß gearbeitet worden. Ausschmieren der Trockenrisse hilft, wenn sie nicht gar zu groß sind. Ist der Herd aber durch und durch gerissen, so bleibt nur der radikale Weg, die Auskleidung herauszureißen und neu herzustellen. Etwa 4—5 Std. vor Beendigung der Trockenzeit wird auch in den Auskleidungen der Abstichschnauzen leichtes Trockenfeuer gemacht und unterhalten. Nach Beendigung der Trocknung wird alle Holzasche sorgfältig mit Krücken durch die Stichlöcher herausgezogen.

Es folgt das „Nachschmieren", d. h. das Nachklopfen aller aus Asbestschnur hergestellten Dichtungen der Fugen zwischen den einzelnen Wasserkästen. Am einfachsten stellt man von oben eine Leiter in den Ofenschacht, auf der ein Mann in den warmen Ofen hineinsteigen kann. Mittels hölzerner Meißel (eichen) und eines Schlägels werden längs aller Fugen die Asbestschnüre, die sich in der warmen Trockenluft unter Umständen etwas gelockert oder auch noch Feuchtigkeit abgegeben haben, sorgfältig nachgeklopft. Dabei muß der im Ofen arbeitende Mann natürlich dauernd beobachtet werden, da der Sumpf ziemlich heiß und die Luft im Ofenschacht gleichfalls recht warm ist. Unter Umständen empfiehlt sich ganz leichtes Blasen von Gebläsewind, um den Mann im Ofen mit Frischluft zu versorgen. Ist auch diese Arbeit getan und auch der Vorherd betriebsfertig (vgl. später), so kann der Ofen angesteckt und angeblasen werden, nachdem vorher die Mannschaft auf der Gichtbühne genau unterrichtet wurde, welche Bunker oder Lagerplätze zum Verschmelzen gelöscht werden sollen, wie gegichtet werden soll usw. und nachdem im Maschinenhaus der bevorstehende Bedarf an Gebläsewind angemeldet worden ist.

Zum Anstecken („Anhängen") des Ofens wird zunächst wieder ein Holzfeuer entzündet, das mit größeren Scheiten Holz geschürt wird (Durchmesser rund 100, Länge 750—800 mm). Der Ofen wird bis über die Düsen mit Scheitholz vollgeworfen und darauf geachtet, daß das Holzfeuer in gleichmäßiger Verteilung über die gesamte Düsenebene gleichmäßig durchbrennt. An den Stichen, wo reichlich Unterwind vorhanden ist, brennt es meist schneller, so daß Scheite nachgegeben werden müssen. Herrscht gleichmäßiges Holzfeuer und ist das Holzfeuer bis ungefähr 2—$2\frac{1}{2}$ Hand breit über Unterkante der Düsen heruntergebrannt, so wird auf der Gichtbühne bereitgestellter Koks gegichtet, der zweck-

---

steinen die Sumpfauskleidung bei täglichem Durchsatz von 150 t Erz in einem 2-m-Ofen 23 Wochen lang tadellos gehalten. Von Chromitauskleidung, selbst wenn ihr Kostenpreis zu erschwingen wäre, ist aber abzuraten, da beim Ausräumen des Schachtofens, das ja bei unmittelbarer Verhüttung sehr häufig erforderlich wird, die Auskleidung des Sumpfes leicht beschädigt wird und sie letzten Endes auch nur eine Ofenreise zu überstehen braucht.

mäßig bis eben über die Düsen liegen soll, wozu meist 200—250 kg Stückkoks je laufenden Meter Ofenlänge benötigt werden. Eigene unangenehme Erfahrung des Verfassers gibt Anlaß, darauf aufmerksam zu machen, daß zum Anstecken des Ofens stets nur grobstückiger Koks verwendet werden darf. Als der Verfasser, ohne Koksvorrat auf der Hütte zu haben (da er als Zusatzbrennstoff Holz verwenden wollte), nur, um unbedingt mit seinem Ofen in Betrieb zu kommen, versuchte, den Ofen mit zurückgebliebenem kleinstückigen Koks und Koksgrus anzustecken, wurde das Holzfeuer zu sehr abgedeckt, so daß die Flammen nicht richtig durch den Koks hindurchzüngelten und offensichtlich Kohlenoxydbildung eintrat; denn als er eine der Begichtungstüren öffnete, um von oben das Durchbrennen des Feuers zu beobachten (wobei Frischluft von außen zutreten konnte), entstand eine gewaltige Stichflamme des Kohlenoxyd-Luft-Gemisches, die etwa 5 m lang aus allen Begichtungstüren herausschlug, und durch die er selbst und leider auch ein Mann der Belegschaft schwer verbrannt wurden. Ist der gegichtete Koks gleichmäßig rot geworden, so werden eiligst die nicht in Betrieb gehenden Stiche zugemauert und sämtliche Düsendeckel geschlossen. Beim Zumauern der nicht benötigten Stiche kommt es darauf an, daß die Steine nicht etwa flüchtig vorn in den Stich hineingesetzt, sondern richtig nach innen bis an das Feuer herangeschoben werden und sorgfältig ohne viel Mörtel gemauert wird. Von außen wird vor die zugemauerten Stiche ein Stück Eisenblech vorgelegt und festgeklemmt. Gleich nach Beendung dieser Arbeit wird mit leichtem Blasen begonnen und der Koks weiß geblasen. Dabei muß durch Regulieren der Düsenwindschieber — entsprechend der Beobachtung durch die Düsenschaulöcher — wiederum dafür gesorgt werden, daß der Koks gleichmäßig weiß wird. Überall muß Koks vor den Düsen liegen (nötigenfalls Nachsetzen von Koks, damit die Düsen mit Koks bedeckt bleiben).

Ist der Koks bei mäßiger Windmenge gleichmäßig weiß geworden, so werden sofort je laufenden Meter Ofenlänge rund 1500 kg alte Schachtofenschlacke gegichtet, und es wird auf der Gicht eine „leichte" Beschickung angefahren. „Leicht" ist eine Beschickung aus schmelztechnisch hochwertigem Erz mit wenig Zuschlag; also bestes pyritisches Erz mit wenig Gangart, möglichst zinkfrei und hochwertiger tonfreier Quarzitzuschlag. Die Schlacke im Ofen schmilzt schnell herunter, und in dem Maße, wie sie schmilzt und sich im Sumpfe ansammelt, verkleinert sich die bei Einsetzen des Gebläsewindes aus den Abstichschnauzen herausschlagende Flamme, bis sie schließlich ganz erlischt, weil die geschmolzene Schlacke im Sumpf bis über Oberkante der Stichlöcher steht. In diesem Augenblick beginnt bei jedem Ofen, der keine Undichtigkeiten hat und dessen Anblasen gut verlaufen ist, ein gleichmäßiges Vibrieren des Ofens, und in dem Donnern des Gebläsewindes muß deutlich ein metallener Ton klingen. Vom gleichen Augenblick an muß an den Abstichschnauzen der Stich sorgfältig mit Löffeln frei gehalten werden, damit er sich nicht versetzt durch Schlackenstückchen, die bis in den Sumpf durchgefallen sind. Es muß gewissermaßen der Schlacke bei ihrem Steigen in der Abstichschnauze geholfen werden. Steigt die Schlacke im Abstich nur langsam und zeigt sich beim Hineinschauen in den Ofen von oben ein Rotwerden der Oberfläche der Beschickungssäule, so war zu wenig Schlacke gegichtet. Es muß sofort noch einmal Koks und Schlacke gesetzt werden (auf 1000 kg Schlacke 100 kg Koks). Sobald die in der Abstichschnauze steigende

Schlacke am Überlaufwulst spielt, wird leichter Satz gegichtet, damit durch den dabei entstehenden Druck auf das Schlackenbad die Schlacke zu laufen beginnt. Sowie die Schlacke zu laufen beginnt, wird die Windmenge gesteigert. Bei den meist angewandten Steighöhen der Abstichschnauzen (650—700 mm) muß die Schlacke in 25—30 Min. nach dem Gichten des ersten Schlackensatzes zu laufen beginnen[1].

Wenn der Ofen mit leichter Beschickung 5—6 Std. gut und flott gelaufen ist, wobei bereits nach $1/_2$ Std., vom Gichten der ersten erzhaltigen Beschickung an gerechnet, die für den leichten Satz erforderliche richtige Menge an Zuschlägen gesetzt wird, so kann langsam schwerer Satz gegeben und zu der für die Ofenkampagne beabsichtigten Beschickung übergegangen werden. Dabei ist es gut, zunächst noch den Einsatz von Agglomeraten zu vermeiden und alte Ofenbeschickung, die beim Ausbrechen des Ofens nach Beendung der vorhergehenden Kampagne gewonnen wurde, mit zu gichten und, erst nachdem diese Rückstände völlig aufgearbeitet worden sind, sie durch eine entsprechende Menge von Agglomeraten zu ersetzen. Der Metallgehalt des anfallenden Steines muß möglichst 2 Std. nach dem Gichten erzhaltiger Beschickung den gewünschten Grad erreicht haben. Zuerst steigt der Metallgehalt der Steine im allgemeinen etwas über das erstrebte Maß hinaus, sinkt dann aber bald wieder bis zur beabsichtigten Grädigkeit.

Die Wartung der Düsen. Die Düsen müssen, sofern keine Störungen eintreten, halbstündlich kontrolliert werden. Sie müssen stets vollkommen offen sein, d. h. man muß eine Nadel (26 mm Oktogonalbohrstahl, 1400 mm lang) leicht bis in die Mitte des Ofens hineinschieben können. Schließen sich Düsen, so müssen sie so lange gestocht werden, bis der Wind wieder freien Weg hat. Dabei kann das Düsenstochen gut durch „Ziehen des Feuers" unterstützt werden. Eine sich verengende Düse wird ein wenig gedrosselt, wodurch durch die Nachbardüsen mehr Wind in den Ofen eintritt, die Reaktion an den Nachbardüsen lebhafter wird und Ansätze, die sich vor oder an der verengten Düse bilden wollen, erweichen und langsam abschmelzen. Sobald die Düse weicher wird, d. h. sobald die Nadel wieder leichter eindringt, wird der Windschieber dieser Düse voll geöffnet und die beiden Nachbardüsen werden um ein geringes gedrosselt, so daß nunmehr die erste Düse vollen Wind bekommt. Nach und nach öffnet sie sich dann vollständig und die Drosselung der Nachbardüsen kann auf-

---

[1] Es ist gelegentlich vorgekommen, daß durch ein Versehen des Gichtmeisters beim Anblasen des Ofens nicht alte Schachtofenschlacke, sondern Konvertorschlacke gegichtet wurde. Erfolg: Statt daß die Schlacke in der Abstichschnauze langsam zu steigen beginnt, friert der Stich ein, und zwar so gründlich, daß eine Nadel auch mit schweren Vorschlaghämmern kaum mehr in den Stich einzutreiben ist. Beim sofortigen Ansetzen von Kreuzmeißel zeigt sich, daß reines Metall im Stich sitzt und erkaltet ist. Bei dem hohen Kokssatz, der zum Anheizen des Ofens unter der fälschlich gegichteten Konvertorschlacke liegt, tritt Reduktion des Metallinhaltes der 2—4 % Metall enthaltenden Konvertorschlacke ein und das gediegene Metall erstarrt natürlich im Augenblick, sowie es am Stichloch mit der Außenluft in Berührung kommt. Solche mit gediegenem Metall versetzten Stiche aber lassen sich nur in mühseligster Meißelarbeit wieder öffnen, zumal dann Eile geboten ist. Ein Aufbrennen des Stiches (vgl. später unter „versetzte Stiche") führt wegen der außerordentlichen Leitfähigkeit des Metalls meist nicht zum Erfolg, da das zum Schmelzen gebrachte Metall dicht hinter dem Sauerstoffbrenner bereits wieder erstarrt und der Brenner dann auch noch im Stich mit einfrieren kann.

hören. Gelegentlich kommt es vor, daß der Ofen schief brennt, d. h. daß sich Düsen einer ganzen Längsseite (durch unvorsichtiges Gichten od. dgl.) etwas verengen und der Ofen von der einen Längsseite tatsächlich mehr Wind bekommt als von der anderen. Dann treffen die aus gegenüberliegenden Düsen in den Ofen eintretenden Windstrahlen sich nicht in der Mitte des Ofens, sondern die Längsachse der Schmelzzone ist seitlich verlagert, was leicht zur Ausbildung von Ansätzen der windarmen Längsseite führen kann. Auch hier hilft „Herüberziehen des Feuers" meist schnell und gut. Es wird die ganze windarme Düsenseite unter ständiger Beobachtung für 20—30 Min. etwas gedrosselt, so daß der Wind der Gegenseite noch weiter in den Ofen hineinbläst, als er es bislang tat. Darauf wird die ursprünglich windarme Seite voll geöffnet und die windreiche Seite wieder etwas gedrosselt, wodurch die noch weiter als ursprünglich seitwärts verlagerte Achse der Schmelzzone langsam in ihre richtige zentrale Lage zurückkehrt. Besondere Beachtung erheischen stets die an den Enden der Längsseiten des Ofens befindlichen Düsen, die die stärkste Neigung zu Verstopfungen haben. Die wichtigsten Düsen sind natürlich die nahe der Abstichschnauze sitzenden; denn wenn diese sich versetzen, so besteht große Gefahr des Einfrierens des Stiches. Steht es um den Winddurchlaß einer Düse ganz schlimm und hilft auch kein Ziehen des Feuers mehr und kein Eintreiben der Nadel mit dem Hammer, so bleibt als ultima ratio noch das Aufbrennen der Düse, das aber große Vorsicht, Geschicklichkeit und Übung erfordert, wenn nicht der Wasserkasten in Gefahr geraten soll, und das beim Öffnen versetzter Stiche näher beschrieben wird. Es kann nicht genug betont werden, daß offene Düsen und fleißiges Düsenstochen die Grundbedingungen für einen glatten Verlauf der Schmelzarbeit sind.

Das Gichten. Wenn aus Erz und Zuschlägen ein Möller bereitet worden ist, so geht das Gichten sehr einfach vor sich, indem zuunterst der Brennstoff und darauf der Möller gesetzt wird. Wenn hingegen kein Möller vorliegt, so will die Reihenfolge, in der Erze verschiedener Wertigkeit, Zuschläge und gegebenenfalls Agglomerate und armer Stein gegichtet werden, wohl überlegt sein, wenn größter Durchsatz und bester Ofengang erzielt werden sollen. Welche Umstände in diesem Falle für die Reihenfolge der verschiedenen zu verschmelzenden Rohstoffe beachtet werden müssen und welche Reihenfolge des Setzens die jeweils günstigste ist, läßt sich am klarsten an einigen Beispielen dartun, wobei natürlich die Mengenverhältnisse, in denen die Rohstoffe miteinander verschmolzen werden müssen, bereits durch Berechnung der Schachtofenbeschickung festgelegt sein müssen.

Beispiel 1.

Das Gewicht der Einzelgicht soll 5000 kg betragen (Ofenlänge = 5000 mm).

Zu gichten sind: 2 Gewichtsteile brennstofftechnisch hochwertigen Pyrites + 2 Gewichtsteile eines brennstofftechnisch niederwertigen aber metallreichen kieseligen Erzes + $\frac{1}{2}$ Gewichtsteil Quarzit.

Das Fassungsvermögen des gestrichen gefüllten Begichtungswagens möge betragen: 500 kg Erz, entsprechend 300 kg Quarzit.

Der Ofen habe 4 Begichtungstüren an jeder Längsseite.

Wenn die Begichtungswagen schwach gehäuft gefüllt werden, so vermögen sie auch 550 kg Erz aufzunehmen. Es lassen sich dann verladen 2200 kg Pyriterz in 4 Wagen, 2200 kg kieseliges Erz in 4 Wagen, zweimal 280 kg Quarzit in 2 Wagen.

Man lasse an jeder Längsseite des Ofens anfahren: 2 Wagen pyritisches Erz, dahinter 2 Wagen kieseliges Erz, dahinter 1 Wagen Quarzit und gichte zu unterst nach dem Setzen des Brennstoffes auf der linken Ofenseite durch jede Begichtungstür $^1/_2$ Wagen Pyriterz, dann auf der rechten Ofenseite durch jede Begichtungstür $^1/_2$ Wagen Pyriterz, dann auf der linken Ofenseite durch jede Tür $^1/_2$ Wagen kieseliges Erz, dann auf der rechten Seite durch jede Tür $^1/_2$ Wagen kieseliges Erz, dann auf der linken Seite durch die erste und zweite Tür je $^1/_2$ Wagen Quarzit und schließlich auf der rechten Seite durch die dritte und vierte Tür gleichfalls $^1/_2$ Wagen Quarzit.

Warum? Da das pyritische Erz schnell in Brand gerät, muß es tief in den Ofen eingesetzt werden, weil sonst die Gicht zu heiß wird. Der Quarzit wird zum Abdecken des Satzes benutzt, um nach oben eine gute Isolation gegen Wärmeverlust zu schaffen.

Der an und für sich gut brennende Pyrit schmilzt über dem Brennstoffsatz schnell nieder und rieselt in die tieferen Schichten der Ofenbeschickung, wo er, der zur Schlackenbildung relativ am meisten Quarz erfordert, auf den Quarzit der vorausgegangenen Begichtung trifft und diesen, der inzwischen gut heiß geworden ist, zernagend, reichlich Gelegenheit zur Schlackenbildung findet. — Dem nachfolgenden kieseligen Erz, das viel schwerer brennt als das Pyriterz, wird vom brennenden Pyriterz Wärme zugeführt. Sein Quarzitbedarf ist nicht so groß wie der des Pyriterzes, da es ja selber schon gewisse Kieselsäuremengen besitzt, so daß seine größere Entfernung vom heißen Quarzit der voraufgegangenen Beschickung nicht sonderlich ins Gewicht fällt. — Der gegichtete Quarzit dient dauernd als Schutz gegen Wärmeverlust und tritt erst in chemische Reaktion nach dem Gichten des nächstfolgenden Beschickungssatzes, von dessen Pyrit er in erster Linie aufgezehrt wird.

Beispiel 2.

Bei einem 3-m-Ofen soll das Gewicht der einzelnen Gicht rund 3500 kg betragen.

Zu gichten sind gemäß Beschickungsberechnung: 3 Gewichtsteile brennstofftechnisch hochwertiges Pyriterz $+ 1^1/_2$ Gewichtsteile brennstofftechnisch mäßiges aber metallreiches Erz mit Neigung zur Bildung von Mulm im Ofen $+ 1^1/_2$ Gewichtsteile brennstofftechnisch niederwertiges kieseliges Erz $+ 2$ Gewichtsteile Sintertopf-Agglomerat (mit 19 % S) $+ 1$ Gewichtsteil Quarzit.

Das Fassungsvermögen des gestrichen gefüllten Begichtungswagens betrage rund 600 kg Erz = rund 500 kg Agglomerat = rund 400 kg Quarzit.

Der Ofen habe zwei Begichtungstüren an jeder Längsseite.

Es lassen sich verladen: 1200 kg Pyriterz in 2 Wagen, 600 kg Mittelerz in 1 Wagen, 600 kg kieseliges Erz in 1 Wagen, 800 kg Agglomerat in 2 Wagen und 400 kg Quarzit in 1 Wagen; zusammen 3600 kg Beschickung in 7 Wagen.

Man lasse anfahren: Linke Längsseite des Ofens in folgender Reihenfolge: 1 Wagen Mittelerz, 1 Wagen Sinteragglomerat, 1 Wagen Pyriterz und 1 Wagen Quarzit. Rechte Längsseite: 1 Wagen Pyriterz, 1 Wagen Sinteragglomerat und 1 Wagen kieseliges Erz.

Man gichte, nachdem der Brennstoff gesetzt ist: links durch jede Tür $^1/_2$ Wagen Mittelerz, rechts durch jede Tür $^1/_2$ Wagen Pyriterz, links je Tür $^1/_2$ Wagen Agglomerat, rechts je Tür $^1/_2$ Wagen Agglomerat, links je Tür $^1/_2$ Wagen Pyriterz, rechts je Tür $^1/_2$ Wagen kieseliges Erz und links je Tür $^1/_2$ Wagen Quarzit. — Beim nächsten Gichten werden die Ofenseiten getauscht.

Warum? Einerseits muß, um Oberhitze zu vermeiden und die am stärksten exotherme Reaktion der Oxydations- und Schmelzzone möglichst nahezubringen, das brennstofftechnisch beste Erz so tief wie möglich in den Ofen eingesetzt werden. Andererseits erfordert aber der physikalische Charakter des Mittelerzes, daß dieses gleichfalls möglichst tief eingesetzt wird, damit beim Zerfall unter Mulmbildung nicht zu große Mengen dieses Erzes, das metallreich ist, als Flugstaub aus dem Ofen herausgeblasen werden. Die Sinteragglomerate erfordern Zündwärme, die sie von dem zuerst gegichteten Mittel- und Pyriterz beziehen können. Ihre Einschaltung in der Mitte der beiden Erzlagen ist zweckmäßig, weil sie reichlich Quarzit enthalten, der den über ihnen liegenden Erzen zugute kommt. Das schwer brennende kieselige Erz liegt einem guten Wärmespender, dem zweiten Wagen

Pyriterz, benachbart und dieses Pyriterz ist, damit nicht zuviel Oberhitze entsteht, mit dem gesamten Quarzit abgedeckt, der im übrigen die gleiche Rolle wie in Beispiel 1 spielt.

Beispiel 3.

Bei einem 3-m-Ofen soll das Gewicht der einzelnen Gicht rund 3500 kg betragen.

Zu gichten sind gemäß Beschickungsberechnung: 1 Gewichtsteil Pyriterz + 1 Gewichtsteil brennstofftechnisch mittelwertiges Erz + 3 Gewichtsteile 15proz. Stein + $1^1/_2$ Gewichtsteile 3proz. Konvertorschlacke + 2 Gewichtsteile schwefelarmes Agglomerat (mit 9—10 % S) + 1 Gewichtsteil Quarzit mit Edelmetallgehalt.

Fassungsvermögen der Begichtungswagen wie in Beispiel 2.

Der Ofen habe zwei Begichtungstüren je Längsseite.

Es lassen sich verladen: 350 kg Pyriterz in 1 Wagen, 350 kg Mittelerz in 1 Wagen, 1050 kg Stein in 2 Wagen, 525 kg Konvertorschlacke in 2 Wagen (trotzdem ein Wagen die Schlacke fassen kann, wenn er gehäuft wird, ist es bequemeren Gichtens halber geraten, 2 Wagen zu benutzen), 700 kg Agglomerat in 2 Wagen und 350 kg edelmetallhaltiger Quarzit in 2 Wagen aus dem gleichen Grunde, der bezüglich der Konvertorschlacke angeführt wurde.

Man lasse anfahren: Linke Seite: 1 Wagen Pyriterz, 1 Wagen mit 175 kg Quarzit, 1 Wagen Stein, 1 Wagen Konvertorschlacke, 1 Wagen Agglomerat. Rechte Seite: 1 Wagen Mittelerz, 1 Wagen mit 175 kg Quarzit, 1 Wagen Stein, 1 Wagen Konvertorschlacke, 1 Wagen Agglomerat.

Man gichte: links $^1/_2$ + $^1/_2$ Wagen Pyriterz, rechts $^1/_2$ + $^1/_2$ Wagen Mittelerz, erst links und dann rechts je $^1/_2$ + $^1/_2$ Wagen Quarzit, erst links und dann rechts $^1/_2$ + $^1/_2$ Wagen Stein, erst links und dann rechts $^1/_2$ + $^1/_2$ Wagen Schlacke, erst links und dann rechts $^1/_2$ + $^1/_2$ Wagen Agglomerat.

Warum? Brennstofftechnisch hochwertiges Erz muß tief eingesetzt werden aus Gründen wie in Beispiel 1 und 2. Der Stein schmilzt verhältnismäßig leicht und muß daher, wenn er nicht ohne jegliche Konzentration in den Sumpf durchlaufen soll, sofort Quarzit vorfinden, an den sein oxydiertes Eisen gebunden werden kann. Darum gehört der Quarzit unter den Stein. (Die zuerst eingesetzten Erze finden Quarzit bei den Agglomeraten, die das Oberste der voraufgegangenen Gichtung bilden.) Damit der Stein recht heiß wird, ist er mit Konvertorschlacke abgedeckt, die außerdem dem Stein gleichfalls bei der Schlackenbildung behilflich ist und, wenn sie von oben durch die Beschickung hindurchläuft, den Ofen immer gut im Fluß hält. Das schwefelarme Agglomerat wird zunächst nicht sonderlich heiß, erhält aber, wenn die Beschickung niedergegangen ist und wieder neu gegichtet wird, gute Oberhitze vom nachfolgenden Brennstoffsatz.

Beispiel 4.

Bei einem 5-m-Ofen soll das Gewicht der Einzelgicht ungefähr 6500 kg betragen. Der Ofen hat drei Begichtungstüren je Längsseite.

Zu gichten sind gemäß Beschickungsberechnung: $2^1/_2$ Gewichtsteile Pyriterz + $2^1/_2$ Gewichtsteile Erz von brennstofftechnisch mittlerer Güte + 8 Gewichtsteile zinkisches und gleichzeitig schwach kieseliges Sulfiderz + 6 Gewichtsteile armer Stein (15 % Metall) + 6 Gewichtsteile Agglomerat + 10 Gewichtsteile Quarzit.

Das Fassungsvermögen der Förderwagen für die Beschickung sei das gleiche wie in Beispiel 2.

Förderplan:			
500 kg	Pyriterz	1	Wagen
500 „	Mittelerz	1	„
1600 „	zinkisches Erz	3	„
1200 „	Stein	3	„
1200 „	Agglomerat	3	„
2000 „	Quarzit	5	„
7000 kg	Beschickung	16	Wagen

Gichtplan:

	Linke Seite	durch Tür		Rechte Seite	durch Tür
1.	1 Wagen Agglomerat	1			
	+ 1 Wagen Agglomerat	3			
			2.	1 Wagen Agglomerat . . .	2
3.	$^1/_2$ Wagen Pyriterz	1			
	+ $^1/_2$ Wagen Pyriterz	3			
			4.	1 Wagen Mittelerz	2
			5.	2 Wagen Quarzit	1
				+ 2 Wagen Quarzit	3
6.	1 Wagen Quarzit	2			
7.	1 Wagen Stein	1			
	+ 1 Wagen Stein	3			
			8.	1 Wagen Stein	2
9.	1 Wagen zinkisches Erz . . .	1			
	+ 1 Wagen zinkisches Erz . . .	3			
			10.	1 Wagen zinkisches Erz . .	2
	8 Wagen			8 Wagen	

Begründung des Gichtplanes: Wegen des Zinkgehaltes im zinkischen Erz erscheint heiße Gicht als das Gegebene. Daher darf das zinkische Erz nicht irgendwie abgedeckt werden. Im Gegenteil, es muß sogar noch Unterhitze bekommen, was der darunter liegende Stein vermittelt. Der Stein andererseits soll, wenn er zu schmelzen beginnt, zwecks Konzentration und demgemäß zwecks leichter Schlackenbildung sofort Quarzit vorfinden. Die brennstofftechnisch besten Erze liegen tief im Ofen und die aus ihnen entstehenden schmelzenden Sulfide treffen auf den Quarz der Agglomerate, die ihrerseits Zusatzwärme durch den Brennstoffsatz erhalten.

Es bedarf wohl kaum besonderer Betonung, daß die hier angeführten Beispiele für die Satzfolge beim Begichten unter Vermeidung eines den sulfidischen Erzen meist recht schädlichen Möllerns nicht Dogmen sein, sondern daß sie nur Wege zeigen sollen, wie man auch ohne Möller eine gute Durchmischung innerhalb der Beschickung erzielen kann und dadurch einen guten und flotten Ofengang sichert. Es ist selbstverständlich, daß etwaige Störungen im Ofengang oder erhebliche Änderung der Schlackenzusammensetzung (ständige Analysen!) sofortige sinngemäße Änderung in der Satzfolge bzw. das Abbrechen (Fortlassen) des einen oder anderen Bestandteiles der Beschickung nach sich ziehen müssen. Vor allem empfiehlt es sich, bei Störungen im Ofengang jegliche Konzentrationsarbeit abzubrechen, also keinen Stein mehr zu gichten und den Satz an kieselsäurehaltigem Zuschlag entsprechend zu vermindern, so lange, bis der Ofengang wieder zufriedenstellend geworden ist.

Die Bekämpfung von Ansätzen. Sobald der Ofen Neigung zur Bildung von Ansätzen zeigt, tut man gut, alte Schachtofenschlacke (nicht Konvertorschlacke) mit zu gichten. Man setzt die Schlacke unmittelbar auf den Brennstoff und läßt darauf „leichten Satz" folgen. Es schadet auch nicht, wenn zwei- bis dreimal hintereinander nur Brennstoff und Schachtofenschlacke gegichtet und dann weiter dem leichten Satz für 1—2 Std. ohne Erhöhung des Brennstoffsatzes ein paar hundert Kilogramm Schlacke je Gicht vorausgeschickt werden. Führt diese Reinigungsaktion noch nicht zum gewünschten Ziele und bilden sich an den Ofenwänden Ansätze, die den Ofenquerschnitt verengen und von der Gichtbühne aus deutlich zu erkennen sind, so kann man mit Brechstangen die Ansätze angreifen. Zu diesem Zwecke halte man stets mehrere Brechstangen aus

Rundstahl von 40 mm Durchmesser, 3000, 4000 und 5000 mm lang (bei sehr hohen Öfen entsprechend länger), vorn gut gespitzt und die Spitze gehärtet, sowie vier bis sechs schwere Vorschlaghämmer, gestielte Schellen nebst Keilen, ein paar Handhaken zum Transport heißer Stangen und zwei bis drei Paar Asbesthandschuhe auf der Gichtbühne bereit. Für besonders schlimme Fälle dient noch eine schwere Brechstange von 50 mm Durchmesser, entsprechender mittlerer Länge und mit gut gehärteter Meißelschneide versehen. Leichtere Ansätze können durch bloßes Hineinstoßen bzw. -treiben der Brechstangen zum Zerspringen gebracht und dann umgeworfen werden. Bei schwieriger zu bekämpfenden Ansätzen muß man unter Umständen dazu greifen, die Brechstange zwischen Wasserkasten und Ansatz hineinzutreiben, was jedoch zur Voraussetzung hat, daß die oberen Wasserkästen nach innen über die unteren etwas vorkragen (vgl. S. 232), damit man nicht mit der Brechstangenspitze auf die Kante eines unteren Wasserkastens gerät und womöglich ein Loch in den Kasten stößt. Ist die Brechstange 5—10 Min. im Ofen gewesen, ohne daß ein Erfolg erzielt wurde, so muß sie heraus, weil sie dann so warm geworden ist, daß die Spitze sich umlegt. Es wird sofort eine neue Brechstange an ihre Stelle gesetzt. Zum Herausziehen festgerannter Brechstangen, die von Hand nicht gezogen werden können, dienen die gestielten Schellen mit Keil. Schelle anlegen, Keil einsetzen und die Stange mit dem Hammer heraustreiben. Will man tiefsitzende Ansätze bekämpfen, so wird die Arbeit erheblich schwieriger. Der Ofen muß weit herunterbrennen, damit man freien Raum gewinnt, in den man den fallenden Ansatz hineinwerfen kann, was natürlich für den Ofengang ungünstig ist, weil große Pressungsschwankungen damit verbunden sind. Für solche Arbeiten hat der Verfasser stets Brechstangen angewandt, die oben mit einem verdickten Kopf versehen sind und um die vor dem Einsetzen in den Ofen ein Fangring mit langer Kette gelegt wird. Das hat den Zweck, die Stange nicht im Ofen zu verlieren. Wird nämlich die Stange in einen Ansatz hineingetrieben, so kann es vorkommen, daß sie in einem Augenblick so weit hineingetrieben ist, daß sie mit dem nächsten Schlag den Ansatz vollkommen durchbohrt und nun so tief in den Ofen hineinrutscht, daß sie von Hand nicht mehr zu greifen ist. Auch können die aus der Ofentiefe emporgeblasenen Gase, die bei den Pressungsschwankungen, welche ein weit heruntergebrannter Ofen nach sich zieht, sehr stoßweise emporkommen, es für einen Mann unmöglich machen, dicht an der Ofentür zu stehen und die Stange mit der behandschuhten Hand zu halten. Bei der mechanischen Bekämpfung tiefsitzender Ansätze sollte man überhaupt nur mit Gasmaske[1] an der Arbeits- oder Begichtungstür stehen und niemals unterlassen, die an der Tür arbeitenden Schmelzer anzuseilen. Es kann ein Mann gar zu leicht durch eine SO_2-Wolke, die ihm ins Gesicht schlägt, ohnmächtig werden und in den Ofen fallen. Wenn Gasmasken, mit denen jeder Gichtbühnenarbeiter einer unmittelbar verhüttenden Anlage vertraut sein muß, bei der Brechstangenarbeit noch nicht erforderlich sind, so sind doch Schutzbrillen, und zwar gasdichte Brillen[1], immer am Platze; eine SO_2-Wolke, die die Atmung noch nicht zu behindern braucht, weil man bei einigem Training ganz gut 2—3 Min. mit angehaltenem Atem an der Ofentür arbeiten kann, reizt oftmals

---

[1] Gasmasken und gasdichte Brillen aus Gummi mit Gelatinefenstern liefert das im Gasschutz führende Drägerwerk Lübeck.

die Augen derartig, daß man unwillkürlich die Augen krampfhaft zukneift, und wenn man nichts mehr sieht, ist guter Rat teuer. Die unangenehmsten, weil auch härtesten Ansätze sind diejenigen, die durch zuviel Feinerz bzw. durch die Neigung der eingesetzten Erze zur Mulmbildung (vgl. S. 194) hervorgerufen werden. Solche Ansätze wachsen nicht nur sehr schnell, sondern sie sind auch außerordentlich zäh und setzen der Brechstange viel Widerstand entgegen. Das Niederbringen derartiger Ansätze erfordert auch deshalb größte Vorsicht, weil Gefahr der Brückenbildung im Ofen besteht (vgl. S. 197).

Versetzter Stich. Die verschiedensten Gründe können dazu führen, daß der Stich des Ofens sich zusetzt, sei es schlechter Ofengang und langsames Einfrieren des Stiches, sei es, daß irgendwelche festen und in Schlacke bzw. Stein nicht löslichen Bestandteile (ein Ziegelstein, Magnesitbrocken — mit der Konvertorschlacke — od. dgl.) in den Ofen geraten, durchfallen bis in den Sumpf und sich vor den Stich setzen. Solange der Stich gut läuft und ein mindestens armstarker Strahl fließt, lasse man den Stich ungestört. Wird aber der ablaufende Strahl dünner, so ist es gut, gelegentlich mit einer Nadel durch den Stich hindurchzufahren und die Bahn wieder frei zu machen. Die Nadel muß vorsichtig geführt werden, damit nicht die Auskleidung der Abstichschnauze oder des Stichloches beschädigt wird, und es muß jederzeit möglich sein, die Nadel beliebig tief in den Ofen hineinzuschieben. Verengt sich der Stich bedeutend, so kann versucht werden, mit Meißel (26 mm Oktogonalbohrstahl mit scharfer Schneide[1]) und Hammer den Stich wieder zu erweitern. Aber wenn es erst so weit gekommen ist, daß Meißelarbeit beginnt, dann vergehen meist auch nur noch Minuten, bis der Stich völlig geschlossen ist. Um nicht die Schlacke zu hoch steigen und in die Düsen laufen zu lassen, muß in diesem Falle, bevor irgendwelche Arbeiten zum Öffnen des versetzten Stiches unternommen werden, der Notstich geöffnet und durch diesen weiter gearbeitet werden. Ist das geschehen, so kann das Öffnen des versetzten Stiches in Angriff genommen werden. Es wird soviel wie irgend möglich von der noch in der Abstichschnauze stehenden, aber schon zäh werdenden Schmelze mit kleinen langgestielten Löffeln herausgefüllt, um an das Stichloch heranzukönnen. Ein Losnehmen der Abstichschnauze ist nur bei besonders schwierigen Fällen ratsam. Ist die erstarrte Füllmasse des Stichloches bereits dunkel geworden, so setzt man zunächst Kreuzmeißel an und arbeitet mit diesen so lange, bis man an heißere, d. h. kirschrote Stellen herankommt. Man beschränke sich jedoch nicht auf das Bohren eines Loches von vielleicht nur 30 mm Durchmesser, sondern weite den Stich gründlich auf. Sobald kirschroter Stein bzw. Schlacke erreicht ist, kann das Aufbrennen des Stiches beginnen. Hierzu dient ein Sauerstoffgebläse besonderer Art. Zwei Stahlflaschen mit Sauerstoff, jede mindestens 20 l Inhalt, die am besten auf einem kleinen Flaschenwagen in Bereitschaft gehalten werden und mit Reduzierventilen versehen sind, werden herangebracht und in solcher Entfernung vom Ofen (in Deckung) aufgestellt, daß sie nicht etwa von dem bei gelungener Öffnung in starkem Strahle emporspritzenden Stein getroffen werden können. Eine der Sauerstoffflaschen wird durch Spiralschlauch, der am Ende eine

---

[1] Ein ganz vorzüglicher auch rotwarm tadellos stehender Stahl für diese Zwecke ist der Stahl Marke „D O" der Stahlwerke Eicken & Co. in Hagen, Westfalen, der sich besonders bewährt hat.

9,25-mm-Muffe mit Gasgewinde trägt, mit einem 4—5 m langen Ende Gasrohr (9,25 mm licht = $^3/_8$ Zoll), wovon mehrere Enden (mit angeschnittenem Gewinde) in Bereitschaft liegen, verbunden. Das offene Ende des Gasrohres wird (durch Eintauchen in den Vorherd od. dgl.) rotwarm gemacht und die Sauerstoffflasche vorsichtig geöffnet. Ist das Ende des Rohres heiß genug, so beginnt sofort das Eisen zu brennen. Mit diesem an seinem freien Ende im Sauerstoffstrome verbrennenden Gasrohre geht man nun vorsichtig in den Stich. In der Hitze eines solchen Sauerstoffbrenners schmilzt der Metallstein wie Butter, und man hat nur das Gasrohr unter unaufhörlichem Drehen um seine Längsachse immer tiefer in den Stich hineinzudrücken. Erste Pflicht ist es natürlich, darauf zu achten, daß man mit diesem Brenner nicht der Wandung des Stichloches oder des Stichjackets zu nahe kommt. Ist genügend Stein herausgebrannt und mit kleinen lanzettförmigen Löffelchen sofort entfernt worden, d. h. ist man schon so weit eingedrungen, daß der in oder vor dem Stich sitzende Stein hellgelb ist, so ist Eile geboten. Es wird mit dem Brenner nicht weitergearbeitet; der Notstich wird eiligst mit einem am Pilz (lange Rundeisenstange mit kreisrunder Scheibe aus 5-mm-Blech) bereitgehaltenen Tonpfropfen gestopft, damit der zu öffnende Stich unter den Druck der nunmehr im Sumpf steigenden Schmelze kommt, und es wird eine kräftige Nadel (mindestens 32 mm Durchmesser) durch den hellgelben Stein, der den Stich noch verschließt, hindurchgeschlagen. Ist die Nadel gut eingetrieben, so wird eine gestielte Schelle mit Keil angelegt. Zwei Mann treten seitwärts vom Stich, so daß sie gegen spritzenden Stein geschützt sind, heran und treiben mit Vorschlaghämmern die Nadel rückwärts aus dem Stich heraus. Man fühlt beim Zuschlagen genau, wie die Nadel allmählich immer schneller und leichter zurückgeht, bis meist ein Schlag genügt, um die Nadel aus dem Stich herausrutschen zu lassen. In diesem Augenblick muß vor dem Stich und der Abstichschnauze freie Bahn sein (Neugierige sind gefährdet); denn sowie die Nadel los wird, spritzt der unter Druck stehende Stein in hohem Bogen und dickem Strahl aus dem Stich, um sich nach Nachlassen des Druckes schnell zu beruhigen und dann ruhig in alter Weise weiterzufließen. Der Stich ist wieder offen. Läuft der Ofen während dieser Prozedur langsam, so kann man das im Sumpfe sich ansammelnde Bad auch dadurch im rechten Augenblick unter Druck setzen, daß vor dem lösenden Schlag gegen die Nadelschelle frisch gegichtet und so ein Druck auf das Bad im Sumpf ausgeübt wird.

Schadhaft werdende Wasserkästen. Während des Schmelzbetriebes können Wasserkästen aus verschiedenen Gründen schadhaft werden. Entweder entsteht ein Leck, so daß Wasser aus dem Wasserkasten in das Ofeninnere eintritt, oder aber der Wasserkasten brennt durch, wobei Schmelzfluß aus dem Ofeninnern in den Wasserkasten eintritt.

Im ersteren Falle, beim Leckwerden eines Kastens, dringt das Wasser im allgemeinen nur tropfenweise in das Ofeninnere, wo es zwar sofort verdampft, aber der Beschickung doch so viel Wärme entzieht, daß es zur Bildung von harten Ansätzen in der nächsten Umgebung des Lecks kommt. Wenn ein Ofen einwandfrei läuft und plötzlich ohne erkennbare Ursache an irgendeiner Stelle im Ofenschacht ein Ansatz entsteht, der — wenn er mit der Brechstange niedergebracht wird — sich immer und immer wieder an der gleichen Stelle neu bildet, so ist fast stets die Annahme richtig, daß ein Leck entstanden ist. Sobald man zu dieser Überzeugung kommt, darf natürlich der sich neu bildende Ansatz nicht beschädigt und womöglich gar von der Kastenwand losgelöst werden, sondern man arbeitet ruhig weiter und beobachtet nur, ob der Ansatz schnell und beträchtlich wächst oder nicht. Im allgemeinen versetzen sich kleine Lecks schnell oder werden von Schlacke verstopft, so daß sie den Betrieb in keiner Weise stören. Gelegentlich findet sich ein Leck erst beim Ausräumen des ausgeblasenen Ofens, und man kann dabei Löcher im Wasserkasten antreffen, durch die man bequem einen Bleistift hindurchschieben kann, ohne daß sie sich irgendwie bemerkbar gemacht haben. Oftmals findet Wasser aus solchem Leck einen Weg an der Kastenwand und tritt dann durch die Fugen der Wasserkästen nach außen aus. Man lasse sich dadurch aber nicht beunruhigen. Meist kann man mit einem solchen Wasserkasten noch tage-, ja wochenlang ungestört weiter arbeiten. Unangenehmer können größere Lecks werden, wie sie gelegentlich auftreten, wenn z. B. bei einem reparierten Wasserkasten eine Schweißnaht reißt od. dgl. Dann tritt leicht Wasser in größerer Menge in den Ofen ein. Sofern das Leck in den tieferen Ofenzonen sitzt, kann es dabei zur Entstehung kleiner Explosionen im Ofen kommen. Mit ziemlichem Knall, der sich im Ofenschacht allerdings viel schlimmer anhört, als er in Wirklichkeit ist (weil der Ofenschacht eine starke Resonanz hat), wird glühender Ofeninhalt im Schachte emporgeschleudert. Trifft das eindringende Wasser gar auf flüssigen Stein, so werden die Explosionen recht beträchtlich und insofern gefährlich, als sie entweder die Ofenhaube abwerfen oder gar den Ofen örtlich auseinanderdrängen können. In solchem Falle ist Abhilfe unmöglich, und es bleibt nichts anderes übrig, als den Ofen sofort leer zu stechen (alle Stiche öffnen!) und herunterzublasen.

Wird die schützende Schlackenschicht, die sich von innen gegen die Wasserkästen legt, beschädigt, sei es, daß der Ofen völlig schief brennt und die Schlackenschutzschicht durch den Schmelzfluß weggefressen wird, sei es, daß die Schutzschicht mechanisch durch Brechstangenarbeit zerstört wird, so kann es vorkommen, daß schmelzflüssiger Stein auf seinem Wege zum Ofensumpf auch an die Wasserkasteninnenwände heranrieselt. Stehen die Kästen unter ständigem Wasserdurchfluß, so erstarrt ein solches Bächlein aus schmelzflüssigem Stein sehr bald und die Schutzschicht ist wiederhergestellt. Ist der Wasserumlauf im Kasten aber schlecht, was z. B. eintritt, wenn entweder die Wasserzufuhr verstopft oder der Kasten verschlammt ist, so wird die Kastenwand schnell heiß; der an ihr entlang fließende Stein kommt nicht zum Erstarren, sondern korrodiert den Kasten an der Berührungsstelle in gefährlichster Weise und hat in wenigen Minuten die Kastenwand durchgenagt. Im nächsten Augenblick tritt auch schon flüssiger Stein in den Kasten ein. Wenn, im Verhältnis zur Menge des durchtretenden Steines, noch reichlich Wasser im Kasten vorhanden ist, so granuliert der Stein zunächst. Der Defekt kündigt sich durch stürmisches Sieden und Überschäumen des Kastens an. Ist hingegen nur verhältnismäßig wenig Wasser mehr im Kasten vorhanden, so können die folgenschwersten Explosionen innerhalb desselben eintreten, die unter Umständen den Kasten auseinanderreißen. Indessen kann auch der Fall eintreten, daß Schlacke die Kastenwand zerstört. Sobald nämlich die Kastenwand Temperaturen von mehreren hundert Grad erreicht, wird sie auch stark oxydiert, so daß die verschiedensten Schlacken mehr oder minder große Mengen von Eisenoxyden der Kastenwand in sich aufnehmen und der Kasten auf diesem Wege durch fließende Schlacke allmählich durchgenagt wird. Wenn nur Schlacke und nicht Stein durch die Innenwand eines Wasserkastens durchbricht und dieser Durchbruch nicht gar zu stürmisch verläuft, so kann man oftmals noch tagelang mit einem derartig defekten Wasserkasten weiterarbeiten, wenn es gelingt, durch den am Oberteil der Kastenaußenwand angebrachten Sicherheitsstutzen einen starken Schlauch bis möglichst tief in das Untere des Kastens hinein einzuführen und auf diesem Wege dem Kasten und besonders der Durchbruchstelle Kühlwasser zuzuführen. Ist der Schlackendurchbruch zum Stehen gekommen, so ist es allerdings das Beste, sich nicht darauf zu verlassen, daß die Durchbruchstelle auch fernerhin verstopft bleiben wird, sondern — wenn es sich nicht um einen unteren, Düsenstöcke tragenden Wasserkasten handelt — den Kasten gegen einen neuen auszuwechseln. Das kann am arbeitenden Ofen geschehen, wofern die Kästen nicht konstruktiv so unglücklich verankert sind, daß der Verband aller Kästen des betreffenden Wasserkastensatzes gelockert werden muß (vgl. S. 255). Man gichtet an der schadhaften Stelle des Ofens nur Schlacke. Dann löst man zunächst die den schadhaften Kasten mit seinen Nachbarkästen verbindenden Bolzen mit Ausnahme der untersten, sucht vorsichtig mit Haken und Nadeln die Asbestdichtung der Kastenfugen herauszuzupfen und spritzt einen starken Wasserstrahl in die freigelegte Fuge, wobei die obere horizontale Fuge besonders gut mit Wasser versorgt werden muß. Nachdem der auszuwechselnde Kasten an einen Flaschenzug angehängt ist, werden vorsichtig unter ständigem Berieseln der Fugen mit Kühlwasser in die obere horizontale Fuge kurze Brechstangen eingeschoben, mit deren Hilfe der Kasten langsam herausgelöst wird, während er nahe der unteren horizontalen Fuge noch fest gegen den Ofen gegengedrückt werden muß. Hat man sich davon überzeugt, daß die gesamte von innen gegen den Kasten stoßende Schlackenschicht starr und von Kühlwasser berieselt ist, so wird — und nun ist Schnelligkeit geboten — der Kasten völlig herausgenommen und der bereitliegende Ersatzkasten sofort eingehängt. Dabei wird weiter mit dem Schlauch gekühlt, bis der neue Kasten an Ort und Stelle ist, so daß zur Abdichtung gegen die Nachbarkästen wieder Asbestschnur mit Holzmeißeln von außen in die Fugen eingestopft werden kann.

Bricht einmal — was auch vorkommen kann — durch eine schadhaft gewordene Fugendichtung flüssige Schlacke nach außen durch, so hilft ein starker Wasserstrahl sofort. Die dadurch erstarrte Schlacke läßt man ruhig als Dichtungsmittel in der Fuge sitzen.

Reparatur schadhaft gewordener Wasserkästen. Schadhaft gewordene Wasserkästen müssen grundsätzlich sofort repariert werden, damit der Sollbestand an Ersatzkästen schnellstens wiederhergestellt wird. Kleine Durchlochungen der Wasserkasteninnenwand lassen sich meist durch Aufreiben zu einem runden Loch, Einschneiden eines Gewindes und Einziehen einer Stiftschraube reparieren. Das Einhämmern von kupfernen Nieten sollte man unterlassen, weil dadurch stets die korrodierende Wirkung des Kühlwassers gefördert (Bildung eines galvanischen Cu-Fe-Elementes) und der Kasten schnell an der gleichen Stelle wieder leck wird. Ist ein ausgedehnteres Loch im Wasserkasten entstanden oder stellt sich bei der auch bei kleinen Durchlochungen unerläßlichen Prüfung der Wandstärke des Kastens in der Umgebung der Schadenstelle heraus, daß die Kastenwand in größerer Ausdehnung sehr dünn geworden ist, so muß ein entsprechend großes Stück aus der Kastenwand herausgeschnitten und ein Flicken eingeschweißt werden. Das Schweißen schadhafter Wasserkästen erfordert besondere Sorgfalt und Übung, da die Innenwand des Kastens sich im Laufe des Betriebes bald so, bald so wirft. Der Kasten muß, um die Entstehung von Spannungen zu vermeiden, mit Sand gefüllt und auf Holzkohlenfeuer gleichmäßig heiß gemacht werden. Wenige hundert Grad genügen. Am heißen Kasten wird der auf die Sandfüllung aufgelegte und dadurch gleichfalls heiß gewordene Flicken eingeschweißt und dann die Schweißstelle in möglichst weiter Umgebung mit heißem Sande abgedeckt, so daß der Kasten und seine Schweißstelle langsam erkalten. Wird am kalten Kasten geschweißt, so sind Spannungen in der Schweißstelle unvermeidlich, die nachher im Betriebe unwiederbringlich zu einem Reißen der Schweißnaht führen.

Der Vorherd.

Bereits im Sumpfe jedes Schachtofens findet eine mehr oder minder weitgehende Separation von Metallstein und Schlacke statt, die um so weitgehender ist, je größer der Tiegel ist, d. h. je größer die Steighöhe der Abstichschnauze gewählt wurde. Schon bei geringer Steighöhe der Abstichschnauze zeigt der aus ihr ablaufende Schmelzfluß eine deutliche Trennung in den an der Unterseite des austretenden Flusses liegenden Stein und die darüber fließende Schlacke. Aber auch bei beträchtlichen Steighöhen der Abstichschnauzen weist die abfließende Schlacke noch derartig hohen Metallgehalt auf, daß man eines besonderen Separationsgefäßes, eines Vorherdes, nicht entraten kann. Denn erst wenn die vielseitigen Strömungserscheinungen unterbunden sind, die im Tiegel des Schachtofens durch die dauernd von oben neu zufließende Schmelze verursacht werden, erst wenn Stein und Schlacke zur Ruhe kommen, kann eine so weitgehende Separation stattfinden, wie sie für ein wirtschaftliches Ausbringen an Metall aus den Erzen erforderlich ist.

Die grundlegenden Faktoren, von denen die Separation abhängig ist, sind:

1. der Unterschied zwischen den spezifischen Gewichten von Stein und Schlacke,

2. die Viskosität der Schlacke und

3. die Größe der einzelnen in der Schlacke suspendierten Steinkügelchen.

Der Unterschied im spez. Gew. von Schlacke und Stein soll möglichst größer als 1 sein. Fällt eine verhältnismäßig spezifisch schwere Schlacke an, so muß versucht werden, sie durch Zuschläge (namentlich Kalkzuschlag) spezifisch leichter zu machen, wobei meist gleichzeitig der zweite Faktor, der Viskositätsgrad, verbessert wird.

Je zähflüssiger eine Schlacke ist, desto länger bleiben Steintröpfchen gleicher Größe in der Schwebe, desto langsamer setzen sie sich ab und desto größere Zeiträume sind also zur Erzielung einer guten Trennung erforderlich[1]. Dazu

---

[1] Einen Annäherungswert für die Geschwindigkeit des Absetzens suspendierter Steintröpfchen bei großen Vorherden liefert die Sedimentationsformel von G. G. Stoke. Setzt man die

endgültige Niederschlagsgeschwindigkeit . . . $= V$

Beschleunigung durch die Schwere . . . . . $= g$

kommt noch, daß oftmals, wenn eine Silikatschmelze längere Zeit hindurch auf
dem gleichen Temperaturniveau erhalten wird, ihre Viskosität allmählich abnimmt, da bei der Reaktionsträgheit der Silikatgemische auch trotz hoher Temperaturen die Bildung komplexer Silikate vielfach größere Zeitspannen in Anspruch nimmt, als sie im Tiegel des Schachtofens zur Verfügung stehen.

Endlich ist auch die Korngröße der in den Schlacken suspendierten Steinkügelchen insofern von erheblicher Bedeutung für den zu erzielenden Separations-
grad, als die Steintröpfchen natürlich um so länger in der Schwebe bleiben,
je kleineren Durchmesser sie haben. Die Größe der in der Schlacke suspendierten
Steintröpfchen kann der Hüttenmann in keiner Weise beeinflussen. Es gibt keine
Mittel, durch die die Bildung recht großer Steintropfen herbeigeführt werden
kann. Wohl aber kann der Hüttenmann verhindern, daß die in der vom Ofen
abfließenden Schlacke nun einmal vorhandenen Steintröpfchen unnötig weiter
zerkleinert und zerstäubt werden, wie das z. B. bei zu großer Fallhöhe des ablaufenden Schmelzflusses vom Überlaufwulst bis zur Oberfläche der im Vorherd
stehenden Schlacke eintritt.

Je geringer der Unterschied der spezifischen Gewichte von Stein und Schlacke,
je zähflüssiger die Schlacke und je kleiner die suspendierten Steintropfen, desto
größer muß der Vorherd sein.

Bezüglich der Vorherde selbst besteht der grundlegende Unterschied zwischen
nichtbeheizten und beheizten Vorherden, welch letztere eigentlich nichts anderes
als Flammöfen verschiedenster Bauart sind.

Die nichtbeheizten Vorherde. Die Ansichten über die zweckmäßigste Bauart,
Form und Größe der Vorherde haben im Laufe der Zeit mannigfachen Wandel
gefunden. Von dem Gedanken und der Beobachtung ausgehend, daß eine mehrfach wiederholte Verringerung der Strömungsgeschwindigkeit einer Flüssigkeit, die
suspendierte Teilchen enthält, die Niederschlagung dieser Teilchen fördert, neigte
man früher dazu, mehrere verhältnismäßig kleine Vorherde hintereinander aufzustellen und den Schlacken-Stein-Strom diese nacheinander passieren zu lassen.
Im ersten Vorherd findet eine gewisse Separation statt. Die über dem Stein
stehende Schlacke fließt aus dem Schlackenüberlauf des ersten Vorherdes ab
und erhält dabei, durch die geringe Weite des Überlaufes eingeengt, eine erhöhte
Strömungsgeschwindigkeit, die bei Eintritt in den zweiten Vorherd erheblich
vermindert wird, so daß die Schlacke abermals einen relativ großen Teil der
noch suspendierten Teilchen fallen läßt. Der an Steingehalt verarmten Schlacke
wird abermals eine erhöhte Strömungsgeschwindigkeit verliehen, indem sie wieder
einen Schlackenüberlauf passieren muß und im dritten Vorherd tritt erneute
Verminderung der Strömungsgeschwindigkeit ein. Dabei muß allerdings darauf
geachtet werden, daß der zweite Vorherd niedriger steht als der erste und der
dritte wiederum niedriger als der zweite, damit die vom ersten in den zweiten
und die vom zweiten in den dritten Vorherd übertretende Schlacke eine so große
Fallhöhe bekommt, daß der übertretende Fluß bis auf den Boden des Vorherdes

Dichte des zu sedimentierenden Steintropfens $= d$
Dichte der Schlacke . . . . $= d'$
Viskositätskoeffizient der Schlacke . . . . . $= n$
Radius des zu sedimentierenden Steintropfens $= r$

so ist

$$V = \frac{2g}{9} \cdot \left(\frac{d - d'}{n}\right) \cdot r^2.$$

herabfällt. Andernfalls bildet sich, sobald alle Vorherde bis oben mit Schlacke gefüllt sind, Schlacke also aus dem letzten Vorherde abläuft, um abgesetzt zu werden, ein gleichmäßiger Oberflächenstrom heraus, und man kann beobachten, daß die Schlacke vom Einlauf bis zum Ablauf eines der Vorherde stets den kürzesten Weg und diesen ohne Verbreiterung des Schlackenstromes und lediglich oberflächlich nimmt. Gibt man aber dem Schlacken-Stein-Strom, der von einem kleinen Vorherd in den nächsten tritt, eine hinreichende Fallhöhe, so wird angesichts der Kleinheit der Vorherde meist die unbedingt erforderliche Ruhe im Vorherd gestört. Es entstehen Wirbelströme, und der Vorherd wird derartig bis in sein Tiefstes aufgewühlt, daß dadurch wieder alle gründliche Separation illusorisch wird. Auch erkalten die Schlacken schnell und werden steif.

Bei der früher so viel vertretenen Ansicht, daß mehrere kleine Vorherde hintereinander geschaltet besser arbeiten als ein großer, scheint auch noch ein nicht recht verständlicher Irrtum eine große Rolle gespielt zu haben, nämlich die Angst, daß ein großer Vorherd einfrieren könnte. Das gerade Gegenteil ist der Fall. Um das im Vorherd angesammelte Schlacke-Stein-Gemisch möglichst lange und möglichst gleichmäßig warm zu erhalten, ist es erforderlich, die Wärmeverlustquellen, d. h. die zur Abstrahlung und Ableitung von Wärme zur Verfügung stehende Oberfläche der im Vorherd angesammelten Masse so gering als möglich zu gestalten. Drei kleine Vorherde von je 2 cbm Fassungsvermögen bei 1000 mm lichter Breite, 1000 mm lichter Höhe und 2000 mm lichter Länge bieten der in ihnen aufgespeicherten Schmelze von 6 cbm eine Gesamtoberfläche von 30 qm und eine Berührungsfläche mit der Außenluft von 6 qm. Ein großer Vorherd von 6 cbm Fassungsvermögen bei 1400 mm lichter Breite, 1400 mm lichter Höhe und 3061 mm lichter Länge hingegen bietet nur eine Gesamtoberfläche von 21,06 qm und eine Berührungsfläche mit der Außenluft von nur 4,285 qm. Wärmewirtschaftlich und daher auch betriebswirtschaftlich ist der große Vorherd daher unvergleichlich viel günstiger als die Summe mehrerer kleiner Herde, da ja der Wärmeverlust durch Leitung wie auch durch Strahlung je Flächeneinheit und Zeiteinheit nicht über ein bestimmtes Maß steigen kann, das durch die Wärmeleitzahl des ableitenden Materials gekennzeichnet ist. In der Praxis hat sich genau das gleiche gezeigt, und man ist daher mit gutem Erfolge und ohne jegliche Gefahr des Einfrierens schon zu Vorherden von 3,8 m lichter Breite, 1,8 m lichter Höhe und 9,0 m lichter Länge übergegangen.

Wärmeleitzahl einiger feuerfester Materialien.

Die Wärmeleitzahl in WE/qm/1° C/Std. gibt an, wieviel Wärmeeinheiten durch 1 qm eines Stoffes in 1 m Dicke bei 1° C Temperaturunterschied in einer Stunde hindurchfließen können. Das Wärmeleitvermögen steigt mit zunehmender Temperatur des leitenden Stoffes.

Material	Bei 200° C	Bei 600° C	Bei 1000° C
Silikasteine	0,56	0,88	1,19
Dinassteine	0,74	0,93	1,13
Schamottesteine . . .	0,51	0,66	0,82
Magnesitsteine	—	1,29	1,43

Es ist selbstverständlich, daß die Größenabmessungen des Vorherdes in einem gewissen Verhältnis zum Durchsatz stehen müssen und daß nicht für einen relativ geringen Durchsatz ein riesiger Vorherd gewählt werden darf. Recht gute Ergebnisse werden erzielt, wenn die Schlacken-Stein-Mischung den Vorherd mit einer Geschwindigkeit von etwa 1—2 m in der Stunde durchfließt. Bei einem 3-m-Ofen und einem durchschnittlichen Tagesdurchsatz von 400 t Beschickung, die im Mittel 265 t Schlacke und 37 t 30 proz. Stein lieferten, erzielte Verfasser gute Separation mit einem Vorherd, der von der Einflußstelle des Schmelzflusses bis zum Schlackenüberlauf 4525 mm lichte Länge bei einer lichten Breite von 1925 mm und einer durchschnittlichen lichten Höhe des Schlackenbades von 1000 mm maß (gesamte lichte Höhe = 1395 mm) (vgl. Abb. 61). Die Schlacke wies am Einfluß in den Vorherd 1,1—0,9% Metall und beim Austritt aus demselben 0,34—0,36% Metall auf, so daß sie (bei einem Metallgehalt des Steines von rund 30%) abgesetzt werden konnte. Die mittlere Durchflußgeschwindigkeit bei 11,04 t aus dem Vorherd stündlich ablaufender Schlacke betrug bei einem mittleren Schlackenstand im Vorherd von 1000 mm Höhe 1,5—1,6 m/Std., so daß die Schlacke durchschnittlich 3 Std. im Vorherd verweilte.

Ein nicht zu unterschätzender Vorzug der großen Vorherde gegenüber mehreren hintereinandergeschalteten kleinen liegt außerdem darin, daß ein großer Vorherd sehr gut als Steinspeicher dienen kann, der die vorübergehend auftretenden Differenzen in der Produktion des Schachtofens und der Aufnahmefähigkeit der nachfolgenden Verarbeitungseinheiten (Konvertoren usw.) ausgleichen kann und auch gestattet, für die Dauer einer kurzen Betriebsunterbrechung des Schachtofens so viel Stein zu speichern, daß bis zum Anfall neuen Schachtofensteines die Konvertoren nicht außer Betrieb gesetzt zu werden brauchen.

Die stereometrische Form des lichten Vorherdraumes war früher meist parallelepipedisch auf quadratischer Grundfläche. Gelegentlich auch die eines niedrigen Zylinders; die Vorherde wurden kreisrund gebaut. Letzte Bauform hat jedoch den Nachteil, daß sie viel Platz beansprucht, da man die erforderliche Grundfläche praktisch immer als das Quadrat des Durchmessers rechnen muß. So ist man heute mehr und mehr zur oblongen Form übergegangen und zieht auch elliptischen Vorherden solche mit geraden Längswänden und halbkreisförmigen oder halbsechseckigen Stirnwänden vor. Sie gestatten nicht nur eine längere Durchflußbahn für die zu separierende Schmelze, sondern gewähren auch die günstigste Raumausnutzung, wenngleich kreisrunde und elliptische Vorherde bezüglich der mechanischen Beanspruchung der Ummantelung Vorteile besitzen.

Es sind gelegentlich Vorherde mit Wassermantel gebaut worden, d. h. Vorherde, die auf einer Grundplatte aus Kesselblech senkrecht stehende Wasserkästen als Ummantelung trugen. Wegen der Empfindlichkeit der Wasserkästen, wegen der Gefahren bei Wassermangel und bei Leckwerden eines Wasserkastens haben sie sich jedoch nicht eingebürgert. Bevorzugt werden Vorherde, deren Ummantelung aus Kesselblechen zusammengenietet ist und die dann ausgemauert werden. Die Grundplatte eines großen 6—8 m im Lichten langen Vorherdes wird aus 12—15 mm Kesselblech unter Verwendung breiter (300—350 mm) Laschen zusammengenietet. Auf den Rand dieser Grundplatte wird ein 100 × 100 mm Winkeleisen aufgenietet, mit dem senkrecht stehenden Schenkel nach innen, das die Ummantelung verankert. Der Mantel selbst wird aus 15 mm Kesselblech, gleichfalls mit breiten Laschen, zusammengenietet. Zwar läßt sich die Reihenzahl der zu setzenden Nieten und die Dichte von Zenter zu Zenter Niet nicht berechnen, wie das z. B. bei Kesselnietungen geschieht, da jegliche Unterlagen für die Druckbeanspruchung fehlen, denen die Ummantelung später ausgesetzt wird. Die Erfahrung aber hat gezeigt, daß bei einem Vorherd mit Abmessungen, wie sie Abb. 61 zeigt, doppelreihige Nietung mit einem Nietabstand vom 90 mm vollauf genügt, wenn bei der Ausmauerung des Vorherdes die nötige Sorgfalt angewandt wird. Der Oberrand der Ummantelung wird zweckmäßig durch Winkeleisen versteift. Eine Wasserberieselung, mit der man jeden Vorherd versehen sollte, wird am besten unmittelbar unter dem oberen Winkeleisenrand so weit um den Vorherd herumgeführt, daß die Stiche selbst niemals Wasser bekommen können. Je nach der Länge des Vorherdes werden an der rechten und linken Längsseite desselben je zwei bis drei Paar lotrecht stehende Verankerungsschienen gegen seitliche Durchbiegung (Eisenbahnschienen NP 12) so aufgestellt, daß sie durch untere Ankerschrauben, die unter dem Vorherde durchgezogen, und obere Ankerschrauben, die 200—250 mm über Vorherdoberkante quer über den Vorherd gelegt sind, zusammengehalten werden und dabei noch so viel Spielraum zwischen ihrem Fuße und dem Blechmantel bleibt, daß auf 400, 800 usw.

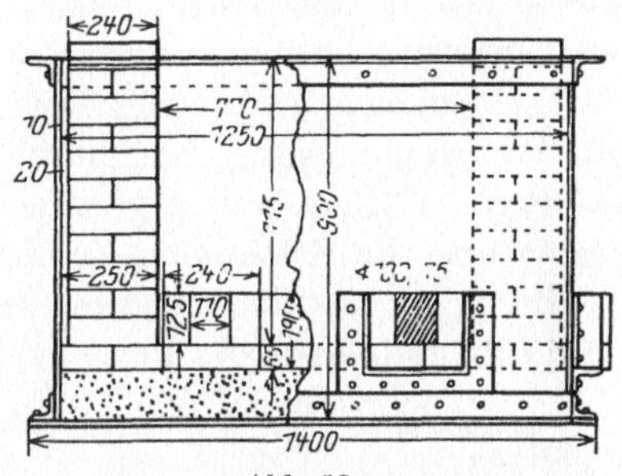
Abb. 58.
Gemauerter Stich eines kleinen Vorherdes.

mm Höhe über der Bodenplatte auch schwere horizontale Ankerschienen (gleichfalls Eisenbahnschienen NP 12) um den Vorherd gelegt werden können.

Jeder Vorherd muß mindestens zwei Steinstiche dicht über der Bodenausmauerung besitzen. Die Stiche können entweder lediglich in Mauerwerk ausgeführt werden oder als auswechselbare Stiche in widerstandsfähigem Gußeisen (Hämatitguß!) gebaut werden. Stiche, die lediglich gemauert werden (vgl. Abb. 58) verlangen die Anbringung eines hoch rechteckigen Ausschnittes in der Blechummantelung, durch die das Mauerwerk so nach außen hindurchgeführt wird, daß der aus dem Stich fließende Stein niemals mit der Ummantelung in Berührung kommt. Stiche aus Mauerwerk sind aber sehr empfindlich und werden leicht beschädigt schon beim Setzen der Pfropfen, mit denen der Stich gestopft wird, und erst recht, wenn eine Abstichnadel im Stich festsitzt und

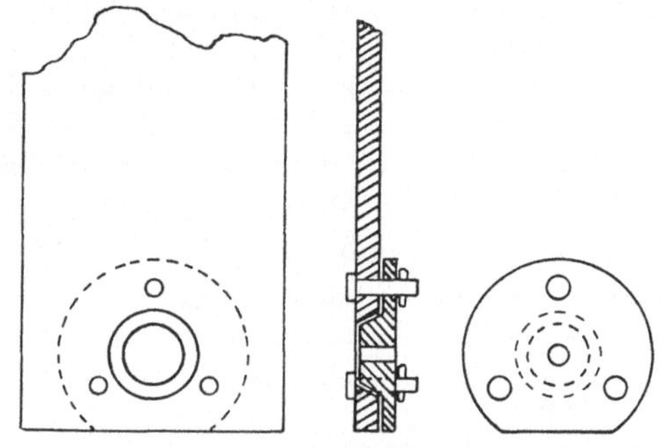
Abb. 59. Gußeiserne Abstichplatte.

herausgeschlagen werden muß. Daher werden meist auswechselbare Stiche bevorzugt. An denjenigen Stellen der Blechummantelung, an denen die Stiche angebracht werden sollen, wird von innen gegen die Ummantelung eine Platte aus Hämatitguß gestellt, die 50 mm stark und mit einer dem Stichloch entsprechenden, nach innen konisch verjüngten Bohrung von mindestens 250 mm größtem Durchmesser versehen ist. Die Ummantelung erhält eine Bohrung, die einen 50 mm größeren Durchmesser besitzt. In die konische Bohrung der Gußeisenplatte ist ein gleichfalls gußeiserner Konus, die Abstichplatte, eingepaßt, der an der Vorderseite einen Teller trägt und durch den zentral das eigentliche Abstichloch mit 40 mm Durchmesser hindurchgeführt wird. Drei schwere Bolzen von 50 mm Durchmesser werden durch die Abstichplatte und die Ummantelung so hindurchgezogen, daß sie in gleichseitigem Dreieck die konische Bohrung umgeben. Der Teller der Abstichplatte trägt drei Bohrungen, die diesen Bolzen entsprechen, so daß sie auf die Bolzen aufgeschoben werden und wieder heruntergenommen werden kann. Die Bolzen selbst sind an dem nach außen gerichteten Ende mit Schlitzen versehen, durch die Keile gesteckt werden können, um die Abstichplatte fest in die Bohrung der Gußeisenplatte einzupressen. Versetzt sich ein solcher auswechselbarer Stich oder ist die Abstichnadel so im Stich eingefroren, daß sie auch nach Anlegen einer Schelle mit dem Hammer nicht mehr herausgezogen werden kann, so nimmt man die ganze Abstichplatte los und hat nun sofort freien Zugang zum gemauerten Stich, der im übrigen durch die Gußeisenplatte und die Stichplatte geschützt ist.

Bezüglich des Einlaufes in den Vorherd ist es ratsam, den Vorherd so dicht an die Grundplatte des Schachtofens heranzurücken bzw. der Abstichschnauze

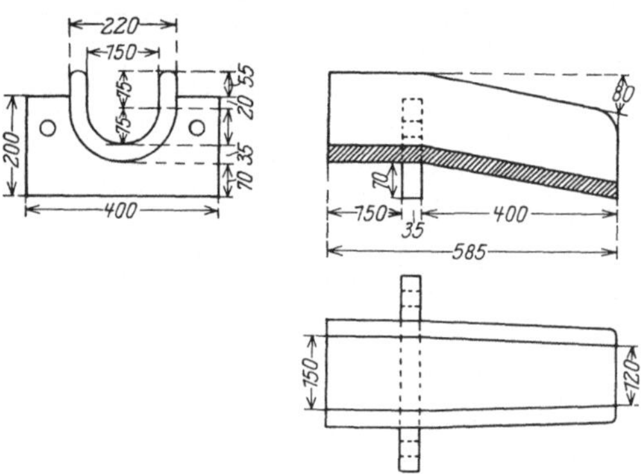

Abb. 60. Schlackenüberlauf des Vorherdes (Gußeisen).

eine solche Länge zu geben, daß der in den Vorherd hineinfallende Schmelzfluß nicht unmittelbar an der Vorherdwand niederfließt, sondern möglichst nahe der Längsachse des Herdes und möglichst fern von der Seitenmauerung einläuft. Je weiter die Abstichschnauze über den Innenrand der Vorherdausmauerung hinausragt, desto größer wird natürlich die Fallhöhe des in den Vorherd einlaufenden Strahles. Um die Fallhöhe möglichst niedrig zu halten, was im Interesse der Unterbindung eines Zerstäubens von suspendierten Steinkügelchen liegt, wird daher die Blechummantelung 180—200 mm niedriger gestaltet als die Ausmauerung, so daß die Abstichschnauze mit ihrer Unterkante auf der Oberkante der Vorherdummantelung aufsetzen und in der Ausmauerung eingebettet liegen kann, bzw. es wird an der Stelle, an die die Abstichschnauze zu liegen kommt, eine Auskerbung in der Ummantelung angebracht.

Den Schlackenüberlauf bringt man an der vom Einlauf entferntesten Stelle des Vorherdes an. Gut bewährt haben sich gußeiserne Schlackenüberläufe, bei denen ein wagerechtes Rinnenstück in die Vorherdausmauerung eingebettet ist und die Überlaufrinnen sofort nach Passieren der Ummantelung ein ziemliches Gefälle bekommt. Durch eine rechtwinklig zu dem horizontalen Rinnenstück stehende gelochte Platte, die mit der Überlaufrinne ein Gußstück bildet, kann der Schlackenüberlauf mit Bolzen an der Vorherdummantelung angebracht werden. Es ist ratsam, stets möglichst zwei Überlaufrinnen vorzusehen, von denen die nicht arbeitende durch einen Tonpfropfen geschlossen wird.

Die Auskleidung des Vorherdes (Vorherde, die aus Wassermänteln zusammengesetzt sind, brauchen natürlich keine Ausmauerung) wurde früher meist sauer gewählt. Der Vorherd wurde mit Schamottesteinen ausgemauert bzw. mit Schamottemehl ausgestampft. Bei kleineren Vorherden wurde der Boden auch mit Stübbe ausgeschlagen.

Die Sohle des Vorherdes wird zweckmäßig mit einer 150—200 mm starken Lage feinen Quarzites ausgestampft. Auf diese Unterlage wird ein Pflaster von Schamottesteinen so aufgelegt, daß die flach gelegten Steine ($^1/_4$ Stein stark) mit ihren Längsfugen quer zur Längsachse des Vorherdes liegen, damit niemals lange Fugen parallel der Fließrichtung des Vorherdinhaltes verlaufen. Es empfiehlt sich, dem Bodenpflaster eine ganz geringe, vom Vorherdinnern aus gesehen konkave Gestaltung zu geben, so daß die tiefste Stelle der Sohle in der Mittelachse des Herdes liegt. Gleichzeitig muß, wenn nicht überhanpt schon der ganze Herd mit Gefälle vom Einlauf bis zu den Stichen (15 mm auf 1000 mm Vorherdlänge) aufgestellt worden ist, in der Sohlenpflasterung für Gefälle vom Einlauf nach den Stichen hin gesorgt werden. Liegen die Stiche in den gebrochenen Ecken eines rechteckigen Herdes, so muß die zunächst in der Längsachse verlaufende Muldenachse der Sohle vor den Stichen gespalten und so in Richtung auf die Stiche zu weitergeführt werden, daß die niedrigsten Stellen der Sohle in den Stichen liegen. Auf die Bodenpflasterung wird die Seitenausmauerung aufgesetzt, wobei nach Fertigstellung der Seitenausmauerung die Kehle zwischen Vorherdsohle und Seitenwand mit Magnesitmörtel ausgestrichen wird. Zur Pflasterung der Vorherdsohle kann unbedenklich Schamotte verwendet werden, da sich schon beim ersten Einlauf von Schlacke in den Herd eine Schutzschicht auf die Sohle auflegt, die im allgemeinen 50—80 mm stark bleibt und die Schamottepflasterung vor jeglichem Angriff schützt.

Die Auskleidung der Seitenwände des Vorherdes mit saurem Futter, wie Schamotte, ist aber den Schlacken gegenüber, die bei unmittelbarer Verhüttung anfallen, nicht sonderlich widerstandsfähig, weil diese Schlacken oftmals, falls es ihnen an Kieselsäure mangelt, diese der sauren Vorherdauskleidung entziehen. Auch oxydische Gemengteile der Steine neigen sehr dazu, unter Verbrauch des Kieselsäuregehaltes der sauren Vorherdauskleidung zu verschlacken. Daher ist für die Seitenwände basische Ausmauerung stets vorzuziehen. Sie ist zwar nicht unerheblich teurer, als saure Ausmauerung, vergrößert aber die Lebensdauer des Vorherdes ganz außerordentlich. Ein mit relativ basischem Schamotte vollkommen ausgekleideter Vorherd, mit dem Verfasser arbeitete, zeigte nach Erschmelzung von 500 t Garkupfer, die in Gestalt von 30 proz. Schachtofenstein den Vorherd passiert hatten, derartig starke Anfressungen, daß die Ausmauerung völlig erneuert werden mußte. Die Seitenwände wurden nunmehr in Magnesit ausgeführt. Nachdem schon über 1000 t Garkupfer erschmolzen waren, wobei im Schachtofen der gleiche Stein und die gleiche Schlacke wie früher anfielen, waren im Vorherd noch nicht die geringsten Spuren von Beanspruchung der Auskleidung festzustellen. Ein an den Seiten basisch ausgekleideter Vorherd besitzt daher auch eine bei weitem größere Betriebssicherheit, als ein Vorherd mit saurem Futter.

Da Magnesitsteine auf der einen Seite eine relativ sehr hohe Wärmeleitzahl haben (vgl. S. 275) und auf der anderen Seite ungefähr doppelt so teuer sind als Schamottesteine, kann man den Vorherd thermisch und kaufmännisch besonders günstig gestalten, wenn man ihn mit Schamotte ausmauert und dieses

Mauerwerk nach innen mit Magnesit verblendet. Die unmittelbare Umgebung der Einlaufstelle, an der die einfließende Schmelze das Mauerwerk außerordentlich stark auswäscht, sowie die gleichfalls stark beanspruchte Umgebung der Stiche wird am besten gänzlich in Magnesitausmauerung gehalten.

Bei der Ausmauerung kommt es besonders darauf an, daß möglichst keine vom Vorherdinnern bis an die Ummantelung durchlaufenden Fugen entstehen.

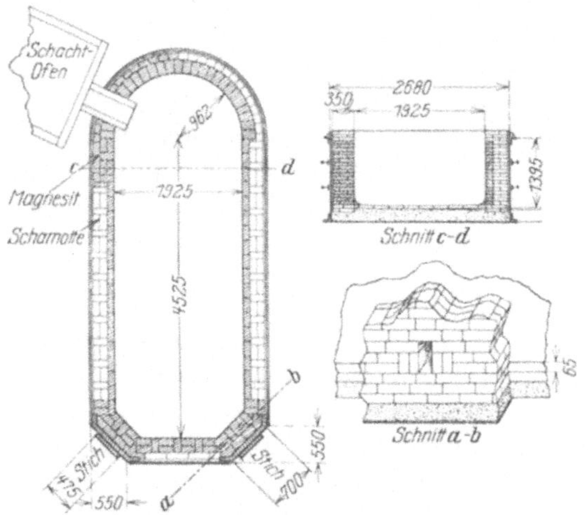

Abb. 61.   Zweckmäßige Ausmauerung eines Vorherdes
mit Schamotte und Magnesit.
(Schnitt a-b vom Vorherdinnern aus gesehen.)

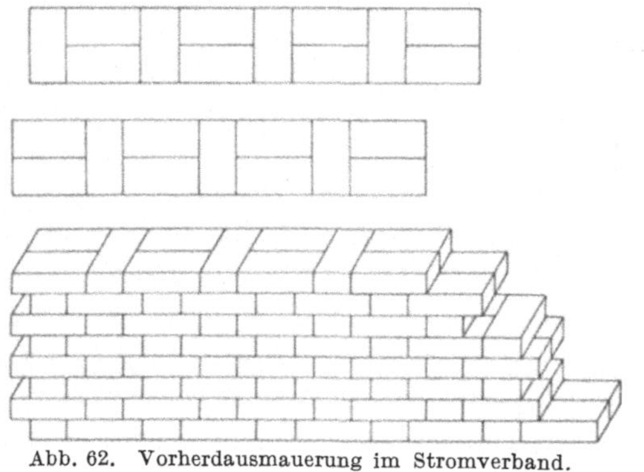

Abb. 62.   Vorherdausmauerung im Stromverband.

Der günstigste Steinverband für die Ausmauerung ist der Stromverband, bei dem in einer Reihe abwechselnd zwei Läufer, ein Binder, zwei Läufer, ein Binder usw. liegen, während die nächsthöhere Steinlage genau die gleiche Steinfolge aufweist (zwei Läufer, ein Binder, zwei Läufer, ein Binder usw.), aber gegen die darunterliegende um $1/_2$ Stein versetzt ist. Die geringe Schwierigkeit, die beim Ausmauern dadurch entsteht, daß die Schamottesteine in deutschem Normalziegelformat, die Magnesitziegel aber in einem etwas kleineren Format geliefert werden, läßt sich leicht durch geeignetes Behauen der Schamottesteine beheben. Magnesitsteine sollen so wenig wie möglich behauen werden, und wenn es schon nötig wird, so müssen sie sorgfältig Stein auf Stein geschliffen werden, genau so wie das für Konvertorausmauerungen erforderlich ist. Die schwierige und langwierige Arbeit des Schleifens der Steine von Hand kann erheblich abgekürzt werden durch Benutzung einer Schleifmaschine, wie sie z. B. die Firma Gebr. Zeibig, Leipzig-Plagwitz, baut[1].

Als Mörtel für die Schamotteausmauerung benutzt man Schamottemehl mit 10% gemahlenem Ton, mit Wasser angemacht. Der beste Mörtel für Magnesit wird hergestellt, indem gebrannter gemahlener Magnesit mit wasserfreiem heißen Teer (Steinkohlenteer) angemacht und der steife Mörtel heiß verarbeitet wird, wobei hart Stein an Stein gesetzt wird.

Grundsätzlich darf die Ausmauerung niemals scharf an die Ummantelung

---

[1] Die Schleifmaschine der Firma Zeibig, die gestattet, schnell beliebige Flächen an Magnesitsteine anzuschleifen, ist z. B. in der Konvertoranlage der Mansfeld A.-G. für Bergbau und Hüttenbetrieb zu Eisleben in Betrieb.

herangesetzt werden, sondern es muß stets ein Spielraum von mindestens 15 mm
an den Seitenwänden frei gelassen werden für die Ausdehnung des Mauerwerkes
in der Hitze. Der Spielraum für die Ausdehnung muß an den Schmalseiten des
Vorherdes noch größer sein, je nach der Länge des Herdes. Auch muß der Unterschied der Ausdehnungskoeffizienten von Schamotte und Magnesit berücksichtigt werden, wenn die in vorstehender Abbildung wiedergegebene gemischte
Ausmauerung zur Anwendung kommen soll. Einen Anhalt hierfür bietet die
nachfolgende graphische Darstellung der Ausdehnungskoeffizienten verschiedener
feuerfester Materialien bei verschieden hohen Temperaturen, die deutlich er-

kennen läßt, wie unvergleichlich viel
stärker Magnesit bei hohen Temperaturen wächst als Schamotte.

Im allgemeinen werden die Vorherde nicht auf massiver Grundplatte aus Beton od. dgl. aufgestellt,
sondern untermauert oder auf eine
Anzahl paralleler Betonbalken aufgesetzt. Es geschieht dieses, um
Luftzug unter dem Vorherd hindurchstreichen zu lassen, der die
Sohle vor allzu großer Erhitzung
schützen soll. Dabei findet man
die den Vorherd tragenden Funda-
mentbalken häufig quer zur Längsachse des Herdes gelegt. Wenn ein
so aufgestellter Vorherd längere Zeit
in Betrieb gewesen ist, sind oftmals
die Luftkanäle, die unter dem Herde
hindurchziehen, völlig verstopft, voll
Schlacke gelaufen, die gelegentlich
aus dem Vorherd überläuft, usw. Die
erstrebte Luftkühlung der Vorherd-

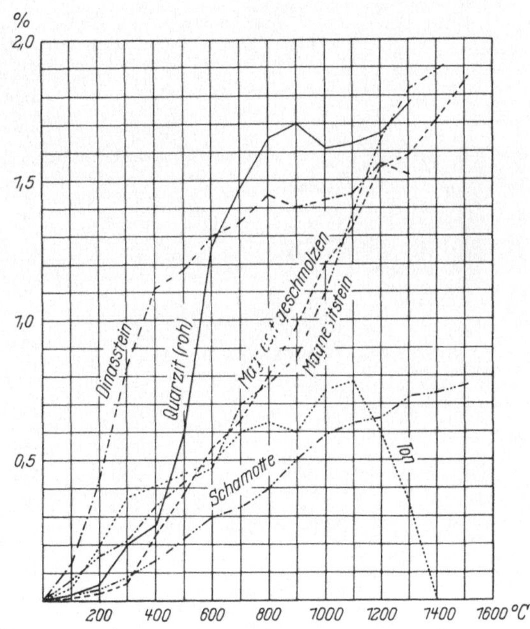

Abb. 63. Lineare Ausdehnungskoeffizienten verschiedener
feuerfester Materialien in Prozent.

sohle wird illusorisch. Gelegentlich der Aufstellung eines neuen Vorherdes bauten
K. Fraulob und der Verfasser ein neuartiges Vorherdfundament, das gestattet,
die Temperatur der Vorherdsohle in gewissen Grenzen zu regulieren, und das sich
besonders gut bewährte, wenn mit verhältnismäßig zähflüssigen Schlacken gearbeitet werden muß. Zudem gestattet das Fraulob-Hentzesche Vorherdfundament, den Vorherd bei Stillegung tadellos leer laufen zu lassen. Die Blechummantelung steht auf einem System von Luftkanälen, die parallel der Längsachse des
Vorherdes verlaufen und Verbindung mit der Außenluft haben, ohne daß sie durch
überlaufende Schlacke, Staub u. dgl. verschmutzt werden können. Von einer tiefer
als die Luftkanalsohle gelegenen Eintrittsöffnung aus saugen die durch die Vorherdsohle erwärmten Kanäle Außenluft an, die aus einer am entgegengesetzten
Ende errichteten Esse mit natürlichem Zug austritt. Ist die Eintrittsöffnung voll
geöffnet, und tritt die Außenluft mit beispielsweise 10° C in die Luftkanäle ein,
so trat sie mit ungefähr 50—60° C aus der Esse aus, entzog also der Vorherdsohle eine ganz stattliche Wärmemenge. Sobald zähe Schlacken durch den Vor-

herd laufen müssen, die zur Bildung von Ansätzen am Boden des Herdes führen oder sobald die anfallenden Steine relativ große Mengen an Magnetit enthielten, die gleichfalls die Sohlenansätze des Vorherdes wachsen lassen, sobald es also geraten erschien, die Sohle des Vorherdes heißer gehen zu lassen, oder aber, wenn man Stein längere Zeit speichern will, wird die Eintrittsöffnung für den natürlichen Zug mehr oder weniger zugestopft bzw. es wird ein Regulierschieber in der Esse mehr oder weniger geschlossen. Will man den Vorherd stillegen, so muß man ihn gut leer laufen lassen, damit man einerseits die nächste Vorherdkampagne mit einem sauberen Vorherd antreten kann, und damit man andererseits vor Antritt dieser nächsten Kampagne die Ausmauerung des Herdes und die Beschaffenheit der Vorherdsohle genau prüfen kann. Zähe Schlacken laufen dabei aber nur sehr unvollständig freiwillig aus den Stichen ab, wenn nicht die Vorherdsohle besonders heiß ist. Um auch zähe und schmierende Schlacken, wie sie namentlich in den Vorherd gelangen, wenn der Ofen wegen schlechten Ofenganges stillgelegt werden soll, gut ablaufen zu lassen, wird der Luftzug unter der Vorherdsohle 10—12 Std. vor der Stillegung völlig gedrosselt. Dann wird die Herdsohle noch so heiß, daß der Vorherd tadellos leer läuft und daß nicht etwa das sonst übliche Ausbrechen der auf der Sohle und besonders vor den Stichen erstarrenden Schlackenreste mit Hammer und Meißel erforderlich wird; am Vorherd sollte überhaupt niemals gemeißelt werden, weil dadurch das Mauerwerk so erschüttert wird, daß sich alle Fugen lockern und weil die beste Innenauskleidung des Vorherdes, die es überhaupt gibt, nämlich die Schlackenschutzschicht, dadurch zerstört wird.

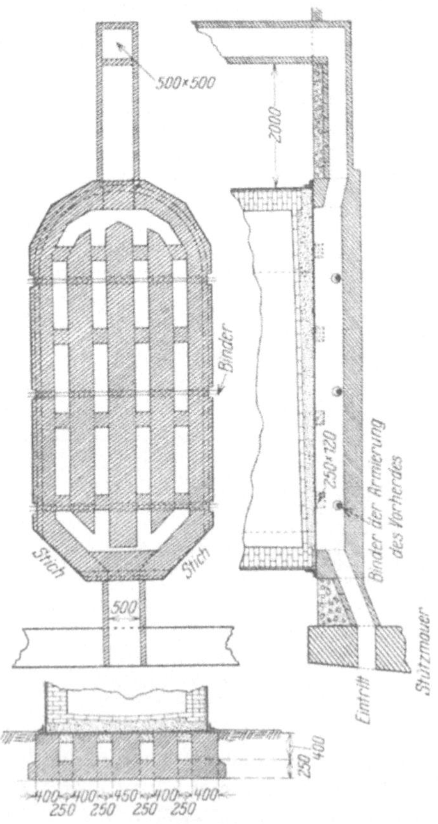

Abb. 64. Vorherd-Fundament nach Fraulob u. Hentze mit regelbarer Kühlung der Vordersohle.

Ansätze am Boden des Vorherdes lassen sich bei Anwendung des vorstehend gekennzeichneten Vorherdfundamentes durch bloßes Regulieren der Sohlentemperatur völlig beseitigen. Es gelang z. B., in 24 Std. die mit einer Nadel geprüfte Tiefe des Vorherdes, die durch Sohlenansätze vermindert war, von 1050 mm auf 1150 mm (selbstverständlich an den gleichen Meßstellen) zu vergrößern durch Verminderung des Querschnittes des Lufteintrittskanales auf ein Viertel.

Soll aus irgendwelchen Gründen der Stein des Vorherdes nicht, wie allgemein üblich, periodisch abgestochen und der Weiterverarbeitung zugeführt werden, sondern kontinuierlich aus dem Vorherde ablaufen, so müssen Vorherde mit besonderem Steinsammelbecken benutzt werden, denen der Stein mittels Über-

laufrinne entnommen werden kann. Daß auch bei solchen Vorherden Stiche
an der Vorherdsohle nicht zu entbehren sind, um den Vorherd bei Stillegung
leer laufen lassen zu können, ist selbstverständlich.

Vorherdpraxis. Soll ein neu ausgemauerter Vorherd in Betrieb gehen,
so muß er zunächst durch Holzfeuer gründlich getrocknet werden. Man entzündet ein über die ganze Vorherdsohle ausgebreitetes Feuer von Scheitholz,
legt quer über den Vorherd ein paar Träger und deckt über diese alte Eisenbleche,
auf die man Schlacke schüttet, um so eine gute Wärmeisolation zu erzielen und
die Wärme des Holzfeuers im Vorherd zusammenzuhalten. Ein Vorherd von
den Ausmaßen des in Abb. 61 abgebildeten Herdes konnte auf diese Weise in
drei Tagen vollkommen getrocknet werden. Auf tadellose Trocknung des Vorherdes kommt sehr viel an, wenn nicht nach Inbetriebnahme des Herdes plötzlich die Sohle hochkommen und auf dem Bade herumschwimmen soll. Selbst Sohlen, die, vom Vor-
herdinnern aus gesehen, gut nach unten gewölbt sind, kommen hoch, wenn sie nicht einwandfrei getrocknet werden. Auch bei kurzen Betriebsunterbrechungen von nur wenigen Tagen, bei denen der Vorherd verhältnismäßig heiß geblieben ist, sollte man ein Vor-heizen des Herdes niemals unter-lassen. Damit das Trockenfeuer im bereits heiß gewordenen Vor-herde nicht gar zu lebhaft brennt und daher unnötig Holz verbrannt wird, tut man gut, es nach 1—2 Ta-gen mit Sägespänen abzudecken.

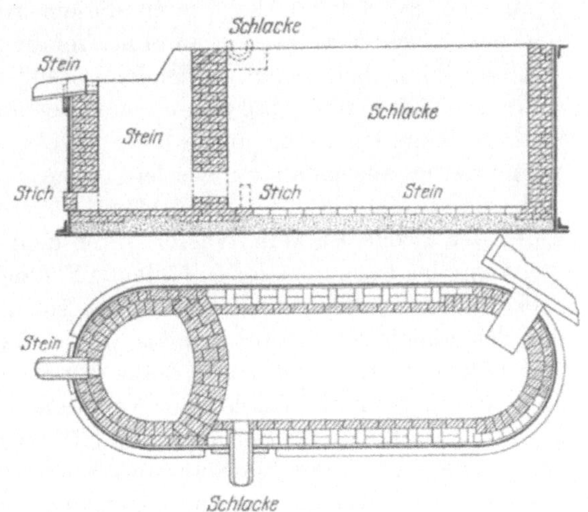

Abb. 65. Vorherd mit kontinuierlichem Steinüberlauf.

Beginnt die Vorherdkampagne und läuft die erste Schlacke in den Vorherd
ein, so muß diese Schlacke vor sofortiger Erstarrung in dem zwar heißen, aber
im Vergleich zur Temperatur der flüssigen Schlacke doch noch recht kalten
Vorherde geschützt werden durch unermüdliches Aufstreuen von Sägespänen,
Koksklein od. dgl., die so viel Oberhitze für die Schlacke liefern, daß sie gut flüssig
bleibt. Die Stiche sind gestopft mit Pfropfen, die man aus einem zu plastischer
Masse zusammengekneteten Gemisch von gutem Ton und Magnesitmehl (zerkleinerten alten Magnesitsteinen) herstellt. Durch jeden Tonpfropfen ist eine
lange (4—5 m) Nadel hindurchgeschoben, die bis in das Innere des Vorherdes
hineinragen muß und die vom Augenblick der Inbetriebnahme des Vorherdes
an bis zur Stillegung allstündlich durch jeweilig einen leichten Hammerschlag
vor dem Einfrieren im Stich bewahrt wird. Sind die Nadeln einmal ein paar
Stunden nicht nachgeklopft worden, so sitzen sie meist unwiederbringlich fest,
reißen beim Versuch, abzustechen, ab, und es bleibt nichts anderes übrig, als
den Stich aufzubrennen, so, wie dies schon bei versetzten Schachtofenstichen
beschrieben wurde (vgl. S. 269). Sobald der Vorherd bis obenhin gefüllt ist
und die Schlacke aus dem Überlauf abzulaufen beginnt, erstarrt die Oberfläche

der im Vorherd stehenden Schlacke langsam durch die Berührung mit der Außenluft, und es bildet sich eine mehr oder weniger starke Schlackendecke über dem Vorherde, die diesen gewölbeartig nach oben abschließt. Sobald das Erstarren der Schlackendecke beginnt, müssen ein paar kräftige Träger quer über den Vorherd gelegt werden, auf die dann 8—10 mm starke Eisenbleche aufgelegt werden, so daß man auch auf dem Vorherde stehen kann, um an die Abstichschnauze heran zu können. Es muß stets der ganze Vorherd mit Eisenblechen abgedeckt werden, damit niemals bei einem Fehltritt ein Mann auf die Schlackendecke treten kann. Eine geradezu unverantwortliche Unsitte, der im Laufe der Jahre fast alle Schmelzer verfallen, ist es, auf die nicht abgedeckte Schlackendecke eines Vorherdes unmittelbar aufzutreten. Es sind schon manche Schmelzer auf diese Weise teils ums Leben oder zum mindesten um ihre Beine gekommen; denn eine Schlackendecke, die in diesem Augenblick noch 200 mm stark ist und ausgezeichnet trägt, so daß ohne Gefahr 20 Mann auf dem Vorherde stehen könnten, kann bei heißer werdendem Ofengang in 2 Std. stellenweise schon so dünn geworden sein, daß man beim Betreten sofort hindurchtritt, und was passiert, wenn ein Mann durch die Schlackendecke hindurchtritt, braucht wohl kaum weiter ausgemalt zu werden. Eine Schlackendecke eines Vorherdes ist viel trügerischer als das Eis auf einem zugefrorenen See, und flüssige Schlacke unter der Decke ist kein Wasser unter dem Eis.

Wenn das Loch, das der einlaufende Schmelzfluß sich selbst in der Schlackendecke offen hält, ein bißchen zuwächst, so muß es so weit aufgeweitet werden, daß der einlaufende Strahl niemals an die Ränder des Loches antrifft. Außerdem hält man stets noch in der Nähe der Stiche ein Loch in der Schlackendecke offen, durch das man mittels einer Nadel messen kann, wie hoch jeweils der Stein im Vorherd steht. Da der Stein dünnflüssiger als die Schlacke ist, bleibt an dem Ende der bis auf die Sohle des Vorherdes geführten Nadel, das im Stein gestanden hat, weniger haften, als an dem in der Schlacke gestandenen Ende. Beim Herausnehmen der Nadel läßt sich daher der Steinstand meist auf 1 cm genau ablesen. Läßt man bei kurzen Betriebspausen den Vorherd vorübergehend leer laufen, so wird man natürlich genau so wie bei längerer Stillegung des Vorherdes niemals sofort die Schlackendecke einschlagen, sondern ist froh, daß sie eine nur langsame Abkühlung des Herdes zuläßt, unter der das Mauerwerk desselben viel weniger leidet, als bei schneller Abkühlung. Vor der Wiederinbetriebnahme des Vorherdes jedoch muß man an verschiedenen Stellen Löcher in die Decke schlagen, damit sich nicht, sobald die Schlacke bis zum Überlauf gestiegen ist, Gasblasen zwischen alter Decke und frischem Bade ansammeln, die nicht entweichen können und so stoßweise auf das Bad drücken, daß die Schlacke nicht gleichmäßig abfließt, sondern stoßweise aus dem Überlauf herausgeworfen wird, wenn nicht gar eines Augenblickes die ganze Schlackendecke emporgeschleudert wird, was immer mit Gefahren und unangenehmen Spritzern verbunden ist.

Das Abstechen von Stein aus dem Vorherd geschieht dadurch, daß man an die im Stichloch sitzende Nadel eine Schelle mit Keil anlegt und die Nadel mit Vorschlaghämmern rückwärts aus dem Stich heraustreibt. Besondere Sorgfalt erfordert das Stopfen des Stiches, da bei schlecht gestopftem Stich leicht die Nadel festfrieren kann. Es wird aus gutem plastischen Ton (eisenschüssige

Tone eignen sich am besten) ein Pfropf geformt, der mindestens so lang sein muß, als die Seitenausmauerung am Stich stark ist. Der Tonpfropf wird auf einen langgestielten Pilz gesetzt (langer Rundeisenstab, mit kreisrunder Platte versehen) und muß schnell und geschickt so in den Stich gestoßen werden, daß er bis in das Vorherdinnere hineinragt und aller Stein aus dem Stich nach innen zurückgedrängt wird. Ist der Pfropf gesetzt, so wird das aus dem Stich nach außen hervorragende Ende sofort mit Stopfhölzern gut festgestampft. Da es vorkommt, daß ein Pfropf vom Steininhalt des Vorherdes sofort wieder herausgedrückt wird, müssen stets mehrere Reservepfropfe bereitgehalten werden, um erforderlichenfalls sofort einen neuen Pfropf setzen zu können. Der Mann, der den Pfropf setzt, kann leicht durch ein kleines Schutzblech gegen den beim Stopfen herumspritzenden Stein geschützt werden.

Jede Gelegenheit, das Seitenmauerwerk des Vorherdes auch während des Betriebes näher zu betrachten, muß wahrgenommen werden, um sich zu vergewissern, daß es nicht an einzelnen Stellen in bedenklicher Weise ausgewaschen oder angefressen worden ist. Wenn größere Mengen Stein abgestochen worden sind, so sinkt die Schlackenoberfläche meist so tief, daß man durch die Einlaufstelle des Schmelzflusses (nötigenfalls mit blauer Brille) sehr gut die Seitenwände betrachten und kontrollieren kann. Der unterhalb der Oberfläche des Bades gelegene Teil der Seitenausmauerung läßt sich leicht mit einer Nadel abtasten, was jeden Tag einmal geschehen sollte. Zeigen sich ausgefressene oder ausgewaschene Stellen, so muß man den Herd so weit leer laufen lassen, daß die schadhafte Stelle freigelegt wird, und man beurteilen kann, ob es besser ist, den Herd gänzlich stillzulegen, um an der Schadensstelle das Mauerwerk auszubessern, oder ob ein Einstopfen von Ton, mit Magnesitmehl gemischt, in die Ausfressung Aussicht auf Erfolg bietet. Ein Bruch des Vorherdes, d. h. das Durchbrechen von Stein durch die Ausmauerung hat meist sehr unangenehme Folgen, da solch ein Durchbruch fast immer unerwartet kommt und im Augenblicke des Zusammentreffens des durchbrechenden Steins mit dem noch laufenden Berieselungswasser oder mit dem in der Rieselwasser-Sammelrinne stehenden Wasser gewaltige Explosionen stattfinden, bei denen flüssiger Stein hoch empor und weit umhergeschleudert wird. In solchem Falle müssen natürlich als erstes sämtliche Stiche des Vorherdes geöffnet werden, damit der Steininhalt des Herdes aus diesem so schnell wie irgend möglich ausfließen kann.

Die beheizten Vorherde. Für die Separation von Stein und sehr zähflüssigen Schlacken werden beheizte Vorherde angewandt, die nichts anderes sind als kleine Flammöfen. Sie werden so aufgestellt, daß der Stein unmittelbar in die Flammöfen einlaufen kann. Unter Umständen wird es erforderlich, eine Überlaufschnauze des Schachtofens mit zwei beheizten Vorherden auszurüsten, damit, wenn der eine vollgelaufen ist, er noch eine gewisse Zeitlang befeuert werden kann, und sein Inhalt Gelegenheit findet, sich bei völliger Ruhe des Bades zu separieren, während Stein und Schlacke in den zweiten einlaufen.

Abtransport von Schlacke und Stein.

Für solche Hüttenwerke, bei denen die abzusetzende Schlacke auf einem Niveau gelagert werden kann, das erheblich tiefer liegt als das Niveau des Schachtofengebäudes, ist — sofern hinreichende Mengen von Wasser zur Verfügung

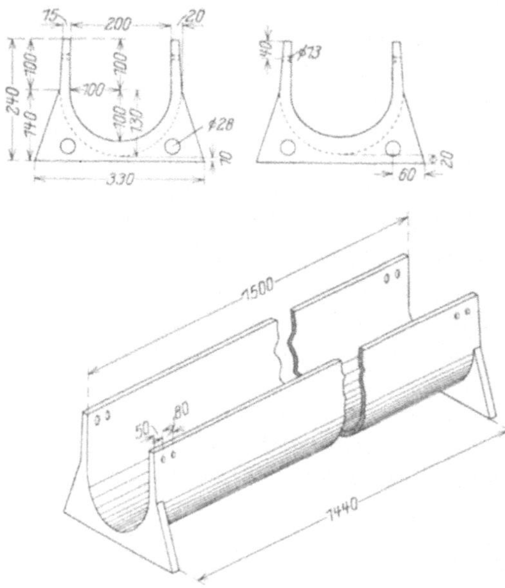

Abb. 66. Teilstück einer gußeisernen Granulationsrinne.

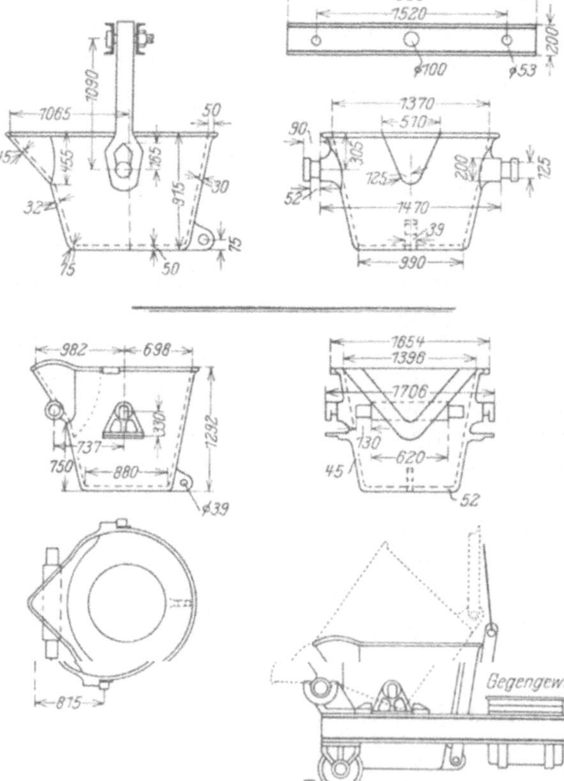

Abb. 67. Gießpfannen.

stehen — die Granulation der Schlacke der einfachste und billigste Abtransport derselben. Gleich unterhalb des Schlackenüberlaufes des Vorherdes beginnend, wird die Granulationsrinne möglichst geradlinig bis auf die Schlackenhalde heruntergeführt. Sehr zweckmäßig sind gußeiserne Granulationsrinnen, die aus einzelnen Stücken zusammengesetzt sind (Abb. 66).

Für den Fall plötzlich eintretenden Wassermangels muß auch auf allen Hüttenwerken, die ihre abzusetzende Schlacke granulieren können, die Möglichkeit vorgesehen werden, Schlacke in Schlackenwagen abzufahren. Hütten, die nicht die Möglichkeit der Granulation von Schlacke besitzen, sind lediglich auf Schlackenwagen angewiesen. Für die Schlackenwagen empfiehlt es sich, schwere Untergestelle, massive Räder und Schlackentiegel aus Hämatitguß zu verwenden, die, wenn sie sehr große Ausmaße erhalten müssen, durch Sprengfugen hinreichend unterteilt werden können.

Für den Steintransport sind Gießpfannen besonders geeignet. Auch die Gießpfannen werden zweckmäßig aus Hämatitguß hergestellt. Bei Gießpfannen, die mit Kranbahnen transportiert werden sollen, ist der Beschaffenheit der Gehänge besondere Aufmerksamkeit zu widmen, da die Gehänge, die durch strahlende Wärme des in der Gießpfanne befindlichen Steines erwärmt werden, erstens leicht in das bezüglich ihrer

Festigkeitseigenschaften sehr gefährliche Temperaturgebiet der Blausprödig-
keit kommen, und zweitens natürlich reichlich Schwefel sowie unter Umständen Arsen, die dem Stein in Gestalt von schwefliger Säure und arseniger
Säure gas- bzw. dampfförmig entsteigen, aufnehmen. Gerade diese sich jeglicher Kontrolle entziehenden Gefahrmomente sprechen außerordentlich stark
gegen die Benutzung von Laufkränen und hängenden Gießpfannen für den
Transport von Rohstein. Verfasser hat selbst einen Fall erlebt, wo mittels
hängender Gießpfanne Stein zum Konvertor gefahren und nach beendeter Fahrt
die Gießpfanne abgesetzt wurde; trotzdem beim Absetzen der Kranführer das
Gehänge durchaus nicht etwa ungeschickt fallen ließ, trat beim bloßen Nieder-
legen des Gehänges plötzlich Bruch ein. Auf den Bruchflächen wies das aus
bestem Schmiedeeisen hergestellte Gehänge außerordentlich grobkörnige Struktur auf.

VII. Der Mabuki-Prozeß und der Konvertor-Prozeß.

Die Weiterverarbeitung der im Schachtofen erschmolzenen Rohsteine auf
Metall kann sowohl auf mittelbarem Wege als auch auf unmittelbarem Wege
erfolgen.

Mittelbare Wege sind:

a) Der „Deutsche Prozeß“ mit drei Arbeitsgängen:
1. Anreicherung des Metallgehaltes der Rohsteine auf 75—78 % Metall (Spursteine);
2. Abrösten der angereicherten Steine;
3. Reduzierendes Verschmelzen der abgerösteten Spursteine auf Metall.

b) Der „Walliser Blister-Prozeß“, einschließlich des Swansea-„Best-Selected-Prozesses“,
mit drei bzw. zwei Arbeitsgängen:
1. Anreicherung des Metallgehaltes der Rohsteine auf mindestens 70 % Metall und
   entweder
2. Totrösten von zwei Dritteln der Reichsteine;
3. Reaktionsschmelzen der Röstprodukte mit dem letzten Drittel Reichstein im Flammofen mit saurem Herd
oder
2. Abrösten des ganzen Reichsteines im sauren Flammofen auf einen Schwefelgehalt
   von ein Drittel des normalen S-Gehaltes und anschließendes Reaktionsschmelzen.

Unmittelbare Wege sind:

a) Der japanische „Mabuki-Prozeß“ mit einem Arbeitsgang. Konzentrieren des Rohsteines in kleinen feuerfesten Tiegeln durch Aufblasen von Wind unter Zuschlag von Quarzit
und anschließendes Reaktionsschmelzen im gleichen Tiegel. Einsatz des Steines in flüssigem
Zustande (früher auch in festem Zustande).

b) Der „Bessemer- oder Konvertor-Prozeß“. Konzentrieren des Rohsteines in einem
kippbaren Arbeitsraum mittels Windes, der durch das flüssige Steinbad hindurchgepreßt
wird, unter Zuschlag von Quarzit und anschließendes Reaktionsschmelzen im gleichen
Arbeitsraum. Einsatz des Steines in flüssigem Zustande.

Der „Deutsche Prozeß“ verlangt den Aufwand erheblicher Brennstoffmengen
für das Spursteinschmelzen (40—50 % des Einsatzes), für das Rösten und für
das reduzierende Schmelzen außerdem noch Reduktionskohlenstoff. Er ist daher

als unwirtschaftlich auch in Mansfeld[1], wo er noch bis vor wenigen Jahren durchgeführt wurde, aufgegeben worden. Der alte Walliser Blister-Prozeß erfordert zwar keine Reduktionskohle, verschlingt aber sowohl für die Röstung als auch für das Reaktionsschmelzen zusammen bis zu 60% des Einsatzes an Brennstoff und bewegt sich schon aus diesem Grunde gleichfalls haarscharf an der Grenze der Unwirtschaftlichkeit. Abgesehen von dem Brennstoffbedarf fallen in beiden mittelbaren Prozessen sehr metallreiche Schlacken an, die natürlich wieder zum Schachtofen zurückkehren müssen. Große Wärmemengen gehen durch das Abkühlen der Reichsteine verloren. Die Wärmemengen, die aus den Steinen selbst entnommen werden können, werden bei der Röstung zwar in Freiheit gesetzt, aber ohne daß sie dem eigentlichen Metallgewinnungsprozeß zugute kommen. Die ein- bis zweimalige Unterbrechung des Arbeitsweges vom Rohstein zum Metall erfordert viel menschliche Arbeitskraft und macht die Prozesse auch bezüglich der Arbeitslöhne sehr kostspielig.

Die beiden unmittelbaren Arbeitswege hingegen vereinigen nicht nur die Anreicherung des Metallgehaltes der Rohsteine, die Teilröstung und das eigentliche Reaktionsschmelzen in einem einzigen Arbeitsgang, sondern sie gestatten auch, ohne Zeit- und ohne Wärmeverluste die Rohsteine sofort weiter auf Metall zu verarbeiten und beziehen sowohl die für die Konzentrationsarbeit als auch die für das schwach endotherm verlaufende eigentliche Reaktionsschmelzen erforderliche Wärmemenge lediglich aus der Oxydation von Eisen und von Schwefel der Steine selbst, so daß keinerlei Brennstoffzusatz erforderlich ist.

Obwohl im Mabuki- wie im Konvertorprozeß Steinkonzentration und Reaktionsschmelzen vereinigt sind, laufen beide Vorgänge und die für sie in Frage kommenden Reaktionen zeitlich durchaus getrennt voneinander und aufeinander folgend.

Die Vorgänge der Steinkonzentration beim Spursteinschmelzen im Schachtofen und beim Konzentrieren im Mabukitiegel oder im Konvertor gestalten sich chemisch fast völlig gleichartig. Indessen besteht bei der Weiterverarbeitung auf Metall ein grundsätzlicher Unterschied.

Bei dem für die mittelbaren Prozesse erforderlichen Rösten erfolgt die Oxydation in festem Zustande, wobei nicht nur die restlichen Eisensulfide der Reichsteine, sondern auch die Metallsulfide (Cu_2S usw.) oxydiert werden. Die Verschlackung des Eisens aber erfolgt in flüssigem Zustande, wobei sich, soweit Schwefel aus restlichen Eisensulfiden (des nicht abgerösteten Reichsteines) zur Verfügung steht, ein Teil der Metalloxyde wieder schwefelt. Der endotherme Vorgang des Reaktionsschmelzens

$$Cu_2S + 2Cu_2O = 6Cu + SO_2 \text{ minus } 38,6 \text{ Cal}$$
$$\text{bzw. } Cu_2S + 2CuO = 4Cu + SO_2 \text{ minus } 30,4 \text{ Cal}$$

verlangt die Abdeckung seines Wärmeunterschusses durch künstliche Wärmezufuhr.

Bei den unmittelbaren Prozessen erfolgt im Gegensatz hierzu bereits die Oxydation im flüssigen Zustande, und es werden weder Kupfer- noch Nickel-

---

[1] Zwar werden auch heute noch in Mansfeld geringe Mengen Rohstein gespurt, geröstet und reduziert, aber nicht größere Mengen, als zur Deckung der Nachfrage nach „Mansfelder Raffinade-Kupfer", einer auf dem Kupfermarkt für besondere Zwecke gefragten Marke, benötigt werden.

bzw. Kobaltsulfid von der Oxydation erfaßt, ehe nicht fast sämtliches Eisen (bis auf 2—3 %) oxydiert ist. In nennenswertem Maße erfolgt Cu- und Ni-Sulfid-Oxydation sogar erst, wenn auch die letzten Eisensulfidreste verbrannt sind. Die Oxydation von Metallsulfid verläuft exotherm und setzt mehr Wärme in Freiheit, als die Reaktion zwischen Oxyden und Sulfiden verbraucht:

$$
\begin{aligned}
318 \text{ kg } Cu_2S + 96 \text{ kg } O_2 &= 286 \text{ kg } Cu_2O + 128 \text{ kg } SO_2 \text{ plus } 185{,}6 \text{ Cal}\\
159 \text{ kg } Cu_2S + 286 \text{ kg } Cu_2O &= 382 \text{ kg } Cu + 64 \text{ kg } SO_2 \text{ minus } 38{,}6 \text{ Cal}\\
\hline
477 \text{ kg } Cu_2S + 96 \text{ kg } O_2 &= 382 \text{ kg } Cu + 192 \text{ kg } SO_2 \text{ plus } 147{,}0 \text{ Cal}
\end{aligned}
$$

$$
\begin{aligned}
\text{bzw. } 159 \text{ kg } Cu_2S + 64 \text{ kg } O_2 &= 159 \text{ kg } CuO + 64 \text{ kg } SO_2 \text{ plus } 126{,}4 \text{ Cal}\\
159 \text{ kg } Cu_2S + 159 \text{ kg } CuO &= 254 \text{ kg } Cu + 64 \text{ kg } SO_2 \text{ minus } 30{,}4 \text{ Cal}\\
\hline
318 \text{ kg } Cu_2S + 64 \text{ kg } O_2 &= 254 \text{ kg } Cu + 128 \text{ kg } SO_2 \text{ plus } 96{,}0 \text{ Cal}
\end{aligned}
$$

Abgesehen davon, daß im Augenblick der praktischen Eröffnung des Reaktionsschmelzens bei mittelbaren Prozessen der Stein fest und verhältnismäßig kalt ist, während er im gleichen Augenblick bei unmittelbaren Prozessen flüssig und sogar beträchtlich (rund 200° C) über seinen Schmelzpunkt erhitzt ist, wird also der Wärmebedarf der Reaktion zwischen Metalloxyden und Metallsulfiden bei den unmittelbaren Prozessen durch die zeitliche Annäherung an die Metalloxydation mehr als abgedeckt; ja, es besteht sogar im Verlauf des Metallerblasens sowohl im Mabukitiegel als auch im Konvertor noch ein geringer Wärmeüberschuß von 147 Cal/382 kg Cu bzw. 96 Cal/254 kg Cu, was in beiden Fällen ungefähr 0,38 Cal/kg Cu ausmacht.

Chemische Vorgänge beim Konzentrieren der Rohsteine.

Werden flüssige Rohsteine oxydiert, sei es durch Aufblasen, sei es durch Hindurchblasen von Wind unter gleichzeitigem Zuschlag von Kieselsäure zwecks Schlackenbildung, so verhalten sich die einzelnen Komponenten der Rohsteine durchaus verschiedenartig.

Der Eisengehalt der Steine sinkt mit fortschreitendem Verblaseprozeß ganz gleichmäßig, stetig, bis zur Erreichung einer Metallkonzentration von etwa 78 % Metall. Im Gegensatz zur Oxydation des Eisens im Schachtofen wird aber im Konvertor neben FeO namentlich vor den Düsen auch eine nicht unbeträchtliche Menge von Fe_2O_3 erzeugt; denn unmittelbar vor den Düsen und auch im Tiefsten des Konvertors ist die Menge der dem primär gebildeten FeO zwecks Verschlackung angebotenen Kieselsäure meist nicht hinreichend, weil der spezifisch leichtere Kieselsäurezuschlag dazu neigt, auf dem Steinbade zu schwimmen und lediglich durch die vom eingeblasenen Winde erzeugten Wirbelbewegungen im Bade auch in die Tiefe hinabgeführt wird. Anders, wenn saurer Zuschlag staubförmig durch die Düsen des Konvertors mit eingeblasen wird, so daß stets dort, wo die erste Eisenoxydation eintritt, auch sofort Kieselsäure in hinreichender Menge oder gar im Überschuß zur Verfügung steht. Anders auch beim Mabukiprozeß, bei dessen Durchführung der Wind nicht von unten durch das Steinbad hindurch-, sondern von oben auf das Bad aufgeblasen wird. Neben der Bildung von FeO innerhalb des ganzen Steinbades und neben der Bildung von Fe_2O_3 vornehmlich in der Nähe der Düsen tritt aber auch noch Bildung von $Fe(FeO_2)_2$ auf, wobei es bislang noch nicht geklärt ist, ob $Fe(FeO_2)_2$ in Düsennähe primär gebildet wird oder ob es, wie Wüst in seiner Theorie des Glühfrischens[1] glaubt annehmen zu müssen, durch Zerfall von FeO in Gegenwart von Kieselsäure entsteht. Eine diesbezügliche Klärung kann nur von der Festlegung einwandfreier Sauerstoff-Dampfdruckkurven für die drei Eisen-Sauerstoff-Verbindungen bei den hier fraglichen Temperaturen erwartet werden.

Der Schwefelgehalt der Rohsteine sinkt mit fortschreitendem Verblaseprozeß zunächst verhältnismäßig schnell auf einige zwanzig Prozent und bleibt dann bis zur fast restlosen Enteisenung des Steinbades nahezu konstant. Erst wenn der Fe-Gehalt der Steine auf rund 4% gesunken ist, tritt eine je Zeiteinheit stärkere Entschwefelung ein. Die Tatsache, daß die Kupfersteine bei Überschreitung einer Metallkonzentration von rund 45—50% Cu beginnen, Mooskupfer und Haarkupfer auszuscheiden (vgl. diesbezüglich das Kapitel „Steine"), sowie die immerhin nicht als unzutreffend erwiesene Möglichkeit einer feuerflüssigen Zementation von Kupfer durch das im Eisenstein vorhandene freie Eisen erklären die Tatsache, daß alle erblasenen Kupfersteine der Praxis weniger Schwefel aufweisen, als ihrer Zusammensetzung theoretisch entspricht. Kupfer-Nickel-Steine zeigen im Gegensatz hierzu zwischen 50 und 75% Cu + Ni meist einen Schwefelüberschuß. Browne[2] verglich bei einer größeren Anzahl von Anaconda-Kupfersteinen und von Copper-Cliff-Nickel-Kupfer-Steinen die Mengen Schwefel, die theoretisch erforderlich sind, um alles bei fortschreitendem Verblasen im Bade vorhandene Cu und Fe in Cu_2S und FeS bzw. alles

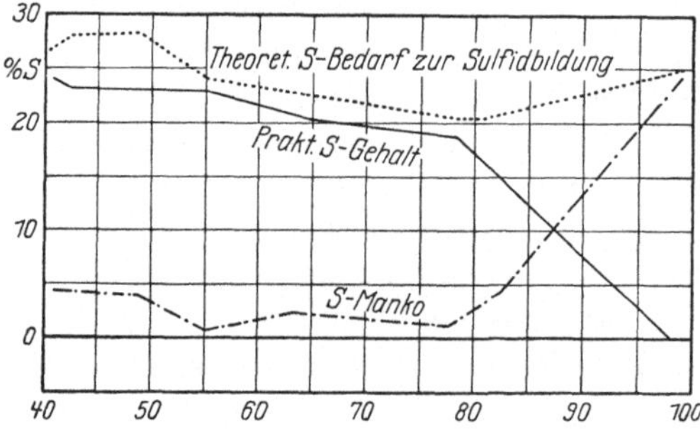

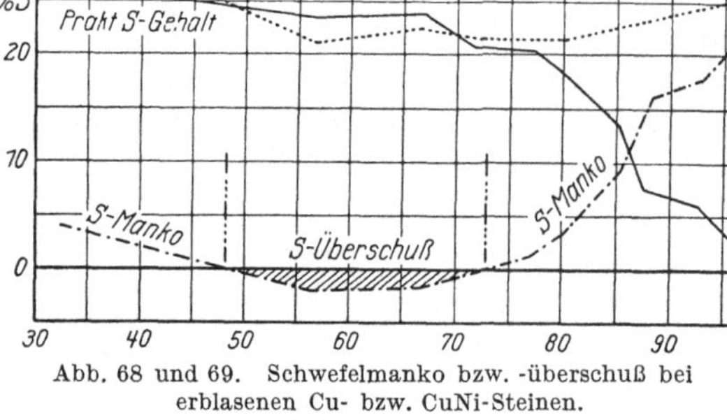

Abb. 68 und 69. Schwefelmanko bzw. -überschuß bei erblasenen Cu- bzw. CuNi-Steinen.

vorhandene (Cu + Ni) und Fe in $(Cu_2S + Ni_2S)$ und FeS überzuführen, einerseits, und die tatsächlich in den Steinen vorhandenen Schwefelmengen andererseits und kam dabei zu obenstehenden Diagrammen.

Dabei ist zu bedenken, daß der bei den Nickel-Kupfer-Steinen auftretende Schwefelüberschuß sogar eigentlich noch größer ausfallen muß, da im theoreti-

---

[1] Wüst. F.: Über die Theorie des Glühfrischens. Metallurgie Jg. 5, S. 7—12, 1908, mit einem Diagramm von Berger, das den Sauerstoffverlust bei steigender Temperatur darstellt und das eine Zunahme des Sauerstoffverlustes von 1000° C, wo bereits rund 9% des theoretischen Gesamtsauerstoffes fehlen, bis 1200° C = 12% des ursprünglichen O_2 angibt, so daß bei 1200° C bereits 21% des theoretischen Sauerstoffgehaltes fehlen.

[2] Browne, David H.: The Behavior of Copper Matte and Copper-Nickel Matte in the Bessemer Converter. Transactions Amer. Inst. Ming. Eng. Bd. 41, S. 296—316, 1911.

schen Kupfer-Nickel-Stein mit vornehmlich Ni_3S_2 statt Ni_2S zu rechnen ist (vgl. vorstehend unter „Kupfer-Nickel-Steine").

Arsen und Antimon. As, soweit es aus der Schachtofenbeschickung in die Steine gelangt, wird bei der im Steinbade herrschenden Temperatur sehr schnell als As_2O_3 verflüchtigt. Für Sb gilt das gleiche in etwas verringertem Maße. Die hohe Flüchtigkeit der As- und Sb-Oxyde bei Konvertortemperatur ergibt sich aus der Dampfdruckkurve dieser Oxyde[1].

Alle Speisen, die im Steinbade vorhanden sind, werden daher leicht bis auf geringe Reste in Stein umgewandelt. Ja, es erscheint nach Untersuchungen von Harris[2] sogar möglich, größere Mengen von Speise mittels Stein in Steine umzublasen. Es gelang, eine Kobalt-Nickel-Silber-Speise, wie sie aus den arsenischen Kobalt-Silber-Erzen des Kobaltdistriktes (Ontario, Kanada) anfällt, unter Zuschlag von reinem Kupferstein in einen Kupfer-Silber-Stein umzublasen. Dabei muß mindestens so viel Kupferstein der Speise zugeschlagen werden, daß alles Cu, Co, Ag und Ni der Speise geschwefelt werden kann. Reicht die im zugeschlagenen Stein vorhandene Schwefelmenge nicht aus, um auch alles Silber schwefeln zu können oder ist mehr Ag vorhanden als Kupfer-Silber-Stein aufzunehmen vermag, so scheidet sich Rohsilber als „Bottom" im Konvertor aus. Infolgedessen kann durch Zuschlag von metallischem Kupfer zu solchem Kupfer-Silber-Stein das Ag zementiert werden, so daß es sich als Rohsilber-„Bottom" ausscheidet und der darüberstehende Kupfer-Silber-Stein Ag-gesättigt ist. $Ag_2S + 2\,Cu = Cu_2S + 2\,Ag$.

Geringe Mengen von As und Sb werden jedoch geradezu krampfhaft vom Stein zurückgehalten und lassen sich auch nicht an der Einwanderung in das später erblasene Metall hindern, in dem sie sich (aus bislang noch nicht geklärten Ursachen) als gediegene Metalle finden.

Zink. Zn, das sich in den Rohsteinen als Schwefelzink findet, nimmt schon kurz nach Beginn des Blasens erheblich ab. Da aber der Dampfdruck des Zinkoxydes selbst bei 1700^0 C kaum 50 mm Hg erreicht hat, kann eine Verdampfung von Zinkoxyd nicht angenommen werden. Angesichts des bei 1300^0 C kaum 50 mm Hg betragenden Dampfdruckes von ZnS kommt eine Verdampfung als ZnS nur in sehr untergeordnetem Maße in Betracht. Die Erklärung für den verhältnismäßig starken Abfall des Zinkgehaltes der Steine, wie er übrigens beim Spursteinschmelzen gleichfalls zu beobachten ist, ist daher teils — in untergeordnetem Maße — in der Bildung der verhältnismäßig leicht flüchtigen Oxysulfide des Zinks, teils — und in vorwiegendem Maße — in der Reaktion $ZnS + Fe$ (der Eisensteine) $= FeS + Zn$ zu suchen, wobei das durch eine quasi feuerflüssige Zementation in Freiheit gesetzte Zn sofort restlos verdampft und an der Badoberfläche zu ZnO verbrennt (vgl. an späterer Stelle die Dampfdruckkurve von Zn, das schon wenig oberhalb 900^0 C siedet).

---

[1] Vgl. H. Kalsing: Das Verhalten von V_2O_5, SiO_2, TiO_2, ZrO_2, Sb_2O_3 und As_2O_3 zu basischen Oxyden, erschienen als Teil 4 der Veröffentlichungen von G. Tammann: Chemische Reaktionen in pulverförmigen Gemengen zweier Kristallarten. Z. anorg. Chem. Bd. 149, S. 68—89, 1925.

[2] Harris, A. Carr: Experiments in Cobalt-Silver-Nickel-Smelting. Engg. Min. J. Bd. 118, S. 214—216, 1924.

Blei. Blei findet sich in bleiischen Kupfersteinen und in Kupfer-Blei-Steinen als Sulfid. Während geringe Mengen von Bleisulfid wohl verdampfen können, verfällt die Hauptmenge des Bleisulfides schnell der Oxydation. Die außerordentlich leicht und schnell eintretende Oxydation des Bleisulfides im Blei-Kupfer-Stein gibt ein Mittel zur Trennung von Blei und Kupfer in derartigen komplexen Steinen an die Hand, daß eine praktisch vollkommene Trennung schon im Verlaufe des Konzentrationsprozesses im Konvertor bzw. Mabukitiegel ermöglicht. Das sofort nach Beginn des Blaseprozesses in reichlicher Menge auftretende Blei-oxyd wird entweder mit Kieselsäure verschlackt oder aber ohne Anwendung von Kieselsäure durch Verdampfung aus dem Steinbade ausgetrieben.

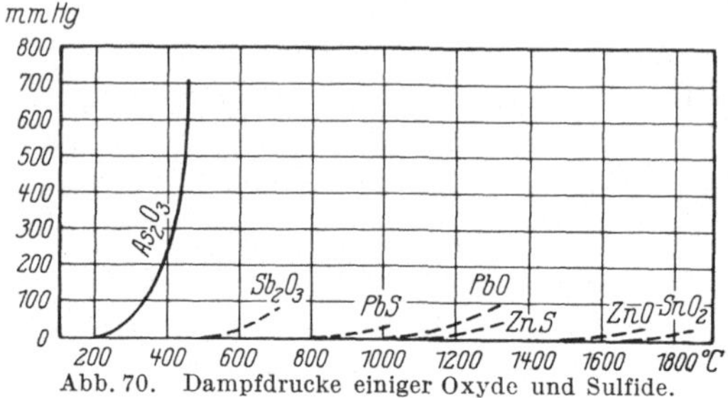

Abb. 70. Dampfdrucke einiger Oxyde und Sulfide.

Zum ersten Male wurde Blei-Kupfer-Stein zwecks Kupfer-Blei-Trennung um 1900 in Aguas Calientes verblasen, und zwar unter Zuschlag von Kieselsäure in Gestalt von Quarz oder kieseligem Erz. Ein Stein mit 46% Cu, 17% Pb, 12% Fe, 19% S und 4% (Ni + Zn + As) konnte bei Einsatz von 20 t Stein unter Zuschlag von 1 t heißem kieseligen Erz, angefahren mit rund 0,35 Atm. Windpressung und verschlackt bei rund 1,0 Atm. Pressung, innerhalb von 30 Min. praktisch vollkommen entbleit werden, wobei eine Schlacke mit 25% SiO_2, 32,2% FeO, 21,5% PbO und 10% Cu anfiel. Um die starke Korrosion der Konvertorausmauerung, die bleiische Schlacken stets hervorrufen, möglichst einzuschränken, soll die Badtemperatur 1200° C tunlichst nicht überschreiten. Eine besondere Gefahr erhöhten Verlustes von Edelmetallen beim Verschlacken des Bleiinhaltes der Konvertorbeschickung besteht erwiesenermaßen nicht, und die anfallenden Eisenoxydul-Bleioxyd-Silikat-Schlacken sind gut dünnflüssig, so daß auch nicht sonderlich große Mengen von Stein in ihnen suspendiert bleiben. Es muß aber darauf geachtet werden, daß die erste bleiische Schlacke nicht zu früh gezogen wird; denn es muß hinreichend Eisenoxydul in der Schlacke enthalten sein, damit sie spezifisch möglichst leicht wird. Zur Beurteilung der Schlacke genügt daher nicht die einfache Spatelprobe, bei der ein eingetauchter Spatel sich leicht in der Schlacke bewegen lassen muß und beim Herausziehen lackartig überzogen sein soll, ohne daß Klümpchen in dem Lack auftreten, sondern es müssen durch praktische Erfahrung und angestellte Schlackenanalysen je nach dem Verhältnis von Fe zu Pb im Rohstein die Blasezeiten empirisch ermittelt werden, die innezuhalten sind, um einen bestimmten Einsatz so weit zu verarbeiten, daß eine verhältnismäßig spezifisch leichte und dabei gleichzeitig dünne Schlacke erzielt wird. Rötliche Schlacken sind unter allen Umständen zu vermeiden.

Typische Konvertor-Bleischlacken.

% SiO_2	% Fe	% Cu	% Pb	% SiO_2	% Fe	% Cu	% Pb
22,0	43,2	1,6	4,8	22,0	34,0	3,7	10,7
19,6	42,8	3,0	5,8	21,6	30,6	3,2	18,7
22,6	38,6	3,0	6,3	23,0	21,8	3,7	27,2
34,0	36,8	2,8	8,0				

Um die Schwierigkeiten, die die Zugutemachung der anfallenden und natürlich auch kupferhaltigen Bleischlacken bereitet, zu vermeiden und um alles Blei nicht — wie bei vorstehend geschildertem Verfahren — an zwei Stellen (in der Schlacke und im Konvertorflugstaub) zu sammeln, ging man in der Hütte von Tooele, Utah, 1913 dazu über, Kupfer-Blei-Steine zu entbleien ohne Zuschlag von Kieselsäure, lediglich durch Oxydation des Bleies und Verdampfung des gesamten Bleioxydes. Dabei nimmt mit fortschreitendem Blasen und infolge-

dessen steigender Badtemperatur sowohl die Geschwindigkeit der Bleioxydation als auch die je Zeiteinheit verdampfte Bleioxydmenge zu, so daß der Bleiinhalt des Bades zunächst langsam und dann in stetig steigendem Maße abnimmt, wie es Untersuchungen von Kuchs[1] ergeben haben. Ist der Bleigehalt des Bades auf 2—3% heruntergegangen, so tritt zwar eine Verzögerung in der Entbleiungsgeschwindigkeit ein, aber durch weiteres Blasen kann der Bleigehalt des Bades noch bis auf rund 1% Pb herabgesetzt werden. Gleichzeitig wird fast der gesamte etwaige Zn-Gehalt des Bades durch Verdampfung entfernt. Fe und ausgeschiedenes metallisches Cu sowie etwa auch schon von der Oxydation erfaßtes Cu-Sulfid bleiben gut flüssig und können mittels Gießpfanne od. dgl. in einen zweiten heißen Konvertor gebracht werden, wo nunmehr Fe verschlackt wird. Je mehr Pb im Rohstein vorhanden war, desto länger muß natürlich zwecks Entbleiung geblasen werden, desto mehr Fe ist auch bereits oxydiert, wenn der Augenblick praktischer Entbleiung des Bades erreicht ist, und desto weniger Wärme kann aus dem verbleibenden Bade für den weiteren Verarbeitungs-

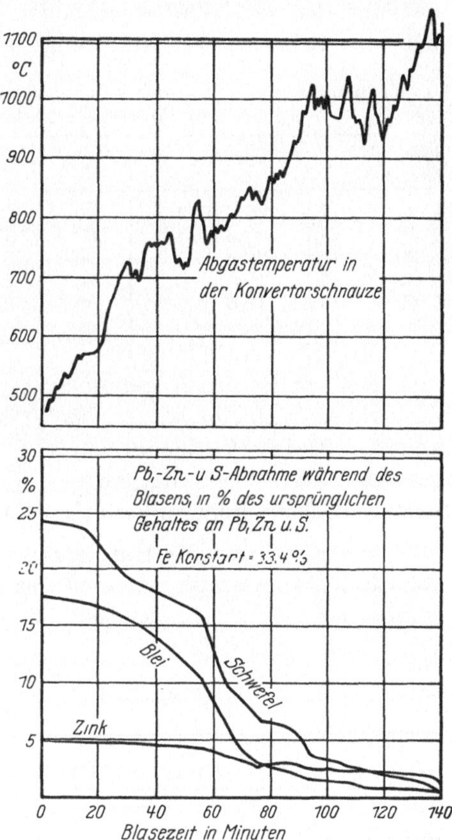

Abb. 71. Entbleiung von Kupfer-Blei-Stein bei Verblasen im basischen Konvertor ohne jeglichen Kieselsäurezuschlag.

gang noch entnommen werden, so daß es unter Umständen erforderlich wird, dem in einen zweiten Konvertor übergeführten entbleiten Inhalt des ersten Konvertors bleifreien Kupferstein zuzusetzen, damit zur Flüssighaltung des Bades, für die Verschlackung des Eisens und für das Garblasen genügend Wärme entwickelt und eine womöglich bei der Entbleiung bereits zu weit gegangene Oxydation von Cu_2S durch Resulfurierung des gebildeten Cu_2O, das andernfalls verschlackt würde, behoben werden kann. Muß wegen hohen Pb-Gehaltes des Rohsteines lange geblasen werden bis zur Erreichung hinreichender Entbleiung, so

---

[1] Kuchs, Oskar M.: Lead Matte Converting at Tooele. Transactions Amer. Inst. Ming. Eng. Bd. 49, S. 579—584, 1915.

macht sich als Nachteil dieses Verfahrens die starke Bildung von $Fe(FeO_2)_2$ und von Fe_2O_3 bemerkbar, die den verfügbaren Konvertorraum verhältnismäßig schnell durch Wandansätze verkleinern und außerdem das Bad dickflüssig machen. Als besonderer Vorteil des in Rede stehenden Verfahrens muß indessen hervorgehoben werden, daß während der ganzen Zeit der Entbleiung die abziehenden Konvertorgase SO_3-frei sind, weil alle etwa gebildete SO_3 vom PbO sofort gebunden wird, so daß bei einer Sackhausanlage (zur Gewinnung des mit den Gasen abstreichenden und später kondensierten PbO-Dampfes) keinerlei Gefahr einer Zerstörung der Säcke durch Schwefelsäure besteht.

Änderung der Zusammensetzung von Kupfer-Blei-Steinen beim Entbleien durch Verblasen ohne Kieselsäurezuschlag[1].

Blasezeit in Min.	% Pb	% S	% Zn	Blasezeit in Min.	% Pb	% S	% Zn	Blasezeit in Min.	% Pb	% S	% Zn
0	17,2	24,0	4,3	50	12,0	17,3	4,0	100	1,9	3,4	2,5
10	17,0	23,8	4,3	60	7,5	13,0	3,7	110	1,6	2,6	2,4
20	16,8	22,5	4,2	70	3,8	8,2	3,0	120	1,3	2,3	2,4
30	15,7	19,8	4,2	80	2,6	6,9	2,8	130	1,2	1,9	2,2
40	13,5	18,0	4,1	90	2,2	5,2	2,6	140	1,0	0,9	1,9

Die im Stein enthaltene Eisenmenge bleibt natürlich während des ganzen Entbleiungsprozesses konstant. Der zur Entbleiung eingesetzte Rohstein und der angefallene entbleite Stein wiesen auf:

	Eingesetzter Kupfer-Blei-Stein	Erblasener entbleiter Kupferstein
Cu	15,60 %	15,12 %
Pb	17,20 %	3,40 %
Fe	33,40 %	48,10 %
S	24,00 %	26,80 %
Zn	4,30 %	Spur

Der Vorteil, den die Entbleiung ohne Kieselsäurezuschlag insbesondere bezüglich der Ansammlung allen Bleies in nur einem einzigen Produkt, dem Flugstaub, bietet, zeigt sich deutlich aus einem Vergleich mit der Entbleiung unter Verschlackung des Bleies:

Entbleiung von Kupfer-Blei-Stein mit saurem Zuschlag in der Hütte von Tooele, 1913[1].

	% Pb	% Cu	% Fe	% S	% Zn	% CaO	% SiO_2	g/t Ag
Rohstein	16,5	7,66	37,4	22,5	5,0	—	—	1016,8
Kieseliges Erz als Zuschlag .	3,4	0,30	6,0	0,7	—	5,1	66,2	660,0
Erblasene Konvertorschlacke .	6,8 *	5,80	38,7	3,2	—	—	22,0	285,0
Flugstaub aus dem Sackhaus	63,3	1,2	—	6,8	2,5	—	1,1	174,0

* Ungefähr 48 % des Gesamt-Bleiinhaltes des Rohsteines wurden verschlackt; der Rest fand sich in den Flugstäuben wieder.

Entbleiung von Kupfer-Blei-Stein ohne sauren Zuschlag in der Hütte von Tooele, 1914[1].

	% Pb	% Cu	% Fe	% S	% Zn	% CaO	% SiO_2	g/t Ag
Rohstein	15,0	9,05	37,9	23,0	5,4	—	—	629,0
Erblasene Konvertorschlacke, die mit dem erblasenen Stein in den 2. Konvertor geht .	1,4	—	59,1	1,8	4,0	—	1,7	—
Flugstaub aus dem Sackhaus	64,2	0,37	0,4	6,0	10,4	—	0,2	11,0

[1] Siehe Anm. 1, S. 293.

Kupfer. Der Cu-Gehalt der Steine nimmt mit fortschreitendem Verblaseprozeß bis zur Erreichung eines Steines mit rund 78% Cu regelmäßig und stetig zu. Wenn die nachfolgenden Kurven zunächst den Eindruck erwecken, als ob von rund 65—78% Cu-Gehalt die Steigerung des Metallgehaltes der Steine etwas schneller vor sich geht als unterhalb von 65% Cu, so beruht dies darauf, daß bei rund 65% Cu das Maximum an Haarkupfer- oder Mooskupferausscheidung erreicht wird und den Analysen offensichtlich reines Steinmaterial unter Aushaltung des Mooskupferinhaltes zugrunde gelegen hat. Die verhältnismäßig langsame Steigerung des Cu-Inhaltes der Steine in den ersten 10—20 Min. des Blasens ist lediglich auf das erst allmähliche Eintreten lebhafterer Reaktionen zurückzuführen.

Änderung der Zusammensetzung von Kupfersteinen mit fortschreitendem Verblaseprozeß.

1[1].

| | Beim Einsatz | Konzentrieren | | | | Garblasen |
		10 Minuten Blasen	20 Minuten Blasen	30 Minuten Blasen	40 Minuten Blasen	Nach 70 Minuten Blasen
Cu . . . %	49,72	50,20	56,88	64,60	76,37	99,120
Fe . . . %	23,31	23,15	17,85	10,50	2,40	0,038
S . . . %	21,28	20,95	19,74	18,83	16,30	0,159
Zn . . . %	1,19	1,20	0,84	0,70	0,45	0,090
As . . . %	0,11	0,09	0,08	0,08	0,08	0,0012
Sb . . . %	0,14	0,12	0,10	0,13	0,13	0,006
Ag . . . g/t	1236,6	1203,2	1439,2	1562,4	1960,0	2542,4
Au . . . g/t	4,5	3,9	5,7	6,8	9,1	9,9

2[2].

	Blasezeit in Minuten	% Cu	% Fe	% S	% As	g/t Ag	g/t Au
Konzentrieren	0	46,08	24,30	24,70	0,22	979,65	4,66
	10	46,02	23,70	22,95	0,07	988,98	5,29
	20	51,46	20,50	23,10	0,06	1113,38	5,60
	30	53,27	18,70	22,15	0,06	1175,58	6,22
	40	56,29	16,20	21,85	0,06	1268,88	6,53
	50	59,90	13,70	21,95	0,06	1359,07	6,84
	60	62,67	11,40	21,35	0,06	1396,39	7,15
	70	67,89	7,60	21,15	0,05	1530,12	7,77
	80	73,97	3,40	20,10	0,05	1707,39	8,39
	90	77,82	0,90	19,60	0,04	1782,03	8,70
	100*	74,16	2,60	16,60	0,04	1688,73	8,09
Garblasen	110	81,72	0,20	15,35	0,04	1791,36	14,66
	120	98,50	Spur	0,78	0,05	**3349,47**	**24,26**
	130	98,57	0,01	0,78	0,03	2537,76	12,44
	136	99,08	Spur	0,01	0,03	2636,18	11,82

* Die nach 100 Minuten Blasezeit gezogene Probe war unsauber und enthielt Schlacke. Das Analysenergebnis darf also nur bezüglich S gewertet werden.

---

[1] Van Liew, W. Randolph: Relative Elimination of Impurities in Bessemerizing Copper Matte. Transactions Amer. Inst. Ming. Eng. Bd. 34, S. 418—421, 1904.

[2] Mathewson, E. P.: Relative Elimination of Iron, Sulphur and Arsenic in Bessemerizing Copper Mattes. Transactions Amer. Inst. Ming. Eng. Bd. 38, S. 154—161, 1908.

3[1].

Blasezeit in Minuten		% Cu	% Fe	% S	% As	g/t Ag	g/t Au
Konzen- trieren	0	40,68	29,60	24,30	0,095	920,70	4,03
	10	41,11	29,10	23,50	0,061	871,10	4,03
	20	42,50	27,80	22,70	0,045	911,40	4,03
	30	49,16	23,70	22,60	0,034	1122,20	5,27
	40	55,86	17,50	22,90	0,034	1308,20	7,44
	50	62,97	12,10	20,40	0,034	1457,00	9,30
	60	72,06	5,30	19,10	0,034	1667,80	11,78
	70	78,96	0,90	18,70	0,034	1909,60	13,64
Garblasen	80	81,32	0,40	15,90	0,032	1909,60	14,88
	90	98,24	0,01	0,81	0,083	**3534,00**	**45,26**
	100	98,56	0,01	0,86	0,058	2839,60	22,32
	110	99,17	Spur	Spur	0,043	2743,50	18,60

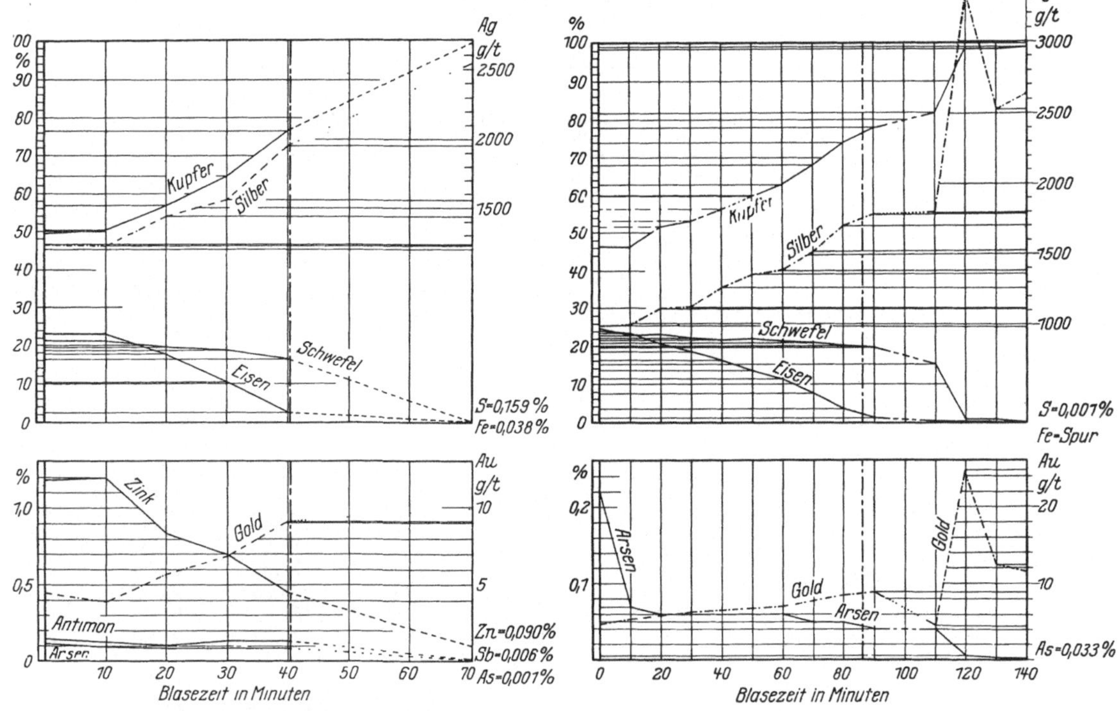

Abb. 72. Analysen der Tabelle 1.　　　　Abb. 73. Analysen der Tabelle 2.

Abb. 72 und 73. Änderung der Zusammensetzung von Kupfersteinen bei fortschreitendem Verblaseprozeß
im Konvertor.

Nickel. Nickel verhält sich bei der Anreicherung der Rohsteine fast genau
wie Kupfer. Die Summe Cu + Ni nimmt in Nickel-Kupfer-Steinen genau so
stetig zu wie das Cu allein bei reinen Kupfersteinen. Es zeigen daher die nachfolgenden Analysen von Ni-reichem und von Cu-reichem Nickel-Kupfer-Stein in
verschiedenen Konzentrationsstufen auch ein nahezu konstantes Verhältnis von
Ni : (Cu + Ni) (Spalte 5 von links).

---

[1] Siehe Anm. 2 S. 295.

Änderung der Zusammensetzung von Nickel-Kupfer-Steinen bzw. Kupfer-Nickel-Stein mit fortschreitendem Verblaseprozeß.

Nickel-Kupfer-Stein, hoch in Cu[1].

Blasezeit in Min.	% Cu	% Ni	% Cu + Ni	Ni in % des (Cu + Ni)	% Fe	% S	Bemerkungen
0	25,20	14,80	40,00	37,00	32,00	26,00	
10	46,95	24,46	71,41	34,40	4,90	21,76	nachgesetzt
20	25,80	13,79	39,59	35,00	32,25	26,10	
30	49,95	24,74	74,69	33,20	4,00	21,74	nachgesetzt
40	24,80	12,64	37,44	33,00	34,25	26,25	
50	48,75	25,89	74,64	34,80	3,57	21,15	nachgesetzt
60	23,90	11,87	35,77	33,50	35,70	26,62	
70	54,50	25,12	79,62	32,00	1,10	20,80	
80	84,90	11,75	96,65	12,30	0,61	0,95	
90	92,30	4,65	96,95	—	0,26	0,49	
100	97,38	1,79	99,17	—	0,48	0,33	

Kupfer-Nickel-Stein, hoch in Ni[1].

Blasezeit in Min.	% Cu	% Ni	% Cu + Ni	Ni in % des (Cu + Ni)	% Fe	% S
0	11,40	23,72	35,12	67,6	34,75	26,54
10	14,30	29,04	43,34	67,0	26,27	26,68
20	16,55	32,96	49,51	66,7	21,20	26,62
30	18,85	37,54	56,39	66,3	15,61	26,02
40	20,60	40,46	61,06	66,2	12,34	25,68
50	21,65	43,32	64,97	66,7	8,87	23,88
60	22,95	50,64	73,59	68,7	3,11	21,72
70	20,20	54,38	74,58	73,0	2,75	20,18
80	23,60	53,36	76,96	69,2	1,68	20,70
90	26,30	52,48	78,78	66,5	0,45	20,18
100	29,30	46,12	75,42	61,2	2,65	20,98
110	37,05	50,98	88,03	58,0	0,96	8,38
120	45,90	46,50	92,40	49,9	0,56	6,52

Je Ni-reicher die Steine sind, um so weniger weit darf die Metallkonzentration getrieben werden, wenn nicht nennenswerte Mengen von Ni der Gefahr der Verschlackung ausgesetzt werden sollen. Der Nickel-Kupfer-Stein der ersten Tabelle mit einem Verhältnis Cu : Ni = 25,2 : 14,8 im Rohstein zeigt selbst bei einer Metallkonzentration von 79 % (Cu + Ni) noch keinen sehr erheblichen Abfall des Verhältnisses Ni : (Cu + Ni). Der zweite Stein, ein Kupfer-Nickel-Stein mit Cu : Ni = 11,4 : 23,7 im Rohstein, läßt schon nach Erreichung einer Metallkonzentration von rund 75 % (Cu + Ni) einen beträchtlichen Nickelverlust erkennen, der auf Verschlackung zurückzuführen ist. Diese mit steigendem Verhältnis von Ni : (Cu + Ni) zunehmende Verschlackung von Ni gegen Ende des Konzentrationsprozesses läßt sich andererseits nicht zu einer Ni-Cu-Trennung benutzen, da das im Konvertor zurückbleibende Cu_2S stets mindestens 2 % Ni in Form von Sulfid zurückhält und vor der Verschlackung bewahrt, so daß niemals Ni-freies Cu erblasen werden kann. Bezüglich des Verblasens von Monelreichstein im Konvertor vgl. das unter „Steine", S. 153—156, Gesagte.

---

[1] Browne, David H.: The Behavior of Copper Matte and Copper-Nickel Matte in the Bessemer Convertor. Transactions Amer. Inst. Ming. Eng. Bd. 41, S. 296—316, 1911.

Kobalt. Bezüglich der Konzentration von Kobaltsteinen im Konvertor oder im Mabukitiegel ist fast nichts bekannt. Es ist jedoch anzunehmen, daß wegen der starken Neigung des Kobalts zum Verschlacken bei Erreichung höherer Konzentrationsstufen des Steinbades im Konvertor eine ziemlich weitgehende Kupfer-Kobalt-Trennung möglich ist, allerdings ohne sichere Aussicht auf restlose Entkobaltung des Kupfersteines.

Edelmetalle. Der Edelmetallgehalt reiner Cu- oder Cu-Ni-Steine steigt bei der Konzentrationsarbeit genau parallel dem steigenden Cu- bzw. (Cu + Ni)-Gehalt der Steine. Bei der Trennung von Pb und Cu der Kupfer-Blei-Steine durch Verschlacken des Pb gehen weder Silber noch Gold in größerer Menge in die Schlacken über. Die während des Verblaseprozesses eintretenden Edelmetallverluste sind lediglich auf ein Verspritzen von Stein beim Blasen zurückzuführen; denn der Edelmetallinhalt der Steine steigt proportional dem Kupfergehalt. Bei der Trennung von Pb und Cu durch Oxydation des PbS und Verdampfung des PbO ohne Zuschlag von Kieselsäure hingegen liegen die Verhältnisse anders. Das verdampfte PbO reißt erhebliche Mengen von Silber mit; in welcher Form, ist bislang noch unbekannt.

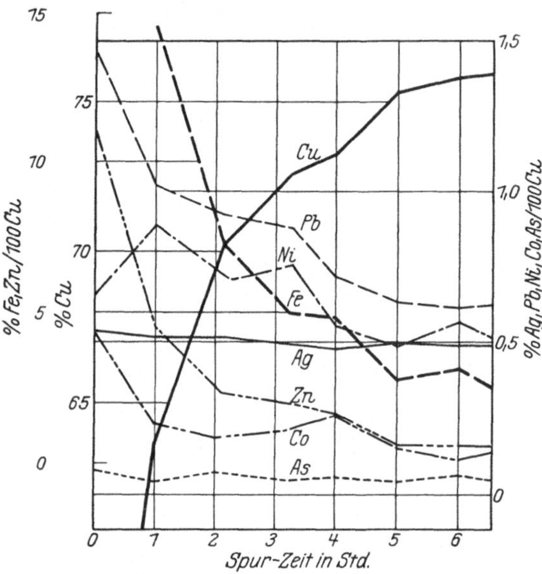

Abb. 74. Änderung der Zusammensetzung von Kupferstein beim Erschmelzen eines 74 proz. Spursteines.

Zink im Rohstein führt während der Konzentration im Konvertor zu beträchtlichen Edelmetallverlusten sowohl an Gold wie an Silber. Auch diesbezüglich fehlen leider außer der Feststellung der Tatsache an sich jegliche genaueren Einzelangaben und -untersuchungen.

Gesamteffekt des Spurens auf 74proz. Kupferstein[1].
(Durchschnitt aller Vollanalysen der Mansfeld A.-G. für Bergbau und Hüttenbetrieb aus den Jahren 1910—1922.)

	im Rohstein	im Spurstein	in der Schlacke		im Rohstein	im Spurstein	in der Schlacke
Ag : 100 Cu	0,538	0,551	0,165	Ni : 100 Cu	0,660	0,630	4,69
Fe : 100 Cu	60,00	3,50	1000,00	Zn : 100 Cu	12,00	1,43	179,80
Mn : 100 Cu	1,87	0,048	54,70	Pb : 100 Cu	1,44	0,78	8,69
Co : 100 Cu	0,525	0,198	5,70	As : 100 Cu	0,079	0,026	—

[1] Czedik-Eysenberg, Frz. Frh. v.: Untersuchungen der Kupfersteinkonzentration im Flammofen in Rücksicht auf die Gewinnung des Silbers aus dem Konzentrationsstein nach dem Verfahren von Ziervogel. Dissert. Clausthal 1924, 236 S. und 52 Taf. Nicht gedruckt. Maschinenschriftl. Abzug in der Preuß. Staatsbibliothek unter Signatur U. 24. 9860.

Unter Ausschluß der Edelmetalle gilt also für den Verlauf der Konzentrationsarbeit bei unmittelbarer Weiterverarbeitung der Rohsteine: Der Gehalt an Metallen, die so edel oder edler sind als Kupfer, steigt mit fortschreitendem Blaseprozeß stetig; der Gehalt an allen Metallen, die unedler sind als Kupfer, sinkt.

Es zeigen sich somit bei der Steinkonzentration nach unmittelbarem Verfahren nahezu genau die gleichen Verhältnisse, wie sie bei mittelbarem Verfahren, beim Spursteinschmelzen, beobachtet und besonders eingehend von v. Czedik-Eysenberg an Mansfelder Spursteinen untersucht worden sind.

Der nahezu horizontale Verlauf der Kurve für Ag je 100 Cu zeigt, daß auch beim Spursteinschmelzen Cu-Anreicherung und Ag-Anreicherung parallel verlaufen.

Die Bildung der Konzentrationsschlacke (Konvertorschlacke).

In zwei wesentlichen Punkten unterscheidet sich die Schlackenbildung bei der Konzentration des Metallgehaltes der Rohsteine von der Schlackenbildung im Schachtofen:

1. ist beim Erschmelzen von Reichsteinen (die Pb-Cu-Trennung bei Kupfer-Blei-Steinen durch Verschlackung des oxydierten Pb ausgenommen) fast ausschließlich Eisenoxydul bzw. Eisenoxyd zu verschlacken, abgesehen von geringen Mengen von Tonerde, die unter Umständen durch die zur Schlackenbildung verwandten sauren Zuschläge oder aus dem Konvertorfutter in den Anreicherungsprozeß hineingetragen werden und abgesehen von den im Vergleich zu den Erzen geringfügigen Verunreinigungen der Rohsteine selbst;

2. liegt die Bildungstemperatur der Schlacken, zum mindesten im Konvertor, höher als im Schachtofen. Dazu kommt noch, daß die Temperatur, bei der die Verschlackung vor sich geht, nicht verhältnismäßig konstant ist wie im Schachtofen, sondern daß sie mit fortschreitendem Verblaseprozeß steigt, und zwar um etwa 100—200° C.

Auch sind die Schlackenbildungsbedingungen im Mabukitiegel wie im Konvertor insofern andere als im Schachtofen, als bei den Verblaseprozessen — sofern mit basischem Futter gearbeitet wird — der feste und meist kalte saure Zuschlag in das flüssige Steinbad eingetragen wird und dazu neigt, auf dem Bade zu schwimmen, während im Schachtofen geschmolzene Sulfide im Verlauf ihrer Oxydation über den heiß gewordenen Zuschlag fließen, diesen zernagen (korrodieren) und hierbei die verlangte Menge an Kieselsäure in sich aufnehmen.

Rohstein, der flüssig in den Mabukitiegel oder in den Konvertor eingesetzt wird, hat im allgemeinen eine Temperatur nicht unter 1100° C. Ihm darf bei Beginn des Verblaseprozesses nicht sofort saurer Zuschlag zugegeben werden, um das Steinbad nicht allzusehr abzukühlen. Es wird zunächst einige Minuten ohne Zuschlag geblasen (angeblasen), bis der Stein gut heiß und dünnflüssig ist, wobei er rund 1200° C erreicht. Dann erst wird zum ersten Male saurer Zuschlag eingesetzt. Die Mindesttemperatur, bei der die Schlackenbildung im Verlaufe des Verblaseprozesses vor sich geht, liegt somit um 1150—1200° C. Wenngleich beim Einsatz des Zuschlages auch die Badtemperatur um einige Dezigrade fällt, so steigt sie bei weiterem Blasen doch wiederum schnell an. Während die ersten sich bildenden Schlacken bei etwa 1150° C entstehen mögen, liegt die Schlackenbildungstemperatur 10 Min. später schon höher (beispielsweise bei 1200° C), und nach abermals 10 Min. ist sie wiederum gestiegen, wobei natürlich auch die bereits gebildeten Schlacken erhitzt werden und sich in ihrer Zusammensetzung der jeweiligen Temperatur mit der den Silikatschmelzflüssen anhaftenden Trägheit anpassen.

Ein Blick in das vorstehende Kapitel über die Schlacken zeigt, daß bei Bildungstemperaturen zwischen 1200 und 1300° C Schlacken anfallen, die eine von den Schachtofenschlacken wesentlich verschiedene Zusammensetzung haben. Selten werden Kieselsäuregehalte von 30 % SiO_2 erreicht. Meist schwanken die Konzentrationsschlacken bei unmittelbarer Verhüttung zwischen 20 und 25 % Kieselsäuregehalt, so daß sie vielfach auch als „basische" Schlacken bezeichnet werden, wenn vereinbart worden ist, Schlacken mit einem Sauerstoffverhältnis der Kieselsäure zu dem der Basen = 1 als neutral anzusprechen.

Wird die ganze zu verarbeitende Steinmenge (z. B. 20 t) einmalig eingesetzt, so kann niemals gleichzeitig auch die ganze für die Verschlackung des erblasenen FeO erforderliche Kieselsäuremenge eingesetzt werden, da das Bad zu stark gekühlt werden würde. Es muß daher die Kieselsäure in einzelnen Raten zugegeben werden. Dabei muß stets diejenige Kieselsäureteilmenge, die zuletzt zugeschlagen wird, verhältnismäßig kleiner bemessen sein als die erstmalig zugeschlagene Menge, da vom ersten Kieselsäureeinsatz bis zum letzten Kieselsäureeinsatz die Badtemperatur erheblich gestiegen ist und daher zuletzt SiO_2-ärmere Schlacken anfallen als zuerst. Wird hingegen — wie das in der Praxis meist der Fall ist — der zu verarbeitende Rohstein in Einzelchargen nach und nach in den Konvertor eingetragen und vor dem jedesmaligen neuen Einsatz von Rohstein die inzwischen gebildete Schlacke gezogen, so genügt die während des Schlackeziehens und durch den Zusatz von Rohstein (sowie Zuschlag) eintretende Temperatursenkung des Bades im allgemeinen, um beim zweitmaligen Blasen und Verschlacken die gleichen Temperaturverhältnisse herzustellen wie beim erstmaligen. Der Unterschied zwischen den beim ersten Blasen in Frage kommenden Temperaturintervallen und den beim letzten Blasen auftretenden Temperaturbereichen ist jedenfalls geringer als bei einmaligem Einsatz der gesamten Steinmenge, und dementsprechend kann bei gleichen Blasezeiten auch die Menge des Kieselsäureeinsatzes die gleiche bleiben.

Je metallreicher der eingesetzte Stein ist, desto weniger Wärme kann ihm noch im Verlaufe des Verblaseprozesses entzogen werden, desto kälter geht also im allgemeinen der Konvertor und desto mehr nähern sich die in Frage kommenden Schlackenbildungstemperaturen den im Schachtofen herrschenden Temperaturen. Je metallreichere Steine eingesetzt werden, desto kieselsäurereichere Schlacken werden also auch erschmolzen. Arme Rohsteine führen wegen der hohen beim Verblasen entstehenden Temperaturen zur Bildung verhältnismäßig kieselsäurearmer Schlacken.

Für eine gute und schnell verlaufende Schlackenbildung sowie für die tatsächliche Verschlackung des gesamten gebildeten FeO ist es von größter Bedeutung, daß die Kieselsäure möglichst innig mit dem Bade vermengt wird, so daß auch wirklich jedes bißchen neu gebildetes FeO sofort Kieselsäure vorfindet, an die es sich binden kann. Am meisten wird diesem Erfordernis Rech-

nung getragen, wenn mit saurem Futter gearbeitet wird, wobei der im Mabukitiegel bzw. im Konvertor durch den Wind in Bewegung gesetzte in Oxydation
befindliche Stein hinreichend Gelegenheit findet, auf seinen Wirbelwegen an
der Gefäßwandung Kieselsäure aus dem Futter zu entnehmen. Jedenfalls gibt
saures Futter auch den im tiefsten Teile des Arbeitsraumes umlaufenden FeO-
Mengen Gelegenheit, frische Kieselsäure zu finden. Wird mit basischem Futter
gearbeitet, was heute aus Gründen der Betriebskosten weitaus am häufigsten
geschieht, so sind es bei von oben auf das Bad aufgetragenem Zuschlag einzig
und allein die im Steinbade entstehenden Wirbelbewegungen, die den Zuschlag
in das Bad einzurühren vermögen. Daß dies nicht zu einer gleich guten Verteilung der Kieselsäure im Bade führt, besonders im Tiefsten der Konvertoren, wie
die Arbeit mit saurem Futter, ist sinnfällig. Der einzige zur Zeit gangbar erscheinende Weg, um bei basischem Futter eine gleich gute (wenn nicht gar
bessere) Verteilung der Kieselsäure im Bade zu erzielen wie bei saurem Futter
ist das Einblasen der Kieselsäure durch die Düsen.

Kieselsäuremangel im Tiefsten des Konvertors (Mabukitiegel sind zu flach,
als daß nachstehende Erscheinungen bei ihnen eintreten können) führt dazu,
daß nicht alles neugebildete FeO — und am stärksten ist die Neubildung von
FeO natürlich in Düsennähe und im Tiefsten des Konvertors — sofort Kieselsäure zur Schlackenbildung vorfindet und daher weiterer Oxydation verfällt.
Im Konvertor mit basischem Futter ist daher im allgemeinen, sofern der saure
Zuschlag nicht durch die Düsen eingeblasen wird, die Bildung höherer Oxydationsstufen des Eisens (Fe_2O_3 und $Fe(FeO_2)_2$) viel stärker als im Konvertor mit saurem
Futter. Fe_2O_3 wird gleichfalls in die Schlacken aufgenommen, wodurch ihr
Kieselsäuregehalt weiter sinkt, und bei Konvertorschlacken mit weniger als
25 % Kieselsäure liegt meist Anwesenheit von Fe_2O_3 in verschlacktem Zustande
vor. $Fe(FeO_2)_2$ hingegen geht keine Kieselsäureverbindungen ein, was ja auch
ganz selbstverständlich erscheint, wenn man bedenkt, daß $Fe(FeO_2)_2$ ja selbst —
chemisch gesprochen — ein Salz, und zwar ein Salz der hydroeisenigen Säure
ist (vgl. S. 115). Eine Austreibung der hydroeisenigen Säure aus dem Ferrohydroferrit (dem Magnetit) durch Kieselsäure tritt nicht ein. Der Schmelzpunkt des Ferrohydroferrites aber liegt erheblich über den im Konvertor herrschenden Temperaturen, und so tritt nichts anderes ein als die Ausscheidung
des Hydroferrites an den kältesten Stellen im Konvertor, an der Konvertorwandung. Es entstehen die das Mauerwerk der Konvertoren vorzüglich schützen-
den Magnetitüberzüge. Die Kunst des Hüttenmannes, die Gewalt zu behalten
über die Dicke der sich ausscheidenden Magnetitüberzüge (speziell eben in
basischen Konvertoren) ist nichts anderes, als die Kunst, für eine gute Schlackenbildung zu sorgen. Wer diese Kunst nicht versteht, wer nicht für gute Verteilung
der Kieselsäure im Steinbade sorgt, wer zu stark bläst und aus diesem Grunde
bei weitem mehr FeO erzeugt als er sofort verschlacken kann, oder wer gar zu
wenig Kieselsäure zuschlägt, dem wächst sehr schnell der Konvertor mit Magnetit zu.

Der krasseste Beweis dafür, daß auch sehr scharfes Blasen (zuviel Wind im
Vergleich zu der je Zeiteinheit zur Verfügung stehenden Kieselsäuremenge) zu
reichlicher Magnetitbildung führen kann, ist es, daß man selbst im sauer gefütterten Konvertor einen „basischen Konvertorprozeß" durchführen kann, so

paradox dies auch klingen mag. In der Kupferhütte Allahwerdi[1] im russischen Transkaukasus wird zur Zeit in Trommelkonvertoren recht kleiner Abmessungen (2000 mm Mantellänge, 1600 mm Manteldurchmesser) bei einem Fassungsvermögen = 3,3 t Einsatz (12 Düsen, je 27 mm Durchmesser) ein rund 26 proz. Stein auf saurem Futter verblasen. Windpressung = 0,5—0,6 Atm. Bei den ersten 3—4 Chargen entnimmt das erblasene FeO die zur Verschlackung erforderliche Kieselsäuremenge dem Konvertorfutter. Indessen tritt infolge des starken Blasens und der im Verhältnis zu der (eben wegen des starken Blasens) gesteigerten Oxydationsintensität zu geringen je Zeiteinheit zur Verfügung stehenden Kieselsäuremengen sofort Magnetitbildung in erheblichem Maße ein. Die Magnetitbildung ist so lebhaft, daß schon nach den ersten 3—4 Chargen die saure Konvertorwandung völlig mit Magnetit überzogen und dadurch vom Steinbade abgeschlossen wird. Bei den folgenden Chargen wird daher saurer Zuschlag eingesetzt; aber dennoch bleibt die Magnetitbildung nach den vorliegenden Berichten gleichmäßig lebhaft, so daß bereits nach 25—30 Chargen der Konvertorraum auf ein Fassungsvermögen von 1,6 t gesunken ist. Der Grund für das schnelle Zuwachsen des Konvertors könnte in zu geringen Mengen zugeschlagener Kieselsäure liegen. Da aber kein Anlaß vorliegt, an saurem Zuschlag sparen zu wollen, wird die Ursache des schnellen Zuwachsens lediglich in zu schlechter Kieselsäureverteilung im Bade und in zu starkem Blasen zu suchen sein. Ist der Konvertorraum bis auf 1,6 t Fassung gesunken, so wird der Konvertor stillgelegt und ausgebrochen, um neu gefüttert zu werden. Der ausgeschiedene Magnetit geht auf die Halde. Über die Mengen von Kupfer, die der Magnetit in Gestalt von Cuprit enthält, wird nichts berichtet. Sie dürften wohl kaum gering sein, zumal Magnetit und Cuprit isomorphe Mischungen bilden.

Als Quintessenz ergibt sich aus vorstehendem, daß, je heißer der Konvertor geht, um so weniger Kieselsäure zur Schlackenbildung zugeschlagen werden darf, wenn eine gut dünnflüssige Schlacke erschmolzen werden soll. Das Interesse an einer dünnflüssigen Konvertorschlacke ist noch größer als an einer dünnen Schachtofenschlacke, und zwar wegen der Gefahr des Schäumens zu steifer Schlacken und wegen der mit zäheren Schlacken verbundenen größeren Metallverluste, die das Ausbringen im Konvertor, also den Nutzeffekt desselben, herabsetzen.

Wenn die auf dem Steinbade schwimmende Schicht neugebildeter Schlacke eine Dicke von mehreren Zentimetern angenommen hat und namentlich, wenn die Schlacke unverbrauchten Zuschlag eingewickelt hat, wird der Gasaustritt aus dem Bade gelegentlich gestört. Je lebhafter die Oxydation von FeS vor sich geht — und sie wird um so lebhafter, je höher das Steinbad über den Düsen steht —, desto größer werden die Mengen entwickelter SO_2. Je dicker die Schlackenschicht über dem Steinbade ist, desto schwerer finden die Gasblasen von SO_2, die dem Stein entsteigen, den Weg durch die Schlacke. Ist die Schlacke nicht gut dünnflüssig, so beginnt sie infolgedessen leicht zu schäumen, gelegentlich so stark, daß sie aus der Konvertorschnauze austritt. Dazu kommt noch,

---

[1] Vgl. S. M. Anisimoff: Die Kupferhütte Allahwerdi. Mineralnoje Syrjo Jg. 3, S. 277 ff., Moskau 1928.

daß die obersten Partien einer mehrere Dezimeter dicken Schlackenschaumschicht schnell erkalten und erstarren. Unter solchen Umständen schafft sich dann oftmals die nachdrängende SO_2 gewaltsam und explosionsartig freien Weg. Das Bad im Konvertor beginnt heftig zu stoßen, so daß der ganze Konvertor ruckartig aufs schwerste erschüttert wird. Nicht nur das Futter leidet unter solchem Stoßen stark, sondern unter Umständen werden auch Rollenlager und Fundamente in Mitleidenschaft gezogen. Bei kleineren Birnenkonvertoren, die axial aufgehängt waren, sind infolge Stoßens des Bades sogar Achsbrüche vorgekommen, wobei meist nicht derjenige Achsarm, durch den gleichzeitig der Wind zugeführt wird, sondern gerade der andere, massive Arm zu Bruch ging, was wohl darauf zurückzuführen sein mag, daß die hohle Achse besser federnd auf die Stöße reagiert als die massive. Gelegentlich drängen im Augenblick der explosionsartigen Zerstörung oberflächlich erkaltender Schaumdecken große Mengen neugebildeten Schaumes nach. Besonders heimtückisch können solche Erscheinungen werden, wenn sich in dem in Blasestellung befindlichen Konvertor Schaum gebildet hat, Explosionen aber nicht erfolgt sind, die sein Vorhandensein hätten anzeigen können, und nun der Konvertor zum Schlackeziehen gekippt wird. Beim Kippen tritt dann fast stets die Entladung ein, und es entstehen nicht nur beträchtliche Materialverluste, sondern es besteht auch die Gefahr, daß Schmelzer von den plötzlich ausgeworfenen Schaummassen getroffen werden, ja, es kann sogar siedeverzugartig die SO_2-Entladung durch schau-

<table>
<tr><td colspan="4" align="center">Stark schäumende rote
bleiische Konvertorschlacken.</td></tr>
<tr><td align="center">%
SiO_2</td><td align="center">%
Fe</td><td align="center">%
Cu</td><td align="center">%
Pb</td></tr>
<tr><td align="center">8,6</td><td align="center">15,4</td><td align="center">11,6</td><td align="center">39,2</td></tr>
<tr><td align="center">8,0</td><td align="center">13,4</td><td align="center">27,0</td><td align="center">27,2</td></tr>
</table>

mige Schlacke so lange hintangehalten werden, bis der Schlackenschaum beim Ziehen der Schlacke mit der Krücke zerstört wird, wodurch die Gefahr, daß Schmelzer Verbrennungen erleiden, noch steigt. Besonders stark neigen bleiische Schlacken zum Schäumen.

Die in der Konvertorschlacke wie auch in der Mabukischlacke zurückgehaltenen Metallmengen sind auch bei den dünnflüssigsten Schlacken unvergleichlich viel größer als bei Schachtofenschlacken, nicht nur, weil während des Blasens Stein und Schlacke dauernd durcheinandergemischt werden, sondern auch, weil keine Zeit zu irgendwelcher Separation von Schlacke und Stein zur Verfügung steht und außerdem es sich niemals vermeiden läßt, daß beim Schlackeziehen auch etwas Stein mit in die zuletzt gezogene Schlacke hineingerät. Daher ist es besonders zu empfehlen, Mabuki- und Konvertorschlacken in Spitztöpfe zu vergießen, wo fast stets eine gewisse Steinanreicherung in der Spitze stattfindet, so daß ein Kegel besonders metallreicher Schlacke abgeschlagen werden kann, der in den Konvertor zurückkehrt, während die restliche Schlacke zum Schachtofen geht.

Das Ende der Verschlackungsperiode im Konvertor kündigt sich dadurch an, daß das Brodeln des Bades ruhiger wird und daß die aus der Konvertorschnauze herausschlagende Flamme ihre Farbe von gelblich in bläulichweiß ändert. Auf einem in das Steinbad nach dem letzten Schlackenziehen eingetauchten und dann aus dem Bade herausgehobenen aber innerhalb des Konvertors belassenen Spatel muß der rund 78 proz. Stein langsam brodeln, als ob er koche. Die richtige Erfassung dieses Augenblickes ist besonders bei basischem Futter von großer Bedeutung. Wird nämlich nicht nahezu alles Fe wirklich verschlackt, ist also der Konvertorinhalt zum Garblasen noch nicht reif und es wird dennoch mit Garblasen begonnen, so wird so lange FeO zu Magnetit weiteroxydiert, bis kein FeO mehr im Bade vorhanden ist. Das kostet unnütz Wind und Zeit, verengert den Arbeitsraum im Konvertor durch Wachsen der an der Wandung ausgeschiedenen Magnetitschicht und bringt Metallverluste mit sich, da der Magnetit zum mindesten Kupfer aufnimmt. Wird andererseits beim letzten Einsetzen von Zuschlag mehr Kieselsäure eingesetzt, als zur Verschlackung des zuletzt gebildeten FeO erforderlich ist, so bleibt der nicht verbrauchte Zuschlag auf dem Bade schwimmen und wird langsam von Stein eingewickelt. Es entsteht eine zähe, schmierende Paste aus unverbrauchtem Zuschlag, hochwertigem Stein und letzter Schlacke (z. B. Cu $= 27{,}9\,^0/_0$, Fe $= 29{,}0\,^0/_0$, SiO$_2$ $= 29{,}0\,^0/_0$, S $= 3{,}4\,^0/_0$), und beim Ziehen derselben werden unverhältnismäßig große Metallmengen aus dem Konvertor gezogen. Auch wirft der Konvertor außerordentlich stark aus, solange eine solche zähe Paste auf dem Steinbade schwimmt. Der Augenblick der Verschlackung der letzten FeO-Reste wird vollkommen verschleiert, und es kann daher vorkommen, daß der Konvertor praktisch bereits auf Metall bläst, ohne daß der Beginn dieser zweiten Verblaseperiode erkannt werden konnte. Es wird also bereits Cu$_2$S bzw. anderes Metallsulfid oxydiert und das entstehende Oxyd von der noch unverbrauchten Kieselsäure verschlackt, wodurch die Metallverluste noch weiter anwachsen.

Chemische Vorgänge beim unmittelbaren Reaktionsschmelzen (Garblasen).

Der Schwefelgehalt im Bade sinkt während des Garblasens stetig, allerdings je Zeiteinheit viel schneller als in der Konzentrationsperiode. Die Richtung, die die Entschwefelungskurve nach dem bei ungefähr 4—5 $^0/_0$ Fe-Rest liegenden Knick innerhalb der Konzentrationsperiode eingenommen hat, setzt sich fast geradlinig fort. Die Oxydation von Sulfid durch den eingeblasenen Wind und die oxydierende Einwirkung von gebildetem Oxyd auf restliches Sulfid gehen Hand in Hand, und es bleibt daher der prozentuale SO$_2$-Gehalt der Abgase nahezu konstant. Sofort nach Beginn des Blasens auf Metall beginnen die ersten Metallausscheidungen im Bade.

Der Kupfergehalt des Bades steigt ebenso stetig, wie der Schwefelgehalt sinkt. Eine durchaus im Bereich des Möglichen liegende Reaktion zwischen gebildetem Kupferoxydul und der Kieselsäure eines sauren Futters ist viel zu träge, als daß sie irgend nennenswerte Mengen von Kupferoxydul erfassen und verschlacken könnte. Schon in dem ersten nach wenigen Minuten des Blasens ausgeschiedenen Kupfer sammeln sich in starkem Maße alle verunreinigenden Metalle, die etwa im Bade vorhanden sind, so daß es auch im Mabukitiegel und im Konvertor möglich ist, ein „Best-Selected"-Kupfer zu erblasen, indem nach Erschmelzung einer verhältnismäßig kleinen Menge von Bodenkupfer („Bottom"), die alle Fremdmetalle wie As, Sb, Bi, Sn, Au und Ag in sich aufnimmt, entweder das darüber stehende Steinbad abgeschöpft oder abgegossen und in einem zweiten Konvertor gar geblasen wird, oder indem man das Bodenkupfer absticht und dann den verbleibenden Stein gar bläst (vgl. nachfolgend unter Edelmetalle). Den Existenzbereich von CuO im Steinbade zeigt Abb. 75.

Nickel und Kobalt. Über das Verhalten von Nickel und Kobalt beim Verblasen eines Ni- oder Co-haltigen Kupfersteines über rund 78% Metallkonzentration hinaus ist schon gelegentlich der Behandlung der Nickel-Kupfer-Steine und der kobalthaltigen Steine auf S. 150—157 alles Erforderliche gesagt worden. Die Tabellen auf S. 297 zeigen den schnellen Abfall des Nickelgehaltes bei Überschreitung der Grenze von rund 78% Metall im Bade. Im sauer gefütterten Konvertor fallen dann Nickel- bzw. Kobaltsilikatschlacken an; im basisch gefütterten Konvertor entsteht neben etwas oxydischer Schlacke vornehmlich sog. „Regulus", d. h. in diesem Falle, ein Sulfide (und zwar in diesem Falle Ni- und Co-Sulfid) enthaltendes Kupfer.

Edelmetalle. Besonders wichtig ist die Rolle, die die Edelmetalle beim Erblasen von Konvertorkupfer spielen. Da schon das erste metallische Kupfer, das beim Reaktionsschmelzen im Mabukitiegel oder im Konvertor anfällt, begierig die Edelmetalle in sich ansammelt, und zwar Gold in noch viel stärkerem Maße als Silber (vgl. S. 149), so kann durch Abtrennung des zuerst fallenden metallischen Kupfers vom restlichen Stein ein fast den gesamten Edelmetallinhalt beherbergendes Kupfer ausgeschieden werden. Ein Kupferbottom, der nur 7,5% des gesamten im Bade vorhandenen Kupfers enthält, ist imstande, rund 90% des Gesamt-Au-Gehaltes der Beschickung in sich anzusammeln, während die Ansammlung von Ag im gleichen Bottom propor-

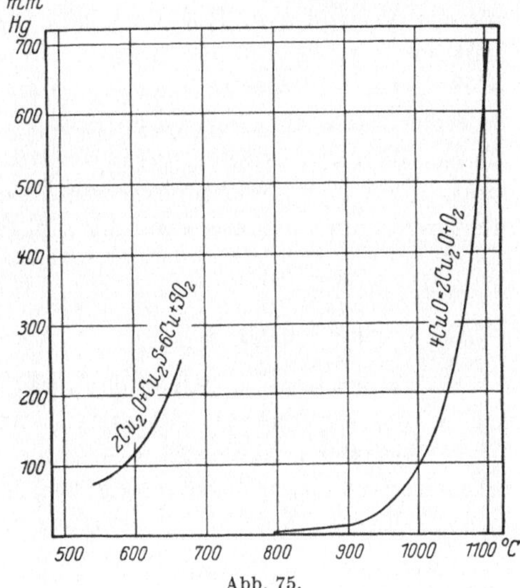

Abb. 75.
Zerfall von CuO beim Garblasen von Konvertorkupfer.

Erfolge des „Bottom"-Schmelzens in Clifton 1919—1920[1].

Im	Gesamt-erzeugung an Konv.-Kupfer t	Stark edelmetall-haltiger Kupfer-bottom in % der Gesamterzeugung	Im stark edelmetall-haltigen Bottom wurden vom Gesamtedelmetall gesammelt:	
			Ag in %	Au in %
Februar—April 1919 . . .	2667	27,20	40,24	82,47
Mai 1919	1216	47,56	62,80	94,56
Juni 1919	1557	48,92	62,10	90,96
Juli 1919	1087	50,91	62,40	92,22
September 1919	1220	56,25	65,45	90,47
November 1920	1386	56,92	66,69	92,17
Juni 1920	1362	59,93	71,66	92,58
Oktober 1920	1349	62,57	71,39	93,85
April 1920	1393	65,45	74,03	91,30
Mai 1920	1458	65,88	73,78	92,37
März 1920	1558	67,41	76,14	94,88
Juli 1920	1582	70,05	78,28	94,26
August 1920	1661	76,85	83,27	95,10

---

[1] Ambler, J. Owen: Selective Converting at Clifton, Arizona. Engg. Min. J. Bd. 111, S. 267—268, 1921.

tional der als Bottom ausgeschiedenen Kupfermenge — ausgedrückt in Prozent des Gesamtkupferinhaltes der Beschickung — steigt. Auf der Hütte der Arizona Copper Co. in Clifton, Arizona, wo seit 1919 wieder viel Bottom erschmolzen wird, gelang die Gold- und Silberkonzentration im Bottom, wie Tabelle S. 305 zeigt.

Diese Zusammenstellung, in der die einzelnen Betriebsmonate nach steigendem Silberausbringen im Bottom hintereinander gereiht sind, zeigt deutlich, wie geringe Mengen von Bottom schon über 90% des gesamten Au-Inhaltes konzentrieren, wie groß die Bottoms hingegen gewählt werden müssen, um eine nennenswerte Silberanreicherung zu erzielen. Das Bottomschmelzen kommt also in erster Linie für Au-haltige Steine in Betracht.

Das Konvertorkupfer, das in der Hütte der O.-K.-Mine[1] im nördlichen Queensland, Australien, erschmolzen wird, zeichnet sich durch nur spurenhafte Verunreinigungen aus; ein Produkt mit 99,14% Cu enthielt:

$$As = 0,0016\% \qquad Sb = — \qquad Bi = 0,0006\%$$
$$Ni = 0,0950\% \qquad Zn = 0,0045\% \qquad Fe = 0,0023\%$$
$$Pb = 0,0016\% \qquad Se,Te = 0,0005\%$$

Es ist also so rein, daß es gar nicht mehr raffiniert zu werden braucht. Hingegen sind Edelmetalle vorhanden, und zwar schwankend je nach dem Erz, $Au = 5—200$ g/t, $Ag = 23,5—380$ g/t. Für solches Material ist das Bottomschmelzen von ganz besonders großer Bedeutung. Es konnten mit Bottoms von verschiedenem Gewicht konzentriert werden:

Erfolge des „Bottom"-Schmelzens in der O.-K.-Mine, Queensland.

Erschmolzener Bottom			Verbleibender „Regulus"			Blase-zeit in Min.	Bottom in %	Ausgebracht in %	
Gewicht in t	g/t Au	g/t Ag	Gewicht in t	g/t Au	g/t Ag			Au	Ag
0,4241	23,17	351,85	1,0179	0,62	131,75	20	34,36	95,70	52,67
0,0474	392,93	692,23	1,5750	0,93	268,15	10	3,64	92,34	7,20
0,1786	80,60	589,00	1,1500	0,62	239,94	12	16,33	95,28	27,60
0,0875	181,66	572,57	1,4147	0,93	258,23	11	7,21	92,36	12,06
0,2553	54,56	540,02	0,8446	0,62	191,58	13	27,53	96,37	46,00

Metallreste. Schon beim Konzentrationsschmelzen zeigt sich, daß, je höher die Metallkonzentration im Steinbade steigt, um so weniger leicht sich die Verunreinigungen des Bades, die durch Verschlackung entfernt werden sollen, auch wirklich an Kieselsäure binden lassen. Die „relative Verschlackbarkeit", die angibt, wieviel der Verunreinigungen in einem bestimmten Verblasestadium in die Schlacke wandert, bezogen auf 100 Gewichtsteile des betreffenden Körpers, die im Stein- bzw. Metallbade verbleiben, nimmt mit steigenden Metallprozenten im Bade ab. So ist es praktisch unmöglich, schon vor Beginn des eigentlichen Garblasens die letzten Reste von Verunreinigungen aus dem Bade zu entfernen. Es bildet sich infolgedessen fast stets beim Garblasen noch eine dünne Schlackenschicht, die meist vornehmlich aus oxydischen Verbindungen besteht. Ein Teil der Verunreinigungen aber wird zu Metallen reduziert und von dem erschmol-

---

[1] Selby-Davidson, A. P.: Selective Converting at O. K.-Mine. Engg. Min. J. Bd. 97, S. 357—358, 1914. — Hancock, H. Lipson: Selective Converting in South-Australia. Engg. Min. J. Bd. 111, S. 1056, 1921.

zenen Kupfer gelöst. Diese geringen Mengen von Verunreinigungen müssen dann durch Raffinieren des Konvertorkupfers entfernt werden.

Einen Anhalt für die Mengen von Verunreinigungen, die auch nach Erblasen von Konvertorkupfer noch im Bade vorhanden sind und einen Begriff von der

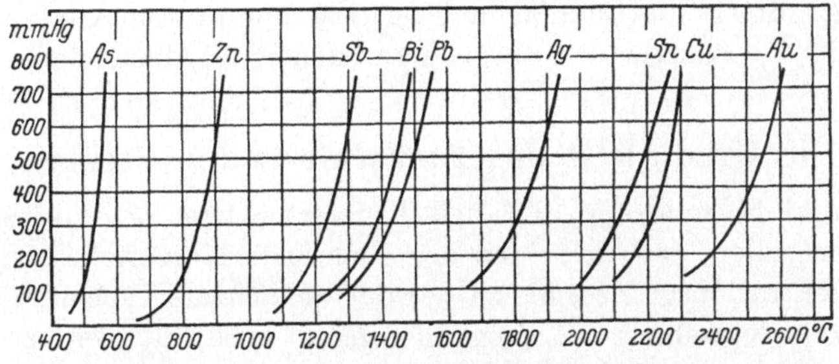

Abb. 76. Dampfdrucke verschiedener im Konzentrationsstein und im Schwarzkupfer auftretender Metalle.

Schwierigkeit, sie zu entfernen, geben einige Beobachtungen von Keller und von Eilers. Ersterer ermittelte die

Relative Verschlackbarkeit verschiedener Verunreinigungen beim Raffinieren von Konvertorkupfer.

Cu = 1; Pb = 129,5; Bi = 1,13; Sb = 7,30; As = 5,22; Se, Te = 0,81.

D. h.: Wenn 1 Gewichtsteil Cu in die Schlacke wandert und 100 Gewichtsteile Cu im Konvertorkupfer verbleiben, so wandern gleichzeitig 129,5 Gewichtsteile Pb, 1,13 Gewichtsteile Bi, 7,30 Gewichtsteile Sb usw. in die Schlacke, während 100 Pb, 100 Bi, 100 Sb usw. im Stein verbleiben. Besonders augenfällig ist die schwere Entfernbarkeit der letzten Reste von Bi und As[1].

Eilers teilt Analysen verschiedener Sorten von Konvertorkupfer mit, bei denen die im Kupfer zurückgehaltenen Mengen von Verunreinigungen stark schwanken. Entgoldet oder entsilbert ist keine dieser Sorten.

Beimengungen seltenerer Metalle in erblasenem Konvertorkupfer in g/t².

Hütte von	Au	Ag	Pt	Pd	Se	Te	Bi	Ni
Garfield	89,28	1078,8	0,106	0,367	252	24,9	27,5	180
Steptoe	52,39	170,5	0,315	1,365	495	—	1,5	288
Omaha	111,60	7157,9	**0,566**	**2,011**	120	**301,9**	83,7	**4248**
Tacoma	**677,97**	2700,1	0,220	1,031	189	—	25,6	3465
Aguas Calientes . .	149,42	**20863,0**	0,129	0,070	**765**	—	18,0	54
Cerro de Pasco . .	52,70	3069,0	0,099	0,183	62	—	60,8	144
Mount Lyell . . .	143,99	2233,6	0,193	0,426	189	—	19,4	747

Der Schluß des Garblaseprozesses, der Augenblick also, der auf keinen Fall überschritten werden darf, wenn nicht erschmolzenes Kupfer wieder zu Oxydul

---

[1] Keller, Edw.: Further Notes on the Elimination of Impurities from Copper in Refining and Converting. Transactions Amer. Inst. Ming. Eng. Bd. 30, S. 310—314, 1900.

[2] Eilers, A.: Notes on the Occurrence of Rarer Metals in Blister Copper. Transactions Amer. Ming. Eng. Bd. 47, S. 217—218, 1914.

oxydiert werden soll, zeigt sich durch typische Flammenfärbung an[1]. Während des ganzen Reaktionsschmelzens zeigt die aus dem Konvertor herausschlagende Flamme zunächst das Bläulichweiß der SO_2-Flamme, das von der Erreichung einer Metallkonzentration = rund 95 % an langsam verschwindet. Die Flamme wird farblos. Bald setzt dann eine leichte Gelbfärbung ein, die schnell in fahles Grün übergeht. Sowie die Grünfärbung der Flamme (durch Kupferoxydul) auftritt, ist es Zeit, den Konvertor zu kippen und den Wind abzustellen. Das Kupfer ist gar.

Die Grädigkeit des zu verblasenden Steines.

Wenn sowohl Schachtofen als auch Konvertor bzw. Mabukitiegel so ausgenutzt werden sollen, daß in beiden der günstigste Nutzeffekt erzielt wird, so muß die Konzentrationsgrenze, bis zu der der Schachtofen arbeiten und bei der die Verblasearbeit einsetzen soll, möglichst genau ermittelt werden, wobei auch stets darauf zu achten ist, daß beide Apparaturen möglichst so gegeneinander abgestimmt sind, daß Leerlaufzeiten vermieden werden. Es sollen die Verblaseanlagen nicht auf Stein vom Schachtofen warten müssen, und andererseits darf der Schachtofen auch nicht mehr Stein erzeugen, als sofort verblasen werden kann.

Für eine leichte Arbeit des Konvertors oder Tiegels ist es unerläßlich, daß der zu verblasende Stein hinreichende Mengen von S und Fe enthält, um alle während des Verblaseprozesses zur Flüssigerhaltung des Bades erforderliche Wärme aus der Oxydation dieser beiden Bestandteile beziehen zu können und um dem Bade und der Konvertorausmauerung bis zum Beginn des Garblasens eine solche Wärmemenge mitzuteilen, daß auch beim Garblasen die Beschickung nicht einfrieren kann. Wenngleich die Wärmeverluste durch Leitung und durch Abstrahlung bei den Verblaseprozessen im allgemeinen wesentlich geringer sind als im Schachtofen, so wird doch erstens durch die Abgase eine sehr bedeutende Wärmemenge dem Bade entzogen und zweitens mit der gezogenen Schlacke gleichfalls ein nicht zu unterschätzender Wärmeträger und ein guter Wärmeisolator aus dem Arbeitsraume entfernt. Verhältnismäßig arme Steine verblasen sich daher meist leichter als reiche; ja, es ist sogar schwierig, wenn nicht unmöglich, Rohsteine mit über 50 % Metall noch zu verblasen.

Auf der anderen Seite bestimmen zwei wichtige Umstände die untere Grenze der Grädigkeit der unter wirtschaftlichen Bedingungen zu verblasenden Steine. Erstens muß Wert darauf gelegt werden, daß das Bad im Konvertor während des Blasens nicht zu heiß wird, a) um einigermaßen kieselsäurehaltige Schlacken zu erzielen, und b) weil bei Überschreitung einer Badtemperatur von 1250 bis 1300° C der Angriff sowohl der Schlacken als auch der Steine (auch bei basisch gefütterten Konvertoren) auf die Ausmauerung ganz außerordentlich zunimmt, so daß die Materialkosten für Konvertorfutter rapid steigen und die Lebensdauer einer Ausmauerung ebenso rapid sinkt. Zweitens verbietet die Niedrighaltung der reinen Betriebskosten die Verarbeitung zu armer Rohsteine. Für die Erzielung kurzer Verblasezeiten und im Zusammenhang damit um eines geringen Windbedarfes willen ist eine möglichst hohe Metallkonzentration im

---

[1] Vgl. auch: D. M. Levy: Successive Stages in Flame of Copper Converter. Engg. Min. J. Bd. 90, S. 1207—1208, 1910. — Copper Converter Flames. Mines and Minerals Bd. 31, S. 718—719, 1911.

Rohstein erwünscht. Bezüglich des Windbedarfes ist dabei zu bedenken, daß es meist billiger ist, sogar größere Windmengen mit geringer Pressung für den Schachtofen zu erzeugen als zwar geringere Mengen, aber mit hoher Pressung, wie sie der Konvertor verlangt. Der Wind zum Verblasen eines 16proz. Steines kostet ungefähr doppelt soviel, als der Wind zum Verblasen der gleichen Menge eines 20proz. Steines. Bei welcher Windmenge und -pressung größere Windmenge mit niedriger Pressung und geringere Windmenge mit höherer Pressung sich bezüglich der Erzeugungskosten die Waage halten, hängt in erster Linie von den Kosten der PS-Stunde ab und kann daher nur von Fall zu Fall, für jeden Betrieb individuell, ermittelt werden.

In den meisten Betrieben liegt die Grenze für den Schluß der Schachtofenarbeit und den Beginn des Verblaseprozesses zwischen 25 und 40 % Metall im Rohstein.

Die Arbeit im Mabukitiegel.

Die Weiterverarbeitung von Rohstein im Mabukitiegel ist ein verhältnismäßig wenig bekanntes Verfahren, ein ausgesprochen japanischer Prozeß, der — nach Ansicht des Verfassers zu Unrecht — auch in der meisten hüttenmännischen Literatur nur wenig Beachtung gefunden hat. Viele Hüttenleute bezeichnen den Mabukiprozeß als „primitiv" und glauben, ihn deshalb vernachlässigen zu dürfen. Aber gerade wegen seiner Einfachheit und wegen der außerordentlich niedrigen Anlagekosten einer Mabukianlage sollte diesem Verfahren mehr Beachtung geschenkt werden. Denn gerade in mittleren und kleineren Hüttenbetrieben kann, wenn die Arbeitslöhne nicht außergewöhnlich hoch sind, mit dem Mabukiprozeß günstig und billig gearbeitet werden. Für größere Betriebe, die vielleicht 25 und mehr Tonnen Garkupfer je Tag herstellen, kommt er allerdings wohl kaum in Betracht. Ein weiterer gelegentlich angeführter Nachteil des Mabukiprozesses ist es, daß er allerdings eine im Vergleich zum Konvertor größere Anzahl gelernter und ihre Arbeit ernst auffassender Schmelzer erfordert; aber ist das nicht schließlich auch bei der unmittelbaren Verhüttung im Schachtofen ganz ähnlich?[1]

---

[1] Durch die schnelle Entwicklung, die einige große nord- und südamerikanische Hüttenwerke genommen haben und durch die Tatsache, daß gerade diese Werke verhältnismäßig metallarme Erze verarbeiten, schleicht sich in hüttenmännischen Fachkreisen eine Auffassung ein, die dahin geht, nur noch ganz großen Betrieben Lebensfähigkeit und rationelles Arbeiten zuzusprechen. Dabei wird aber oft außer acht gelassen, daß es gerade die Notwendigkeit oder der Wille, metallarme Erze zugute zu machen, war, die einerseits solche Werke zu der ihnen eigenen Großzügigkeit zwangen und die andererseits die Lebensfähigkeit solcher Werke auch nur ermöglichten, wenn ganz außergewöhnlich große, in viele Zehnmillionen Mark gehende Kapitalien investiert wurden. Aber gibt es auf der ganzen Welt nicht auch noch genügend zwar der Menge nach kleinere, aber immerhin 4—5 % Metall enthaltende Lagerstätten? Müssen nicht sogar verschiedene Staaten aus inner- wie aus außenpolitischen Gründen Wert darauf legen, ihre eigenen Lagerstätten nutzbar zu machen, wenn auch deren gesamter Metallinhalt oftmals kaum ein Zehntel solch gewaltiger Lagerstätten wie z. B. Chuquicamata, beträgt? Hat nicht auch, der Markmenge nach, geringeres Kapital ein Anrecht darauf, sich hüttenmännisch zu betätigen und Wege zu suchen, um gleichfalls eine diskutable Verzinsung zu finden?

Auch „kleinere" Lagerstätten wollen zugute gemacht sein. Auch Lagerstätten, die fernab von guten Transportwegen liegen, stellen unter Umständen Objekte dar, aus denen Geld gemacht werden kann, wenn es nur richtig angefangen wird und wenn Arbeitskräfte zur Ver-

Der Mabukitiegel[1] ist ein einfacher, in die Hüttensohle eingesenkter Tiegel aus Ton oder Stübbe, den man selbst herstellt. Ausmaße, Form und Art der Herstellung der Tiegel weichen auf verschiedenen japanischen Hüttenwerken etwas voneinander ab. In der Hütte der Ikuno-Mine[2] wird in der Hüttensohle ein Loch von etwa 3 m im Geviert und $2^1/_2$ m Tiefe ausgeschachtet und seine Innenwand sowie sein Boden mit Hausteinen so ausgesetzt, daß ein lichter Raum von 2,2 m im Geviert und 2,2 m Tiefe offenbleibt. In der Mitte der Sohle werden dabei zwei den Seitenwänden parallel verlaufende und daher sich kreuzartig schneidende Kanäle *a* ausgespart, die mit flachen Hausteinplatten abgedeckt und durch ein eingeführtes Eisenrohr *b* mit der Außenluft verbunden werden. Diese Kanäle dienen der Ansammlung von Feuchtigkeit, die beim Anwärmen und auch später bei der Schmelzarbeit aus der weiteren Ausstampfung des Tiegels entweicht und durch das eiserne Rohr bequem in die Außenluft austreten kann. Der durch die Hausteinauskleidung begrenzte Raum wird 1 m hoch mit alten Feuerungsschlacken oder ähnlichem wertlosen, porösen Material vollgeschüttet. Darauf folgt eine Lage von Stübbe (einem schwach angefeuchteten innigen Gemisch von 30 Raumteilen Kokspulver + 6 Raumteilen feuerfestem Ton + 64 Raumteilen gebranntem Ton), die fest eingestampft wird, da sie den Tiegelboden liefern soll. Stübbe wird bis 465 mm unter Oberkante der Grube

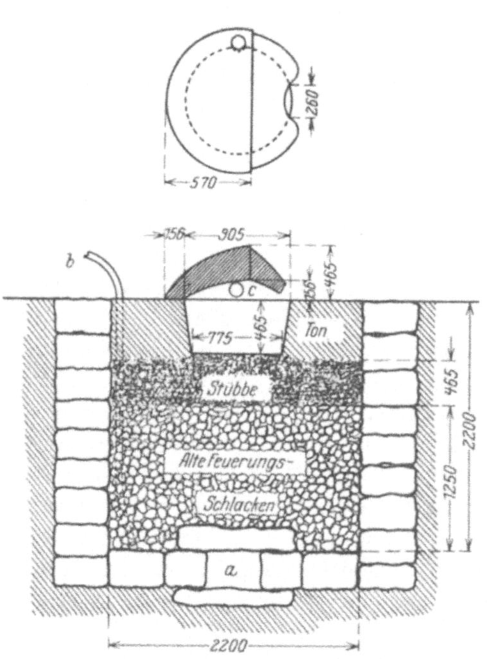

Abb. 77. Mabukitiegel der Ikuno-Hütte.

eingestampft, so daß die Stärke der Stübbelage ungefähr 465 mm beträgt. Der nun noch frei gebliebene Raum der Grube wird mit feuerfestem und mit möglichst wenig Wasser angemachtem Ton derart ausgeschlagen, daß zentral ein kreisrunder Tiegel mit 775 mm Boden- und 905 mm oberem Durchmesser

fügung stehen, die ihr Handwerk gelernt haben und mit dem Herzen dabei sind. Ich sehe den Tag noch nicht kommen, an dem — wie manche prophezeien — alle Erze nur noch flotiert werden und nur noch in Riesenflammöfen (die „fabelhaft billig" arbeiten) verschmolzen und nur noch in Riesenkonvertoren verblasen werden, die überhaupt keine Konvertoren wären, wenn sie nicht mindestens 3 m lichten Durchmesser und 10 m lichte Länge hätten, so daß sie 100 t Kupfer in einem Garblasen ergeben.

Schon eingangs dieses Buches (S. 6) zeigte ich an dem Beispiel der Messina Development Co. in Transvaal, daß auch „kleinere" Werke beachtenswerte Reingewinne erzielen können. Gerade für solch „kleinere" Werke sollte der Mabukiprozeß nicht außer acht gelassen werden.

[1] Japanisch: ma = wieder, buki = schmelzen, weil früher in diesen Mabukitiegeln kalter Stein eingesetzt und erst wieder geschmolzen wurde.

[2] Vgl. auch M. Eilers: Copper Smelting in Japan. Transactions Amer. Inst. Ming. Eng. Bd. 51, S. 700—742, 1916.

ausgespart wird. Am einfachsten bedient man sich hierzu einer aus kräftigem Eisenblech hergestellten Schablone, die, mit altem Maschinenöl od. dgl. bestrichen, zentral auf die Stübbelage gesetzt wird und um die herum dann der feuerfeste Ton gestampft wird. Nach Fertigstellung wird ein solcher Mabukitiegel schnell getrocknet. Es kommt hier nicht besonders auf langsames Trocknen an, da die etwaige Entstehung von Trockenrissen nicht sonderlich schädlich ist. Am einfachsten und billigsten trocknet man mit flüssiger Schlacke, die zunächst in nur dünner Lage und nach dem jeweiligen Erkalten und Herausheben in immer stärkeren Lagen in den Tiegel eingegossen wird. Dabei ist es zweckmäßig, vor dem Einguß der zum Trocknen dienenden Schlacke ein Bandeisenkreuz, das an seinem Kreuzungspunkt einen senkrechten, oben mit Öse versehenen etwa 600 mm langen Rundeisenstab trägt oder aber ein U-förmig gebogenes Rundeisen, in den Tiegel einzusetzen, damit es in der Schlacke einfriere und diese dann vermittels des Eisens leicht herausgehoben werden kann. Gießt man zunächst eine Lage von 50 mm Dicke, danach eine Lage von 200 mm Dicke und als drittes den ganzen Tiegel voll, so kann die ganze Trocknungsarbeit in $1^1/_2$ Std. leicht und hinreichend bewerkstelligt werden. Etwa auftretende Trockenrisse werden mit flüssiger Schlacke ausgefüllt, so daß das Herausheben der erstarrten Schlacke etwas Vorsicht erfordert, damit die von der Schlacke in die Auskleidung apophysenartig ausgesandten kleinen Abzweigungen abbrechen und nicht die Tonausstampfung zerrissen wird. Der fertige Tiegel wird mit einem zweiteiligen kugelkalottenförmigen Deckel bedeckt, dessen größere Hälfte ein Loch zur Durchführung einer Winddüse erhält und dessen kleinere Hälfte mit einem Arbeitsloche zum Schlackeziehen versehen ist. Beide Teilkalotten, die aus gebranntem Ton hergestellt werden, lassen sich leicht in einer entsprechenden Form pressen, so daß sie im Massenbetrieb billig hergestellt werden können.

Die auf der Osaruzawahütte[1] benutzten Mabukitiegel weichen in der Herstellung etwas von den eben beschriebenen ab und seien gleichfalls kurz skizziert, um zu zeigen, daß man nicht an die eine oder andere Ausführungsform unbedingt gebunden ist. Die Tiegelgrube mißt hier nur 2 m im Geviert und 1,55 m in der Tiefe. Unter Aussparung eines 185 mm weiten Zwischenraumes an den Seitenwänden wird die Sohle mit Hausteinen 350 mm hoch ausgelegt, wobei gleichzeitig Kanäle zum Abzug der Feuchtigkeit ausgespart bleiben. Es folgt eine 250 mm starke Lage flacher Hausteine, mit denen auch die Kanäle abgedeckt werden. Auf dieser Unterlage wird an allen vier Seiten ohne jeglichen Mörtel ein 260 mm starkes Mauerwerk aus selbstgegossenen Schlackensteinen bis zur Oberkante der Grube emporgeführt. Der zwischen der Grubenwand und der Hausteinlage sowie diesem Schlackensteinmauerwerk ausgesparte 185 mm weite Zwischenraum wird nun mit Geröllen, grober Schlacke und grobem Kies ausgefüllt, um eine Schicht zu schaffen, die hinreichend porös ist, daß der in den Kanälen der Sohle sich sammelnde und auch durch die Schlackensteine hindurchtretende Wasserdampf beim Trocknen der weiteren Ausstampfung durch diese poröse Schicht leicht den Weg ins Freie findet. Als weitere Auskleidung

---

[1] Vgl. auch Yoichi Okada: Der Mabuki-Prozeß; die japanische Gewinnungsmethode des metallischen Kupfers aus Kupferstein. 20 S. Freiberg i. Sa. 1911, und Jichiro Omori: An Old Japanese Converting Process. Mining and Metallurgy Bd. 3, S. 35—37, 1922.

folgt ein 100 mm dicker Ausschlag mit schwach feuchtem Schlamm aus der Erz-
wäsche oder dergleichen tonigem Material, und schließlich wird der nun noch verbleibende Raum mit Stübbe (hier verwendet man 3 Gewichtsteile Erzwäsche-
schlamm $+$ 1 Gewichtsteil Holzkohlenpulver) so ausgestampft, daß ein zentral
orientierter kreisrunder Tiegel mit senkrechten Wänden und 910 mm Durchmesser sowie 545 mm lichter Tiefe frei bleibt. Die Stübbeschicht beträgt dann
an den Seitenwänden des Tiegels an der dünnsten Stelle 455 mm; die Sohlen-
stärke des Tiegels ist 300 mm. Trocknen genau so, wie in Ikuno. Abgedeckt
wird der Tiegel hier mit einer Kugelkalotte aus Ton, die nur aus einem Stück
besteht, aber wie in Ikuno eine Lochung zur Durchführung einer Winddüse
sowie eine Arbeitsöffnung besitzt.

Das Aufblasen des Windes auf das im Tiegel befindliche Rohsteinbad —
der Rohstein wird heute meist flüssig eingesetzt; früher wurde kalter Rohstein
erst im Mabukitiegel mittels Holzkohle eingeschmolzen — erfolgt mittels einer
durch den Tiegeldeckel hindurchgeführten Düse, die aus Eisenrohr hergestellt
und an ihrer Mündung mit feuerfestem Ton umkleidet ist. Die Abdichtung der
Verbindungsstelle mit der Windleitung wird gleichfalls mit feuchtem Ton vor-

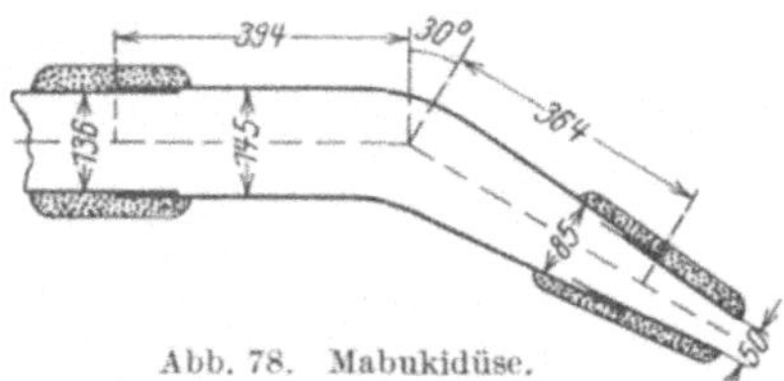

Abb. 78. Mabukidüse.

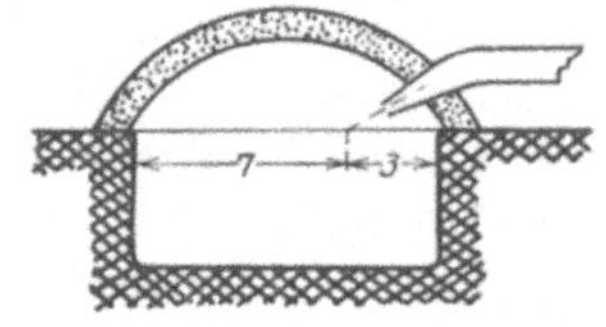

Abb. 79. Orientierung der Mabukidüse.

genommen, so daß die Düse jederzeit schnell von der Windleitung abgenommen
werden kann. Da von Windpressung eigentlich kaum die Rede sein kann, so
genügt Ton als Dichtungsmittel vollkommen. Die Erfahrung hat gelehrt, daß
die beste und ausgiebigste Windwirkung auf die Badoberfläche erzielt wird,
wenn die Düse so orientiert ist, daß der aus ihr austretende Windstrahl an einer
Stelle auf das Bad auftrifft, die den Durchmesser der Badoberfläche im Verhältnis 3 : 7 so teilt, wie Abb. 79 zeigt.

Zweckmäßig wird über jedem Mabukitiegel ein Rauchfang nach Art der
über Schmiedefeuern üblichen Rauchhelme angebracht, damit die dem Bade
entsteigende SO_2 sowie etwaige Metalloxyddämpfe (Bleioxyd, Zinkoxyd usw.)
durch Essenzug oder mittels Ventilator leicht abgesogen werden können und
nicht den Schmelzern die Arbeit erschweren. An eine Nutzbarmachung der
erblasenen schwefligen Säure, wie es beim Konvertorprozeß angängig ist, kann
natürlich bei der Mabukiarbeit nicht gedacht werden, da viel zu viel falscher
Wind Zutritt zum Abgase erhält und dieses verdünnt. Auch gelingt eine Rückgewinnung von Metalloxyden aus dem Abgase bei weitem nicht in dem Ausmaße,
in dem es bei Konvertorgasen möglich ist. Bei silbrigen Rohsteinen müssen um
so höhere Ag-Verluste in Kauf genommen werden, je zinkischer die Rohsteine sind
Das sind die wesentlichen Nachteile des Mabukiprozesses, die in der Apparatur
begründet liegen und seiner Anwendbarkeit gewisse Schranken setzen.

Während der Konzentrationsarbeit wird mit einer Pressung von etwa 200 mm
Wassersäule geblasen und alle 15 Min. Schlacke gezogen, die gut dünnflüssig

wird, wenn als saurer Zuschlag Sand benutzt wird. Die Mabukischlacken ähneln den Konvertorschlacken sehr. Nur die in Tsubaki erschmolzene Mabukischlacke ist außergewöhnlich basisch und weist daher auch sehr erhebliche Metallverluste auf.

Mabukischlacken:

Hütte in	% SiO$_2$	% Fe	% Pb	% Zn	% Cu	% S	% Ba	g/t Ag	g/t Au
Ikuno . . .	22,4	42,1	2,4	2,6	5,7	6,7	—	310	4,65
Tsubaki . . .	8,0	32,0	2,3	—	15,9	8,0	5,0	186	7,13

Geringe Mengen vornehmlich oxydischer Schlacken, die im Verlaufe des Reaktionsschmelzens sich auf dem Bade sammeln, werden gleichfalls gezogen, am besten mittels eines Stückchens Rundholz, das auf einen angespitzten Rundeisenstab quer aufgespießt ist. Die Düse wird während des Garblasens gern ein wenig unter die Badoberfläche eingetaucht, so daß Pressungen von rund 500 mm Wassersäule erzielt werden. Häufiges Durchrühren des Bades mittels eines Holzknüppels verkürzt die Garblasezeit erheblich. Das Metall, das sich zunächst am Boden des Tiegels ansammelt, wird nach Beendigung des Reaktionsschmelzens ausgekellt und in den letzten mit der Kelle nicht mehr faßbaren Metallrest wird vor dem Erstarren ein am unteren Ende schwach gebogener Rundeisenstab eingetaucht, der im Metall einfriert und mittels dessen der letzte Metallrest aus dem Tiegel gehoben werden kann.

Die Erkennung desjenigen Augenblickes, in dem der letzte Fe-Rest des Steines verschlackt worden ist und mit dem Garblasen begonnen werden kann, ist insofern schwieriger, als die Flammfärbung hier nicht zu Hilfe genommen werden kann, wie beim Konvertor. Indessen ist die bei Beendung der Verschlackungsperiode auftretende erhebliche Steigerung der SO$_2$-Entwicklung ein recht sicheres Anzeichen, da alle SO$_2$ den Tiegel aus der kleinen mit einem Stück kalten Steines zugestellten Arbeitsöffnung verlassen muß und sich dadurch die SO$_2$-Anreicherung im Abgas besonders bemerkbar macht. Schwierigkeiten macht die Verhütung des Überblasens der Beschickung während der Garungsperiode, da schon während der ganzen Garungszeit eine leichte Grünfärbung der aus der Arbeitstür austretenden Flamme auftritt. Wenn jedoch etwaige oxydische Schlacke während der Garungszeit stets sauber vom Bade heruntergezogen wird, so läßt sich der Augenblick, in dem einzelne Häute neugebildeten Kupferoxydules auf dem Bade zu schwimmen beginnen, einigermaßen gut erkennen. Praktische Erfahrung spielt aber die Hauptrolle bei der rechtzeitigen Beendung des Blasens auf Metall.

Aus vorstehendem geht hervor, daß an die Belegschaft einer Mabukianlage allerdings besondere Anforderungen in bezug auf Erfahrung und Geschick gestellt werden müssen und daß die Arbeit vor dem Mabukitiegel keine leichte ist. Durch Schutz der Atmungsorgane der Schmelzer gegen SO$_2$ mittels Aspiratoren oder Gasmasken und durch unerläßlichen Augenschutz mittels gasdichter Brille lassen sich die gesundheitlichen Anforderungen, die an die Schmelzer gestellt werden, erheblich mindern. (In japanischen Hütten tragen die Mabukischmelzer vielfach nur ein um den Kopf gewickeltes Tuch, das die Atmungsorgane schützen soll, tatsächlich aber nur gegen gröbsten Hüttenstaub schützt.)

Die Lebensdauer eines Mabukitiegels beträgt im allgemeinen zwei, gelegentlich auch mehr Chargen. Ist die Tiegelwand zu stark korrodiert, so wird der Tiegel außer Betrieb gesetzt und ein neuer inzwischen bereitgestellter Tiegel in Betrieb genommen. Allerdings ist meist nur die Erneuerung des eigentlichen Tiegelbodens und der Tiegelwände erforderlich, so daß die Wiederherstellung eines außer Betrieb gesetzten Tiegels verhältnismäßig schnell zu bewerkstelligen ist.

Tiegelausmaße, Durchsatz, gesamte Verblasezeit usw. der Mabukianlagen verschiedener japanischer Hütten gibt die nachfolgende Zusammenstellung:

Vergleich der Mabukianlagen verschiedener japanischer Hütten.

Hütte	Zahl der Tiegel	Tiegelmaße in mm		Ausbringen in t	Düsen-⌀ in mm	Wind-pressung in mm H_2O	Verblase-zeit für 1 Be-schickung Std.	Brennstoff-bedarf	Cu-% im	
		⌀	Tiefe						Einsatz	Aus-gebrachten
Ani . . .	6	910	485	1,52—3,20	64	?	22—24	?	40	97—98
Arakawa .	11	910	670	1,5	?	410	24	0,0678 cbm Holzkohle	35—45	?
Furokura .	6	813	380	2,72	?	355	24	?	45	98,5
Hibira . .	12	910	?	0,93—1,88	?	?	24	?	?	?
Kusakura .	3	910	424	0,91	64	?	24	9 l Rohöl je 100 kg Ausbringen	40	98,5
Mizusawa .	?	?	?	2,72	?	355	20—24	?	40	98,5
Osaruzawa	12	910	545	4,06—5,08	85	520—560	26—30	198,9 kg Holzkohle	36—40	98—99
Yoschioka .	10	910 u. 606	455 455	6,10 5,08	85	480—560	24—30	?	30—50	97—98,5

Da bei zweimaliger Benutzung eines Mabukitiegels stets auf zwei arbeitende Tiegel ein dritter in Reparatur befindlicher entfällt und außerdem eine gewisse Reserve an Tiegeln auch noch vorhanden sein muß, um auch einmal die unter der Stübbe der Arbeitsgrube liegende Füllung zu wechseln oder aufzulockern, müssen doppelt soviel Arbeitsstände vorgesehen werden, als gleichzeitig in Betrieb stehen sollen. Das Hüttengebäude, das die Mabukianlage aufnehmen soll, darf möglichst keine geschlossenen Wände haben, sondern soll eine offene Halle sein, in der beste Luftzirkulation die Schmelzer mit frischer Atemluft versorgt. Die Anordnung der Arbeitsstände gestaltet sich betriebstechnisch am günstigsten, wenn die Stände in zwei parallelen Reihen an den gegenüberliegenden Längsseiten des Hüttengebäudes so angeordnet werden, daß sowohl außerhalb beider Tiegelreihen als zwischen denselben je ein Schmalspurgleis verlegt werden kann. Auf dem mittleren zwischen den beiden Tiegelreihen gelegenen Gleise kann flüssiger Rohstein mittels eines kleinen Gießwagens angefahren, die von den Schmelzern gezogene Schlacke abgefahren, ein Plattformwagen mit Barrengießformen angerollt und das zuletzt in erstarrtem Zustande aus den Tiegeln gehobene Metall abgerollt werden. Das Mittelgleis kann nach rechts und links, also beide Tiegelreihen, bedienen. Die außerhalb der Tiegelreihen verlegten Gleise dienen der Abfuhr des Ausbruches sowie der Anfuhr von Stübbe, Ton und dergleichen Reparaturmaterialien und können gleichfalls beide Tiegelreihen bedienen. Während Rohstein von der einen Querseite des Hüttengebäudes aus angefahren und erblasenes

Kupfer nach der gleichen Seite abgefahren wird, sind an der anderen Gebäudequerseite Vorratsbunker für Koksklein, Holzkohle, gebrannten Ton, feuerfesten Ton usw. sowie ein Kollergang zum Mahlen des Ausbruches, eine Mischtrommel sowie eine hydraulisch angetriebene Presse mit den nötigen Matrizen und Stempeln zum Pressen der Tiegeldeckel aufgestellt. Das Trocknen der Tiegeldeckel erfolgt gleichzeitig mit dem Trocknen der Tiegel selbst, die einfach mit den frisch geformten Deckeln abgedeckt werden.

Als besondere Vorzüge des Mabukiverfahrens müssen genannt werden:

1. verschwindend geringe Anlagekosten einer Mabukianlage;

2. geringer Materialverbrauch an feuerfestem Material, Ton usw., da der Ausbruch stillgelegter Tiegel auf den Kollergang geht und zu mindestens 95 % in den Betrieb wieder zurückkehrt;

3. geringe Winderzeugungskosten, da nur maximale Pressungen von 500 mm Wassersäule erforderlich sind.

Die mit dem Verfahren verbundenen Nachteile liegen vornehmlich in

1. der Unmöglichkeit einer Nutzbarmachung der erblasenen SO_2;

2. der unvollständigen Wiedergewinnung der anfallenden Stäube;

3. einer verhältnismäßig großen erforderlichen Belegschaft sowie den zum Schutze der Schmelzer gegen Staub und Rauch erforderlichen Schutzmaßnahmen.

Bei einer Jahresproduktion von 2500 t Garkupfer mit durchschnittlich 98 % Cu = rund 280 Arbeitstagen zu je 9 t erschmolzenen Kupfers werden erforderlich:

30 Tiegel zu je 600 kg Kupferausbringen einschließlich Gießen in 24 Std., von denen die eine Hälfte arbeitet, während die zweite Hälfte in Reparatur steht.

Belegschaft:	Gelernte Arbeiter	Ungelernte Arbeiter
Für 15 arbeitende Tiegel (1 Mann kann 3 Tiegel bedienen) 120 Arbeitsstunden pro Tag	15	—
Für $7^1/_2$ in Reparatur befindliche Tiegel (Ausstampfen eines Tiegels = 2 Mann je 3 Std.) einschließlich des Trocknens 48 Arbeitsstd.	6	—
Zur Steinanfuhr und Schlackenabfuhr je Schicht 1 gelernter Arbeiter, der gleichzeitig eine Reserve für durch Krankheit ausfallende Schmelzer bildet	3	—
1 ungelernter Arbeiter	—	3
Für Bedienung von Kollergang und Deckelpresse (nur in einer Schicht besetzt)	2	—
Aufsicht: 1 Meister je Schicht	3	—
Zusammen:	29 +	3

Es ergibt sich daraus eine Belastung von 1 t Garkupfer mit dem Lohn von 3,55 Arbeitern als Verblaselohn, also eine verhältnismäßig hohe Belastung, die aber, sofern die Tagesproduktion rund 10 t Garkupfer nicht übersteigt, durch die verminderten Windgestehungskosten, durch geringen Materialverbrauch und durch den geringen Zinsendienst einer Mabukianlage wettgemacht werden dürften. Allerdings darf auch nicht außer Rechnung gelassen werden, daß eine Belegschaft von 3,55 Mann für das Garblasen eine erhebliche Last in den Generalunkosten nach sich zieht (Arbeiterwohnungen usw., sanitäre Einrichtungen, Soziallasten u. dgl.).

Die Entscheidung, ob der Mabukiprozeß bei Tagesproduktion von höchstens 10—12 t Garkupfer billiger arbeitet als der Konvertorprozeß, kann natürlich nur von Fall zu Fall getroffen werden, kann aber sehr wohl zugunsten des Mabukiprozesses ausfallen.

Die Arbeit im Konvertor[1].

Außer der bei Besprechung der chemischen Vorgänge während des Konzentrationsschmelzens schon gestreiften verschiedenen Fütterung der Konvertoren, die zur Unterscheidung von

1. sauer gefütterten Konvertoren und
2. basisch gefütterten Konvertoren mit
     a) basischem Mauerwerkfutter (Magnesit- bzw. Chromitsteinausmauerung),
     b) magnetitischem Futter, aus der Beschickung hergestellt und auf saurem Futter niedergeschlagen (Kupferhütte von Allahwerdi),

führt, besteht in der Bauart der Konvertoren ein grundsätzlicher Unterschied. Es gibt

1. senkrecht stehende Konvertoren mit zylindrischer Form, bei denen die Zylinderachse in Arbeitsstellung des Konvertors nahezu senkrecht steht und die Düsen in einer senkrecht zur Zylinderachse liegenden Ebene als Kreissektor auf dem Zylindermantel angeordnet sind (kurz stehender oder Birnenkonvertor, Great-Falls-Typ, genannt), und

2. wagerecht liegende Konvertoren von zylindrischer Form, bei denen die Zylinderachse stets wagerecht liegt und die Düsen auf einer Geraden des Zylindermantels angeordnet sind (liegender oder Trommelkonvertor, Anaconda-Typ, genannt).

Grundsätzlich unterscheiden sich diese beiden Bautypen vornehmlich durch die Art der Windverteilung innerhalb des Bades. Außerdem ist der Great-Falls-Konvertor durch seine Bauart in der Vergrößerung seines Fassungsraumes beschränkt (die größten Great-Falls-Konvertoren, die noch gebaut werden konnten, haben rund 6200 mm Durchmesser), während einer Vergrößerung des Fassungsvermögens der liegenden Anaconda-Konvertoren (durch Verlängerung ihrer Längsachse) keine Schranken gesetzt sind, so daß Konvertoren dieser Art schon mit einem Fassungsvermögen bis zu 100 t Garkupfer gebaut und mit Erfolg betrieben werden konnten.

---

[1] 1866—1875: A. Rath gibt als erster ein Verfahren zur Konzentration von Kupferstein mittels Windes an, der durch ein Bad von flüssigem Stein hindurchgeblasen wird (U.S.A.-Patent Nr. 57376 vom 21. August 1866) und übt es in Ducktown praktisch aus. 1867: Semennikoff stellt auf der Hütte der Bogomolowski-Gruben im Ural Versuche an, um Kupferstein in Konvertoren von der Bauart der Bessemerschen Stahlkonvertoren zu verblasen. 1880: Manhès und David bauen in Eguilles (Frankreich) den ersten eigentlichen Kupferkonvertor, in dem sie die Düsen nicht in den Konvertorboden legen, sondern sie seitlich an der Ummantelung anbringen. Futter: sauer. 1880: Claude Vautin stellt in Cobar (Australien) erste Versuche mit basischem Konvertorfutter an. Fehlschlag. 1904: H. Pierce und E. A. Capellen Smith beginnen ihre Versuche mit basischem Konvertorfutter auf der Hütte der Baltimore Copper Smelting and Rolling Co. 1910: Einführung des basischen Konvertorfutters im Großbetriebe bei der Baltimore Copper Smelting and Rolling Co. (Es sind nur einige markante Punkte in der Entwicklungsgeschichte des Konvertorprozesses genannt. Namen wie Holloway, Keller, Knudsen u. a. sind gleichfalls eng mit dieser Entwicklung verknüpft.)

Der Konvertorstand. Wenn die Niveauverhältnisse es gestatten, werden die Konvertoren am zweckmäßigsten so aufgestellt, daß man den Rohstein bei Abstich des Schachtofenvorherdes mittels einer Rinne unmittelbar in die Konvertoren ablaufen lassen kann. Das ist auf jeden Fall die billigste Art des Transportes von Rohstein zum Konvertor. Bei Entwurf einer neu zu erbauenden Hüttenanlage verdienen Berghänge — und Erze verschmelzende Hütten liegen ja oftmals in bergiger Gegend — stets den Vorzug vor ebenem Gelände, sofern „gewachsener Stein" für eine sichere Fundamentierung dicht unter der Erdoberfläche zu erreichen ist, weil sie die Möglichkeit geben, die ihnen eigenen Niveauunterschiede transporttechnisch auszunutzen. Es sollte daher bei Neubau einer Konvertoranlage auf solchem Gelände auch nie die Frage außer acht gelassen werden, ob nicht die einmalige Ausführung größerer Erdarbeiten beim Neubau billiger wird, als die Summe aller in der voraussichtlichen Lebenszeit der Hütte auflaufenden Transportkosten für die Zubringung des Rohsteines zu den Konvertoren. Eine in dieser Beziehung vorbildliche Anlage war die ehemalige Hütte der Caucasian Copper Co. in Murgul (Ostanatolien), in der die Rohsteinhütte mit der Längsachse parallel einem Berghange lag und die Konvertorhalle mit sechs Konvertoren auf etwas tieferem Niveau der Rohsteinhütte so vorgelagert war, daß sie mit ihrer Längsachse gleichfalls dem Berghange parallel lag, was die Möglichkeit schuf, aus jeder Rohstein erschmelzenden Einheit mittels Rinne unmittelbar in zwei bis drei vorgelagerte Konvertoren abzustechen. An Orten, wo so günstige Niveauverhältnisse nicht vorliegen, muß der Rohstein zum Konvertor angefahren werden. Dabei verdienen erhöht angeordnete Gleisstrecken, auf denen der Rohstein in Tiegelwagen auf fest verlegtem Gleis an die Konvertoren herangefahren und dann aus den Tiegelwagen über eine Rinne in die Konvertoren abgestochen werden kann, entschieden den Vorzug vor Krananlagen. Die Nachteile von Laufkrananlagen in Konvertorhütten sind so mannigfacher Natur, daß sie möglichst vermieden werden sollten. In jeder Hütte wird viel feinster Flugstaub bis in die Dachkonstruktion des Hüttengebäudes emporgetragen. Er schlägt sich auf den blanken Kontaktdrähten oder -schienen nieder, die der Stromabnahme für die Bewegung des Laufkranes und der Katze dienen, und führt alle Augenblicke zu Schlüssen. Das gleiche gilt für die Reglerkontakte. Der Kranführer ist stets in starkem Maße den SO_2-Gasen ausgesetzt. Nähert sich der unter der Katze hängende Führerkorb der Konvertorschnauze, um Rohstein aus der Gießpfanne in den Konvertor einzugießen, so schlagen oftmals dem Kranführer derartige Wolken von SO_2 aus der Konvertorschnauze entgegen, daß er unwillkürlich die Augen zukneift, nichts mehr sieht und vorbeigießt. Wird der Führerstand verglast, so ist damit das Übel durchaus nicht behoben; denn die Fenster beschlagen sehr schnell durch den beim Ablöschen von Schlacke od. dgl. emporsteigenden Wasserdampf und der Kranführer wird praktisch gleichfalls blind gemacht. Ein Wischer nutzt nichts, da der Führer beide Hände frei haben muß, um den Regler der Katze und die Seiltrommel mit dem Kippseil, oft auch noch die mit dem Tragseil, bedienen zu können. Nun aber noch der schwerwiegendste Nachteil der Krananlagen: Ein durch SO_2-Aufnahme glasspröde gewordenes Gießpfannengehänge, ein unbemerkte Seilläuse besitzendes Seil können zu Bruch gehen, was sich mit noch soviel Prüfungen nie gänzlich unterbinden läßt. Dann stürzt die Gießpfanne voll Rohstein ab; und meist will es dann das

Unglück, daß entweder von dem herumspritzenden Rohstein Leute getroffen werden oder der Rohstein in eine zufällig in der Nähe stehende Wasserlache fließt, explodiert und in der ganzen Hütte herumfliegt. Krananlagen mit starrer Aufhängung der Gießpfanne aber (also ohne Seil), wie sie in großen Eisengießereien üblich sind, um die Gefahr eines Seilbruches zu vermeiden, sind sehr teuer.

Über die eigentliche Ausgestaltung des Konvertorstandes selbst ist wenig zu sagen. Grundsatz sei stets, daß vor dem Konvertorstand hinreichend freier Platz vorhanden sein muß, um im Notfall einen vollen Konvertor sofort auskippen zu können. Die Bauart des Arbeitsstandes hängt davon ab, ob der Konvertor an zwei Achszapfen aufgehängt ist (was nur für die kleinsten senkrechten Konvertoren des Great-Falls-Typs in Frage kommt) oder ob er mit Laufkränzen versehen ist und auf Rollenlagern läuft. Im letzteren Falle muß zwar der gesamte Arbeitsstand, genau wie im ersteren Falle, ein einheitliches Fundament besitzen, aber die vier oder sechs Rollenlager sind zweckmäßig jedes auf einem selbständigen Sockel zu montieren, damit man von allen Seiten bequemen Zugang unter den Konvertor bekommt. Besonders große Konvertoren laufen nicht auf Einzelrollen, sondern auf Rollenpaaren, die nicht fest montiert sind, sondern mittels Kugelschale auf einer Kugelkalotte der Fußplatte ruhen, so daß sie sich leicht einem etwaigen Arbeiten der Konvertorummantelung und kleinen Verziehungen der Laufringe anpassen. Um zu vermeiden, daß große und daher in beschicktem Zustande sehr schwere Konvertoren durch ihr Gewicht die Rollenlager im Laufe von Monaten langsam auseinanderdrücken, ist man in der United Verde Smelter dazu übergegangen, die Fußplatte, mit der die Lager auf Betonsockeln ruhen, nicht wagerecht zu legen, sondern sie senkrecht zum Konvertorradius zu orientieren[1]. Unter allen Umständen müssen Speichenräder für die Rollenlager vermieden werden. Nur massive Räder sind zulässig. Auch der beste Stahlguß der Räder nimmt im Laufe der Zeit SO_2 auf und wird glasspröde. Verfasser hat selbst einen Speichen- und daher auch Radkranzbruch erlebt, und das dazu bei garblasendem Konvertor, der natürlich kippte und im Kippen auch den Windanschlußständer wegbrach, so daß der Wind sofort aussetzte und nun der schiefliegende Konvertor mit Hebebäumen wieder aufgerichtet und dann ausgekippt werden mußte.

Die Ummantelung der Konvertoren. Die Beanspruchung, der die Ummantelung der Konvertoren ausgesetzt wird, ist durchaus verschiedenartig, je nachdem, ob es sich um einen stehenden (Great Falls) Konvertor oder um einen liegenden Trommelkonvertor handelt. Auch zeigen die Ausführungsformen beider Typen, ganz abgesehen von den Größenunterschieden, noch untereinander nicht unbeträchtliche Abweichungen.

Die zur Herstellung der Ummantelung im allgemeinen verwendeten Blechstärken schwanken zwischen 10 mm bei kleinen Konvertoren mit etwa 3 t Einsatz bis 26 mm bei großen Konvertoren, ja sogar 39 mm für die Böden der sog. 20-Fuß-Great-Falls-Konvertoren und für die zylindrische Ummantelung der größten Trommelkonvertoren.

---

[1] Vgl. Anonym: Improved Converter Stand installed by United Verde. Engg. Min. J. Bd. 116, S. 1139, 1923.

Nachdem 1883—84 auf den Parrot Works in Butte, Montana, die ersten damals noch kleinen senkrechten Konvertoren aufgestellt wurden, bildete sich seit 1892 der sog. Great-Falls-Typ heraus, der überall da, wo heute überhaupt noch mit stehenden Konvertoren gearbeitet wird, zum Standard-Typ geworden ist. Von 1892 bis 1910 hat nun dieser Typ mancherlei Wandlungen durchgemacht, sowohl bezüglich der Gestaltung des Querschnittes, als auch bezüglich des Fassungsvermögens. Die ersten und kleinsten Konvertoren, zylindrisch mit kreisrundem Horizontalschnitt, zeigten sehr starke Ausfressungen des Futters, besonders an der den Düsen gegenüberliegenden Seite. Diesem einseitigen Futterverbrauch suchte man zu steuern, indem man dem Konvertorzylinder elliptischen Horizontalschnitt gab und die Düsen an der Schmalseite der Ellipse anbrachte. Nunmehr zeigte sich vorwiegend Futterzerstörung an den Querseiten des Konvertors. Der Konvertor steuerte gewissermaßen selbst wieder auf kreisförmigen Querschnitt hin. Man behielt zwar die elliptische Form bei, versetzte jedoch die Kippachse des Konvertors um 90 Winkelgrade und hatte wider Erwarten abermals unter starkem Futterverbrauch gegenüber den Düsen zu leiden. Im großen und ganzen stellte sich die Form mit kreisrundem Querschnitt als die zweckmäßigste heraus, und es zeigte sich ferner, daß, je geringer der Durchmesser und somit auch das Fassungsvermögen der Konvertoren ist, um so stärkere einseitige Futterzerstörungen auftreten. Das saure Futter senkrecht stehender Konvertoren wird eben immer gegenüber den Düsen am stärksten angegriffen. In Trommelkonvertoren hingegen wird saures Futter viel gleichmäßiger abgenutzt.

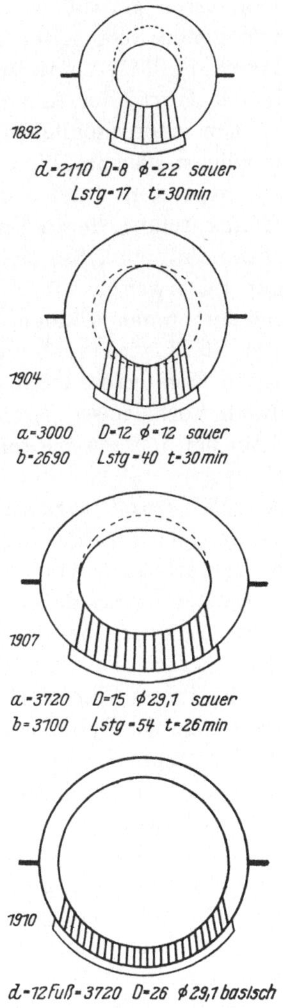

1910 wurde der erste Great-Falls-Konvertor basisch gefüttert, nachdem man den lichten Durchmesser auf 2600 mm erweitert hatte. Dieser Typ ist (unter dem Namen 12-Fuß-Konvertor, = rund 3700 mm äußerer Durchmesser, mit 15 Düsen) heute der meistgebrauchte senkrechte Konvertor geworden. Seine Ummantelung wird aus 20-mm-Blech zusammengesetzt, wie es Abb. 96 zeigt. Der Boden, der die ganze Beschickungslast zu tragen hat, wird auf das Dreifache verstärkt. Die Haube ist meist als selbständiges Werkstück ausgebildet und wird unstarr mit dem eigentlichen Konvertormantel verbunden, so daß sie zwecks Erneuerung des Futters nach Lösen

1892

$d=2110 \quad D=8 \quad \varnothing=22$ sauer
Lstg=17 $\quad t=30$min

1904

$a=3000 \quad D=12 \quad \varnothing=12$ sauer
$b=2690 \quad$ Lstg=40 $\quad t=30$min

1907

$a=3720 \quad D=15 \quad \varnothing 29{,}1$ sauer
$b=3700 \quad$ Lstg=54 $\quad t=26$min

1910

$d=12$Fuß=3720 $\quad D=26 \quad \varnothing 29{,}1$ basisch
$t=30$min

d, a und b = Außenmaße des Blechmantels; D = Anzahl der Düsen: Lstg = Tonnen erblasenen Kupfers je Tonne sauren Futters und t = Blasezeit je Tonne erblasenen Kupfers, beides bei $45-52{,}^0/_0$ Metall im Rohstein.

Abb. 80. Entwicklungsgeschichte der senkrecht stehenden Konvertoren[1].

ständiges Werkstück ausgebildet und wird unstarr mit dem eigentlichen Konvertormantel verbunden, so daß sie zwecks Erneuerung des Futters nach Lösen

---

[1] Krejci, Milo W.: Development of Copper Converting. Engg. Min. J. Bd. 104, S. 669—674, 1917.

weniger Bolzen leicht abgehoben werden kann. Getragen wird der Konvertor von zwei Laufrädern, zwischen die er starr eingehängt ist und deren eines einen Zahnkranz besitzt. Neben dem sog. 12-Fuß-Konvertor ist noch ein 20-Fuß-Konvertor gebaut worden, der ursprünglich mit 52 Düsen ausgerüstet war, von denen aber selten mehr als 31 offengehalten wurden (da sonst zu starker Druckabfall), so daß man sich jetzt mit 26 Düsen begnügt, und der lediglich in der Hütte der Anaconda Copper Mining Co. zu Anaconda in Betrieb steht.

Um einen möglichst gleichmäßigen Verbrauch des sauren Futters, also eine möglichst gleichmäßige Abnahme der Wandungsstärke der Auskleidung herbeizuführen, konstruierte Shelby[1] 1909 in Cananea Konvertoren mit kugelförmiger Ummantelung, deren Mantel aus drei Teilen zusammengesetzt war (vgl. Abb. 95). Man nahm zunächst an, daß solche Konvertoren sich auch deshalb als besonders günstig erweisen würden, weil sie im Verhältnis zu den Rohsteinvolumina, die sie aufnehmen können, die kleinste Wärme abstrahlende Oberfläche besitzen. Der Stein wird auch tatsächlich bei gleicher Blasezeit verhältnismäßig heißer als in Konvertoren mit mehr zylindrischem Arbeitsraume. Aber es werden dadurch Verhältnisse geschaffen, die teilweise durchaus nicht erstrebenswert sind; denn bei höherer Badtemperatur fallen ja kieselsäureärmere Schlacken an; der Konvertor mit kugelförmigem Arbeitsraum bietet bei saurer Fütterung außerdem der relativ größten Steinmenge die relativ kleinste Kieselsäuremenge an (Volumen der Kugel : Oberfläche der Kugel). Günstigere Futterabnutzung und geringerer Futterverbrauch wurden zwar erreicht, aber die Metallverluste in den Schlacken stiegen so stark, daß, teils aus diesem Grunde, teils wegen der konstruktiven Schwierigkeiten bei der Herstellung kugelförmiger Ummantelungen, die Shelbysche Bauart sich keine Freunde erworben hat.

Bei Trommelkonvertoren muß die zylindrische Ummantelung mit zunehmender Länge der Zylinderachse besondere Verstärkungen in der Mitte des Zylinders erhalten, zumal, wenn nur zwei Laufringe angewandt werden. Um ein Arbeiten des Zylindermantels möglichst zu unterbinden, zumal es sich sehr unangenehm auf die Laufringe auswirken kann, wähle man die Blechstärke nicht zu gering und lege größten Wert auf eine gute starre Verbindung der einzelnen Bleche untereinander. Je größer die Trommelkonvertoren sind, desto schwächender wirken auf die konstruktive Stabilität der Ummantelung Fenster ein, wie sie Smith[2] in der Ummantelung von Trommelkonvertoren anbrachte, um die Ausmauerung der Düsenzone, die beim Verblasen bleiischer Steine besonders stark angegriffen wird, schnell und bequem von außen reparieren zu können.

Besondere Sorgfalt verlangen die Stirnwände der Trommelkonvertoren. Während die zylindrische Ummantelung verhältnismäßig gleichmäßig beansprucht wird, neigen die Stirnwände besonders dazu, sich zu werfen. Sie sollten daher aus einem stärkeren Blech als die zylindrische Ummantelung ausgeführt und möglichst weitgehend mit Doppel-T-Schienen armiert werden, wie das in besonders zweckmäßiger Ausführung die Firma Krupp Gruson-Werk, Magdeburg-Buckau, tut. Nicht hinreichend armierte Stirnwände werfen sich, und wenn

[1] Shelby, Charles F.: Modern Type of Barrel Converter. Engg. Min. J. Bd. 88, S. 815—817, 1909.

[1] U.S.A.-Patent 1044587 vom 19. November 1912. — Vgl. auch Anonym: Repairing Converter Linings. Engg. Min. J. Bd. 95, S. 322, 1913, mit Abbildung.

gar noch die Windleitung des Konvertors, die, von dem Zylindermantel kommend, an der Stirnseite parallel einem Konvertorradius umgebogen ist und in der Konvertorachse den Trichter für den Windanschlußkonus trägt, auf der Stirnwand befestigt ist, so kann durch langsames Sichwerfen der Stirnwand die Trichterachse gegen die Konusachse verlagert werden, wodurch die Dichtung zwischen Konus und Trichter leidet und eines Tages sogar der Konus abgebrochen werden kann. Der Einbau eines Kugelgelenkes in die Windanschlußleitung kurz vor dem Konus (vgl. Abb. 85) ist nur eine teilweise Sicherung gegen diese Gefahr.

Genau so, wie man aufrechte, sauer gefütterte Konvertoren gern mit leicht abhebbarer Haube versehen hat, um das Futter schnell und bequem erneuern zu können, werden auch kleine sauer gefütterte Trommelkonvertoren gern mit abnehmbarer Haube ausgerüstet, was im letzteren Falle an die Stabilität der zylindrischen Ummantelung große Anforderungen stellt, so daß besondere Verstärkungen erforderlich werden.

Pierce und Smith haben beim Bau ihrer ersten großen Trommelkonvertoren der Ausdehnung des Konvertorfutters, die bei basischer Ausfütterung mit Magnesit beträchtlich größer ist, als bei saurem Konvertorfutter, dadurch Rechnung zu tragen gesucht, daß sie die zylindrische Ummantelung nicht fest schlossen, sondern an der Oberseite offen ließen. Sie besetzten die Ränder der nicht schließenden Ummantelung mit durchbohrten Knaggen und hielten die Ummantelung dann mittels Bolzen zusammen.

Jedoch ist diese Konstruktion heute verlassen; denn der radialen Ausdehnung des Futters läßt sich auch ganz gut bei fest geschlossenem Zylindermantel Rechnung tragen.

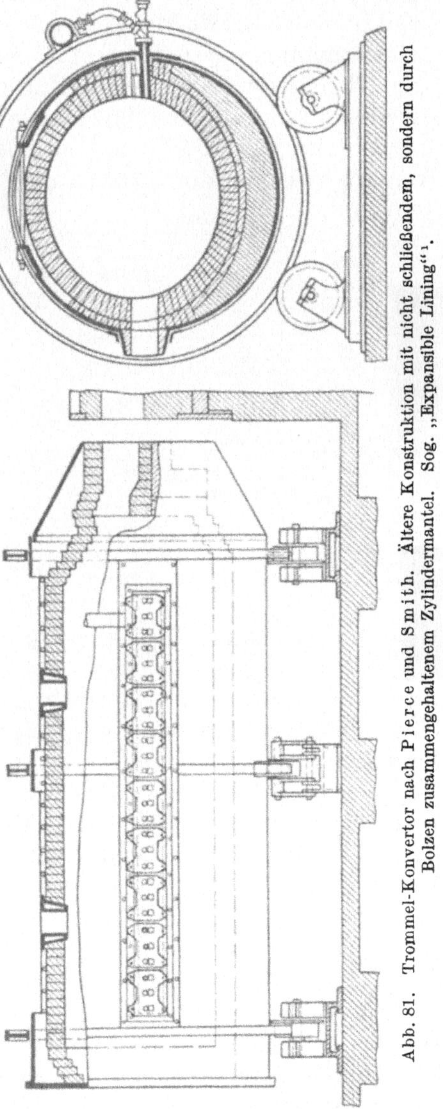

Abb. 81. Trommel-Konvertor nach Pierce und Smith. Ältere Konstruktion mit nicht schließendem, sondern durch Bolzen zusammengehaltenem Zylindermantel. Sog. „Expansible Lining".

---

[1] Vgl. Pierce und Smith: U.S.A.-Patent 942346 vom 7. Dezember 1909; Smith: U.S.A.-Patent 942675 vom 7. Dezember 1909, reissue Nr. 13080 vom 25. Januar 1910; Pierce: U.S.A.-Patent 942661 vom 7. Dezember 1909 und Rich. H. Vail: Recent Patents for Basic lined Converters. Engg. Min. J. Bd. 89, S. 563—565, 1910.

Sehr beachtenswert aber ist die Lösung, die sie fanden, um der bei verhältnismäßig sehr langen liegenden Konvertoren in starkem Maße sich geltend machenden Ausdehnung des Mauerwerkes parallel der horizontalen Achse Rechnung zu tragen. Bei den ersten von ihnen konstruierten Konvertoren waren die Beschikkungsöffnungen sowie die Ausgüsse auf dem Zylindermantel, die Öffnung für den Gas- und Flammaustritt jedoch in der einen Stirnwand angebracht. Solche Konstruktion gewährt zwar eine gute Abdichtung des Konvertors gegen die Gasableitung, indem

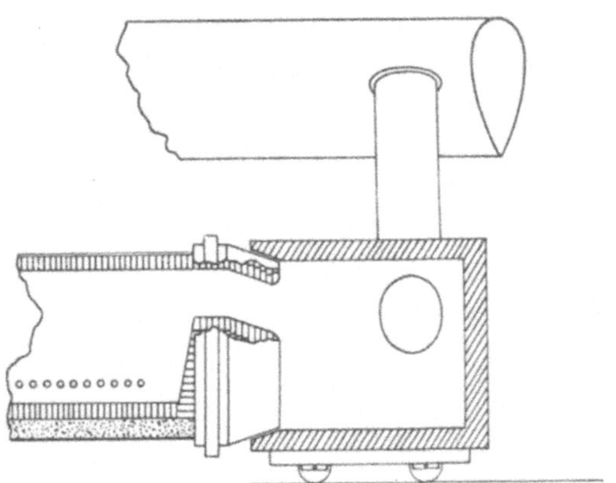

Abb. 82.　Fahrbare Konvertorhaube nach W. H. Howard.

der Konvertor in eine fahrbare Kammer hineinblies, die mit der Abgasleitung in Verbindung stand und einen dichten Abschluß ermöglichte (Konstruktion von William H. Howard in der Garfield-Hütte, U. S. A.-Patent 1153921 vom 21. September 1915); aber das Konvertorgewölbe weist vom einen Ende bis zum anderen Ende verschiedene Temperaturen auf, da die an dem Gasaustrittsende dem Bade entsteigenden Abgase sofort abgeleitet werden, während die am anderen Ende austretenden Gase über das ganze Bad hin und durch das ganze Gewölbe hindurchstreichen. Sehr bald entschloß man sich daher dazu, den Gas- und Flammaustritt auch auf den Zylindermantel zu verlegen, zunächst an das eine Ende und heute in die Mitte (bzw. zwei Gasaustritte, die symmetrisch angeordnet sind). Dadurch wurde die eine, bislang für den Gasaustritt wenigstens teilweise offengehaltene Stirnwand gleichfalls geschlossen und man ging zur teleskopartigen Ausbildung der Stirnwände über[1].

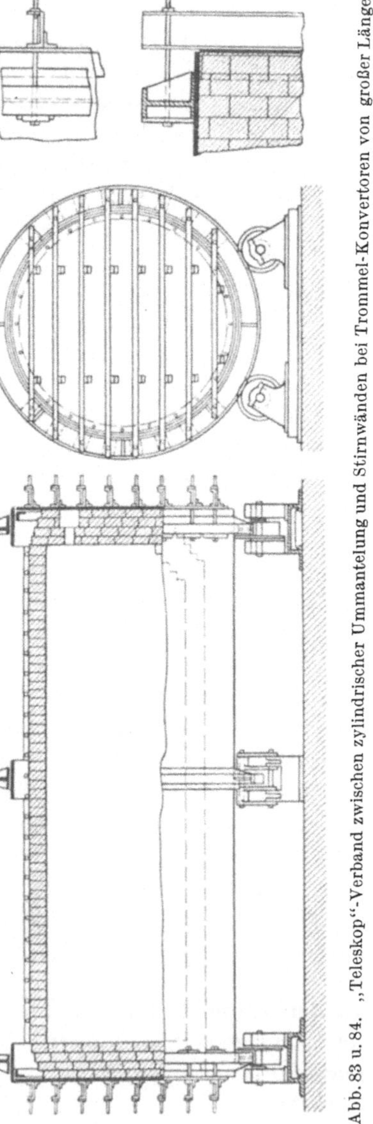

---

[1] Pierce: U.S.A.-Patent 944905 vom 28. Dezember 1909.

Zylindermantel und Stirnwand werden bei sehr langen Trommelkonvertoren nicht starr miteinander verbunden, sondern die Stirnwände werden mit parallel gelegten U-Eisen armiert und mittels Bolzen, die durch Bohrungen an den überstehenden Enden dieser U-Eisen und durch entsprechende Bohrungen in den äußeren Laufkränzen geschoben werden, gegen die Enden des Zylindermantels gezogen, wobei diese Bolzen erst stramm angezogen werden dürfen, nachdem der Konvertor gut heiß und noch nicht beschickt ist. Bei Konvertoren von 4—5 m äußerer Länge an verdient diese Art des Verbandes den Vorzug vor starrer Verbindung.

Über die Anbringung der Windleitung auf dem Konvertormantel selbst und über die Düsen wird an späterer Stelle berichtet (S. 334).

Die Konvertorschnauze. Jeder senkrecht stehende Konvertor trägt eine konische Konvertorhaube, deren geometrische Achse gegen die Vertikale geneigt ist, und zwar um so mehr, je größer der Durchmesser des Konvertors ist. In diese Haube ist die Konvertorschnauze eingeschnitten, und zwar dergestalt, daß die Haube von einer zu ihrer Achse nicht senkrechten Ebene geschnitten wird. Die Konvertorschnauze ist elliptisch. Die Neigung der Achse der Konvertorhaube bezweckt, den aus dem Bade austretenden Abgasen keinen ungezwungenen Abzug zu gestatten, sondern sie zu Wirbelbewegungen über dem Bade zu veranlassen, damit sie einen Teil der ihnen innewohnenden Wärmemenge noch an die auf der Badoberfläche schwimmende Schlacke bzw. auf die schlackenfreie Badoberfläche abgeben. Sie bezweckt weiter, die Wärmeverluste durch Abstrahlung von der Badoberfläche zu vermindern.

Bei kleinen und mittelgroßen Trommelkonvertoren (etwa bis zu 10 t Metallinhalt) wird der Übergang vom Konvertorinnern zur Schnauze durch eine konische, auf die Konvertortrommel aufgesetzte Haube vermittelt, deren geometrische Achse auf der Längsachse der Trommel senkrecht steht. Bei größeren liegenden Konvertoren hingegen wird eine bessere Wärmerückstrahlung auf das Bad erzielt, wenn man auf eine besondere Haube verzichtet und unmittelbar auf die zylindrische Ummantelung einen senkrecht zur Längsachse der Trommel orientierten Stutzen von elliptischem Querschnitt aufsetzt, der in der Konvertorschnauze endet.

Die Weite der Konvertorschnauze, d. h. die Abmessungen der Abgasaustrittsöffnung (die fast stets auch als Arbeitsöffnung dient), muß in erster Linie von den aus dem Bade austretenden Gasmengen abhängig gemacht werden. Berechnen läßt sich die Weite der Schnauze nicht, da hierzu Unterlagen fehlen. Die zweckmäßige Weite ist lediglich Erfahrungssache; denn zu eng gebaute Schnauzen brennen aus, wobei natürlich auch die zu eng gestaltete Ummantelung mit zerstört wird. Eine in der Ummantelung zu weit gestaltete Schnauze indessen läßt sich durch Mauerwerk jederzeit verengen. Bewährte Abmessungen der Konvertorschnauze geben die wiedergegebenen Abbildungen einiger Konvertoren verschiedenen Fassungsvermögens.

Die Arbeit des Schlackeziehens wird bedeutend erleichtert, wenn rechts und links der Schnauze kräftige Zahnleisten angebracht sind, in die ein Rundeisenstab eingelegt werden kann, auf den die Krücken beim Schlackeziehen aufgelegt werden. Die Zahnleiste gestattet ein Hoch- und Niedrigstellen des die Krücken unterstützenden Rundeisenstabes, je nach der Badhöhe im Konvertor beim Kippen desselben.

Windanschluß. Der Anschluß der auf dem Konvertor fest montierten Windleitung an die Windversorgungsleitung muß so ausgebildet sein, daß die Verbindung zwischen Konvertor und Windzufuhrleitung jederzeit mit einem Griff gelockert werden kann. Denn da die Windzufuhr in der Kippachse der Konvertoren erfolgen muß, ist es erforderlich, bei Schwenken bzw. Auskippen des Konvertors die Verbindung ein wenig lockern zu können, damit der sich mit dem Konvertor drehende Anschlußtrichter nicht fest auf dem in ihn eingepaßten Konus klemmt und die Windzuleitung tordierend beansprucht.

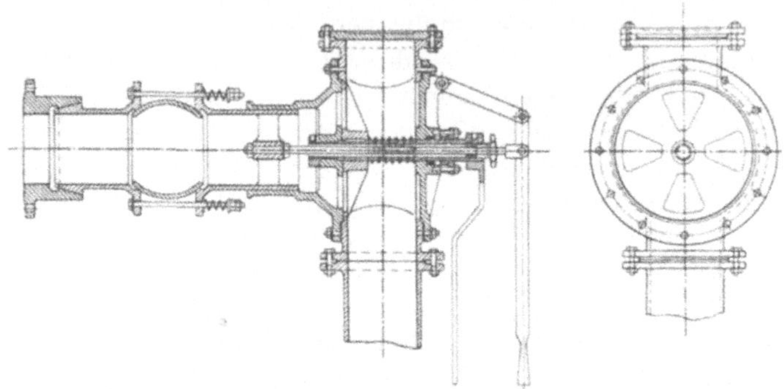

Abb. 85. Windanschlußständer mit Kugelgelenk und Regler für die Windmenge.

Eine recht praktische Ausführungsform ist der in Abb. 85 wiedergegebene Windanschluß, der — auf ein senkrecht stehendes Windzuleitungsrohr aufgesetzt — ein rotierend bewegbares Drosselventil und die Ein- und Ausschaltung des Windanschlusses durch Ein- bzw. Ausrücken des Konus in den bzw. aus dem Anschlußtrichter der Windleitung des Konvertors mittels Hebels in sich vereinigt. Ein Kugelgelenk, das zwischen Drosselventil und Anschlußkonus eingebaut ist, gestattet dem Konus geringe Bewegungen, bei denen die Konusachse sich auf einem Kegelmantel bewegt, dessen Spitze im Mittelpunkt des Kugelgelenks liegt. Gleichzeitig bewahrt dieses Kugelgelenk bei etwaigem Klemmen des Konus im Trichter die Drosselklappe sowie die Ein- und Ausrückvorrichtung vor Torsion.

Die Kippvorrichtung zum Schwenken und Auskippen des Konvertors besteht meist einerseits in einem Zahnrade, das auf die Achse der kleinen axial aufgehängten senkrechten Konvertoren aufgesetzt ist, bzw. in einem Zahnkranze, der mit einem Laufring der großen senkrechten oder der Trommelkonvertoren starr verbunden ist, und andererseits in der Antriebsvorrichtung für dieses Zahnrad bzw. den Zahnkranz. Während früher der Zahnkranz meist nicht 360 Winkelgrade umfaßte, sondern nur 220—270, werden heute vornehmlich volle Zahnkränze gebaut, die ein Schwenken des Konvertors um volle 360 Winkelgrade gestatten, was sich als besonders vorteilhaft bei Reparaturarbeiten herausgestellt hat. Der Antrieb des Zahnrades erfolgt durch ein staubdicht gekapseltes Vorgelege (zweckmäßig unter Verwendung einer Reibungskupplung). Dieses wiederum wird meist durch Elektromotor mit Schneckenübertragung, seltener hydraulisch angetrieben. Grundsätzlich soll jeder Konvertor mit zwei verschiedenen Kippvorrichtungen ausgerüstet sein, z. B. mit elektrischer und hydraulischer oder mit hydraulischer Vorrichtung und außerdem Handantrieb; denn, wenn einmal eine Unterbrechung des elektrischen Stromes eintritt und die Gebläsemaschinen durch Elektromotor angetrieben sind, so setzt nicht nur sofort der Wind aus, sondern auch ein etwaiger elektrischer Kippantrieb ist stillgelegt. Es laufen, wenn nicht sofort eine zweite von der Stromversorgung unabhängige Kippvorrichtung betätigt werden kann, unweigerlich die Düsen voll. Der Konvertor friert ein. Auch ein hydraulischer Antrieb kann schadhaft werden, so daß, wo nur hydraulisch gekippt wird, immer auch Handantrieb zum Kippen vorgesehen werden muß.

Eine andersgestaltete Kippvorrichtung hat sich bei sehr großen Trommelkonvertoren eingebürgert. Um den ganzen Konvertormantel ist schleifenförmig ein starkes Drahtseil gelegt, das an einer auf dem Mantel aufgehefteten Knagge besonders festgeklemmt ist. Die beiden unter dem Konvertor nach vorn und nach hinten hervortretenden Seilenden sind entweder auf Seiltrommeln mittels Kausche festgelegt oder sie werden hydraulisch gezogen. Der Konvertor wird also durch Seilzug bewegt. Dabei übernimmt das Seil gleichzeitig die Rolle der vorstehend erwähnten Reibungskupplung, d. h. es wird verhindert, daß der Kippmotor unter Vollast anläuft und der Konvertor ruckartig in Bewegung gesetzt wird (Schonung der Festigkeit des Futters!). Wenngleich der Motor auch in sehr kurzer Zeit volle Last bekommt, so wird er bei Seilzug oder Reibungskupplung doch erheblich mehr geschont als bei direkter Kupplung.

Zum Abheben eines Konvertors von seinem Arbeitsstande — denn es sollte auch bei basischem Konvertorfutter stets ein betriebsfähiger Reservekonvertor bereitstehen — kann bei kleinen Konvertoren ein kräftiger Laufkran dienen. Besser ist auch hier die bei großen Konvertoren unvermeidliche fahrbare hydraulische Presse, deren Preßtisch genau der Wölbung des Konvertormantels angepaßt sein soll, damit beim Transport eines frisch ausgemauerten Konvertors auf seinen Arbeitsstand das Mauerwerk möglichst geschont wird. Alle Gleise, auf denen Konvertoren verschoben werden, müssen auf gutem Fundament verlegt sein (am besten Eisenbeton) und Eisenbahnnormalprofil NP 12 haben, um einen erschütterungsfreien Transport zu gewährleisten.

Für jeden Konvertorarbeitsstand sind bei basisch gefütterten Konvertoren zwei Ruhestände erforderlich, damit auf den einen Ruhestand der außer Betrieb gesetzte Konvertor abgestellt werden kann und es inzwischen möglich ist, auf dem anderen Ruhestand den Ersatzkonvertor herzurichten. Bei sauer gefütterten Konvertoren sind je Arbeitsstand fünf oder mehr Ruhestände erforderlich. In solchen Hüttenwerken, in denen unter Ausnutzung natürlicher Niveauunterschiede unmittelbar aus den Schachtofenvorherden in die Konvertoren abgestochen werden kann, ist es meist unmöglich, die beiden Ruhestände so zum Arbeitsstand zu orientieren, daß der eine Ruhestand geradlinig vor, der andere geradlinig hinter dem Arbeitsstande liegt, was natürlich für den Austausch der Konvertoren die günstigste Anordnung ist. Es bleibt dann nichts anderes übrig, als Vorkehrungen zu treffen, damit ein aus seinem Arbeitsstande ausgefahrener Konvertor auch seitlich verschoben werden kann, sei es mittels Schiebebühne, sei es nach Drehung mittels Drehscheibe. Jeder Ruhestand sollte so hergerichtet sein, daß auf ihm auch ein frisch ausgefütterter Konvertor trocken geheizt und zum Betriebe angeheizt werden kann, damit er in sofort beschickungsreifem Zustande auf den Arbeitsstand gefahren wird. Es muß also ein Rauchabzug angebracht sein sowie eine Gebläsewindleitung geringen Durchmessers. Wird mit Ölfeuer getrocknet und angeheizt, so darf natürlich auch eine Ölzapfstelle an keinem Ruhestande fehlen.

Das Konvertorfutter. Beim Ausfüttern eines Konvertormantels — handle es sich um saures oder um basisches Futter — ist erster Grundsatz, daß hinreichend Spielraum zwischen Futter und Ummantelung bleiben muß, damit das Futter sich in der Hitze ausdehnen kann. Jeder Konvertormantel, gegen den das Futter stramm gegengesetzt ist, muß platzen, meist schon beim Anheizen, sicher aber — und das ist viel unangenehmer — im Betriebe. Basische Auskleidung mit Magnesitmauerwerk erfordert bedeutend mehr Spielraum als saure Auskleidung. Einen Anhalt für den auszusparenden Spielraum geben die auf S. 281 angegebenen Ausdehnungskoeffizienten verschiedener feuerfester Materialien, unter deren Zuhilfenahme sich leicht sowohl die zu erwartende radiale als auch die Längsausdehnung des Mauerwerks errechnen läßt. Dabei ist es ratsam, den sich aus der Rechnung ergebenden erforderlichen Spielraum noch um 50—100% zu erhöhen. Da mit der Neuauskleidung stets im Tiefsten der Ummantelung begonnen wird, so empfiehlt es sich, den Boden der stehenden Great-Falls-Konvertoren bzw. das Tiefste der Konvertortrommel mit einem Gemisch aus trockenen Lehm- oder Tonbrocken und Feuerungsschlacke oder Schamottesteinabfall auszulegen und erst auf diese Unterlage die eigentliche Auskleidung aufzusetzen. Ist das Mauerwerk bzw. die Stampfmasse bis zu nahezu senkrechter Richtung emporgeführt, so wird unter Aussparung des Spielraumes weiter gemauert bzw. gestampft und das Futter dann nachträglich hinterfüllt mit Schamotteabfall und Ton bzw. Lehm. Die Hinterfüllung ist um so besser, je lockerer sie geschüttet ist. Wenn ein basisch gefütterter Konvertor erst einige Tage heiß gewesen ist, so kann es vorkommen, daß die stark ausgetrocknete und daher zu Grus zerfallene Hinterfüllung an die tiefsten Stellen des Konvertors hinabrieselt und daher in der Umgebung der Haube und der Schnauze das federnde Polster fehlt, auf das sich das Mauerwerk beim Kippen des Konvertors auflegen soll. Um das Mauerwerk in diesen oberen Partien nicht besonders stark auf Zug zu beanspruchen, ist es daher gut, in den ersten Tagen nach Anblasen eines neu gefütterten Konvertors gelegentlich den um die Schnauze gelegten Lehmwulst zu lösen und etwas Polstermaterial nachzufüllen. Auf manchen Hütten wird, um sicher zu gehen, daß die Hinterfüllung sich nicht verschieben kann, eine Masse angewandt, die man aus einem Gemisch von feinkörnigem totgebrannten Rohmagnesit und Magnesitsteinschlag mit 7% dieses Gewichtes an Rohmagnesiumchloridlauge (von 25° Bé) herstellt und fest hinter dem Mauerwerk einstampft.

Saures Futter. Während in den ersten Jahren der Arbeit mit sauer gefütterten Konvertoren fast ausschließlich Quarzit verwendet wurde, benutzt man heute da, wo noch mit saurem Futter gearbeitet wird, auch andere Materialien. Quarzit wird in gemahlenem Zustand (2—6 mm Korngröße) mit möglichst wenig Ton angemacht und schwach angefeuchtet eingestampft. Daß es darauf ankommt, so wenig Ton wie möglich zum Binden zuzusetzen, erscheint leicht verständlich, wenn man bedenkt, daß der ganze als Bindemittel benutzte Ton in

die Schlacke wandert und es auch bei Konvertorschlacken nötig ist, tonerde-
arme und dünnflüssige Schlacken zu erstreben.

In Hüttenwerken, die über sehr saure Erze verfügen, kann auf eine verhältnismäßig dünne Unterlage von Quarzit (etwa 100 mm) eine weitere Ausstampfung
mit gemahlenem und bindefähig gemachtem sauren Erz folgen, wobei gleichzeitig
in dem Maße, wie das Futter von der Beschickung verzehrt wird, der Metallinhalt
solcher Erze zugute gemacht wird.

In der Hütte zu Kennet, California[1], die täglich 170—200 t metallarmen Stein
mit durchschnittlich 17 % Cu verblies, wurde in sauren Trommelkonvertoren mit
2440 mm äußerem Durchmesser und 3810 mm äußerer Länge gearbeitet, die
mit saurem Erz gefüttert waren. Bei einem Futter aus 22 t Quarzit $+$ 39 t
saurem Erz $+$ 0—10 % Ton zum Binden, je nach dem Al_2O_3-Gehalt des Erzes,
konnten 20—27 t Konvertorkupfer mit einem Futter erblasen werden. (Windpressung $=$ 0,9 Atm. im Mittel.)

Saures Erz für das Futter	Ton für das Futter	Erblasene Konvertorschlacke
Cu $=$ 4,0 %	SiO_2 $=$ 59,0 %	SiO_2 $=$ 31,3 %
SiO_2 $=$ 69,2 %	Al_2O_3 $=$ 27,0 %	FeO $=$ 55,3 %
Al_2O_3 $=$ 8,9 %	Fe $=$ 2,1 %	ZnO $=$ 3,4 %
Fe $=$ 4,2 %	CaO $=$ 0,2 %	CaO $=$ 1,0 %
CaO $=$ 0,3 %		Al_2O_3 $=$ 4,2 %
		Cu $=$ 1,26 %
		S $=$ 1,5 %

Gern werden auch edelmetallhaltige Quarze dem Konvertorfutter zugeschlagen, da auf diese Weise die geringsten Edelmetallverluste bei ihrer Zugutemachung erzielt werden. In der Old Dominion Plant in Globe, Arizona, in der
reichliche Mengen von Schachtofenflugstaub anfallen, hat L. O. Howard mit
gutem Erfolge dem sauren Konvertorfutter bis zu 20 % Flugstaub beigegeben,
der 6,2 % Cu, 24,6 % SiO_2, 29,6 % FeO, 2,0 % CaO, 8,7 % Al_2O_3 und sogar
10,9 % S aufwies[2]. Gelegentlich sind auch Hausteine aus feinkörnigem Quarzit,
aus Sandstein oder aus besonders sauren Andesiten verwendet worden, jedoch
sind die Herstellungskosten der Hausteine — selbst wenn die Sandsteine mit
der Maschine gespalten werden — außerordentlich hoch; dazu kommt noch der
Nachteil, den das Vorhandensein von Fugen im Konvertor stets mit sich bringt,
so daß diese Auskleidungsart praktisch kaum über das Versuchsstadium hinausgekommen sein dürfte.

Die Stärke, die dem sauren Futter gegeben werden muß, richtet sich nach
der Grädigkeit des zu verblasenden Rohsteines sowie nach dem Fassungsvermögen des Konvertors, da ja der Kieselsäurebedarf durch die zu verschlackenden FeO-Mengen und die sonstigen Verunreinigungen bestimmt wird. Für die
Arbeit mit saurem Futter werden aus diesem Grunde sowie wegen der leichteren
Transportarbeit beim vielfachen Austausch der Konvertoren vom Arbeitsstand
zum Ruhestand und umgekehrt kleinere Einheiten bis zu etwa 5 t Metalleinsatz
bevorzugt. Da ein besonders starker Angriff auf das saure Futter während der
Konzentrationsperiode an der Badoberfläche stattfindet, namentlich, wenn etwas

---

[1] Kervin, J. H.: Converting Lowgrade Matte at Kennet, California. Engg. Min. J.
Bd. 97, S. 713—726, 1914.

[2] Anonym: Using Flue Dust in Converter Lining. Engg. Min. J. Bd. 97, S. 1104, 1914.

Speise dem Stein beigemengt ist, empfiehlt es sich, denjenigen Bereich des Futters, der von der Badoberfläche bespült wird, noch besonders zu verstärken (vom tiefsten Stande der Badoberfläche bis zu ihrem voraussichtlich höchsten Stande).

Der wundeste Punkt der ganzen sauren Konvertorarbeit sind die Kosten, die durch die häufige Erneuerung des sauren Futters auflaufen. Wird ein Konvertor, dessen Futter abgenutzt ist, außer Betrieb gesetzt, so geht er auf den Ruhestand, um ausgebrochen zu werden; ein betriebsfähiger Konvertor tritt an seine Stelle. Während der neue Konvertor arbeitet und sein Vorgänger gleichzeitig ausgebrochen wird, wird ein weiterer fertig ausgebrochener Konvertormantel neu ausgekleidet und zwei bereits neu ausgekleidete Konvertoren werden getrocknet. Soll sicherheitshalber, sobald ein frisch ausgekleideter Konvertor in Betrieb geht, noch eine betriebsfähige Einheit in Reserve stehen, so sind also je Arbeitsstand mindestens sechs komplette Konvertormäntel und fünf Ruhestände erforderlich. Infolgedessen wird auch (im Gegensatz zu basisch gefütterten Konvertoren) je Arbeitsstand eine unverhältnismäßig große Grundfläche in der Konvertorhalle benötigt. Um die für das Neufüttern saurer Konvertoren zu zahlenden Arbeitslöhne möglichst niedrig zu halten, ist in weitgehendstem Maße maschinelle Arbeit eingeführt worden. Mischen der Rohmasse für das Futter erfolgt in Mischtrommeln; das Ausstampfen selbst wird mit Preßluftstampfern ausgeführt. Die Möglichkeit einer ganz erheblichen Herabsetzung der Auskleidungskosten und einer nicht unbedeutenden Verkürzung der dazu erforderlichen Zeit gibt das Torkretieren, wie es mit den Geräten der Torkret-Gesellschaft[1] mit gutem Erfolge zur Auskleidung von Gießpfannen, zum Flicken von Rissen in hüttenmännischem Mauerwerk, zum Abdichten von Gasabzügen und Flammofentüren angewandt wird.

Nicht nur sehr viel Brennstoff, sondern auch viel Zeit muß zum Trocknen einer sauren Ausfütterung aufgewandt werden, da das Trocknen langsam und vorsichtig zu erfolgen hat, um die Entstehung von Rissen zu vermeiden, durch die eingesetzter Rohstein bis an die Ummantelung durchlaufen und diese zerstören kann.

Basisches Futter. Mit basischem Futter wird betriebsmäßig erst seit 1910 gearbeitet. Man hat zu unterscheiden zwischen der Ausmauerung der Konvertoren mit Magnesit oder Chromit einerseits und der erst im Betriebe herstellbaren Auskleidung mit Magnetit auf saurer Unterlage andererseits.

Zur Auskleidung mit Magnesit bedient man sich bei kleinen Konvertoren am besten besonders hergestellter und der Ummantelung angepaßter Formsteine, die zwar erheblich teurer werden als Normalsteine, weil sie nur auf Bestellung angefertigt werden, die aber den Vorzug haben, daß man sie in Größen bis zu etwa 40 kg Gewicht herstellen lassen kann und dadurch nur verhältnismäßig wenige Fugen im Mauerwerk bekommt. Bei großen Konvertoren, seien es nun senkrecht stehende Konvertoren oder Trommelkonvertoren mit kreisrundem Vertikalschnitt des Innenraumes, kommt man mit wenigen Sorten keilförmiger Steine und im übrigen mit Normalziegeln aus (Magnesitnormalziegel $= 230 \times 118$

---

[1] Mischer für eine zum Torkretieren geeignete Futtermischung sowie die zum Torkretieren dienende „Zement-Kanone" (cement-gun) liefert die Torkret-Gesellschaft m. b. H., Berlin SW 48, Hedemannstraße 13.

$\times$ 65 mm). Manche Hüttenleute ziehen es vor, alle Steine so zu legen, daß sie mit der kleinsten Fläche in den Konvertor hineinragen. Es wird dadurch allerdings die Zahl und Gesamtlänge der Fugen vergrößert. Der für diese Art der Ausmauerung angeführte und durchaus triftige Grund ist, daß so gesetzte Steine schwerer aus der Ausmauerung heraus- und in den Konvertor hineinfallen können. Für die Verarbeitung bleiischer Rohsteine, die auch basisches Mauerwerk sehr stark angreifen, dürfte diese Art des Steinverbandes wohl den Vorzug verdienen. Die größten auf einzelnen Hütten betriebenen Trommelkonvertoren von bis zu 4000 mm äußerem Durchmesser und bis zu 11000 mm äußerer Länge werden fast stets so ausgemauert, daß in Ruhestellung ihr Vertikalschnitt eine liegende Ellipse ist, deren kurze Achse senkrecht steht. Es ist diese Ausmauerung deshalb vorzuziehen, weil bei derartig großen Abmessungen ein elliptisches Gewölbe besser die zurückgestrahlte Wärme auf das Bad drückt. (Die ersten in Garfield gebauten großen Trommelkonvertoren z. B. hatten einen lichten elliptischen Vertikalschnitt mit senkrechter Achse = 1900 mm und wagerechter Achse = 2205 mm bei einer lichten Länge des Konvertors = 6020 mm[1].) Solche Ausmauerung erfordert natürlich wieder eine größere Anzahl von Formsteinen. Beim Bau eines elliptischen Tonnengewölbes von großen Abmessungen aus einem Material mit so beträchtlichem Ausdehnungskoeffizienten, wie ihn Magnesit aufweist, ist es schwierig, beim Anheizen eine ganz gleichmäßige Erwärmung des Mauerwerks zu erzielen. Es kann daher gerade während des ersten Anheizens leicht vorkommen, daß vorübergehend weniger stark erhitzte Teile des Mauerwerks sich geringer ausdehnen, als stärker erhitzte Teile; dadurch können Risse im frischen Mauerwerk erzeugt werden, wenn nicht dafür Sorge getragen wird, daß einzelne Teile des Mauerwerks sich auf gewissermaßen geschmierter Reibfläche gegeneinander verschieben können. Diese Möglichkeit wird geschaffen, wenn man — wie das in Garfield und Perth Amboy üblich ist — beim Ausmauern auf je vier parallele Steinlagen eine Lage dünner (etwa 6 mm starker) Blättchen aus Kiefern- oder Pappelholz folgen läßt. Die Stirnwände werden natürlich mit Normalziegeln aufgeführt. Außer den genannten Formsteinen sind nur noch Steine für die Auskleidung der Schnauze und die Ausbildung des Halses vom Konvertorfutter zur Schnauze erforderlich. Hierfür besondere Formsteine herstellen zu lassen, wird allgemein viel zu teuer, so daß man sich mit entsprechend zugehauenen Normalsteinen begnügt. Überall, wo im Konvertor zugehauene Normalsteine Verwendung finden, müssen sie sorgfältig Stein auf Stein geschliffen werden, was am saubersten und billigsten auf der S. 280 erwähnten Schleifmaschine geschieht. Die sorgfältigste Ausmauerung erzielt man stets, wenn man sich einer Lehre bedient, die — wenn sie in geeigneter Weise zusammensetzbar eingerichtet wird, so daß keine Nägel verwandt werden — immer wieder benutzt werden kann.

Der im Magnesitmauerwerk verwandte Mörtel soll möglichst nicht mit Wasser angemacht werden, da Magnesitsteine gegen Wasser außerordentlich empfindlich sind und dazu neigen, zu quellen und blumenkohlartig auszublühen. Muß man gelegentlich, irgendeiner Not gehorchend, den Mörtel doch mit Wasser anmachen, so verwende man zur Schonung der Steine so wenig Wasser wie mög-

---

[1] Vgl. Redick R. Moore: Copper Converters with Basic Lining. Engg. Min. J. Bd. 89, S. 1317—1320, 1910.

lich. Dabei muß man dann auch noch den Umstand in Kauf nehmen, daß sich nur verhältnismäßig starke Fugen erzielen lassen. Der mit Mörtel belegte Magnesitstein (niemals den Stein in Wasser eintränken!!!) sowie der auf den Mörtel aufgedrückte Stein entziehen dem Mörtel begierig sein Wasser, so daß er jede Plastizität verliert und es unmöglich wird, durch starkes Andrücken der Steine überschüssigen Mörtel aus der Fuge herauszuquetschen. Die Verwendung von Wasserglas zum Anmachen des Mörtels ist nicht nur sehr teuer, sondern sie entbindet auch nicht von der Anwendung von Wasser, da reines Wasserglas viel zu dickflüssig ist, als daß damit der Mörtel angemacht werden könnte. Es muß mit Wasser verdünnt werden, zumal sonst auch beim Trocknen viel zu starke Trockenrisse im Mörtel entstehen würden. Einen guten Mörtel für Magnesitsteine erhält man, wenn gebrannter Magnesit mit mindestens 83% MgO und 3% FeO sowie höchstens 5% CaO, 2% Al_2O_3 und 5% SiO_2 mit heißem, wasserfreiem Steinkohlenteer angemacht wird, wobei man ungefähr ein Drittel des Magnesitmehlgewichtes an Teer benötigt. Verwendet man gebrannten Magnesit, der fast kalkfrei ist, so sollte stets $1—2\%$ des Magnesiagewichtes an reinem gebrannten Kalk zugeschlagen werden, da ein Kalkgehalt des Mörtels in Höhe von $0,8—1,7\%$ die Abbindefähigkeit desselben beträchtlich erhöht. Nimmt man statt Teer Leinöl, so wird das Magnesitmauern eine etwas sauberere Arbeit.

Gelegentlich sind auch andere hochbasische Materialien zur Auskleidung verwendet worden. Chromitsteine, die künstlich aus gemahlenem Chromit hergestellt sind, haben bislang noch nicht die erforderlichen Festigkeitseigenschaften. Chromithausteine sind wegen ihres Preises meist nicht anwendbar. Dazu kommt aber noch, daß Chromit ein viel geringeres Wärmeleitvermögen besitzt als Magnesit, und gerade diese Eigenschaft macht ihn besonders ungeeignet als Konvertorfutter. Mit Chromithaustein ausgesetzte Konvertoren werden viel zu heiß, so daß unnötig hohe Metallverluste in der Schlacke auftreten. Außerdem wandert auch Cr_2O_3 in die Schlacken. Bauxitsteine mit etwa 75% Al_2O_3, 21% SiO_2 und 4% Fe_2O_3 weisen zwar geringere Ausdehnung auf als Magnesit, sind aber meist wie die Chromitsteine sehr teuer. Dynamidonsteine (reines Al_2O_3, Schmelzpunkt = SK 39—40, Druckfestigkeit = 750 kg/qcm), die besonders gegen schroffen Temperaturwechsel unempfindlich sind, kommen wegen ihres Preises gleichfalls nicht in Frage. Mullitsteine, ein sillimannitähnliches Tonerdesilikat der Corning Glas Works in Corning bei New York, sind nicht hinreichend basisch.

Die Lebensdauer einer Magnesitauskleidung der Konvertoren kann ganz außerordentlich erhöht werden, wenn man gleich bei Inbetriebnahme eines frisch ausgemauerten Konvertors dafür sorgt, daß Magnetit erblasen und dieser durch Schwenken des Konvertors möglichst gleichmäßig über die ganze Ausmauerung verteilt wird[1]. Man setzt eine größere Steinmenge auf einmal ein, so daß der Konvertor möglichst bis zur Hälfte gefüllt ist, und beginnt mit Blasen, ohne sauren Zuschlag zuzugeben. Nach etwa viertel- bis halbstündigem Blasen, je nach Fassungsraum des Konvertors, ist eine hinreichende Menge Magnetit gebildet worden und die Badtemperatur ist ganz beträchtlich gestiegen (Messung mit einem Strahlungspyrometer, das auf eine mittels Spatel sorgfältig frei gehaltene Stelle der Badoberfläche gerichtet wird). Ist eine Badtemperatur von 1350 bis

---

[1] Vgl. u. a. Milo W. Krejci: Monolithic Magnetit Lining for Basic Converters. Engg. Min. J. Bd. 97, S. 530, 1914.

1400° C erreicht, so wird etwa ein Viertel bis ein Drittel des Gewichtes der erstmalig flüssig eingesetzten Steinmenge an kaltem Hüttenfegsel, Raffinierschlacke, Krätzen oder ähnlichem S-armen Material zugeschlagen, um schnell die Badtemperatur zu senken, wodurch der Magnetit sich auszuscheiden beginnt. Wenn dann — immer noch ohne sauren Zuschlag (evtl. nach Einsatz von etwas kaltem Stein) — noch etwa 5 Min. geblasen und der Konvertor dabei geschwenkt wird, so scheidet sich auf der Auskleidung eine gut gleichmäßig verteilte Magnetitschicht aus. Nun erst beginnt man mit Zuschlag von Quarzit, Sand od. dgl., um die eigentliche Konzentrationsperiode zu eröffnen. Die nochmalige Kühlung des Bades durch Zusatz kalten Zuschlages zieht meist eine restlose Ausscheidung des gebildeten Magnetits nach sich. Beim weiteren Verblasen von Stein hat man nur darauf zu achten, daß die Badtemperatur möglichst nicht über 1250° C steigt und möglichst nicht erheblich unter 1100° C sinkt. Steigt die Badtemperatur nämlich zu stark, so besteht die Gefahr, daß die ausgeschiedene Schutzschicht von Magnetit erweicht und wieder in das Bad hineingespült wird. Nachsetzen von kaltem Stein oder kaltem Zuschlag ist das bequemste Mittel, um nötigenfalls die Badtemperatur immer wieder herabzudrücken. Wird das Bad aber zu kalt (erheblich unter 1100° C), so besteht auf der anderen Seite die Gefahr, daß sich Schlacken, die ja schwerschmelziger sind als der Stein (namentlich Al_2O_3-haltige Schlacken) auf die Magnetitschicht auflagern und später, wenn die Badtemperatur wieder steigt, diese zerstören, indem sie Teile derselben in sich aufnehmen und dabei die Schutzschicht stark korrodieren.

Einen Vergleich zwischen der Zusammensetzung einer auf diese Weise hergestellten magnetitischen Schutzschicht und der durchschnittlichen Konvertorschlacke gestatten die Mitteilungen Ikedas[1] aus einem der wenigen Konvertorbetriebe in Japan (s. nebenstehende Tabelle).

Konvertorschlacke und magnetitische Schutzschicht (Konvertorbetrieb von Kosaka, Japan, der Fujita Co.)

	Konvertor-Schlacke	Schutz-schicht
SiO_2	15,76 %	3,79 %
FeO	39,67 %	4,75 %
$Fe(FeO_2)_2$ . . .	31,72 %	74,75 %
MgO	0,22 %	—
Al_2O_3	1,05 %	—
Pb	1,18 %	—
Zn	3,34 %	—
Cu	3,00 %	2,15 %
S	0,95 %	Spur
FeS	—	2,01 %
Cu_2S	—	2,92 %
CuO	—	3,50 %
Cu_2O	—	3,15 %
	96,89 %	97,02 %

Für die Verlängerung der Lebensdauer einer Magnesitausmauerung durch Schaffung einer magnetitischen Schutzschicht sind die von Howard[2] aus den Betrieben der Old-Dominion-Hütte (senkrechte Great-Falls-Konvertoren mit 2600 mm lichter Weite) gemachten Angaben kennzeichnend (siehe Tabelle S. 332).

Bei sorgfältiger Behandlung einer solchen Magnesitauskleidung konnten z. B. in den Old Dominion Works rund 10000 t Konvertorkupfer mit nur einer Magnesitausmauerung erblasen werden[3].

---

[1] Ikeda, Kenzo: Pyritic Smelting and Basic Converting at the Kosaka Copper Smelter, Japan. Transactions Amer. Inst. Ming. Eng. Bd. 69, S. 123—136, 1923.

[2] Nach L. O. Howard: Basic-Lined Converter Practice at the Old Dominion Plant. Transactions Amer. Inst. Ming. Eng. Bd. 49, S. 585—592, 1915.

[3] Vail, Rich. H.: The Old Dominion Smelting Works. Engg. Min. J. Bd. 97, S. 1135 bis 1138, 1914.

Vergleich der Leistungsfähigkeit und Lebensdauer einer Konvertorausmauerung in Magnesit ohne und mit magnetitischer Schutzschicht.

	ohne Schutzschicht	mit Schutzschicht
Dauer der Konvertor Kampagne	4128 Std.	8832 Std.
Gesamtblasezeit	2690 Std.	6423 Std.
Beanspruchung des Konvertors	65,2 %	72,7 %
Zahl der verblasenen Chargen	644	1499
Mittlere Blasezeit für eine Charge	4 Std. 3 Min.	4 Std. 17 Min.
Verblasener Stein	18157 t	39080 t
Mittlerer Cu-Gehalt des Steines	43,9 %	43,7 %
Zugeschlagenes kaltes Erz	3304 t	8486 t
Erblasenes Konvertor-Cu	7250 t	15998 t
Mittlere Blasezeit für 1 t Konvertor-Cu	22,5 Min.	24,1 Min.
Erblasenes Konvertor-Cu je Blasestunde	2,66 t	2,50 t
Mittlere Windmenge pro Minute	254,4 cbm	213,4 cbm
Mittlere Windpressung	0,90 Atm.	0,85 Atm.
Durchschnitts-Stein-Analyse: Cu	43,9 %	43,7 %
Fe	28,8 %	29,2 %
S	22,6 %	22,3 %
Unlöslich	0,4 %	0,5 %
Durchschnitts-Schlacken-Analyse: Cu	2,5 %	2,2 %
SiO_2	22,7 %	22,4 %
FeO	67,0 %	68,1 %
CaO	0,8 %	1,0 %
Al_2O_3	1,6 %	3,1 %

Um die verhältnismäßig hohen Kosten einer Magnesitausmauerung zu sparen, kann man unter Umständen mit Magnetitfutter auf saurer Unterlage arbeiten, wie dies schon vorstehend bei Besprechung der Schlackenbildung im Konvertor erwähnt wurde (vgl. S. 302), ein Verfahren, das Erfahrung und sorgfältigste Innehaltung einer maximalen Temperaturgrenze des Bades von rund 1250° C erfordert. Beim Arbeiten in derartig gefütterten Konvertoren (es dürften nur kleine Konvertoren für solches Futter in Frage kommen, da bei großen Konvertoren die Gefahr eines Steindurchbruches viel zu groß wird) ist auch ständige analytische Kontrolle der Schlacken unerläßlich, wenn der Konvertor nicht in kurzer Zeit mit Magnetit zuwachsen soll, wie dies zur Zeit z. B. in Allahwerdi noch der Fall ist.

Anschließend seien hier gleich noch einige Worte der Reparatur von schadhaft gewordenem Konvertormauerwerk gewidmet. Grundsätzlich soll jedes Meißeln im Konvertor möglichst vermieden werden. Das Ausmeißeln von Konvertoren, deren Fassungsvermögen durch magnetitische oder sonstige schwerschmelzige Wandansätze beträchtlich zurückgegangen ist, erschüttert das Mauerwerk aufs schwerste und führt zur Bildung von Rissen, die böse Folgen (Steindurchbruch u. dgl.) nach sich ziehen können. Vorsichtiges vorübergehendes Arbeiten mit höherer Badtemperatur, um die Ansätze zu erweichen und dann in das Bad zu spülen, führt viel eher und besser zum Ziel, wenngleich dieses Verfahren wegen der dabei anzuwendenden Vorsicht etwas langwierig ist.

Vom Zustande des Mauerwerkes kann man sich während des Blasens leicht überzeugen, wenn dauernd die Ummantelung beobachtet wird. Ist sie nirgends heißer, als daß man die Hand anlegen kann, ohne sich zu verbrennen, so liegt zu Besorgnissen im allgemeinen kein Grund vor. Fällt jedoch während des

Blasens ein Stein oder gar mehrere aus dem Mauerwerk heraus, so zeigt sich die drohende Gefahr äußerlich dadurch an, daß die Ummantelung örtlich sehr heiß und womöglich gar rotwarm wird. Ein kräftiger Wasserstrahl auf diese Stelle der Ummantelung genügt meist, um den Konvertor dennoch bis auf Garmetall fertig blasen zu können. Neuer Rohstein sollte dann allerdings nicht vor Reparatur der schadhaften Stelle eingesetzt werden. Auch während des Schlackeziehens sollten die Schmelzer niemals vergessen, einen Blick auf das Mauerwerk zu werfen.

Den stärksten Angriffen ist das Mauerwerk stets in der nächsten Umgebung der Düsen, besonders unmittelbar über den Düsen, ausgesetzt, nicht nur, weil dort die chemischen Reaktionen am lebhaftesten sind, sondern auch, weil — sobald eine Düse sich durch Ansatzbildung verengt und sie dann durch Stochen offen gehalten wird — immer die Gefahr besteht, daß beim Losstoßen der Ansätze Ecken aus dem Mauerwerk, wenn nicht gar ganze Steine, herausgestoßen werden. Dem Zustand der Düsenzone ist daher beim jedesmaligen Kippen des Konvertors besondere Beachtung zu schenken.

Müssen an dieser oder jener Stelle Flickarbeiten am Mauerwerk vorgenommen werden, so sind die schadhaften Stellen möglichst vorsichtig mit dem Meißel freizulegen, wobei man lieber mehr Zeit aufwenden und vorsichtig mit kleinem Schlägel arbeiten soll, als einen Vorschlaghammer zu nehmen, damit die Arbeit schneller verläuft. Besser noch ist es, mit einem Fräser aus bestem Werkzeugstahl oder einer kleinen Karborundscheibe die schadhafte Stelle zu säubern. Nach sorgfältiger Säuberung und Freilegung der Ränder der zu flickenden Stelle macht die Reparatur vom Konvertorinnern aus deshalb keine Schwierigkeiten, weil die einzupassenden Steine nicht stramm eingepaßt werden dürfen, da frische Steine sich etwas stärker ausdehnen als schon in Betrieb gewesene Steine. Bei konischen Steinen stört aus diesem Grunde auch die konische Gestalt trotz des Ersatzes vom Konvertorinnern aus nicht. Man schiebe die Schlußsteine ohne Mörtel ein und fülle dann die Fugen durch Einstopfen von Mörtel mittels eines Spatels sauber aus. Bei einiger Übung der Schmelzer, die solche Reparaturarbeiten ausführen, lassen sie sich von innen ebenso schnell durchführen, wie von außen, wenn Fenster zu diesem Zwecke in der Ummantelung angebracht wären (vgl. S. 320).

Es ist aus betriebswirtschaftlichen Gründen ratsam, die Reparaturen von Konvertorfutter immer von den Schmelzern selbst und nicht von Berufsmaurern ausführen zu lassen. Erstens beginnt ein tüchtiger Schmelzer mit der Flickarbeit schon bei viel weniger weit abgekühltem Konvertor als ein Berufsmaurer. Wenn man Sand in den Konvertor füllt und dann noch Bretter als Unterlage zum Stehen oder Knien darauflegt und für etwas frische Luft sorgt, kann man Reparaturzeit sparen und schon bei noch recht warmem Futter arbeiten. Zweitens kennen die Schmelzer ihren Konvertor besser als ein Berufsmaurer und wissen bei der Reparatur viel besser, worauf es in erster Linie ankommt. Drittens endlich gehen die Schmelzer, wenn sie die Schwierigkeiten und Unbequemlichkeiten der Reparaturen im heißen Konvertor aus eigener Erfahrung kennen, meist viel sorgfältiger mit ihrem Konvertor um, als wenn sie wissen, daß andere den Schaden ausbessern müssen, den sie selbst durch etwaige mangelnde Sorgfalt anrichten. Bestärken kann man die Sorgfalt der Schmelzer noch dadurch, daß Reparaturlöhne niedriger angesetzt werden als Schmelzlöhne und andererseits die Reparatur unter strenger Kontrolle stattfindet, damit sie nicht zum Schaden ihrer Güte übereilt wird, um schnell wieder Schmelzlöhne zu verdienen. Auch Prämien auf hohe Chargenzahl haben gute Wirkungen.

Windleitung und Düsen. Durch den Windanschluß (Konus und Trichter) gelangt der dem Konvertor zugeführte Wind in die eigentliche Verteilungsleitung, von der die Düsen gespeist werden und die an der Konvertorummantelung angebracht ist, so daß sie alle Kippbewegungen des Konvertors mitmacht. Bei älteren Bautypen ist gelegentlich diese Verteilungsleitung als einfacher Windkasten unmittelbar auf die Konvertorummantelung aufgeheftet worden; heute hat man solche Bauart vollkommen verlassen und führt die Verteilungsleitung als selbständiges Windrohr in konzentrischem Teilkreis um den Mantel der aufrechten Konvertoren oder als gerades Rohr parallel einer Mantellinie der Trommelkonvertoren freischwebend am Mantel entlang, so daß jegliches Arbeiten des Mantels selbst ohne mechanischen Einfluß auf die Verteilungsleitung bleibt. Die Verteilungsleitung bei aufrechten Konvertoren darf nur von drei starr mit dem Konvertormantel verbundenen Rohrschellen getragen werden, die nicht stramm auf die Verteilungsleitung aufgepaßt sein sollen, damit Bewegungen des Konvertormantels, die seinen kreisrunden Querschnitt verändern wollen, nicht auf die Verteilungsleitung durch die Rohrschellen übertragen werden. Die Verteilungsleitung muß sich innerhalb der sie tragenden Rohrschellen um geringe Beträge verschieben können, damit die Schellen nicht verbogen werden. Für Trommelkonvertoren gilt das gleiche, wenn die Längsausdehnung des Zylindermantels frei und ohne Nachwirkungen auf die Verteilungsleitung und die sie tragenden Rohrschellen vonstatten gehen soll.

Von der Verteilungsleitung aus werden die Konvertordüsen gespeist. Um einer guten Verteilung des Windes auf die einzelnen Düsen willen sollte die lichte Weite der Verteilungsleitung mindestens das Dreifache der Summe aller Düsenquerschnitte betragen.

Die Düsen selbst haben fast ausschließlich kreisförmigen Querschnitt. Man hat gelegentlich versucht, als Düsen durchbohrte Formsteine zu benutzen, ist davon jedoch aus zwei sehr triftigen Gründen abgekommen. Erstens bilden sich an der Mündung der Düsen in das Konvertorinnere — wie schon erwähnt — stets geringe Ansätze, die dazu neigen, den Düsenquerschnitt zu verengen. Solche Ansätze müssen beim Stochen der Düsen losgestoßen werden. Da nun derartige Ansätze am Futter sofort festbrennen, werden — wenn man durchbohrte Formsteine als Düsen benutzt — beim Losstoßen der Ansätze stets mehr oder minder große Ecken und Stücke der Düsensteine losgestoßen und das Mauerwerk oder Stampffutter wird schwer erschüttert; die Düsensteine sind sehr schnell zertrümmert und die ganze Düsenebene wird schnell so schadhaft, daß sie erneuert werden muß. Zweitens aber neigen durchbohrte Formsteine schon beim Erhitzen dazu, parallel der Bohrung Risse und Sprünge zu bekommen, so daß dann oftmals der durch die Düsensteine in das Bad einzublasende Wind geringeren Widerstand als im Bade zu überwinden hat, wenn er den Weg in das Mauerwerk und in die Hinterfüllung der Auskleidung des Konvertors findet. Treten erhebliche Sprünge in solchen Düsensteinen auf, so kann es vorkommen, daß überhaupt kein Wind bis in das Bad gelangt und die Düsen wenigstens teilweise vollaufen. Infolgedessen werden heute nur eiserne Rohre als Düsen benutzt, die von außen durch den Konvertormantel und durch das Futter hindurchgeführt werden. Gelegentlich sind gußeiserne Rohre in Gebrauch gewesen, denen man einen quadratischen äußeren Querschnitt und eine kreisrunde Bohrung gab. Die prismatische äußere Gestalt solcher Düsenrohre sollte das Einpassen in das Mauerwerk erleichtern, wobei aber unbeachtet blieb, daß der abzudichtende Zwischenraum zwischen Außenwand des Düsenrohrs und Mauerwerk, der wegen der verschiedenartigen Ausdehnung von Düsenrohr und Mauerwerk in der Hitze unerläßlich ist, bei gleichem Abstand zwischen Rohr und Mauerwerk und bei prismatischer Außenform der Düsenrohre 1,27 mal so großen Querschnitt hat, wie bei entsprechender zylindrischer Außenform. Dazu kommt noch, daß gußeiserne Düsenrohre leichter zu Bruch gehen als schmiedeeiserne, sei es durch abscherenden Druck des arbeitenden Futters, sei es durch unsorgfältige Behandlung beim Düsenstochen, sei es schließlich durch Zerreißen beim Aufwältigen verengter Düsen. Viel stärkere Beanspruchung in jeder Beziehung vertragen schmiedeeiserne Rohre, die außerdem den großen Vorzug haben, daß sie unvergleichlich billiger sind. Am besten geeignet ist nahtlos gezogenes Siederohr, das man in hinreichender Menge vorrätig hält und nach Bedarf ablängt.

Die Bohrung in der Konvertorummantelung, durch die das nahtlos gezogene Düsenrohr hindurchgeführt wird, muß grundsätzlich einen Durchmesser haben, der größer ist als der äußere Durchmesser des Düsenrohres. Das ist erforderlich, weil das fest gegen das Futter abgedichtete Düsenrohr alle Bewegungen mitmacht, die das Futter im Laufe der Erhitzung und infolge der Temperaturschwankungen im Konvertorinnern ausführt. Das Düsenrohr darf in diesen Bewegungen von der Ummantelung in keiner Weise behindert werden, da es andernfalls einfach abgeschert wird. Während bei aufrecht stehenden Konvertoren im allgemeinen kreisrunde Bohrungen im Konvertormantel am Platze sind, da die Bewegungsfreiheit, die dem Düsenrohr gegeben werden muß, in allen Richtungen nahezu gleich groß ist, müssen die Öffnungen zur Durchführung der Düsenrohre bei Trommelkonvertoren um so mehr die Gestalt wagerechter Schlitze haben, je dichter die Düsen an den Stirnwänden des Konvertors gelegen sind. Das ist vor allem bei großen Konvertoren mit beträchtlicher Länge der Zylinderachse zu beachten. Gelegentlich ist versucht worden, eine Bewegung des Futters gegen den Mantel in der Düsenzone dadurch zu unterbinden, daß das Futter an der Ummantelung in irgendwelcher Form verankert wurde, sei es durch starke Rippen, die an der Innenseite des Mantels parallel der Düsenzone dicht oberhalb und dicht unterhalb derselben angeheftet wurden, sei es durch einzelne gleichfalls an der Mantelinnenseite angeheftete Knaggen, die in einzelnen Fällen sogar mit Wasserkühlung versehen wurden, um sie gegen Abbrand zu schützen. Die Düsenrohre, die in diesem Falle keinen sonderlichen Spielraum in der Mantelbohrung, durch die sie hindurchtreten, erfordern, wurden auf dem Mantel mittels Flansch festgeheftet und durch einen dem Flansch untergelegten Bleiring abgedichtet, um Windverluste zu vermeiden. Sonderliche Vorteile bietet eine Verankerung des Futters am Konvertormantel nicht, zumal sie auch nur eine einzige Bewegungsrichtung des Futters aufheben kann, nicht aber die zu der gehemmten Bewegungsrichtung senkrecht oder winklig auftretenden Verschiebungen. Ungekühlte Rippen oder Knaggen brennen leicht ab und gekühlte Rippen und Knaggen bilden nach Überzeugung des Verfassers eine viel zu große und nicht zu verantwortende Gefahr im Falle eines Leckwerdens. Eine winddichte Abdichtung der Düsenrohre gegen die Ummantelung kann das erstrebte Ziel der Unterbindung von Windverlusten nur teilweise erreichen, weil dem Winde der Weg in das Futter selbst und von dort in die Hinterfüllung dennoch offenbleibt.

Vor allen Dingen ist Wert zu legen auf eine gute Abdichtung der Düsenrohre gegen das eigentliche Futter. Diese tritt bei saurem Konvertorfutter selbsttätig ein, wenn das Düsenrohr fest im Konvertorfutter eingestampft wird. Da das Düsenrohr selbst einen beträchtlich größeren Ausdehnungskoeffizienten hat als das saure Futter, legt es sich in der Hitze absolut dicht an das Futter an. Bei basischem Futter hingegen empfiehlt es sich, die Düsenebene mit einer Fuge im Mauerwerk zusammenfallen zu lassen und sowohl aus der unteren Steinlage, auf der die Düsenrohre auflagern, als aus der oberen Steinlage, mit der sie bedeckt werden, je eine Rinne mit halbkreisförmigem Querschnitt auszuarbeiten, so daß Öffnungen entstehen, durch die die Düsenrohre hindurchgeschoben werden können. Diese müssen einen Durchmesser haben, der größer ist als der Durchmesser der Düsenrohre, so daß die Rohre freischwebend durch das Futter eingeschoben werden können. Es werden nun die Düsenrohre nicht etwa gleich beim Ausmauern des Konvertors eingesetzt und gegen das Futter abgedichtet, weil dadurch die Gefahr entsteht, daß sie wegen ihres gegenüber dem Magnesit größeren Ausdehnungskoeffizienten während des Anheizens des Konvertors die untere und obere Steinlage auseinander drängen und dadurch die Fuge zwischen diesen beiden Steinlagen erweitern. Sie werden vielmehr erst vor dem Anheizen des Konvertors in das Mauerwerk eingeschoben und durch kleine zwischen Mauerwerk und Düsenrohr zwischengeschobene Magnesitsplitter so orientiert, daß sie frei in der für sie vorgesehenen Öffnung schweben und möglichst nirgends das Futter selbst berühren. Vom Konvertinnern aus wird zwischen Düsenrohr und Mauerwerk ein kleiner Ring von runder Asbestschnur fest eingeklopft, so daß an der Konvertorinnenseite eine vorläufige Dichtung hergestellt ist. Nachdem nun der Konvertor angeheizt wurde und schon fast die Temperatur erreicht hat, bei der er auf den Arbeitsstand gebracht werden und in Betrieb gehen soll, wird von außen zwischen Düsenrohrwandung und Futter ein Gemisch von reinem gebrannten Magnesit mit etwa 15 % seines Gewichtes an gepulvertem Pech oder Asphalt eingeführt und vermittels hölzernen meißelförmigen Stopfers und hölzernen Schlägels eingehämmert, wobei der vorhin erwähnte Asbestschnurring das erste Widerlager für die eingeklopfte Dichtungsmasse bildet. Um der bequemeren Arbeit willen kippt man dabei den Konvertor so weit nach vorn, daß die Düsenrohre ziemlich senkrecht zu stehen kommen und das Einfüllen von Dichtungsmasse keinerlei Schwierigkeiten macht. Immer, wenn ein wenig Dichtungsmasse, die sofort festbrennt, eingefüllt ist (auf gleichmäßige Verteilung um das ganze Düsenrohr herum achten!), wird sie wieder mit Stopfer und Schlägel festgeschlagen. Auf diese Weise läßt sich eine vorzügliche Abdichtung der Düsenrohre gegen das Mauerwerk erzielen, die den im Konvertorprozeß in Frage kommenden Windpressungen von maximal rund 1,7 Atm. hinreichend widersteht. Eine Abdichtung, und überhaut jegliche Befestigung, zwischen Konvertormantel und Düsenrohr werden überflüssig. Das Düsenrohr sitzt fest im Futter und muß sich mit diesem auch bewegen können. Die in die Ummantelung einzuschneidenden Durchtrittsöffnungen für die Düsenrohre müssen natürlich so groß bemessen sein, daß man ungehindert mit Stopfer arbeiten kann, um die Dichtungsmasse einzuklopfen.

Nach außen wird jede Düse durch ein Ventil abgeschlossen. Bestens bewährt und daher fast ausschließlich in Gebrauch ist das Dybliesche Kugelventil, das hinreichend dicht schließt und nur recht geringen Verschleiß mit sich bringt. Abgenutzt werden lediglich die Kugeln, und da es beim Düsenstochen vorkommen kann, daß gelegentlich eine durch Abnutzung immer kleiner und kleiner gewordene Ventilkugel plötzlich nach hinten ausgeworfen wird, sollte jeder Schmelzer, der Düsen stocht, stets eine neue Ventilkugel in der Tasche haben, damit er nur noch nach dem Ventilschlüssel, der seinen ständigen Platz direkt an der

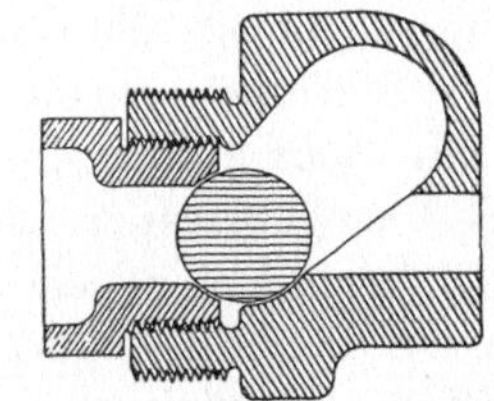

Abb. 86. Dyblie-Ventil.

Düsenseite des Konvertors haben muß, zu greifen hat, um sofort eine neue Ventilkugel einsetzen zu können.

Bei veralteten Konvertortypen, die keine Windverteilungsleitung sondern nur einen Windkasten hatten, mündeten die Düsen unmittelbar in den Windkasten, und die Ventile waren auf der Rückseite des Windkastens gegenüber jeder Düse angebracht (vgl. Abb. 95). Gelegentlich ist die Verbindung zwischen Düse und Windverteilungsleitung hergestellt worden durch einen besonders ausgebildeten Ventilkörper, der unmittelbar auf die Verteilungsleitung aufgesetzt und in den das Düsenrohr eingeschraubt war (vgl. Abb. 97). Die Unzweckmäßigkeit dieser Bauart ergibt sich hinreichend aus der vorstehend gestellten Forderung unbeschränkter Bewegungsfreiheit der Düsen gegenüber der Windverteilungsleitung und dem Konvertormantel. Die beste Art der Verbindung von Düse und Verteilungsleitung ist daher ein beweglicher metallener Spiralschlauch. An das freie Ende des Düsenrohres, das aus der Konvertorummantelung hervorsteht, wird ein Gasgewinde angeschnitten, um ein T-Stück so aufdrehen zu können, daß der wagerechte Balken des T dem Düsenrohre parallel liegt,

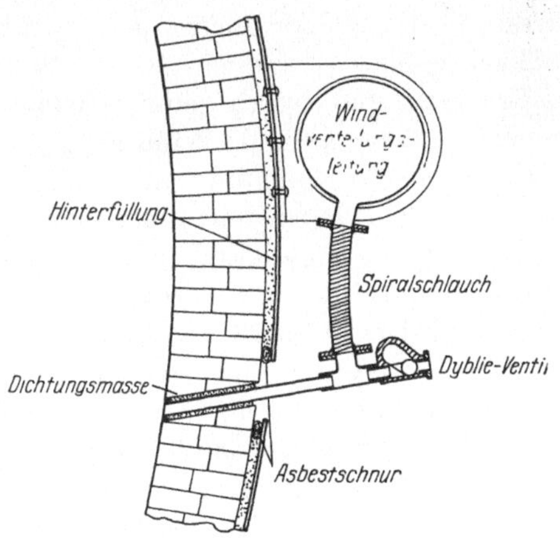

Abb. 87. Unstarre Verbindung der Windverteilungsleitung mit der fest in das Futter eines basischen Konvertors eingesetzten Winddüse.

während der lotrechte Balken nach oben gerichtet und mit Flansch versehen wird. Die Unterkante der Windverteilungsleitung soll 600—800 mm oberhalb der Düsen liegen. Ihre den Düsen entsprechend orientierten und gleichfalls geflanschten Stutzen werden durch kurze beiderseitig geflanschte Spiralschläuche (Flansche auf dem Spiralschlauch hartgelötet) mit dem nach oben gerichteten geflanschten Teile des T-Stückes verbunden. Das zweite freie Ende des T-Stückes trägt das Dyblie-Ventil.

Windmenge im Konvertor. Die für den Konvertorprozeß erforderliche Windmenge ergibt sich aus der für die Oxydationsreaktion benötigten Sauerstoffmenge, wobei wiederum — wie beim Schachtofenprozeß — zu bedenken ist, daß die je Zeiteinheit dem Prozesse zugeführte Sauerstoffmenge groß genug sein muß, um die für die Flüssigerhaltung des Bades benötigte Wärmekonzentration zu erzielen. Die obere Grenze der je Zeiteinheit zuzuführenden Windmenge ergibt sich aus der Temperatursteigerung, die sich je Blaseminute einstellt und die möglichst nicht zu höheren Badtemperaturen als 1250^0 C führen soll. Aus der Wärmebilanz des Konvertorprozesses, die an späterer Stelle noch ausführliche Behandlung findet, ergibt sich leicht die bei bestimmter minütlich in das Bad eingeblasener Windmenge auftretende Temperatursteigerung. Umgekehrt läßt sich auf gleichem Wege die zweckmäßige größte Windmenge errechnen, wenn die Pressungsverhältnisse sowie die Windausnutzung (der Nutzeffekt des Windes) berücksichtigt werden.

Für die Erzeugung des Gebläsewindes, der für den Konvertorprozeß benötigt wird, kommen Kapselgebläse nicht in Frage, da sie den Widerstand, den das Bad im Konvertor bietet, nicht zu überwinden vermögen und kaum Pressungen über 3000 mm Wassersäule zu liefern imstande sind. Es bleibt nur die Wahl zwischen Kolbengebläse und Turbogebläse. Zwar nehmen die Kolbengebläse erheblich mehr Platz in Anspruch als die Turbogebläse; auch sind sie nicht nur teurer, sondern es müssen bei der Aufstellung von Kolbengebläsen meist auch größere und daher unhandlichere, dem Gewichte nach schwerere Einzelteile transportiert und montiert werden als bei den Turbogebläsen. Dennoch verdienen die Kolbengebläse gerade für eine Konvertoranlage den Vorzug vor den Turbogebläsen, weil ein Kolbengebläse die angesaugte Windmenge gegen jede Pressung und gegen jeden freien Querschnitt fördert, während alle Turbogebläse die maximale Windmenge, die sie zu liefern vermögen, nur bei ganz bestimmter Pressung und nur bei ganz bestimmtem freien Querschnitt fördern. Steigt die Pressung über dasjenige Maximum, für das die Maschine gebaut ist, so geht die angesaugte und geförderte Windmenge zurück. Nimmt der freie Querschnitt, der mit Bezug auf einen Konvertor gleich der Summe aller Düsenquerschnitte ist, ab, d. h. verengen sich die Düsen oder fällt die eine oder die andere Düse vollständig aus, so nimmt die angesaugte und geförderte Windmenge gleichfalls ab. Die maximale Pressung, bei der ein Turbogebläse eine verlangte Windmenge liefern muß, ist beim Konvertorprozeß bekannt, und es genügt daher, eine solche Maschine zu wählen, die bei maximal 1,5 Atm. Pressung die für den Prozeß benötigte Windmenge fördert. Die Veränderungen des freien Querschnittes, die gelegentlich auftreten können, lassen sich indessen nicht berücksichtigen. Wenn auch die Summe aller Düsenquerschnitte durchaus bekannt ist, so ist es doch unmöglich, etwaigen Querschnittsveränderungen (durch Bildung von Ansätzen oder durch Vollaufen einer Düse) Rechnung zu tragen bei der Auswahl der Gebläsemaschine. Ist schon eine Verengung der Düsenquerschnitte im Verlaufe des Verblaseprozesses an sich von nachteiliger Wirkung auf die für das Verblasen erforderlichen Zeitspannen, so wird das Übel — wenn man mit einem Turbogebläse arbeitet — noch erheblich vergrößert, weil gleichzeitig und entsprechend der Düsenverengung auch die geförderte Windmenge sinkt, so daß es einen genau festzulegenden Grad der Düsenverengung gibt, bei dessen Überschreitung der Konvertor wegen Windmangels unweigerlich einfrieren muß. Ein Kolbengebläse indessen liefert auch bei starker Verminderung des freien Querschnittes immer noch die gleiche Windmenge. Es tritt daher meist an verengten Düsen eine etwas verstärkte Reaktionsintensität auf, die ein weiteres Zuwachsen der Düsen unterbindet, ja, ihnen manchmal sogar langsam wieder zu ihrem alten Querschnitt verhilft.

Ein Kolbengebläse hält die Konvertordüsen selbst einigermaßen offen und liefert stets die gleiche Windmenge. Ein Turbogebläse verläßt sich bezüglich des Zustandes der Konvertordüsen ganz auf die Schmelzer, die die Düsen stochen. Stocht der Schmelzer nicht eifrig, so reagiert das Turbogebläse, indem es weniger Wind liefert. Je schwieriger das Offenhalten der Düsen wird, um so mehr trägt es seinerseits zur Erschwerung der Arbeit bei, statt sie zu erleichtern.

Wenn beim Bau einer Konvertoranlage irgendwelche schwerwiegenden Umstände es tatsächlich praktisch unmöglich machen, Kolbengebläse aufzustellen, und man wohl oder übel zu Turbogebläsen greifen muß, dann sei stets erster Grundsatz für den Konvertormeister, daß ununterbrochen die Düsen gestocht werden, und zwar so, daß jede Düse mindestens alle 5 Min. einmal durchgestoßen wird. Es wird zwar die Schmelzarbeit dadurch etwas verteuert; aber ein Sparen an dieser Stelle wäre ein Schnitt in ihren Lebensnerv.

Windpressung im Konvertor. Die Pressung vor den Düsen, d. h. der Widerstand, den das im Konvertor befindliche Bad dem Eintritt des Windes entgegensetzt, ist — abgesehen von den Reibungswiderständen in der Windverteilungsleitung — lediglich von der Höhe des Bades über den Düsen, vom spez. Gew. und von der Viskosität des Bades abhängig. Beträgt z. B. das spez. Gew. des Bades in irgendeinem bestimmten Verblasestadium 6,3 und steht das Bad 1000 mm über den Düsen (d. h. beträgt das Lot von der Düsenoberkante auf die Badoberfläche 1000 mm), so herrscht vor den Düsen eine auf das Bad zurückzuführende Pressung von 0,63 kg (Atm.). Während des Verblasens nimmt nun einerseits die Höhe des Bades über den Düsen um geringe Werte ab, das mittlere spez. Gew. des Steines aber zu. Große Schwankungen der Pressung werden daher während eines einzelnen Blaseabschnittes nicht zu erwarten sein, und tatsächlich zeigt auch ein in die Windleitung eingebautes Manometer kaum nennenswerte Schwankungen an, immer vorausgesetzt, daß nicht die Badhöhe durch Schwenken des Konvertors verändert wird. Nachdem die Schlacke gezogen worden ist, und frischer zu verblasender Rohstein nachgesetzt wurde, sind die Badhöhe über den Düsen sowie das spez. Gew. des Bades verändert. Durch richtige Bemessung der nachgesetzten Menge Rohstein läßt sich die Veränderung der Pressung vor den Düsen, d. h. die Veränderung des Produktes von Badhöhe und spez. Gew. des Bades, auf ein Minimum herabdrücken, so daß wenigstens in der ersten Zeit des Konzentrierens von Rohstein keine allzu großen Pressungsschwankungen aufzutreten brauchen. Anders selbstverständlich werden die Verhältnisse, wenn die Metallkonzentration im Bade beträchtlich steigt, und erst recht während des Garblasens.

Da die nachfolgend noch zu behandelnde Durchspülung des Bades mit Wind oftmals ein Schwenken des Konvertors während eines Blaseprozesses erwünscht erscheinen läßt, um möglichst alle Teile des Bades intensiver Oxydation zugänglich zu machen, ist es erforderlich, auch die Änderung der Windpressung vor den Düsen beim Kippen des Konvertors zu untersuchen.

Als „Normalstellung" des Konvertors sei diejenige Stellung bezeichnet, in der bei aufrecht stehenden (Great-Falls-)Konvertoren die Zylinderachse mit der Lotrechten zusammenfällt und in der bei Trommelkonvertoren (Anacondatyp) die auf der Zylinderachse senkrechte Achse der Konvertorschnauze mit dem Lot identisch wird. Als „ideale Badhöhe" sei eine Badhöhe über den Düsen des in Normalstellung befindlichen Konvertors bezeichnet, bei der die Kippachse des Konvertors in der Badoberfläche liegt. Jede andere Badhöhe sei als „effektive Badhöhe" angesprochen.

Beim aufrecht stehenden Konvertor, bei dem außerdem zwecks Numerierung der von der Kippachse verschieden weit entfernten Düsen alle von einem vor dem Konvertor stehenden Beschauer aus links gelegenen Düsen einen Zifferindex mit negativem Vorzeichen, alle rechts gelegenen Düsen einen solchen mit positivem Vorzeichen erhalten sollen, sind der Radius r, die ideale Badhöhe DB und der Winkel α Baukonstanten. Beim Kippen des Konvertors nach rückwärts um den Winkel φ verändert sich die effektive Badhöhe. DE verwandelt sich in DE'.

Abb. 88. Windpressungsverhältnisse bei aufrecht stehenden Konvertoren.

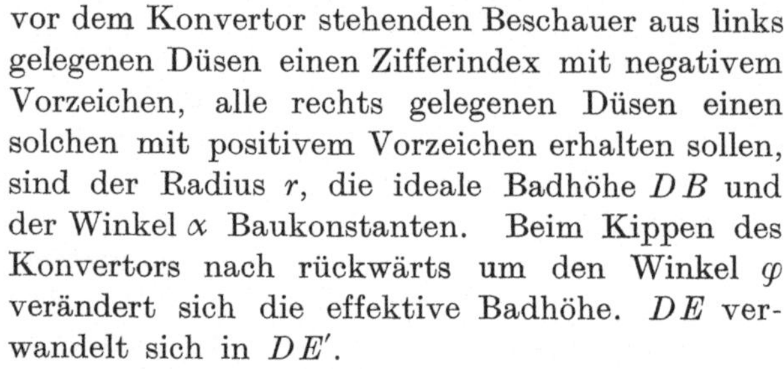

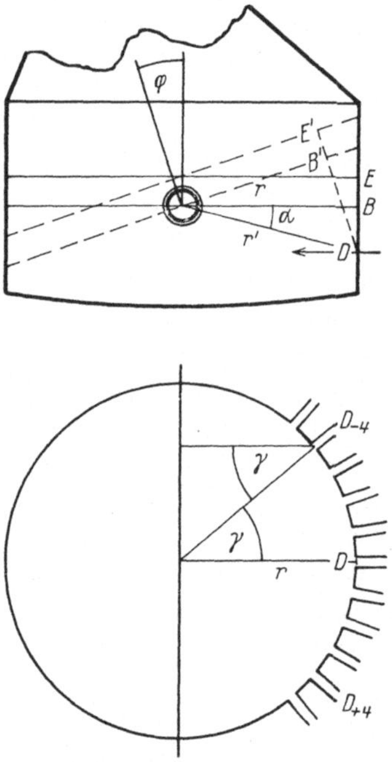

Bei Normalstellung des aufrechten Konvertors ist für die Düse D die

$$\text{effektive Badhöhe} = r' \cdot \sin\alpha + d$$

und die herrschende

$$\text{Pressung } P = (r' \cdot \sin\alpha + d) \cdot \mathrm{K},$$

wobei $d = EB$ die Differenz zwischen der idealen Badhöhe und der effektiven Badhöhe und K ein Faktor ist, der das spez. Gew. des Bades zum Ausdruck bringt.

Nach Kippung des Konvertors um den Winkel φ wird die

$$\text{effektive Badhöhe} = r' \cdot \sin(\alpha + \varphi) + d\ [1]$$

und die herrschende

$$\text{Pressung } P' = (r' \cdot \sin(\alpha + \varphi) + d) \cdot K.$$

Die Pressungssteigerung bei Kippung um den Winkel φ läßt sich ausdrücken als Differenz zwischen der Pressung nach der Kippung und der in Normalstellung herrschenden Pressung. Es ist

$$P' - P = r' \cdot [\sin(\alpha + \varphi) - \sin\alpha] \cdot K.$$

Vorstehende Gleichung gilt aber nur für die Düse D. Für jede andere Düse ändert sich der Wert r'. Die Änderung verläuft proportional dem Kosinus des Winkels, den die Achse der jeweils zu untersuchenden Düse mit der Achse der

[1] $E'B'$ ist zwar tatsächlich nicht gleich EB; jedoch ist die Differenz $EB - E'B'$ so geringfügig, daß praktisch $E'B' = EB = d$ gesetzt werden kann.

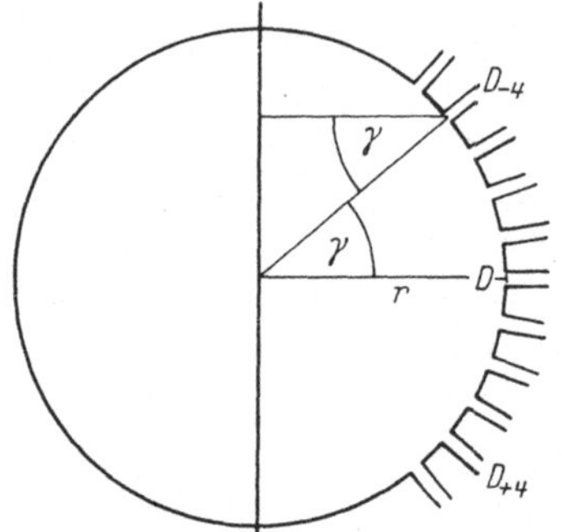

Düse D einschließt. Für die Düse D_{-4} z. B. ergibt sich die Pressungsänderung nach Kippen des Konvertors um den Winkel φ zu

$$P'_{-4} - P_{-4} = r' \cdot \cos \gamma \cdot [\sin(\alpha + \varphi) - \sin \alpha] \cdot K.$$

Bei den aufrecht stehenden Konvertoren tritt also beim Kippen um einen beliebigen Winkel eine für alle Düsen verschiedenartige Änderung der Windpressung ein, die abhängig ist von der Stellung der Düse. Als unmittelbare Folgeerscheinung ergibt sich daraus:

1. Beim Rückwärtskippen eines aufrechten Konvertors nimmt die Windpressung vor den mittleren Düsen in viel stärkerem Maße zu als bei den an den Enden der Windverteilungsleitung gelegenen äußeren Düsen;

2. beim Vorwärtskippen nimmt die Pressung vor den mittleren Düsen stärker ab als vor den äußeren Düsen.

Außerdem treten beim Rückwärtskippen des Konvertors unter Umständen (bei niedriger Badhöhe) die an den Enden der Windverteilungsleitung gelegenen Düsen aus dem Bade heraus; beim Vorwärtskippen hingegen treten als erste die mittleren Düsen aus dem Bade aus.

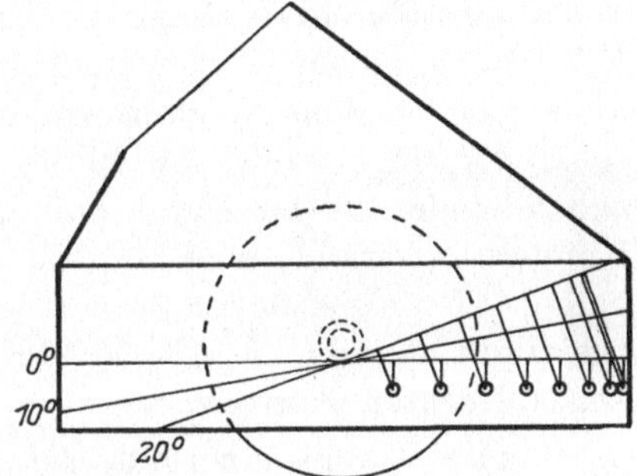

Abb. 89. Windpressungsunterschiede vor den verschiedenen Düsen eines aufrechten Konvertors beim Kippen desselben.

Eine weitere Folgeerscheinung dieser Umstände ist, daß beim Kippen eines aufrecht stehenden Konvertors diejenigen Düsen, vor denen größere Pressung herrscht, geringere Windmengen bekommen als diejenigen, bei denen der von der Badhöhe abhängige Widerstand geringer ist. Ja, es kann sogar vorkommen, daß bei starkem Rückwärtskippen eines aufrechten Konvertors der gesamte eingeblasene Wind aus wenigen seitlichen Düsen herauspfeift und die mittleren tief unter der Badoberfläche gelegenen Düsen in Gefahr kommen, voll zu laufen. Beim Vorwärtskippen zwecks Schlackeziehens oder zwecks Ausgießens des Konvertors muß möglichst schnell gekippt werden, damit nicht die seitlichen Düsen vollaufen.

Des weiteren ergibt sich, daß es tunlich ist, auf ein Schwenken der aufrecht stehenden Konvertoren überhaupt möglichst zu verzichten, und daß gerade für aufrecht stehende Konvertoren unter allen Umständen Turbogebläse vermieden werden müssen.

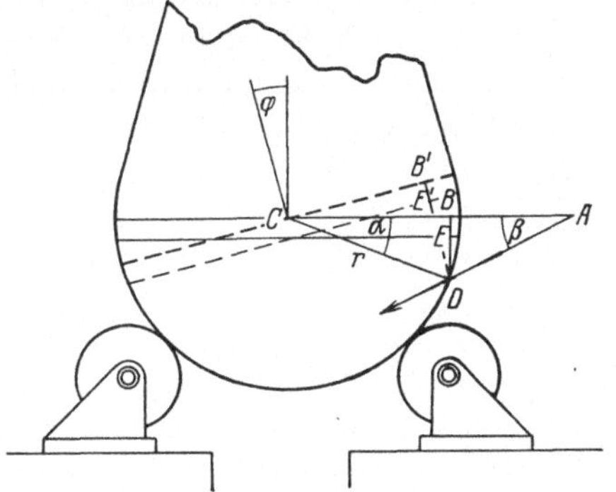

Abb. 90. Windpressungsverhältnisse bei Trommelkonvertoren.

Ungleich günstiger gestalten sich diese Verhältnisse bei den Trommelkonvertoren. Der Winkel β, der die Neigung der Düsenachse gegen eine durch die Kippachse des Konvertors gelegte Horizontale angibt, sowie der Winkel α sind wiederum Baukonstanten des Konvertors. Wenn der lichte Radius des Trommelkonvertors mit r bezeichnet wird, und das Bad lediglich innerhalb des kreis-

zylindrischen Teiles des Konvertors bewegt wird, nicht etwa in die Konvertorschnauze hineinspielt, so gilt unter Beibehaltung aller im vorigen Beispiel angewandten Bezeichnungen:

Bei Normalstellung:

$$P = (r \cdot \sin \alpha - d) \cdot K.$$

Nach Kippung um den Winkel φ:

$$P' = (r \cdot \sin (\alpha + \varphi) - d) \cdot K.$$

Pressungsänderung:

$$P' - P = r \cdot [\sin (\alpha + \varphi) - \sin \alpha] \cdot K.$$

Da alle Düsen gleich weit von der Kippachse entfernt sind, ist die Pressungsänderung während des Kippens des Konvertors stets bei allen Düsen die gleiche.
Die den einzelnen Düsen entströmende Windmenge ist daher auch völlig unabhängig von dem Neigungswinkel des Konvertors gegen die Normalstellung.

In der Möglichkeit, sowohl die Pressung vor den Düsen als auch die noch zu
behandelnde Art der Durchspülung des Bades mit Wind durch Schwenken des
Konvertors verändern zu können, ohne daß dadurch die Windverhältnisse innerhalb des Bades bezüglich der aus jeder Düse austretenden Windmenge irgendwie
beeinflußt werden, liegt einer der Hauptvorzüge der Trommelkonvertoren vor
den aufrechten Konvertoren.

Windverteilung innerhalb des Bades. Die Verteilung des Windes innerhalb des im Konvertor befindlichen Bades hängt ab von

    1. der Stellung der Düsenachse zur Badoberfläche[1];

    2. der Geschwindigkeit des eintretenden Windes;

    3. der Dünnflüssigkeit des Bades.

Der Wind ist an und für sich natürlich stets bestrebt, das Bad auf kürzestem
Wege und schnellstens zu verlassen. Je kleiner der Winkel ist, den die Düsenachse mit der Badoberfläche bildet (hier ist wieder der Unterschied zwischen
aufrechten Konvertoren und Trommelkonvertoren zu beachten!), desto mehr
wird — gleichbleibende Windgeschwindigkeit vorausgesetzt — der Wind gewissermaßen am Bade abprallen, desto oberflächlicher wird das Bad durchspült.
Durch Schwenken des Konvertors, also durch Veränderung des Winkels zwischen
der Düsenachse und der Badoberfläche bei gleichzeitiger Vergrößerung der
effektiven Badhöhe, läßt sich der Grad der Durchspülung verändern. Es kann
auch bei mäßigen Windgeschwindigkeiten, die durchaus im Interesse eines langen
Verweilens des Windes im Bade, also einer guten Windausnutzung, liegen, eine
hinreichende Versorgung auch der tiefsten Teile des Bades mit Wind erreicht

---

[1] In unmittelbarer Nähe der Stirnwände der Trommelkonvertoren gestaltet sich die
Windverteilung im Bade naturgemäß etwas anders als in der Mitte. Die Entfernung der
äußersten Düsen von den Stirnwänden selber spielt dabei eine wichtige Rolle. Darüber,
wie weit man die äußersten Düsen an die Stirnwände heranrücken darf, um nicht allzu
starke Auswaschungen des Futters an den Stirnwänden zu verursachen, ist nichts Bestimmtes
zu sagen. Manche Firmen, die Konvertoren bauen, neigen dazu, ziemlich große Abstände
der äußeren Düsen von den Stirnwänden innezuhalten, was aber nach Ansicht des Verfassers
nicht erforderlich ist, da Enddüsen, die zu nahe an den Seitenwänden angebracht sind,
in der Praxis leicht stillgelegt werden können, wenn es wünschenswert erscheint, vorausgesetzt, daß sie nicht schon von selber durch Bildung von Ansätzen im Konvertor zugewachsen sind.

werden, wenn der Konvertor hinreichend weit hintübergekippt wird. Das ist namentlich während des Garblasens zu beachten, damit nicht erblasenes Metall am Boden des Konvertors einfriert. Natürlich darf beim Garblasen der Konvertor nicht so weit hintübergekippt werden, daß die Düsen tief im erblasenen Metall stehen, da unter Umständen durch den Wind selbst das Metall kaltgeblasen wird.

Die Geschwindigkeit des aus den Düsen austretenden Windes ist direkt proportional der Windmenge und umgekehrt proportional der Summe aller Düsenquerschnitte. Je größer also die Summe aller Düsenquerschnitte, um so geringer ist die Windgeschwindigkeit. Soll eine möglichst gute Windausnutzung erzielt werden und soll allzu starkes Brodeln des Bades und allzu reichliches Auswerfen von Stein und Schlacke unterbunden werden, so hat man geringe Windgeschwindigkeiten zu wählen. Da die je Zeiteinheit einzublasende Menge an Wind im allgemeinen festliegt, kann die Windgeschwindigkeit nur verändert werden durch eine Veränderung der Summe aller Düsenquerschnitte. Dabei besteht eine praktische untere Grenze für die zulässigen Düsendurchmesser, die bestimmt ist durch die Schnelligkeit, mit der sich allzu enge Düsen zusetzen. Die bestbewährten Düsendurchmesser

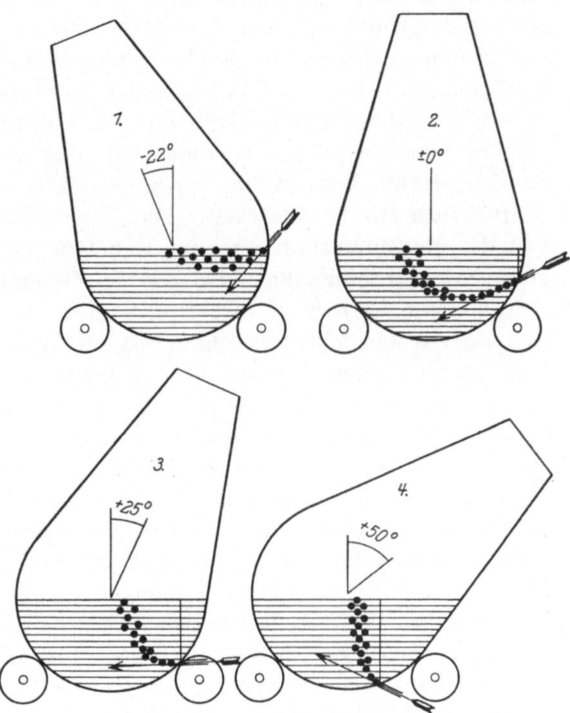

Abb. 91. Durchspülung des Bades mit Wind bei verschiedenen Neigungen des Konvertors.

schwanken zwischen 39 und 52 mm. Düsendurchmesser unter 30 mm sind unzweckmäßig, da sie schon bei der geringsten Verengung ihres Querschnittes viel zu große Windgeschwindigkeiten nach sich ziehen. Düsendurchmesser von mehr als 52 mm sollten andererseits auch vermieden und statt einer Vergrößerung der Durchmesser lieber die Anzahl der Düsen vermehrt werden.

Je heißer der Stein, je dünnflüssiger er also ist, um so leichter perlen die aus den Düsen austretenden Windblasen im Bade empor und um so mehr neigen sie dazu, in Gestalt eines ziemlich einheitlichen Strahles durch das Bad hindurchzustreichen. Je weniger der Windstrahl, der aus einer Düse austritt, im Bade zerteilt wird, desto geringer wird natürlich auch der Nutzeffekt des Windes; denn desto schneller verläßt er das Bad und desto geringer ist seine Oberfläche im Verhältnis zu seinem Volumen. Bei verhältnismäßig kaltem Bade (ca. 1100° C) tritt eine büschelartige Aufteilung des aus der Düse austretenden Windstrahles ein, d. h. die größere Viskosität des Steines führt zu einer besseren Zerteilung des Windstrahles. Die Zahl der einzelnen über das Bad verteilten Windblasen nimmt zu und damit auch die Oberfläche der Windblasen im Vergleich zu ihrem Volumen. Bei verhältnismäßig viskosem Bade wird daher im allgemeinen eine viel größere Reaktionsintensität, eine stärkere Oxydation je Zeiteinheit, ein größerer Nutzeffekt des Windes erzielt. An die Schlacken muß im Gegensatz zu den Steinen die Forderung gestellt werden, daß sie möglichst wenig viskos sein sollen, damit die Gasblasen, die das Steinbad verlassen, möglichst ungestört durch die auf dem Steinbade schwimmende Schlackenschicht hindurchtreten können. Sind die Schlacken verhältnismäßig zähflüssig, so tritt leicht Schäumen ein, was unter Umständen so stark werden kann, daß der Schaum, in reichem Maße untermischt mit Steinpartikeln, aus der Schnauze des Konvertors herausgequollen kommt (vgl. das vorstehend im Abschnitt über die Konvertorschlacken diesbezüglich bereits Gesagte).

Die theoretische Blasezeit. Die theoretische Verblasezeit hängt ab erstens von der Metallkonzentration im Rohstein, zweitens von der in den Konvertor eingesetzten Steinmenge, also den je Zeiteinheit zu oxydierenden Eisen- und Schwefelmengen bzw. Schwarzkupfermengen; drittens vom Zustand der Düsen und im engsten Zusammenhange damit von der Geschwindigkeit des in das Bad eingeblasenen Windes und viertens von der angewandten Windmenge sowie von der Windpressung.

Wenn man die Wirtschaftlichkeit des Verblasens von Rohsteinen im Konvertor erfassen will, so sollte man nie versäumen, rechnerisch die theoretische Verblasezeit zu ermitteln, da nur ein Vergleich dieser theoretischen Verblasezeit mit der tatsächlichen, praktischen Verblasezeit (natürlich abzüglich der Zeitverluste für Schlackeziehen, Nachsetzen von Stein, Chargieren von Zuschlägen usw.) Rückschlüsse auf etwaige mangelhafte Verhältnisse im Konvertor gestattet.

Die Wärmewirtschaft im Konvertor. Wenngleich der Konvertorprozeß als solcher zunächst den Eindruck erweckt, daß er viel einfacher verlaufe als der Schachtofenprozeß, so zeigt sich bei genauerer Untersuchung der Wärmewirtschaft des Konvertorprozesses, daß dies nicht unumschränkt stimmt. Zwar würde es verhältnismäßig einfach sein, zu einem klaren Bilde über die Wärmewirtschaft beim Konvertorprozeß zu kommen, wenn die gesamte, in einem Arbeitsgange zu verblasende Rohsteinmenge auf einmal eingesetzt wird. Da dies praktisch jedoch in den meisten Fällen undurchführbar ist und stets so gearbeitet wird, daß eine Portion Rohstein eingesetzt und bis auf eine gewisse Konzentration verblasen, dann abermals Rohstein nachgesetzt und wieder geblasen wird und man mit diesem Verfahren fortfährt, bis im Konvertor eine hinreichende Menge von Metall angesammelt ist, um garblasen zu können, so zeigt die Wärmebilanz des Konvertorprozesses ein dauerndes Auf und Ab, ein Anschwellen und Abschwellen, welches exakte Kontrolle verlangt, wenn nicht die Gefahr entstehen soll, eines Augenblickes beim Nachsetzen von kaltem Material, etwa kaltem Stein oder Zuschlägen, mit dem ganzen Konvertorinhalt einzufrieren.

Will man sich ein klares Bild über den wärmewirtschaftlichen Verlauf des Konvertorprozesses bilden, so ist es unstatthaft, einfach summa summarum zu ermitteln, wieviel Eisen, wieviel Schwefel usw. oxydiert werden muß, wieviel Wärme dem Konvertor in Gestalt gezogener Schlacke, in Gestalt von Abgas usw. entzogen wird, und daraus die Bilanz zu ziehen. Es muß im Gegenteil die Bilanz jeder einzelnen Blaseperiode, d. h. die Bilanz jedes einzelnen Blasens bis zum neuen Nachsetzen von Stein, Zuschlag od. dgl. gezogen werden, damit man erkennt, ob innerhalb der einzelnen Blaseperiode Wärmeüberschüsse vorhanden sind, die man sich zunutze machen kann, um kaltes Material nachzusetzen und zu verarbeiten bzw. die sogar das Einsetzen von kaltem Material verlangen, damit das Bad im Konvertor nicht zu heiß und der Angriff auf das Futter nicht zu stark werde.

Es ist im folgenden versucht worden, die wärmewirtschaftlichen Verhältnisse beim Erblasen von Konvertorkupfer aus Kupferstein klarzulegen, wobei ein Beispiel gewählt wurde, wie es der Praxis entspricht: Vorausgesetzt wird, daß ein Schachtofenrohstein mit rund 25% Cu anfällt, und daß der Schachtofen mit einem hinreichend großen Vorherde ausgerüstet ist, um jederzeit, wenn der Konvertor es verlangt, flüssigen Schachtofenstein entnehmen zu können. Von dem als Zuschlag benutzten Quarzit mit rund 88% Kieselsäure wird angenommen, daß er keine den Schmelzprozeß irgendwie erheblich beeinflussenden Beimengungen enthält und daß er praktisch wasserfrei ist.

Was die dem Konvertor entströmenden Abgase betrifft, so sind Abgastemperaturen der nachfolgenden Berechnung zugrunde gelegt, wie sie gelegentlich in der Praxis innerhalb der Konvertorschnauze gemessen worden sind. Daß die Abgastemperaturen sich nicht mit den Badtemperaturen decken, ist selbstverständlich, wenn man bedenkt, daß die aus der Oxydationsreaktion entstammende schweflige Säure des Abgases ja außerordentlich verdünnt wird durch den inerten Stickstoff sowie durch den im Abgase noch vorhandenen Windüberschuß, und daß natürlich die verhältnismäßig kurze Zeit des Hindurchstreichens des Gebläsewindes durch das Bad bei weitem nicht hinreicht, um den gesamten Wind auf die Badtemperatur zu erhitzen.

Beispiel für den Verlauf des Verblaseprozesses beim Erblasen von Konvertorkupfer aus Kupferstein.

Der Konvertor sei leer, aber heiß und betriebsbereit.

Erster Einsatz: 3 Gießpfannen zu je 4 t 25proz. Rohstein, flüssig.

$$
\begin{array}{lll}
25,00\% \text{ Cu} = & 3000,0 \text{ kg Cu} \\
43,73\% \text{ Fe} = & 5248,0 \text{ kg Fe} \\
31,27\% \text{ S} = & 3752,0 \text{ kg S} \\
\hline
100,00\% & = 12000,0 \text{ kg Stein}
\end{array}
$$

Das Konvertorgebläse liefere, bezogen auf 0^0 C und 760 mm Hg = 310 cbm Wind je Min.

Erstes Blasen: 60 Min. = 18600 cbm Wind.

Da das Bad im Konvertor noch sehr niedrig ist, werden beim ersten Blasen beispielsweise nur 37,5% des eingeblasenen Windes für die Reaktionen ausgenutzt.

37,5% von 18600 cbm = 6975 cbm genützter Wind mit 1465 cbm = 2093,4 kg Sauerstoff.

Bei der Oxydation von FeS zu FeO und SO_2 wird zur S-Oxydation doppelt soviel O_2 gebraucht wie zur Fe-Oyxdation. Es entfallen somit

66,6 % des zur Verfügung stehenden Sauerstoffes auf die S-, 33,3 % auf die Fe-Oxydation.

$$697,8 \text{ kg } O_2 + 2435,3 \text{ kg } Fe = 3133,1 \text{ kg } FeO$$
$$\underline{1395,6 \text{ kg } O_2 + 1395,6 \text{ kg } S \; = 2791,2 \text{ kg } SO_2}$$
$$2093,4 \text{ kg } O_2$$

Um eine Schlacke von der Konstitution 50 % $(2\,FeO \cdot SiO_2) + 50$ % $(3\,FeO \cdot SiO_2)$ zu bilden, benötigen

$$3133,1 \text{ kg } FeO = 1083,7 \text{ kg } SiO_2 \,.$$

Ist der Gehalt des angewandten Quarzits $= 88,0$ % SiO_2 (freie SiO_2), so entsprechen

$$1083,7 \text{ kg } SiO_2 = 1231,5 \text{ kg } Quarzit.$$

Die anfallende Schlackenmenge beträgt dementsprechend (ohne Berücksichtigung des in ihr zurückgehaltenen Steines)

$$3133,1 \text{ kg } FeO + 1231,5 \text{ kg } Quarzit = 4364,6 \text{ kg } Schlacke.$$

Zur Steinbildung bleiben zur Verfügung:

$$3000,0 \text{ kg } Cu = 36,72 \% \; Cu$$
$$2812,7 \text{ kg } Fe = 34,43 \% \; Fe$$
$$\underline{2356,4 \text{ kg } S \; = 28,85 \% \; S}$$
$$8169,1 \text{ kg } Stein.$$

Von dieser Steinmenge wird ein gewisser Betrag in der Schlacke zurückgehalten. Setzt man erfahrungsgemäß den Metallgehalt der ersten Konvertorschlacke zu 0,5 % an, so ergibt sich die in der Schlacke zurückgehaltene Steinmenge zu

$$36,72\, x = (4364,6 + x) \cdot 0,5$$
$$x = 60,25 \text{ kg Stein in der Schlacke.}$$

Es fallen somit insgesamt an:

$$4424,9 \text{ kg Schlacke mit } 0,5 \% \; Cu \;(= 22,1 \text{ kg Metallverlust})$$
$$8108,0 \text{ kg Stein mit } 36,72 \% \; Cu$$

Das anfallende Abgas setzt sich zusammen aus:

$$2791,0 \text{ kg } SO_2 = \quad\; 953,6 \text{ cbm } SO_2$$
$$+ \quad 5510,0 \text{ cbm } N_2$$
$$\underline{+ \; 11625,0 \text{ cbm ungenützten Windes}}$$
$$\text{Zusammen:} \quad 18088,6 \text{ cbm Abgas.}$$

Abgas je Minute $= 302,5$ cbm mit 5,27 Vol.-% SO_2.

Erstes Nachsetzen: 1 Gießpfanne zu 4 t 25proz. Stein, flüssig.

Im Konvertor vorhanden	Nachgesetzt	Zusammen
Cu = 2977,6 kg	Cu = 1000,0 kg	Cu = 3977,6 kg = 32,8 %
Fe = 2791,8 kg	Fe = 1749,2 kg	Fe = 4541,0 kg = 37,5 %
S = 2339,4 kg	S = 1250,8 kg	S = 3590,2 kg = 29,7 %
8108,8 kg	4000,0 kg	12108,8 kg = 100,0 %

Zweites Blasen: 40 Min. = 12400 cbm Wind.

40 % Windausnutzung = 4960 cbm Wind = 1041,6 cbm O_2 = 1488,3 kg O_2

$$496,1 \text{ kg } O_2 + 1731,4 \text{ kg Fe} = 2227,5 \text{ kg FeO}$$
$$992,2 \text{ kg } O_2 + \ 992,2 \text{ kg S} \ = 1984,4 \text{ kg } SO_2$$
$$\overline{1488,3 \text{ kg } O_2}$$

2227,5 kg FeO + 875,5 kg Quarzit (88 %) = 3103,0 kg Schlacke.

Steinbildung: 3977,6 kg Cu = 42,38 % Cu
2809,6 kg Fe = 29,94 % Fe
2598,0 kg S = 27,68 % S
$\overline{9385,2 \text{ kg}}$ = 100,00 %

Metallgehalt der Schlacke = 0,6 %: 42,38 x = (3103,0 + x) · 0,6
x = 44,56 kg Stein in der Schlacke.

Es fallen somit insgesamt an:

3147,6 kg Schlacke mit 0,6 % Cu (= 18,9 kg Metallverlust)
9340,6 kg Stein mit 42,38 % Cu

Abgas: 1984,4 kg SO_2 = 669,8 cbm SO_2
+ 3918,4 cbm N_2
+ 7440,0 cbm ungenützten Windes
Zusammen: 12028,2 cbm Abgas.

Abgas je Minute = 300,7 cbm mit 5,6 Vol.-% SO_2.

Zweites Nachsetzen: 1 Gießpfanne zu 4 t 25proz. Stein, flüssig.

Im Konvertor vorhanden	Nachgesetzt	Zusammen
Cu = 3958,7 kg	Cu = 1000,0 kg	Cu = 4958,7 kg = 37,17 %
Fe = 2796,3 kg	Fe = 1749,2 kg	Fe = 4545,5 kg = 34,07 %
S = 2585,6 kg	S = 1250,8 kg	S = 3836,4 kg = 28,76 %
9340,6 kg	4000,0 kg	13340,6 kg = 100,00 %

Drittes Blasen: 40 Min. = 12400 cbm Wind.

42 % Windausnutzung = 5208 cbm Wind = 1094 cbm = 1563,0 kg O_2
$$521,0 \text{ kg } O_2 + 1818,3 \text{ kg Fe} = 2339,3 \text{ kg FeO}$$
$$1042,0 \text{ kg } O_2 + 1042,0 \text{ kg S} \ = 2084,0 \text{ kg } SO_2$$
$$\overline{1563,0 \text{ kg } O_2}$$

2339,3 kg FeO + 919,5 kg Quarzit (88 %) = 3258,8 kg Schlacke.

Steinbildung: 4958,7 kg Cu = 47,32 %
2727,2 kg Fe = 26,02 %
2794,4 kg S = 26,66 %
$\overline{10480,3 \text{ kg Stein.}}$

Metallgehalt der Schlacke = 0,7 %: 47,32 x = (3258,8 + x) · 0,7
x = 48,9 kg Stein in der Schlacke.

Es fallen somit insgesamt an:

3307,7 kg Schlacke mit 0,7 % Cu (= 23,1 kg Metallverlust)
10431,4 kg Stein mit 47,32 % Cu

Abgas: 2084,0 kg SO_2 = 712,1 cbm SO_2
+ 4114,0 cbm N_2
+ 7192,0 cbm ungenützten Windes
Zusammen: 12018,1 cbm Abgas.

Abgas je Minute = 300,5 cbm mit 5,9 Vol.-% SO_2.

Drittes Nachsetzen: 1 Gießpfanne mit 4 t 25proz. Stein, flüssig.

Im Konvertor vorhanden	Nachgesetzt	Zusammen
Cu = 4935,6 kg	Cu = 1000,0 kg	Cu = 5935,6 kg = 41,13 %
Fe = 2714,5 kg	Fe = 1749,2 kg	Fe = 4463,7 kg = 30,93 %
S = 2781,3 kg	S = 1250,8 kg	S = 4032,1 kg = 27,94 %
10431,4 kg	4000,0 kg	14431,4 kg = 100,00 %

Viertes Blasen: 40 Min. = 12400 cbm Wind.

44 % Windausnutzung = 5456 cbm Wind = 1146 cbm = 1637,4 kg O_2.

Mit steigender Badhöhe steigt auch die Menge ausgeworfener Materialien (Stein und Schlacke). Ist sie anfangs auch gering, so erheischt sie in späteren Verblasestadien sehr wohl Beachtung, da sie eine nicht zu unterschätzende Verlustquelle von Metall ist, die mit zunehmenden Metallprozenten im Stein die Verschlackungsverluste bei weitem überflügelt.

Der Konvertorauswurf, bezogen auf den mittleren Konvertorinhalt, betrage in der in Rede stehenden Blaseperiode 2%, d. h. 2% vom Mittel aus dem Konvertorinhalt zu Beginn und am Ende dieser Blaseperiode (vor dem Schlackeziehen).

Mittlerer Konvertorauswurf = 2 %.

Mittleres Verblasestadium nach 20 Min. Blasezeit:

$$272,9 \text{ kg } O_2 + 952,4 \text{ kg } Fe = 1225,3 \text{ kg } FeO$$
$$545,8 \text{ kg } O_2 + 545,8 \text{ kg } S = 1091,6 \text{ kg } SO_2$$
$$\overline{818,7 \text{ kg } O_2}$$
$$1225,3 \text{ kg } FeO + 481,6 \text{ kg Quarzit } (88\%) = 1706,9 \text{ kg Schlacke.}$$

Steinbildung: 5935,6 kg Cu = 45,89 %
3511,3 kg Fe = 27,15 %
3486,3 kg S = 26,96 %
12933,2 kg Stein.

Auswurf: 2 % von 12933,2 kg Stein   = 258,7 kg (mit 118,7 kg Cu)
2 % von 1706,9 kg Schlacke = 34,1 kg (Cu vernachlässigt)
Auswurf = 292,8 kg.

Im Konvertor bleiben: 5816,8 kg Cu = 45,89 %
3441,1 kg Fe = 27,15 %
3486,3 kg S = 26,96 %
12744,2 kg Stein und 1672,8 kg Schlacke.

Ende des vierten Blasens: In abermals 20 Min. sind weiter oxydiert:

952,4 kg Fe zu 1225,3 kg FeO
545,8 kg S zu 1091,6 kg SO_2.

Es sind abermals gebildet worden: 1706,9 kg Schlacke.

Steinbildung: 5816,8 kg Cu = 52,04 %
2488,7 kg Fe = 22,27 %
2870,8 kg S = 25,69 %
11176,3 kg Stein.

Metallgehalt der Schlacke = 0,8 % : 52,04 x = (3379,7 + x) · 0,8
x = 52,8 kg Stein in der Schlacke.

Es fallen somit an:

3432,5 kg Schlacke mit 0,8 % Cu (= 27,5 kg Metallverlust)

11 123,5 kg Stein mit 52,04 % Cu.

Abgas: 2183,2 kg SO_2 = 746,0 cbm SO_2
$+$ 4310,0 cbm N_2
$+$ 6944,0 cbm ungenützten Windes

Zusammen: 12 000,0 cbm Abgas.

Abgas je Minute = 300,0 cbm mit 6,2 Vol.-% SO_2.

Viertes Nachsetzen: 1 Gießpfanne zu 4 t 25 proz. Stein, flüssig $+$ 500 kg Hüttenfegsel $+$ 500 kg Raffinierofenschlicker.

Im Konvertor vorhanden	Nachgesetzter flüssiger Stein	Nachgesetztes Hüttenfegsel		Nachgesetzter Raffinierofenschlicker		Zusammen	
Cu = 5789,3 kg	1000,0 kg	10,8 % =	54,0 kg	76,5 % =	382,5 kg	7225,8 kg =	44,82 %
Fe = 2477,0 kg	1749,2 kg	40,8 % =	204,0 kg	8,3 % =	41,5 kg	4471,7 kg =	27,74 %
S = 2857,2 kg	1250,8 kg	4,5 % =	22,5 kg	0,8 % =	4,0 kg	4134,5 kg =	25,64 %
O_2 = —	—	13,0 % =	65,0 kg	7,3 % =	36,5 kg	101,5 kg =	0,63 %
SiO_2 = —	—	30,9 % =	154,5 kg	7,1 % =	35,5 kg	190,0 kg =	1,17 %
11 123,5 kg	4000,0 kg	100,0 % =	500,0 kg	100,0 % =	500,0 kg	16 123,5 kg =	100,00 %

Fünftes Blasen: 40 Min. = 12 400 cbm Wind.

47 % Windausnutzung = 5828 cbm Wind = 1223,9 cbm = 1749,8 kg O_2.

Mittleres Verblasestadium nach 20 Min. Blasezeit:

Da durch das Nachsetzen von Hüttenfegsel und Raffinierofenschlicker größere Mengen nicht geschwefelten Metalles in das Bad eingetragen worden sind, wird im Verlaufe des Blasens ein Teil des Schwefelinhaltes des Bades zum Resulfurieren von Metall verbraucht. Es können daher nicht mehr von 3 kg Sauerstoff 2 kg den anwesenden Schwefel und 1 kg Sauerstoff das anwesende Eisen oxydieren.

7225,8 kg Cu verlangen zur Bildung von Cu_2S: 1822,7 kg S
190,0 kg SiO_2 binden bei Bildung der in Rede stehenden Schlacke 549,3 kg FeO
(= 427,0 kg Fe + 122,3 kg O_2).

Setzt man diese Beträge von den im Konvertor vorhandenen Mengen bzw. von dem in Reaktion tretenden Winde ab, so bleiben:

$$4471,7 - 427,0 = 4044,7 \text{ kg Fe}$$
$$4134,5 - 1822,7 = 2311,8 \text{ kg S}$$
$$1749,8 + 101,5 - 122,3 = 1729,0 \text{ kg } O_2.$$

Werden x kg Fe oxydiert, so wandern $(4044,7 - x)$ kg Fe in den Stein.
Werden y kg S oxydiert, so wandern $(2311,8 - y)$ kg S in den Stein.

Die Bildung von FeS für den Stein erfordert:

$$\frac{(4044,7 - x)}{(2311,8 - y)} = \frac{\text{Fe}}{\text{S}} = \frac{55,84}{32,07}$$
$$55,84\, y - 32,07\, x = -630,0.$$

Ferner ist der Sauerstoffbedarf zur Oxydation von S bzw. Fe:

$$y + \frac{16,00}{55,84} \cdot x = 864,5 \ (= \text{der in 20 Minuten genützten Sauerstoffmenge})$$
$$55,84\, y + 16,00\, x = 48 273,0.$$

Aus den beiden Gleichungen

$$55,84\,y - 32,00\,x = -\,630,0$$

und

$$55,84\,y + 16,00\,x = 48273,0$$

ergibt sich

$$x = 1017,3$$
$$y = \ \ 573,0$$

$$1017,3 \text{ kg Fe} + 291,5 \text{ kg } O_2 = 1308,8 \text{ kg FeO}$$
$$573,0 \text{ kg S} \ + 573,0 \text{ kg } O_2 = 1146,0 \text{ kg } SO_2$$
$$\overline{864,5 \text{ kg } O_2}$$

$$1308,8 \text{ kg FeO} + 514,4 \text{ kg Quarzit } (88\%) = 1823,2 \text{ kg Schlacke}$$
$$549,3 \text{ kg FeO} + 190,0 \text{ kg } SiO_2 \ \ldots \ . \ = \ \ \ 739,3 \text{ kg Schlacke}$$
$$\text{Anfallende Schlacke} = 2562,5 \text{ kg.}$$

Steinbildung: 7225,8 kg Cu = 52,31 %
                3027,4 kg Fe = 21,91 %
                3561,5 kg S = 25,78 %
                ____
                13814,7 kg Stein.

Mittlerer Konvertorauswurf = 3 %.

3 % von 13814,7 kg Stein   = 414,4 kg Stein (mit 216,8 kg Cu)
3 % von   2562,5 kg Schlacke =   76,9 kg Schlacke (Cu vernachlässigt)
                Auswurf = 491,3 kg.

Es bleiben im Konvertor: 7009,0 kg Cu = 52,31 %
                       2936,6 kg Fe = 21,91 %
                       3454,7 kg S = 25,78 %
                13400,3 kg Stein und 2485,6 kg Schlacke.

Ende des fünften Blasens: In abermals 20 Min. sind weiter oxydiert:

$$1017,3 \text{ kg Fe zu } 1308,8 \text{ kg FeO}$$
$$573,0 \text{ kg S} \ \ \text{zu } 1146,0 \text{ kg } SO_2\,.$$

Es sind abermals gebildet worden: 1823,2 kg Schlacke.

Steinbildung: 7009,0 kg Cu = 59,35 %
                1919,3 kg Fe = 16,25 %
                2881,7 kg S = 24,40 %
                ____
                11810,0 kg Stein.

Metallgehalt der Schlacke = 0,9 % : $59,35\,x = (4308,8 + x) \cdot 0,9\,x$
$$= 66,4 \text{ kg Stein in der Schlacke.}$$

Es fallen somit an:

4375,2 kg Schlacke mit 0,9 % Cu (= 39,4 kg Metallverlust)
11743,6 kg Stein mit 59,35 % Cu.

Abgas: 2292,0 kg SO_2 $\buildrel \wedge \over =$ 783,1 cbm SO_2
                        + 4604,1 cbm N_2
                        + 6572,0 cbm ungenützten Windes
                Abgas: 11959,2 cbm.

Abgas je Minute = 299,0 cbm mit 6,55 Vol.-% SO_2.

Fünftes Nachsetzen: 1 Gießpfanne zu 4 t 25proz. Stein, flüssig.

Im Konvertor vorhanden	Nachgesetzt	Zusammen
$Cu = 6969,7$ kg	$Cu = 1000,0$ kg	$Cu = 7969,7$ kg $= 50,62\%$
$Fe = 1908,5$ kg	$Fe = 1749,2$ kg	$Fe = 3657,7$ kg $= 23,23\%$
$S\ \ = 2865,4$ kg	$S\ \ = 1250,8$ kg	$S\ \ = 4116,2$ kg $= 26,15\%$
11743,6 kg	4000,0 kg	15743,6 kg

Sechstes Blasen: 60 Min. = 18600 cbm Wind.

50% Windausnutzung $= 9300,0$ cbm Wind $= 1953,0$ cbm $= 2792,4$ kg O_2.

Mittleres Verblasestadium nach 30 Min.:

$$465,4 \text{ kg } O_2 + 1624,2 \text{ kg } Fe = 2089,6 \text{ kg } FeO$$
$$930,8 \text{ kg } O_2 + \ \ 930,8 \text{ kg } S\ \ = 1861,6 \text{ kg } SO_2$$
$$1396,2 \text{ kg } O_2$$

$2089,6$ kg $FeO + 821,3$ kg Quarzit $(88\%) = 2910,9$ kg Schlacke.

Steinbildung:
$$7969,7 \text{ kg } Cu = 60,43\%$$
$$2033,5 \text{ kg } Fe = 15,42\%$$
$$3185,4 \text{ kg } S\ \ = 24,15\%$$
$$13188,6 \text{ kg Stein.}$$

Mittlerer Konvertorauswurf = 4%.

4% von $13188,6$ kg Stein $\ \ \ = 527,5$ kg (mit $318,8$ kg Cu)
4% von $\ \ 2910,9$ kg Schlacke $= 116,4$ kg (Cu vernachlässigt)
$$\text{Auswurf} = 643,9 \text{ kg.}$$

Es bleiben im Konvertor:
$$7650,9 \text{ kg } Cu = 60,43\%$$
$$1952,2 \text{ kg } Fe = 15,42\%$$
$$3058,0 \text{ kg } S\ \ = 24,15\%$$
$$12661,1 \text{ kg Stein und } 2794,5 \text{ kg Schlacke.}$$

Ende des sechsten Blasens: In abermals 30 Min. sind des weiteren oxydiert:
$$1624,2 \text{ kg } Fe \text{ zu } 2089,6 \text{ kg } FeO$$
$$930,8 \text{ kg } S\ \ \text{ zu } 1861,6 \text{ kg } SO_2.$$

Es sind abermals gebildet worden: $2910,9$ kg Schlacke.

Steinbildung:
$$7650,9 \text{ kg } Cu = 75,70\%$$
$$328,0 \text{ kg } Fe = \ \ 3,25\%$$
$$2127,2 \text{ kg } S\ \ = 21,05\%$$
$$10106,1 \text{ kg Stein.}$$

Metallgehalt der Schlacke $= 1,1\%$: $75,7\,x = (5705,4 + x) \cdot 1,1$
$$x = 84,1 \text{ kg Stein in der Schlacke.}$$

Es fallen somit an:

$5789,5$ kg Schlacke mit $1,1\%$ Cu ($= 63,7$ kg Metallverlust)
$10022,0$ kg Stein mit $75,7\%$ Cu.

Abgas: $3723,2$ kg $SO_2 = 1272,1$ cbm SO_2
$$+ 7347,0 \text{ cbm } N_2$$
$$+ 9300,0 \text{ cbm ungenützten Windes}$$
Zusammen: $17919,1$ cbm Abgas.

Abgas je Minute $= 298,7$ cbm mit $7,10$ Vol.-$\%$ SO_2.

Sechstes Nachsetzen: 1 Gießpfanne zu 4 t 25 proz. Stein, flüssig + 1500 kg kalter Stein mit 30,0 % Cu.

Im Konvertor vorhanden	Nachgesetzter heißer Stein	Nachgesetzter kalter Stein	Zusammen
Cu = 7587,0 kg	Cu = 1000,0 kg	Cu = 450,0 kg	Cu = 9037,0 kg = 58,22 %
Fe = 325,5 kg	Fe = 1749,2 kg	Fe = 596,4 kg	Fe = 2671,1 kg = 17,21 %
S = 2109,5 kg	S = 1250,8 kg	S = 453,6 kg	S = 3813,9 kg = 24,57 %
10022,0 kg	4000,0 kg	1500,0 kg	15522,0 kg

Siebentes Blasen: 42 Min. = 13020 cbm Wind.

54 % Windausnutzung = 7030,8 cbm Wind = 1476,5 cbm = 2111,4 kg O_2.

Mittleres Verblasestadium nach 21 Min.:

$$351,9 \text{ kg } O_2 + 1228,1 \text{ kg Fe} = 1580,0 \text{ kg FeO}$$
$$703,8 \text{ kg } O_2 + 703,8 \text{ kg S} = 1407,6 \text{ kg } SO_2$$
$$1055,7 \text{ kg } O_2$$

1580,0 kg FeO + 621,0 kg Quarzit (88 %) = 2201,0 kg Schlacke.

Steinbildung: 9037,0 kg Cu = 66,50 %
1443,0 kg Fe = 10,62 %
3110,1 kg S = 22,88 %
13590,1 kg Stein.

Mittlerer Konvertorauswurf = 4 %.

4 % von 13590,1 kg Stein   = 543,6 kg (mit 361,5 kg Cu)
4 % von 2201,0 kg Schlacke = 88,0 kg (Cu vernachlässigt)
Auswurf = 631,6 kg.

Es bleiben im Konvertor: 8675,5 kg Cu = 66,50 %
1385,3 kg Fe = 10,62 %
2985,7 kg S = 22,88 %
13046,5 kg Stein und 2113,0 kg Schlacke.

Ende des siebenten Blasens: In abermals 21 Min. sind des weiteren oxydiert:

1228,1 kg Fe zu 1580,0 kg FeO
703,8 kg S zu 1407,6 kg SO_2.

Es sind abermals gebildet worden: 2201,0 kg Schlacke.

Steinbildung: 8675,5 kg Cu = 78,06 %
157,2 kg Fe = 1,41 %
2281,9 kg S = 20,53 %
11114,6 kg Stein.

Metallgehalt der Schlacke = 1,2 %: $78,06\,x = (4314,0 + x) \cdot 1,2$
$x = 67,4$ kg Stein in der Schlacke.

Es fallen somit an:

4381,4 kg Schlacke mit 1,2 % Cu (= 52,6 kg Metallverlust)
11047,2 kg Stein mit 78,06 % Cu.

Abgas: 2815,2 kg SO_2 =   961,9 cbm SO_2
+ 5554,3 cbm N_2
+ 5989,2 cbm ungenützten Windes
Zusammen: 12505,4 cbm Abgas.

Abgas je Minute = 297,7 cbm mit 7,69 Vol.-% SO_2.

Garblasen:

Im Konvertor vorhanden: 8623,0 kg Cu = 78,06 %
156,2 kg Fe = 1,41 %
2268,0 kg S = 20,53 %
____
11047,2 kg Stein.

Frage: Welche Windmenge und welche Garblasezeit ist erforderlich, um bei 60 proz. Windausnutzung ein Konvertorkupfer zu erblasen, das folgende Zusammensetzung hat:

97,1 % Cu, entsprechend 80,02 % freiem Kupfer,
1,4 % O_2, entsprechend 12,53 % Kupferoxydul,
1,5 % S, entsprechend 7,45 % Kupfersulfür.

Lösung: 8623,0 kg Cu erfordern zur Bildung von Cu_2S: 2175,1 kg S.

In dem im Konvertor vorhandenen Stein sind somit überschüssig vorhanden und durch Oxydation zu entfernen:

156,2 kg Fe
2268,0 — 2175,1 = 92,9 kg S

In dem zu erblasenden Konvertorkupfer sind an Kupfer enthalten:	Vom Gesamtkupferinhalt des zu erblasenden Konvertorkupfers sind dem entsprechend:
frei . . . . 80,02 %	frei . . . . 82,41 %
oxydulisch gebunden . . . . 11,13 %	oxydulisch gebunden . . . . 11,46 %
sulfürisch gebunden . . . . . 5,95 %	sulfürisch gebunden . . . . . 6.13 %
97,10 %	100,00 %

Von dem im Konvertor vorhandenen Gesamtkupfer = 8623,0 kg finden sich daher in dem zu erblasenden Konvertorkupfer wieder:

in Freiheit . . . . 7106,2 kg
oxydulisch gebunden . . . . 988,2 kg
sulfürisch gebunden . . . . . 528,6 kg
____
8623,0 kg

988,2 kg Cu erfordern zur Bildung von Oxydul: 124,4 kg O_2
528,6 kg Cu erfordern zur Bildung von Sulfür: 133,3 kg S

Es sind somit zu oxydieren:

erforderlicher Sauerstoff:

1. Überschüssiges Fe = 156,2 kg Fe . . . . 44,8 kg
2. Die über die für Cu_2S-Bildung benötigte Schwefelmenge überschüssige Menge an Schwefel = 92,9 kg S . . . . 92,9 kg
3. Vom Schwefelgehalt des Cu_2S: 2175,1 — 133,3 = 2041.8 kg S[1] . . . . . 2041,8 kg
4. 988.2 kg Cu zu Cu_2O . . . . 124,4 kg
____
Erforderliche Sauerstoffmenge: 2303,9 kg

2303,9 kg O_2 = 1611,3 cbm O_2 = 7673,0 cbm Wind.

Bei 60 proz. Windausnutzung sind erforderlich: 12788 cbm Wind.

Die Garblasezeit beträgt bei 310 cbm Wind je Minute: reichlich 41 Minuten.

____

[1] Eine Rechnung, wie die vorliegende, gestaltet sich am einfachsten, wenn der gesamte Schwefel des Cu_2S als durch Wind zu oxydierender Schwefel verrechnet wird, ohne dabei den tatsächlichen Vorgang im Konvertor rechnerisch zu verfolgen, bei dem zwei Drittel des vorhandenen Cu_2S zu Cu_2O oxydiert werden und dieses Cu_2O dann mit dem restlichen Drittel Cu_2S in Reaktion tritt. Zur Oxydation nur des Schwefels von $3\,Cu_2S$ werden 6 Sauerstoff benötigt. Zur Oxydation von $2\,Cu_2S$ zu $2\,Cu_2O + 2\,SO_2$ werden gleichfalls 6 Sauerstoff benötigt. Der Sauerstoffbedarf ist also bei beiden Rechnungsarten der gleiche und muß durch Gebläsewind beschafft werden.

Hentze, Sintern. 23

Wärmebilanz eines Verblasens

Debet

Erster Einsatz:	12000 kg Stein (25 % Cu) 1100° C (225 Cal/kg)	2700000 Cal	
Erstes Blasen:	2435,3 kg Fe oxydiert	2856600 Cal	
	1395,6 kg S oxydiert.	3020100 Cal	
	4364,6 kg Schlacke gebildet (100 Cal/kg)	436460 Cal	
		9013160 Cal	9013160 Cal
Erstes Nachsetzen:	4000 kg Stein (25 % Cu) 1100° C (225 Cal/kg)	900000 Cal	
Zweites Blasen:	1731,4 kg Fe oxydiert	2031000 Cal	
	992,2 kg S oxydiert.	2147150 Cal	
	3103,0 kg Schlacke gebildet (100 Cal/kg)	310300 Cal	
		5388450 Cal	5388450 Cal
Zweites Nachsetzen:	4000 kg Stein (25 % Cu) 1100° C (225 Cal/kg)	900000 Cal	
Drittes Blasen:	1818,3 kg Fe oxydiert	2132850 Cal	
	1042,0 kg S oxydiert.	2254900 Cal	
	3258,8 kg Schlacke gebildet (100 Cal/kg)	325880 Cal	
		5613630 Cal	5613630 Cal
Drittes Nachsetzen:	4000 kg Stein (25 % Cu) 1100° C (225 Cal/kg)	900000 Cal	
Viertes Blasen:	1904,8 kg Fe oxydiert	2234350 Cal	
	1091,6 kg S oxydiert.	2362200 Cal	
	3413,8 kg Schlacke gebildet (100 Cal/kg)	341380 Cal	
		5837930 Cal	5837930 Cal
Viertes Nachsetzen:	4000 kg Stein (25 % Cu) 1100° C (225 Cal/kg)	900000 Cal	
Fünftes Blasen:	2034,6 kg Fe oxydiert	2386600 Cal	
	1146,0 kg S oxydiert.	2480000 Cal	
	3646,4 kg Schlacke gebildet (100 Cal/kg)	364400 Cal	
		6131000 Cal	6131000 Cal
Fünftes Nachsetzen:	4000 kg Stein (25 % Cu) 1100° C (225 Cal/kg)	900000 Cal	
Sechstes Blasen:	3248,4 kg Fe oxydiert	3810400 Cal	
	1861,6 kg S oxydiert.	4028500 Cal	
	5821,8 kg Schlacke gebildet (100 Cal/kg)	582180 Cal	
		9321080 Cal	9321080 Cal
Sechstes Nachsetzen:	4000 kg Stein (25 % Cu) 1100° C (225 Cal/kg)	900000 Cal	
Siebentes Blasen:	2456,2 kg Fe oxydiert	2881200 Cal	
	1407,6 kg S oxydiert.	3046100 Cal	
	4402,0 kg Schlacke gebildet (100 Cal/kg)	440200 Cal	
		7267500 Cal	7267500 Cal
Garblasen:	156,2 kg Fe oxydiert	183220 Cal	
	2134,7 kg S oxydiert.	4619600 Cal	
	988,2 kg Cu zu Cu$_2$O oxydiert (345 Cal/kg)	340930 Cal	
		5143750 Cal	5143750 Cal
		Zusammen	53716500 Cal
			53716500 Cal

von Kupferstein im Konvertor.

K r e d i t

4424,9 kg Schlacke gezogen (325 Cal/kg)	1438 100 Cal	
953,6 cbm SO_2-Abgas (625⁰ C) . . . . (0,4671)	278 400 Cal	
5510,0 cbm N_2-Abgas . . . . (0,3164)	1089 600 Cal	
11 625,0 cbm Windüberschuß . . . . (0,3164)	2298 800 Cal	
	5104 900 Cal	5104 900 Cal
3147,6 kg Schlacke gezogen (325 Cal/kg)	1022 900 Cal	
669,8 cbm SO_2-Abgas (665⁰ C) . . . . (0,4712)	209 885 Cal	
3918,4 cbm N_2-Abgas . . . . (0,3173)	826 800 Cal	
7440,0 cbm Windüberschuß . . . . (0,3173)	1569 900 Cal	
	3629 485 Cal	3629 485 Cal
3307,7 kg Schlacke gezogen (325 Cal/kg)	1075 000 Cal	
712,1 cbm SO_2-Abgas (700⁰ C) . . . . (0,4745)	236 530 Cal	
4114,0 cbm N_2-Abgas . . . . (0,3181)	916 050 Cal	
7192,0 cbm Windüberschuß . . . . (0,3181)	1601 400 Cal	
	3828 980 Cal	3828 980 Cal
258,7 kg Stein ausgeworfen (225 Cal/kg)	58 210 Cal	
34,1 kg Schlacke ausgeworfen (325 Cal/kg)	11 080 Cal	
3432,5 kg Schlacke gezogen (325 Cal/kg)	1115 600 Cal	
746,0 cbm SO_2-Abgas (735⁰ C) . . . . (0,4779)	262 040 Cal	
4310,0 cbm N_2-Abgas . . . . (0,3188)	1009 900 Cal	
6944,0 cbm Windüberschuß . . . . (0,3188)	1627 100 Cal	
	4083 930 Cal	4083 930 Cal
500,0 kg Hüttenfegsel einschmelzen (300 Cal/kg)	150 000 Cal	
500,0 kg Raffinierschlicker einschmelzen (275 Cal/kg) . . .	137 500 Cal	
414,4 kg Stein ausgeworfen (225 Cal/kg)	93 240 Cal	
76,9 kg Schlacke ausgeworfen (325 Cal/kg)	24 990 Cal	
4375,2 kg Schlacke gezogen (325 Cal/kg)	1421 900 Cal	
783,1 cbm SO_2-Abgas (770⁰ C) . . . . (0,4812)	290 160 Cal	
4604,1 cbm N_2-Abgas . . . . (0,3196)	1133 000 Cal	
6572,0 cbm Windüberschuß . . . . (0,3196)	1617 300 Cal	
	4868 090 Cal	4868 090 Cal
527,5 kg Stein ausgeworfen (225 Cal/kg)	118 690 Cal	
116,4 kg Schlacke ausgeworfen (325 Cal/kg)	37 830 Cal	
5789,5 kg Schlacke gezogen (325 Cal/kg)	1881 600 Cal	
1272,1 cbm SO_2-Abgas (820⁰ C) . . . . (0,4858)	506 740 Cal	
7347,0 cbm N_2-Abgas . . . . (0,3207)	1932 000 Cal	
9300,0 cbm Windüberschuß . . . . (0,3207)	2445 600 Cal	
	6922 460 Cal	6922 460 Cal
1500,0 kg kalten Stein einschmelzen (225 Cal/kg)	487 500 Cal	
543,6 kg Stein ausgeworfen (225 Cal/kg)	122 310 Cal	
88,0 kg Schlacke ausgeworfen (325 Cal/kg)	28 600 Cal	
4381,4 kg Schlacke gezogen (325 Cal/kg)	1423 900 Cal	
961,9 cbm SO_2-Abgas (880⁰ C) . . . . (0,4911)	415 700 Cal	
5554,3 cbm N_2-Abgas . . . . (0,3221)	1574 400 Cal	
5989,2 cbm Windüberschuß . . . . (0,3221)	1697 600 Cal	
	5750 010 Cal	5750 010 Cal
215,6 kg Cu als Cu, Cu_2S, Cu_2O ausgeworfen	43 120 Cal	
1458,8 cbm SO_2-Abgas (850⁰ C) . . . . (0,4885)	605 730 Cal	
6061,7 cbm N_2-Abgas . . . . (0,3214)	1656 000 Cal	
5115,0 cbm Windüberschuß . . . . (0,3214)	1397 400 Cal	
	3702 250 Cal	3702 250 Cal
	Zusammen	37 890 105 Cal
	Kredit-Saldo	15 826 395 Cal
		53 716 500 Cal

23*

Ausbringen beim Garblasen: Beim Garblasen gehen während des Garblasens 2—3% des Gesamtkupferinhaltes des Konvertors durch Auswurf verloren. Setzt man im vorliegenden Falle den Cu-Verlust während des Garblasens mit 2,5% an, so beläuft sich der

$$\text{Kupferverlust während der Garung} = 215,6 \text{ kg Cu.}$$

Es fallen somit an:
$$
\begin{aligned}
&8163,6 \text{ kg Cu} = 97,1\% \text{ Cu} \\
+\ &117,7 \text{ kg O}_2 = 1,4\% \text{ O}_2 \\
+\ &126,1 \text{ kg S} = 1,5\% \text{ S} \\
\hline
&8407,4 \text{ kg Konvertorkupfer.}
\end{aligned}
$$

Abgas:
$$
\begin{aligned}
4269,4 \text{ kg SO}_2 = \ &1458,8 \text{ cbm SO}_2 \\
+\ &6061,7 \text{ cbm N}_2 \\
+\ &5115,0 \text{ cbm ungenützten Windes} \\
\hline
\text{Zusammen:} \quad &12635,5 \text{ cbm Abgas.}
\end{aligned}
$$

Abgas je Minute = 308,2 cbm mit 11,55 Vol.-% SO_2.

Ergebnis:

Eingesetzte Menge an Kupfer	9886,5 kg
Als Konvertorkupfer ausgebrachtes Kupfer	8163,6 kg
Ausbringen in Prozent des Einsatzes	82,57 %
Oxydierte Eisenmenge	15785,2 kg
Oxydierte Schwefelmenge	11071,3 kg
Gesamt-Windbedarf	112608,0 cbm
Gesamt-Quarzitbedarf	7903,1 kg
Gesamt-Abgas	109154,1 cbm
Gesamt-SO_2 im Abgas	7557,4 cbm

Mittlere Abgas-Zusammensetzung:
$$
\begin{aligned}
\text{SO}_2 &= 7557,4 \text{ cbm} = 6,92\% \\
\text{O}_2 &= 12637,2 \text{ cbm} = 11,58\% \\
\text{N}_2 &= 88959,5 \text{ cbm} = 81,50\% \\
\hline
&109154,1 \text{ cbm Abgas.}
\end{aligned}
$$

Die Wärmebilanz des vorstehend durchgerechneten Verblaseprozesses gestaltet sich im einzelnen wie Tabelle S. 354 u. 355 angibt.

Abmessungen der Konvertoren. Während bei den Schachtöfen der Durchsatz unter sonst gleichen Bedingungen proportional der Länge der Öfen steigt, ohne daß die wärmewirtschaftlichen Verhältnisse im Schachtofen dabei durch die Vergrößerung des Ofens sonderlich beeinflußt würden, arbeiten die Konvertoren wärmewirtschaftlich um so besser, je größer sie sind. Es beruht dies auf der einfachen Tatsache, die schon so oft betont wurde, daß mit steigendem Fassungsraum der Konvertoren das Verhältnis von Oberfläche zu Volumen kleiner und daher auch die Abstrahlungsverluste verringert werden.

Große Konvertoren haben gegenüber kleinen Einheiten aber auch noch den Vorteil, daß erstens verhältnismäßig geringere Kapitalien in der Anlage zu investieren sind, zum nicht geringen Teil schon wegen der, bezogen auf 1 t zu verarbeitendes Material, nicht unerheblichen Raumersparnis bei der Aufstellung einer großen Einheit an Stelle von drei oder gar mehr kleinen Einheiten. Zweitens sind die Windverluste bei großen Einheiten erheblich geringer als bei einer entsprechenden Anzahl kleiner Einheiten, schon ganz einfach deshalb, weil die abzudichtenden Stellen geringeres Ausmaß haben. Drittens werden auch die Windkosten je Tonne verblasenen Rohsteines bei großen Konvertoren im allgemeinen geringer als bei kleinen Konvertoren, weil, je größer die Konvertoren sind, im allgemeinen mit um so niedrigeren Pressungen gearbeitet werden kann. Viertens und letztens gestatten große Konvertoren einen viel weitgehenderen Ersatz von Menschenkraft zum Chargieren, Behandeln der Schlacken usw. durch Mechanisierung als kleine Einheiten und verlangen auch je Tonne verblasenen Rohsteines eine geringere Belegschaft.

Die praktische Verblasezeit. Es hat wenig Zweck, genauere Angaben über die praktische Verblasezeit zu bringen, wie sie sich an mehreren Stellen in der Literatur finden, da die praktische Verblasezeit gar zu sehr von den individuellen Verhältnissen jedes einzelnen Hüttenwerkes abhängig ist. Die praktische Verblasezeit, die sich zusammensetzt aus der vorerwähnten theoretischen Verblasezeit und denjenigen Wartezeiten, während derer der Konvertor nicht bläst, sondern beispielsweise auf nachzusetzenden Rohstein wartet oder entschlackt oder ausgeleert wird, hängt nicht allein von der richtigen Abstimmung des Schachtofens zum Konvertor und umgekehrt ab, sondern sie wird auch beeinflußt von den zur Verfügung stehenden maschinellen Einrichtungen. Wenn z. B. der Rohstein vom Schachtofenvorherd mittels Gießpfanne und Laufkran zum Konvertor gebracht wird und dieselbe Gießpfanne gleichzeitig benutzt werden muß beim Schlackeziehen, so wird die Stillstandszeit des Konvertors vom Schluß der einen Blaseperiode bis zum nächsten Blasen im allgemeinen größer ausfallen als wenn die Vorrichtungen für die Schlackenabfuhr und die Rohsteinzufuhr voneinander getrennt sind. Wenn beispielsweise im ersteren Falle 10 Min. erforderlich sind, um die Schlacke aus dem Konvertor nach Beendigung eines Blasens in die Gießpfanne überzuführen, dann weitere 10 Min. benötigt werden, um die Schlacke aus der Gießpfanne in Spitztöpfe, Schlackengießformen od. dgl. zu vergießen, und wenn dann schließlich dieselbe Gießpfanne zum Vorherd fahren, dort Stein empfangen und diesen zum Konvertor bringen soll, was abermals mindestens 10 Min. in Anspruch nimmt, so tritt ein Stillstand zwischen voraufgegangenem und nachfolgendem Blasen in Höhe von 30 Min. ein. Im zweiten Falle kann indessen das Schlackeziehen gleichfalls 10 Min. in Anspuch nehmen und sofort nach beendetem Schlackeziehen der inzwischen bereitgestellte Rohstein in den Konvertor gegossen werden, so daß mit einer gesamten Betriebsunterbrechung von 12 statt 30 Min. auszukommen ist. Daraus ergibt sich, daß bei Anwendung der richtigen Transportmittel und sorgfältiger Zeiteinteilung die praktische Verblasezeit günstigstenfalls nur 120 % der theoretischen Verblasezeit zu betragen braucht, während sie leider oftmals 150 %, ja auf einzelnen Werken bis zu 250 % des theoretischen Zeitbedarfes umfaßt.

Die Zuschläge. Als saure Zuschläge kommen für den Konvertorprozeß in erster Linie Quarz und hochquarzhaltige Materialien, in zweiter Linie saure Erze in Betracht. In chemischer Beziehung muß an einen guten Konvertorzuschlag genau wie beim Schachtofen die Anforderung gestellt werden, daß er möglichst arm an Tonerde sei, um möglichst metallarme Konvertorschlacken ausbringen und somit den Nutzeffekt des Konvertors recht hoch gestalten zu können. Was die Korngröße der verwendeten Zuschläge anbetrifft, so soll sie einerseits möglichst gering sein, damit die Einzelpartikel bei kleinem Volumen große Oberflächen besitzen und der Verschlackungsvorgang beschleunigt wird. Andererseits darf das Korn aber auch nicht zu fein sein, da dann die Gefahr besteht, daß zuviel Zuschlag, der noch nicht mit dem Bade in Berührung gekommen ist, von den aus dem Rohstein austretenden Abgasen aus dem Konvertor herausgeschleudert wird. Walnußkorn bis Erbsengröße ist die zweckmäßigste Korngröße. Einen vorzüglichen Zuschlag liefert somit grober Quarzsand. Saure Erze sollten stets bis auf diese Korngröße gebrochen werden, da die Brechkosten bei sauren Erzen, die ja im allgemeinen recht leicht und splittrig brechen, bei weitem durch die Zeitersparnis aufgewogen werden, die durch das Brechen auf feines Korn nachher beim Konverterprozeß erzielt werden kann.

Die Zuschläge können von Hand durch die Schnauze in den Konvertor geworfen werden; kürzere Zeit ist erforderlich, wenn sie einfach durch Ziehen eines oberhalb des Konvertors angebrachten Zuschlagbunkers dem Bade zugeführt werden. Bei sehr großen Konvertoren, speziell bei großen Trommelkonvertoren, hat es sich als zweckmäßig erwiesen, für das Einsetzen des Zuschlages den Blaseprozeß gar nicht zu unterbrechen, sondern den Zuschlag durch den Oberteil einer der Stirnwände vermittels eines Zerstäubers mit Preßluft in den Konvertor zu befördern (gar gun). Der theoretisch als die günstigste Art des Einsatzes von Zuschlägen erscheinende Gedanke, den Zuschlag durch die Winddüsen vermittels des Gebläsewindes dem Bade zuführen zu wollen, ist praktisch nicht über Versuchsstadien hinausgekommen. Eines der schwersten Hindernisse für die Durchführung dieses Gedankens wird stets der außerordentlich hohe Verschleiß aller eiserner Rohre sein, die der meist ziemlich scharfkantige Quarzit bzw. das saure Erz zu passieren hat.

Besonders muß darauf geachtet werden, daß die einzusetzenden Zuschläge lufttrocken sind, da Zuschläge, die in nassem Zustande in das Bad eingeschaufelt werden, recht heftige Explosionen hervorrufen, durch die das Konvertorfutter sowie Ummantelung und Fundamente schwer erschüttert werden können. Sollten einmal aus irgendwelchem Grunde keine lufttrockenen Zuschläge zur Verfügung stehen, so daß wohl oder übel zu beispielsweise naßgeregnetem Material gegriffen werden muß, so achte man besonders darauf, daß die Schmelzer, die den Quarzit in den Konvertor werfen, niemals vor der Schnauze, sondern stets in Deckung stehen, weil beim Einschaufeln feuchten Materials beträchtliche Mengen flüssigen Konvertorinhalts ausgeworfen werden.

Die Wartung der Düsen. Gelegentlich der Behandlung der Windverhältnisse im Konvertor ist schon hinreichend darauf aufmerksam gemacht worden, daß die Düsen peinlichste Wartung verlangen, zumal, wenn der Wind für die Konvertoranlage von einem Turbogebläse geliefert wird. Aber auch der Schmelzer, dessen Konvertor seinen Wind von einem Kolbengebläse bezieht, darf nie die Düsen außer acht lassen. Sparen an Arbeitslohn für das Düsenstochen ist sparen am verkehrten Platz, und es macht sich stets bezahlt, wenn je Konvertor ein Mann (und bei großen Konvertoren zwei) lediglich mit Stochen der Düsen beschäftigt ist. Zum Stochen dienen Rundeisenstäbe, die an einem Ende gerade abgehauen sind (nicht etwa zugespitzt), so daß sie die Ventilkugel des Dyblie-Ventiles leicht beiseitedrücken können, während an das entgegengesetzte Ende ein Kopf angestaucht ist (nicht aufgeschweißte Ringe!), der einerseits als Schlagbahn für einen Fäustel dienen kann und andererseits so groß gestaltet sein muß, daß er ein zu tiefes Hineinrutschen des Rundeisenstabes in die Düse verhindert. Der Schmelzer, der die Düse stocht, ist mit einem Asbesthandschuh auszurüsten, damit die Hand, die den Rundeisenstab an der Düse führt, gegen rückwärts aus der Düse geschleuderte Steinspritzer geschützt ist. Es wurde schon erwähnt, daß angesichts der relativ starken Abnutzung der Kugeln in den Dyblie-Ventilen es gelegentlich vorkommt, daß eine zu klein gewordene Kugel rückwärts ausgeworfen wird. Um auf solche Fälle vorbereitet zu sein, sollten an jedem Konvertor, sofort greifbar für den Mann, der die Düsen bedient, einige angespitzte Holzpfropfen vorrätig sein, die in solchem Falle sofort in das Ventil hineingeschlagen werden können, damit die Düse nicht volläuft, bis der Konvertor soweit gekippt ist, daß die Düsen aus dem Bade heraustauchen, der Wind abgestellt und die Ventilkugel ersetzt werden kann.

Bären in der Konvertorschnauze. Da der Durchmesser der Konvertorschnauze stets erheblich geringer ist als die Badoberfläche, kann es nicht wundernehmen, daß gerade am Rande der Konvertorschnauze stets gewisse Mengen des von den Gasen mitgerissenen und ausgeworfenen Materials, Schlacke und Stein, hängenbleiben und dort erstarren. Auch beim Ausgießen bleiben Schlacke und Stein hängen. Je enger die Konvertorschnauzen gestaltet sind, desto mehr neigen sie dazu, durch derartige Ansätze zuzuwachsen. Mechanisch besonders unangenehme Eigenschaften erlangen solche Ansätze stets dadurch, daß während des Garblasens auch gediegenes Metall mit in die Ansätze hineingelangt und dazu beiträgt, ihnen große Zähigkeit und überhaupt sehr widerspenstige Eigenschaften zu verleihen. Um solche „Bären" aus der Schnauze leicht entfernen zu können, darf auf keinen Fall das Futter — sei es nun sauer oder sei es basisch — bis an den äußersten Rand der Schnauze emporgeführt werden. Man läßt das Futter stets zwei bis drei Handbreit unterhalb der Eisenblechummantelung der Schnauze enden und schlägt den frei bleibenden Rest der Schnauze mit gewöhnlichem billigen Ton aus. Reißt man vermittels Krücken, Haken usw. einen Bären aus der Schnauze, so ist es dann weiter kein großer Schade, wenn dabei ein Teil dieses aus Ton hergestellten Futterringes mit herausgerissen wird. Die entstandene Lücke ist schnell ersetzt. Ein zum Herausreißen von Bären aus der Konvertorschnauze besonders geeigneter Zeitpunkt ist der Augenblick unmittelbar nach dem Ausgießen fertig erblasenen Konvertorkupfers, da dann die Bären meist rotwarm und gut brüchig sind. Sind die Bären in der Konvertorschnauze schon einige Tage oder gar Wochen alt, so lassen sie sich meist nicht ohne weiteres aus der Schnauze herausreißen, sondern müssen zunächst zerschnitten werden. Mit Meißel und Brechstangen ist im allgemeinen nicht viel zu erreichen. Vorzügliche Arbeit hingegen leisten die beiden Schneidewerkzeuge, die in Abb. 92 u. 93 dargestellt sind, von denen das erstere von Mc Gill, Nevada und das zweite von L. O. Howard angegebene, in das spezielle Schneidstähle eingesetzt werden können, auf der Old Dominion Plant zu Globe, Arizona, erprobt und überall glänzend bewährt sind.

Das Schlackeziehen. Wenn alle in den Konvertor eingesetzten Zuschläge verbraucht sind, so muß die gebildete Schlacke gezogen werden, da andernfalls entstehendes Eisenoxydul zu Hydroferrit weiteroxydiert wird. Der richtige Zeitpunkt zum Schlackeziehen läßt sich am besten erkennen, wenn man gelegentlich die Schlacke, die auf dem Bade schwimmt, mit einem Spatel durchrührt und sich vergewissert, daß keine klümpchenartig zusammengeballten Partikel mehr darin vorhanden sind, also aller Zuschlag verbraucht ist. Als erstes Aufnahmegefäß für die zu ziehende Schlacke wählt man praktischerweise eine Gießpfanne (aus Hämatitguß), die die gesamte aus dem Konvertor zu entfernende Schlackenmenge aufnehmen kann. Während man den größten Teil der auf dem Bade schwimmenden Schlacke durch vorsichtiges Kippen des Konvertors langsam von dem Steinbade abgießen kann, müssen die letzten Reste von Schlacke sorgfältig mit Krücken vom Bade heruntergezogen werden, damit nicht Stein mit in die Schlacke hineingerät. Die bestgeeigneten Krücken stellt man sich her,

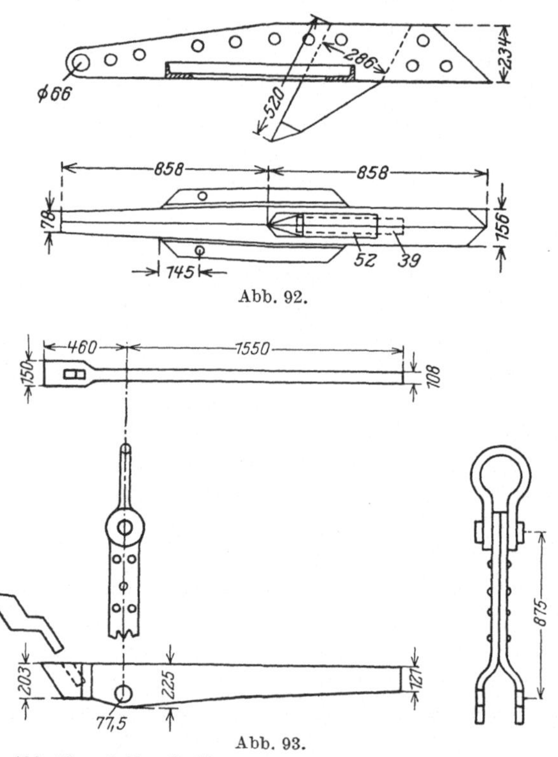

Abb. 92.

Abb. 93.

Abb. 92 und 93.   Gerät zum Entfernen von Bären aus der Konvertorschnauze.

indem man einen 20 mm Rundeisenstab am einen Ende kurz rechtwinklig hakenartig umbiegt und das Ende anschärft, so daß es leicht in ein etwa 30 cm langes Stück grünen Rundholzes von 70 bis 80 mm Durchmesser eingeschlagen werden kann. Das andere Ende des Rundeisenstabes wird mit einem Handgriff versehen; derartige Krükken kann man jahrelang gebrauchen, da lediglich das Rundholz langsam abbrennt und durch ein frisches Stück ersetzt werden muß.

Was nun die aus dem Konvertor in eine Gießpfanne hinein entleerte Konvertorschlacke anbetrifft, so muß sämtliche Konvertorschlacke wegen ihres hohen Metallgehaltes wieder verarbeitet werden. Das kann auf verschiedenen Wegen geschehen. Es ist gelegentlich, besonders in amerikanischen Hütten, die flüssige Konvertorschlacke einfach zum Schachtofenvorherd gefahren und aus der Gießpfanne über eine Eingußrinne in den Vorherd gegossen worden. Die Konvertorschlacke findet dann im Schachtofenvorherd hinreichend Zeit, den in ihr suspendierten bzw. den mitgerissenen Stein absitzen zu lassen und wird gemeinsam mit der Schachtofenschlacke abgesetzt. Verfasser hat selbst dieses Verfahren längere Zeit ausgeübt und dabei beobachtet, daß der Metallgehalt der aus dem Schachtofenvorherd überlaufenden Schlacke nur während des Eingießens von Konvertorschlacke, also während der vorübergehend sehr schnellen Verdrängung von Schachtofenschlacke durch die spezifisch schwerere Konvertorschlacke, stark anstieg, dann aber schnell wieder auf das Normalmaß herabsank. Es wird tatsächlich eine recht gute Entkupferung der Konvertorschlacke erzielt. Dennoch muß der Verfasser vor diesem an und für sich sehr einfachen und billigen Verfahren aus eigener Erfahrung dringendst warnen. Wenn nämlich die Konvertorschlacke verhältnismäßig heiß ist und in ziemlich flottem Strahle in den Vorherd eingegossen wird, so entstehen am Boden und an den Seitenwänden des Vorherdes sehr starke Wirbelbewegungen, die das Mauerwerk — auch Magnesitausmauerung — stark auswaschen. In die auf diese Weise entstehenden Hohlkehlen setzt sich schnell etwas Stein bzw. Magnetit hinein, so daß, wenn man mit einer Nadel die Wände des Vorherdes innen abtastet, keinerlei Veränderung festzustellen ist. Beim nächsten Einguß heißer Konvertorschlacke wird der in der entstehenden Hohlkehle abgesetzte Stein bzw. Magnetit in wenigen Augenblicken ausgewaschen und die Wirbelbewegungen der heißen eingegossenen Schlacke nagen wieder am Futter des Vorherdes. Oft genügt es, vier- bis fünfmal hintereinander reichlich heiße Konvertorschlacke etwas flott in den Vorherd eingegossen zu haben, bis der Augenblick erreicht ist, wo während des Eingießens oder aber 10—20 Min. danach, das Futter des Vorherdes durchgefressen ist, der Stein bis zur Ummantelung vordringt und dann, da diese sich wie Butter im Steine löst und nach außen durchbricht. Wird gar die Ummantelung des Vorherdes zur Zeit eines solchen Steindurchbruches noch gekühlt, so daß rund um den Vorherd in der das Kühlwasser aufnehmenden Sammelrinne Wasser steht, so erfolgen bei einem derartigen Steindurchbruch Explosionen, die gelegentlich sogar viele Quadratmeter große Flächen aus dem Hüttendach herausreißen, die die ganze Umgegend des Vorherdes mit einem Sprühregen flüssigen Steines überschütten und die ein sofortiges Arbeiten am Vorherd außerordentlich erschweren. Nur beherzte Schmelzer springen dann noch zu, um sofort sämtliche Stiche des Vorherdes aufzureißen, damit dieser so schnell wie möglich leer läuft. Ob der Gewinn, den die Einfachheit der Reinigung von Konvertorschlacken durch Einkippen in den Schachtofenvorherd bietet, groß genug ist, um den Preis einer neuen Vorherdausmauerung aufzuwiegen, erscheint mehr als zweifelhaft.

Der einfachste und sicherste Weg ist es stets, die Konvertorschlacke in den Schachtofenprozeß zurückgehen zu lassen. Um die Kosten für das Brechen von Konvertorschlacke zu sparen, entleert man daher die mit frisch gezogener Konvertorschlacke gefüllte Gießpfanne nicht einfach in Betten, sondern vergießt sie — am besten mittels eines die Gießformen tragenden Wagens, der unter der langsam zu kippenden Gießpfanne hindurchgefahren wird, in besondere Gießformen. Auf einzelnen Hütten sind auch fahrbare Gießtische in Gebrauch, die aus 6 bis 8 einzelnen kippbaren Mulden bestehen, und bei denen die einzelnen Mulden, je nachdem, 6—8 Sektoren eines Kreises bilden. Steht ein solcher Gießtisch zur Verfügung, so gießt man aus der die Konvertorschlacke enthaltenden Pfanne zunächst in den ersten Sektor, dreht dann den Tisch horizontal um seinen Mittelpunkt, bis der zweite Sektor unter der Gießpfanne steht und fährt so fort, bis alle Sektoren gefüllt sind. Die bis dahin verstrichene Zeit genügt im allgemeinen vollkommen zur Erstarrung der in den ersten Sektor eingegossenen Schlacke, so daß dieser gekippt werden kann, der Schlackenkuchen herausrutscht und der Sektor nunmehr zu neuer Füllung wieder unter die Gießpfanne gebracht werden kann.

Bei besonders metallreichen Schlacken bzw. viskosen Schlacken, die beträchtliche Mengen von Stein enthalten, ist auch das Vergießen der Konvertorschlacken in Spitztöpfe sehr zweckmäßig. Je nach der Größe des Konvertors kommt man mit 10—20 Töpfen zu je 75 l Inhalt aus, die nach der Füllung mittels eines besonderen Fahrgestelles zur Abkühlung beiseitegefahren und nach der Abkühlung umgestülpt werden. Den in der Spitze des Spitztopfes abgesetzten Stein bzw. sehr metallreiche Konvertorschlacke kann man dann meist leicht mit dem Hammer von dem Schlackenkegel abschlagen und gibt die abgeschlagene Spitze unmittelbar in den Konvertor, den restlichen Schlackenkonus nach dem Zerschlagen in den Schachtofen zurück.

Wenn auf einem Hüttenwerk, auf dem an und für sich auf unmittelbarem Wege verhüttet wird, größere Mengen saurer Feinerze oder größere Mengen von feinkörnigem Agglomerat zugute gemacht werden müssen, die nicht für den Schachtofen geeignet sind, und die in einem Flammofen auf Rohsteinen verschmolzen werden müssen, so bietet sich eine günstige Gelegenheit, hochwertige Konvertorschlacken von ihrem Metallinhalt zu befreien und gleichzeitig die ihnen innewohnende, nicht unerhebliche Wärmemenge zu verwerten. Man gibt dann solche Konvertorschlacken unmittelbar in den Flammofen und kann sie, wenn man insbesondere saure Feinerze zu verarbeiten hat, sehr gut als basisches Flußmittel benutzen. Die in Anaconda zu verhüttenden sauren Erze von Butte stehen in zu reichlicher Menge zur Verfügung, als daß sie restlos in den Schachtöfen ohne sehr erheblichen Zuschlag von Kalk zugute gemacht werden können. Dazu kommt, daß der Kalk daselbst verhältnismäßig teuer ist. Man hat sich daher vor etwa 8 Jahren dazu entschlossen, diese Erze zunächst durch Flotation anzureichern und dann in Flammöfen auf Stein zu verarbeiten. Hierbei wird die in Anaconda anfallende Konvertorschlacke als Flußmittel benutzt, um einerseits die Konvertorschlacke zu entkupfern und andererseits an Kalk zu sparen. Da aber die Konvertorschlacke einen verhältnismäßig hohen Prozentsatz an Magnetit enthält, der sich nicht ohne weiteres an Kieselsäure binden läßt, so muß auch dafür gesorgt werden, daß der Magnetit zu Eisenoxydul reduziert wird. Dies konnte in Anaconda erreicht werden durch Zuschlag von ungeröstetem und teils geröstetem Konzentrat. Die Reduktionsreaktion $2\,Fe(FeO_2)_2 + S = 6\,FeO + SO_2$, die hierfür die Grundlage bildet, verlangt allerdings zu einem möglichst quantitativen Verlauf in der Richtung nach rechts innigste Berührung der zugesetzten Sulfide mit der Konvertorschlacke. Es müssen daher die eingesetzten Rohsulfide, Agglomerate oder Restprodukte möglichst feinkörnig sein.

Das Verschmelzen von Konzentraten im Konvertor. Je ärmere Rohsteine im Konvertor verblasen werden, um so größer sind die Wärmeüberschüsse, die in den einzelnen Blaseperioden erzielt werden, um so größere Mengen von kalten Zuschlägen, Fegsel, Krätzen, Raffinierofenschlicker oder sonstiger kalter Materialien müssen eingesetzt werden, um das Bad möglichst nicht über 1250° C heiß werden zu lassen. Solche Wärmeüberschüsse geben eine gute Gelegenheit, Konzentrate unmittelbar im Konvertor zugute zu machen; während beim Einsatz von rohen sulfidischen Feinerzen die Kühlung des Bades nur sehr vorübergehender Natur ist, da in Gestalt der Feinerze meist große Mengen von Schwefel und Eisen eingetragen werden, die selbst wieder zu erheblicher Hitzeentwicklung führen und die andererseits eine bis zu Explosionen führende momentane Gasentwicklung hervorrufen, sind Konzentrate und besonders die Produkte der selektiven Flotation für die Verarbeitung im Konvertor durchaus geeignet, da sie im allgemeinen so pyritarm sind, daß die Gefahr beträchtlicher Wärmeentwicklung durch ihre Zersetzung entfällt. In Copperhill, Tennessee, ging man

1922 dazu über, die dort zur Verhüttung stehenden Feinerze zu malen und selektiv zu flotieren, wobei 40—59 t Konzentrat täglich anfielen. Ein Sintern oder Agglomerieren der Konzentrate im Drehofen paßte aus verschiedenen Gründen in die Betriebe von Copperhill nicht hinein. Es wurde daher zunächst versucht, in zwei großen aufrechten Konvertoren 12—14proz. Rohstein einzusetzen und die bei seinem Verblasen überschüssige Wärmemenge zu benutzen, um Konzentrate, die durch die Schnauze eingesetzt wurden, mit zu verarbeiten. Es trat dabei aber, wenn die Konzentrate in größerer Menge beim Einsetzen an ein und dieselbe Stelle fielen, lokales Einfrieren des Bades ein, dem starkes Spritzen und unter Umständen kleine Explosionen folgten. Als Anfang 1923 aber dazu übergegangen wurde, die Konzentrate mittels Windgebläse (gar gun) in einen Trommelkonvertor mit 9,15 m lichter Länge und 3,96 m lichtem Durchmesser einzutragen, der mit dicht schließender Haube versehen war und aus dem die Abgase mit einem derart bemessenen Schornsteinzug abgeführt wurden, daß ein Abgasaustritt zwischen Konvertorschnauze und Gasabzugshaube gerade vermieden wurde, konnte ein voller Erfolg erzielt werden. Die in den Konvertor eingetragenen Konzentrate werden mit 8 % Feuchtigkeit eingeblasen, wodurch jegliches Stauben der Konzentrate vermieden wurde. Sechs aufeinanderfolgende Betriebsmonate ergaben, daß auf diese Weise 96 % des gesamten Kupferinhaltes der Konzentrate ausgebracht und als Konvertorkupfer gewonnen werden konnten. Zwar ist es empfehlenswert, die einzusetzenden Konzentrate vor dem Einblasen in den Konvertor schon mit einer hinreichenden Menge von saurem Zuschlag

Betriebsergebnisse beim Einsatz von Konzentraten in den Konvertor (Copperhill).

	1. 2. 23 bis 15. 7. 23		1. 8. 23 bis 1. 6. 24	
	Zusammen	je Tag	Zusammen	je Tag
Konvertorbetriebstage	133,8	—	238,7	—
Anzahl verblasener Konvertorchargen	180	1,345	302	1,265
Eingesetzter Stein in t	15323	114,52	24653	103,29
% Cu im eingesetzten Stein	14,54	—	14,48	—
Eingesetztes Konzentrat in t	5960	44,54	13795	57,79
% Cu im Konzentrat	11,94	—	?	—
t Konzentrat je t Stein	0,39	—	0,56	—
Quarzit in t	5956	44,51	9826	41,17
Quarzit in t je t Stein	0,39	—	0,41	—
Quarzit in t je t Fe	0,47	—	0,50	—
Quarzit in t je t Cu	2,13	—	1,95	—
Windmenge in cbm je Min.	379	—	356	—
Windmenge in cbm je t Fe	6400	—	5787	—
Windmenge in cbm je t Cu	25771	—	24152	—
Windpressung	rund 1 Atm.	—	rund 1 Atm.	—
Erblasenes Konvertorkupfer in t	2790,3	20,85	5118,9	21,45
Blasezeit für 1 t Konvertorkupfer in Min.	70,7	—	68,0	—
Tagesdurchsatz in t	—	203,57	—	202,25
Durchschnittsanalyse der Konvertor-schlacke SiO_2	20,80 %	—	20,80 %	—
FeO	72,56 %	—	72,05 %	—
CaO	1,30 %	—	1,10 %	—
Al_2O_3	1,80 %	—	1,10 %	—
Cu	1,13 %	—	1,08 %	—
S	2,90 %	—	2,40 %	—
	100,49 %	—	98,53 %	—

zu möllern; unbedingt erforderlich ist es indessen nicht. Zur Zeit z. B. werden in Copperhill 4 t Konzentrat auf einmal eingegeben und danach der erforderliche Zuschlag. Während des Falles durch den freien Raum innerhalb des Konvertors und oberhalb des Bades sintern die eingeblasenen Konzentrate oberflächlich[1].

Innerhalb von 6 Betriebsmonaten wurden täglich auf 95 t 15 proz. Rohstein 32—59 t Flotationskonzentrate in den Konvertor eingeblasen und verarbeitet. Es erscheint jedoch nach den dort gemachten Erfahrungen durchaus möglich, auf 1 t flüssig eingesetzten Stein bis zu 1 t Konzentrat zugute zu machen, ja es ist sogar gelungen, den Konvertor 8 Std. lang ohne Nachsetzen irgendwelchen flüssigen Steines lediglich mit Konzentraten zu beschicken und tadellos heiß zu erhalten. Betont sei besonders, daß diese überaus günstigen Resultate vor allem auf die gewaltige Wärmekapazität zurückzuführen sind, die ein Trommel-Konvertor von so erheblichen Ausmaßen, wie der in Copperhill arbeitende zu beherbergen vermag.

Es sei noch besonders betont, daß angesichts der vorzüglichen Dichtung zwischen Konvertorschnauze und der Gasabzugshaube, die bereits kurz gestreift wurde, beim Einsatz von Konzentraten in den Konvertor der Gehalt der Abgase an schwefliger Säure bis auf rund 9 % heraufgesetzt werden konnte.

Das Bottomblasen. Nachdem das Prinzip des Bottomblasens in den vorstehenden Kapiteln über den eigentlichen Garblaseprozeß schon vollkommen abgehandelt worden ist, seien hier nur kurz die praktisch angewendeten Methoden und verschiedene Typen von Konvertoren erwähnt, die das Erblasen von edelmetallhaltigen Bottoms besonders vereinfachen sollen.

Wenngleich auch von jedem edelmetallhaltigen Steine an und für sich Bottoms erblasen werden können, so wird dieses Verfahren doch nur unter ganz besonderen Gesichtspunkten wirtschaftliche Erfolge versprechen; wenn z. B. das produzierte Kupfer nach der Raffination zu Walz-, Zieh- u. dgl. Zwecken Verwendung finden soll, so muß es der Elektrolyse unterworfen werden, und die Elektrolyse bietet hinreichend Möglichkeit, auch die Edelmetalle zu erfassen. Erbläst man von solchem Kupfer Bottoms, so ist das einzige, was man damit erreichen kann, daß man das Edelmetall auf eine bestimmte, verhältnismäßig kleine Menge von Konvertkupfer konzentriert und nach der getrennten Raffination dieses Bottomkupfers und des übrigen aus dem „Regulus" erblasenen Kupfers beide Raffinate auch getrennt elektrolysieren kann, die Edelmetalle also in einer verhältnismäßig geringen Menge von Elektrolyt zusammengedrängt hat. Es brauchen dann nur die verhältnismäßig edelmetallreichen Anodenschlämme der an Kapazität kleinen Bottomanodenelektrolyse auf Edelmetall verarbeitet zu werden. Ob das ein wirtschaftlich nennenswerter Vorteil ist, muß von Fall zu Fall entschieden werden, wobei man meist dazu kommen wird, von dem Erblasen besonderer Bottoms Abstand zu nehmen. Findet sich hingegen für das aus dem Konvertorkupfer hergestellte Raffinat hinreichender Absatz für Gießerei- oder Legierungszwecke, so ist es unbedingt erforderlich, das Edelmetall vorher in Bottoms zu konzentrieren, um schon das Raffinat verkaufen zu können und nicht gezwungen zu sein, es lediglich um der Edelmetalle

---

[1] Vgl. F. J. Longworth: Smelting Copper Concentrates in a Converter. Transactions Amer. Inst. Ming. Eng. Bd. 71, S. 969—971, 1925.

willen in seiner gesamten Menge zu elektrolysieren. In solchem Falle wandern die Bottoms, aus denen sofort Anoden gegossen werden, in die Elektrolyse, während das Restkupfer im Raffinierofen auf Handelsraffinade verarbeitet wird.

Aus dem vorstehenden Kapitel über das Garblasen ist schon zu ersehen, daß das Bottomschmelzen um so wirtschaftlicher wird, je geringere Mengen von Silber im Vergleich zum Golde vorhanden sind; denn je geringer die Mengen an Silber, desto kleiner können auch die Bottoms sein im Vergleich zum Gesamtmetall, die erschmolzen werden müssen. In der Goldkupferhütte Baimak im Bezirk Tanalyk-Baimak[1] (südliche Ausläufer des Urals) werden sulfidische Erze mit 2,2—13,0% Cu, 0,6—25,4 g/t Au und 12—110 g/t Ag zusammen mit oxydischen Erzen unmittelbar verhüttet, die 0,0—3,0% Cu, 8—40 g/t Au und 6—480 g/t Ag aufweisen. Die erschmolzenen Rohsteine mit 30,5% Cu, 47,1 g/t Au und 401,3 g/t Ag werden in verhältnismäßig kleinen Konvertoren verblasen. Die Produktion betrug 1926/27 1641,53 t Cu + 325,09 kg Au + 2087,61 kg Ag. Gegenüber dem Rohstein, der ungefähr die $8\frac{1}{2}$fache Menge Silber im Vergleich zum Golde enthält, erweist die Produktion nur die siebenfache Menge Silber im Vergleich zum Golde. Es gehen rd. 18% des Ag verloren. Das gesamte in Baimak produzierte Kupfer wird an die Karabaschhütte im Bezirk Kyschtim zur Elektrolyse abgegeben. Falls die Möglichkeit besteht, von Baimak aus unmittelbar Raffinadekupfer abzusetzen, so wäre ein solches Material, wie es die Konvertoren in Baimak liefern, das gegebene Material zum Bottomblasen: denn mit einem Bottom, der selber etwa 20—25% der gesamten erschmolzenen Kupfermenge beträgt, könnten das gesamte Gold und mindestens 75% des Silbers erfaßt werden. Die 25% des Gesamtsilbers, die unter Umständen verlorengehen, dürften voraussichtlich einen geringeren Wert haben als die aufzuwendenden Transportkosten, wenn die gesamte Raffinade nach einer anderen Hütte geschafft werden soll, und als die Elektrolysekosten für jene 80—75% des gesamten ausgebrachten Kupfers, die nicht elektrolysiert zu werden brauchen, wenn das Edelmetall in einem Bottom gesammelt wird.

An und für sich ist es selbstverständlich möglich, in jedem Konvertor Bottoms zu erschmelzen, indem man nach Eröffnung des Garblaseprozesses eine gewisse Zeit auf Kupfer bläst, das über dem Kupfer noch stehende Schwarzkupfer einfach abgießt, das erblasene Metall auskippt, das abgegossene Schwarzkupfer wieder einsetzt und fertigbläst. Wenn man in ein und demselben Konvertor mehrere Male schon auf Garkupfer geblasen hat, so weiß man ja genau, welche Verblasezeit man anzuwenden hat, um das gesamte Schwarzkupfer auf Metall zu verblasen. Man darf aber nicht etwa denken, daß man aus dieser Verblasezeit durch eine einfache Division die Zeit ermitteln kann, nach deren Verstreichen beispielsweise 10 oder 25% des gesamten zu erblasenden Metalls bereits am Konvertorboden sich angesammelt haben; denn der Anfall an Metall je Zeiteinheit ist in den ersten Zeitabschnitten des Garblaseprozesses im allgemeinen etwas größer als in den letzten. Durch eine Division vorstehender Art kann man sich lediglich einen ungefähren Anhalt für die zum Bottomblasen aufzuwendende Zeit verschaffen. Es ist schwierig, im blasenden Konvertor festzustellen, wieviel Metall bereits erblasen ist. Man kann lediglich zum Ziele kommen,

---

[1] Agejenkoff, W. G.: Metallurgische Untersuchungen Baschkiriens. Mineralnoje Syrjo Bd. 3, S. 356ff., Moskau 1928.

wenn man den Konvertor etappenweise nach hinten kippt und nach jedem Kippen, was nur um einen ganz kleinen Betrag erfolgen darf, mit einer Nadel durch die Düsen fährt bis zu dem Augenblick, in dem man einen guten Kupferbezug auf der Nadel bekommt. Aus der Kennt-

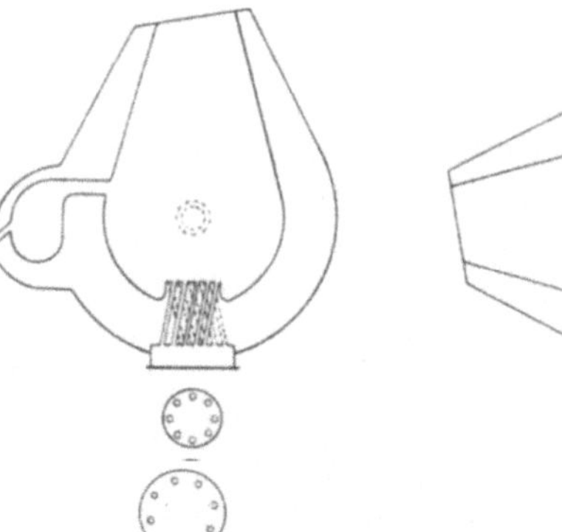

Abb. 94. „Sélecteur"-Konvertor zum Bottomblasen.

nis des Innenraumes des Konvertors und der dann herrschenden Neigung der Düsen gegen die Vertikale, also nach der Stellung des Konvertors, kann man sich ein Bild von dem im Konvertor vorhandenen erblasenen Metall machen. Andererseits ist es genau so schwer, eine wirklich saubere Trennung von Metall und restlichem Stein zu erzielen. Man geht daher meist so vor, daß man zunächst so lange bläst, daß man annehmen kann, einen hinreichenden Bottom erblasen und alles Edelmetall in ihm angesammelt zu haben. Nach Abtrennen dieses Bottoms aber erbläst man sicherheitshalber noch einen zweiten, etwas kleineren Bottom, der gleichfalls vom restlichen Stein abgetrennt wird und dessen weiteres Schicksal von seiner Analyse abhängt. Enthält er noch nennenswerte Mengen von Edelmetall, so wird er zum ersten Bottom zugeschlagen; ist er edelmetallfrei, so macht er die gleichen weiteren Wege wie das restliche erblasene Metall.

Beim Abgießen von Stein aus der Konvertorschnauze ist nie-

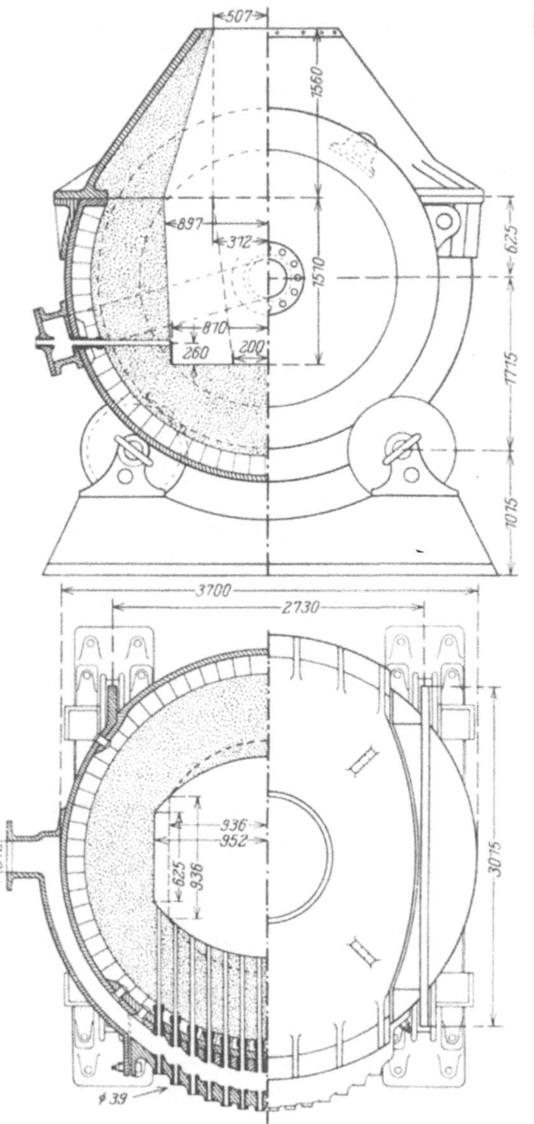

Abb. 95. Shelbyscher Kugel-Konvertor mit saurem Futter.

mals eine saubere Abtrennung von dem bereits erblasenen Bottom zu erzielen. Es wird regelmäßig etwas Stein mit in den Bottom hineingelangen. Eine saubere Abtrennung bezweckt der schon im Jahre 1897 bei der Société des cuivres de France in Eguilles ausgebildete „Sélecteur"-Prozeß von Paul David[1]. Der angewandte, verhältnismäßig recht kleine, birnenförmige Konvertor unterscheidet sich von den üblichen Kupferkonvertoren dadurch, daß die Düsen nicht seitlich in das Bad eingeführt sind, sondern daß sie, wie bei den Stahlkonvertoren, im Boden angebracht sind. Der Boden des Sélecteur-Konvertors ist jedoch in der Mitte, in der auch die Mündungen der kreisförmig angeordneten, aber gegen die Vertikale etwas geneigten Düsen liegen, erhaben, so daß er von einer Art ringförmigem Graben umgeben wird, in dem sich, weil er das Tiefste des Konvertors bildet, das zuerst anfallende Metall ansammeln kann. An der einen Seite des Konvertors ist im sauren Futter ein retortenförmiger Hohlraum untergebracht, der zur Abtrennung des Bottoms vom Stein dient und der für sich allein abgestochen werden kann. Ist eine hinreichende Menge von Bottom im Sélecteur-Konvertor erblasen, so wird derselbe dergestalt gekippt, daß der retortenförmige Hohlraum an die tiefste Stelle des Konvertor-

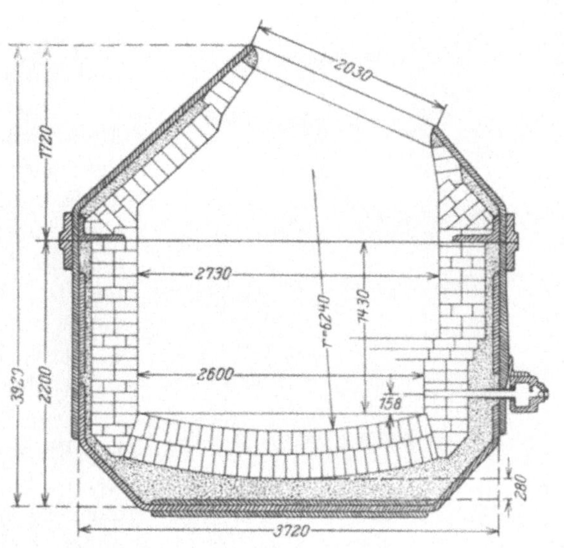

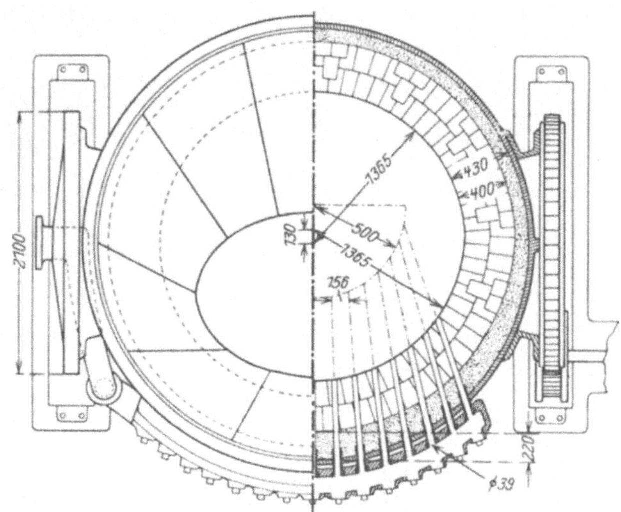

Abb. 96. Basisch gefütterter aufrechter „Great-Falls"-Konvertor (12-Fuß-Konvertor).

[1] Barthe, Louis: The Paul David „Sélecteur" or Converter. Engg. Min. J. Bd. 66, S. 487—488, 1898. — David, Paul: Sur la métallurgie nouvelle du cuivre et le Sélecteur. Bull. Soc. scientifique industrielle. Marseille 1901. — Jannetaz, M. P.: Les convertisseurs pour cuivre. Mémoires et compte rendu des traveaux de la société des ingénieurs civils de France, 6. sér., Jg. 55, S. 268—320. Paris 1902.

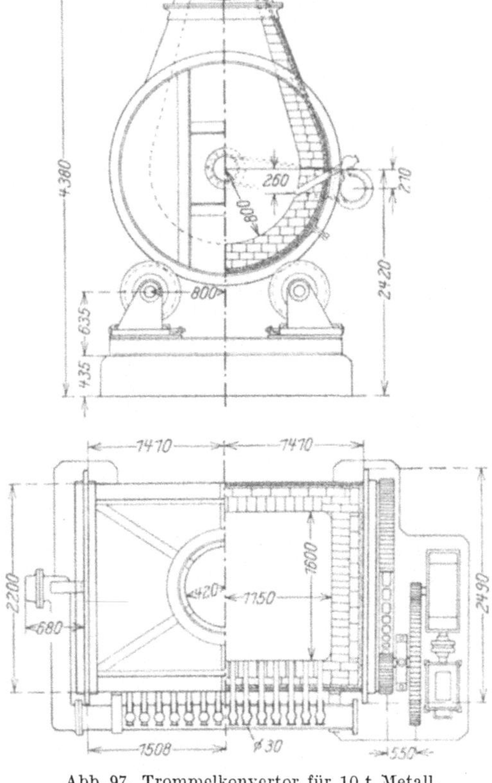

Abb. 97. Trommelkonvertor für 10 t Metall.

innern rückt, und daher der Bottom in diesen Hohlraum hineinläuft. Beim Zurückkippen des Sélecteur-Konvertors in die Arbeitslage ist dann der Bottom vom Stein getrennt, sozusagen abgefangen, und kann selbständig abgestochen werden, während der restliche Stein auf Metall verblasen wird. Die Drehachse des Sélecteur-Konvertors ist gegen die Horizontale geneigt, wodurch erreicht wird, daß, wenn der Bottom einmal in die retortenförmige Tasche hineingelaufen ist, keinerlei Bewegung des Konvertors möglich ist, durch die der Bottom wieder in das Bad zurückfließen könnte. So genial an und für sich die Konstruktion dieser Sammeltasche für den im Sélecteur-Konvertor erblasenen Bottom ist, so hat sich doch leider in der Praxis der Sélecteur-Konvertor im allgemeinen nicht bewährt; erstens wegen seiner Düsenstellung, die sich aber wohl in die beim Kupferkonvertor übliche Stellung hätte umändern lassen können; zweitens aber weil der in der Tasche abgefangene Bottom oftmals zu schnell erstarrte und daher nicht restlos abgestochen werden

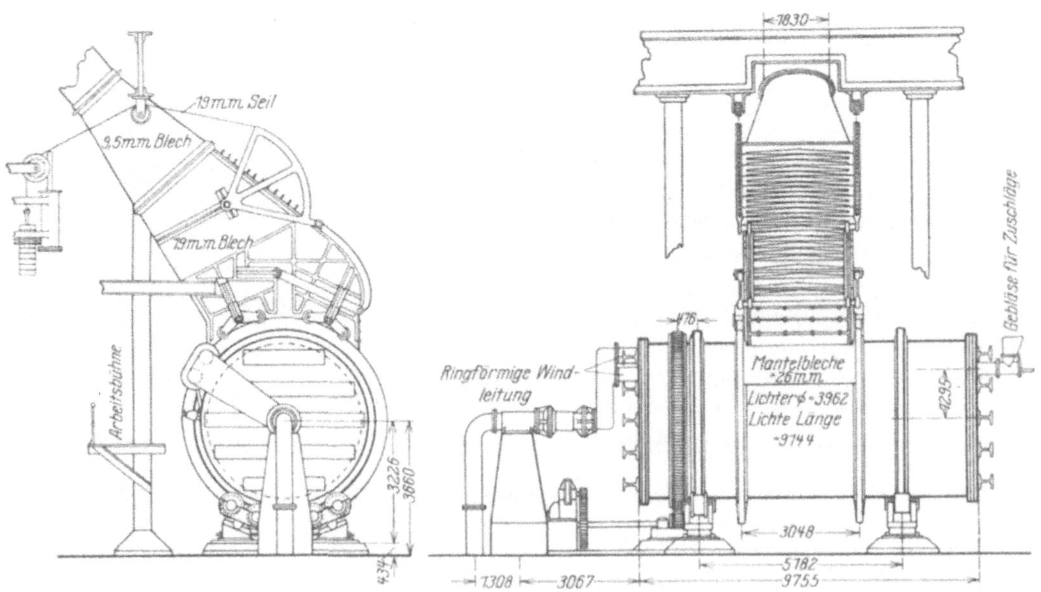

Abb. 98. Trommelkonvertor für 75 t Metall, auf dem Arbeitsstand.

konnte, so daß der nächste Bottom, der im nächsten Arbeitsgange in die Tasche hineingeschwenkt werden soll, schon nicht mehr genügend Raum in der Tasche vorfindet, ein Vorgang, der die Tasche sehr schnell zufrieren läßt.

Einen auf der einen Seite konstruktiv viel einfacheren Weg, der auf der anderen Seite besser zum Ziele führte, als der Sélecteur-Konvertor, beging Selby-Davidson[1] auf der O. K.-Mine (Queensland), indem er gewöhnliche Trommelkonvertoren anwandte und diese an der Rückseite, d. h. an der Seite, an der auch die Düsen sitzen, von unten schräg anbohrte, um so den Bottom abzapfen zu können. Er stieß in 30 cm Abstand voneinander zwei Bohrungen von je 39 mm Durchmesser durch Konvertormantel und Futter und benutzte diese als Stichlöcher, die er mit einfachen Tonpfropfen pfropfte, wobei natürlich peinlichst darauf geachtet werden muß, daß der zu setzende Tonpfropfen bis in das Konvertorinnere hineingestoßen wird, weil sonst Metall im Stich bleibt und der Stich dann praktisch unwiederbringlich versetzt ist. Mit solchen Bottomstichen konnte Selby-Davidson Bottoms mit 98% Kupfer, deren Menge 22% des Gesamtinhaltes des Konvertors ausmachten, sauber vom Stein trennen.

Versuche, in einem einzigen Arbeitsgange aus den Roherzen unmittelbar Metalle zu erschmelzen.

Die Unterbrechung, die die unmittelbare Verhüttung sulfidischer Erze und Hüttenprodukte dadurch erleidet, daß zunächst in einem Arbeitsgange im Schachtofen Rohsteine erschmolzen werden, und diese Rohsteine dann in einem zweiten Arbeitsgang auf Metall verblasen werden, wirkt sich im allgemeinen, wenn Schachtofen und Konvertor richtig gegeneinander abgestimmt sind, nicht sonderlich schwerwiegend auf die gesamten Schmelzkosten aus. Dennoch hat es, solange Erze unmittelbar verhüttet werden, nicht an Versuchen gefehlt, diese beiden Arbeitsgänge in einem einzigen Arbeitsgang zusammenzufassen, allerdings ohne daß in dieser Beziehung wirtschaftlich erhebliche Erfolge erzielt wären.

Es ist sowohl versucht worden, einerseits an den Schachtofen unmittelbar die Konvertorarbeit anzugliedern, also den Schachtofen so auszubilden, daß er selbst auch als Konvertor wirkt, als auch die Schachtofenarbeit selbst andererseits in den Konvertor zu verlegen.

Baggaley[2] konstruierte einen Schachtofen, dessen Tiegel eine derartige Tiefe besaß, daß sich ein hohes Bad von Stein und Schlacke darin ansammeln konnte. Durch besondere Düsen, die von einer unter erhöhter Pressung stehenden, besonderen Windleitung gespeist wurden, blies er in dieses im Schachtofensumpfe stehende Bad Wind ein, um den Metallgehalt des Bades erheblich zu erhöhen. Sein Schachtofen besaß also eine obere Reihe von Schachtofendüsen und einen ihrem Niveau angepaßten Schlackentisch sowie eine mindestens 1000 mm tiefer liegende Reihe von Konvertordüsen nebst einem dem Niveau der letzten angepaßten verstellbaren Steinstich.

---

[1] Vgl. Selby-Davidson: Selective Converting at O. K.-Mine (Queensland). Engg. Min. J. Bd. 97, S. 357—358, 1914. — Hancock, H. Lipson: Selective Converting in South-Australia. Engg. Min. J. Bd. 111, S. 1056, 1921.

[2] Baggaley: U.S.A.-Patent 784651, 1905.

Beim Betrieb des Baggaleyschen Ofens zeigte sich bald, daß die Schlacken, die aus dem Schlackenstich des als Schachtofen arbeitenden Teiles kontinuierlich überliefen, außerordentlich metallreich anfielen, was auch nicht wundernehmen kann, wenn man bedenkt, daß die bei einem normalen Schachtofen auf dem Steinbade schwimmende Schlacke in dem Baggaleyschen Ofen dauernd in lebhaftester Weise mit Stein durchmischt wird durch diejenigen Abgase, die dem als Konvertor arbeitenden Ofensumpf entsteigen. Von einer Trennung von Schlacke und Stein kann also gar nicht mehr die Rede sein, und es wird sogar vorkommen, daß aus dem Schlackenstich auch hochwertiger Stein mit austritt. Die erschmolzenen Schlacken müssen daher restlos nochmals auf Metall verarbeitet werden. Ein weiterer schwerwiegender Nachteil bei dem Baggaleyschen Ofen ist es, daß die aus dem als Konvertor arbeitenden Ofensumpf aufsteigenden erheblichen Abgasmengen in dem als Schachtofen arbeitenden Teile Raum beanspruchen, um den Weg zur Ofenhaube zu finden. Die Menge an Schachtofenwind, die dem oberen Teil des Baggaleyschen Ofens eigentlich zugeführt werden müßte, wird durch die in ihm umgehenden Abgase ganz erheblich vermindert. Der Oberteil des Ofens arbeitet daher gar nicht mehr als wirklicher, unmittelbar verhüttender Schachtofen, sondern er wird zu einer Art Seigerofen degradiert, in dem Sulfide ausseigern, die in den Sumpf fließen. Der Unterteil des Baggaleyschen Ofens arbeitet infolgedessen auch nicht als eigentlicher Konvertor, in dem Stein verblasen wird, sondern er verbläst ausgeseigerte Sulfide.

Abgesehen davon, daß durch die erstrebte Zusammenfassung von Schachtofen und Konvertor eine außerordentlich komplizierte und im Betriebe kaum zu meisternde Apparatur geschaffen wurde, führten die vorstehend erwähnten Nachteile zu einem völligen Fehlschlag der Idee.

1907 baute Watson[1] einen Schachtofen, dem er einen auf dem Prinzip des Konvertors beruhenden Ofen unmittelbar vorschaltete. Der im Schachtofen anfallende Rohstein lief aus dem Schachtofensumpf durch eine Öffnung in einen unmittelbar anschließenden rechteckigen Tiegel, dessen Sohle tiefer lag als die Schachtofensohle. Dieser Tiegel, mit Magnesit ausgemauert, trug ein Magnesitgewölbe, sowie zwei einander gegenüberliegende Düsenreihen, die in einem tieferen Niveau angeordnet waren als die Düsenreihe des Schachtofens. Der aus dem Schachtofen in den letzterwähnten Tiegel einfließende Stein wurde hier verblasen, wobei die entstehenden Abgase sich nicht mit den Schachtofengasen mischten oder gar durch den Schachtofen selbst entwichen (wie bei dem Baggaleyschen Ofen), sondern in einem besonderen Abgasrohr der Haube des Schachtofens zugeführt wurden. Dieses vom Schachtofen getrennte Abgasrohr für Konvertorgas war außerdem mit einer Tür versehen, die gestattete, einen in das Abgasrohr eingebauten Kipprost mit saurem Zuschlag zu beschicken, den man — je nach Bedarf — in das zu verblasende Steinbad fallen lassen kann. Der eigentliche Schachtofen war mit Schlackenstich und Schlackenüberlauf ausgerüstet, während der nach dem Konvertorprinzip arbeitende Verblasetiegel einen Steinstich erhielt. Trotzdem der Watson-Ofen gegenüber dem Baggaleyschen Ofen manche Vorteile aufweist und manche Fehler des Baggaleyschen Ofens behebt,

---

[1] Watson, W. J.: U.S.A.-Patent 836548, 1907.

ist seine Verbreitung nicht über die Geburtsstätte (Britisch-Columbia) hinaus gekommen. Der Grund dafür dürfte in erster Linie darin zu suchen sein, daß ein Schachtofen eben niemals unter Garantie so arbeitet und so viel Stein liefert, wie der unmittelbar angeschlossene Verblasetiegel ihn verlangt, wenn er ungehindert arbeiten soll.

Genau so wenig wie der Baggaleysche und der Watsonsche Ofen sich im Betrieb bewährt haben, haben irgendwelche andere ähnliche Ofenkonstruktionen Erfolge erzielt, die es erforderlich machen würden, sie des Näheren zu erwähnen[1].

So aussichtlos, wie sich alle Versuche, Konvertorarbeit in den Schachtofen mit hineinzuverlegen, erwiesen haben, so aussichtsreich schienen zunächst die Versuche, Schachtofenarbeit in den Konvertor zu verlegen, die aufs engste mit dem Namen Knudsen verbunden sind[2]. Wenngleich auch die seit 1902 in Sulitjelma (Norwegen) in Betrieb gewesenen Knudsen-Konvertoren im Jahre 1919 stillgelegt worden sind, so wird doch der Grundgedanke, der Knudsen geleitet hat, heute noch von einer großen Anzahl von Hüttenleuten als wertvoll betrachtet, was z. B. zur Folge gehabt hat, daß 1921 Versuche, kanadische Nickelerze nach dem Knudsen-Verfahren zu verarbeiten, in großem Maßstabe wieder aufgenommen worden sind. Um Roherze im Konvertor verschmelzen zu können, ist es erforderlich, in möglichst kurzer Zeit ein bis über die Konvertordüsen stehendes Steinbad zu erhalten, ohne daß das Bad einfriert. In den zum Verblasen von Rohstein dienenden Konvertoren kann dieses Ziel nicht erreicht werden, da der Raum, in dem der erste

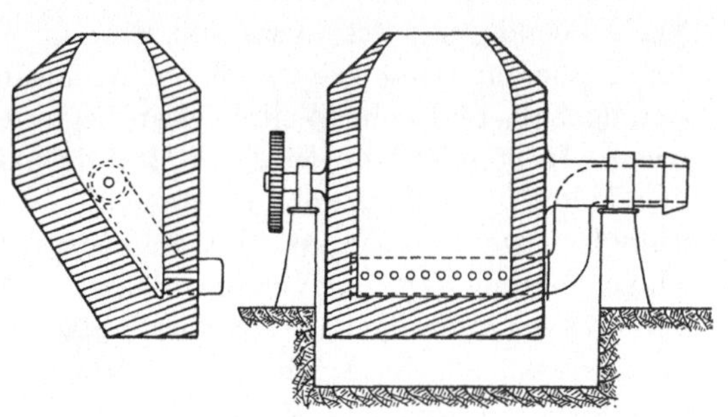

Abb. 99. Systematischer Schnitt durch einen kleinen Knudsen-Konvertor.

anfallende Rohstein sich ansammelt, viel zu groß ist und viel zu reichliche Gelegenheit zur Abkühlung des Steines bietet, als daß der Stein flüssig erhalten werden könnte. Knudsen ging daher dazu über, den Konvertoren, in denen er Roherze auf Rohstein verschmelzen und anschließend den Rohstein sofort verblasen wollte, eine vollkommen veränderte Form zu geben. Das Querprofil des Knudsen-Konvertors zeigt, daß in der Tiefe des Konvertorinnenraumes das den Düsen gegenüberliegende Futter derartig dicht an die Düsen herangerückt worden ist, daß ein keilförmiger Raum entsteht, der ein verhältnismäßig recht kleines Volumen hat und der sich daher sehr schnell so weit mit Rohstein füllt, daß der Rohstein bis über die Düsen steht. Ist dieses Ziel — flüssigen Rohstein schnell bis über die Düsen ansteigen zu lassen — erreicht, so besteht keine Gefahr

---

[1] Vgl. u. a.: Oliver S. Garretson: Pyritic Smelting and continuous Converting. Engg. Min. J. Bd. 85, S. 776—777, 1908. — Canby, R. C.: The Volcan and Garretson Furnaces. Engg. Min. J. Bd. 85, S. 1063, 1908. — Lloyd, R. L.: A Down-draft Blast-Furnace. Engg. Min. J. Bd. 85, S. 763, 1908.

[2] Knudsen, E.: Pyrite Smelting in Norway. Engg. Min. J. Bd. 77, S. 757, 1904. — Pyrite Smelting by Knudsen Method in Norway. Engg. Min. J. Bd. 87, S. 1080—1083, 1909.

mehr für ein Einfrieren des Rohsteines; denn im gleichen Augenblick beginnt der Verblaseprozeß, der wieder neue Wärme liefert. Den ersten Knudsen-Konvertoren mit 4 cbm lichtem Fassungsvermögen, entsprechend einem Erzeinsatz von rund 7,5 t, folgten bald größere Einheiten mit 6 cbm Fassung gleich 12 t Roherz und 10 cbm Fassung gleich 20 t Roherz.

Die Arbeit im Knudsen-Konvertor beginnt damit, daß zunächst Koks chargiert und angeblasen wird (7,5-t-Konverter gleich 40 kg Koks, 12-t-Konvertor gleich 100 kg Koks, 20-t-Konvertor gleich 100 kg Koks plus 100 kg Steinkohle). Ist der Koks gut weiß geblasen, so wird die gesamte Erzcharge auf einmal eingesetzt, wobei die Windpressung schnell von rund 0,6 auf 1,0 Atm. steigt. Es beginnt sofort eine sehr heftige Reaktion, und etwa 10 Min. nach dem Einsatz der Erzbeschickung steht ein Gemisch von Schlacke und Rohstein bereits über den Düsen. Die Pressung steigt auf rund 1,3 Atm. und es wird ohne Unterbrechung weiter geblasen, bis das gesamte Erz eingeschmolzen ist. Während des Einschmelzens des Erzes kann eine Steinkonzentration noch nicht eintreten, da der unmittelbar vor den Düsen stehende Stein zwar vorübergehend angereichert, aber im gleichen Augenblick durch nachfließenden Rohstein auch wieder verdünnt wird. Nach Beendigung des etwa 100 Min. in Anspruch nehmenden Einschmelzens der Erzbeschickung zeigt der im Knudsen-Konvertor stehende Stein 6—7 % Metallgehalt, und beim Weiterblasen beginnt nun die eigentliche Konzentrationsarbeit. In 80—90 Min. wird ein Metallgehalt von 40 % und in weiteren 30 Min. eine Metallkonzentration von 60—70 % im Stein erzielt, wobei Schlacken erschmolzen werden, die ihrem Kieselsäuregehalt nach zwischen den Schachtofenschlacken und den Konvertorschlacken stehen und meist 28—36 % SiO_2 aufweisen. Der Metallgehalt solcher Schlacken schwankt, da natürlich keine Zeit zu irgendwelcher Separation von Stein und Schlacke gegeben ist, zwischen 0,6 und 0,9 % Metall.

Wenn es an und für sich auch theoretisch möglich erscheinen mag, den im Knudsen-Konvertor angereicherten Rohstein sofort weiter bis auf Metall zu verblasen, so hat doch die Praxis gelehrt, daß die Wirtschaftlichkeit des Knudsen-Verfahrens nur dann gewährleistet ist, wenn ein etwa 60proz. Knudsen-Stein aus dem Knudsen-Konvertor ausgekippt, einem gewöhnlichen Konvertor zugeführt und in diesem auf Metall verblasen wird.

Um nicht die gesamte im Knudsen-Konvertor anfallende Schlacke nochmals auf Metall verschmelzen zu müssen, wird der Knudsen-Konvertor, sobald der erblasene Stein rund 60 % Metall aufweist, in einen geheizten kleinen Flammofen (in Sulitjelma auch Vorherd genannt) ausgeleert, in dem das Gemisch von Schlacke und Stein etwa 1 Std. verweilt, wobei hinreichend Gelegenheit zu guter Separation von Stein und Schlacke gegeben ist. Die aus diesem „Vorherd" abgestochene Schlacke kann mit etwa 0,2—0,3 % Metall abgesetzt werden und der abgestochene Stein geht zum Verblasekonvertor.

Die Eigenart des Knudsen-Verfahrens gestattet es, unvergleichlich größere Mengen von Feinerzen, Konzentraten, Flugstäuben und ähnlichem Gute zu verarbeiten als im Schachtofen. Rieselt Feinerz durch die stückige Beschickung des Knudsen-Konvertors hindurch bis in das Bad, oder neigen die zu verarbeitenden Roherze zum Dekrepetieren, wodurch gleichfalls ein hoher Anfall von „Erzfein" entsteht, so kann die Entschwefelung derartigen feinen Gutes im Bade oftmals explosionsartig vor sich gehen. Derartige Explosionen im Knudsen-Konvertor nehmen sich aber viel gefährlicher aus als sie in Wirklichkeit sind. Wird zuviel Material bei solchen Explosionen aus dem Konvertor herausgeschleudert, so braucht der Konvertor nur umgelegt zu werden, damit sich die Badoberfläche vergrößert, und das Übel ist meist behoben. Nachsetzen geringer Mengen von Koks und Stückerz in den umgelegten Konverter ist empfehlenswert, um das Bad recht heiß zu halten. Viele Monate hindurch konnten in Sulitjelma auf diese Weise Beschickungen verarbeitet werden, die außer 33 % Stückerz 33 % Feinerz und noch 33 % Flugstaub enthielten. Auch brikettierte Schlämme des Elmore-Vakuumverfahrens, die mit rund 4 % Kalkmilch angemacht und nach dem Brikettieren etwa 12 Std. getrocknet waren, ließen sich im Knudsen-Konvertor leicht verschmelzen.

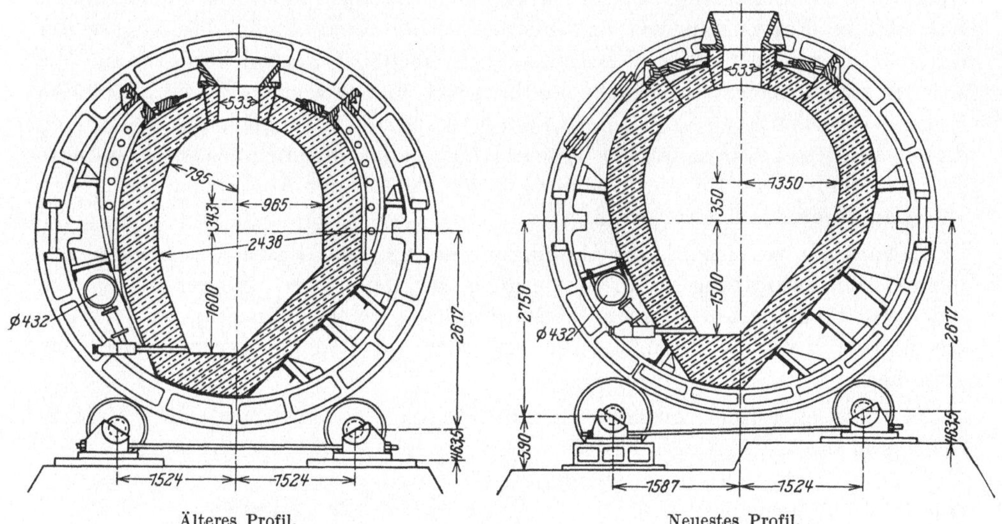

Abb. 100.   Neuer Knudsen-Konvertor der International Nickel Co. in Copper Cliff.

Der Verbrauch an Magnesitsteinen für das Futter der Knudsen-Konvertoren nimmt in dem Maße ab, wie das Fassungsvermögen der Konvertoren vergrößert wird. Während die Praxis bei den kleinen 7,5-t-Konvertoren einen Verbrauch von rund 2 Magnesitsteinen je Tonne verschmolzenen Erzes ergab, wurde bei den 12-t-Konvertoren nur noch $1^1/_2$ Stein und bei den 20-t-Konvertoren 1 Stein je Tonne Erz erforderlich.

Die Gründe, die einer Verbreitung des Knudsen-Verfahrens entgegengestanden haben, sind in erster Linie der geringe Durchsatz, der hohe Verbrauch an Magnesitsteinen, der wegen der erforderlichen Pressung verhältnismäßig teuere Wind, die großen anfallenden Schlackenmengen, die in dem verhältnismäßig kleinen Konvertorinnern sehr viel Platz beanspruchen, und die, auf die Tonne verschmolzenen Erzes bezogen, sehr hohen Arbeitslöhne, die in Sulitjelma erforderlich waren. Die Schmelzkosten, die Knudsen bei Einsatz eines rund 6—8proz. Erzes mit rund 4 M. je Tonne Erz bei Erschmelzung eines 70proz. Steines 1904 angegeben hat, erscheinen so niedrig, daß es wohl ausgeschlossen sein dürfte, jemals derartig geringe Gestehungskosten zu erzielen. Wenn indessen das Knudsen-Verfahren in erster Linie auf Konzentrate angewandt, zweitens in großen Einheiten ausgeübt und drittens durch weitere Studien verbessert wird, so dürfte durchaus Aussicht bestehen, daß die in Kanada wiederaufgenommenen Versuche, das Knudsen-Verfahren auf die Sudburynickelerze anzuwenden, von Erfolg gekrönt werden[1].

VIII. Die Abgase der unmittelbaren Verhüttung.

Die Rückgewinnung von Flugstäuben aus Hüttenabgasen und die Nutzbarmachung bzw. die Unschädlichmachung der entstaubten Abgase selbst umfaßt einen derartig großen und reichen, wenn auch durchaus noch nicht erschöpfend bearbeiteten Fragenkomplex, daß hier selbst die Behandlung der Abgase der unmittelbaren Verhüttung nicht annähernd erschöpft werden kann, zumal die Art der zweckmäßigsten Abgasbehandlung sich fast mit jedem zu verhüttenden Roherze etwas ändert. Nachfolgend können daher auch bezüglich der im Rahmen dieses Buches interessierenden Abgase nur ganz allgemeine Gesichtspunkte geboten werden, die für die jeweils zu wählende Art der Abgasbehandlung eine Unterlage bieten mögen.

Sowohl die rein chemische Zusammensetzung der Abgase, die bei der unmittelbaren Verhüttung anfallen, als auch die Menge und die Art der in den Abgasen suspendierten Flugstäube ist durchaus verschiedenartig, je nachdem die Abgase aus dem Schachtofenprozeß oder aus den Steinverblaseprozessen stammen.

Was die chemische Zusammensetzung lediglich der Abgase, ohne Berücksichtigung ihres Flugstaubinhaltes, anbetrifft, so sind die Schachtofenabgase im allgemeinen ärmer an schwefliger Säure als die Konvertorabgase, welch letztere eine starke Steigerung ihres SO_2-Gehaltes während des Garblasens des Schwarzkupfers erfahren. Ein kardinaler Unterschied zwischen den Schachtofenabgasen und den Konvertorabgasen liegt in ihrem Gehalt an Schwefelsäure, der für die praktische Durchführung der Entstaubung der Abgase sowie auch für die Frage der durch Hüttenrauch hervorgerufenen Flurschäden von erheblicher Bedeutung ist. Während das Verhältnis von $SO_2 : SO_3$ bei den Schachtofenabgasen im allgemeinen mit rund 20 : 1 bis 25 : 1 angesetzt werden kann, steigt dieses Verhältnis bei den Konvertorabgasen erheblich, unter Umständen bis auf 8 : 1. Dieser Unterschied im SO_3-Gehalt der Abgase ist auf verschiedene Ursachen zurückzuführen. Erstens fallen Konvertorgase, namentlich während des Garblaseprozesses, viel SO_2-reicher an als die Schachtofengase. Zweitens liegt die Temperatur, mit der die Konvertorabgase aus dem Konvertor austreten, meist erheblich höher, als die Austrittstemperatur der Schachtofenabgase. Drittens endlich ist die SO_2 der Konvertorabgase eben wegen der höheren Temperatur in viel stärkerem Maße der Weiteroxydation zu SO_3 ausgesetzt als die SO_2 der Schachtofengase, wobei auch die im Konvertorgas verstärkte Anwesenheit

---

[1] **Robie, Edw. H.:** Pyritic Smelting of Refractory Sulphides in a Knudsen Furnace. Engg. Min. J. Bd. 111, S. 304—307, 1921.

katalytisch wirkender oxydischer Stäube und, wie Schopper[1] in der Norddeutschen Affinerie zu Hamburg feststellte, auch katalytisch wirkender kupferreicher Teile mitgerissener Konvertorschlacke eine zu beachtende Rolle spielt.

Bei hohem Gehalt der Abgase an bleiischen Stäuben sinkt der Gehalt der Abgase an freier SO_3 — vornehmlich bei Konvertorabgasen — dadurch, daß Bleisulfat gebildet wird. Auch ZnO neutralisiert Schwefelsäure. Beim Verblasen eines Blei-Kupfer-Steines mit

$$Pb = 26{,}90\,\% \qquad As = 1{,}70\,\%$$
$$Cu = 43{,}10\,\% \qquad Sb = 0{,}76\,\%$$
$$NiCo = 0{,}04\,\% \qquad SiO_2 = 0{,}30\,\%$$
$$Fe = 8{,}00\,\%$$
$$Zn = 2{,}50\,\% \qquad Au = 26{,}97\,g/t$$
$$S = 15{,}50\,\% \qquad Ag = 304{,}1\,g/t$$

in Omaha, Nebraska[2], fanden sich im Konvertorabgas:

Schweflige Säure				Schwefelsäure	
dicht am Konvertor	am Exhaustor	im Sackhaus		dicht am Konvertor	am Exhaustor
		oben	unten		
3,62 % SO_2	2,05 % SO_2	2,06 % SO_2	2,06 % SO_2	0,038 % SO_3	0,020 % SO_3
2,34 %	1,21 %	1,30 %	1,60 %	0,027 %	0,025 %
4,46 %	2,68 %	1,52 %	1,40 %	—	—

Der Flugstaub, der sich im Konvertorabgaskanal ansammelte, den bei 1850×3100 mm Querschnitt 2430 cbm Gas je Minute durchstrichen, wies auf:

Entfernung vom Konvertor in m	Temperatur °C	Pb %	Zn %	Ag g/t	SO_3 in %	
					gebunden	frei
0,0	375	—	—	—	—	—
24,8	292	—	—	—	—	—
62,0	240	56,0	1,6	130,2	25,13	0,25
124,0	199	60,0	1,6	93,0	23,13	0,55
186,0	174	64,2	1,3	78,4	22,82	0,15
248,0	149	64,6	1,3	62,0	22,60	—
340,0	130	63,0	1,5	65,1	23,33	—
372,0	119	64,4	1,6	80,6	20,60	—

Gase dieser Anlage mit weniger als 14 % Pb im Flugstaub haben zu wenig Pb, um die gebildete SO_3 zu neutralisieren und weisen daher größere Mengen freier SO_3 auf.

Es ist bekanntermaßen nicht zu leugnen, daß überall da, wo ein Hüttenwerk arbeitet, von den umliegenden Grundbesitzern grundsätzlich versucht wird, erhebliche Flurschäden nachzuweisen, die angerichtet werden durch die Abgase des Werkes. Leider muß zugegeben werden, daß bei solchen Hüttenwerken, die sulfidische Erze und Hüttenprodukte auf unmittelbarem Wege zugute machen,

---

[1] Schopper, W.: Störende Bildung von Schwefelsäure in Abgasen hüttenmännischer Produkte. Metall u. Erz Jg. 25, S. 425, 1928. — Vgl. diesbezüglich auch die sehr eingehenden Untersuchungen über die Abgase der Kalatinskischen Hütte im Ural: Juschkewitsch, N. F.: Untersuchungen der Abgase von Wassermantelöfen der Kalatinskischen Kupferhütte. Mineralnoje Syrjo Jg. 3, S. 34—55, Moskau 1928, mit vielen Tafeln.

[2] Eilers, A.: Notes on Bag-Filtration Plants. Transactions Amer. Inst. Ming. Eng. Bd. 44, S. 708—735, 1912.

oftmals tatsächlich Flurschäden, selbst durch entstaubte Abgase, entstehen, namentlich wenn das betreffende Werk in verhältnismäßig feuchtem Klima liegt. Durch Wasserdampfnebel und durch Regen werden sowohl SO_2 als auch SO_3 niedergeschlagen, während sie bei trockener Luft sehr weit verbreitet und daher leicht bis zur Unschädlichkeit verdünnt werden. Angus Smith ermittelte in sehr eingehenden Untersuchungen, daß bei einem Gehalt von 40 Teilen freier Säure in 1 Mill. Teilen Wasser in Gestalt von Regen eine Schädigung des Pflanzenwuchses zu beginnen scheint. Die gewerbepolizeilichen Vorschriften für die Unschädlichmachung von Abgasen gehen aber teils noch weit über die Smith - schen Feststellungen hinaus, und so hat z. B. die britische Gewerbepolizei seinerzeit die maximal zulässige Menge an freier Schwefelsäure, die bei den in Rede stehenden Fragen besonders interessiert, zu 2,31 g H_2SO_4 je Kubikmeter festgelegt. Die Washoe Smelter in Anaconda, die täglich 200—250 t Kupfer produziert, liefert je 24 Std. 28 Mill. cbm Hüttenrauch mit 1,37 Vol.-% SO_2. Das entspricht rund 1000 t SO_2 täglich, aus denen 1500 t 66proz. Schwefelsäure erzeugt werden könnten. Die großen Hüttenwerke der Umgegend von Butte, Montana, haben durch ihre Abgase das Vegetationsbild so verändert, daß „Buttes only tree" als Kuriosum auf einer Ansichtspostkarte besonders abgebildet wird. Es ist hier nicht der Platz, die Frage der Unschädlichmachung von Hüttenabgasen ausführlichst zu behandeln, und es sei daher an dieser Stelle in erster Linie auf die vorzügliche Arbeit von Groos[1] über die Unschädlich- und Nutzbarmachung der schwefligen Säure im Hüttenrauch und das dieser Abreit beigegebene sehr umfangreiche Literaturverzeichnis hingewiesen.

Die Behandlung, der die Abgase der unmittelbaren Verhüttungsprozesse unterworfen werden, erstreckt sich in allererster Linie auf die Wiedergewinnung der als Flugstaub in den Abgasen enthaltenen Metalle und in zweiter Linie dann auf die Nutzbarmachung ihres SO_2- und SO_3-Gehaltes, sei es um diesen geldbringend auszunutzen, sei es um sich von der Zahlung erheblicher Flurschadenbußen frei zu machen.

Die Rückgewinnung der Flugstäube aus den Abgasen.

Schon die Erörterungen gelegentlich der Behandlung des Schachtofen- und des Verblaseprozesses haben gezeigt, daß von den fremden Beimengungen der Erze der größte Teil des Arsens, ein großer Teil des Antimons und schwankende Mengen von Zink und Blei im Schachtofen verflüchtigt werden; auch Silber kann in durchaus nennenswerten Mengen in den Schachtofenflugstäuben auftreten, namentlich wenn die verschmolzenen Erze zinkhaltig sind. In den Konvertorabgasen hingegen wiegen meist Blei, Zink und unter Umständen Wismut bei weitem vor gegenüber geringeren Mengen von Antimon und kleinen Resten von Arsen.

Sowohl die Schachtofenabgase als auch die Konvertorabgase werden in Flugstaubkanälen gesammelt und den Flugstaub-Rückgewinnungsanlagen zugeführt.

---

[1] Groos, Ed.: Untersuchungen über die Unschädlich- und Nutzbarmachung der schwefligen Säure im Hüttenrauch durch elektrolytische Zersetzung der durch Absorption erhaltenen Lösung. Dissert. Freiberg i. Sa., 1915, 166 S., 19 Taf.

Dabei scheiden sich in langen Flugstaubkanälen, wie sie erforderlich sind, um die Abgase genügend zu kühlen, bevor sie in die Staubgewinnungsanlagen eintreten, schon Stäube ab, die, je nach der Entfernung vom Ofen, aus dem

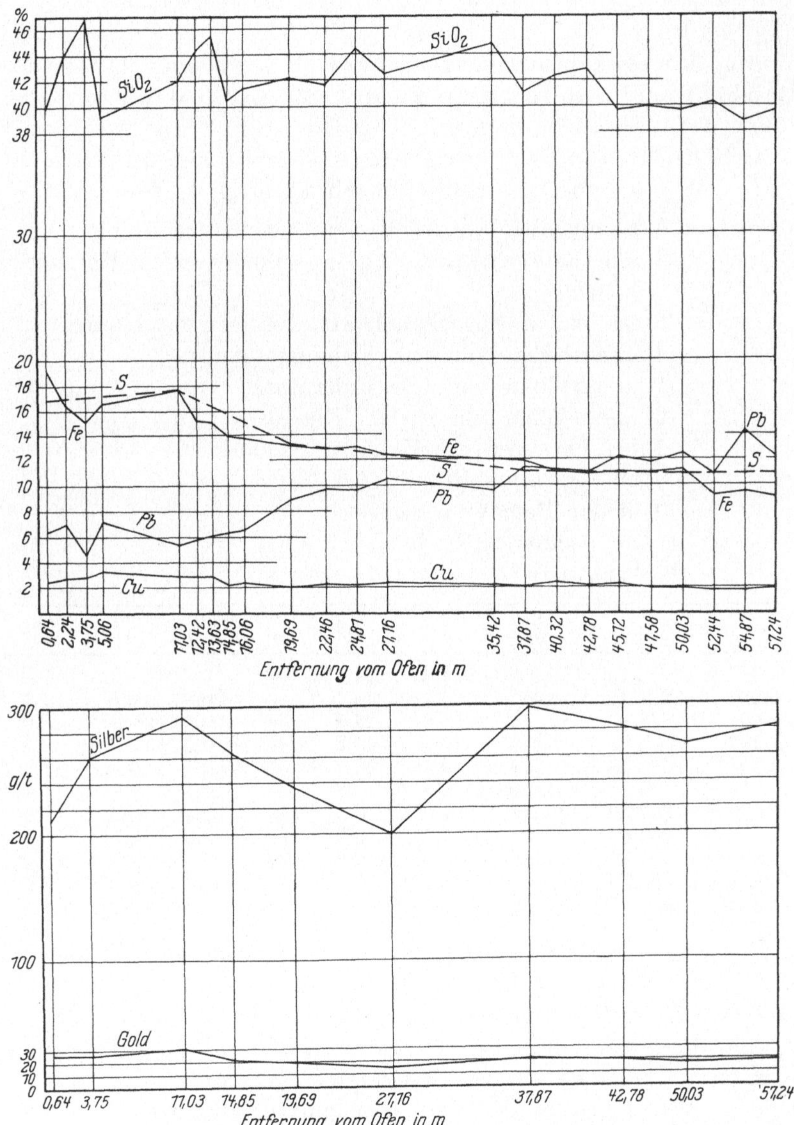

Abb. 101. Änderung der chemischen Zusammensetzung der Schachtofenflugstäube mit zunehmender Entfernung vom Schachtofen.

sie stammen, durchaus verschiedenartige Zusammensetzung haben. Kupferige Bestandteile der Stäube werden im allgemeinen schnell ausgeschieden. Bleistäube legen meist große Wege zurück, bevor sie zur Niederschlagung gelangen. Von allen Metallen, die die Stäube enthalten, ist As bei weitem am schwersten zu erfassen. Einen Einblick in die Änderung der chemischen Zusammensetzung der Stäube mit der Entfernung vom Ofen, ein Bild also von der Präzipitierbarkeit der Stäube in langen Flugstaubkanälen und in einfachen Staubkammern (vgl. später) gewähren die nachfolgenden Kurven für Schachtofengase und die folgenden Mitteilungen aus Aguas Calientes für Konvertorgase.

Änderung der Zusammensetzung von Konvertorflugstäuben, angefallen bei Verblasen von Blei-Kupfer-Steinen in der Aguas Calientes Smeltery der Amer. Smeltg. & Refng. Co., auf ihrem Wege durch die Flugstaubkanäle und Sackhausanlage. (Verblasen unter Zusatz von SiO_2 zur Pb-Verschlackung)[1].

Probenahme 1 unmittelbar an der Konvertorschnauze;

              2 innerhalb des die Abgase aufnehmenden Konvertorabgaskanales;

              3 im ovalen Abgaskanal, aus Taschen entnommen;

              4 unmittelbar vor dem Exhaustorenhaus;

              5 unmittelbar vor dem Exhaustor;

              6 unmittelbar hinter dem Exhaustor;

              7 bei Verlassen des Exhaustorenhauses;

              8 im Kulissenhaus;

              9 in der Beregnungsanlage;

            10 im Sackhaus Nr. 1;

            11 bei Austritt aus dem Sackhaus.

Probe Nr.	kg	g/t Ag	g/t Au	% Pb	% Cu	% As	% SiO_2	% Fe	% Zn	% S
1	—	3913,13	15,903	16,8	34,0	—	—	—	—	—
2	6,284	3222,45	14,477	25,2	30,7	—	0,4	0,5	7,3	12,1
3	0,691	2678,09	10,137	30,0	24,9	—	0,6	Spur	8,0	11,1
4	1,197	1802,03	5,425	37,0	16,2	—	0,6	0,3	9,3	10,7
5	2,335	2432,26	9,951	29,5	20,7	—	0,7	0,3	8,8	11,4
6	13,214	499,10	0,899	52,5	0,8	—	0,4	—	14,4	8,4
7	5,529	393,39	Spur	57,0	0,5	—	0,4	Spur	11,5	8,3
8	12,742	447,64	Spur	54,8	0,9	—	0,5	Spur	11,1	8,7
9	32,656	411,87	Spur	53,5	0,2	3,6	0,4	—	10,4	8,9
10	16,641	36,58	Spur	58,0	0,1	Spur	0,3	—	9,8	8,7
11	11,862	456,63	Spur	58,5	0,1	Spur	0,2	—	9,4	8,8

Die Änderung der Zusammensetzung der Flugstäube mit der zunehmenden Entfernung vom Konvertor läßt deutlich erkennen, wie eng die Goldgehalte der Stäube im Zusammenhang mit dem Cu- und Fe-Gehalt derselben stehen, so daß wohl die Annahme gerechtfertigt erscheint, daß es sich bezüglich des Goldes im Staub lediglich um von Kupferstein aufgenommenes Gold handelt. Bezüglich des Silbergehaltes der Stäube scheint ein innigerer Zusammenhang zwischen Ag und Zn als zwischen Ag und Pb zu bestehen.

Um die gröbsten Bestandteile, die die Gase mit sich reißen, auch während sie noch eine hohe Strömungsgeschwindigkeit haben, erfassen zu können, sollten sowohl unmittelbar hinter dem Schachtofen als auch dicht hinter dem Konvertor Entleerungstaschen in die Flugstaubkanäle eingebaut sein, die in regel-

---

[1] Vgl. Clarence C. Semple: Analysis of Converter Fume. Engg. Min. J. Bd. 91, S. 508, 1911.

mäßigen kurzen Zeitabständen gezogen werden. Bei den Schachtofenabgasen sammeln sich in diesen dicht hinter dem Ofen gelegenen Entleerungstaschen große Mengen von Feinerz, Zuschlägen und Zusatzbrennstoff, die durch den Gebläsewind aus der Ofenbeschickung emporgerissen worden sind. Aber auch in größerer Entfernung vom Schachtofen bzw. Konvertor müssen die Abgaskanäle in nicht zu weiten Abständen mit Taschen versehen sein, die ihre Reinigung erleichtern. Die dem Schachtofen und dem Konvertor zunächst gelegenen Strecken der Abgaskanäle, in denen noch sehr heiße Gase mit glimmendem Flugstaub umgehen, werden zweckmäßig aus Eisenblech hergestellt und $^1/_2$ Stein stark mit Schamotteziegeln ausgemauert. In dem Maße, wie die Abgastemperatur sinkt, kann von einer $^1/_2$ Stein starken Auskleidung auf $^1/_4$ Stein übergegangen werden. Abgase, die nur noch 350—400° C aufweisen, erfordern keine Ausmauerung der Eisenblechkanäle mehr. Eisenblechkanäle haben gemauerten Kanälen gegenüber den Vorzug, daß die Abgase schneller gekühlt werden, daß die Kanäle leicht freischwebend aufgehängt werden können, und daß sie wetterbeständig sind. Bezüglich der kühlenden Wirkung eiserner Abgaskanäle vgl. die vorstehend gegebenen Daten von Omaha, wo der Flugstaubkanal einen Querschnitt von 1850 × 3100 mm und eine Gesamtlänge von 388 m hat und innen wie außen mit Graphit gestrichen ist (Korrosionsschutz!).

Die in der Praxis eingeführten Entstaubungsmethoden zerfallen in:

1. Entstaubung durch einfache Flugstaubkammern;
2. Entstaubung durch starke Abkühlung der Abgase vermittels großer Mengen zugesetzter atmosphärischer Luft bzw. nasse Gaswäsche;
3. Entstaubung durch Friktion oder Filtration;
4. Elektrostatische Entstaubung.

Flugstaubkammern. Die gewöhnlichen Flugstaubkammern, die nichts anderes sind als große, meist durch gemauerte Wände begrenzte und flach abgedeckte Räume, sollen zur Entstaubung der Hüttenabgase dadurch führen, daß der Querschnitt des Abgasstromes erheblich vergrößert wird. Es hat sich jedoch gezeigt, daß die frühere Ansicht, die einer Querschnittsveränderung des Abgasstromes eine erheblich entstaubende Wirkung glaubte zuschreiben zu sollen, eingeschränkt werden muß. Die Menge niedergeschlagenen Flugstaubes hat sich als niemals proportional der Querschnittsvergrößerung erwiesen. Die Verhältnisse, die in großen Flugstaubkammern herrschen, ähneln außerordentlich denen in den Flugstaubkanälen. Samuel[1] untersuchte die Verteilung des Flugstaubes im Abgas innerhalb rechteckiger Flugstaubkanäle der Copper Queen Reduction Works eingehend und kam dabei zu den in Abb. 102 dargestellten Ergebnissen. Überträgt man die Samuelschen Resultate auf den erheblich vergrößerten Querschnitt einer gewöhnlichen Staubkammer, so nehmen zwar die sekundlichen Gasgeschwindigkeiten beträchtlich ab und es mag sich auch das in der Mitte der genannten Abbildung umgrenzte Feld relativ vergrößern; aber stets bleibt die Erscheinung bestehen, daß am Boden, an den Seitenwänden und am Dache der Flugstaubkammer die Gase eine erheblich geringere Geschwindigkeit aufweisen als in der Mitte der Kammer. Ja, es kommt sogar vor, daß, wenn die

---

[1] Samuel, J. Moore: Determination of Dust Losses at the Copper Queen Reduction Works. Transactions Amer. Inst. Ming. Eng. Bd. 55, S. 751—774, 1917.

Abgase vermittels eines Exhaustors durch die Flugstaubkammer hindurchgesogen werden, sich eine Strömung von hoher Geschwindigkeit bildet, die von der Eintrittsstelle der Abgase in die Flugstaubkammer bis zum Exhaustor die Kammer gradlinig und schnell durchfließt und welche die seitlich, über und unter diesem Gasstrom zur Verfügung stehenden Räume der Kammer tot liegen läßt. Dazu kommt, daß die in gewöhnlichen Flugstaubkammern abgesetzten Flugstäube während des Schmelzbetriebes — also solange die Kammer arbeitet — niemals zur Ruhe kommen. Man kann fast stets beobachten, daß die niedergeschlagenen Stäube sich in wogender Bewegung befinden, und daß grobes, schon kurz nach dem Eintritt der Abgase in die Flugstaubkammer niedergeschlagenes Material langsam bis zum Ende der Flugstaubkammer weiterwandert und dabei natürlich das gegen das Ende der Kammer hin niedergeschlagene feine Material aufwirbelt. Erst wenn die maximale Gasgeschwindigkeit in solchen Kammern unter 0,3 m/Min. sinkt, tritt einigermaßen vollständige Abscheidung des Cu-Gehaltes der Stäube ein[1] (nicht aber anderer Beimengungen, wie z. B. As!). Abgesehen davon, daß die gewöhnlichen Flugstaubkammern einen außerordentlich großen Baugrund erfordern, ist ihr Wirkungsgrad so gering, daß sie mehr und mehr aufgegeben werden.

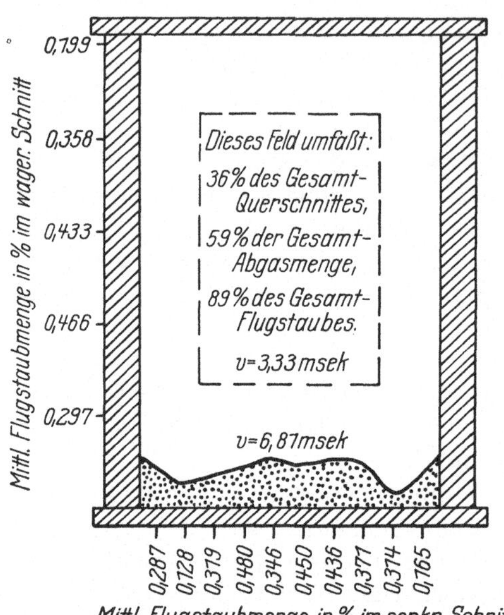

Abb. 102. Verteilung der Staubpartikel in einem Flugstaubkanal.

Entstaubung durch Kühlung oder Wäsche. Die Entstaubung der Hüttenabgase durch Kühlung, herbeigeführt durch Beimengung erheblicher Mengen atmosphärischer Luft, ist vornehmlich Theorie. In der Praxis hat sie keine nennenswerte Bedeutung erlangt und ist zudem unausführbar, sobald der Gehalt der Abgase an schwefliger Säure nutzbar gemacht werden soll, da die Gase verdünnt würden.

Entstaubung durch Gaswäsche ist in der Praxis auf verschiedenste Weise durchgeführt worden, und es seien hier nur vier Wege skizziert, die eingeschlagen worden sind, um den Gasen durch Wäsche sowohl ihren Flugstaubgehalt zu entziehen, als auch ihren Gehalt an schwefliger Säure und Schwefelsäure zu mindern. 1. Beregnungsanlagen, durch die in großen Kammern das gesamte Abgas beregnet wird, haben im allgemeinen einen geringeren Wirkungsgrad. Leicht flüchtige Bestandteile der Abgase, wie z. B. arsenige Säure, können niemals vollständig gewonnen werden. 2. Die Berieselung der Abgase in bis zu 30 m hohen

---

[1] Lee, George B.: Settling Fine Dust at the Copper Queen Smeltery. Engg. Min. J. Bd. 90, S. 504—506, 1910.

Berieselungstürmen, bei der die anfallenden Schlämme in Spitzkästen zum Absitzen gebracht und die aus den Türmen entweichenden Abgase durch ein abermaliges Waschen mit Kalkwasser in einer zweiten Rieselturmanlage neutralisiert werden, arbeiten unvollständig und teuer (eine solche Anlage hat in Tarnowitz, Oberschlesien, gearbeitet). 3. Auf der Antimonhütte der Société anonyme Franco Italiana in Brioude werden die Abgase durch Exhaustoren angesogen und die Exhaustorenflügel berieselt. Solche Art der Gaswäsche, die bei der genannten Gesellschaft scheinbar befriedigend gearbeitet hat, ist lediglich für das Auswaschen von Antimonstäuben geeignet. Diese werden fast vollkommen erfaßt, während andere Stäube sich der Wiedergewinnung entziehen. Für die Reinigung der Abgase der unmittelbaren Verhüttungsprozesse kommen derartige Anlagen nicht in Frage. 4. Die Mansfeld A.-G. für Bergbau- und Hüttenbetrieb hat ihre Abgase in Theißen-Wäschern gereinigt und dabei den Staubgehalt von 6 g/cbm auf 0,01 g/cbm erniedrigen können. Die Theißen-Wäscher aber haben einen außerordentlich hohen Kraftverbrauch und dürften bei der Mansfeld A.-G. wohl nur deshalb haben wirtschaftlich arbeiten können, weil die Abgase bei ihrem hohen CO-Gehalt als Heizgase Verwendung finden.

Entstaubung durch Friktion oder Filtration. Die Entstaubung durch Friktion beruht darauf, daß die Abgase große Kammern zu durchstreichen haben, in denen sie immer und immer wieder gegen Blechplatten oder Drähte stoßen, wobei durch den Stoß, also durch die Geschwindigkeits- und Richtungsänderung, die die Abgase beim jedesmaligen Aufprall auf derartige Widerstände finden, erhebliche Mengen von Flugstaub zur Ausscheidung kommen. Besonders eingehende Versuche mit dieser Art der Entstaubung wurden in Great Falls[1] gemacht. In einer Versuchskammer von 93 m Länge wurde ermittelt, wieviel Prozent des Gesamtflugstaubinhalts ein und desselben Abgases niedergeschlagen werden konnten, 1., wenn das Gas freien Durchtritt hatte; 2., wenn sog. Freudenberg-Bleche eingehängt wurden, lange Blechstreifen, die so orientiert sind, daß ihre ebenen Flächen parallel der Strömungsrichtung des Gases liegen: 3. u. 4., wenn Blechstreifen verschiedener Breite rechtwinklig zur Strömungsrichtung angeordnet wurden und 5., wenn Bündel von Drähten in den Gasstrom eingehängt waren. Es ergab sich dabei eine Fällung von:

1. bei freiem Durchtritt, also einfacher Staubkammerwirkung	30—40 %	des
2. nach Einhängen von Freudenberg-Blechen, bei denen der Gasstrom von den Kanten der Blechstreifen zerteilt wird	rund 41 %	Gesamt-Flugstaub-
3. bei Einhängen langer schmaler Blechstreifen quer zur Strömungsrichtung, Breite der Blechstreifen = 80 mm	rund 71 %	gehaltes
4. bei Einhängen gleichartiger Blechstreifen, deren Breite aber 160 mm betrug	rund 83 %	der
5. bei Einhängen von Bündeln senkrecht hängender Drähte	rund 87 %	Abgase.

Da unter allen im Großversuch ausprobierten Arten der Friktionsfällung Bündel eingehängter Drähte das beste Ausbringen an niedergeschlagenem Flugstaub ergaben, ist in Great Falls eine gewaltige Kammeranlage errichtet worden, in der horizontal orientierte eiserne Rahmengestelle mit einem Drahtgewebe bespannt sind, das quadratische Maschen von 41 × 41 mm Weite hat und an

---

[1] Goodale u. Klepinger: The Great Falls Flue System and Chimney. Transactions Amer. Inst. Ming. Eng. Bd. 46, S. 566, 1913.

das in jedem Eckpunkt einer Masche ein lotrecht herunterhängender Draht von etwa 2 mm Durchmesser und 6000 mm Länge angehakt ist. Eine ähnliche Kammeranlage, in der außerdem auch noch quer zur Strömungsrichtung des Abgases orientierte Bleche eingehängt sind, arbeitet in der Copper-Cliff-Hütte der International Nickel Co. Friktionssysteme, die im Großbetriebe stets mit Klopfeinrichtungen versehen sind, um den an den Drähten anhaftenden Staub in bestimmten Zeitabständen abzuschütteln, haben aber im allgemeinen keine sonderliche Verbreitung gefunden, da sie zwar den Cu-Gehalt der Flugstäube schnell niederschlagen, etwaige bleiische Bestandteile, Zinkstäube und vor allem den Edelmetallgehalt der Stäube aber nicht hinreichend aussondern.

Für die Niederschlagung gemischter Stäube, die verschiedene metallische Bestandteile enthalten, kommt heute, sofern die zu entstaubenden Abgase arm an freier Schwefelsäure sind, in allererster Linie die Filtration durch Baumwoll- oder Wollsäcke in Betracht. Die verschiedensten Kiesfilter, die den Gewebefiltern gegenüber den Vorzug der Billigkeit und des geringen Verschleißes haben, also geringe Betriebskosten nach sich ziehen sollten, sind fast völlig wieder aufgegeben worden, da sie sich viel zu schnell verstopfen. Auch das von Fiechter gebaute Kiesfilter[1], bei dem ein Verstopfen dadurch verhindert werden sollte, daß der Kies dauernd in Bewegung gehalten wird, wobei der unten aus der Filteranlage ständig abgezogene und durch die Eigenbewegung entstaubte Kies oben auf die Filteranlage wieder aufgegeben wird, hat die an dasselbe gestellten Hoffnungen nicht erfüllt. Das Filter arbeitet wie alle anderen Kiesfilter meist gut, wenn es verstopft ist und dem Gasdurchtritt erheblichen Widerstand entgegensetzt; ist es aber nicht verstopft und können die Abgase leicht durch das Filter hindurchstreichen, so ist sein Wirkungsgrad schlecht.

Woll- oder Baumwollsäcke erfassen auch die feinsten und am leichtesten flüchtigen metallischen Stäube, die keine Staubkammer, keine Gaswäsche und kein Friktionssystem niederzuschlagen vermag. In die Sackhäuser ist 2—3 m über der Sohle des Hauses ein Boden eingezogen, der die Decke der Gasverteilungskammer bildet. Der Boden ist siebförmig gelocht, wobei die Lochungen nahezu den Durchmesser der zu verwendenden Säcke (oder richtiger eigentlich Stoffschläuche) haben. Jeder Lochung entspricht ein blecherner Rohrstutzen, der so eingerichtet ist, daß der Stoffsack leicht an dem Stutzen mit Eisen- oder Kupferdraht festgebunden werden kann. Die lotrecht gespannten Säcke werden an ihrem Oberende durch einen Blechteller gehalten, an dem sie ebenso wie an dem unteren Rohrstutzen festgebunden werden. Sämtliche Blechteller sind entweder an der Decke des Sackhauses aufgehängt oder aber durch besondere Rahmen, an denen sie aufgehängt sind, so zu Gruppen zusammengefaßt, daß eine Klopfeinrichtung, die das Rahmengestell erschüttert, den Staub aus je einer Sackgruppe abzuschütteln vermag. Aus dem Raume, in dem die Säcke aufgehängt sind, wird das durch die Säcke von innen durchtretende entstaubte Gas mittels Exhaustoren abgesogen.

Bei der außerordentlich weiten Verbreitung, die Sackhäuser in der Metallhüttenindustrie gefunden haben, ist natürlich eine sehr große Anzahl von Ausführungsformen ausgebildet worden, und es wäre Sache eines selbständigen

---

[1] Gebaut von L. Fiechter in Basel.

Buches, alle diese Typen behandeln zu wollen. Grundsätzlich sei bezüglich der Sackhäuser hier nur gesagt, daß darauf geachtet werden muß, die Abgase vor Eintritt in die Sackhäuser mittels eiserner Abgaskanäle oder mittels lyraförmiger Rohrsysteme so weit abzukühlen, daß die Säcke nicht in Brandgefahr kommen. Dabei scheidet sich in der Vorkühlung auch schon der gröbste Staub ab, vornehmlich der kupferhaltige Staub, so daß der Wirkungsgrad der Sackhäuser und die Reinheit der in ihnen anfallenden Stäube hierdurch nur erhöht wird. Abgase, die arm an freier Schwefelsäure sind, können jederzeit in Sackhäusern filtriert werden, insbesondere also Schachtofenabgase und solche Konvertorabgase, die hinreichende Mengen an Pb- oder Zn-Stäuben enthalten, um etwaige freie Schwefelsäure zu neutralisieren. Schwefelsäurereiche Abgase hingegen greifen sowohl Baumwoll- als auch Wollsäcke so stark an, daß ihre Lebensdauer unter Umständen nur wenige Stunden beträgt und Sackhäuser dann unwirtschaftlich werden. Beim Verblasen von Rohstein ermittelte Howard[1] auf der Garfield Smelter die Lebensdauer der dort benutzten Wollsäcke während des Konzentrationsprozesses im Konverter bei einem Verhältnis von SO_3 zu SO_2 $= 1:18$ mit 60,5 Std. Lebensdauer, während die gleichen Säcke beim Garblasen im Konvertor und einem Verhältnis von SO_3 zu $SO_2 = 1:8$ nur 10 bis 14 Std. Lebensdauer erreichten. Bei genügend gekühlten Abgasen arbeiten Baumwollsäcke meist ebensogut wie Wollsäcke, haben zwar eine kürzere Lebensdauer, sind aber dafür auch erheblich billiger als Wollsäcke.

Um die mit Staub beladenen Säcke schnell und gut reinigen und um nötigenfalls schadhaft gewordene Säcke auswechseln zu können, werden die Sackhäuser durch einzelne senkrechte Trennungswände so unterteilt, daß bestimmte Gruppen von Säcken vorübergehend stillgelegt werden können. Die Reinigung erfolgt in primitivster Form dadurch, daß die Säcke mit langen Stangen von Hand geklopft werden. Maschinelle Klopfeinrichtungen beruhen meist darauf, daß die in Arbeitsstellung nicht ganz straff gespannten Säcke durch die sog. Klopfeinrichtung plötzlich straff gespannt werden, wobei sie den auf ihrer Innenseite niedergeschlagenen Staub fallen lassen. Eine Klopfeinrichtung mit verhältnismäßig geringem Verschleiß der Klopfer baut die Firma Beth A.-G., Maschinenfabrik in Lübeck, die reiche Erfahrungen bezüglich Sackhausbau hat. Neuerdings werden die Säcke auch nach dem besonders seitens der Firma Beth und der Intensiv-Filter-GmbH. in Barmen ausgebildeten Spülluftverfahren gereinigt, wobei nach Stillegung einer Gruppe von Säcken diese mittels Wind gespült werden, der in die Sackaufhängekammer eingeblasen wird und sie nach Passieren der Säcke durch die Gasverteilungskammer verläßt, also den umgekehrten Weg wie das zu entstaubende Abgas macht.

Der Wirkungsgrad von Sackhäusern und ihre Betriebskosten sind von so vielen Umständen abhängig, daß es zwecklos ist, die Betriebsergebnisse verschiedener Sackhausanlagen hier wiederzugeben, wenn nicht restlos alle Einzelumstände, die von Einfluß auf das Betriebsergebnis gewesen sind, gleichfalls mitgeteilt würden; und dazu fehlt der Raum. Der Charakter der Stäube, d. h. ihre chemische Zusammensetzung und die Korngröße ihrer Einzelbestandteile,

---

[1] Howard, W. H.: Electrical Fume Precipitation at Garfield. Transactions Amer. Inst. Ming. Eng. Bd. 49, S. 540—560, 1915.

der Feuchtigkeitsgehalt der Abgase, ihre Strömungsgeschwindigkeit und Eintrittstemperatur sowie vieles mehr sind zu berücksichtigen, wenn die richtige Bemessung einer Sackhausanlage gefunden werden soll. Gewebedichte der zu verwendenden Stoffe ist von gleich großer Bedeutung. Da im vorstehenden die Verhältnisse bei der Sackhausfiltration der Konvertorabgase der Blei-Kupfer-Stein verblasenden Konvertoren von Omaha, die täglich 45 t Konvertorkupfer ausbringen, eingehender geschildert sind, seien noch kurz einige die dortige Sackhausanlage kennzeichnende Daten mitgeteilt.

Sackhausanlage in Omaha.

Entstaubte Abgasmenge	2430 cbm/Min.
Fassungsraum der Gasverteilungskammer, von der aus die Abgase in die Säcke eintreten	2400 cbm
Lichtes Fassungsvermögen der Sackkammer, in der die Säcke aufgehängt sind	6215 cbm
Anzahl der Säcke	940 Stck.
Durchmesser der Säcke	458 mm
Länge der Säcke	8700 mm
Gesamt-Filterfläche der Säcke	rund 11500 qm
Abgastemperatur beim Eintritt in die Sackhausanlage	115° C
Länge des Sackhauses, licht	31,6 m
Breite des Sackhauses, licht	18,8 m
Gesamthöhe des Sackhauses, licht	12,4 m

Heute wird vielfach schon mit Säcken von 800 mm Durchmesser und 10 bis 12 m Länge gearbeitet.

Neben den Sackfilteranlagen ist noch das Fiechtersche Asbestfilter zu erwähnen, bei dem in großen nach Art der Sackhäuser gebauten Kammern Rahmengestelle wagerecht an der Decke aufgehängt sind, von denen ähnlich den Friktionsdrähten eine große Anzahl präparierter Asbestfäden herniederhängt. Die Reinigung der Fäden erfolgt durch eine Klopfeinrichtung. Es ist bei den Fiechterschen Asbestfiltern zu befürchten, daß die faserigen Fäden sehr bald durch niedergeschlagenen Staub verschmutzt sind, den auch das heftigste Klopfen nicht mehr zum Abfallen bringt. In solchem Falle sinkt natürlich der Wirkungsgrad der Asbestfäden sehr schnell.

Die elektrostatische Gasreinigung. Solche Abgase der unmittelbaren Verhüttung, die einen hohen Gehalt an freier Schwefelsäure aufweisen und deren Schwefelsäure — sei es um der Flugstaubbestandteile willen, sei es wegen zu hoher damit verbundener Kosten — nicht neutralisiert werden kann, lassen sich nur auf elektrostatischem Wege reinigen. Elektrostatische Reinigung, die in der Anschaffung teuer ist, kommt also in erster Linie für bleistaub- und zinkoxydarme Konvertorabgase in Frage, wenn diese hinreichende Mengen anderer wertvoller Bestandteile enthalten, um die Kosten der Errichtung einer elektrostatischen Reinigung zu rechtfertigen. Hand in Hand mit der Entstaubung geht bei allen elektrostatischen Verfahren die Niederschlagung von Nebeln, insbesondere von Schwefelsäurenebeln.

Das Niederschlagsvermögen der elektrostatischen Gasreinigung ist für Dämpfe und Nebel beträchtlich geringer als für Stäube. Um den gleichen Reinigungsgrad zu erzielen, ist für die Niederschlagung von z. B. Säurenebeln nur ein Viertel bis ein Drittel der Gasgeschwindigkeit innerhalb des hochgespannten

Feldes zulässig, die für bloße Entstaubungszwecke angewandt werden kann. Die schnellere Niederschlagung fester und im Abgase lediglich suspendierter Teilchen scheint auf der Tatsache zu beruhen, daß alle Staubpartikel keine ebenen Begrenzungsflächen aufweisen, sondern fast immer zackig und hakig sind, so daß sie viele kleine Spitzen haben, die eine schnelle Aufladung der Staubpartikel mit Elektrizität begünstigen, wobei ein hochgespanntes Gleichstromfeld im allgemeinen noch günstigere Resultate erzielt, als ein hochgespanntes Wechselstromfeld.

Die gelegentlich vertretene Ansicht, daß die elektrostatische Entstaubung in der Lage ist, jegliches Hüttengas zu entstauben und zu entnebeln, ist unhaltbar. Es gibt sehr wohl Abgase, die sich auf Grund besonderer Eigenschaften nicht für elektrostatische Behandlung eignen, ohne daß bislang stets die Gründe für dieses verschiedenartige Verhalten erkannt werden konnten. Nur weitgehender Erfahrungsaustausch kann hier Klärung schaffen. Vor allem ist es erforderlich, daß die Abgase, wenn ein hoher Nutzeffekt erzielt werden soll, hinreichend gekühlt werden. Oberhalb von 200^0 C sinkt der Nutzeffekt der elektrostatischen Entstaubung ganz beträchtlich, mit Ausnahme der Bleifällung, bei der auch bei einer Abgastemperatur von 340^0 C die Niederschlagung von rund 90% des Gesamtgehaltes der Abgase an Bleistäuben noch erzielt werden kann.

Trockene Abgase sind für elektrostatische Entstaubung erheblich ungeeigneter als feuchte Abgase. Schwefelsäurenebel führende Abgase haben oftmals, solange die auftretenden Schwefelsäuremengen nicht gar zu erheblich wurden, die Fällung dadurch befördert, daß sich auf den Niederschlagselektroden schwach schwefelsäurehaltige Überzüge bildeten, die das Leitvermögen der Elektroden erhöhten. Hohe Schwefelsäuregehalte im Abgas können andererseits zu Schlüssen in der Anlage führen und die elektrische Gasreinigung unmöglich machen. Die Grenze zwischen Nutzen und Schaden der Schwefelsäure im Abgas liegt durchaus noch nicht fest und scheint auch sehr von den jeweiligen örtlichen Bedingungen abzuhängen (Gastemperatur usw.). Trockene und schwefelsäurefreie Abgase müssen beregnet werden, um ihnen eine Feuchtigkeit von $3\text{---}5\%$ zu verleihen, da andernfalls sich auf den Niederschlagselektroden nichtleitende Überzüge bilden, die die ganze Anlage außer Betrieb setzen können. Bei der Entstaubung vollkommen trockener und schwefelsäurearmer — weil stark Pb-haltiger — Abgase hat sich in der Garfield Smelter bei Entstaubung der 6400 cbm/Min. Abgas von vier großen Trommelkonvertoren gezeigt, daß während der Konzentrationsperiode im Konvertor häufige Stromunterbrechung in der elektrostatischen Entstaubung auftraten, die behoben waren, als die Abgase mit Wasser berieselt wurden. Während des Garblasens, d. h. als erhöhte Mengen freier Schwefelsäure im Abgase auftreten konnten, weil die Flugstäube kein Blei und kein Zink mehr enthielten, traten Hemmungen vorstehend genannter Art nicht auf.

Die Tatsache, daß eine weitgehende Abhängigkeit zwischen den in elektrostatischen Anlagen niedergeschlagenen Stäuben verschiedener chemischer Zusammensetzung und den Gastemperaturen innerhalb des hochgespannten Feldes besteht, gibt die Möglichkeit, durch Hintereinanderschaltung verschiedener in sich selbständiger elektrostatischer Gasreiniger die in den Abgasen enthaltenen Flugstäube mehr oder weniger fraktioniert niederzuschlagen. Besonders beachtenswert sind in dieser Beziehung die Ergebnisse, die in der Tooele Plant der International Smelting Co.[1] erzielt wurden:

Vier in sich selbständige hintereinander geschaltete elektrostatische Gasreiniger von je 10,4 qm nutzbarem Querschnitt.

Behandelte Abgasmenge . . . . 5215 cbm/Min.
Gasgeschwindigkeit innerhalb der Entstaubungsanlage . . . . . 6,65 m/Sek.
Innerhalb der Anlage niedergeschlagene Metallmengen in Prozent
    der jeweiligen Gesamtmengen an Metallinhalt der Gase . . 98,2 % des Cu-Inhaltes
                                           81,2 % des Pb-Inhaltes
                                           96,5 % des Ag-Inhaltes
                                           96,4 % des Au-Inhaltes
                        Zusammen: 93,97 % des Staubes.

In den unter den hintereinander geschalteten vier Reinigern angebrachten neun Sammeltaschen fanden sich:

In Tasche Nr.	% Cu	% Pb	g/t Ag	g/t Au	% Unlösl.	% Fe	% S	% CaO
1	8,30	3,2	212,04	13,95	19,7	18,7	14,3	2,6
2	8,30	3,7	194,06	13,64	20,6	17,1	14,0	2,6
3	7,60	5,3	211,42	11,78	20,0	17,3	14,0	2,5
4	7,00	6,8	215,76	10,54	19,2	15,3	14,7	2,3
5	6,00	8,2	184,14	9,30	16,8	13,4	14,7	2,1
6	5,15	11,6	182,90	8,37	16,1	12,3	14,0	2,2
7	4,55	13,1	166,16	7,44	13,5	10,2	15,5	1,7
8	3,95	15,5	148,80	5,89	11,4	8,7	15,2	1,5
9	3,80	14,8	133,30	5,89	10,3	8,4	16,2	1,7

Will man mittels elektrostatischer Entstaubungsanlagen auch As_2O_3 niederschlagen, so müssen die Abgase auf mindestens 90° C abgekühlt werden.

Die verschiedenen elektrostatischen Entstaubungsanlagen näher zu behandeln, ist hier nicht der Ort. Erwähnt seien nur die wichtigsten Typen elektrostatischer Entstaubung: 1. die Cottrell-&-Möller-Anlagen (für Deutschland: Lurgi-Apparate-Baugesellschaft zu Frankfurt a. M.); 2. die „Elga"-Anlagen der Elektrischen Gasreinigungsgesellschaft zu Kaiserslautern; 3. die Oski-Anlagen der Oski-Gesellschaft zu Hannover; 4. die Elektrofilter der Siemens-Schuckert-Werke zu Berlin.

Sowohl die Betriebskosten als auch die Beschaffungskosten für elektrostatische Entstaubungsanlagen scheinen einigermaßen konstant zu sein. Solange eingehendere Angaben diesbezüglich fehlen, mögen die von P. E. Landolt in seinem „Handbook of Non-Ferrous Metallurgy" gemachten und auf Meter und Mark umgerechneten Angaben immerhin als Richtlinien dienen:

Richtlinien für die ungefähre Beurteilung der Erfordernisse der elektrostatischen Entstaubung und ihrer Betriebskosten.

Erreichbarer Entstaubungsgrad im allgemeinen . . . . 90—95 %
Möglichst nicht zu überschreitende Temperatur der Abgase bei Eintritt in
    die elektrostatische Entstaubungsanlage . . . . 165° C
Stromverbrauch einer Entstaubungsanlage, die 2800 cbm Abgas reinigt . . 0,75 kW

---

[1] Young, A. B.: Tooele Flue-type Cottrell Treater. Transactions Amer. Inst. Ming. Eng. Bd. 64, S. 764—779, 1921.

Erforderliche Länge der Sprühelektrode für die Reinigung von 2800 cbm/Std.
Abgas bei einem lichten Durchmesser der röhrenförmigen Sammelelektrode
= 152,4 mm . . . . 90 m
Zu investierendes Kapital je cbm/Std. zu entstaubenden Abgases . . . . rund 66,00 M.
Entstaubungskosten für 2800 cbm/Std. je cbm . . . . 0,02 M.

Eignung der wichtigsten bewährten Entstaubungsanlagen für die Bedürfnisse der unmittelbaren Verhüttung. Aus der vorstehend gegebenen kurzen Kennzeichnung der wichtigsten Entstaubungsanlagen läßt sich ersehen, welche Art der Entstaubung je nach den zu behandelnden Abgasen die in bezug auf Leistungsfähigkeit und auf Betriebskosten günstigsten Erfolge erhoffen läßt.

Ganz allgemein sei gesagt, daß stets die Frage erwogen werden muß, ob es nicht möglich ist, durch innige Durchmischung von Schachtofenabgasen und Konvertorabgasen Vorteile zu erzielen. Ein Konvertorabgas, das an und für sich Eigenschaften hat, die nur elektrostatische Entstaubung als anwendbar erscheinen lassen, kann unter Umständen nach Mischung mit Schachtofenabgasen seine für andere Entstaubungsanlagen schädlichen Eigenschaften verlieren, so daß das entstehende Mischgas vielleicht z. B. in einem bloßen Sackhause behandelt werden kann.

Gilt es, lediglich kupferhaltigen Flugstaub niederzuschlagen, so wird man im allgemeinen mit sehr langen eisernen Flugstaubkanälen, innen und außen mit Graphit gestrichen und mit Entleerungstaschen ausgerüstet, schon gute Erfolge erzielen können.

Ist neben dem Kupfergehalt der Flugstäube auch ein mehr oder minder großer Blei-, Zink-, Antimon-, Arsen- oder gar Edelmetallgehalt der Stäube zu erfassen, so wird man hinter einen langen Flugstaubkanal, in dem die Hauptmenge des Kupfergehaltes sich ansammelt, und in dem die Abgase auf eine für den Eintritt in eine Sackhausanlage geeignete Temperatur abgekühlt werden, ein Sackhaus schalten müssen.

Sind Abgase zu entstauben, die große Mengen freier Schwefelsäure enthalten und Mangel an Metallstäuben leiden, die diese freie Schwefelsäure neutralisieren könnten, so wird man meist auf eine elektrostatische Entstaubung angewiesen sein.

Nebel von Schwefelsäure können, wenn ihre Neutralisation mit Kalkwasser oder sonstigen basischen Neutralisationsmitteln zu teuer wird, nur in einer elektrostatischen Entstaubung erfaßt werden.

Nutzbar- und Unschädlichmachung der in den Abgasen enthaltenen schwefligen Säure.

In Gegenden, in denen kaum Vegetation vorhanden ist, sowie in Gegenden mit verhältnismäßig trockenem Klima kann man die Abgase der unmittelbaren Verhüttung nach Rückgewinnung der in ihnen suspendierten wertvollen Metallstäube im allgemeinen ohne Bedenken in die Luft entweichen lassen. Die Verdünnung der Abgase bis zur Unschädlichmachung wird dadurch gefördert, daß man sie — falls ein hoher Bergabhang vorhanden ist — in einem möglichst eisernen aufgehängten Fuchs oder in einem nach dem Torkretverfahren verhältnismäßig billig herzustellenden Eisenbetonrohr möglichst hoch an diesem Berghange emporleitet und dann durch einen kurzen Schornstein austreten läßt. In ebenem Gelände werden hohe Schornsteine benutzt, wobei besonders auf innen torkretierte Eisenblechschornsteine hingewiesen sei. Dissipatorschornsteine fördern die schnelle Unschädlichmachung der SO_2-haltigen Abgase.

In Gegenden hingegen, in denen Vegetationswirtschaft betrieben wird, sei es Forstwirtschaft, sei es Ackerbau, ist man gezwungen, die Abgase unschädlich zu machen. Die Entscheidung der Frage, ob man die Abgase kommerziell nutzbar machen kann, etwa durch Herstellung von flüssiger SO_2, wie sie in der Erdölraffination nach dem Edeleanu-Verfahren in großen Mengen gebraucht wird, durch Herstellung von Sulfitlaugen, die die Papier-, Zellstoff- und gewisse Kunstseidenindustrien in großen Mengen benötigen, oder durch Verarbeitung auf Schwefelsäure oder Schwefel, hängt in erster Linie von dem Vorhandensein oder Fehlen von Absatzmöglichkeiten für solche Nebenerzeugnisse ab.

Was die Herstellung von Schwefelsäure aus den Abgasen der unmittelbaren Verhüttung anbetrifft, so sind die Bedenken, die früher wegen des meist geringen volumenprozentualen Gehaltes der Abgase an SO_2 erhoben wurde, heute hinfällig, nachdem es möglich und im Großbetrieb auch bereits als wirtschaftlich möglich erwiesen ist, Abgase mit nur 1 Vol.-$^0/_0$ SO_2 auf Schwefelsäure zu verarbeiten. Für die Schwefelsäuregewinnung aus verhältnismäßig armen Abgasen kommen fast ausschließlich sog. Intensivsysteme in Frage.

Gewinnung von Schwefelsäure. Die wichtigsten Intensivsysteme zur Schwefelsäurefabrikation aus SO_2-armen Abgasen sind:

1. **Falding-Kammern** (D.R.P. 241599)[1], die Abgase mit 1,7 $^0/_0$ SO_2 noch mit gutem Erfolg verarbeitet haben. In Amerika konnten rund 11 kg Schwefelsäure von 50^0 Bé je Kubikmeter Kammerraum erzeugt werden. Gaseintrittstemperatur = 200^0 C. Salpetersäurebedarf je 100 kg erzeugter Schwefelsäure von 50^0 Bé bei der Tennessee Copper Co. in Copperhill und bei der Duktown Sulphur, Copper and Iron Co. in Tennessee = rund 0,8 kg bei 36^0 Bé der HNO_3; bei der Mansfeld A.-G. = rund 1,5 kg 36grädige HNO_3. Gloversäure = 66^0 Bé.

2. **Mills-Packard-Systeme** (Brit. Patent 12067/1913, U.S.A.-Patent 1112546, D.R.P. 321407). Produktion = rund 16,0—21,2 kg Schwefelsäure von 60^0 Bé je Kubikmeter Arbeitsraum. Salpetersäurebedarf = rund 1 kg HNO_3 von 36^0 Bé je 100 kg erzeugte 60grädige Schwefelsäure. In England wurden 1914—18 fünfzehn Mills-Packard-Anlagen erbaut. In Deutschland baut die Erzröst-Gesellschaft in Köln diese Systeme.

3. **Turmsysteme von Opl** (D.R.P. 217036). Produktion = rund 30 kg Schwefelsäure von 60^0 Bé je Kubikmeter Arbeitsraum. Salpetersäurebedarf = rund 0,75 kg HNO_3 von 36^0 Bé je 100 kg erzeugter 60grädiger Schwefelsäure.

Es ist besonders zu beachten, daß die Opl-Systeme keine Schwankungen im SO_2-Gehalt der zu verarbeitenden Abgase vertragen. Auch müssen die zu verarbeitenden Abgase restlos entstaubt sein. (Metallbank und Metallurgische Ges., Frankfurt a. M.)

4. **Doppelringsysteme von Petersen** (D.R.P. 208028), die sich bei der Verwertung von Abgasen mit nur 1 Vol.-$^0/_0$ SO_2 gut bewährt haben und auch Schwankungen im SO_2-Gehalt der zu verarbeitenden Gase vertragen. (Hugo

---

[1] Vgl. u. a. F. J. Falding and J. P. Channing: Pyrite Smelting and Sulphuric Acid Manufacture. Engg. Min. J. Bd. 90, S. 555—558, 1910.

Petersen, Bau von Röstanlagen und Schwefelsäurefabriken, Berlin-Steglitz, Hohenzollernstraße 6.)

5. Schmiedel-Klenke-Anlagen (Brit. Patent 149648/1920), die Misch-apparate sind, bei denen schnell rotierende Walzen nach Art von Gaswäschern

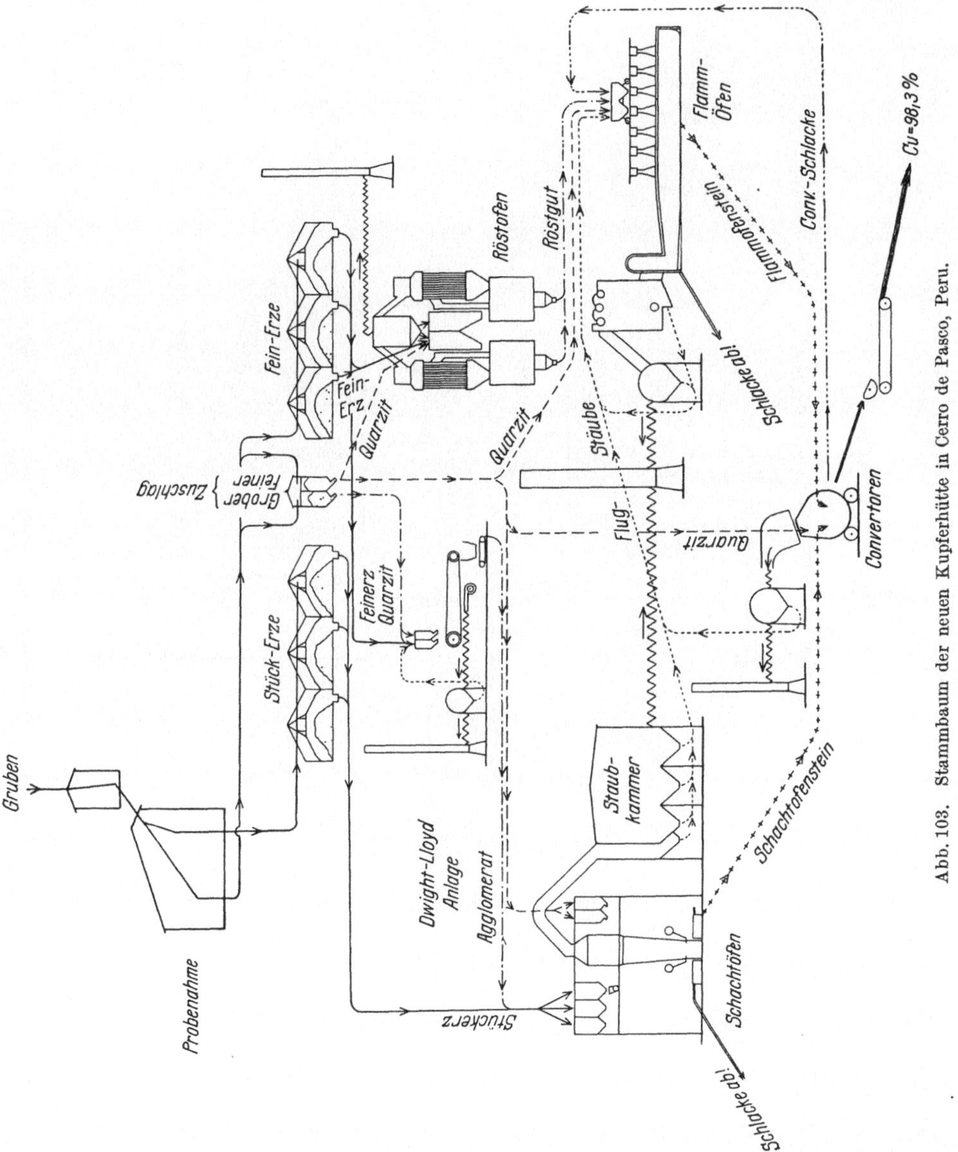

Abb. 103. Stammbaum der neuen Kupferhütte in Cerro de Pasco, Peru.

in nitrose Säure von 54—58⁰ Bé eintauchen und so durch Waschen der Abgase mit nitroser Säure den Gehalt der nitrosen Säure an Schwefelsäure an-reichern. Die Schmiedel-Klenke-Anlagen verarbeiten Abgase mit bis zu nur 1,5 % SO_2 und können im Gegensatz zu anderen Intensivsystemen, die immerhin für ihre Wirtschaftlichkeit eine größere Schwefelsäureproduktion je Tag erfordern, in Einheiten bis herab zu einer Tagesproduktion von 5 t 60 grädiger Schwefelsäure wirtschaftlich arbeiten.

Die Nutzbarmachung der SO_2 in den Abgasen durch Verarbeitung auf Schwefel an Stelle von Schwefelsäure kann dort in Betracht gezogen werden, wo Salpeter-

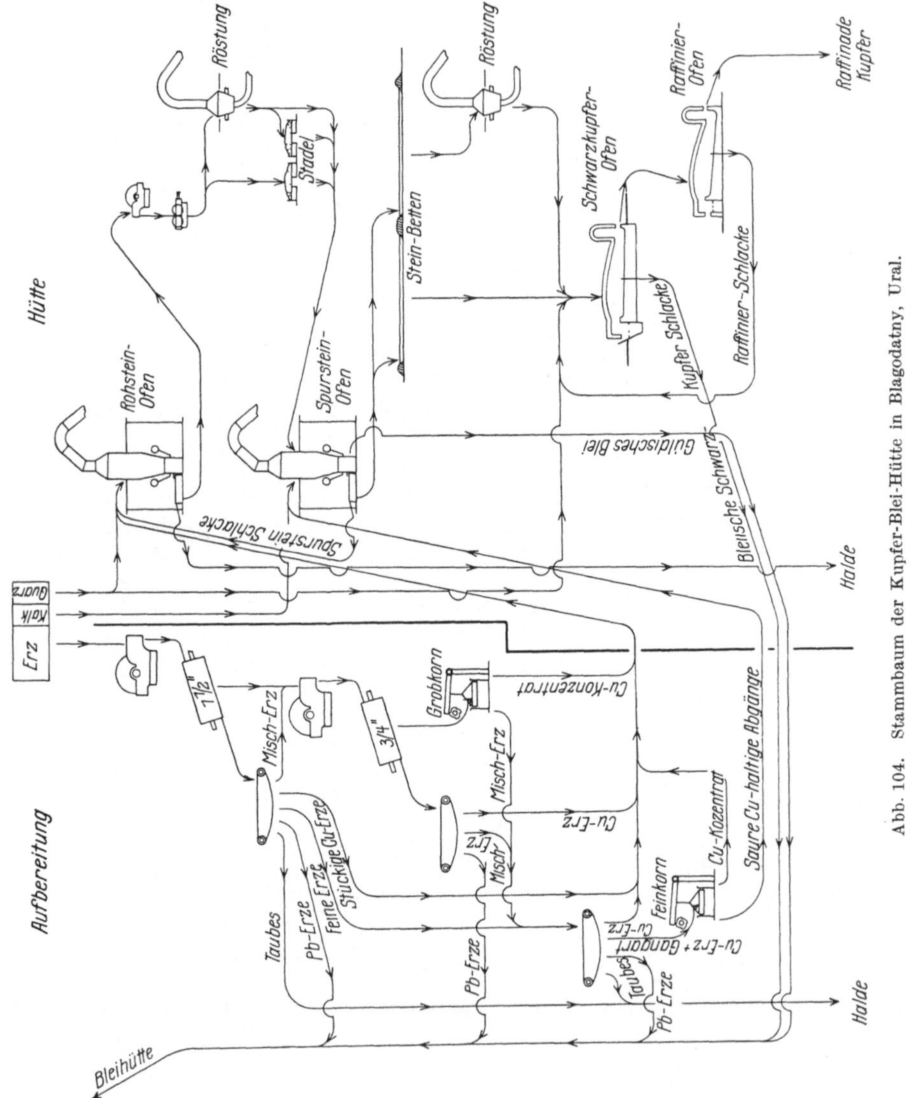

Abb. 104. Stammbaum der Kupfer-Blei-Hütte in Blagodatny, Ural.

säure, die für die Schwefelsäurefabrikation ja unerläßlich ist, sehr teuer wird, oder wo keine Absatzmöglichkeit bzw. Transportschwierigkeiten für Schwefelsäure bestehen.

Verarbeitung auf Schwefel. Der Thiogenprozeß in der von Young[1] angegebenen Ausführungsform, bei dessen Durchführung die SO_2 der Abgase

---

[1] Vgl. S. W. Young: Present Status of the Thiogen Process. Engg. Min. J. Bd. 95, S. 369, 1913.

mittels Kohlenwasserstoffen unter Zuhilfenahme von Kalzium- oder Barium-sulfid zu Schwefel reduziert wird, berechtigt allerdings nicht zu großen Hoff-nungen bezüglich seiner Anwendbarkeit auf die Abgase der unmittelbaren Ver-hüttung, weil er meist einen Mindestgehalt der Abgase an 8 Vol.-% SO_2 zur Voraussetzung hat und außerdem durch einen etwaigen nennenswerten Wind-, d. h. Sauerstoffüberschuß im Abgase gestört, wenn nicht unmöglich gemacht wird. Bei Abgasen mit mindestens 8 Vol.-% SO_2 soll dieser Prozeß auf der der Penn Mining Co. gehörigen Hütte in Campo Seco, Calveras County, California, wirtschaftlich gearbeitet haben.

Das Carpenter-Verfahren[1] (U.S.A.-Pat. 871912) verwandelt die aus den Abgasen durch Beregnung mit Wasser ausgewaschene SO_2, die durch Erwärmen der wässerigen Lösung wieder in Freiheit gesetzt wird, durch Überleiten gemein-sam mit Wasserdampf über glühenden Koks in Schwefelwasserstoff.

$$2\,SO_2 + 2\,H_2O + 3\,C = 2\,H_2S + 3\,CO_2$$
$$SO_2 + H_2O + 3\,C = H_2S + 3\,CO$$
$$SO_2 + H_2O + 2\,C = H_2S + CO_2 + CO$$

Der anfallende Schwefelwasserstoff wird in einem Clausschen Ofen, wie ihn die Deutsche Claus-Schwefelgesellschaft mbH. in Bernburg oder die Sulfur-GmbH. in Walbeck baut, mittels Eisenoxyd als Sauerstoffträger und gleichzeitig als Kontaktmasse zu Wasserdampf und freiem Schwefel verbrannt. Besser noch als mit reinem Eisenoxyd arbeiten die Claus-Öfen, wenn eine der Chemischen Fabrik Rhenania & Projahn patentierte Kontaktmasse aus Bauxit benutzt wird (D.P.P. 173239).

---

[1] Vgl. Vortrag von F. R. Carpenter in der Colorado Scientific Society. Referiert in Metallurgie Jg. 4, S. 32, 1909.

Anhang Nr. 1.

Typische Steinkohlen[1].

Kohlenart	C	H	O	Disp. H	oberer Heizwert
Saarkohle	82,5	5,7	11,8	4,23	7900
Westhartley Steamcoal	83,5	5,5	11,0	4,12	7960
Oberschlesische Gasflammkohle . .	86,0	5,1	8,9	3,99	8100
Westfälische Gasflammkohle . . .	86,5	5,4	8,1	4,39	8240
Durham-Kokskohle	88,5	5,3	6,2	4,53	8370
Westfälische Fettkohle	88,0	5,2	6,8	4,35	8400
Westfälische Eßkohle	90,4	4,7	4,9	4,09	8430
Westfälische Magerkohle	91,0	4,5	4,5	3,84	8450

Typische Anthrazite[1].

Anthrazitart	C	H	O	N	S	H_2O	Asche	unterer Heizwert
Piesberg, Osnabrück . . .	75,41	1,5	1,8	0,4	4,1	—	16,7	?
Wales, Ponticates	91,16	3,1	2,7	0,9	0,9	—	1,1	?
Wales, Timberflöz	93,00	3,1	1,7	0,5	0,7	—	1,0	8350
Wales, Jones & Co. . . .	91,44	3,5	2,6	0,2	0,8	—	1,5	?
Belgien, Nr. 1	89,63	1,0	1,0	1,0	0,8	2,3	4,3	7496
Belgien, Nr. 2	89,57	0,9	1,1	1,0	0,8	2,4	4,2	7439
Böhmen	88,90	2,9	2,1		1,5	1,8	2,8	?
Donetz	92,13	3,0	1,8	0,6	0,9	—	1,3	8400

Typische Kokssorten[2].

Koksart	1	2	3	4	5	6	7	8	9
C	89,55	87,95	89,09	80,53	78,30	83,79	89,03	91,94	93,00
H	0,26	0,35	0,27	0,54	0,42	0,73	?	?	?
O	} 1,02	1,17	0,40	1,35	1,59	0,40	?	?	?
N						1,17	?	?	?
S	1,12	1,15	1,43	0,85	0,93	0,60	1,18	1,66	1,95
Feuchtigkeit .	0,48	0,50	0,10	2,49	4,40	2,03	0,90	0,87	0,90
Asche . . .	7,57	8,88	8,71	14,24	14,32	12,14	8,52	5,42	0,40

1 = Niederschlesien
2 = Ruhrgebiet
3 = Ruhrgebiet
4 = Saargebiet . . . . zu viel Asche
5 = Charleroy . . . . zu viel Asche
6 = Bruay . . . . zu viel Asche
7 = Yorkshire, Dalton Main . sehr gut
8 = Derbyshire, Mickley . . . sehr gut
9 = Lanarkshire, Schottland . vorzüglich, da S ohne Bedeutung.

---

[1] Nach „Hütte", Taschenbuch für Stoffkunde, S. 1059. Berlin 1926.
[2] Nach O. Simmersbach: Kokschemie, 2. Aufl. Berlin: Julius Springer 1914.

Typische Holzarten (bezogen auf Trockensubstanz)[1].

	Fichte	Birke	Akazie	Buche	Eiche
C	50,1	48,5	49,2	46,6	49,8
H	6,0	5,9	5,9	5,8	5,8
O + N . . .	43,2	45,3	43,1	45,0	44,0
Asche . . .	0,7	0,3	0,8	0,6	0,4
Heizwert . .	4566	4484	4478	4486	4421

Veränderung der Zusammensetzung der asche- und wasserfreien Substanz von Kiefernholz bei der Verkokung, wie sie beim Absinken einer mit Holz gemöllerten Beschickung im Schachtofen stattfindet[2].

	ursprüng-lich	bis 250° C	bis 300° C	bis 350° C	bis 400° C	bis 450° C
C	50,42	52,08	56,35	66,70	71,15	92,13
H	6,70	6,42	5,82	5,75	4,59	3,88
O	42,15	41,23	37,44	27,27	17,82	3,60
N	0,65	0,27	0,39	0,28	0,44	0,39
S	0,08	—	—	—	—	—
H_2O	3,21	6,92	4,32	2,79	2,84	3,06

Typische Heizöle[3].

	Spez. Gew. 15° C	Flammpkt. (Pensky)	Stockpunkt	S °/₀	oberer Heizwert cal
Mid-Continent-Heizöl	0,892	52	—	0,30	10657
Oklahoma-Heizöl	0,868	—	—	—	—
Mexikanisches Heizöl.	0,965	82	0	3,80	10255
Braunkohlen-Generatoröl	von 0,925	70	0	0,50	9900
	bis 0,935	80	— 5	0,70	10100
Steinkohlenteer-Heizöl	1,007	74	—20	0,50	9300
„Gestrecktes" Steinkohlenteer-Heizöl (= 80 % Steinkohlenteer-Heizöl + 20 % Pech)	1,054	34	—15	0,50	9212

Anhang Nr. 2.

Vergleich der Förderkosten bei verschiedenen Fördermitteln.

Zugrunde gelegt: 8 Std. tägliche Förderzeit = 3000 Förderstunden pro Jahr.

Stromkosten = 10 Pfg. pro Kilowattstunde.

Maschinistenlohn = 50 Pfg. pro Stunde.

Hilfsarbeiterlohn = 40 Pfg. pro Stunde.

Diese Sätze können leicht auf die heutigen stark schwankenden Sätze umgewertet werden. Das gegenseitige Kostenverhältnis der verschiedenen Fördermittel bleibt davon unberührt.

Obere Zahl A = Anlagekosten für 10 Jahre in Goldmark.

Mittlere Zahl B = Arbeitsverbrauch in Pfennig pro Stunde bei 3000 Betriebsstunden pro Jahr.

Untere Zahl C = Förderkosten in Pfennig für 1 Tonnenkilometer.

---

[1] Nach Ferd. Fischer: Kraftgas, seine Herstellung und Beurteilung, S. 23. Leipzig 1911.

[2] Nach E. Börnstein: Journal für Gasbeleuchtung 1906.

[3] Nach D. Holde: Kohlenwasserstofföle und Fette, 6. Aufl., S. 172. Berlin 1924.

Fördermittel	Förderstrecke		Förderleistung in t/Std.					
			2	5	10	25	50	100
Schiebekarren	25 m	A =	400	400	400	—	—	—
		B =	40	40	50	—	—	—
		C =	**860**	**344**	**216**	—	—	—
	50 m	A =	600	650	1000	—	—	—
		B =	40	50	80	—	—	—
		C =	**440**	**246**	**170**	—	—	—
	100 m	A =	1000	1400	2000	—	—	—
		B =	40	100	200	—	—	—
		C =	**225**	**214**	**210**	—	—	—
	200 m	A =	2000	2300	4000	—	—	—
		B =	80	160	300	—	—	—
		C =	**225**	**171**	**160**	—	—	—
Handkippwagen	25 m	A =	320	320	320	320	—	—
		B =	40	40	40	40	—	—
		C =	**840**	**335**	**168**	**67**	—	—
	50 m	A =	420	420	420	600	—	—
		B =	40	40	40	67	—	—
		C =	**430**	**172**	**86**	**57**	—	—
	100 m	A =	620	620	710	1200	—	—
		B =	40	40	54	134	—	—
		C =	**220**	**88**	**59**	**56**	—	—
	200 m	A =	1020	1110	1420	2400	—	—
		B =	40	53	108	270	—	—
		C =	**113**	**59**	**58**	**56**	—	—
Gurtförderband	25 m	A =	—	—	3100	3700	4700	5500
		B =	—	—	7	12	17	25
		C =	—	—	**100**	**59**	**40**	**26**
	50 m	A =	—	—	4100	5100	6300	7700
		B =	—	—	8	14	22	35
		C =	—	—	**76**	**43**	**28**	**20**
	100 m	A =	—	—	6300	7700	9500	10700
		B =	—	—	12	20	33	53
		C =	—	—	**64**	**35**	**23**	**16**
	200 m	A =	—	—	10300	13000	15800	20000
		B =	—	—	20	33	69	80
		C =	—	—	**56**	**31**	**22**	**14**
Handhängebahn	25 m	A =	450	450	450	450	550	—
		B =	40	40	40	40	50	—
		C =	**860**	**344**	**172**	**69**	**43**	—
	50 m	A =	700	700	700	750	750	—
		B =	40	40	40	50	100	—
		C =	**440**	**166**	**88**	**44**	**43**	—
	100 m	A =	1200	1200	1200	1475	2800	—
		B =	40	40	40	100	200	—
		C =	**250**	**92**	**46**	**43**	**43**	—
	200 m	A =	2200	2200	2400	2950	5900	—
		B =	40	50	80	200	400	—
		C =	**128**	**61**	**46**	**43**	**43**	—
Elektrohängebahn	100 m	A =	3000	3000	3000	3500	5900	9000
		B =	51	52	53	54	97	104
		C =	**325**	**132**	**67**	**29**	**25**	**15**
	200 m	A =	5000	5000	5000	9200	12600	18300
		B =	52	53	54	57	104	118
		C =	**193**	**78**	**40**	**21**	**17**	**11**
	500 m	A =	11000	11000	15000	26300	33000	45000
		B =	53	55	57	67	125	160
		C =	**105**	**43**	**26**	**14**	**12**	**7,6**

Fördermittel	Förder-strecke		Förderleistung in t/Std.					
			2	5	10	25	50	100
Hängebahn,	100 m	A =	—	5800	5800	5800	6600	7500
mit Zugseil		B =	—	42	43	46	88	133
angetrieben		C =	—	140	71	30	23	17
	200 m	A =	—	7100	7100	7600	8900	10600
		B =	—	43	44	48	91	140
		C =	—	78	40	18	14	10
	500 m	A =	—	11000	11300	12800	15400	20000
		B =	—	46	50	60	108	170
		C =	—	40	21	10	7,3	5,1
	1000 m	A =	—	17300	18600	21200	26400	35400
		B =	—	48	60	80	134	220
		C =	—	28	16	7	4,9	3,9

Anhang Nr. 3.

Theoretische Zusammensetzung verschiedener Kupfersteine.

$^0/_0$ Cu	$^0/_0$ Fe	$^0/_0$ S	$^0/_0$ Cu$_2$S	$^0/_0$ FeS	$^0/_0$ Cu	$^0/_0$ Fe	$^0/_0$ S	$^0/_0$ Cu$_2$S	$^0/_0$ FeS
8	57,24	34,76	10,00	90,00	46	27,03	26,97	57,50	42,50
10	55,65	34,35	12,50	87,50	48	25,44	26,56	60,00	40,00
12	54,06	33,94	15,00	85,00	50	23,85	26,15	62,50	37,50
14	52,47	33,53	17,50	82,50	52	22,26	25,74	65,00	35,00
16	50,88	33,12	20,00	80,00	54	20,67	25,33	67,50	32,50
18	49,29	32,71	22,50	77,50	56	19,08	24,92	70,00	30,00
20	47,70	32,30	25,00	75,00	58	17,49	24,51	72,50	27,50
22	46,12	31,89	27,50	72,50	60	15,90	24,10	75,00	25,00
24	44,53	31,48	30,00	70,00	62	14,31	23,69	77,50	22,50
26	42,94	31,07	32,50	67,50	64	12,72	23,28	80,00	20,00
28	41,35	30,66	35,00	65,00	66	11,13	22,87	82,50	17,50
30	39,76	30,25	37,50	62,50	68	9,54	22,46	85,00	15,00
32	38,17	29,84	40,00	60,00	70	7,95	22,05	87,50	12,50
34	36,57	29,43	42,50	57,50	72	6,36	21,64	90,00	10,00
36	34,98	29,02	45,00	55,00	74	4,77	21,23	92,50	7,50
38	33,39	28,61	47,50	52,50	76	3,18	20,82	95,00	5,00
40	31,80	28,20	50,00	50,00	78	1,57	20,41	97,50	2,50
42	30,21	27,79	52,50	47,50	80	—	20,00	100,00	—
44	28,62	27,38	55,00	45,00					

Anhang Nr. 4.

Spezifische Wärme einiger Sulfide (zwischen 0 und 100° C).

FeS	0,1357	Sb$_2$S$_3$	0,0840
Magnetkies	0,1602	Kupferkies	0,1310
Pyrit	0,1301	Buntkupfererz	0,1177
Cu$_2$S	0,1212	Fahlerz	0,0987
NiS	0,1281	Bournonit	0,0730
CoS	0,1251	Arsenkies	0,1030
ZnS	0,1230	Kobaltglanz	0,0991
PbS	0,0509	Proustit	0,0807
Ag$_2$S	0,0746	Pyrargyrit	0,0757
As$_2$S$_3$	0,1132	Speiskobalt	0,0830

[1] Nach H. Aumund: Wirtschaftliche Grundlagen der Lagerung und Stapelung. Z. V. D. I. Bd. 69, S. 1225—1232, 1925.

Mittlere spezifische Wärme verschiedener Minerale bei verschiedenen Temperaturstufen[1].

° C	1 Quarz	2 Bleiglanz	3 Kupfer- glanz	4 FeS	5 Magnet- kies	6 Pyrit	7 Fe-haltige Zink- blende	8 Emser Zink- blende	9 Annam- Zink- blende
0—100	0,1883	0,0500	0,1432	0,1664	0,1547	0,1284	0,1277	0,1199	0,1133
300	0,2174	0,0516	0,1690	0,2027	0,1710	—	0,1290	0,1214	0,1229
350	—	—	—	—	0,1831	—	—	—	—
400	0,2270	0,0520	0,1603	0,1888	—	—	0,1321	0,1230	0,1253
500	0,2351	0,0525	0,1523	0,1850	—	—	0,1330	0,1245	0,1260
600	0,2420	0,0540	0,1479	0,1820	—	—	0,1390	0,1285	0,1274
700	0,2478	—	0,1449	0,1818	—	—	0,1425	0,1330	0,1287
750	—	—	—	0,1795	—	—	—	—	—
800	0,2522	—	0,1393	0,1760	—	—	0,1355	0,1295	0,1280
900	0,2553	—	0,1372	0,1757	—	—	0,1409	0,1333	0,1291
925	—	—	—	0,1757	—	—	—	—	—
980	—	—	—	0,1764	—	—	—	—	—
1000	0,2575	—	0,1373	0,1760	—	—	—	—	—
1100	0,2591	—	0,1369	0,1773	—	—	—	—	—
1150	—	—	—	0,1770	—	—	—	—	—
1200	0,2601	—	—	0,2216	—	—	—	—	—
1300	0,2606	—	—	—	—	—	—	—	—
1400	0,2610	—	—	—	—	—	—	—	—

Chemische Zusammensetzung vorstehender Minerale.

	Nr. 2	Nr. 4	Nr. 5	Nr. 7	Nr. 8	Nr. 9
SiO_2	—	—	4,75 %	4,82 %	1,73 %	0,30 %
Fe	0,50 %	62,74 %	57,30 %	16,62 %	5,00 %	0,25 %
Cu	—	—	—	0,15 %	0,16 %	0,08 %
Zn	0,77 %	—	—	45,72 %	60,32 %	66,29 %
Pb	85,22 %	—	—	—	—	—
Mn	—	—	—	0,30 %	—	—
Ag	0,13 %	—	—	—	—	—
S	13,33 %	37,14 %	37,78 %	32,47 %	32,85 %	32,88 %
	99,95 %	99,88 %	99,83 %	100,08 %	100,06 %	99,80 %

Mittlere spezifische Wärme von Eisensulfiden (zwischen 0 und 100° C).

36,5 % S = FeS = 0,172		45,0 % S = 0,137
38,0 % S = 0,160		47,5 % S = 0,132
39,6 % S = Fe_7S_8 = 0,152		50,0 % S = 0,130
40,0 % S = 0,151		53,4 % S = FeS_2 = 0,128
42,5 % S = 0,143		

Spezifische Wärme einiger Schlackenbilder.

FeO 0,1460	CaO 0,1779
Fe_2O_3 . . . 0,1456	Al_2O_3 0,2081
MgO 0,2420	SiO_2 0,1833

[1] Bornemann, K., u. O. Hengstenberg: Über die spezifischen Wärmen einiger metallhüttenmännisch wichtiger Sulfide mit besonderer Berücksichtigung höherer Temperaturen. Metall u. Erz Jg. 17, S. 313—319, 339—349, 1920.

Bildungswärme einiger Schlacken.

Komponenten, aus denen die Schlacke gebildet wurde	gcal, entw. je g Mol.	gcal, entw. je 1 g Schlacke	Beobachter
CaO, Al_2O_3	450	3	Tschernobajeff[1]
$2 CaO, Al_2O_3$	3300	15	„
$3 CaO, Al_2O_3$	2950	11	„
$Al_2O_3, 2 SiO_2$	14900	67	„
$3 CaO, Al_2O_3, 2 SiO_2$	33500	86	„
BaO, SiO_2	14700	69	„
CaO, SiO_2	17850	154	„
$2 CaO, SiO_2$	28300	165	„
$3 CaO, SiO_2$	28550	125	„
FeO, SiO_2	10600	80	Le Chatelier[2]
$2 FeO, SiO_2$	22236	109	Hofman u. Wen[3]
$39,7\%$ FeO, $11,4\%$ CaO, $1,0\%$ MnO, $2,7\%$ MgO, $9,2\%$ Al_2O_3, $35,5\%$ SiO_2, $0,42\%$ Cu, $0,42\%$ S	—	133	Richards
$57,58\%$ FeO, $12,00\%$ CaO, $30,42\%$ SiO_2 . .	—	140	Hofman u. Wen
$40,30\%$ FeO, $28,00\%$ CaO, $31,70\%$ SiO_2 . .	—	193	„ „ „

Spezifische Wärme einiger Schlacken.

Schlacke	Schmelzpunkt in °C.	Mittl. spez. Wärme zwischen 0° C u. dem Schmelzpkt.	Spez. Wärme am Schmelzpunkt	Spez. Wärme in geschmolzenem Zustand
$CaO \cdot SiO_2$	1250	0,288	—	—
$CaO \cdot MgO \cdot 2 SiO_2$	1225	0,281	—	—
$(Ca, Mg)O \cdot SiO_2$ $(Ca : Mg = 3 : 1)$	1200	0,264	—	—
$(Ca, Mg)O \cdot SiO_2$ $(Ca : Mg = 15 : 85)$	1300	0,310	0,400	0,42—0,45
$4(Ca, Mg)O \cdot 3 SiO_2$	1200	0,262	—	—
$CaO \cdot Al_2O_3 \cdot 2 SiO_2$	1220	0,294	0,350	0,37—0,40
$MgO \cdot SiO_2$	1300	0,309	—	—
$SiO_2 = 31,38$, $FeO = 45,20$, $CaO = 23,42\%$.	1058	0,255	0,326	—
$SiO_2 = 35,5$, $FeO = 39,7$, $MnO = 1,1$, $CaO = 11,4$, $MgO = 2,7$, $Al_2O_3 = 9,7$, $Cu = 0,42$, $S = 0,42$	1114	0,2355	0,269	—

Totale und latente Schmelzwärme einiger Schlacken.

Schlacke	Totale Schmelzwärme	Latente Schmelzwärme
$CaO \cdot SiO_2$	—	100 cal
$MgO \cdot SiO_2$	403 cal	125 cal
$2 MgO \cdot SiO_2$	520 cal	130 cal
$(Ca, Mg)O \cdot SiO_2$ $(Ca : Mg = 3 : 1)$	413 cal	100 cal
$CaO \cdot MgO \cdot 2 SiO_2$	444 cal	102 cal
$4(Ca, Mg)O \cdot 3 SiO_2$ $(Ca : Mg = 7 : 3)$	404 cal	90 cal
$CaO \cdot Al_2O_3 \cdot 2 SiO_2$	458 cal	105 cal

SiO_2	FeO	MnO	CaO	MgO	Al_2O_3		Totale Schmelzwärme	Latente Schmelzwärme
43,90	4,5	0,3	31,4	10,2	8,6	. . . . . .	424 cal	91 cal
56,77	1,7	1,6	12,2	22,8	5,3	. . . . . .	434 cal	94 cal
55,90	11,8	26,7	4,31	—	3,3	. . . . . .	368 cal	46 cal
30—36	53—59	ZnO 1,5—2,6	1—3	2—3	5,5—8,0	. . . . . .	307,5 cal	85 cal

[1] Tschernobajeff: Rev. Métall. Bd. 2, S. 729, 1905, und Electrochemical and Metallurgical Ind. Bd. 4, S. 72, 1906.   [2] Le Chatelier: C. R. Bd. 120, S. 623, 1895.

[3] Hofman, H. O., u. C. Y. Wen: Heats of formation of some Ferro-Calcic Silicates. Transactions Amer. Inst. Ming. Eng. Bd. 41, S. 495—511, 1911.

Mittlere spezifische Wärme einiger Gase bei konstantem Druck und unter Temperaturen von $0-t^0$ C (gültig für t bis 2000)[1].

1. Spez. Wärme in Cal/kg Gas.

Luft . . . . $= 0{,}2348 + 0{,}0000173\,t$
Stickstoff (N_2) . . . . . $= 0{,}2417 + 0{,}0000178\,t$
Sauerstoff (O_2) . . . . . $= 0{,}2117 + 0{,}0000156\,t$
Wasserstoff (H_2) . . . . $= 3{,}3461 + 0{,}0002232\,t$
Kohlenoxyd (CO) . . . $= 0{,}2419 + 0{,}0000179\,t$
Kohlendioxyd (CO_2) . . $= 0{,}2000 + 0{,}0000691\,t - 0{,}0000000141\,t^2$
Schwefeldioxyd (SO_2) . . $= 0{,}1373 + 0{,}0000475\,t - 0{,}0000000097\,t^2$
Wasserdampf (H_2O) . . $= 0{,}4694 - 0{,}0000191\,t + 0{,}0000000411\,t^2$
Schwefelwasserstoff (H_2S) $= 0{,}2481 - 0{,}0000101\,t + 0{,}0000000217\,t^2$

2. Spez. Wärme in Cal/cbm Gas.

Luft . . . . $= 0{,}3025 + 0{,}0000223\,t$
Stickstoff . . . . $= 0{,}3025 + 0{,}0000223\,t$
Sauerstoff . . . . $= 0{,}3025 + 0{,}0000223\,t$
Wasserstoff . . . . . . $= 0{,}2995 + 0{,}0000200\,t$
Kohlenoxyd . . . . . . $= 0{,}3025 + 0{,}0000223\,t$
Kohlendioxyd . . . . . $= 0{,}3930 + 0{,}0001359\,t - 0{,}0000000277\,t^2$
Schwefeldioxyd . . . . $= 0{,}3930 + 0{,}0001359\,t - 0{,}0000000277\,t^2$
Wasserdampf . . . . . $= 0{,}3777 - 0{,}0000154\,t + 0{,}0000000330\,t^2$
Schwefelwasserstoff . . . $= 0{,}3777 - 0{,}0000154\,t + 0{,}0000000330\,t^2$

Mittlere spezifische Wärme zwischen 0 und t^0 C bei unveränderlichem Druck für ein Mol.

$t = {}^0$C	N_2, O_2, CO	H_2O	CO_2
100	6,96	8,04	9,08
200	6,97	8,09	9,43
300	7,00	8,16	9,76
400	7,04	8,24	10,08
500	7,07	8,32	10,34
600	7,11	8,41	10,58
700	7,16	8,51	10,80
800	7,21	8,61	11,00
900	7,25	8,72	11,17
1000	7,30	8,83	11,33
1100	7,34	8,95	11,47
1200	7,39	9,07	11,60
1300	7,43	9,19	11,71
1400	7,48	9,32	11,82
1500	7,52	9,46	11,92

Molekulargewicht von
N_2 . . . . $= 28{,}02$
O_2 . . . . $= 32{,}00$
CO . . . . . . $= 28{,}00$
H_2O . . . . . . $= 18{,}02$
CO_2 . . . . . . $= 44{,}00$
Luft . . . . . . $= 28{,}95$
SO_2 . . . . . . $= 64{,}07$

Anhang Nr. 5.

Gewicht einiger Gase bei 0^0 C und 760 mm Hg.

		log $=$
1 cbm Luft	1,2927 kg	0,11150
1 cbm N_2	1,2507 kg	0,09716
1 cbm O_2	1,4290 kg	0,15503
1 cbm SO_2	2,9267 kg	0,46637
1 cbm Wasserdampf .	0,8045 kg	0,90553—1
1 cbm CO	1,2504 kg	0,09705
1 cbm CO_2	1,9768 kg	0,29597

---

[1] Nach C. R. Kuzell and G. H. Wigton: Curves of the Sensible-Heat Capacity of Furnace Gases. Transactions Amer. Inst. Ming. Eng. Bd. 49, S. 774—788, 1915.

Spezifische Feuchtigkeit gesättigter Luft.

Gewicht des Wasserdampfes in Gramm, welcher in 1 kg gesättigter Luft bei t^0 C und b mm Hg enthalten ist.

t^0 C	$b = 760$	$b = 700$	$b = 600$	$b = 500$	t^0 C	$b = 760$	$b = 700$	$b = 600$	$b = 500$
0	3,75	4,07	4,75	5,71	16	11,13	12,09	14,12	16,97
+ 1	4,03	4,37	5,10	6,13	17	11,86	12,89	15,05	18,10
2	4,32	4,70	5,48	6,58	18	12,64	13,73	16,04	19,29
3	4,64	5,04	5,88	7,07	19	13,46	14,62	17,09	20,55
4	4,98	5,41	6,31	7,58	20	14,33	15,57	18,20	21,88
5	5,34	5,80	6,77	8,13					
					21	15,25	16,57	19,37	—
6	5,71	6,22	7,26	8,72	22	16,22	17,63	20,59	—
7	6,13	6,66	7,77	9,34	23	17,24	18,75	21,90	—
8	6,56	7,13	8,32	9,99	24	18,32	19,93	23,28	—
9	7,02	7,63	8,91	10,70	25	19,47	21,17	24,73	—
10	7,51	8,16	9,53	11,44					
11	8,03	8,72	10,18	12,24	26	20,86	22,48	—	—
12	8,58	9,32	10,88	13,08	27	21,95	23,86	—	—
13	9,16	9,95	11,62	13,97	28	23,29	25,31	—	—
14	9,78	10,62	12,41	14,91	29	24,70	26,84	—	—
15	10,43	11,34	13,24	15,91	30	26,18	28,47	—	—

Anhang Nr. 6.

Windpressung.

Beziehungen zwischen mm Wassersäule, mm Quecksilbersäule, Atmosphären und englischen Pfunden und Unzen.

Für Sinterung			Für Schachtofen				Für Konvertor			
mm H$_2$O	mm Hg	engl. Unzen	mm H$_2$O	mm Hg	Atm.	engl. Unzen	Atm.	mm Hg	lb	engl. oz
100	7,4	2,28	1000	73,6	0,097	22,8	0,50	380	7	5
120	8,8	2,73	1050	77,2	.	23,9	0,55	418	8	1
140	10,3	3,19	1100	80,9	.	25,0	0,60	456	8	13
160	11,8	3,64	1150	84,6	.	26,2	0,65	494	9	9
180	13,2	4,10	1200	88,3	.	27,3	0,70	532	10	5
200	14,7	4,55	1250	91,9	.	28,5	0,75	570	11	—
220	16,2	5,01	1300	95,6	.	29,6	0,80	608	11	12
240	17,7	5,47	1350	99,3	.	30,7	0,85	646	12	8
260	19,1	5,92	1400	103,0	.	31,9	0,90	684	13	4
280	20,6	6,37	1450	106,7	.	33,0	0,95	722	13	15
300	22,1	6,83	1500	110,3	0,145	34,1	1,00	760	14	11
320	23,5	7,28	1550	114,0	.	35,2	1,05	798	15	7
340	25,0	7,74	1600	117,7	.	36,4	1,10	836	16	3
360	26,5	8,19	1650	121,4	.	37,6	1,15	874	16	14
380	27,9	8,65	1700	125,0	.	38,7	1,20	912	17	10
400	29,4	9,10	1750	128,7	.	39,8	1,25	950	18	6
420	30,9	9,56	1800	132,4	.	41,0	1,30	988	19	2
440	32,4	10,00	1850	136,1	.	42,1	1,35	1026	19	13
460	33,8	10,47	1900	139,8	.	43,2	1,40	1064	20	9
480	35,3	10,92	1950	143,4	.	44,4	1,45	1102	21	5
500	36,8	11,38	2000	147,1	0,194	45,5	1,50	1140	22	1

Die in englischen Sprachgebieten übliche Angabe der Windpressung in englischen Pfunden und Unzen je Quadratzoll errechnet sich folgendermaßen:

1 engl. Pfund Handelsgewicht = 1 lb Avoirdupois weight = 453,59 g = 16 engl. Unzen zu je 1 oz = 28,35 g.

1 engl. Kubikfuß Wasser = 1728 Kubikzoll wiegt normal 62,33 lbs.

Eine Wassersäule von 1 Quadratzoll Grundfläche und 1728 Zoll Höhe wiegt somit gleichfalls 62,33 lbs.

Bezogen auf 1 Quadratzoll Grundfläche entsprechen demnach:

1728 Zoll	Wassersäule	. . . .	62,33 lbs/sqinch
27,7 Zoll	„	. . . .	1,00 lb/sqinch
1,73 Zoll	„	. . . .	1,00 oz/sqinch
43,942 mm	„	. . . .	1,00 oz/sqinch.

Umrechnungstafel zur Verwandlung von Grad Fahrenheit in Grad Celsius und umgekehrt.

°C	0	10	20	30	40	50	60	70	80	90
0	32	50	68	86	104	122	140	158	176	194
100	212	230	248	266	284	302	320	338	356	374
200	392	410	428	446	464	482	500	518	536	554
300	572	590	608	626	644	662	680	698	716	734
400	752	770	788	806	824	842	860	878	896	914
500	932	950	968	986	1004	1022	1040	1058	1076	1094
600	1112	1130	1148	1166	1184	1202	1220	1238	1256	1274
700	1292	1310	1328	1346	1364	1382	1400	1418	1436	1454
800	1472	1490	1508	1526	1544	1562	1580	1598	1616	1634
900	1652	1670	1688	1706	1724	1742	1760	1778	1796	1814
1000	1832	1850	1868	1886	1904	1922	1940	1958	1976	1994
1100	2012	2030	2048	2066	2084	2102	2120	2138	2156	2174
1200	2192	2210	2228	2246	2264	2282	2300	2318	2336	2354
1300	2372	2390	2408	2426	2444	2462	2480	2498	2516	2534
1400	2552	2570	2588	2606	2624	2642	2660	2678	2696	2714

°C	°F
1	1,8
2	3,6
3	5,4
4	7,2
5	9,0
6	10,8
7	12,6
8	14,4
9	16,2
10	18,0

Sachverzeichnis.

Die Praxis des Eisenhüttenchemikers. Anleitung zur chemischen Untersuchung des Eisens und der Eisenerze. Von Prof. Dr. **Carl Krug,** Berlin. Z w e i t e, vermehrte und verbesserte Auflage. Mit 29 Textabbildungen. VIII, 200 Seiten. 1923.   RM 6.—; gebunden RM 7.—

Vita - Massenez, Chemische Untersuchungsmethoden für Eisenhütten und Nebenbetriebe. Eine Sammlung praktisch erprobter Arbeitsverfahren. Z w e i t e, neubearbeitete Auflage von Ing.-Chemiker **Albert Vita,** Chefchemiker der Oberschlesischen Eisenbahnbedarfs-A.-G., Friedenshütte. Mit 34 Textabbildungen. X, 197 Seiten. 1922.   Gebunden RM 6.40

Metallurgische Berechnungen. Praktische Anwendung thermochemischer Rechenweise für Zwecke der Feuerungskunde, der Metallurgie des Eisens und anderer Metalle. Von Prof. **Joseph W. Richards,** Lehigh-Universität, South-Bethlehem Pa. Autorisierte Übersetzung nach der z w e i t e n Auflage von Prof. Dr. **Bernhard Neumann,** Darmstadt, und Dr.-Ing. **Peter Brodal,** Christiania. XV, 599 Seiten. 1913. Unveränderter Neudruck 1925.   Gebunden RM 24.—

Leitfaden für Gießereilaboratorien. Von Geh. Bergrat Prof. Dr.-Ing. e. h. **Bernhard Osann,** Clausthal. D r i t t e, durchgesehene Auflage. Mit 12 Abbildungen im Text. VI, 64 Seiten. 1928.   RM 3.30

Der basische Herdofenprozeß. Eine Studie von Ing.-Chemiker **Carl Dichmann.** Z w e i t e, verbesserte Auflage. Mit 42 Textfiguren. VIII, 278 Seiten. 1920. RM 12.—

Die Leistung des Drehstromofens. Von Dr.-Ing. **J. Wotschke.** Mit 23 Textabbildungen. VI, 69 Seiten. 1925.   RM 5.10

Kupolofenbetrieb. Von **Carl Irresberger.** Z w e i t e, verbesserte Auflage. (5. bis 10. Tausend.) Mit 63 Figuren und 5 Zahlentafeln. 55 Seiten. 1923. (Heft 10 der „Werkstattbücher".)   RM 2.—

Die Windführung beim Konverterfrischprozeß. Von Prof. Dr.-Ing. **Hayo Folkerts,** Aachen. Mit 58 Textabbildungen und 34 Tabellen. VI, 160 Seiten. 1924.   RM 13.20; gebunden RM 14.10

Die Gichtgas - Reinigung. Die wichtigsten Verfahren unter besonderer Berücksichtigung des Trockengas-Reinigungs-Verfahrens System Halbergerhütte-Beth sowie des Theisen-Desintegrator-Verfahrens. Von Dipl.-Ing. **Wolf Adolf Euler.** Mit 53 Textabbildungen, 32 Zahlentafeln im Text und 3 Ausschlagtafeln. VII, 132 Seiten. 1927.

RM 15.—; gebunden RM 16.50

Handbuch des Eisenhüttenwesens. Herausgegeben im Auftrage des Vereins deutscher Eisenhüttenleute. Im Rahmen dieses Handbuches werden nach und nach die drei großen Gruppen: **Hochofen, Stahlwerk, Walzwerk** behandelt und dargestellt werden.

Walzwerkswesen. Unter Mitarbeit von G. Asbeck-Düsseldorf, E. Buchmann-Düsseldorf, L. Carlé-Düsseldorf, O. Emicke-Freiberg i. S., H. Esser-Aachen, H. Fey-Düsseldorf, O. Hengstenberg-Essen, C. Holzweiler-Wiesdorf, K. Hye v. Hyeburg-Duisburg-Ruhrort, H. Illies-Amberg, O. Johannsen-Völklingen, H. Jordan-Düsseldorf, C. Kiesselbach-Bonn, M. Kophamel-Nürnberg, F. Körber-Düsseldorf, F. W. Loh-Hüsten, K. Maleyka-Berlin-Charlottenburg, M. Moser-Essen, A. Nöll-Duisburg, P. Oberhoffer†-Aachen, H. Ortmann†-Völklingen, E. Peipers-Duisburg-Meiderich, A. Pomp-Düsseldorf, E. Popp-Essen, J. W. Reichert-Berlin, E. Röber-Düsseldorf, K. Rummel-Düsseldorf, E. Schreiber-Duisburg-Ruhrort, E. H. Schulz-Dortmund, E. Siebel-Düsseldorf, F. W. Siepke-Neisse, W. Sonnabend-Gleiwitz, E. K. Weber-Duisburg u. a. m. Herausgegeben von **J. Puppe** und **G. Stauber.** Erster Band. Mit 941 Abbildungen im Text und auf 15 Tafeln. XIII, 777 Seiten. 1929. Gebunden RM 85.—

Im gemeinsamen Verlage von Stahleisen m. b. H., Düsseldorf, und Julius Springer, Berlin.

Handbuch der Eisen- und Stahlgießerei. Unter Mitarbeit von zahlreichen Fachleuten herausgegeben von Prof. Dr.-Ing. **C. Geiger,** Eßlingen a. N. Zweite Auflage.

Erster Band: **Grundlagen.** Mit 278 Abbildungen im Text und auf 11 Tafeln. X, 661 Seiten. 1925. Gebunden RM 49.50

Zweiter Band: **Formen und Gießen.** Von Ing. **Carl Irresberger,** Gießereidirektor a. D. Mit 1702 Abbildungen im Text. X, 584 Seiten. 1927. Gebunden RM 57.—

Dritter Band: **Schmelzen, Nacharbeiten und Nebenbetriebe.** Mit 967 Abbildungen im Text. IX, 747 Seiten. 1928. Gebunden RM 68.50

Die Formstoffe der Eisen- und Stahlgießerei. Ihr Wesen, ihre Prüfung und Aufbereitung. Von **Carl Irresberger.** Mit 241 Textabbildungen. V, 245 Seiten. 1920. RM 10.—

Das technische Eisen. Konstitution und Eigenschaften. Von Prof. Dr.-Ing. **Paul Oberhoffer,** Aachen. Zweite, verbesserte und vermehrte Auflage. Mit 610 Abbildungen im Text und 20 Tabellen. X, 598 Seiten. 1925. Gebunden RM 31.50

Stahl- und Temperguß. Ihre Herstellung, Zusammensetzung, Eigenschaften und Verwendung. Von Prof. Dr. techn. **Erdmann Kothny.** Mit 55 Figuren im Text und 23 Tabellen. 68 Seiten. 1926. (Heft 24 der „Werkstattbücher".) RM 2.—

Mechanische Technologie für Maschinentechniker (Spanlose Formung). Von Dr.-Ing. **Willy Pockrandt,** Oberstudiendirektor in Gleiwitz. Mit 263 Textabbildungen. VII, 292 Seiten. 1929. RM 13.—; gebunden RM 14.50

Mechanische Technologie der Metalle in Frage und Antwort. Von Prof. Dr.-Ing. **E. Sachsenberg,** Dresden. Mit zahlreichen Abbildungen. VI, 219 Seiten. 1924. RM 6.—; gebunden RM 7.50